Win-Q

콘크리트 기능사 필기+실기

시대에듀

감·수·자·약·력

김성주

現 한양공업고등학교 스마트건설정보과 교사

끝까지 책임진다! 시대에듀!
QR코드를 통해 도서 출간 이후 발견된 오류나 개정법령, 변경된 시험 정보, 최신기출문제, 도서 업데이트 자료 등이 있는지 확인해 보세요! 시대에듀 합격 스마트 앱을 통해서도 알려 드리고 있으니 구글 플레이나 앱 스토어에서 다운받아 사용하세요.
또한, 파본 도서인 경우에는 구입하신 곳에서 교환해 드립니다.

편집진행 윤진영·김달해 | **표지디자인** 권은경·길전홍선 | **본문디자인** 정경일

PREFACE

콘크리트 분야의 전문가를 향한 첫 발걸음!

토목 및 건축구조물에 있어서 콘크리트의 잘못된 배합은 많은 재산피해와 인명피해를 초래하게 됩니다. 이에 따라 콘크리트 시공에 관한 지식과 숙련기능을 가진 사람으로 하여금 콘크리트 작업을 수행하도록 하기 위하여 콘크리트기능사 자격제도가 제정되었으며 최근 민간건설경기의 점진적인 회복으로 콘크리트기능사에 대한 수요가 증가하고 있습니다. 이 책은 콘크리트기능사 시험을 준비하는 수험생들을 위해 만들어졌으며, 수험생이 짧은 시간 안에 자격증을 취득할 수 있도록 구성하였습니다.

윙크(Win-Q) 시리즈에 맞게 PART 01은 핵심이론, PART 02는 과년도+최근 기출복원문제, PART 03은 실기(필답형)로 구성하였습니다. PART 01은 한국산업인력공단의 출제기준 및 다년간 기출문제의 keyword를 분석하여 핵심이론을 수록하였고, 자주 출제되는 빈출문제를 수록하여 효율적인 학습이 가능하도록 하였습니다. PART 02에서는 과년도 기출(복원)문제와 더불어 최근 기출복원문제를 수록하여 새로운 문제에 대비할 수 있도록 하였습니다. PART 03에서는 실기(필답형) 기출복원문제를 수록하여 출제경향을 파악하고 문제의 유형을 익혀 시험에 대비할 수 있도록 하였습니다.

자격증 시험의 목적은 높은 점수를 받아 합격하는 것이라기보다는 합격 그 자체에 있습니다. 평균 60점만 넘으면 되므로, 효과적인 자격증 대비서로서 기존의 부담스러웠던 수험서에서 과감하게 군살을 제거하고 꼭 필요한 공부만 할 수 있도록 구성한 윙크(Win-Q) 시리즈가 수험 준비생들에게 '합격비법노트'로서 함께하는 수험서로 자리 잡길 바랍니다. 수험생 여러분들의 건승을 기원합니다.

편저자 씀

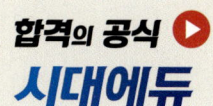

자격증 · 공무원 · 금융/보험 · 면허증 · 언어/외국어 · 검정고시/독학사 · 기업체/취업
이 시대의 모든 합격! 시대에듀에서 합격하세요!
www.youtube.com ➡ 시대에듀 ➡ 구독

[콘크리트기능사] 필기+실기

시험안내

개요
토목 및 건축구조물에 있어서 콘크리트의 잘못된 배합은 많은 재산피해와 인명피해를 초래하게 된다. 이에 따라 콘크리트 시공에 관한 지식과 숙련기능을 가진 사람으로 하여금 콘크리트 작업을 수행하도록 하기 위하여 자격제도가 제정되었다.

수행직무
건물, 댐, 지하도 등 시공현장과 콘크리트 제품 생산업체에서 콘크리트 믹서, 콘크리트 펌프, 진동 다짐기, 손수레, 삽 등을 이용하여 콘크리트를 배합, 운반, 타설, 양생시키고 마무리하는 작업을 수행한다.

시험일정

구 분	필기원서접수 (인터넷)	필기시험	필기합격 (예정자)발표	실기원서접수	실기시험	최종 합격자 발표일
제1회	1월 초순	1월 하순	2월 초순	2월 초순	3월 중순	4월 중순
제2회	3월 중순	4월 초순	4월 중순	4월 하순	5월 하순	7월 초순
제3회	6월 초순	6월 하순	7월 중순	7월 하순	8월 하순	9월 하순

※ 상기 시험일정은 시행처의 사정에 따라 변경될 수 있으니, www.q-net.or.kr에서 확인하시기 바랍니다.

시험요강
❶ 시행처 : 한국산업인력공단
❷ 시험과목
    ㉠ 필기 : 콘크리트 재료, 콘크리트 시공, 콘크리트 재료시험
    ㉡ 실기 : 콘크리트 시공작업
❸ 검정방법
    ㉠ 필기 : 객관식 4지 택일형, 60문항(60분)
    ㉡ 실기 : 복합형[필답(1시간) + 작업(1시간 30분 정도)]
❹ 합격기준
    ㉠ 필기 : 100점을 만점으로 하여 60점 이상
    ㉡ 실기 : 100점을 만점으로 하여 60점 이상

검정현황

필기시험

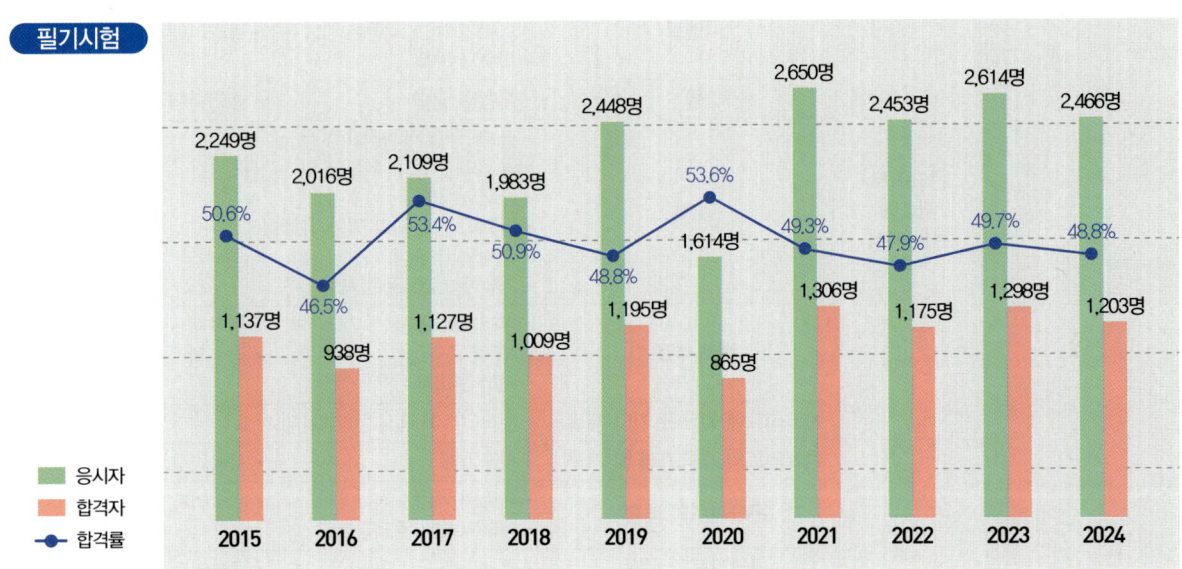

실기시험

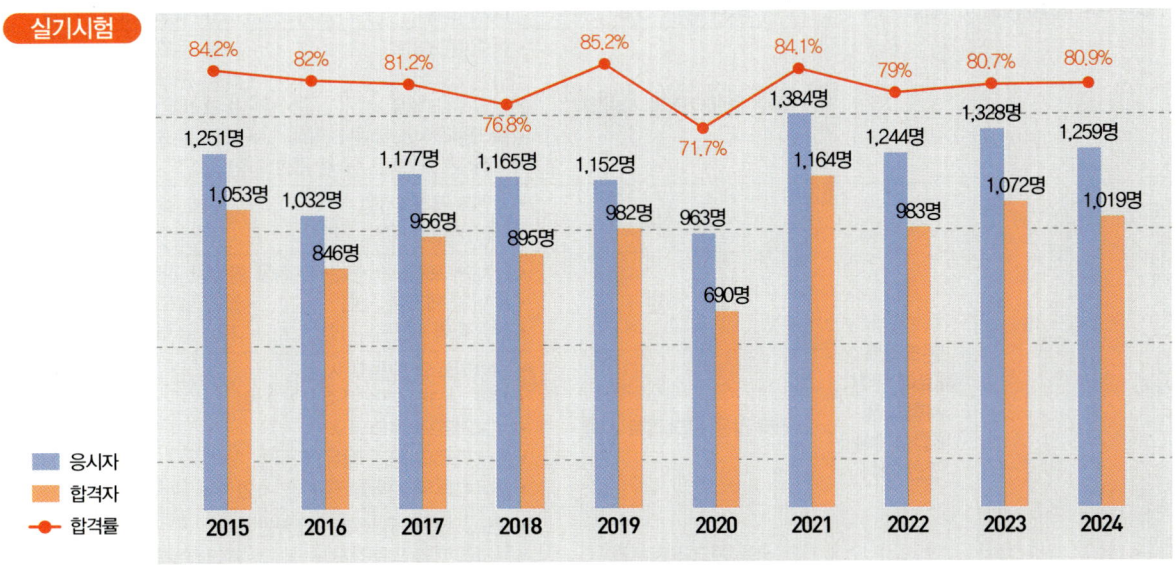

시험안내

출제기준(필기)

필기과목명	주요항목	세부항목	세세항목	
콘크리트 재료, 콘크리트 시공, 콘크리트 재료시험	콘크리트 재료에 관한 지식	시멘트	• 시멘트 일반 • 고로 슬래그 시멘트 • 특수 시멘트	• 포틀랜드 시멘트 • 플라이애시 시멘트
		물	• 혼합수 일반	• 혼합수의 품질기준
		골재	• 골재의 함수량에 따른 성질 • 골재의 단위 용적질량 및 실적률 • 골재의 입도 • 골재에 함유되어 있는 유해물 • 골재의 내구성 • 기타 골재에 관한 사항	
		혼화재료	• 혼화재료 일반 • AE제 • 기타 혼화제	• 혼화재 • 감수제
		콘크리트에 필요한 기타 재료	• 콘크리트에 필요한 기타 재료	
	콘크리트 시공에 관한 지식	콘크리트의 시공기계 및 기구	• 시공기계	• 시공기구
		콘크리트의 배합	• 재료의 계량 • 레디믹스트 콘크리트	• 콘크리트 비비기
		콘크리트의 운반	• 콘크리트 운반 장비	• 콘크리트 운반 시간
		콘크리트의 타설 및 다지기	• 콘크리트 타설 • 거푸집 및 동바리	• 콘크리트 다지기
		콘크리트의 양생	• 습윤 양생	• 기타 양생에 관한 사항
		특수 콘크리트의 시공법	• 한중 콘크리트 • 수중 콘크리트 • 수밀 콘크리트 • 프리플레이스트 콘크리트 • 기타 콘크리트 시공에 관한 사항	• 서중 콘크리트 • 해양 콘크리트 • 숏크리트 • 매스 콘크리트
	콘크리트 재료에 관한 시험법 및 배합설계에 관한 지식	시멘트 시험	• 시멘트 밀도 시험 • 기타 시멘트 관련 시험	• 시멘트 응결 시험
		골재 시험	• 골재에 포함되어 있는 유해물 함유량 관련 시험 • 골재의 체가름 시험 • 잔골재의 표면수 시험	• 골재 밀도 및 흡수율 시험 • 기타 골재 관련 시험
		굳지 않은 콘크리트 시험	• 콘크리트의 슬럼프 시험 • 기타 콘크리트의 반죽질기 시험 • 콘크리트의 블리딩 시험 • 콘크리트의 공기 함유량 시험 • 콘크리트의 염화물 함유량 시험	
		굳은 콘크리트 시험	• 강도 시험용 공시체의 제작방법 • 콘크리트의 압축강도 시험 • 콘크리트의 휨강도 시험	• 콘크리트의 인장강도 시험 • 콘크리트의 비파괴 시험
		콘크리트의 배합설계	• 콘크리트의 배합설계	

출제기준(실기)

실기과목명	주요항목	세부항목	세세항목
콘크리트 시공작업	일반 콘크리트 및 특수 콘크리트에 관한 시공작업	콘크리트 재료 이해하기	• 시멘트를 알아야 한다. • 골재를 알아야 한다. • 혼화재료를 알아야 한다. • 혼합수를 알아야 한다.
		콘크리트 관련 시험하기	• 콘크리트 재료 시험을 할 수 있어야 한다. • 굳지 않은 콘크리트 시험을 할 수 있어야 한다. • 굳은 콘크리트 시험을 할 수 있어야 한다.
		콘크리트 공구 및 장비 활용하기	• 콘크리트 공구를 활용할 수 있어야 한다. • 콘크리트 장비를 활용할 수 있어야 한다.
		콘크리트 배합하기	• 콘크리트 배합설계를 할 수 있어야 한다. • 현장 배합을 할 수 있어야 한다.
		콘크리트 타설 및 다지기 하기	• 콘크리트 타설을 할 수 있어야 한다. • 콘크리트 다지기를 할 수 있어야 한다.
		콘크리트 양생하기	• 콘크리트 양생을 이해하고 적용할 수 있어야 한다.

[콘크리트기능사] 필기+실기

CBT 응시 요령

기능사 종목 전면 CBT 시행에 따른
CBT 완전 정복!

"CBT 가상 체험 서비스 제공"

한국산업인력공단
(http://www.q-net.or.kr) 참고

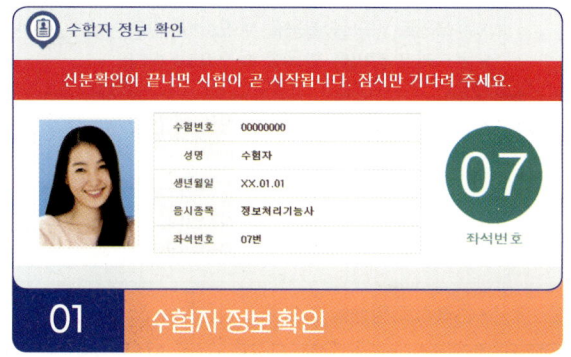

01 수험자 정보 확인

시험장 감독위원이 컴퓨터에 나온 수험자 정보와 신분증이 일치하는지를 확인하는 단계입니다. 수험번호, 성명, 생년월일, 응시종목, 좌석번호를 확인합니다.

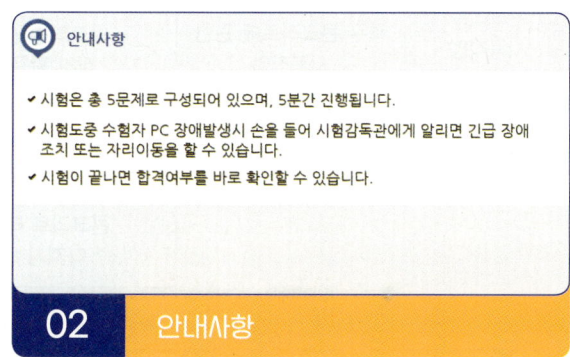

02 안내사항

시험에 관한 안내사항을 확인합니다.

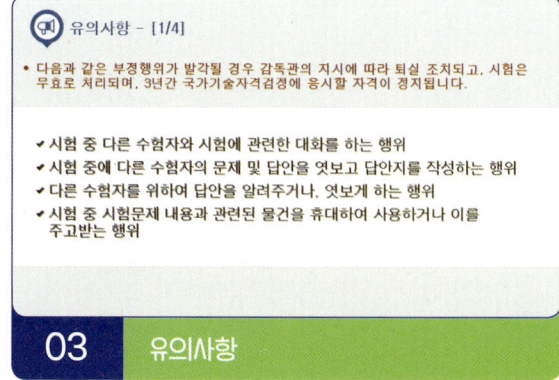

03 유의사항

부정행위에 관한 유의사항이므로 꼼꼼히 확인합니다.

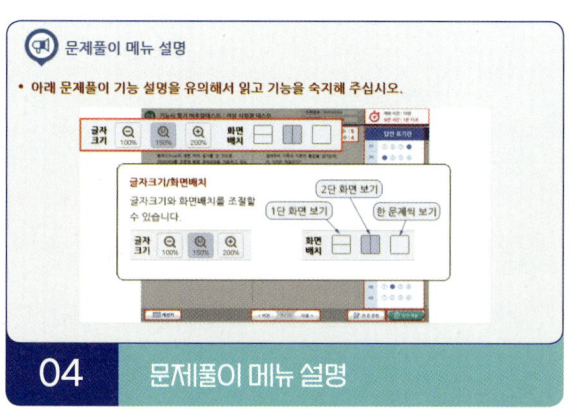

04 문제풀이 메뉴 설명

문제풀이 메뉴의 기능에 관한 설명을 유의해서 읽고 기능을 숙지해 주세요.

FORMULA OF PASS · SDEDU.CO.KR

CBT GUIDE

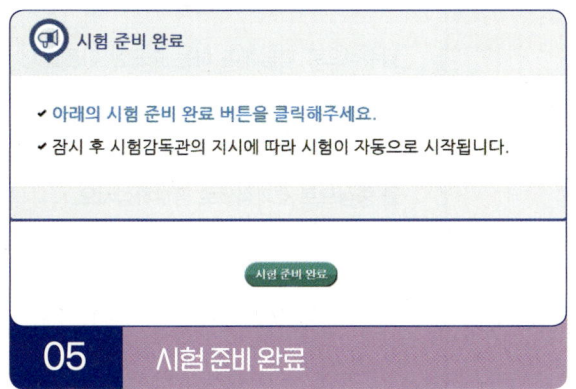

05 시험 준비 완료

시험 안내사항 및 문제풀이 연습까지 모두 마친 수험자는 시험 준비 완료 버튼을 클릭한 후 잠시 대기합니다.

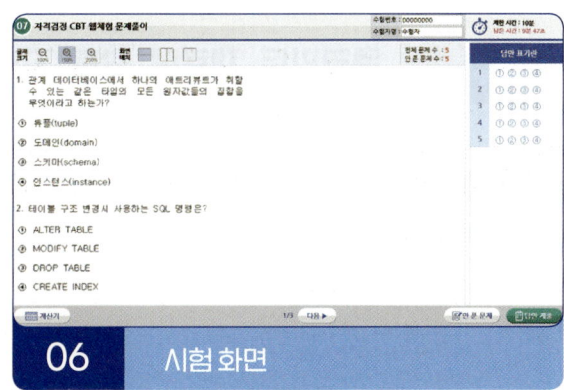

06 시험 화면

시험 화면이 뜨면 수험번호와 수험자명을 확인하고, 글자크기 및 화면배치를 조절한 후 시험을 시작합니다.

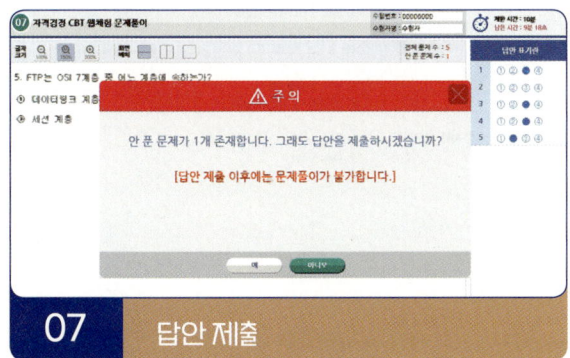

07 답안 제출

[답안 제출] 버튼을 클릭하면 답안 제출 승인 알림창이 나옵니다. 시험을 마치려면 [예] 버튼을 클릭하고 시험을 계속 진행하려면 [아니오] 버튼을 클릭하면 됩니다. 답안 제출은 실수 방지를 위해 두 번의 확인 과정을 거칩니다. [예] 버튼을 누르면 답안 제출이 완료되며 득점 및 합격여부 등을 확인할 수 있습니다.

CBT 완전 정복 TIP

내 시험에만 집중할 것
CBT 시험은 같은 고사장이라도 각기 다른 시험이 진행되고 있으니 자신의 시험에만 집중하면 됩니다.

이상이 있을 경우 조용히 손을 들 것
컴퓨터로 진행되는 시험이기 때문에 프로그램상의 문제가 있을 수 있습니다. 이때 조용히 손을 들어 감독관에게 문제점을 알리며, 큰 소리를 내는 등 다른 사람에게 피해를 주는 일이 없도록 합니다.

연습 용지를 요청할 것
응시자의 요청에 한해 연습 용지를 제공하고 있습니다. 필요시 연습 용지를 요청하며 미리 시험에 관련된 내용을 적어놓지 않도록 합니다. 연습 용지는 시험이 종료되면 회수되므로 들고 나가지 않도록 유의합니다.

답안 제출은 신중하게 할 것
답안은 제한 시간 내에 언제든 제출할 수 있지만 한 번 제출하게 되면 더 이상의 문제풀이가 불가합니다. 안 푼 문제가 있는지 또는 맞게 표기하였는지 다시 한 번 확인합니다.

[콘크리트기능사] 필기+실기

구성 및 특징

핵심이론

필수적으로 학습해야 하는 중요한 이론들을 각 과목별로 분류하여 수록하였습니다. 시험과 관계없는 두꺼운 기본서의 복잡한 이론은 이제 그만! 시험에 꼭 나오는 이론을 중심으로 효과적으로 공부하십시오.

10년간 자주 출제된 문제

출제기준을 중심으로 출제 빈도가 높은 기출문제와 필수적으로 풀어보아야 할 문제를 핵심이론당 1~2문제씩 선정했습니다. 각 문제마다 핵심을 찌르는 명쾌한 해설이 수록되어 있습니다.

FORMULA OF PASS · SDEDU.CO.KR

S T R U C T U R E S

과년도 + 최근 기출복원문제

지금까지 출제된 과년도 기출문제와 최근 기출복원문제를 수록하였습니다. 각 문제에는 자세한 해설이 추가되어 핵심이론만으로는 아쉬운 내용을 보충학습하고 출제경향의 변화를 확인할 수 있습니다.

2025년 제2회 최근 기출복원문제

01 시멘트의 비중에 영향을 끼치는 요인으로 옳지 않은 것은?
① 석고의 함유량이 적으면 비중이 작아진다.
② 시멘트의 저장기간이 길거나 풍화된 경우 비중이 작아진다.
③ 클링커(clinker)의 소성이 불충분할 경우 비중이 작아진다.
④ 혼합 시멘트의 경우 혼합재료의 양이 많아지면 비중이 작아진다.

해설
석고의 함유량이 많으면 비중이 작아진다.

02 내부 진동기를 사용하여 콘크리트를 다지기할 때 주의해야 할 사항으로 잘못된 것은?
① 진동 다지기를 할 때에는 내부 진동기를 하층의 콘크리트 속에 0.1m 정도 찔러 넣는다.
② 내부 진동기는 콘크리트로부터 천천히 빼내어 구멍이 남지 않도록 한다.
③ 내부 진동기의 삽입 간격은 1.5m 이하로 하여야 한다.
④ 내부 진동기는 연직으로 찔러 넣어야 한다.

해설
내부 진동기는 연직으로 0.1m 정도 찔러 넣으며, 삽입 간격은 일반적으로 0.5m 이하로 한다.

03 골재의 함수 상태 네 가지 중 습기가 없는 실내에서 자연건조시킨 것으로서 골재알 속의 빈틈 일부가 물로 차 있는 상태는?
① 습윤 상태
② 절대건조 상태
③ 표면건조 포화 상태
④ 공기 중 건조 상태

해설
골재의 함수 상태
• 절대건조 상태(절건 상태) : 105±5℃의 온도에서 일정한 질량이 될 때까지 건조시킨 것으로서, 물기가 전혀 없는 상태이다.
• 공기 중 건조 상태(기건 상태) : 습기가 없는 실내에서 건조시킨 것으로서…
• 표면건…
 골재알…
• 습윤 상…
 상태이다…

04 수밀 콘…
① 일반…
 좋다…
② 물-…
③ 경화…
 습윤…
④ 혼합…
 는 표…

해설
잔골재율은…
있으므로,…
나 약간 낮…

2025년 제2회 최근 기출복원문제

01 콘크리트 배합설계를 위한 시험결과 공기량이 5.0%로 측정되었고, 사용된 시멘트양이 380kg이었다. W/C 46.5%, S/a 43%이면 단위 수량, 잔골재 단위, 굵은 골재의 절대 부피와 각각의 질량을 구하시오(각 재료의 밀도는 물 1.0g/cm³, 시멘트 3.15g/cm³, 잔골재 2.62g/cm³, 굵은 골재 2.65g/cm³, 각 재료량은 정수로, 절대 부피는 소수점 셋째 자리까지 표현).

해답
(1) 수량
• 단위 수량 = 380 × 0.465 = 177kg/m³
• 단위 수량의 절대 부피 = $\frac{177}{1.0}$ ÷ 1,000 = 0.177m³
※ 물은 밀도가 1이기 때문에 단위 수량이 그대로 절대 부피가 된다.
(2) 잔골재
• 단위 잔골재의 절대 부피 = 단위 골재량의 절대 부피 × 잔골재율
  = 0.652 × 0.43
  = 0.280m³
• 단위 잔골재의 양 = 단위 잔골재량의 절대 부피 × 잔골재의 비중 × 1,000
  = 0.280 × 2.62 × 1,000
  = 734kg/m³
※ 단위 골재량의 절대 부피 = 1 − $\left(\frac{단위\ 수량}{1,000} + \frac{단위\ 시멘트양}{시멘트의\ 비중 × 1,000} + \frac{공기량}{100}\right)$
  = 1 − $\left(\frac{177}{1,000} + \frac{380}{3.15 × 1,000} + \frac{5}{100}\right)$
  = 0.652m³
(3) 굵은 골재
• 단위 굵은 골재의 절대 부피 = 단위 골재량의 절대 부피 − 단위 잔골재량의 절대 부피
  = 0.652 − 0.280
  = 0.372m³
• 단위 굵은 골재의 양 = 단위 굵은 골재량의 절대 부피 × 굵은 골재의 밀도 × 1,000
  = 0.372 × 2.65 × 1,000
  = 986kg/m³

실기(필답형)

실기(필답형) 기출복원문제를 수록하여 출제경향을 파악하고 문제의 유형을 익혀 시험에 대비할 수 있도록 하였습니다.

이 책의 목차

빨리보는 간단한 키워드

PART 01 | 핵심이론

CHAPTER 01	콘크리트 재료에 관한 지식	002
CHAPTER 02	콘크리트 시공에 관한 지식	044
CHAPTER 03	콘크리트 재료에 관한 시험법 및 배합설계에 관한 지식	089

PART 02 | 과년도 + 최근 기출복원문제

2015~2016년	과년도 기출문제	148
2017~2024년	과년도 기출복원문제	226
2025년	최근 기출복원문제	433

PART 03 | 실기(필답형)

2016~2024년	과년도 기출복원문제	462
2025년	최근 기출복원문제	544

빨간키

빨리보는 **간**단한 **키**워드

CHAPTER 01 콘크리트 재료에 관한 지식

[01] 시멘트

■ 시멘트의 화학적 성분
- 주성분
  - 산화칼슘(CaO, 석회) : 60~66%
  - 이산화규소(SiO_2, 실리카) : 20~26%
  - 산화알루미늄(Al_2O_3, 알루미나) : 4~9%
- 시멘트의 부성분 : 산화제이철(Fe_2O_3), 삼산화황(SO_3), 산화마그네슘(MgO)

■ 시멘트의 종류
- 포틀랜드 시멘트 : 보통 포틀랜드 시멘트, 중용열 포틀랜드 시멘트, 조강 포틀랜드 시멘트, 저열 포틀랜드 시멘트, 내황산염 포틀랜드 시멘트, 백색 포틀랜드 시멘트
- 혼합 시멘트 : 고로 슬래그 시멘트, 플라이애시 시멘트, 실리카(포졸란) 시멘트
- 특수 시멘트 : 알루미나 시멘트, 초속경 시멘트, 팽창 시멘트

■ 응결과 경화
- 응결 : 시멘트풀이 시간이 지남에 따라 유동성과 점성을 잃고 차츰 굳어지는 현상이다.
- 경화 : 응결이 끝난 후 수화작용이 계속되어 굳어져서 기계적 강도가 증가하는 현상이다.

■ 시멘트 응결에 영향을 끼치는 요인
- 온도가 높을수록 응결 및 경화가 빨라진다.
- 습도가 낮을수록 응결은 빨라진다.
- 분말도가 높으면 응결은 빨라진다.
- 알루민산 3석회(C_3A)가 많을수록 응결은 빨라진다.
- 수량이 많고 풍화된 시멘트를 사용할 경우 응결은 늦어진다.
- 물-시멘트비가 클수록 응결이 늦어진다.
- 석고의 양이 많을수록 응결이 늦어진다.

수화

시멘트와 물이 화학반응을 일으켜 수화물을 생성하는 반응이다.

강열감량

시멘트가 풍화작용과 탄산화작용을 받은 정도를 나타내는 척도로 고온으로 가열하여 시멘트 중량의 감소율을 나타내는 것이다.

풍화

시멘트가 저장 중 공기에 노출되면 습기 및 탄산가스를 흡수하여 가벼운 수화반응을 일으켜 고체화되는 현상이다.

풍화된 시멘트 특징

- 고온다습한 경우에는 급속히 풍화가 진행된다.
- 비중이 작아지고 응결·경화가 늦어진다.
- 초기강도가 현저히 작아지고, 특히 초기강도의 발현이 저하된다.
- 강열감량이 커진다.

블리딩

블리딩의 정의	콘크리트를 친 후 시멘트와 골재알이 침하하면서, 물이 올라와 콘크리트의 표면에 떠오르는 현상이다.
블리딩 수량을 적게 하기 위한 조건	• 단위 수량을 가능한 한 적게 하고, 된비빔 콘크리트를 타설한다. • 작은 입자를 적당하게 포함하고 있는 잔골재를 사용한다. • AE제, 시멘트 분산제, 포졸란 등을 사용하여 워커빌리티를 개선한다. • 굵은 골재는 쇄석보다 강자갈을 사용하고 단위 수량을 적게 한다. • 분말도가 큰 시멘트를 사용한다.

레이턴스

굳지 않은 콘크리트 또는 모르타르에 있어서 골재 및 시멘트 입자의 침강으로 물이 분리되어 상승하는 현상(블리딩)으로 인하여 콘크리트나 모르타르의 표면에 떠올라서 가라앉은 물질을 말한다.

분말도

- 시멘트 입자의 가는 정도를 나타내는 것이다.
- 분말도는 비표면적으로 나타내며, 시멘트 1g이 가지는 전체 입자의 총 표면적(cm^2/g)이다.

[시멘트 분말도에 따른 특징]

구분	분말도가 큰(입자가 작은) 시멘트	분말도가 작은(입자가 큰) 시멘트
입자 크기	시멘트 입자가 작으므로 면적이 넓어진다.	시멘트 입자가 크므로 면적이 적어진다.
수화반응	수화열이 크고 응결이 빠르다.	수화열이 작고 응결속도가 느리다.
강도	건조수축이 커지므로 균열이 발생하고 풍화되기 쉬우며 조기강도가 크다.	건조수축이 작아 균열발생이 적고, 장기강도가 크다.
적용 대상	공기가 급할 때, 한중 콘크리트	중량 콘크리트, 서중 콘크리트

■ 시멘트의 저장

- 방습적인 구조로 된 사일로 또는 창고에 품종별로 구분하여 저장해야 한다.
- 반입(입하) 순서대로 사용하도록 쌓는다.
- 시멘트 창고는 되도록 공기의 유통이 없어야 한다.
- 저장 중에 약간이라도 굳은 시멘트는 공사에 사용하지 않아야 한다.
- 3개월 이상 장기간 저장한 시멘트는 사용하기 전에 시험을 실시한다.
- 포대 시멘트가 저장 중에 지면으로부터 습기를 받지 않도록 저장해야 한다.
- 포대 시멘트를 저장하는 목재 창고의 바닥은 지상으로부터 30cm 이상 높은 것이 좋다.
- 포대 시멘트는 13포 이상 쌓아 저장해서는 안 되며, 저장기간이 길어질 우려가 있는 경우에는 7포 이상 쌓아 올리지 않는 것이 좋다.

■ 포틀랜드 시멘트

- 보통 포틀랜드 시멘트(1종) : 일반적으로 쓰이는 시멘트에 해당하며 건축·토목공사에 사용된다.
- 중용열 포틀랜드 시멘트(2종) : 수화속도는 느리지만 수화열이 적고 장기강도가 우수하여 댐, 매스 콘크리트, 방사선 차폐용 등에 사용된다.
- 조강 포틀랜드 시멘트(3종) : 수화열이 높아 조기강도와 저온에서 강도 발현이 우수하여 한중공사, 긴급공사에 사용된다.
- 저열 포틀랜드 시멘트(4종) : 중용열 포틀랜드 시멘트보다 수화열이 가장 적으며 대형 구조물 공사에 적합하다.
- 내황산염 포틀랜드 시멘트(5종) : 황산염에 대한 저항성 우수하여 해양공사에 유리하다.

■ 포틀랜드 시멘트의 비중

- 보통 포틀랜드 시멘트(1종) : 3.14~3.17
- 중용열 포틀랜드 시멘트(2종) : 3.2
- 조강 포틀랜드 시멘트(3종) : 3.12

■ 포틀랜드 시멘트의 제조

주로 석회질 원료와 점토질 원료를 적당한 비율로 혼합하여(성분을 조절하기 위하여 규산질 원료와 산화철 원료를 첨가하기도 한다) 미분쇄하고 그 일부가 용융할 때까지(약 1,450℃) 소성하여 얻어지는 클링커에 응결지연제로서 약 3~5%의 석고를 넣고 미분쇄하여 만든다.

■ 고로 슬래그 시멘트
- 제철소의 용광로에서 선철을 만들 때 부산물로 얻은 슬래그를 포틀랜드 시멘트 클링커에 섞어서 만든 시멘트이다.
- 조기강도가 작으나 장기강도는 큰 편이다.
- 보통 포틀랜드 시멘트에 비해 발열량이 적어 균열의 발생이 적다.
- 주로 댐, 하천, 항만 등의 구조물에 쓰인다.
- 일반적으로 내화학성이 좋으므로 해수, 하수, 공장폐수 등에 접하는 콘크리트에 적합하다.
- 수화열이 적어서 매스 콘크리트에 사용된다.

■ 플라이 애시 시멘트
- 포틀랜드 시멘트에 플라이애시를 혼합하여 만든 시멘트이다.
- 워커빌리티가 우수하며 단위 수량을 감소시킬 수 있다.
- 초기강도는 작으나 장기강도 증진이 크다.
- 수화열과 건조수축이 적다.
- 해수에 대한 내화학성이 커 해안공사, 해수공사 등에 적합하다.

■ 알루미나 시멘트

보크사이트와 석회석을 혼합하여 만든 것으로 재령 1일에서 보통 포틀랜드 시멘트의 재령 28일의 강도를 내는 시멘트로 해중공사 또는 한중 콘크리트 공사에 사용하며 내화용 콘크리트에 적합하다.

■ 포틀랜드 포졸란(실리카) 시멘트

포틀랜드 시멘트의 클링커에 포졸란(실라카)을 첨가하고, 약간의 석고와 혼합하여 만든 시멘트이다. 워커빌리티가 좋고, 단위 수량을 감소시키므로, 건조수축이 적게 일어나며 내구성이 증가한다.

■ 시멘트의 조기강도가 큰 순서

알루미나 시멘트 > 조강 포틀랜드 시멘트 > 보통 포틀랜드 시멘트 > 고로 슬래그 시멘트 > 실리카 시멘트

[02] 골재

▌ 골재의 입경에 따른 분류
- 잔골재(모래) : 10mm 체를 전부 통과하고 5mm 체를 거의 다 통과하며 0.08mm 체에 거의 다 남는 골재
- 굵은 골재(자갈) : 5mm 체에 거의 다 남는 골재 또는 5mm 체에 다 남는 골재

▌ 산지 또는 제조방법에 따른 분류
- 천연골재 : 강모래, 강자갈, 바닷모래, 바닷자갈, 육상모래, 육상자갈, 산모래, 산자갈
- 인공골재 : 부순 돌, 부순 모래, 슬래그, 인공 경량골재

▌ 중량에 의한 분류(골재 표준 비중 : 2.60g/cm^3)
- 경량골재(2.50g/cm^3 이하) : 콘크리트의 중량을 감소시킬 목적으로 상용되는 가벼운 골재
  - 천연 경량골재 : 화산암, 응회암, 용암, 경석 등
  - 인공 경량골재 : 팽창성 혈암, 팽창성 점토, 플라이애시 등
- 보통골재(2.50~2.65g/cm^3) : 보통의 토목・건축구조물에 이용되는 일반적인 골재
- 중량골재(2.70g/cm^3 이상) : 방사선 차폐효과를 높이기 위한 자철골재와 같이 중량이 무거운 골재
  - 중정석(바라이트), 자철광, 갈철광, 적철광 등

▌ 골재가 갖추어야 할 성질
- 단단하고 소요의 강도와 중량을 가질 것
- 깨끗하고 유기물, 먼지, 점토 등이 섞여 있지 않을 것
- 내구성, 내화성이 있을 것
- 물리적, 화학적으로 안정성이 있을 것
- 마모에 대한 저항성이 클 것
- 모양이 정육면체, 입방체 또는 구(球, 둥근형)에 가깝고 부착이 좋은 표면조직을 가질 것
- 크고 작은 골재의 혼합 상태가 적절할 것
- 골재의 품질이 안정적이며, 필요한 공급량이 확보될 수 있을 것
- 비중이 크고 흡수성이 적을 것

골재의 함수상태

- 절대건조 상태(절건 상태) : 105±5℃의 온도에서 일정한 질량이 될 때까지 건조시킨 것으로서, 물기가 전혀 없는 상태이다.
- 공기 중 건조 상태(기건 상태) : 습기가 없는 실내에서 건조시킨 것으로서, 골재알 속의 일부에만 물기가 있는 상태이다.
- 표면건조 포화 상태(표건 상태) : 골재알의 표면에는 물기가 없고, 골재알 속의 빈틈만 물로 차 있는 상태이다.
- 습윤 상태 : 골재알 속이 물로 차 있고, 표면에도 물기가 있는 상태이다.
- 함수량 : 골재 입자 안팎에 들어 있는 모든 물의 양을 말한다.
- 흡수량 : 골재가 절대건조 상태에서 표면건조 포화 상태가 되기까지 흡수된 물의 양을 말한다.
- 표면수량 : 골재 입자의 표면에 묻어 있는 물의 양을 말한다.

$$표면수량(\%) = \frac{습윤\ 상태 - 표건\ 상태}{표건\ 상태} \times 100$$

- 유효 흡수량 : 공기 중 건조 상태에서 표면건조 포화 상태가 될 때까지 흡수되는 물의 양을 말한다.

$$유효\ 흡수율(\%) = \frac{표건\ 질량 - 기건\ 질량}{기건\ 질량} \times 100$$

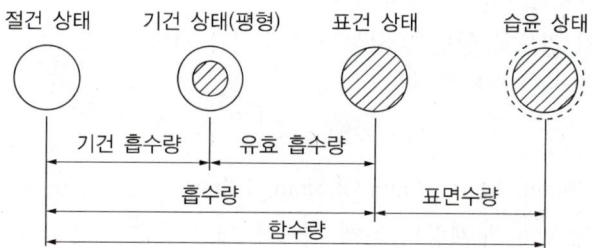

공극률과 실적률

- 실적률(%) = 100 - 공극률(%) = $\dfrac{골재의\ 단위\ 용적질량}{골재의\ 절건\ 밀도} \times 100$

- 공극률(%) = 100 - 실적률(%) = $\left(1 - \dfrac{골재의\ 단위\ 용적질량}{골재의\ 절건\ 밀도}\right) \times 100$

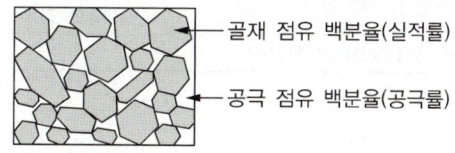

■ 실적률이 큰(공극률이 작은) 골재를 사용한 콘크리트의 특징
- 시멘트의 양이 줄어들어 경제적인 콘크리트를 만들 수 있다.
- 콘크리트의 밀도, 수밀성, 내구성 및 강도가 증가한다.
- 콘크리트의 마모 저항성이 커진다.
- 단위 수량과 수화열이 감소된다.
- 건조수축이 적고, 크리프를 감소시킨다.
- 콘크리트의 투수성 및 흡수성이 작아진다.

■ 골재의 입도
크고 작은 골재알이 혼합되어 있는 정도를 말하며 체가름 시험에 의하여 구할 수 있다.

■ 골재의 저장방법
- 잔골재, 굵은 골재 및 종류와 입도가 다른 골재는 서로 분류하여 구분해서 저장한다.
- 먼지나 잡물 등이 섞이지 않도록 한다.
- 골재의 저장 설비에는 알맞은 배수 시설을 한다.
- 골재는 햇빛을 바로 쬐지 않도록 알맞은 시설을 갖추어야 한다.

■ 조립률(FM)
10개의 체(75mm, 40mm, 20mm, 10mm, 5mm, 2.5mm, 1.2mm, 0.6mm, 0.3mm, 0.15mm)를 1조로 하여 체가름 시험을 하였을 때, 각 체에 남는 누계량의 전체 시료에 대한 질량 백분율의 합을 100으로 나눈 값이다.

■ 잔골재의 유해물 함유량 한도

종류		천연 잔골재(%)
점토 덩어리		1.0
0.08mm 체 통과량	콘크리트의 표면이 마모작용을 받는 경우	3.0
	기타의 경우	5.0
석탄, 갈탄 등으로 밀도 $2.0g/cm^3$의 액체에 뜨는 것	콘크리트의 외관이 중요한 경우	0.5
	기타의 경우	1.0
염화물(NaCl 환산량)		0.04

굵은 골재의 유해물 함유량 한도

종류		천연 굵은 골재(%)
점토 덩어리		0.25*
연한 석편		5.0*
0.08mm 체 통과량		1.0
석탄, 갈탄 등으로 밀도 2.0g/cm³의 액체에 뜨는 것	콘크리트의 외관이 중요한 경우	0.5
	기타의 경우	1.0

(*) 점토 덩어리와 연한 석편의 합이 5%를 넘으면 안 된다.

알칼리 골재 반응

- 골재의 실리카(SiO_2) 성분이 시멘트 기타 알칼리분(Na, K)과 오랜 기간에 걸쳐 반응하여 콘크리트가 팽창함으로써 균열이 발생하거나 붕괴하는 현상이다.
  ※ 3대 요소 : 반응성 물질, 알칼리금속, 수분
- 방지 대책 : 반응성 골재(실리카 물질)의 사용 억제, 저알칼리형 시멘트 사용, 수분이동 방지, 포졸란 사용(알칼리 금속 이온과 수분의 이동 억제)

안정성

시멘트가 굳는 도중에 체적팽창을 일으켜 균열이 생기거나 뒤틀림 등의 변형을 일으키는 성질을 말한다.

[03] 혼화재료

혼화재료의 구분

혼화재	• 정의 : 사용량이 시멘트 질량의 5% 정도 이상이 되어 그 자체의 부피가 콘크리트의 배합계산에 관계가 되는 것
	• 용도별 분류
	  – 포졸란 작용이 있는 것 : 화산회, 규조토, 규산백토 미분말, 플라이애시, 실리카 퓸
	  – 주로 잠재 수경성이 있는 것 : 고로 슬래그 미분말
	  – 경화과정에서 팽창을 일으키는 것 : 팽창제
	  – 오토클래이브 양생에 의하여 고강도를 갖게 하는 것 : 규산질 미분말

혼화제	• 정의 : 사용량이 시멘트 질량의 1% 정도 이하의 것으로 콘크리트의 배합계산에서 무시되는 것
	• 용도별 분류
	  – 워커빌리티와 내구성을 좋게 하는 것 : AE제, 감수제, 고성능 감수제
	  – 응결, 경화시간을 조절하는 것 : 촉진제, 지연제, 급결제, 초지연제
	  – 기포의 작용에 의해 충전성을 개선하거나 중량을 조절하는 것 : 기포제, 발포제
	  – 방수효과를 나타내는 것 : 방수제
	  – 염화물에 의한 철근의 부식을 억제시키는 것 : 방청제

▌ 혼화재료를 저장할 때의 주의사항

- 먼지나 불순물이 혼입되지 않고 변질되지 않도록 저장한다.
- 혼화재는 날리지 않도록 그 취급에 주의해야 한다.
- 혼화재는 방습적인 사일로, 창고 등에 저장하고 입하순으로 사용하여야 한다.
- 혼화재는 종류별로 나누어 저장하고 저장한 순서대로 사용해야 한다.
- 변질이 예상되는 혼화재는 사용하기에 앞서 시험하여 품질을 확인해야 한다.
- 저장기간이 오래된 혼화재는 시험 후 사용 여부를 결정하여야 한다.

▌ 포졸란

- 자체로는 수경성이 없지만, 콘크리트 속에 녹아 있는 수산화칼슘과 상온에서 서서히 반응하여 물에 녹지 않는 화합물을 만들 수 있는 미분 상태의 물질을 말한다.
- 워커빌리티가 좋아진다.
- 수밀성 및 화학 저항성이 크다.
- 발열량이 적다.
- 조기강도가 작지만 장기강도가 크다.
- 블리딩 및 재료분리가 감소한다.
- 시멘트가 절약된다.

▌ 실리카 퓸

- 각종 실리콘이나 페로실리콘 등 규소합금을 제조할 때 배출되는 폐가스를 집진하여 얻어지는 부산물이다.
- 고강도 및 고내구성을 동시에 만족하는 콘크리트를 제조하는 데 가장 적합하다.
- 블리딩을 감소시키며 재료분리 저항성, 수밀성, 내화학 약품성이 향상된다.
- 알칼리 골재 반응의 억제 및 강도 증진효과가 있다.
- 단위 수량 증가, 건조수축 증가 등의 단점이 있다.

▌ 플라이애시의 개념

- 가루 석탄을 연소시킬 때 굴뚝에서 집진기로 모은 아주 작은 입자의 재이며 실리카질 혼화재이다. 입자가 둥글고 매끄럽기 때문에 콘크리트의 워커빌리티를 좋게 하고 수화열이 적으며, 장기강도를 크게 한다.
- 입자가 구형(원형)이고 표면조직이 매끄러워 단위 수량을 감소시킨다.
- 콘크리트의 워커빌리티를 좋게 하고 수화열이 적다.
- 조기강도는 작으나 포졸란 반응에 의하여 장기강도의 발현성이 좋다.
- 산 및 염에 대한 화학저항성이 보통 콘크리트보다 우수하다.

고로 슬래그 미분말

- 제철소의 용광로에서 배출되는 슬래그를 급랭하여 입자(알갱이)화한 후 미분쇄한 것이다.
- 비결정질의 유리질 재료로 잠재 수경성(알칼리 자극에 경화하는 성질)을 가지고 있으며 유리화율이 높을수록 잠재 수경성 반응이 커진다.
- 알칼리 골재 반응을 억제시킨다.
- 콘크리트의 장기강도가 증진된다.
- 콘크리트의 수화열 발생 속도를 감소시킨다.
- 매스 콘크리트용으로 적합하다.
- 콘크리트의 수밀성, 화학적 저항성 등이 좋아진다.

팽창제

콘크리트가 굳어 가는 도중에 부피를 늘어나게 하여 콘크리트의 건조수축에 의한 균열을 막아준다.

AE(공기연행)제

- 콘크리트 내부에 독립된 미세한 기포를 발생시켜 시멘트, 골재 주위에서 볼 베어링 작용을 하여 콘크리트의 워커빌리티를 개선하는 혼화제이다.
- 동결융해에 대한 저항성을 증대시킨다.
- 재료분리, 블리딩, 압축강도가 감소한다.
- 내구성·수밀성이 크고, 유동성이 증가한다.
- 철근과의 부착강도가 작아진다.
- 단위 수량을 줄일 수 있다.
- 응결·경화 시에 발열량이 적다.

감수제(분산제)

- 감수제는 시멘트 입자를 분산시켜 콘크리트의 단위 수량을 감소시킬 목적으로 사용하는 혼화제이다.
- 내구성, 수밀성 및 강도가 커진다.
- 시멘트풀의 유동성을 증가시켜 워커빌리티가 좋아진다.
- 단위 수량, 단위 시멘트양이 감소한다.
- 수화작용을 촉진시킬 수 있고, 투수성이 감소한다.

고성능 감수제

- 물-시멘트비 감소와 콘크리트의 고강도화를 주목적으로 사용되는 혼화제이다.
- 고성능 감수제의 첨가량이 증가할수록 워커빌리티는 증가하지만, 과도하게 사용하면 재료분리가 발생한다.

▍촉진제

- 시멘트의 수화작용을 빠르게 할 목적으로 사용되는 혼화제이다.
- 일반적으로 시멘트 무게의 1~2%의 염화칼슘을 사용하여 조기강도가 커지게 한다.
- 염화칼슘을 4% 이상 사용하면 급속히 굳어질 염려가 있고 장기강도가 작아진다.
- 촉진제를 사용하면 응결이 빠르고 조기강도가 커지므로 숏크리트 또는 긴급공사에 사용한다.

▍급결제

- 시멘트의 응결을 빠르게 하기 위하여 사용하는 혼화제로서 조기강도를 증진시킨다.
- 콘크리트 뿜어붙이기 공법, 그라우트에 의한 지수 공법 등에 사용된다.

▍지연제

- 시멘트의 수화반응을 늦추어 응결과 경화시간을 길게 할 목적으로 사용한다.
- 시멘트를 제조할 때 응결시간을 조절하기 위하여 3~5%의 석고를 넣는다.
- 연속 타설을 필요로 하는 콘크리트 구조에서 작업이음(콜드 조인트) 발생 방지 등에 효과적이다.
- 서중 콘크리트 시공이나 레디믹스트 콘크리트에서 운반거리가 멀 경우 사용한다.

▍발포제

- 알루미늄 또는 아연 가루를 넣어 시멘트가 응결할 때 화학적 반응에 의하여 수소가스를 발생시켜, 콘크리트 속에 아주 작은 기포가 생기게 하는 혼화제이다.
- 프리플레이스트 콘크리트용 그라우트 또는 PC용 그라우트에 사용하여 부착과 충전성을 좋게 한다.

▍기포제

콘크리트 속에 많은 거품을 일으켜, 부재의 경량화나 단열성을 목적으로 사용하는 혼화제이다.

콘크리트 시공에 관한 지식

[01] 콘크리트의 제조설비

▌ 콘크리트 시공의 작업 순서 : 계량 → 비비기 → 운반 → 치기 → 양생

▌ 콘크리트 시공기계
- 제조기계 : 배처플랜트, 강제식 믹서, 가경식 믹서 등
- 콘크리트 운반기계 : 트럭믹서, 콘크리트 펌프, 트럭 애지테이터, 버킷, 슈트, 벨트 컨베이어, 손수레 등
- 콘크리트 치기기계 : 슈트, 트레미 등
- 다짐기계 : 내부 진동기, 표면 진동기, 거푸집 진동기 등

▌ 믹서
- 중력식 믹서 : 날개가 달린 비빔통을 회전시켜서 내부의 재료를 비비는 콘크리트 믹서이다.
- 강제식 믹서 : 비빔통 속에 달린 날개를 동력으로 회전시켜 콘크리트를 비비며, 주로 콘크리트 플랜트에 사용된다.
- 배치 믹서(batch mixer) : 콘크리트 재료를 1회분씩 혼합하는 믹서이다.

▌ 배처플랜트

댐 건설과 같은 대규모 공사장 부근에 설치하여 대량의 콘크리트를 효율적이고 균일하게 제조하는 설비이다.

▌ 콘크리트 플랜트

콘크리트 재료의 저장 장치, 계량 장치, 혼합 장치 따위의 일체를 갖추고 다량의 콘크리트를 일관 작업으로 제조하는 기계설비이다.

[02] 콘크리트의 배합

▍재료의 계량

- 재료의 계량은 현장 배합에 의해 실시하는 것으로 한다.
- 각 재료는 1배치씩 질량으로 계량해야 하며, 물과 혼화제 용액은 용적으로 계량해도 좋다.
- 혼화제를 녹이거나 묽게 하는 데 사용하는 물은 단위 수량의 일부로 보아야 한다.

▍재료의 계량오차(표준시방서 기준)

재료의 종류	측정 단위	허용오차
시멘트	질량	±1%
골재	질량 또는 부피	±3%
물	질량	±1%
혼화재	질량	±2%
혼화제	질량 또는 부피	±3%

※ 물은 콘크리트 각 재료의 양을 계량할 때 반죽질기, 워커빌리티, 강도 등에 직접 영향을 끼치므로 특히 정확하게 계량해야 한다.

▍비비기

- 콘크리트의 재료는 반죽된 콘크리트가 균질하게 될 때까지 충분히 비벼야 한다.
- 비비기가 잘 되면 같은 배합이라도 콘크리트의 워커빌리티가 좋아지고, 강도가 커지지만 너무 오래 비비면 워커빌리티가 나빠지고, 재료분리가 생기거나 골재가 파쇄되어 강도가 저하된다.
- 비비기 시간은 시험에 의해 정하는 것을 원칙으로 하며, 미리 정해둔 비비기 시간의 3배 이상 계속하지 않아야 한다.
- 비비기 시간에 대한 시험을 하지 않은 경우 표준시간
  - 강제식 믹서 사용 : 1분 이상
  - 가경식 믹서 사용 : 1분 30초 이상
- 비비기 시작 후 최초에 배출되는 콘크리트는 품질 불량의 우려가 있으므로 사용하지 않아야 한다.

▍다시 비비기

- 되 비비기 : 콘크리트 또는 모르타르가 엉기기 시작하였을 때 다시 비비는 작업을 말한다.
- 거듭 비비기 : 콘크리트 또는 모르타르가 엉기기 시작하지는 않았으나 비빈 후 상당히 시간이 지났거나 또 재료가 분리된 경우에 다시 비비는 작업을 말한다.

▍비비기로부터 타설이 끝날 때까지의 시간

- 외기온도가 25℃ 이상일 때 : 1.5시간 이내
- 외기온도가 25℃ 미만일 때 : 2시간 이내

■ 레디믹스트 콘크리트
- 정비된 콘크리트 제조설비를 가진 공장으로부터 수시로 구입할 수 있는 굳지 않은 콘크리트를 말하며, 운반차는 트럭믹서나 트럭 애지테이터를 사용한다.
- 균질의 콘크리트를 얻을 수 있다.
- 공사 능률이 향상되고 공사비용 절감 및 공기를 단축할 수 있다.
- 대량 콘크리트의 연속치기가 가능하다.
- 콘크리트 치기와 양생에만 전념할 수 있다.
- 콘크리트 반죽을 위한 현장설비가 필요 없다.

■ 레디믹스트 콘크리트의 운반방식
- 센트럴 믹스트 콘크리트 : 공장에 있는 고정 믹서에서 완전히 비빈 콘크리트를 애지테이터 트럭 등으로 운반하는 방식으로 근거리 운반에 사용된다.
- 슈링크 믹스트 콘크리트 : 공장에 있는 고정 믹서에서 어느 정도 콘크리트를 비빈 다음, 현장으로 가면서 완전히 비비는 방식으로 중거리 운반에 사용된다.
- 트랜싯 믹스트 콘크리트 : 플랜트에 고정 믹서가 없고 각 재료의 계량 장치만 설치하여 계량된 각 재료를 트럭믹서 속에 투입하여 운반 중에 소요 수량을 가해 완전히 비벼진 콘크리트를 만들어 공급하는 방식으로 장거리 수송에 사용된다.

[03] 콘크리트의 운반

■ 운반차 및 운반장비
- 트럭믹서 : 콘크리트 플랜트에서 콘크리트를 공급받아 비비면서 주행하는 레디믹스트 콘크리트 운반용 트럭이다.
  ※ 트럭믹서의 작업량$(Q) = \dfrac{60qE}{C_m}$ (여기서, q : 적재량, E : 효율, C_m : 사이클 타임)
- 트럭 애지테이터 : 콘크리트 운반기계 중에서 거리가 멀 때 가장 적합한 운반기계이다.
- 덤프트럭 : 슬럼프가 25mm 이하의 낮은 콘크리트를 운반할 때는 덤프트럭을 사용할 수 있다.
- 손수레 : 운반거리가 100m 이하가 되는 평탄한 운반로를 만들어 콘크리트의 재료분리를 방지할 수 있는 경우에는 손수레 등을 사용할 수 있다.
- 버킷 : 믹서로부터 받아 즉시 콘크리트를 치기 할 장소로 운반하기에 가장 좋은 방법이다.

■ 콘크리트 펌프
- 비빈 콘크리트를 수송관을 통해 압력으로 치기할 장소까지 연속적으로 보내는 기계이며, 콘크리트의 운반기구 중 재료분리가 적고, 연속적으로 칠 수 있어 터널, 댐, 항만 등의 공사에 널리 쓰인다.
- 수송관의 배치는 될 수 있는 대로 굴곡을 적게 한다.
- 수송관은 될 수 있는 대로 수평 또는 상향으로 하여 콘크리트를 압송한다.
- 일반 콘크리트를 펌프로 압송할 경우 굵은 골재의 최대 치수 40mm 이하를 표준으로 하고, 슬럼프의 범위는 10~18cm로 한다.

■ 콘크리트 플레이서
- 수송관 속의 콘크리트를 압축공기로써 압송하며 터널 등의 좁은 곳에 콘크리트를 운반하는 데 편리한 기계이다.
- 잔골재율을 크게 한 콘크리트를 사용하는 것이 좋다.
- 수송관의 배치는 굴곡을 적게 하고 수평 또는 상향으로 설치하며, 하향 경사로 설치·운용하지 않아야 한다.

■ 벨트 컨베이어
콘크리트를 연속으로 운반하는 기계이다. 벨트 컨베이어의 끝부분에는 조절판 및 깔때기를 설치해서 재료분리를 방지해야 하며, 이때 깔때기의 길이는 60cm 이상이어야 한다.

■ 슈트
- 콘크리트를 높은 곳에서 낮은 곳으로 미끄러져 내려갈 수 있게 만든 홈통이나 관 모양의 것을 말한다.
- 슈트를 사용할 때는 원칙적으로 연직 슈트를 사용해야 하며, 깔때기 등을 설치하여 콘크리트의 재료분리가 적게 일어나도록 해야 한다.
- 경사 슈트를 사용할 경우 슈트의 경사는 콘크리트가 재료분리를 일으키지 않아야 하며, 일반적으로 경사는 수평 2에 대하여 연직 1 정도가 적당하다.

■ 콘크리트 운반 시 주의사항
- 공사의 종류, 규모, 기간 등을 고려하여 콘크리트의 운반방법을 선정한다.
- 콘크리트 운반 중 재료손실, 재료분리가 일어나지 않아야 한다.
- 콘크리트 운반 중 슬럼프가 줄어들지 않도록 해야 한다.
- 콘크리트 운반로를 결정할 때 경제성을 고려해야 한다.
- 소량으로 단거리를 운반할 때는 버킷, 손수레 등을 사용한다.
- 대규모 공사일 때는 슈트(트럭믹서 등), 벨트 컨베이어, 콘크리트 펌프 등을 사용한다.
  ※ 콘크리트를 연속적으로 운반하는 데 가장 편리한 것은 벨트 컨베이어이다.

[04] 콘크리트의 타설 및 다지기

■ 콘크리트의 타설
- 콘크리트의 타설은 원칙적으로 시공계획서에 따라야 한다.
- 타설작업 시 철근, 매설물의 배치, 거푸집 등이 변형 및 손상되지 않도록 주의해야 한다.
- 타설한 콘크리트를 거푸집 안에서 횡방향으로 이동시켜서는 안 된다.
- 타설 도중에 심한 재료분리가 생긴 콘크리트는 사용하지 않는다.
- 한 구획 내의 콘크리트는 타설이 완료될 때까지 연속해서 타설해야 한다.
- 콘크리트는 그 표면이 한 구획 내에서는 거의 수평이 되도록 타설하는 것을 원칙으로 한다.
- 콘크리트를 2층 이상으로 나누어 타설할 경우, 상층의 콘크리트 타설은 원칙적으로 하층의 콘크리트가 굳기 시작하기 전에 해야 하며, 상층과 하층이 일체가 되도록 시공한다.
- 콜드 조인트가 발생하지 않도록 시공구획의 면적, 콘크리트의 공급 능력, 허용 이어치기 시간 간격 등을 정해야 한다.

[허용 이어치기 시간 간격의 표준]

외기온도	허용 이어치기 시간 간격
25℃ 초과	2.0시간
25℃ 이하	2.5시간

※ 허용 이어치기 시간 간격 : 하층 콘크리트 비비기 시작에서부터 콘크리트 타설 완료한 후, 상층 콘크리트가 타설되기까지의 시간

- 콘크리트를 쳐 올라가는 속도, 단면의 크기, 배합, 다지기 방법 등에 따라 다르나 보통 30분에 1~1.5m 정도로 하는 것이 적당하다.

■ 진동기의 종류
- 내부 진동기 : 일반적으로 된 반죽의 콘크리트를 다질 때 가장 많이 사용된다.
- 거푸집 진동기 : 거푸집의 외부에 진동을 주어 내부 콘크리트를 다지는 기계로서, 터널의 둘레 콘크리트나 높은 벽 등에 사용된다.
- 표면 진동기 : 비교적 두께가 얇고, 넓은 콘크리트의 표면에 진동을 주어 고르게 다지는 기계로서, 주로 도로 포장, 활주로 포장 등의 표면 다지기에 사용된다.

■ 내부 진동기의 사용방법
- 진동 다지기를 할 때에는 내부 진동기를 하층의 콘크리트 속으로 0.1m 정도 찔러 넣는다.
- 내부 진동기는 연직으로 찔러 넣어야 한다.
- 삽입 간격은 진동이 유효하다고 인정되는 범위의 지름 이하로서 일정한 간격으로 하며, 일반적으로 0.5m 이하로 하는 것이 좋다.
- 내부 진동기는 콘크리트로부터 천천히 빼내어 구멍이 남지 않도록 한다.
- 내부 진동기는 콘크리트를 횡방향으로 이동시킬 목적으로 사용하지 않아야 한다.

거푸집널의 해체

- 동바리 해체 후 해당 부재에 가해지는 전 하중이 설계하중을 초과하는 경우에는 존치기간에 관계없이 하중에 의하여 유해한 균열이 발생하지 않고 충분히 안전하다는 것을 구조계산으로 확인한 후 책임기술자의 승인을 받아 해체할 수 있다.
- 거푸집, 동바리의 해체 순서는 해체에 의해 가해지는 하중이 비교적 작은 부분을 먼저하고 발생하는 응력이 큰 부분을 나중에 한다.
- 기둥, 벽 등의 수직 부재의 거푸집은 보 등의 수평 부재의 거푸집보다도 일찍 해체하는 것이 원칙이다.
- 보의 밑판의 거푸집은 보의 양 측면의 거푸집보다 나중에 떼어 낸다.
- 거푸집을 시공할 때 거푸집 판의 안쪽에 박리제를 발라서 콘크리트가 거푸집에 붙는 것을 방지하도록 한다.

콘크리트의 압축강도를 시험할 경우 거푸집널의 해체 시기

부재		콘크리트 압축강도(f_{cu})
기초, 보, 기둥, 벽 등의 측면		5MPa 이상
슬래브 및 보의 밑면, 아치 내면	단층구조인 경우	설계기준 압축강도의 2/3배 이상(단, 최소 강도 14MPa 이상)
	다층구조인 경우	설계기준 압축강도 이상(필러 동바리 구조를 이용할 경우는 구조계산에 의해 기간을 단축할 수 있음. 단, 이 경우라도 최소 강도는 14MPa 이상으로 함)

콘크리트의 압축강도를 시험하지 않을 경우 거푸집널의 해체 시기

시멘트의 종류 평균기온	조강 포틀랜드 시멘트	보통 포틀랜드 시멘트 고로 슬래그 시멘트(1종) 포틀랜드 포졸란 시멘트(1종) 플라이애시 시멘트(1종)	고로 슬래그 시멘트(2종) 포틀랜드 포졸란 시멘트(2종) 플라이애시 시멘트(2종)
20℃ 이상	2일	4일	5일
20℃ 미만 10℃ 이상	3일	6일	8일

[05] 콘크리트의 양생

▌ 양생
타설이 끝난 콘크리트가 시멘트의 수화반응에 의하여 충분한 강도를 발현하고, 균열이 생기지 않도록 하기 위해 일정 기간 동안 적당한 온도조건을 유지하며 수분을 공급하고 유해한 작용의 영향을 받지 않도록 보호해주는 것이다.

▌ 콘크리트 양생 시 유해한 영향을 주는 요인 : 직사광선, 바람, 진동, 하중, 충격 등

▌ 양생 시 주의사항
- 초기동결융해를 방지에 유의한다(초기양생이 가장 중요).
- 콘크리트 타설 후 24시간 이내 통행을 금지한다.
- 타설 후 건조 및 급격한 온도변화를 금지한다(콘크리트 온도는 5일간 2℃ 이상 유지).
- 경화 중에 진동, 충격 및 하중을 가해서는 안 된다.
- 국부 가열이 되지 않도록 한다.
- 직사광선, 급격한 건조, 찬기를 방지한다.
- 경량 콘크리트일 경우에는 장시간 습윤 양생한다.

▌ 습윤 양생
- 타설한 콘크리트의 수분 증발을 막기 위해서 콘크리트의 표면에 양생용 매트, 가마니 등을 물에 적셔서 덮거나 살수하는 등의 조치를 하는 양생방법이다.
- 수중 양생, 습포 양생, 습사 양생, 피막 양생(막양생), 피복 양생 등

▌ 습윤 양생기간의 표준

일평균기온	보통 포틀랜드 시멘트	고로 슬래그 시멘트 플라이애시 시멘트 B종	조강 포틀랜드 시멘트
15℃ 이상	5일	7일	3일
10℃ 이상	7일	9일	4일
5℃ 이상	9일	12일	5일

▌ 촉진 양생
- 보다 빠른 콘크리트의 경화 또는 강도 발현을 촉진하기 위해 실시하는 양생방법이다.
- 증기 양생, 고온고압(오토클레이브) 양생, 전기 양생, 가열 양생, 적외선 양생, 고주파 양생 등

[06] 특수 콘크리트의 시공법

■ 한중 콘크리트

- 기온이 낮을 때 치는 콘크리트를 말하며, 일평균기온이 4℃ 이하로 예상되어 콘크리트가 동결할 염려가 있는 경우 한중 콘크리트로 시공해야 한다.
- 물-결합재비는 원칙적으로 60% 이하로 해야 한다.
- 한중 콘크리트에는 AE(공기연행) 콘크리트를 사용하는 것을 원칙으로 한다.
  ※ AE제 : 한중 콘크리트의 동결융해에 대한 내구성 개선에 주로 사용되는 혼화제이다.
- 한중 콘크리트는 소요의 압축강도가 얻어질 때까지는 콘크리트의 온도를 5℃ 이상으로 유지해야 하며, 소요 압축강도에 도달한 후 2일간은 구조물의 어느 부분이라도 0℃ 이상이 되도록 유지하여야 한다.

■ 서중 콘크리트

- 높은 외부 기온으로 콘크리트의 슬럼프 저하나 수분의 급격한 증발 등의 염려가 있을 경우에 시공되는 콘크리트이다.
- 일평균기온이 25℃를 초과하는 것이 예상되는 경우 서중 콘크리트로 시공해야 한다.
- 콘크리트를 타설할 때의 콘크리트 온도는 35℃ 이하이어야 한다.

■ 수중 콘크리트

- 수중에 타설하는 콘크리트로 현장타설 말뚝 및 지하연속벽 등에 사용한다.
- 물-결합재비는 50% 이하, 단위 시멘트양은 370kg/m³ 이상을 표준으로 한다.
- 콘크리트를 수중에 낙하시키면 재료분리가 일어나고 시멘트가 유실되기 때문에 콘크리트는 수중에 낙하시키지 않아야 한다.
- 수중 콘크리트는 시멘트의 유실, 레이턴스의 발생을 방지하기 위해 물막이를 설치하여 물을 정지시킨 정수 중에서 타설하여야 한다.
- 타설할 때 완전히 물막이를 할 수 없는 경우에도 유속은 50mm/s 이하로 하여야 하며, 수중 낙하높이는 0.5m 이하이어야 한다.
- 수중 콘크리트를 시공할 때 시멘트가 물에 씻겨서 흘러나오지 않도록 트레미나 콘크리트 펌프를 사용해서 타설해야 한다.
- 트레미를 사용하여 시공하는 일반 수중 콘크리트의 슬럼프의 표준값은 130~180mm이다.

▌해양 콘크리트
- 항만, 해안 또는 해양에 위치하여 해수 또는 바닷바람의 작용을 받는 구조물에 쓰이는 콘크리트이다.
- 해양 콘크리트는 바닷물에 대한 내구성이 강하고, 강도와 수밀성이 커야 한다.
- 보통 포틀랜드 시멘트를 사용한 콘크리트는 재령 5일이 될 때까지 콘크리트가 바닷물에 씻기지 않도록 해야 한다.
- 콘크리트가 충분히 경화되기 전에 해수에 씻기면 모르타르 부분이 유실되는 등 피해를 받을 우려가 있으므로 직접 해수에 닿지 않도록 보호해야 한다.
- 해양 구조물은 시공이음부를 둘 경우 성능 저하가 생기기 쉬우므로 될 수 있는 대로 피해야 한다.
- 해양 콘크리트 구조물에 쓰이는 콘크리트의 설계기준 압축강도는 30MPa 이상으로 하며, 단위 시멘트양은 280~330kg/m^3로 한다.
- 일반 현장시공의 경우 최대 물-시멘트비는 45~50%로 한다.

▌수밀 콘크리트
- 물, 공기의 공극률을 최소로 하거나 방수성 물질을 사용하여 방수성을 높인 콘크리트이다.
- 내화학성, 염해, 알칼리 골재 반응, 동결융해 등에 강한 저항성을 가지고 있다.
- 단위 수량 및 물-결합재비는 되도록 작게 하고, 단위 굵은 골재량은 되도록 크게 한다.
- 콘크리트의 워커빌리티를 개선시키기 위해 AE제, AE 감수제 또는 고성능 AE 감수제를 사용하는 경우라도 공기량은 4% 이하가 되게 한다.
- 물-결합재비는 50% 이하를 표준으로 한다.
- 콘크리트는 가능한 한 연속으로 타설하여 콜드 조인트(시공이음)가 발생하지 않도록 한다.
- 경화 후의 콘크리트는 될 수 있는 대로 장기간 습윤 상태로 유지한다.

▌숏크리트(shotcrete, 뿜어붙이기 콘크리트)
- 모르타르 또는 콘크리트를 압축공기를 이용해 고압으로 분사하여 만드는 콘크리트이다.
- 비탈면의 보호, 교량의 보수, 터널공사 등에 쓰인다.
- 일반 숏크리트의 장기설계기준 압축강도는 재령 28일로 설정하며 그 값은 21MPa 이상으로 한다(단, 영구 지보재인 경우 설계기준 압축강도 35MPa 이상).
- 숏크리트는 노즐의 막힘 현상이나 반발량을 최소화할 수 있도록 굵은 골재의 최대 치수를 13mm 이하로 한다.
- 숏크리트는 빠르게 운반하고, 급결제를 첨가한 후는 바로 뿜어붙이기 작업을 실시해야 한다.

[숏크리트의 장단점]

장점	• 급결제의 첨가로 조기강도의 발현이 가능하다. • 거푸집이 불필요하며 급속 시공이 가능하다. • 임의 방향, 협소한 장소 및 급경사면의 시공이 가능하다. • 작은 물-시멘트비로 시공이 가능하다.
단점	• 리바운드(rebound) 등의 재료 손실이 많으며, 수축균열이 생기기 쉽다. • 표면이 거칠다. • 시공조건, 시공자에 따라 시공성, 품질 등에 변동이 심하다. • 수밀성이 적으며, 작업 시에 분진이 생긴다.

▌ 프리플레이스트 콘크리트

- 특정한 입도를 가진 굵은 골재를 거푸집에 채워 넣고, 그 공극 속에 특수한 모르타르를 적당한 압력으로 주입하여 제조한 콘크리트이며, 강도는 원칙적으로 재령 28일 또는 재령 91일의 압축강도를 기준으로 한다.
- 주입관의 간격은 굵은 골재의 치수, 주입 모르타르의 배합, 유동성 및 주입속도에 따라 정하며, 일반적으로 5m 전후로 한다.
- 연직 주입관의 수평 간격은 2m 정도를 표준으로 한다.
- 프리플레이스트 콘크리트용 그라우트에 사용하는 발포제(기포제)는 굵은 골재의 간극이나 PC 강재의 주위에 부착을 좋게 한다.

▌ 매스 콘크리트

- 부재의 치수가 커서 시멘트의 수화열로 인한 온도 상승 및 하강에 따른 콘크리트의 팽창과 수축을 고려하여 시공해야 하는 콘크리트이다.
- 구조물의 부재 치수는 일반적인 표준으로서 넓이가 넓은 평판구조의 경우 두께 0.8m 이상, 하단이 구속된 벽조의 경우 두께 0.5m 이상으로 한다.
- 수화열로 인해 콘크리트에 균열이 생기므로, 시공 시 콘크리트의 온도를 낮추어야 한다.
- 프리쿨링, 파이프 쿨링 등에 의한 온도 저하 방법을 사용한다.
  - 파이프 쿨링(pipe-cooling)법 : 콘크리트를 타설한 후 콘크리트의 내부 온도를 제어하기 위해 미리 콘크리트 속에 묻은 파이프 내부에 냉수 또는 찬 공기를 강제적으로 순환시켜 콘크리트를 냉각시키는 방법이다.
  - 프리쿨링(pre-cooling)법 : 콘크리트의 온도균열 방지를 위해 콘크리트 재료의 일부 또는 전부를 냉각시켜 온도를 낮추는 방법이다.
- 콘크리트의 발열량은 대체적으로 단위 시멘트양에 비례하므로 콘크리트의 온도상승을 감소시키기 위해 소요의 품질을 만족시키는 범위 내에서 단위 시멘트양이 적어지도록 배합을 선정한다.
- 굵은 골재 최대 치수는 큰 것을 사용하고, 슬럼프값을 최대한 적게 한다.

▌ 경량골재 콘크리트

- 골재의 전부 또는 일부를 인공 경량골재를 써서 만든 콘크리트로서 단위 질량이 1.4~2.0t/m^3인 콘크리트이다.
- 구조물의 하중을 줄이고, 시공성을 개선하며, 단열 성능을 높이는 데 효과적이다.
- 경량골재 콘크리트의 특징
  - 강도가 낮고 내구성, 열전도율, 탄성계수가 작다.
  - 건물 자중을 경감할 수 있다.
  - 콘크리트 운반이나 부어넣기 노력을 절감시킬 수 있다.
  - 방음, 흡음성, 내화성이 좋다.
  - 건조수축이 크며, 시공이 번거롭고, 재료처리가 필요하다.

▌ 프리스트레스트 콘크리트(PSC ; Prestressed Concrete)

- 외력에 의하여 일어나는 응력을 소정의 한도까지 상쇄할 수 있도록 미리 인위적으로 그 응력의 분포와 크기를 정하여 내력을 준 콘크리트이다.
- 탄력성과 복원성이 우수하여 구조물의 인장응력에 의한 균열이 방지되고 안전성이 높다.

CHAPTER 03 콘크리트 재료에 관한 시험법 및 배합설계에 관한 지식

[01] 시멘트 시험

■ 시멘트의 비중 시험방법(KS L 5110)

- 시험 목적 : 콘크리트 배합설계 시 시멘트가 차지하는 부피(용적)를 계산하기 위해서 필요하며 비중의 시험치에 의해 시멘트 풍화의 정도, 시멘트의 품종, 혼합 시멘트에 있어서 혼합하는 재료의 함유비율을 추정할 수 있다.
- 시험에 필요한 기구 : 르샤틀리에 비중병, 광유(온도 20±1℃에서 밀도 약 0.73mg/m^{3}인 완전히 탈수된 등유 또는 나프타를 사용), 시멘트, 천칭(저울), 항온 수조, 온도계, 가는 철사 및 마른 천
- 시험방법
  - 르샤틀리에 플라스크의 0~1mL 사이 눈금선까지 광유를 채운다.
  - 항온 수조에 넣어 온도차가 0.2℃ 이내가 되었을 때 눈금을 읽어 기록한다.
  - 일정한 양의 시멘트를 0.05g까지 계량하여 플라스크에 넣는다.
  - 플라스크를 굴려 시멘트 안의 공기를 제거한다.
  - 항온 수조에 넣어 물과 온도차가 0.2℃ 이내가 되었을 때 눈금을 읽는다.
- 시험결과의 계산
  - 시멘트의 비중(밀도) = $\dfrac{\text{시료의 무게}}{\text{눈금 차}}$
  - 광유 표면의 눈금을 읽을 때에는 곡면의 가장 밑면의 눈금을 읽도록 한다.
  - 비중 시험은 2회 이상 행하고, 측정한 결과가 ±0.03mg/m^3 이내이면 그 평균값을 취한다.

■ 시멘트의 응결시간 시험방법(KS L ISO 9597)

- 시험 목적 : 어떤 특정값에 도달할 때까지 표준 질기(standard consistence)를 가진 시멘트 페이스트 속에 들어가는 바늘의 침입도를 관찰하여 응결시간을 측정한다.
- 시험에 필요한 기구 : 각종 시멘트, 젖은 천, 유리판, 길모어침(조결침, 종결침), 칼, 저울(1g 단위까지 측정할 수 있는 것), 눈금이 있는 실린더 또는 뷰렛, 온도계, 습기함, 혼합기
- 시험방법
  - 적절한 크기의 실험실 또는 습기함을 사용한다. 실험실의 온도는 20±1℃로 유지해야 하며 상대습도는 50% 정도, 습기함의 상대습도는 90% 이상이어야 한다.

- 시멘트풀을 만들 때 시멘트 500g을 1g 단위까지 계량한다. 물(125g)은 혼합용기에 넣어 측정하거나 눈금이 있는 실린더나 뷰렛으로 측정하여 혼합용기에 넣는다.
- 시멘트의 첨가가 끝난 시간을 0시로 기록하고, 이 시간을 기점으로 시험하고, 습기함이나 습기실에 보관하면서 일정 시간 간격으로 응결시간을 측정한다.
- 시험결과의 계산
  - 초결의 측정 : 바늘과 바닥판이 거리가 4±1mm가 될 때를 시멘트의 초결시간으로 삼고 5분 단위로 측정한다.
  - 종결의 측정 : 시험체를 뒤집어 0.5mm 관통하였을 때를 측정한다.

시멘트 분말도 시험

- 시험 목적 : 분말도는 시멘트 입자의 굵고 가는 정도를 말하며, 시험을 통해 시멘트 입자의 가는 정도를 알 수 있다.
- 시험방법

블레인 투과 장치에 의한 방법 (KS L 5106)	• 블레인 공기 투과 장치를 사용하여 비표면적으로 나타나는 시멘트의 분말도를 시험하는 방법으로, 단위는 cm^2/g으로 표시한다. • 표준시료와 시험시료로 만든 시멘트 베드를 공기가 투과하는 데 요하는 시간을 비교하여 비표면적을 구한다. • 시험 기구 : 표준시멘트, 거름종이, 수은, 셀, 플런저 및 유공 금속판, 마노미터액 등
표준체에 의한 방법 (KS L 5112)	• 45μm 표준체로 쳐서 위에 남는 시멘트의 양을 계량하여 분말도를 시험하는 방법이다. • 시험 기구 : 표준체, 스프레이 노즐, 압력계, 저울(0.0005g의 정확도로 측정할 수 있는 것)

분말도가 큰 시멘트의 특성

- 물과 혼합 시 접촉 표면적이 커서 수화작용이 빠르다.
- 풍화되기 쉽고 건조수축이 커져서 균열이 발생하기 쉽다.
- 수화열이 크고 응결이 빠르며 조기강도가 크다.
- 블리딩양이 적고 워커빌리티가 좋아진다.

시멘트의 강도 시험방법(KS L ISO 679)

- 시험 목적 : 콘크리트 강도에 직접적인 관계가 있고 시멘트의 여러 성질 중 가장 중요한 부분이므로 시험을 실시한다.
- 시험에 필요한 기구
  - 실험실 : 틀에 다진 공시체를 양생할 때의 항온 항습기는 온도 20±1℃ 및 상대습도 90% 이상을 계속적으로 유지해야 한다.
  - 기계 및 기구 : 시험용 체(2mm, 1.6mm, 1mm, 0.5mm, 0.16mm, 0.08mm), 혼합기, 시험체 틀, 진동다짐기, 휨강도 시험기, 압축강도 시험기, 압축강도 시험기용 부속기구

- 시험방법
  - 공시체는 질량으로 시멘트 1, 표준사 3 및 물-시멘트비 0.5의 비율로 모르타르를 성형하고, 틀에 다진 공시체는 24시간 습윤 양생한 뒤 탈형하여 강도측정 시험을 할 때까지 수중 양생한다.
  - 측정 재령에 이르렀을 때 시험체를 수중 양생조로부터 꺼내어 휨강도를 측정한 후 깨진 시편으로 압축강도 시험을 한다.
- 시험결과의 계산
  - 시멘트의 압축강도는 3개를 한 조로 하여 측정하는 6개의 평균값으로 한다.
  - 6개의 측정값 중에서 1개의 결과가 6개의 평균값보다 ±10% 이상 벗어나는 경우에는 이 결과를 버리고 나머지 5개의 평균으로 계산한다.

  $$압축강도(f) = \frac{P}{A}$$

  여기서, P : 파괴될 때 최대 하중(N)
  A : 시험체의 단면적(mm^2)

■ 수경성 시멘트 모르타르의 인장강도 시험방법(KS L 5104)

- 시험 목적 : 수경성 시멘트 모르타르의 인장강도를 평가하고 콘크리트의 강도를 추정하기 위해 실시한다.
- 시험에 필요한 기구 : 저울(0.01g 이상의 정밀도를 가진 것), 표준체, 메스실린더(150mL, 200mL), 틀, 흙손, 시험기(하중을 연속적으로 2,700±100N/min의 속도로 가할 수 있고, 재하속도를 조절하는 장치가 있어야 함)
- 시험방법
  - 준비한 시험체를 습기함에서 꺼낸 직후에 실시하며, 각 시험체는 표면건조 상태가 되도록 물기를 닦고, 시험기의 클립과 접촉하는 면에 붙어 있는 모래알이나 다른 부착물이 없게 한다.
  - 시험체는 클립단의 중심에 오도록 주의 깊게 넣고, 하중을 2,700±100N/min 속도로 가하여 시험체가 파괴되도록 한다.
- 시험결과의 계산

  $$인장강도 = \frac{P}{A}$$

  여기서, P : 최대 파괴하중(N)
  A : 시험체 면적(mm^2)

[02] 골재 시험

▌ 골재의 체가름 시험방법(KS F 2502)

- 시험 목적 : 체가름 시험은 골재의 입도(크고 작은 알이 섞여 있는 정도), 조립률, 굵은 골재의 최대 치수를 알기 위한 시험이다.
- 시험에 필요한 기구 : 표준체, 저울, 건조기, 시료 분취기, 체 진동기, 삽 등
- 시험방법
  - 시료는 사분법 또는 시료 분취기에 의해 일정 분량이 되도록 축분한 뒤 건조기 안에 넣고 105±5℃에서 24시간, 일정 질량이 될 때까지 건조시킨다.
  - 굵은 골재 최대 치수가 25mm일 때 시료의 최소 질량은 5kg으로 하고, 잔골재는 1.18mm 체를 95%(질량비) 이상 통과하는 것에 대한 최소 건조질량을 100g으로 하고, 1.18mm 체에 5%(질량비) 이상 남는 것에 대한 최소 건조질량을 500g으로 한다. 다만, 구조용 경량골재에서는 최소 건조질량의 1/2로 한다.
  - 시료질량은 0.1% 이상의 정밀도로 측정하며, 현장에서 시험하는 경우에는 시료질량의 정밀도를 0.5% 이상으로 측정하도록 한다.
  - 시험 목적에 맞는 망체를 선택한 뒤 수동 또는 기계를 사용하여 체가름한다. 체 위에서 골재가 끊임없이 상하·수평 운동하도록 하고, 1분마다 각 체를 통과하는 것이 전 시료질량의 0.1% 이하로 될 때까지 반복한다.
  - 각 체에 남은 시료의 질량을 시료질량의 0.1%의 정밀도로 측정한다. 각 체에 남은 시료질량과 받침 접시 안의 시료질량의 합은 체가름 전에 측정한 시료질량과의 차이가 1% 미만이어야 한다.
  - 체 눈에 막힌 알갱이는 파쇄되지 않도록 주의하면서 되밀어내어 체 위에 남은 시료로 간주한다. 이때 골재를 손으로 체 사이로 밀어내어 무리하게 체를 통과시키면 안 된다.
- 시험결과의 계산 : 체가름 시험결과는 전체 시료질량에 대한 각 체에 남아 있는 시료질량의 백분율로 소수점 이하 한 자리까지 계산하여 정수로 끝맺는다.

▌ 조립률

- 10개의 체(75mm, 40mm, 20mm, 10mm, 5mm, 2.5mm, 1.2mm, 0.6mm, 0.3mm, 0.15mm)를 1조로 하여 체가름 시험을 하였을 때, 각 체에 남은 누계량의 전체 시료에 대한 질량 백분율의 합을 100으로 나눈 값으로 나타낸다.

$$조립률 = \frac{각\ 체의\ 가적\ 잔류율의\ 합}{100}$$

▌ 굵은 골재의 최대 치수 : 골재가 질량비로 90% 통과하는 체 중 가장 작은 체의 치수를 굵은 골재의 최대 치수로 정한다.

■ 유기불순물 시험방법(KS F 2510)

- 시험 목적 : 시멘트 모르타르 또는 콘크리트에 사용되는 모래 중에 함유되어 있는 유기화합물의 해로운 양을 측정한다.
- 시험 기구 : 저울, 유리병(400mL의 무색 유리병) 2개
- 시약과 식별용 표준색 용액
  - 수산화나트륨 용액(3%) : 물 97에 수산화나트륨 3의 질량비로 용해시킨 것이다.
  - 식별용 표준색 용액 : 10%의 알코올 용액으로 2% 탄닌산 용액을 만들고, 그 2.5mL를 3%의 수산화나트륨 용액 97.5mL에 가하여 유리병에 넣어 혼합한 것을 표준색 용액으로 한다.
- 시험방법
  - 시료는 대표적인 것을 취하고 공기 중 건조 상태로 건조시켜 사분법 또는 시료 분취기를 사용하여 약 450g을 채취한다.
  - 시료를 시험용 무색 투명 유리병에 130mL 눈금까지 채운다.
  - 여기에 3%의 수산화나트륨 용약을 가하여 시료와 용액의 전량이 200mL가 되게 한다.
  - 마개를 받고 잘 흔든 후 24시간 동안 정치한다.
- 색도의 측정 : 시료에 수산화나트륨 용액을 가한 유리 용기와 표준색 용액을 넣은 유리 용기를 24시간 정치한 후 잔골재 상부의 용액 색이 표준색 용액보다 연한지, 진한지 또는 같은지를 육안으로 비교한다.

■ 굵은 골재의 밀도 및 흡수율 시험방법(KS F 2503)

- 시험 목적 : 콘크리트의 배합설계를 할 때 골재의 부피와 빈틈 등의 계산을 하기 위해 굵은 골재의 밀도 및 흡수율을 측정하는 방법이다.
- 시험 기구 : 저울, 철망태, 물탱크, 마른 천, 건조기, 체, 시료 분취기 등
- 시험방법
  - 대표적인 시료를 시료 분취기 또는 사분법에 따라 채취하고, 1회 시험에 사용되는 시료의 최소 질량은 굵은 골재 최대 치수의 0.1배를 kg으로 나타낸 양으로 한다.
  - 시료를 물로 충분히 씻어 입자 표면의 불순물 및 그 밖의 이물질을 제거한다.
  - 시료를 철망태에 넣고 수중에서 흔들어 공기를 제거한 후, 20±5℃의 물속에 24시간 담근다.
  - 침지된 시료의 수중 질량과 수온을 측정하고, 철망태와 시료를 수중에서 꺼낸 뒤 물기를 제거하여 표면건조 포화 상태의 질량을 측정한다.
  - 105±5℃에서 질량 변화가 없을 때까지 건조시키고, 실온까지 냉각시켜 절대건조 상태의 질량을 측정한다.

- 시험결과의 계산
    - 절대건조 상태의 밀도 = $\dfrac{A}{B-C} \times \rho_w$
    - 표면건조 포화 상태의 밀도 = $\dfrac{B}{B-C} \times \rho_w$
    - 겉보기 밀도 = $\dfrac{A}{A-C} \times \rho_w$

  여기서, A : 절대건조 상태의 시료질량(g)

  B : 표면건조 포화 상태의 시료질량(g)

  C : 침지된 시료의 수중 질량(g)

  ρ_w : 시험온도에서의 물의 밀도(g/cm^3)

■ 잔골재의 밀도 및 흡수율 시험방법(KS F 2504)

- 시험 목적 : 콘크리트의 배합설계를 할 때 잔골재의 부피 계산을 하기 위해서 잔골재의 밀도 및 흡수율을 측정하는 방법이다.
- 시험 기구 : 시료 분취기, 원뿔형 몰드, 다짐봉, 저울, 플라스크(500mL), 건조기, 항온 수조, 피펫
- 시험방법
    - 시료는 사분법 또는 시료 분취기에 의해 약 1kg의 잔골재를 준비하고, 용기에 담아 105±5℃ 온도로 질량의 변화가 없을 때까지 건조시킨 후 24±4시간 동안 물속에 담근다. 이때 수온은 20±5℃에서 최소한 20시간 이상 유지하도록 한다. 시료를 평평한 용기에 펴서 물기가 없어질 때까지 따뜻한 공기로 서서히 건조시킨 뒤 시료를 원뿔형 몰드에 느슨하게 채운 뒤 다짐봉으로 25회 가볍게 다진 후 몰드를 가만히 연직으로 들어올린다. 표면건조 포화 상태의 잔골재를 500g 이상 채취하고, 그 질량을 0.1g까지 측정하여, 이것을 1회 시험량으로 한다.
    - 측정한 시료를 플라스크에 바로 넣고 물을 90%까지 채운 다음 플라스크를 평평한 면에 굴려서 교란시켜 기포를 모두 없애야 한다. 이때 물의 온도를 측정하고 다음에 플라스크를 항온 수조에 약 1시간 동안 담가 20±5℃ 온도로 조정한 후 플라스크, 시료, 물의 질량을 0.1g까지 측정한다.
    - 금속제 용기 안으로 플라스크 속에 있는 시료를 모두 옮기고, 플라스크 속에 물을 검정선(눈금)까지 다시 채워 그 질량을 측정한다.
    - 플라스크에서 꺼낸 시료로부터 상부의 물을 천천히 따라 버리고, 금속제 용기를 시료와 함께 일정한 온도가 될 때까지 약 24시간 동안 105±5℃에서 건조시킨다. 또한 데시케이터 내에서 실온까지 냉각하여 그 질량을 0.1g까지 측정한다.

- 시험결과의 계산 : 시험값은 평균과의 차이가 밀도의 경우 0.01g/cm³ 이하, 흡수율의 경우 0.05% 이하여야 한다.

  - 절대건조 상태의 밀도 = $\dfrac{A}{B+m-C} \times \rho_w$

  - 표면건조 포화 상태의 밀도 = $\dfrac{m}{B+m-C} \times \rho_w$

  - 상대 겉보기 밀도 = $\dfrac{A}{B+A-C} \times \rho_w$

  - 흡수율 = $\dfrac{m-A}{A} \times 100$

  여기서, A : 절대건조 상태의 시료질량(g)

  B : 검정선(눈금)까지 물을 채운 플라스크의 질량(g)

  m : 표면건조 포화 상태의 시료질량(g)

  C : 시료와 물로 검정선(눈금)까지 채운 플라스크의 질량(g)

  ρ_w : 시험온도에서의 물의 밀도(g/cm³)

■ 잔골재 표면수 측정방법(KS F 2509)

- 시험 목적 : 콘크리트 배합설계 시 골재는 표면건조 포화 상태를 기준한 것으로, 골재에 표면수가 있으면 물-시멘트비가 달라지므로 혼합수량을 조정하기 위해서 시험을 한다.
- 시험 기구 : 저울, 용기(500~1,000mL), 시료
- 시험방법
  - 시료는 대표적인 것을 400g 이상 채취하여 가능한 한 함수율의 변화가 없도록 주의하여 두 개의 시료로 나누고 각각을 1회의 시험의 시료로 한다. 2회째의 시험에 사용하는 시료는 특히 시험을 할 때까지의 사이에 함수량이 변화하지 않도록 주의한다.
  - 시험은 실량법 또는 용적법 중 어느 쪽에 따른다.

질량법	• 시료의 질량을 0.1g까지 측정한다. • 플라스크의 표시선까지 물을 채우고 질량을 측정한다. • 플라스크를 비운 뒤 다시 플라스크에 시료가 충분히 잠길 수 있도록 물을 넣는다. • 플라스크 속에 시료를 넣고, 흔들어서 공기를 없앤다. • 플라스크의 표시선까지 물을 채우고 플라스크, 시료, 물의 질량을 측정한다.
용적법	• 시료의 질량을 측정한다. • 시료를 덮기에 충분한 수량을 측정하여 용기에 넣는다. • 시료를 용기에 넣고 흔들어서 공기를 충분히 빼낸다. • 시료와 물이 섞인 양을 눈금으로 읽고, 시료가 밀어낸 물의 양을 구한다.

  - 시험하는 동안 용기 및 그 내용물의 온도는 15~25℃의 범위 내에서 가능한 한 일정하게 유지한다.

골재의 단위 용적질량 및 실적률 시험방법(KS F 2505)

- 시험 목적 : 콘크리트에 사용하는 잔골재, 굵은 골재 및 이들 혼합 골재의 단위 용적질량과 실적률을 측정하는 방법이다.
- 시험 기구 : 저울, 용기, 다짐봉, 시료
- 시험방법

다짐봉을 이용하는 경우	• 골재의 최대 치수가 40mm 이하인 경우 • 시료를 용기의 1/3까지 넣고 윗면을 손가락으로 고르게 하고 다짐봉의 앞 끝이 용기 바닥에 세게 닿지 않도록 주의하며 균등하게 소요 횟수를 다진다. 다음으로 용기의 2/3까지 시료를 넣고 앞과 똑같은 횟수로 다지고 마지막으로 용기에서 넘칠 때까지 전회와 같은 횟수로 다진다.
충격을 이용하는 경우	• 골재의 최대 치수가 40mm 이상 100mm 이하인 경우 • 용기를 콘크리트 바닥과 같은 튼튼하고 수평인 바닥 위에 놓고 시료를 거의 같은 3층으로 나누어 채운다. 각 층마다 용기의 한쪽을 약 50mm 들어 올려서 바닥을 두드리듯이 낙하시킨다. 다음으로 반대쪽을 약 50mm 들어 올려 낙하시키고 각각을 교대로 25회, 전체적으로 50회 낙하시켜서 다진다.
삽을 이용하는 경우	골재의 최대 치수가 100mm 이하인 경우

- 시험결과의 계산

    - 골재의 단위 용적질량(kg/L) = $\dfrac{용기\ 안\ 시료의\ 질량(kg)}{용기의\ 용적(L)}$

    - 골재의 실적률(%) = $\dfrac{골재의\ 단위\ 용적질량(kg/L)}{골재의\ 절건\ 밀도(kg/L)} \times 100$

골재의 안정성(내구성) 시험방법(KS F 2507)

- 시험 목적 : 골재의 안정성 시험은 기상작용에 대한 내구성을 판단하기 위한 자료를 얻기 위함이며, 황산소듐 포화용액으로 인한 골재의 부서짐 작용에 대한 저항성을 시험한다.
- 시험 기구 : 체, 철망 바구니, 용기, 저울, 건조기
- 골재의 안정성 시험에 사용하는 시약
    - 시험용 용액 : 황산소듐 포화용액으로 한다.
    - 시약용 용액의 골재에 대한 잔류 유무를 조사 : 염화바륨(5~10%)
- 시험방법
    - 시료를 철망 바구니에 넣고 시험용 용액 안에 16~18시간 담궈 둔다. 이때 용액의 표면은 시료의 윗면에서 15mm 이상 높아지도록 하며, 뚜껑을 덮고 온도는 20±1℃로 유지한다.
    - 시료를 꺼내어 건조기에 넣고, 건조기 내의 온도를 1시간에 약 40℃의 비율로 올리고 105±5℃의 온도에서 4~6시간 건조하고, 실온까지 식힌다.
    - 위의 조작을 소정의 횟수만큼 반복한 뒤 시료를 깨끗한 물로 씻는다.
    - 물에 소량의 염화바륨 용액을 가해도 뿌옇게 흐려지지 않을 때까지 씻은 시료를 105±5℃의 온도에서 질량이 일정해질 때까지 건조한다.

- 잔골재 또는 굵은 골재의 경우에는 건조한 각 군의 시료를 시험하기 전에 시료가 남은 체에서 치고, 남은 시료의 질량을 측정한다. 20mm 이상의 입자는 그 파괴 상황(붕괴, 갈라짐, 이 빠짐, 잔금, 기타)을 주의 깊게 관찰한다.
- 골재의 안정성은 황산소듐으로 5회 시험을 하여 평가하며 손실질량은 굵은 골재 12% 이하, 잔골재 10% 이하를 표준으로 한다.

■ 골재의 잔입자량(0.08mm 체 통과분) 시험(KS F 2511)

- 시험 목적 : 골재에 포함된 0.08mm 체를 통과하는 잔입자의 양을 측정하는 방법이다.
- 시험 기구 : 저울, 체, 용기, 건조기
- 시험방법
  - 시료는 잘 혼합되고, 또한 재료분리가 일어나지 않을 정도의 충분한 수분을 가진 것이어야 한다.
  - 시료는 105±5℃의 온도에서 항량이 될 때까지 건조시키고, 시료질량의 0.1% 정밀도로 정확히 한다.
  - 건조 및 계량이 끝난 시료를 용기에 넣고, 물에 완전히 침지되도록 한다.
  - 용기 속을 충분히 휘저은 후, 즉시 굵은 눈을 가진 체를 위에 끼운 한 벌의 체에 씻은 물을 붓는다.
  - 이후 굵은 입자와 잔입자를 완전히 분리시키고, 0.08mm 체를 통과하는 잔입자를 물에 뜨게 하여 씻은 물과 같이 유출되도록 충분히 휘젓는다.
  - 굵은 입자가 씻은 물과 함께 유출되지 않도록 주의하며, 씻은 물이 맑아질 때까지 위의 작업을 반복한다.
  - 씻은 시료는 105±5℃의 온도에서 항량이 될 때까지 건조시킨 후 0.1%의 정밀도로 정확히 계량한다.
- 시험결과의 계산

$$A = \frac{B-C}{B} \times 100$$

여기서, A : 0.08mm 체를 통과하는 잔입자량의 백분율(%)
B : 씻기 전의 건조질량(kg)
C : 씻은 후의 건조질량(kg)

■ 로스앤젤레스 시험기에 의한 굵은 골재의 마모 시험방법(KS F 2508)

- 시험 목적 : 굵은 골재(구조용 경량골재는 포함하지 않음)의 마모에 대한 저항을 시험하는 방법으로, 일반적으로 로스앤젤레스 시험기를 가장 많이 사용한다.
- 시험 기구 : 로스앤젤레스 시험기, 구, 저울, 체(1.7mm, 2.5mm, 5mm, 10mm, 15mm, 20mm, 25mm, 40mm, 50mm, 65mm, 75mm의 망체), 건조기

- 시험방법
  - 굵은 골재를 망체 중의 시료의 입도에 따른 망체를 사용하여 체가름한다.
  - 시험하는 굵은 골재의 입도에 가장 가까운 입도 구분을 고르고, 거기에 해당하는 입자 지름의 범위의 굵은 골재를 물로 씻은 후 105±5℃의 온도에서 일정 질량이 될 때까지 건조한다. 그리고 건조한 시료를 선택한 입도 질량에 적합하도록 1g까지 측정하여 시료로 한다.
  - 시료의 입도에 따라 적합한 구를 고르고, 이것을 시료와 함께 원통에 넣어 덮개를 부착한다.
  - 매분 30~33번의 회전수로 해당 입도 구분에 맞게 회전시킨다.
  - 회전이 끝나면 시료를 시험기에서 꺼내서 1.7mm의 망체로 친 뒤, 체에 남은 시료를 물로 씻은 후 105±5℃의 온도에서 일정 질량이 될 때까지 건조하고 질량을 잰다.
- 시험결과의 계산

마모 감량(%) = $\dfrac{m_1 - m_2}{m_1} \times 100$

여기서, m_1 : 시험 전의 시료의 질량(g)
m_2 : 시험 후 1.7mm의 망체에 남은 시료의 질량(g)

[03] 굳지 않은 콘크리트 시험

굳지 않은 콘크리트의 성질

- 워커빌리티(workability, 시공연도) : 반죽질기에 따른 작업의 어렵고 쉬운 정도 및 재료의 분리에 저항하는 정도를 나타내는 굳지 않은 콘크리트의 성질
- 플라스티시티(plasticity, 성형성) : 거푸집에 쉽게 다져 넣을 수 있고 거푸집을 제거하면 천천히 그 형상이 변하기는 하지만 허물어지거나 재료분리가 없는 성질
- 피니셔빌리티(finishability, 마무리성) : 굵은 골재의 최대 치수, 잔골재율, 잔골재의 입도, 반죽질기 등에 따른 콘크리트 표면의 마무리하기 쉬운 정도를 나타내는 성질
- 컨시스턴시(consistency, 반죽질기) : 주로 수량의 다소에 따른 반죽의 되고 진 정도를 나타내는 것으로 콘크리트 반죽의 유연성을 나타내는 성질
- 펌퍼빌리티(pumpability, 압송성) : 펌프시공 콘크리트의 경우 펌프에 콘크리트가 잘 밀려나가는지의 난이 정도

■ 콘크리트에 대한 시험방법

굳지 않은 콘크리트 관련 시험	워커빌리티 (반죽질기) 시험	• 슬럼프 시험 • 리몰딩 시험 • 다짐계수 시험	• 흐름(플로) 시험 • 켈리볼 시험(구관입 시험, 이리바렌 시험) • 비비 시험(진동대식 컨시스턴시 시험)
	공기량 및 단위 용적질량 시험	• 질량법(중량법, 무게법) • 공기실 압력법(주수법과 무주수법)	• 용적법(부피법)
	온도, 염화물 등 품질관리 시험	• 콘크리트 온도 측정 • 응결시간 측정(시멘트 페이스트 기준)	• 염화물 함유량 시험
	분리저항성 시험	블리딩 시험	
굳은 콘크리트 관련 시험	파괴 시험	• 압축강도 시험 • 휨강도 시험 • 길이변화 시험	• 쪼갬 인장강도 시험 • 전단강도 시험
	비파괴 시험	• 슈미트 해머 시험 • 인발법	• 초음파 시험

■ 콘크리트의 슬럼프 시험방법(KS F 2402)

- 시험 목적 : 워커빌리티를 판단하기 위한 것으로, 굳지 않은 콘크리트의 반죽질기를 측정하는 방법이다.
  ※ 기포 콘크리트, 잔골재가 없는 콘크리트 또는 굵은 골재의 최대 치수가 40mm를 넘는 콘크리트에는 적용되지 않는다.
- 시험 기구
  - 슬럼프 콘 : 윗면의 안지름이 100±2mm, 밑면의 안지름이 200±2mm, 높이 300±2mm 및 두께 1.5mm 이상인 금속제
  - 다짐봉 : 지름 16±1mm, 길이 600±5mm인 원형 단면을 갖는 강재로, 한쪽 끝은 반구 형태인 것으로 한다.
- 시험방법
  - 슬럼프 콘은 수평으로 설치하였을 때 수밀성이 있는 평판 위에 놓고 누른 뒤 시료를 3층으로 나누어 슬럼프 콘에 채운다.
  - 슬럼프 콘 내 시료를 고르게 채운 뒤, 각 층의 단면에 균일하게 25회씩 다진다.
  - 슬럼프 콘에 채운 콘크리트의 윗면을 슬럼프 콘의 상단에 맞춰 고르게 한 후 수직 방향으로 들어 올린다. 이때 슬럼프 콘을 들어 올리는 시간은 높이 300mm에서 2~5초로 하고, 콘크리트를 채우기 시작하고 나서부터 슬럼프 콘을 들어 올려 종료할 때까지의 시간은 3분 이내로 한다.
  - 콘크리트의 중앙부와 공시체 높이와의 차를 5mm 단위로 측정하여 이것을 슬럼프값으로 한다. 콘크리트가 슬럼프 콘의 중심축에 대해 치우치거나 무너져서 모양이 불균형이 된 경우는 다른 시료에 의해 재시험을 한다.
- 시험결과 : 슬럼프는 5mm 단위로 표시한다.

■ 콘크리트의 블리딩 시험방법(KS F 2414)

- 시험 목적 : 콘크리트의 재료분리 정도를 알기 위한 시험이다.
  ※ 블리딩 시험은 굵은 골재의 최대 치수가 40mm 이하인 경우에 적용한다.
- 시험 기구 : 용기, 저울, 메스실린더, 피펫 또는 스포이트, 다짐봉
- 시험방법
  - 시험 중에는 실온 20±3℃로 한다.
  - 콘크리트를 용기에 3층으로 나누어 넣고, 각 층을 다짐대로 25번씩 균등하게 다진다.
  - 콘크리트를 다짐봉으로 채워 넣고 표면이 용기의 가장자리에서 30±3mm 낮아지도록 고른 후 평활한 면이 되도록 흙손으로 고른 후 즉시 시간을 기록한다.
  - 시료가 든 용기를 진동이 없는 수평한 시험대 위에 놓고 뚜껑을 덮고, 최초로 기록한 시각에서부터 60분 동안 10분마다 콘크리트 표면에서 스며 나온 물을 빨아낸다. 그 후는 블리딩이 정지할 때까지 30분마다 물을 빨아낸다.
  - 블리딩이 정지하면 즉시 용기와 시료의 질량을 측정한다.
- 시험결과의 계산
  - 블리딩양

  $$블리딩양(m^3/m^2) = \frac{V}{A}$$

  여기서, V : 마지막까지 누계한 블리딩에 의한 물의 용적(m^3)
  A : 콘크리트 윗면의 면적(m^2)

  - 블리딩률

  $$블리딩률(\%) = \frac{B}{W_s} \times 100 \left(단, W_s = \frac{W}{C} \times S \right)$$

  여기서, B : 최종까지 누계한 블리딩에 의한 물의 질량(kg)
  W_s : 시료 중의 물의 질량(kg)
  C : 콘크리트의 단위 용적질량(kg/m^3)
  W : 콘크리트의 단위 수량(kg/m^3)
  S : 시료의 질량(kg)

■ 압력법에 의한 굳지 않은 콘크리트의 공기량 시험방법(KS F 2421)

- 시험 목적 : 굳지 않는 콘크리트의 공기 함유량을 공기실의 압력 감소에 의해 구하는 시험방법이며, 보일의 법칙을 기초로 한 것이다. 공기량은 콘크리트의 워커빌리티, 강도, 내구성, 수밀성 및 단위 용적질량 등에 영향을 미치므로 콘크리트의 품질관리 및 적절한 배합설계에 이용한다.
- 시험 기구 : 공기량 측정기, 디지털식 압력계

- 시험방법
  - 시료를 용기에 3층으로 나눠 넣고 각 층을 다짐봉으로 25회 균등하게 다진 뒤 용기의 옆면을 고무 망치로 가볍게 두들겨 용기 속의 빈틈을 없앤다.
  - 용기 윗부분의 남는 콘크리트를 깎아내고 테두리를 깨끗이 닦은 뒤 뚜껑을 얹어 공기가 새지 않게 공기실의 주밸브는 잠그고, 배기구 밸브와 주수구 밸브를 열어 둔다.
  - 물을 넣을 경우에는, 배기구에서 물이 나올 때까지 주수구에 물을 넣고, 배기구에서 기포가 나오지 않을 때까지 압력계를 가볍게 두들긴 다음 배기구와 주수구의 밸브를 잠근다.
  - 공기실 내의 압력을 초기 압력의 눈금에 일치시키고 약 5초가 지난 뒤 주밸브를 충분히 열고 콘크리트 각 부에 압력이 잘 전달되도록 용기의 측면을 망치로 두들긴다.
  - 압력계의 지침이 안정되었을 때 압력계를 읽어(소수점 이하 첫째 자리) 겉보기 공기량을 구한다.
- 시험결과의 계산

$A = A_1 - G$

여기서, A : 콘크리트의 공기량(%)
A_1 : 콘크리트의 겉보기 공기량(%)
G : 골재의 수정계수(%)

공기량의 측정법

- 질량법(중량법, 무게법) : 공기량이 전혀 없는 것으로 간주하여, 시방 배합에서 계산한 콘크리트의 단위 무게와 실제로 측정한 단위 무게와의 차이로부터 공기량을 구하는 방법이다.
- 용적법(부피법) : 콘크리트 속의 공기량을 물로 치환하여, 치환한 물의 부피로부터 공기량을 구하는 방법이다.
- 공기실 압력법(주수법, 무주수법) : 워싱턴형 공기량 측정기를 사용하며, 공기실에 일정한 압력을 콘크리트에 주었을 때, 공기량으로 인하여 압력이 저하하는 것으로부터 공기량을 구하는 방법으로 주수법(물을 부어서 실시하는 방법. 용기의 용량 5L 이상)과 무주수법(물을 붓지 않고 실시하는 방법. 용기의 용량 7L 이상)이 있다.

[04] 굳은 콘크리트 시험

콘크리트의 강도 시험용 공시체 제작방법(KS F 2403)

- 압축강도 시험용 공시체
  - 공시체의 치수 : 공시체의 지름은 굵은 골재 최대 치수의 3배 이상 및 100mm 이상으로 하고, 높이는 공시체 지름의 2배 이상으로 한다.
  - 다짐 : 지름 150mm, 높이 300mm의 경우는 3층으로 나누어 채우고 각 층을 다짐봉으로 25회 다진다. 지름이 150mm 이외의 공시체에 대해서는 각 층의 두께를 100~150mm로 하고 윗면적 1,000mm^{2}에 대해 1회의 비율로 다진다.

- 휨강도 시험용 공시체
  - 공시체의 치수 : 공시체는 단면이 정사각형인 각주로 하고, 한 변의 길이는 굵은 골재의 최대 치수의 4배 이상이면서 100mm 이상으로 한다. 공시체의 길이는 단면의 한 변의 길이의 3배보다 80mm 이상 길어야 한다.
  - 다짐 : 콘크리트는 2층 이상의 동일한 두께로 나눠서 채우고, 각 층을 최소 1,000m^{2}에 1회의 비율로 다진다.
- 쪼갬 인장강도용 공시체
  - 공시체는 원기둥 모양으로 지름은 굵은 골재 최대 치수의 4배 이상이며 150mm 이상으로 한다.
  - 길이는 공시체 지름의 1배 이상, 2배 이하로 한다.
  - 다짐 : 콘크리트는 2층 이상의 동일한 두께로 나눠서 채우고, 각 층을 최소 1,000m^{2}에 1회의 비율로 다진다.

■ 공시체 몰드의 제거 및 양성

- 몰드 제거 시기는 콘크리트를 채운 직후 16시간 이상 3일 이내로 한다.
- 공시체 양생온도는 20±2℃로 한다.
- 공시체는 몰드 제거 후 강도 시험을 할 때까지 습윤 상태에서 양생을 실시한다.
- 공시체를 습윤 상태로 유지하기 위해서 수중 또는 상대습도 95% 이상의 장소에 둔다.

■ 캐핑(capping)

- 압축강도 시험용 공시체에 재하할 때, 가압판과 공시체 재하면을 밀착시키고 평면으로 유지시키기 위해 공시체 상면을 마무리하는 작업이다.
- 콘크리트 압축강도 시험용 공시체를 캐핑하기 위해 사용하는 시멘트풀의 물-시멘트비 범위는 27~30%로 한다.

■ 콘크리트의 압축강도 시험방법(KS F 2405)

- 공시체 중심축이 가압판의 중심과 일치하도록 놓는다. 공시체 중심축과 가압판 중심의 차이는 공시체 지름의 1% 이내여야 한다.
- 시험기의 가압판과 공시체의 끝면은 직접 밀착시키고 그 사이에 쿠션재를 넣어서는 안 된다.
- 공시체에 충격을 주지 않도록 일정한 속도로 하중을 가한다. 하중을 가하는 속도는 매초 0.6±0.2MPa의 범위에서 일정한 속도가 되도록 한다.
- 공시체가 파괴될 때까지 시험기가 나타내는 최대 하중을 유효 숫자 3자리까지 읽는다.
- 압축강도(f_c) = $\dfrac{P}{\dfrac{\pi \times d^2}{4}}$

여기서, P : 최대 하중(N)
d : 공시체의 지름(mm)

■ 콘크리트의 휨강도 시험방법(KS F 2408)

- 공시체는 콘크리트를 몰드에 채웠을 때의 옆면을 상하면으로 하며, 베어링 너비의 중앙에 놓고 지간의 4점에 상부 재하 장치를 접촉시킨다. 이 경우 재하 장치의 접촉면과 공시체 면과의 사이에는 틈이 없어야 한다.
- 공시체에 충격을 가하지 않도록 일정한 속도로 하중을 가한다. 하중을 가하는 속도는 가장자리 응력도의 증가율이 매초 0.06±0.04MPa이 되도록 조정하고, 최대 하중이 될 때까지 그 증가율을 유지하도록 한다.
- 공시체가 파괴될 때까지 시험기가 나타내는 최대 하중을 유효 숫자 3자리까지 읽는다.
- 파괴 단면의 너비는 3곳에서 0.1mm까지, 높이는 2곳에서 0.1mm까지 측정하고 그 평균값을 소수점 이하 첫째자리에서 끝맺음한다.
- 공시체가 인장쪽 표면 지간 방향 중심선의 4점 사이에서 파괴되었을 때는 휨강도를 다음 식으로 산출하여 유효 숫자 3자리까지 구하며, 공시체가 인장쪽 표면의 지간 방향 중심선의 4점의 바깥쪽에서 파괴된 경우는 그 시험결과를 무효로 한다.

휨강도(f_b) = $\dfrac{Pl}{bh^2}$

여기서, P : 시험기가 나타내는 최대 하중(N)
   l : 지간(mm)
   b : 파괴 단면의 너비(mm)
   h : 파괴 단면의 높이(mm)

■ 콘크리트의 쪼갬(할렬) 인장강도 시험방법(KS F 2423)

- 공시체 지름을 2개소 이상에서 0.1mm까지 측정하고, 그 평균값을 공시체 지름으로 하여 소수점 이하 첫째자리까지 구한다.
- 시험 시 최대 하중은 시험기 최대 용량의 20~80% 범위여야 한다.
- 공시체의 측면, 상하 가압판의 압축면을 청소한 뒤 가압판 위에 편심이 발생하지 않도록 설치하고, 공시체에 충격이 가해지지 않도록 동일한 속도로 하중을 가한다. 하중 속도는 매초 0.06±0.04MPa가 되도록 조정하고, 최대 하중에 도달할 때까지 그 증가율을 유지해야 한다.
- 공시체가 쪼개진 면에서의 길이를 2개소 이상에서 0.1mm까지 측정하여 그 평균값을 공시체의 길이로 하고 유효 숫자 4자리까지 구한다.
- 쪼갬 인장강도(f_{sp}) = $\dfrac{2P}{\pi dl}$

여기서, P : 최대 하중(N)
   d : 공시체의 지름(mm)
   l : 공시체의 길이(mm)

크리프

- 재료에 하중이 오랫동안 작용하면 하중이 일정한 때에도 시간이 지남에 따라 변형이 커지는 현상이다.
- 콘크리트의 재령이 짧을수록, 부재의 치수가 작을수록, 물-시멘트비가 클수록, 작용하는 응력이 클수록 크리프는 크게 일어난다.

반발경도법(표면타격법)

강구 또는 해머를 사용하여 콘크리트 표면을 타격하고 이로 인한 깊이·직경·면적 등을 측정하여 압축강도를 측정하는 시험방법이며, 슈미트 해머(Schmidt Hammer)법이 가장 널리 사용된다.

[05] 콘크리트의 배합설계

콘크리트의 배합설계 방법

- 배합표에 의한 방법
- 계산에 의한 방법
- 시험 배합에 의한 방법

콘크리트 배합설계 절차

배합강도의 결정 → 물-시멘트비 설정 → 굵은 골재 최대 치수, 슬럼프, 공기량 결정 → 단위 수량 결정 → 단위 시멘트양 결정 → 단위 잔골재량 결정 → 단위 굵은 골재량 결정 → 혼화재료량의 결정 → 배합표 작성(시방 배합) → 현장 배합

시방 배합

- 표준시방서 또는 책임기술자가 지시한 배합이다.
- 골재는 표면건조 포화 상태에 있고, 잔골재는 5mm 체를 통과하고, 굵은 골재는 5mm 체에 다 남는 것으로 한다.

[시방 배합에서 규정된 배합의 표시법에 포함되어야 할 것]

굵은 골재의 최대 치수 (mm)	슬럼프 범위 (mm)	공기량 범위 (%)	물-결합재비 W/C (%)	잔골재율 S/a (%)	단위 질량(kg/m³)				
					물	시멘트	잔골재	굵은 골재	혼화재료	
									혼화재	혼화제

■ 시험 배합
- 계획한 배합(조합)으로 소정의 콘크리트가 얻어지는 가능성 여부를 조사하기 위한 반죽 혼합이다.
- 배합강도는 콘크리트 배합을 정하는 경우에 목표로 하는 강도를 말하며 일반적으로 재령 28일의 압축강도(f_{cn})를 기준으로 한다.

■ 콘크리트의 배합강도(f_{cr}) : 계산된 두 값 중 큰 값을 적용한다.

압축강도(f_{cn})≤35MPa인 경우	• $f_{cr} = f_{cn} + 1.34s$ (MPa) • $f_{cr} = (f_{cn} - 3.5) + 2.33s$ (MPa)
압축강도(f_{cn})>35MPa인 경우	• $f_{cr} = f_{cn} + 1.34s$ (MPa) • $f_{cr} = 0.9f_{cn} + 2.33s$ (MPa)

※ s : 압축강도의 표준편차(MPa)

■ 콘크리트 압축강도의 표준편차를 알지 못할 때, 또는 압축강도의 시험횟수가 14회 이하인 경우 콘크리트의 배합강도

호칭강도(MPa)	배합강도(MPa)
21 미만	$f_{cn} + 7$
21 이상 35 이하	$f_{cn} + 8.5$
35 초과	$1.1f_{cn} + 5$

■ 현장 배합
- 현장에서 사용하는 골재의 함수 상태, 혼합률 등을 고려하여 시방 배합을 현장에서 실제로 사용하는 재료의 성질에 맞추어 고친 배합이다.
- 골재 입도에 대한 조정식

$$x = \frac{100S - b(S+G)}{100 - (a+b)} \qquad y = \frac{100G - a(S+G)}{100 - (a+b)}$$

여기서, x : 계량해야 할 현장의 잔골재량(kg/m³)
  y : 계량해야 할 현장의 굵은 골재량(kg/m³)
  S : 시방 배합의 잔골재량(kg/m³)
  G : 시방 배합의 굵은 골재량(kg/m³)
  a : 잔골재 속의 5mm 체에 남는 양(%)
  b : 굵은 골재 속의 5mm 체를 통과하는 양(%)

■ 단위 시멘트양

물-시멘트비는 물과 시멘트의 질량비를 말하며 단위 시멘트양은 원칙적으로 단위 수량과 물-시멘트비로 정한다.

$$단위\ 시멘트양(kg/m^3) = \frac{단위\ 수량}{물-시멘트비}$$

■ 잔골재율(S/a)

골재에서 5mm 체를 통과한 것을 잔골재, 5mm 체에 남은 것을 굵은 골재로 하여 구한 잔골재량의 전체 골재에 대한 절대 부피로 나타낸다.

$$잔골재율(\%) = \frac{잔골재량}{잔골재량 + 굵은\ 골재량} \times 100$$

■ 단위 골재량 및 단위 굵은 골재량

- 단위 골재량의 절대 부피(m^3) = $1 - \left(\dfrac{단위\ 수량}{물의\ 밀도 \times 1,000} + \dfrac{단위\ 시멘트양}{시멘트의\ 비중 \times 1,000} + \dfrac{공기량}{100} \right)$
- 단위 잔골재량의 절대 부피(m^3) = 단위 골재량의 절대 부피 × 잔골재율
- 단위 잔골재량(kg/m^3) = 단위 잔골재량의 절대 부피 × 잔골재의 비중 × 1,000
- 단위 굵은 골재량의 절대 부피(m^3) = 단위 골재량의 절대 부피 − 단위 잔골재량의 절대 부피
- 단위 굵은 골재량(kg/m^3) = 단위 굵은 골재량의 절대 부피 × 굵은 골재의 밀도 × 1,000

■ 굵은 골재의 최대 치수

콘크리트의 종류		굵은 골재의 최대 치수(mm)	
무근 콘크리트		40(부재 최소 치수의 1/4 이하)	
철근 콘크리트	일반적인 경우	20 또는 25	부재 최소 치수의 1/5 이하, 철근 순간격의 3/4 이하
	단면이 큰 경우	40	
포장 콘크리트		40 이하	
댐콘크리트		150 이하	

■ 콘크리트 배합 설계 시 사용되는 골재의 밀도는 표면 건조 포화상태의 밀도이다.

교육은 우리 자신의 무지를 점차 발견해 가는 과정이다.

– 윌 듀란트 –

PART 01

핵심이론

CHAPTER 01   콘크리트 재료에 관한 지식

CHAPTER 02   콘크리트 시공에 관한 지식

CHAPTER 03   콘크리트 재료에 관한 시험법 및 배합설계에 관한 지식

CHAPTER 01 콘크리트 재료에 관한 지식

제1절 시멘트

핵심이론 01 시멘트 일반

① 시멘트의 화학적 성분
  ㉠ 주성분
    - 산화칼슘(CaO, 석회) : 60~66%
    - 이산화규소(SiO_2, 실리카) : 20~26%
    - 산화알루미늄(Al_2O_3, 알루미나) : 4~9%
  ㉡ 부성분 : 산화제이철(Fe_2O_3), 삼산화황(SO_3), 산화마그네슘(MgO)

② 시멘트의 수화작용에 영향을 미치는 주요 화합물
  ㉠ 규산 3석회(C_3S) : 알루민산 3석회(C_3A)보다 수화작용은 늦으나 강도의 증진이 오래 지속되고 수화열이 크다.
  ㉡ 규산 2석회(C_2S) : 규산 3석회(C_3S)보다 수화작용이 늦고 수화열이 작으므로 수축이 작으며 장기간 강도가 증가한다.
  ㉢ 알루민산 3석회(C_3A) : 수화작용이 빠르고 강도와 발열량이 높으며, 수축이 크고 전열이 잘 일어나므로 포틀랜드 시멘트에서는 적게 쓰는 것이 좋으나 시멘트 소성상 필요하다.
  ㉣ 알루민산철 4석회(C_4AF) : 수화작용이 늦고 수화열이 작아 강도의 증진에 별로 효과가 없으며, 수축량이 작고 내유산염성이 크다.
  ※ 수화열 크기 순서 : 알루민산 3석회(C_3A) > 규산 3석회(C_3S) > 알루민산철 4석회(C_4AF) > 규산 2석회(C_2S)

③ 시멘트 화합물의 특성

구분	규산 3석회	규산 2석회	알루민산 3석회	알루민산철 4석회
초기강도	크다.	작다.	크다.	작다.
장기강도	중간	크다.	작다.	작다.
수화열	높다.	낮다.	매우 높다.	낮다.
화학저항성	보통	높다.	낮다.	보통
수화반응 속도	빠르다.	늦다.	매우 빠르다.	늦다.
수축	보통	보통	크다.	작다.

10년간 자주 출제된 문제

1-1. 시멘트의 3대 화합물을 나열한 것은?

① 석회, 실리카, 알루미나
② 석회, 알루미나, 산화철
③ 석회, 실리카, 산화철
④ 석회, 알루미나, 알칼리

1-2. 시멘트의 수화작용에 영향을 미치는 주요 화합물 중 조기강도를 높이는 특성을 갖고 있으며 시멘트 중 함유 비율이 가장 높은 것은?

① 알루민산 3석회(C_3A)
② 규산 3석회(C_3S)
③ 규산 2석회(C_2S)
④ 알루민산철 4석회(C_4AF)

1-3. 시멘트의 화합물 중 수화속도가 가장 빠른 것은?

① 규산 3석회
② 규산 2석회
③ 알루민산 3석회
④ 알루민산철 4석회

[해설]

1-1

시멘트의 주성분
- 산화칼슘(CaO, 석회)
- 이산화규소(SiO_2, 실리카)
- 산화알루미늄(Al_2O_3, 알루미나)

1-2

규산 3석회(C_3S)
알루민산 3석회(C_3A)보다 수화작용은 늦으나 강도의 증진이 오래 지속되고 수화열이 크다.

1-3

수화열 크기 순서
알루민산 3석회(C_3A) > 규산 3석회(C_3S) > 알루민산철 4석회(C_4AF) > 규산 2석회(C_2S)

정답 1-1 ① 1-2 ② 1-3 ③

핵심이론 02 응결과 경화

① 정의
  ㉠ 응결(setting) : 시멘트풀이 시간이 지남에 따라 유동성과 점성을 잃고 차츰 굳어지는 현상이다.
  ㉡ 경화(hardening) : 응결이 끝난 후 수화작용이 계속되어 굳어져서 기계적 강도가 증가하는 현상이다.
② 응결과 경화
  ㉠ 시멘트의 응결은 수화반응의 단계 중 가속기에서 발생하며 이때 수화열이 크게 발생한다.
  ㉡ 시멘트는 물과 접해도 바로 굳지 않고 어느 기간 동안 유동성을 유지한 후, 재차 상당한 발열반응과 함께 수화되면서 유동성을 잃게 된다.
  ㉢ 시멘트에 석고가 첨가되지 않으면 알루민산 3석회(C_3A)가 급격히 수화되어 급결이 일어난다.
  ㉣ 수화과정에서 생성된 시멘트 수화물의 겔은 미세한 집합체로서, 밀도가 높은 경화체가 되면서 강도를 증가시킨다.
③ 시멘트 응결에 영향을 끼치는 요인
  ㉠ 온도가 높을수록 응결 및 경화가 빨라진다.
  ㉡ 습도가 낮을수록 응결은 빨라진다.
  ㉢ 분말도가 높으면 응결은 빨라진다.
  ㉣ 알루민산 3석회(C_3A)가 많을수록 응결은 빨라진다.
  ㉤ 수량이 많고 풍화된 시멘트를 사용할 경우 응결은 늦어진다.
  ㉥ 물-시멘트비가 클수록 응결이 늦어진다.
  ㉦ 석고의 양이 많을수록 응결이 늦어진다.

10년간 자주 출제된 문제

2-1. 시멘트의 응결시간에 대한 설명으로 옳은 것은?
① 일반적으로 물-시멘트비가 클수록 응결시간이 빨라진다.
② 풍화되었을 때에는 응결시간이 늦어진다.
③ 온도가 높으면 응결시간이 늦어진다.
④ 분말도가 크면 응결시간이 늦어진다.

2-2. 시멘트의 응결에 관한 설명 중 옳지 않은 것은?
① 물의 양이 많으면 응결이 늦어진다.
② 풍화되었을 경우 응결이 빠르다.
③ 온도가 높을수록 응결시간이 단축된다.
④ 분말도가 높으면 응결이 빠르다.

|해설|

2-1
① 물-시멘트비가 클수록 응결시간이 늦어진다.
③ 온도가 높으면 응결 및 경화가 빨라진다.
④ 분말도가 크면 응결이 빨라진다.

2-2
시멘트가 풍화되었을 경우에는 응결이 늦어진다.

정답 2-1 ② 2-2 ②

핵심이론 03 시멘트의 수화열, 강열감량

① 시멘트의 수화열
  ㉠ 수화란 시멘트와 물이 화학반응을 일으켜 수화물을 생성하는 반응이다.
  ㉡ 시멘트와 물의 화학반응을 수화반응이라고 하며 열을 방출하는 발열반응이다.
  ㉢ 시멘트와 물을 혼합하면 응결·경화하는 과정에서 수화열이 발생한다.
  ㉣ 단면이 큰 경우 내외의 온도차에 의해 균열발생의 원인이 된다.
  ㉤ 수화반응은 시멘트의 분말도, 수량, 온도, 혼화재료의 사용 유무 등 많은 요인들의 영향을 받는다.

② 시멘트의 강열감량(ignition loss)
  ㉠ 강열감량이란 시멘트가 풍화작용과 탄산화작용을 받은 정도를 나타내는 척도로 고온으로 가열하여 시멘트 중량의 감소율을 나타내는 것이다.
  ㉡ 강열감량은 시멘트 중에 함유된 H_2O와 CO_2의 양이다.
  ㉢ 시멘트의 풍화 정도를 나타내는 척도로 3% 이하로 규정되어 있다.

③ 수화열에 따른 시멘트 화합물의 특징
  ㉠ 수화열은 알루민산 3석회(C_3A)가 가장 크고, 그 다음이 규산 3석회(C_3S)이다.
  ㉡ 알루민산 3석회(C_3A)는 초기응결이 빠르고 수축이 커서 균열이 잘 일어난다.
  ㉢ 알루민산 3석회(C_3A)는 수화속도가 매우 빠르고 발열량이 매우 크다.
  ㉣ 규산 3석회(C_3S)는 규산 2석회(C_2S)에 비하여 수화열이 크고 초기강도가 크다.
  ㉤ 규산 2석회(C_2S)는 수화열이 작으며 장기강도 발현성과 화학저항성이 우수하다.

10년간 자주 출제된 문제

3-1. 시멘트와 물이 화학반응을 일으켜 수화물을 생성하는 반응을 무엇이라 하는가?
① 수화
② 경화
③ 풍화
④ 응결

3-2. 다음 중 시멘트가 풍화작용과 탄산화작용을 받은 정도를 나타내는 척도로 고온으로 가열하여 시멘트 중량의 감소율을 나타내는 것은?
① 불용해 잔분
② 수경률
③ 강열감량
④ 규산율

해설

3-1
② 경화 : 응결이 끝난 후 수화작용이 계속되어 굳어져서 기계적 강도가 증가하는 현상이다.
③ 풍화 : 시멘트가 저장 중 공기에 노출되면 습기 및 탄산가스를 흡수하여 가벼운 수화반응을 일으켜 고체화되는 현상이다.
④ 응결 : 시멘트풀이 시간이 지남에 따라 유동성과 점성을 잃고 차츰 굳어지는 현상이다.

정답 3-1 ① 3-2 ③

핵심이론 04 시멘트의 비중, 풍화

① 시멘트 비중
  ㉠ 보통 포틀랜드 시멘트의 비중은 3.14~3.16 정도이다.
  ㉡ 일반적으로 혼합 시멘트는 보통 포틀랜드 시멘트보다 비중이 작다.
  ㉢ 시멘트 비중 시험은 르샤틀리에 비중병으로 측정한다.
  ㉣ 시멘트의 비중은 콘크리트의 단위 무게 계산과 배합설계 등을 위해 필요하며, 시멘트의 성질을 판정하는 데 큰 역할을 한다.
  ㉤ 시멘트의 비중에 영향을 끼치는 요인
    • 석고의 함유량이 많으면 비중이 작아진다.
    • 시멘트의 저장기간이 길거나 풍화된 경우 비중이 작아진다.
    • 클링커(clinker)의 소성이 불충분할 경우 비중이 작아진다.
    • 혼합 시멘트의 경우 혼합재료의 양이 많아지면 비중이 작아진다.

② 시멘트의 풍화
  ㉠ 시멘트가 저장 중 공기에 노출되면 습기 및 탄산가스를 흡수하여 가벼운 수화반응을 일으켜 고체화되는 현상이다.
  ㉡ 풍화된 시멘트의 특징
    • 고온다습한 경우에는 급속히 풍화가 진행된다.
    • 비중이 작아지고 응결·경화가 늦어진다.
    • 초기강도가 현저히 작아지고, 특히 초기강도의 발현이 저하된다.
    • 강열감량이 커진다.

10년간 자주 출제된 문제

4-1. 시멘트의 비중은 보통 어느 정도인가?
① 2.51~2.60
② 3.04~3.15
③ 3.14~3.16
④ 3.23~3.25

4-2. 풍화된 시멘트에 대한 설명으로 잘못된 것은?
① 입상·괴상으로 굳어지고 이상응결을 일으키는 원인이 된다.
② 시멘트의 비중이 떨어진다.
③ 시멘트의 응결이 지연된다.
④ 시멘트의 강열감량이 저하된다.

|해설|
4-1
보통 포틀랜드 시멘트의 비중은 약 3.15(3.14~3.16) 정도이다.

4-2
풍화된 시멘트는 강열감량이 증가하고 비중이 감소하게 된다.

정답 4-1 ③ 4-2 ④

핵심이론 05 블리딩

① 블리딩의 특징
  ㉠ 콘크리트를 친 후 시멘트와 골재알이 침하하면서, 물이 올라와 콘크리트의 표면에 떠오르는 현상이다.
  ㉡ 블리딩이 많으면 레이턴스도 많아지므로 콘크리트의 이음부에서는 블리딩이 큰 콘크리트는 불리하다.
    ※ 레이턴스 : 굳지 않은 콘크리트 또는 모르타르에 있어서 골재 및 시멘트 입자의 침강으로 물이 분리되어 상승하는 현상(블리딩)으로 인하여 콘크리트나 모르타르의 표면에 떠올라서 가라앉은 물질을 말한다.
  ㉢ 블리딩이 현저하면 상부의 콘크리트가 다공질로 되며 초기강도, 수밀성, 내구성 등이 감소된다.
  ㉣ 블리딩이 심하면 투수성과 투기성이 커져서 콘크리트의 중성화(탄산화)가 촉진된다.
  ㉤ 블리딩은 철근 콘크리트에서 철근과의 부착을 감소시킨다.
  ㉥ 블리딩은 보통 2~4시간에 끝나며 그 연속시간은 콘크리트 높이가 낮고 온도가 높으면 빨리 끝난다.

② 콘크리트의 블리딩 수량을 적게 하기 위한 조건
  ㉠ 단위 수량을 가능한 한 적게 하고, 된비빔 콘크리트를 타설한다.
  ㉡ 작은 입자를 적당하게 포함하고 있는 잔골재를 사용한다.
  ㉢ AE제, 시멘트 분산제, 포졸란 등을 사용하여 워커빌리티를 개선한다.
  ㉣ 굵은 골재는 쇄석보다 강자갈을 사용하고 단위 수량을 적게 한다.
  ㉤ 분말도가 큰 시멘트를 사용한다.

> **10년간 자주 출제된 문제**

5-1. 콘크리트를 친 후 시멘트와 골재알이 가라앉으면서 물이 올라와 콘크리트의 표면에 떠오르는 현상을 무엇이라 하는가?
① 워커빌리티
② 피니셔빌리티
③ 리몰딩
④ 블리딩

5-2. 콘크리트의 블리딩에 관한 설명 중 틀린 것은?
① 블리딩이 심하면 투수성과 투기성이 커져서 콘크리트의 중성화(탄산화)가 촉진된다.
② 블리딩이 심하면 철근과 부착력 감소로 초기강도 및 내구성의 감소가 현저해진다.
③ 시멘트의 분말도가 작을수록, 잔골재 중의 미립분이 작을수록 블리딩 현상이 적어진다.
④ 블리딩은 보통 2~4시간에 끝나며 그 연속시간은 콘크리트 높이가 낮고 온도가 높으면 빨리 끝난다.

5-3. 콘크리트 타설 후 콘크리트 표면에 떠올라 침전한 미세한 물질은?
① 블리딩
② 레이턴스
③ 성형성
④ 슬럼프

[해설]

5-1
블리딩 : 굳지 않은 콘크리트 또는 모르타르에서 물이 분리되어 상승하는 현상을 말한다.

5-2
시멘트의 분말도가 작을수록, 잔골재 중의 미립분이 작을수록 블리딩 현상은 증가하고, 시멘트의 분말도가 크고 단위 수량이 적은 콘크리트는 블리딩이 작아진다.

5-3
레이턴스 : 굳지 않은 콘크리트 또는 모르타르에 있어서 골재 및 시멘트 입자의 침강으로 물이 분리하여 상승하는 현상(블리딩)으로 인하여 콘크리트나 모르타르의 표면에 떠올라서 가라앉은 물질이다.

정답 5-1 ④ 5-2 ③ 5-3 ②

핵심이론 06 시멘트의 분말도

① 분말도의 개념
　㉠ 시멘트 입자의 가는 정도를 나타내는 것이다.
　㉡ 분말도는 비표면적으로 나타내며, 시멘트 1g이 가지는 전체 입자의 총 표면적(cm^2/g)이다.
　㉢ 시멘트의 입자가 가늘수록 분말도가 높다.
　㉣ 보통 포틀랜드 시멘트의 분말도는 2,800cm^2/g 이상이다.

② 분말도가 큰 시멘트의 특성
　㉠ 물과 혼합 시 접촉 표면적이 커서 수화작용이 빠르다.
　㉡ 풍화되기 쉽고 건조수축이 커져서 균열이 발생하기 쉽다.
　㉢ 수화열이 크고 응결이 빠르며 조기강도가 크다.
　㉣ 블리딩양이 적고 워커빌리티가 좋아진다.

10년간 자주 출제된 문제

6-1. 시멘트의 분말도에 대한 설명으로 틀린 것은?
① 시멘트의 분말도가 높으면 조기강도가 작아진다.
② 시멘트의 입자가 가늘수록 분말도가 높다.
③ 분말도란 시멘트 입자의 고운 정도를 나타낸다.
④ 분말도가 높으면 시멘트의 표면적이 커서 수화작용이 빠르다.

6-2. 분말도가 큰 시멘트에 대한 설명으로 틀린 것은?
① 수밀한 콘크리트를 얻을 수 있으며 균열의 발생이 없다.
② 풍화되기 쉽고 수화열이 많이 발생한다.
③ 수화반응이 빨라지고 조기강도가 크다.
④ 블리딩양이 적고 워커블한 콘크리트를 얻을 수 있다.

[해설]

6-1

시멘트 분말도에 따른 특징

구분	분말도가 큰(입자가 작은) 시멘트	분말도가 작은(입자가 큰) 시멘트
입자 크기	시멘트 입자가 작으므로 면적이 넓어진다.	시멘트 입자가 크므로 면적이 적어진다.
수화반응	수화열이 크고 응결이 빠르다.	수화열이 작고 응결속도가 느리다.
강도	건조수축이 커지므로 균열이 발생하고 풍화되기 쉬우며 조기강도가 크다.	건조수축이 작아 균열발생이 적고, 장기강도가 크다.
적용 대상	공기가 급할 때, 한중 콘크리트	중량 콘크리트, 서중 콘크리트

6-2
시멘트의 분말도가 크면 풍화되기 쉽고 건조수축이 커져서 균열이 발생하기 쉽다.

정답 6-1 ① 6-2 ①

핵심이론 07 시멘트의 저장

① 시멘트 저장 시 주의사항
  ㉠ 방습적인 구조로 된 사일로 또는 창고에 품종별로 구분하여 저장해야 한다.
  ㉡ 반입(입하) 순서대로 사용하도록 쌓는다.
  ㉢ 시멘트 창고는 되도록 공기의 유통이 없어야 한다.
  ㉣ 저장 중에 약간이라도 굳은 시멘트는 공사에 사용하지 않아야 한다.
  ㉤ 3개월 이상 장기간 저장한 시멘트는 사용하기 전에 시험을 실시한다.
  ㉥ 포대 시멘트가 저장 중에 지면으로부터 습기를 받지 않도록 저장해야 한다.
  ㉦ 포대 시멘트를 저장하는 목재 창고의 바닥은 지상으로부터 30cm 이상 높은 것이 좋다.
  ㉧ 포대 시멘트는 13포 이상 쌓아 저장해서는 안 되며, 저장기간이 길어질 우려가 있는 경우에는 7포 이상 쌓아 올리지 않는 것이 좋다.
  ㉨ 면적 1m²당 적재량 : 50포대(통로 고려 시 30~50포대)

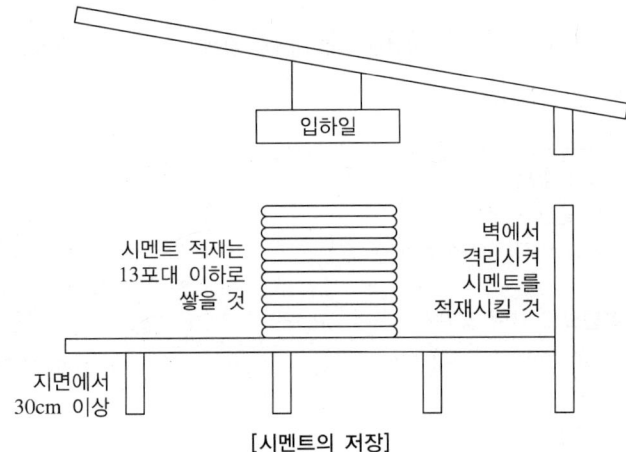

[시멘트의 저장]

② 시멘트 창고의 면적

$$A = 0.4 \times \frac{N}{n}$$

여기서, A : 저장 면적(m²)
       N : 시멘트 포대 수
       n : 쌓기 단수(최대 13단)

10년간 자주 출제된 문제

7-1. 시멘트 저장방법에 대한 다음 설명 중 옳지 않은 것은?
① 방습적인 창고에 저장하고 입하 순서대로 사용한다.
② 포대 시멘트는 지상 30cm 이상의 마루에 쌓아야 한다.
③ 통풍이 잘 되도록 저장한다.
④ 품종별로 구분하여 저장한다.

7-2. 다음 설명 중 시멘트의 저장방법으로 적절하지 않은 것은?
① 시멘트 포대가 넘어지지 않도록 벽에 붙여서 쌓아야 한다.
② 지상에서 30cm 이상 되는 마루에 저장해야 한다.
③ 저장기간이 길어질 우려가 있는 경우에는 7포 이상 쌓아 올리지 않도록 해야 한다.
④ 방습적인 구조로 된 사일로 또는 창고에 품종별로 구분하여 저장해야 한다.

7-3. 시멘트를 저장할 때 몇 포 이상 쌓아 올려서는 안 되는가?
① 10포　　　　　　　　　　② 13포
③ 15포　　　　　　　　　　④ 20포

해설

7-1
시멘트 창고는 되도록 공기의 유통이 없어야 한다.

7-2
포대 시멘트가 저장 중에 습기를 받지 않도록 벽과 지면으로부터 띄워 저장해야 한다.

7-3
포대 시멘트는 13포 이상 쌓아 저장해서는 안 된다.

정답 7-1 ③　7-2 ①　7-3 ②

제2절 주요 시멘트의 종류 및 특성

핵심이론 01 포틀랜드 시멘트 (1)

> **시멘트의 종류**
> - 포틀랜드 시멘트 : 보통 포틀랜드 시멘트, 중용열 포틀랜드 시멘트, 조강 포틀랜드 시멘트, 저열 포틀랜드 시멘트, 내황산염 포틀랜드 시멘트, 백색 포틀랜드 시멘트
> - 혼합 시멘트 : 고로 슬래그 시멘트, 플라이애시 시멘트, 실리카(포졸란) 시멘트
> - 특수 시멘트 : 알루미나 시멘트, 초속경 시멘트, 팽창 시멘트

① 포틀랜드 시멘트의 특성
  ㉠ 포틀랜드 시멘트는 주로 석회질 원료와 점토질 원료를 적당한 비율로 혼합하여 미분쇄하고, 그 일부가 용융할 때까지(약 1,450℃) 소성하여 얻어지는 클링커에 응결조절제로서 약간의 석고를 가하여 미분쇄하여 만든다.
  ㉡ 수경률(석회 성분과 점토 성분의 화학조성비)에 따라 시멘트의 비중, 응결 특성, 수화반응 속도, 수화열, 안정성, 강도 등 품질의 특성이 크게 변한다.
  ㉢ 수경률은 산화칼슘(CaO) 성분이 높을 경우 커지며, 수경률이 크면 초기강도가 크고 수화열이 큰 시멘트가 된다.

② 포틀랜드 시멘트의 주성분
  ㉠ 산화칼슘(CaO) > 이산화규소(SiO_2) > 산화알루미늄(Al_2O_3) > 산화제이철(Fe_2O_3)
  ㉡ 석회(60~66%), 실리카(20~26%), 알루미나(4~9%), 산화제이철(2~4%)

③ 시멘트의 제조방법
  ㉠ 건식법 : 원료를 건조 상태에서 분쇄·혼합·소성하는 방법이다.
  ㉡ 습식법 : 원료에 약 35~40%의 물을 가하여 분쇄·혼합·소성하는 방법이다.
  ㉢ 반건식법 : 건식법으로 분쇄한 다음 반응성을 좋게 하기 위하여 물을 가하여 혼합·소성하는 방법이다.

10년간 자주 출제된 문제

1-1. 포틀랜드 시멘트의 제조에 필요한 주원료는?
① 응회암과 점토
② 석회암과 점토
③ 화강암과 모래
④ 점판암과 모래

1-2. 포틀랜드 시멘트의 성분 중 많이 함유하고 있는 것부터 순서대로 나열한 것은?
① 실리카 – 알루미나 – 석회 – 산화철
② 알루미나 – 석회 – 산화철 – 실리카
③ 석회 – 실리카 – 알루미나 – 산화철
④ 석회 – 알루미나 – 실리카 – 산화철

1-3. 포틀랜드 시멘트 제조방법 중 옳지 않은 것은?
① 건식법
② 반건식법
③ 습식법
④ 수중법

해설

1-1
포틀랜드 시멘트의 원료는 크게 석회질 원료, 점토질 원료, 규산질 원료, 산화철 원료, 석고로 구분된다.

1-2
포틀랜드 시멘트의 주성분
석회(60~66%), 실리카(20~26%), 알루미나(4~9%), 산화제이철(2~4%)

1-3
시멘트의 제조방법
- 건식법 : 원료를 건조 상태에서 분쇄·혼합·소성하는 방법이다.
- 습식법 : 원료에 약 35~40%의 물을 가하여 분쇄·혼합·소성하는 방법이다.
- 반건식법 : 건식법으로 분쇄한 다음 반응성을 좋게 하기 위하여 물을 가하여 혼합·소성하는 방법이다.

정답 1-1 ② 1-2 ③ 1-3 ④

핵심이론 02 포틀랜드 시멘트 (2)

① 보통 포틀랜드 시멘트
　㉠ 일반적으로 가장 많이 사용되는 시멘트이다.
　㉡ 재료 구입이 쉽고 제조공정이 간단하며 성질이 우수하다.
　㉢ 일반적인 건축·토목공사에 사용된다.

② 중용열 포틀랜드 시멘트
　㉠ 화학조성 중 알루민산 3석회(C_3A)의 양을 적게 하고, 장기강도를 발현하기 위하여 규산 2석회(C_2S)의 양을 많게 한 시멘트이다.
　㉡ 수화열과 체적의 변화가 적다.
　㉢ 조기강도는 작으나 장기강도가 크다.
　㉣ 포틀랜드 시멘트 중 건조수축이 가장 작다.
　㉤ 댐, 매스 콘크리트, 방사선 차폐용 등에 사용된다.

③ 조강 포틀랜드 시멘트
　㉠ 보통 시멘트의 28일 강도를 재령 7일 정도에서 발현한다.
　㉡ 수화속도가 빠르고, 수화열이 크며, 저온에서 강도 발현이 우수하여 동절기 공사에 유리하다.
　㉢ 조기강도가 필요한 공사, 한중공사, 긴급공사에 사용된다.

④ 저열 포틀랜드 시멘트
　㉠ 수화열이 적게 되도록 보통 포틀랜드 시멘트보다 규산 3석회와 알루민산 3석회의 양을 아주 적게 한 것이다.
　㉡ 중용열 시멘트보다 수화열이 적게 발생하며, 대형 구조물 공사에 적합하다.

⑤ 내황산염 포틀랜드 시멘트
　㉠ 황산염의 침식작용에 대한 화학적 저항성을 크게 한 시멘트로서, 알루민산 3석회의 양을 적게 한 것이다.
　㉡ 황산염에 대한 저항성 우수하여 해양공사에 유리하다.

⑥ 백색 포틀랜드 시멘트
　㉠ 산화철과 마그네시아의 함유량을 제한하여 철분이 거의 없다.
　㉡ 주로 건축물의 미장, 장식용, 인조석 제조 등에 사용된다.

10년간 자주 출제된 문제

2-1. 다음 중 포틀랜드 시멘트의 종류에 해당되지 않는 것은?

① 보통 포틀랜드 시멘트
② 중용열 포틀랜드 시멘트
③ 조강 포틀랜드 시멘트
④ 포틀랜드 포졸란 시멘트

2-2. 중용열 포틀랜드 시멘트에 대한 설명으로 틀린 것은?

① 규산 2석회가 비교적 많다.
② 한중 콘크리트 시공에 적합하다.
③ 수화열이 낮아 단면이 큰 콘크리트에 적합하다.
④ 조기강도는 작고 장기강도가 크다.

2-3. 건축물의 미장, 장식용, 인조대리석 제조용으로 사용되는 시멘트는?

① 보통 포틀랜드 시멘트
② 중용열 포틀랜드 시멘트
③ 조강 포틀랜드 시멘트
④ 백색 포틀랜드 시멘트

해설

2-1
포틀랜드 시멘트의 종류 : 보통 포틀랜드 시멘트, 중용열 포틀랜드 시멘트, 조강 포틀랜드 시멘트, 저열 포틀랜드 시멘트, 내황산염 포틀랜드 시멘트, 백색 포틀랜드 시멘트

2-2
한중 콘크리트 시공에 적합한 것은 수화열이 큰 조강 포틀랜드 시멘트이다.
중용열 포틀랜드 시멘트 : 수화속도는 느리지만 수화열이 적고 장기강도가 우수하여 댐, 매스 콘크리트, 방사선 차폐용 등에 사용된다.

2-3
백색 포틀랜드 시멘트 : 산화철과 마그네시아의 함유량을 제한하여 철분이 거의 없으며 주로 건축물의 미장, 장식용, 인조석 제조 등에 사용된다.

정답 2-1 ④ 2-2 ② 2-3 ④

핵심이론 03 혼합 시멘트

① 고로 슬래그 시멘트
  ㉠ 제철소의 용광로에서 선철을 만들 때 부산물로 얻은 슬래그를 포틀랜드 시멘트 클링커에 섞어서 만든 시멘트이다.
  ㉡ 포틀랜드 시멘트에 비해 응결시간이 느리다.
  ㉢ 조기강도가 작으나 장기강도는 큰 편이다.
  ㉣ 보통 포틀랜드 시멘트에 비해 발열량이 적어 균열의 발생이 적다.
  ㉤ 블리딩이 적다.
  ㉥ 주로 댐, 하천, 항만 등의 구조물에 쓰인다.
  ㉦ 일반적으로 내화학성이 좋으므로 해수, 하수, 공장폐수 등에 접하는 콘크리트에 적합하다.
  ㉧ 수화열이 적어서 매스 콘크리트에 사용된다.

② 플라이애시 시멘트
  ㉠ 포틀랜드 시멘트에 플라이애시를 혼합하여 만든 시멘트이다.
  ㉡ 워커빌리티가 우수하며 단위 수량을 감소시킬 수 있다.
  ㉢ 초기강도는 작으나 장기강도 증진이 크다.
  ㉣ 수화열과 건조수축이 적다.
  ㉤ 해수에 대한 내화학성이 커 해안공사, 해수공사 등에 적합하다.

③ 실리카(포졸란) 시멘트
  ㉠ 콘크리트의 워커빌리티를 증가시킨다.
  ㉡ 조기강도가 적고, 장기강도는 조금 크다.
  ㉢ 수밀성이 좋고 해수 등에 대한 화학적 저항성이 크다.

10년간 자주 출제된 문제

3-1. 고로 슬래그 시멘트에 관한 설명으로 옳은 것은?
① 보통 포틀랜드 시멘트에 비해 응결이 빠르다.
② 보통 포틀랜드 시멘트에 비해 발열량이 많아 균열발생이 크다.
③ 보통 포틀랜드 시멘트에 비해 해수 및 화학 작용에 대한 저항성이 크다.
④ 보통 포틀랜드 시멘트에 비해 조기강도가 크다.

3-2. 다음 중 댐, 하천, 항만 등의 구조물에 사용하는 시멘트로 가장 적합한 것은?
① 조강 포틀랜드 시멘트
② 알루미나 시멘트
③ 초속경 시멘트
④ 고로 슬래그 시멘트

3-3. 플라이애시 시멘트에 관한 설명 중 옳지 않은 것은?
① 플라이애시를 시멘트 클링커에 혼합하여 분쇄한 것이다.
② 수화열이 적고 장기강도는 낮으나 조기강도는 커진다.
③ 워커빌리티가 좋고 수밀성이 크다.
④ 단위 수량을 감소시킬 수 있어 댐공사에 많이 이용된다.

해설

3-1
① 보통 포틀랜드 시멘트에 비해 응결시간이 느리다.
② 보통 포틀랜드 시멘트에 비해 발열량이 적어 균열발생이 적다.
④ 조기강도는 작으나 장기강도가 크다.

3-2
고로 슬래그 시멘트는 내화학성이 좋으므로 해수, 폐수, 하수가 접하는 부분에 적합하다.

3-3
플라이애시 시멘트는 조기강도는 작으나 장기강도가 크다.

정답 3-1 ③ 3-2 ④ 3-3 ②

핵심이론 04 특수 시멘트

① 알루미나 시멘트
  ㉠ 보크사이트와 석회석을 혼합하여 분말로 만든 시멘트이다.
  ㉡ 재령 1일에 보통 포틀랜드 시멘트의 재령 28일에 해당하는 강도를 나타낸다.
  ㉢ 조기강도가 커 긴급공사, 한중공사에 적합하다.
  ㉣ 해수, 산, 염류, 등 작용에 대한 저항성이 커 해수공사에 사용된다.
  ㉤ 내화용 콘크리트에 적합하다.

> **시멘트의 조기강도가 큰 순서**
> 알루미나 시멘트 > 조강 포틀랜드 시멘트 > 보통 포틀랜드 시멘트 > 고로 슬래그 시멘트 > 실리카(포졸란) 시멘트

② 초속경(秒速硬) 시멘트
  ㉠ 응결시간이 짧고 경화 시 발열이 크다.
  ㉡ 2~3시간 안에 큰 강도를 발휘한다.
  ㉢ 포틀랜드 시멘트와 혼합이 금지된다.
  ㉣ 긴급공사, 동절기 공사, 숏크리트용으로 사용한다.

③ 팽창 시멘트
  ㉠ 보통 포틀랜드 시멘트를 사용한 콘크리트는 경화건조에 의해 수축, 균열이 발생하는데 이 수축성을 개선할 목적으로 사용한다.
  ㉡ 수축률은 보통 콘크리트에 비해 20~30% 작다.
  ㉢ 팽창성 콘크리트는 양생이 중요하며, 믹싱시간이 길면 팽창률이 감소하므로 주의해야 한다.

10년간 자주 출제된 문제

4-1. 시멘트의 종류에서 특수 시멘트에 속하는 것은?
① 고로 슬래그 시멘트
② 팽창 시멘트
③ 플라이애시 시멘트
④ 백색 포틀랜드 시멘트

4-2. 다음 중 조기강도가 큰 순으로 열거된 것은?
① 알루미나 시멘트 - 조강 포틀랜드 시멘트 - 고로 슬래그 시멘트
② 알루미나 시멘트 - 고로 슬래그 시멘트 - 조강 포틀랜드 시멘트
③ 조강 포틀랜드 시멘트 - 알루미나 시멘트 - 고로 슬래그 시멘트
④ 조강 포틀랜드 시멘트 - 고로 슬래그 시멘트 - 알루미나 시멘트

4-3. 알루미나 시멘트에 관한 설명이다. 옳지 않은 것은?
① 보크사이트와 석회석을 혼합하여 분말로 만든 시멘트이다.
② 화학작용에 대한 저항성이 크다.
③ 알칼리성이 약하여 철근을 부식시킬 염려가 있다.
④ 재령 3일로 보통 포틀랜드 시멘트의 28일 강도를 나타낸다.

해설

4-1
시멘트의 종류
- 포틀랜드 시멘트 : 보통 포틀랜드 시멘트, 중용열 포틀랜드 시멘트, 조강 포틀랜드 시멘트, 저열 포틀랜드 시멘트, 내황산염 포틀랜드 시멘트, 백색 포틀랜드 시멘트
- 혼합 시멘트 : 고로 슬래그 시멘트, 플라이애시 시멘트, 실리카(포졸란) 시멘트
- 특수 시멘트 : 알루미나 시멘트, 초속경 시멘트, 팽창 시멘트

4-2
시멘트의 조기강도가 큰 순서
알루미나 시멘트(재령 1일)>조강 포틀랜드 시멘트(재령 7일)>고로 슬래그 시멘트(재령 28일)

4-3
알루미나 시멘트는 재령 1일에 보통 포틀랜드 시멘트의 재령 28일에 해당하는 강도를 나타낸다.

정답 4-1 ② 4-2 ① 4-3 ④

제3절 골재

핵심이론 01 골재의 개념

① 골재의 입경에 따른 분류
  ㉠ 잔골재(모래) : 10mm 체를 전부 통과하고 5mm 체를 거의 다 통과하며 0.08mm 체에 거의 다 남는 골재
  ㉡ 굵은 골재(자갈) : 5mm 체에 거의 다 남는 골재 또는 5mm 체에 다 남는 골재

② 산지 또는 제조방법에 따른 분류
  ㉠ 천연골재 : 강모래, 강자갈, 바닷모래, 바닷자갈, 육상모래, 육상자갈, 산모래, 산자갈
  ㉡ 인공골재 : 부순 돌, 부순 모래, 슬래그, 인공 경량골재

③ 중량에 의한 분류(골재 표준 비중 : $2.60g/cm^3$)
  ㉠ 경량골재($2.50g/cm^3$ 이하) : 콘크리트의 중량을 감소시킬 목적으로 상용되는 가벼운 골재
    • 천연 경량골재 : 화산암, 응회암, 용암, 경석 등
    • 인공 경량골재 : 팽창성 혈암, 팽창성 점토, 플라이애시 등
  ㉡ 보통골재($2.50 \sim 2.65g/cm^3$) : 보통의 토목・건축구조물에 이용되는 일반적인 골재
  ㉢ 중량골재($2.70g/cm^3$ 이상) : 방사선 차폐효과를 높이기 위한 자철골재와 같이 중량이 무거운 골재
    • 중정석(바라이트), 자철광, 갈철광, 적철광 등

④ 골재가 갖추어야 할 성질
  ㉠ 단단하고 소요의 강도와 중량을 가질 것
  ㉡ 깨끗하고 유기물, 먼지, 점토 등이 섞여 있지 않을 것
  ㉢ 내구성, 내화성이 있을 것
  ㉣ 물리적, 화학적으로 안정성이 있을 것
  ㉤ 마모에 대한 저항성이 클 것
  ㉥ 모양이 정육면체, 입방체 또는 구(球, 둥근형)에 가깝고 부착이 좋은 표면조직을 가질 것
  ㉦ 크고 작은 골재의 혼합 상태가 적절할 것
  ㉧ 골재의 품질이 안정적이며, 필요한 공급량이 확보될 수 있을 것
  ㉨ 비중이 크고 흡수성이 적을 것

⑤ 골재의 물리적 품질
  잔골재와 굵은 골재의 절대건조 밀도는 $2.5g/cm^3$ 이상, 흡수율은 3.0% 이하의 값을 표준으로 한다.

10년간 자주 출제된 문제

1-1. 다음 중 천연골재에 속하지 않는 것은?

① 강모래, 강자갈
② 산모래, 산자갈
③ 바닷모래, 바닷자갈
④ 부순 모래, 슬래그

1-2. 중량골재에 속하지 않은 것은?

① 중정석
② 화산암
③ 자철광
④ 갈철광

1-3. 좋은 콘크리트를 만들기 위해 골재가 갖추어야 할 일반적인 성질이 아닌 것은?

① 단단하고 내구적일 것
② 무게가 가벼울 것
③ 알맞은 입도를 가질 것
④ 연한 석편, 가느다란 석편을 함유하지 않을 것

1-4. 잔골재의 흡수율은 몇 % 이하를 기준으로 하는가?

① 2%
② 3%
③ 5%
④ 7%

해설

1-1
산지 또는 제조방법에 따른 분류
- 천연골재 : 강모래, 강자갈, 바닷모래, 바닷자갈, 육상모래, 육상자갈, 산모래, 산자갈
- 인공골재 : 부순 돌, 부순 모래, 슬래그, 인공 경량골재

1-2
중량골재 : 중정석(바라이트), 자철광, 갈철광, 적철광 등

1-3
골재는 단단하고 소요의 강도와 중량을 가져야 한다. 또한 모양이 정육면체, 입방체(둥근형)에 가까워야 하며 연한 석편, 먼지, 흙, 유기불순물, 염분 등의 유해물을 함유해서는 안 된다.

1-4
잔골재와 굵은 골재의 절대건조 밀도는 2.5g/cm³ 이상, 흡수율은 3.0% 이하의 값을 표준으로 한다.

정답 1-1 ④ 1-2 ② 1-3 ② 1-4 ②

핵심이론 02 골재의 함수량에 따른 분류

① 콘크리트용 골재의 함수량의 기준

콘크리트의 배합설계를 할 때에는 골재가 표면건조 포화 상태에 있는 것을 기준으로 한다. 따라서 콘크리트의 시방 배합을 현장 배합으로 고칠 때에는 골재의 수량을 측정하여 함수 상태에 따라 콘크리트에 사용하는 물의 양을 조절해야 한다.

② 골재의 함수 상태

㉠ 절대건조 상태(절건 상태) : 105±5℃의 온도에서 일정한 질량이 될 때까지 건조시킨 것으로서, 물기가 전혀 없는 상태이다.

㉡ 공기 중 건조 상태(기건 상태) : 습기가 없는 실내에서 건조시킨 것으로서, 골재알 속의 일부에만 물기가 있는 상태이다.

㉢ 표면건조 포화 상태(표건 상태) : 골재알의 표면에는 물기가 없고, 골재알 속의 빈틈만 물로 차 있는 상태이다.

㉣ 습윤 상태 : 골재알 속이 물로 차 있고, 표면에도 물기가 있는 상태이다.

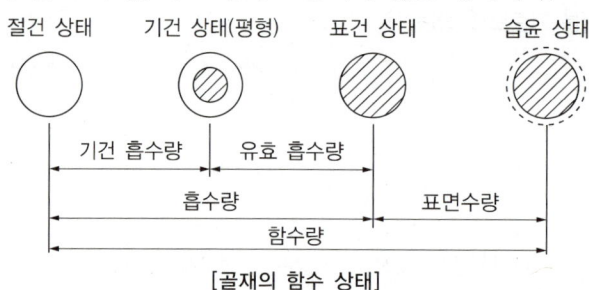

[골재의 함수 상태]

10년간 자주 출제된 문제

2-1. 골재의 함수 상태 네 가지 중 습기가 없는 실내에서 자연건조시킨 것으로서 골재알 속의 빈틈 일부가 물로 차 있는 상태는?

① 습윤 상태
② 절대건조 상태
③ 표면건조 포화 상태
④ 공기 중 건조 상태

2-2. 골재를 함수 상태에 따라 분류할 때 골재 입자의 내부에 물이 채워져 있고, 표면에도 물이 부착되어 있는 상태는?

① 습윤 상태
② 표면건조 포화 상태
③ 공기 중 건조 상태
④ 절대건조 상태

정답 2-1 ④ 2-2 ①

핵심이론 03 골재의 함수 상태 분류

① **함수량** : 골재 입자 안팎에 들어 있는 모든 물의 양을 말하며, 골재의 수분함량 상태를 나타내는 용어 중 가장 많은 양의 수분을 나타낸다.

② **흡수량** : 골재가 절대건조 상태에서 표면건조 포화 상태가 되기까지 흡수된 물의 양을 말한다.

　※ 골재의 흡수량은 보통골재에서 잔골재는 1~6%, 굵은 골재는 0.5~4% 정도이다.

$$흡수율(\%) = \frac{표면건조\ 포화\ 상태 - 절대건조\ 상태}{절대건조\ 상태} \times 100$$

③ **표면수량** : 골재 입자의 표면에 묻어 있는 물의 양을 말하는 것으로 함수량에서 흡수량을 뺀 값이다.

$$표면수량(\%) = \frac{습윤\ 상태 - 표건\ 상태}{표건\ 상태} \times 100$$

④ **유효 흡수량** : 공기 중 건조 상태에서 표면건조 포화 상태가 될 때까지 흡수되는 물의 양, 즉 공기 중 건조 상태와 표면건조 포화 상태 사이의 함수량을 뜻한다.

$$유효\ 흡수율(\%) = \frac{표건\ 질량 - 기건\ 질량}{기건\ 질량} \times 100$$

10년간 자주 출제된 문제

3-1. 다음 중 골재의 흡수량에 대한 설명이 옳은 것은?
① 골재 입자의 표면에 묻어 있는 물의 양
② 절대건조 상태에서 표면건조 포화 상태로 되기까지 흡수된 물의 양
③ 공기 중 건조 상태에서 표면건조 포화 상태로 되기까지 흡수된 물의 양
④ 골재 입자 안팎에 들어 있는 모든 물의 양

3-2. 습윤 상태의 중량이 112g인 모래를 건조시켜 표면건조 포화 상태에서 108g, 공기 중 건조 상태에서 103g, 절대건조 상태에서 101g일 때 표면수량은?
① 10.9%
② 4.9%
③ 3.7%
④ 3.1%

|해설|

3-1
① : 표면수량에 대한 설명이다.
③ : 유효 흡수량에 대한 설명이다.
④ : 함수량에 대한 설명이다.

3-2
$$표면수량(\%) = \frac{습윤\ 상태 - 표건\ 상태}{표건\ 상태} \times 100 = \frac{112 - 108}{108} \times 100 ≒ 3.7\%$$

정답 3-1 ② 3-2 ③

핵심이론 04 골재의 단위 용적질량 및 실적률

① 단위 용적질량
　㉠ 단위 용적질량이란 1m³당의 골재(건조 상태)의 무게(중량)를 말한다.

$$단위\ 용적질량(kg/L) = \frac{용기\ 안\ 시료의\ 질량}{용기의\ 용적}$$

　㉡ 골재의 비중, 입도, 면 수 및 함수량, 측정기의 모양 및 크기, 계량 및 투입방법 등에 따라 달라진다.
　㉢ 단위 용적질량은 골재의 공극률, 실적률, 콘크리트의 배합설계 또는 용적배합의 설계에 이용된다.
　㉣ 잔골재는 입도가 클수록 단위 무게가 크다.
　㉤ 단위 용적질량은 함수 상태에 따라 변하게 되는데 굵은 골재의 경우 함수량이 변해도 단위 중량은 거의 변하지 않는다.

② 실적률
　㉠ 골재의 단위 용적(m³) 중에서 실적 용적을 백분율(%)로 나타낸 값이다.

$$실적률(\%) = \frac{골재의\ 단위\ 용적질량}{골재의\ 절건\ 밀도} \times 100$$

　㉡ 골재가 실제 차지하는 부피 비율, 즉 골재를 어떤 용기 속에 채워 넣을 때 그 용기 내에 골재가 점하는 용적 비율을 말한다.
　㉢ 골재의 입도, 입형의 좋고 나쁨을 알 수 있는 지표이다.
　㉣ 동일한 입도의 경우 둥글수록 실적률이 높고, 각형일수록 실적률이 낮다(공극 大).

③ 공극률(빈틈률)
　골재의 단위 용적(m³) 중에서 실적 용적을 뺀 공극의 비율을 백분율로 나타낸 값이다.

$$공극률(\%) = 100 - 실적률(\%) = \left(1 - \frac{골재의\ 단위\ 용적질량}{골재의\ 절건\ 밀도}\right) \times 100$$

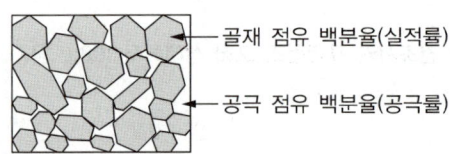
　　골재 점유 백분율(실적률)
　　공극 점유 백분율(공극률)

④ 실적률이 큰(공극률이 작은) 골재를 사용한 콘크리트의 특징
　㉠ 시멘트의 양이 줄어들어 경제적인 콘크리트를 만들 수 있다.
　㉡ 콘크리트의 밀도, 수밀성, 내구성 및 강도가 증가한다.
　㉢ 콘크리트의 마모 저항성이 커진다.
　㉣ 단위 수량과 수화열이 감소된다.
　㉤ 건조수축이 적고, 크리프를 감소시킨다.
　㉥ 콘크리트의 투수성 및 흡수성이 작아진다.

10년간 자주 출제된 문제

4-1. 실적률이 큰 골재를 사용한 콘크리트의 특징으로 틀린 것은?
① 시멘트 페이스트의 양이 적어도 경제적으로 소요의 강도를 얻을 수 있다.
② 단위 시멘트양이 적어지므로 수화열을 줄일 수 있다.
③ 단위 시멘트양이 적어지므로 건조수축이 증가한다.
④ 콘크리트의 밀도, 수밀성, 내구성이 증가한다.

4-2. 공극률이 25%인 골재의 실적률은?
① 12.5% ② 25%
③ 50%   ④ 75%

4-3. 어떤 굵은 골재의 밀도가 2.65g/cm³이고, 단위 용적질량이 1,800kg/m³일 때 이 골재의 공극률은 약 얼마인가?
① 72%   ② 68%
③ 32%   ④ 28%

|해설|

4-1
실적률이 좋을수록 건조수축 및 수화열을 줄일 수 있어 경제적으로 원하는 강도를 얻을 수 있다.

4-2
실적률(%) = 100 − 공극률(%)
= 100 − 25%
= 75%

4-3
공극률(%) = 100 − 실적률(%)
$= 100 - \left(\dfrac{골재의\ 단위\ 용적질량}{골재의\ 절건\ 밀도} \times 100\right)$
$= 100 - \left(\dfrac{1.8}{2.65} \times 100\right)$
≒ 32.08%

정답 4-1 ③ 4-2 ④ 4-3 ③

핵심이론 05 골재의 입도와 조립률

① 골재의 입도
  ㉠ 입도란 크고 작은 골재알이 혼합되어 있는 정도를 말하며 체가름 시험에 의하여 구할 수 있다.
  ㉡ 골재의 체가름 시험결과 굵은 골재의 최대 치수, 조립률, 입도 분포를 알 수 있다.
  ㉢ 입도 시험을 위한 골재는 사분법이나 시료 분취기에 의하여 필요한 양을 채취한다.
  ㉣ 입도가 좋은 골재를 사용한 콘크리트
    • 공극이 작아져 강도가 증가한다.
    • 수밀성이 큰 콘크리트를 얻을 수 있다.
    • 굳지 않은 콘크리트의 워커빌리티가 양호하다.
    • 시공성 및 마감성이 우수하다.
  ㉤ 입도가 나쁜 골재를 사용한 콘크리트
    • 워커빌리티가 나빠진다.
    • 재료분리의 증가 및 강도가 저하되며 비경제적이다.
    • 시공불량 및 표면결함의 가능성이 있다.

② 입도곡선
  ㉠ 입도곡선이란 골재의 체가름 시험결과를 곡선으로 표시한 것이다.
  ㉡ 종축은 체를 통과하는 시료의 통과량 혹은 잔류량의 중량 백분율, 횡측은 체 눈의 크기를 표시한다.
  ㉢ 골재의 입도곡선으로 점선의 부분을 표준입도곡선이라 한다.
  ㉣ 잔골재나 굵은 골재가 표준입도곡선 내에 들어가야 하며 이것은 골재의 크고 작은 알맹이가 이상적으로 섞이는 것을 의미한다.
  ㉤ 잔골재(모래)의 입도가 고르지 못하면 굵은 모래와 잔모래를 서로 혼합하여 표준입도곡선 내에 들도록 하는데 이를 블렌딩이라 한다.

③ 조립률(FM)
  ㉠ 조립률이란 10개의 체(75mm, 40mm, 20mm, 10mm, 5mm, 2.5mm, 1.2mm, 0.6mm, 0.3mm, 0.15mm)를 1조로 하여 체가름 시험을 하였을 때, 각 체에 남는 누계량의 전체 시료에 대한 질량 백분율의 합을 100으로 나눈 값이다.
  ㉡ 조립률은 경제적인 콘크리트의 배합과 입도의 균등성을 판단하기 위하여 사용한다.
  ㉢ 콘크리트용 골재의 조립률은 잔골재에서 2.3~3.1, 굵은 골재에서 6.0~8.0 정도가 적당하다.

> 10년간 자주 출제된 문제

5-1. 골재의 입도에 대한 설명으로 옳지 않은 것은?
① 골재의 입도란 골재의 크고 작은 알이 섞여 있는 정도를 말한다.
② 골재의 체가름 시험결과 굵은 골재의 최대 치수, 조립률, 입도 분포를 알 수 있다.
③ 골재의 입도가 양호하면 수밀성이 큰 콘크리트를 얻을 수 있다.
④ 골재의 입자가 균일하면 양질의 콘크리트를 얻을 수 있다.

5-2. 다음은 골재의 입도(粒度)에 대한 설명이다. 적당하지 못한 것은 어느 것인가?
① 입도 시험을 위한 골재는 사분법이나 시료 분취기에 의하여 필요한 양을 채취한다.
② 입도란 크고 작은 골재알이 혼합되어 있는 정도를 말하며 체가름 시험에 의하여 구할 수 있다.
③ 입도가 좋은 골재를 사용한 콘크리트는 공극이 커지기 때문에 강도가 저하된다.
④ 입도곡선이란 골재의 체가름 시험결과를 곡선으로 표시한 것이며, 입도곡선이 표준입도곡선 내에 들어가야 한다.

5-3. 콘크리트 시공에서 시멘트 사용량을 절약하려면 골재로서 다음 중 어느 것에 가장 유의해야 하는가?
① 시멘트풀과 부착성　　　　　　　　② 골재 입도
③ 골재 중량　　　　　　　　　　　　④ 골재 밀도

[해설]
5-1
골재의 입자가 균일하면 재료분리가 증가하고 강도가 저하되며 시멘트풀이 많이 들어 비경제적이므로 양질의 콘크리트를 얻을 수 없다.
5-2, 5-3
골재의 입도가 좋은 골재를 사용하면 공극이 작아져 강도가 증가하며, 상대적으로 적은 양의 시멘트를 사용하여 사용량을 줄일 수 있다.

정답 5-1 ④　5-2 ③　5-3 ②

핵심이론 06 골재에 함유되어 있는 유해물

① 골재에 포함되어 있는 유해물의 종류
  ㉠ 점토 덩어리
  - 점토가 골재 표면에 붙어 있으면 시멘트풀과 골재 표면과의 부착력이 약해져 콘크리트의 강도가 작아진다.
  - 점토가 덩어리로 되어 있으면 습윤·건조, 동결과 융해로 인해 덩어리가 파괴되어 콘크리트의 표면을 손상시킨다.
  ㉡ 0.08mm 체 통과량
  - 골재에 잔입자가 들어 있으면 블리딩 현상에 의해 레이턴스가 많이 생긴다.
  - 골재알 표면에 점토, 실트 등이 붙어 있으면 시멘트풀과 골재와의 부착력이 약해서 콘크리트 강도와 내구성이 작아진다.
  ㉢ 석탄, 갈탄
  - 콘크리트의 강도가 약해지며 외관을 해친다.
  - 석탄, 갈탄 중의 황 성분이 물, 공기와 반응하면 황산을 만들며, 황산은 팽창성 물질을 생성하여 철근을 부식시킨다.
  ㉣ 연한 석편
  - 연한 석편을 많이 함유한 골재를 사용한 콘크리트는 강도가 저하된다.
  - 온·습도의 변화, 동결융해작용에 의해 체적 변화를 일으키며 콘크리트에 균열, 박리, 붕괴 등의 손상을 유발한다.
  ㉤ 해사, 염화물(Cl^-) 함유
  - 철근의 부식을 촉진한다.
  - 콘크리트 균열 발생 및 내구성을 저하시킨다.

② 골재의 유해물 함유량 한도
  ㉠ 잔골재의 유해물 함유량 한도

종류		천연 잔골재(%)
점토 덩어리		1.0
0.08mm 체 통과량	콘크리트의 표면이 마모작용을 받는 경우	3.0
	기타의 경우	5.0
석탄, 갈탄 등으로 밀도 2.0g/cm³의 액체에 뜨는 것	콘크리트의 외관이 중요한 경우	0.5
	기타의 경우	1.0
염화물(NaCl 환산량)		0.04

ⓛ 굵은 골재의 유해물 함유량 한도

종류		천연 굵은 골재(%)
점토 덩어리		0.25*
연한 석편		5.0*
0.08mm 체 통과량		1.0
석탄, 갈탄 등으로 밀도 2.0g/cm³의 액체에 뜨는 것	콘크리트의 외관이 중요한 경우	0.5
	기타의 경우	1.0

(*) 점토 덩어리와 연한 석편의 합이 5%를 넘으면 안 된다.

③ 알칼리 골재 반응

　㉠ 골재의 실리카(SiO_2) 성분이 시멘트 중의 알칼리분(Na, K)과 오랜 기간에 걸쳐 반응하여 콘크리트가 팽창함으로써 균열을 발생시켜 내구성이 저하된다.

　　※ 3대 요소 : 반응성 물질, 알칼리 금속, 수분

　㉡ 영향 : 단차, 균열, 백화현상, 열화

　㉢ 방지 대책 : 반응성 골재(실리카 물질)의 사용 억제, 저알칼리형 시멘트 사용, 수분이동 방지, 포졸란 사용(알칼리 금속 이온과 수분의 이동 억제)

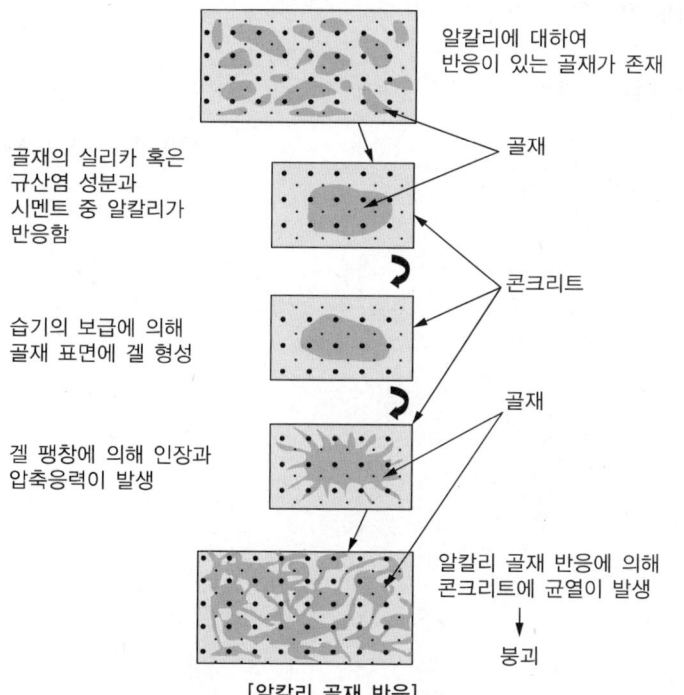

[알칼리 골재 반응]

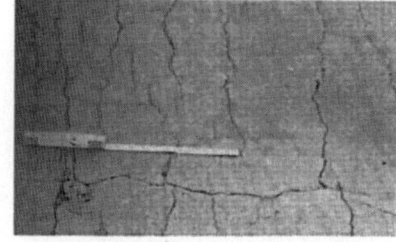

[알칼리 골재 반응을 받은 콘크리트 구조물]

10년간 자주 출제된 문제

6-1. 잔골재의 유해물 중 시방서에 규정된 점토 덩어리의 함유량의 한도(중량 백분율)는 얼마인가?

① 0.5%
② 1%
③ 3%
④ 5%

6-2. 질량 백분율에 의한 굵은 골재의 유해물 함유량 한도의 최대치를 나타낸 것으로 틀린 것은?

① 석탄, 갈탄 등으로 밀도 $2.0g/cm^3$의 액체에 뜨는 것 중 콘크리트의 외관이 중요한 경우 : 0.5%
② 0.08mm 체 통과량 : 1.0%
③ 점토 덩어리 : 2.5%
④ 연한 석편 : 5.0%

6-3. 굵은 골재의 유해물 함유량의 한도 중 연한 석편은 질량 백분율로 최대 몇 % 이하로 규정하고 있는가?

① 0.25% 이하
② 1.0% 이하
③ 5.0% 이하
④ 7.0% 이하

해설

6-1
잔골재의 유해물 함유량의 허용한도 중 점토 덩어리의 허용 최댓값은 1%이다.

6-2
굵은 골재의 유해물 함유량의 허용한도 중 점토 덩어리의 허용 최댓값은 0.25%이다.

정답 6-1 ② 6-2 ③ 6-3 ③

핵심이론 07 골재의 내구성(안정성)

① 골재의 안정성 시험(KS F 2507)
  ㉠ 안정성이란 시멘트가 굳는 도중에 체적팽창을 일으켜 균열이 생기거나 뒤틀림 등의 변형을 일으키는 성질을 말한다.
  ㉡ 골재의 안정성 시험은 기상작용에 대한 내구성을 판단하기 위한 자료를 얻기 위함이며, 황산소듐 포화용액으로 인한 골재의 부서짐 작용에 대한 저항성을 시험한다.
  ㉢ 오토클레이브 팽창도 시험방법으로 측정한다.
  ㉣ 골재(잔골재 및 굵은 골재)를 체가름하여 무게비가 5% 이상인 무더기에 대해서만 시험을 한다.
  ㉤ 골재의 안정성은 황산소듐으로 5회 시험을 하여 평가하며 손실질량은 굵은 골재 12% 이하, 잔골재 10% 이하를 표준으로 한다.
  ㉥ 시험용 기구 : 체, 철망 바구니, 용기, 저울, 건조기
  ㉦ 골재의 안정성 시험에 사용하는 시약
    • 시험용 용액 : 황산소듐 포화용액으로 한다.
    • 시약용 용액의 골재에 대한 잔류 유무를 조사 : 염화바륨(5~10%)

② 시험방법
  ㉠ 25~30℃의 깨끗한 물 1L에 250g의 황산소듐을 첨가하여 잘 저어 섞은 후 약 20℃가 될 때까지 식힌다. 이 용액을 48시간 이상 21±1℃의 온도로 유지한 후 시험에 사용한다.
  ㉡ 사분법을 이용하여 시료를 채취한 후, 105±5℃로 항량 건조한다.
  ㉢ 항온 건조한 시료를 철망 바구니에 넣고 시험용 용액 안에 16~18시간 담궈 둔다. 이때 용액의 표면은 시료의 윗면에서 15mm 이상 높아지도록 하며, 뚜껑을 덮고 온도는 20±1℃로 유지한다.
  ㉣ 시료를 꺼내어 105±5℃의 온도에서 4~6시간 건조하고, 실온까지 식힌다.
  ㉤ ㉢과 ㉣을 5회 반복한다.
  ㉥ 소정 횟수의 조작을 끝낸 시료는 깨끗한 물로 씻는다. 물에 소량의 염화바륨 용액을 가해도 뿌옇게 흐려지지 않을 때까지 씻은 시료를 105±5℃의 온도에서 질량이 일정해질 때까지 건조한 뒤 질량을 측정한다.
  ㉦ 잔골재 또는 굵은 골재의 경우에는 건조한 각 군의 시료를 시험하기 전에 시료가 남은 체에서 치고, 남은 시료의 질량을 측정한다. 20mm 이상의 입자는 그 파괴 상황(붕괴, 갈라짐, 이 빠짐, 잔금, 기타)을 주의 깊게 관찰한다.

10년간 자주 출제된 문제

7-1. 골재의 안정성 시험을 실시하는 목적으로 가장 적합한 것은?
① 골재의 단위 중량을 구하기 위하여
② 골재의 입도를 구하기 위하여
③ 기상작용에 대한 내구성을 판단하기 위한 자료를 얻기 위하여
④ 염화물 함유량에 대한 자료를 얻기 위하여

7-2. 골재의 안정성 시험을 하기 위한 시험용액에 사용하는 시약은 어느 것인가?
① 탄닌산
② 염화칼슘
③ 황산소듐
④ 수산화나트륨

7-3. 잔골재의 안정성 시험에서 황산소듐을 사용할 경우 손실질량 백분율은 몇 % 이하이어야 하는가?
① 8%
② 10%
③ 12%
④ 15%

|해설|

7-1

골재의 안정성 시험
골재의 내구성을 알기 위하여 황산소듐 포화용액으로 인한 골재의 부서짐 작용에 대한 저항성을 시험하는 것이다.

7-3
• 잔골재 : 황산소듐 손실질량 백분율 10% 이내
• 굵은 골재 : 황산소듐 손실질량 백분율 12% 이내

정답 7-1 ③ 7-2 ③ 7-3 ②

핵심이론 08 기타 골재에 관한 사항

① 골재의 저장 및 취급(시방서 규정)
  ㉠ 입도가 다른 골재는 각각 구분하여 별도로 저장해야 하며 먼지나 잡물이 섞이지 않도록 한다.
  ㉡ 최대 치수가 60mm 이상인 굵은 골재는 적당한 체로 쳐서 2종(大, 小)으로 분리시켜 저장하는 것이 좋다.
  ㉢ 굵은 골재 취급 시에는 크고 작은 입자가 분리되지 않도록 한다.
  ㉣ 골재는 빙설의 혼입 및 동결을 막고 직사광선을 피하기 위해 적당한 시설을 갖추어 저장해야 한다.
  ㉤ 골재의 저장설비는 적당한 배수설비를 설치하고 그 용량을 검토하여 표면수가 일정하도록 저장해야 한다.

② 기타 주요사항
  ㉠ 골재의 비중이 클수록 흡수량이 작아 내구적이다.
  ㉡ 조립률이 같은 골재라도 서로 다른 입도곡선을 가질 수 있다.
  ㉢ 하천골재는 단단하고 내구적이며 입형이 양호한 것이 많다.
  ㉣ 육상골재는 미립분의 함유량이 많고 유기불순물이 혼입되는 경우가 많다.

10년간 자주 출제된 문제

8-1. 골재의 저장에 대한 설명으로 틀린 것은?
① 직사광선을 피하기 위한 시설이 필요하다.
② 빙설의 혼입이나 동결을 막기 위한 시설이 필요하다.
③ 입도에 맞게 여러 종류의 골재를 한 장소에 저장한다.
④ 표면수가 일정하도록 저장한다.

8-2. 골재의 저장방법에 대한 설명으로 틀린 것은?
① 잔골재, 굵은 골재 및 종류와 입도가 다른 골재는 서로 섞어 균질한 골재가 되도록 하여 저장한다.
② 먼지나 잡물 등이 섞이지 않도록 한다.
③ 골재의 저장설비에는 알맞은 배수시설을 한다.
④ 골재는 햇빛을 바로 쬐지 않도록 알맞은 시설을 갖추어야 한다.

|해설|

8-1
각종 골재는 별도로 저장해야 하며 먼지나 잡물이 섞이지 않도록 한다.

8-2
잔골재, 굵은 골재 및 종류와 입도가 다른 골재는 서로 분류하여 별도로 저장한다.

정답 8-1 ③ 8-2 ①

제4절 혼화재료 일반

핵심이론 01 혼화재료

① 혼화재료의 특징
　㉠ 시멘트, 골재, 물 이외의 재료로서 콘크리트의 성능을 개선, 향상시킬 목적으로 사용되는 재료이다.
　㉡ 콘크리트 배합설계에서 시멘트 질량과 비교하여 사용량의 많고 적음에 따라 혼화재와 혼화제로 구분한다.
　　• 혼화재 : 사용량이 시멘트 질량의 5% 정도 이상이 되어 그 자체의 부피가 콘크리트의 배합계산에 관계가 되는 것
　　• 혼화제 : 사용량이 시멘트 질량의 1% 정도 이하의 것으로 콘크리트의 배합계산에서 무시되는 것

② 혼화재료의 일반적인 사용 효과
　㉠ 콘크리트의 워커빌리티가 개선된다.
　㉡ 강도 및 내구성, 수밀성이 증진된다.
　㉢ 응결, 경화시간을 조절(지연, 촉진)할 수 있다.
　㉣ 작업이 용이하여 양질의 콘크리트를 제조할 수 있다.
　㉤ 시멘트의 사용량을 절약할 수 있으며 재료분리를 방지한다.

③ 혼화재료의 용도별 분류
　㉠ 혼화재
　　• 포졸란 작용이 있는 것 : 화산회, 규조토, 규산백토 미분말, 플라이애시, 실리카 퓸
　　• 주로 잠재 수경성이 있는 것 : 고로 슬래그 미분말
　　• 경화과정에서 팽창을 일으키는 것 : 팽창제
　　• 오토클래이브 양생에 의하여 고강도를 갖게 하는 것 : 규산질 미분말
　㉡ 혼화제
　　• 워커빌리티와 내구성을 좋게 하는 것 : AE제, 감수제, 고성능 감수제
　　• 응결, 경화시간을 조절하는 것 : 촉진제, 지연제, 급결제, 초지연제
　　• 기포의 작용에 의해 충전성을 개선하거나 중량을 조절하는 것 : 기포제, 발포제
　　• 방수효과를 나타내는 것 : 방수제
　　• 염화물에 의한 철근의 부식을 억제시키는 것 : 방청제

④ 혼화재료의 저장
　㉠ 먼지나 불순물이 혼입되지 않고 변질되지 않도록 저장한다.
　㉡ 혼화재는 날리지 않도록 그 취급에 주의해야 한다.
　㉢ 혼화재는 방습적인 사일로, 창고 등에 저장해야 한다.
　㉣ 혼화재는 종류별로 나누어 저장하고 저장한 순서대로 사용해야 한다.

ⓜ 변질이 예상되는 혼화재는 사용하기에 앞서 시험하여 품질을 확인해야 한다.
ⓗ 저장기간이 오래된 혼화재는 시험 후 사용 여부를 결정해야 한다.

10년간 자주 출제된 문제

1-1. 다음의 혼화재료 중 사용량이 비교적 많아서 콘크리트의 배합계산에 포함되는 것은?
① 실리카 품
② AE제
③ 촉진제
④ 감수제

1-2. 콘크리트의 혼화제에 대한 설명으로 가장 적합한 것은?
① 사용량이 시멘트 질량의 5% 정도 이상이 되어 그 자체의 부피가 콘크리트의 배합계산에 관계된다.
② 사용량이 콘크리트 질량의 1% 정도 이상이 되어 그 자체의 부피가 콘크리트의 배합계산에 관계된다.
③ 사용량이 콘크리트 질량이 5% 정도 이하의 것으로서 그 자체의 부피는 콘크리트의 배합계산에서 무시된다.
④ 사용량이 시멘트 질량의 1% 정도 이하의 것으로서 그 자체의 부피는 콘크리트의 배합계산에서 무시된다.

1-3. 혼화재료의 저장에 대한 설명으로 부적당한 것은?
① 혼화재는 먼지나 불순물이 혼입되지 않고 변질되지 않도록 저장한다.
② 저장이 오래된 것은 시험 후 사용 여부를 결정해야 한다.
③ 혼화재는 날리지 않도록 그 취급에 주의해야 한다.
④ 혼화재는 습기가 약간 있는 창고 내에 저장한다.

[해설]

1-1
배합계산에 관계되는 혼화재 : 포졸란, 플라이애시, 고로 슬래그 미분말, 팽창제, 실리카 품 등

1-2
①은 혼화재, ④는 혼화제에 대한 설명이다.

1-3
혼화재는 방습적인 사일로, 창고 등에 저장하고 입하순으로 사용하여야 한다.

정답 1-1 ① 1-2 ④ 1-3 ④

제5절 혼화재

핵심이론 01 포졸란

① 포졸란의 개념
  자체로는 수경성이 없지만, 콘크리트 속에 녹아 있는 수산화칼슘과 상온에서 서서히 반응하여 물에 녹지 않는 화합물을 만들 수 있는 미분 상태의 물질을 말한다.

② 포졸란의 종류
  ㉠ 천연산 : 화산회, 규조토, 규산백토 등
  ㉡ 인공산 : 플라이애시, 고로 슬래그, 실리카 퓸, 실리카 겔, 소성 혈암

③ 포졸란을 사용한 콘크리트의 특징
  ㉠ 워커빌리티가 좋아진다.
  ㉡ 수밀성 및 화학 저항성이 크다.
  ㉢ 발열량이 적다.
  ㉣ 조기강도가 작지만 장기강도가 크다.
  ㉤ 블리딩 및 재료분리가 감소한다.
  ㉥ 시멘트가 절약된다.

10년간 자주 출제된 문제

1-1. 포졸란(pozzolan)의 종류에 해당하지 않는 것은?
① 규조토
② 규산백토
③ 고로 슬래그
④ 포졸리스(pozzolith)

1-2. 포졸란을 사용한 콘크리트의 특징으로 틀린 것은?
① 워커빌리티가 좋아진다.
② 조기강도는 크나, 장기강도가 작아진다.
③ 블리딩이 감소한다.
④ 수밀성 및 화학 저항성이 크다.

해설

1-1
포졸란의 종류
• 천연산 : 화산회, 규조토, 규산백토 등
• 인공산 : 플라이애시, 고로 슬래그, 실리카 퓸, 실리카 겔, 소성 혈암

1-2
포졸란을 사용한 콘크리트는 장기강도는 크나, 조기강도가 작다.

정답 1-1 ④ 1-2 ②

핵심이론 02 실리카 퓸, 플라이애시

① 실리카 퓸의 개념
  ㉠ 각종 실리콘이나 페로실리콘 등 규소합금을 제조할 때 배출되는 폐가스를 집진하여 얻어지는 부산물이다.
  ㉡ 고강도 및 고내구성을 동시에 만족하는 콘크리트를 제조하는 데 가장 적합하다.
  ㉢ 블리딩을 감소시키며 재료분리 저항성, 수밀성, 내화학 약품성이 향상된다.
  ㉣ 알칼리 골재 반응의 억제 및 강도 증진효과가 있다.
  ㉤ 단위 수량 증가, 건조수축 증가 등의 단점이 있다.

② 플라이애시의 개념
  ㉠ 가루 석탄을 연소시킬 때 굴뚝에서 집진기로 모은 아주 작은 입자의 재이며 실리카질 혼화재이다. 입자가 둥글고 매끄럽기 때문에 콘크리트의 워커빌리티를 좋게 하고 수화열이 적으며, 장기강도를 크게 한다.
  ㉡ 입자가 구형(원형)이고 표면조직이 매끄러워 단위 수량을 감소시킨다.
  ㉢ 콘크리트의 워커빌리티를 좋게 하고 수화열이 적다.
  ㉣ 조기강도는 작으나 포졸란 반응에 의하여 장기강도의 발현성이 좋다.
  ㉤ 산 및 염에 대한 화학저항성이 보통 콘크리트보다 우수하다.

10년간 자주 출제된 문제

2-1. 혼화재로서 실리카 퓸을 사용한 콘크리트에 대한 설명으로 틀린 것은?
① 콘크리트가 치밀한 구조로 된다.
② 단위 수량 증가, 건조수축의 증가 등의 단점이 있다.
③ 알칼리 골재 반응의 억제효과 및 강도증가 등이 감소된다.
④ 콘크리트의 재료분리 저항성, 내화학 약품성이 향상된다.

2-2. 가루 석탄을 연소시킬 때 굴뚝에서 집진기로 모은 아주 작은 입자의 재료로 워커빌리티가 좋아지게 만드는 혼화재료는?
① 포졸란
② 플라이애시
③ 공기연행제
④ 분산제

|해설|

2-1
알칼리 골재 반응의 억제 및 강도증진 효과가 있다.

2-2
플라이애시 : 가루 석탄을 연소시킬 때 굴뚝에서 집진기로 모은 아주 작은 입자의 재이며 실리카질 혼화재이다. 입자가 둥글고 매끄럽기 때문에 콘크리트의 워커빌리티를 좋게 하고 수화열이 적으며, 장기강도를 크게 한다.

정답 2-1 ③ 2-2 ②

핵심이론 03 고로 슬래그 미분말, 팽창제

① 고로 슬래그 미분말의 개념
  ㉠ 제철소의 용광로에서 배출되는 슬래그를 급랭하여 입자(알갱이)화한 후 미분쇄한 것이다.
  ㉡ 비결정질의 유리질 재료로 잠재 수경성(알칼리 자극에 경화하는 성질)을 가지고 있으며 유리화율이 높을수록 잠재 수경성 반응이 커진다.
  ㉢ 알칼리 골재 반응을 억제시킨다.
  ㉣ 콘크리트의 장기강도가 증진된다.
  ㉤ 콘크리트의 수화열 발생 속도를 감소시킨다.
  ㉥ 매스 콘크리트용으로 적합하다.
  ㉦ 콘크리트의 수밀성, 화학적 저항성 등이 좋아진다.

② 팽창제의 개념
  콘크리트가 굳어 가는 도중에 부피를 늘어나게 하여 콘크리트의 건조수축에 의한 균열을 막아준다.

10년간 자주 출제된 문제

3-1. 다음의 혼화재 중 용광로에서 나온 슬래그를 냉각시켜 생성된 것은?
① AE제
② 포졸란
③ 플라이애시
④ 고로 슬래그 미분말

3-2. 콘크리트가 경화되는 중에 부피를 늘어나게 하여 콘크리트의 건조수축에 의한 균열을 억제하는 데 사용하는 혼화재료는?
① 포졸란
② 팽창제
③ AE제
④ 경화촉진제

해설

3-1
① AE제 : 콘크리트 속에 작고 많은 독립된 기포를 고르게 생기게 하기 위하여 사용하는 혼화제이다.
② 포졸란 : 천연산의 것과 인공산의 것이 있으며 콘크리트의 워커빌리티를 좋게 하고 수밀성과 내구성 등을 크게 할 목적으로 사용되는 혼화재이다.
③ 플라이애시 : 가루 석탄을 연소시킬 때 굴뚝에서 집진기로 모은 아주 작은 입자의 재이며 실리카질 혼화재이다. 콘크리트의 워커빌리티를 좋게 하고 수화열이 적으며, 장기강도를 크게 한다.

3-2
팽창제 : 시멘트 모르타르의 건조수축에 의한 균열을 방지할 목적으로 사용된다.

정답 3-1 ④ 3-2 ②

제6절 혼화제

핵심이론 01 AE제(공기연행제)

① AE제의 개념
  ㉠ 콘크리트 내부에 독립된 미세한 기포를 발생시켜 시멘트, 골재 주위에서 볼 베어링 작용을 하여 콘크리트의 워커빌리티를 개선하는 혼화제이다.
  ㉡ 동결융해에 대한 저항성을 증대시킨다.
  ㉢ 재료분리, 블리딩, 압축강도가 감소한다.
  ㉣ 내구성·수밀성이 크고, 유동성이 증가한다.
  ㉤ 철근과의 부착강도가 작아진다.
  ㉥ 단위 수량을 줄일 수 있다.
  ㉦ 응결·경화 시에 발열량이 적다.

② AE제가 연행공기량에 미치는 요인
  ㉠ AE제에 의하여 콘크리트 속에 생긴 공기를 연행공기라 하고 이 밖에 공기를 갇힌 공기라 한다.
  ㉡ AE 공기량은 시멘트의 양, 물의 양, 비비기 시간 등에 따라 달라진다.
  ㉢ 연행된 공기량이 많아지면 압축강도는 감소한다.
  ㉣ 사용 시멘트의 비표면적이 클수록 연행공기량은 증가한다.
  ㉤ 단위 잔골재량이 많으면 연행공기량은 증가한다.
  ㉥ 콘크리트의 온도가 높으면 연행공기량은 감소한다.

10년간 자주 출제된 문제

1-1. 콘크리트 내부에 독립된 미세한 기포를 발생시켜 시멘트, 골재 주위에서 볼 베어링 작용을 하여 콘크리트의 워커빌리티를 개선하는 혼화제는?

① AE제
② 촉진제
③ 지연제
④ 발포제

1-2. 콘크리트에 AE제를 사용하였을 때 장점에 해당되지 않는 것은?

① 워커빌리티가 좋다.
② 동결융해에 대한 저항성이 크다.
③ 철근과의 부착강도가 크다.
④ 단위 수량이 줄고 수밀성이 크다.

|해설|

1-1
AE제는 콘크리트 내부에 미세 독립기포를 형성하여 워커빌리티 및 동결융해에 대한 저항성을 높이기 위하여 사용하는 혼화제이다.

1-2
AE제를 사용하면 골재 간의 마찰이 작아져서 워커빌리티가 개선되기 때문에 철근과 콘크리트의 부착력이 약해진다.

정답 1-1 ① 1-2 ③

핵심이론 02 감수제(분산제), 고성능 감수제

① 감수제의 개념
   ㉠ 감수제는 시멘트 입자를 분산시켜 콘크리트의 단위 수량을 감소시킬 목적으로 사용하는 혼화제이다.
   ㉡ 내구성, 수밀성 및 강도가 커진다.
   ㉢ 시멘트풀의 유동성을 증가시켜 워커빌리티가 좋아진다.
   ㉣ 단위 수량, 단위 시멘트양이 감소한다.
   ㉤ 수화작용을 촉진시킬 수 있고, 투수성이 감소한다.

② 고성능 감수제
   ㉠ 물-시멘트비 감소와 콘크리트의 고강도화를 주목적으로 사용되는 혼화제이다.
   ㉡ 일반 감수제와 비교해서 시멘트 입자의 분산능력이 우수하여 단위 수량을 20~30% 정도 크게 감소시킬 수 있다.
   ㉢ 고성능 감수제를 사용하면 수량이 대폭 감소되기 때문에 건조수축이 적다.
   ㉣ 고성능 감수제는 그 사용방법에 따라 고강도 콘크리트용 감수제와 유동화제로 나뉘지만 기본적인 성능은 동일하다.
      • (고성능) 감수제 : 콘크리트 배합 시 첨가하여 배합수의 감수를 목적으로 사용한다.
      • 유동화제 : 콘크리트 배합 이후 감수제를 후첨가하여 콘크리트의 유동성을 향상시킨다.
   ㉤ 고성능 감수제의 첨가량이 증가할수록 워커빌리티는 증가하지만, 과도하게 사용하면 재료분리가 발생한다.

10년간 자주 출제된 문제

2-1. 시멘트의 입자를 분산시켜 콘크리트의 필요한 반죽질기를 얻고 단위 수량을 줄일 목적으로 사용하는 혼화제는?
① 감수제
② 경화촉진제
③ AE제
④ 수포제

2-2. 감수제의 특징을 설명한 것 중 옳지 않은 것은?
① 시멘트풀의 유동성을 증가시킨다.
② 워커빌리티를 좋게 하고 단위 수량을 줄일 수 있다.
③ 콘크리트가 굳은 뒤에는 내구성이 커진다.
④ 수화작용이 느리고 강도가 감소된다.

해설

2-2
감수제를 사용하면 콘크리트의 수화작용을 촉진시킬 수 있으며, 강도가 커진다.

정답 2-1 ① 2-2 ④

핵심이론 03 촉진제

① 촉진제의 개념
  ㉠ 시멘트의 수화작용을 빠르게 할 목적으로 사용되는 혼화제이다.
  ㉡ 촉진제로 염화칼슘을 사용한다.
  ㉢ 일반적으로 시멘트 무게의 1~2%의 염화칼슘을 사용하여 조기강도가 커지게 한다.
  ㉣ 염화칼슘을 4% 이상 사용하면 급속히 굳어질 염려가 있고 장기강도가 작아진다.
  ㉤ 촉진제를 사용하면 응결이 빠르고 조기강도가 커지므로 숏크리트 또는 긴급공사에 사용한다.

② 염화칼슘($CaCl_2$)을 사용한 콘크리트의 성질
  ㉠ 응결이 빠르며 다량 사용하면 급결한다.
  ㉡ 수중이나 한중공사에 조기강도나 수화열을 필요로 할 경우에 사용한다.
  ㉢ 보통 콘크리트보다 초기강도는 증가하나 장기강도는 감소한다.
  ㉣ 응결이 촉진되므로 운반, 타설, 다지기 작업을 신속히 해야 한다.
  ㉤ 황산염에 대한 저항성이 작아지며 알칼리 골재 반응을 촉진한다.
  ㉥ 철근 콘크리트 구조물에서 철근의 부식을 촉진한다.
  ㉦ 건습에 따른 팽창과 수축이 크게 되고 수분을 흡수하는 능력이 뛰어나다.
  ㉧ 콘크리트의 건조수축과 크리프가 커지고, 내구성이 감소한다.

10년간 자주 출제된 문제

3-1. 일반적으로 염화칼슘($CaCl_2$), 또는 염화칼슘이 들어 있는 감수제를 사용하는 혼화제는?
① 발포제
② 급결제
③ 촉진제
④ 지연제

3-2. 콘크리트에 사용하는 촉진제에 대한 설명으로 옳지 않은 것은?
① 프리플레이스트 콘크리트용 그라우트에 사용하여 부착을 좋게 한다.
② 시멘트의 수화작용을 빠르게 하여 응결이 빠르므로 숏크리트에 사용한다.
③ 일반적으로 시멘트 무게의 1~2%의 염화칼슘을 사용하여 조기강도가 커지게 한다.
④ 염화칼슘을 시멘트 무게의 4% 이상 사용하면 급속히 굳어질 염려가 있고 장기강도가 작아진다.

|해설|

3-1
촉진제 : 시멘트의 수화작용을 촉진하여 응결시간을 단축시키는 혼화제이다. 일반적으로 염화칼슘을 사용하는데 성능은 좋으나 철근 부식의 우려가 있다.

3-2
프리플레이스트 콘크리트용 그라우트에 사용하여 부착을 좋게 하는 혼화제는 발포제이다.

정답 3-1 ③ 3-2 ①

핵심이론 04 기타 혼화제

① 급결제
   ㉠ 시멘트의 응결을 빠르게 하기 위하여 사용하는 혼화제로서 조기강도를 증진시킨다.
   ㉡ 콘크리트 뿜어붙이기 공법, 그라우트에 의한 지수 공법 등에 사용된다.
② 지연제
   ㉠ 시멘트의 수화반응을 늦추어 응결과 경화시간을 길게 할 목적으로 사용한다.
   ㉡ 시멘트를 제조할 때 응결시간을 조절하기 위하여 3~5%의 석고를 넣는다.
   ㉢ 연속 타설을 필요로 하는 콘크리트 구조에서 작업이음(콜드 조인트) 발생 방지 등에 효과적이다.
   ㉣ 서중 콘크리트 시공이나 레디믹스트 콘크리트에서 운반거리가 멀 경우 사용한다.
③ 발포제
   ㉠ 알루미늄 또는 아연 가루를 넣어 시멘트가 응결할 때 화학적 반응에 의하여 수소가스를 발생시켜, 콘크리트 속에 아주 작은 기포가 생기게 하는 혼화제이다.
   ㉡ 프리플레이스트 콘크리트용 그라우트 또는 PC용 그라우트에 사용하여 부착과 충전성을 좋게 한다.
④ 기포제
   ㉠ 콘크리트 속에 많은 거품을 일으켜, 부재의 경량화나 단열성을 목적으로 사용하는 혼화제이다.
   ㉡ 경량구조용 부재, 단열 콘크리트, 터널이나 실드 공사에서 뒤채움재 등에 사용된다.
⑤ 방수제 : 수밀성을 좋게 해주는 혼화제이다.

10년간 자주 출제된 문제

4-1. 시멘트가 매우 빨리 응결하도록 하기 위해 사용하는 혼화제로서, 콘크리트 뿜어붙이기 공법, 그라우트에 의한 지수 공법 등에 사용하는 혼화재료는?

① 경화촉진제　　　　　　　　　　② 급결제
③ 지연제　　　　　　　　　　　　④ 발포제

4-2. 서중 콘크리트 시공이나 레디믹스트 콘크리트에서 운반거리가 멀 경우 혼화제를 사용하고자 한다. 다음 중 어느 혼화제가 적당한가?

① 지연제　　　　　　　　　　　　② 촉진제
③ 급결제　　　　　　　　　　　　④ 방수제

4-3. 시멘트가 응결할 때 화학적 반응에 의하여 수소가스를 발생시켜 모르타르 또는 콘크리트 속에 아주 작은 기포를 생기게 하는 혼화제로 알루미늄 가루 등을 사용하며 프리플레이스트 콘크리트용 그라우트나 PC용 그라우트에 사용하면 부착을 좋게 하는 것은?

① 발포제　　　　　　　　　　　　② 방수제
③ 촉진제　　　　　　　　　　　　④ 급결제

해설

4-2

지연제 : 시멘트의 응결시간을 늦추기 위하여 사용하는 혼화제로서 서중 콘크리트나 레디믹스트 콘크리트에서 운반거리가 먼 경우 또는 연속적으로 콘크리트를 칠 때 콜드 조인트가 생기지 않도록 할 경우 등에 사용된다.

4-3

발포제 : 알루미늄 또는 아연 가루를 넣어, 시멘트가 응결할 때 수소가스를 발생시켜 모르타르 또는 콘크리트 속에 아주 작은 기포를 생기게 하는 혼화제이다.

정답 4-1 ②　4-2 ①　4-3 ①

CHAPTER 02 콘크리트 시공에 관한 지식

제1절 콘크리트의 시공기계 및 기구

핵심이론 01 제조설비

콘크리트 시공기계
- 제조기계 : 배처플랜트, 강제식 믹서, 가경식 믹서 등
- 콘크리트 운반기계 : 트럭믹서, 콘크리트 펌프, 트럭 애지테이터, 버킷, 슈트, 벨트 컨베이어, 손수레 등
- 콘크리트 치기기계 : 슈트, 트레미 등
- 다짐기계 : 내부 진동기, 표면 진동기, 거푸집 진동기 등

① 믹서
  ㉠ 믹서는 고정식 믹서를 원칙으로 하며, KS F 2455에 의해 혼합성능 시험을 실시하여 아래에 제시한 규정을 만족하면 소요의 혼합성능을 가지고 있는 것으로 한다.
   - 콘크리트 중 모르타르의 단위 질량의 차는 0.8% 이하일 것
   - 콘크리트 중 단위 굵은 골재량의 차는 5% 이하일 것
  ㉡ 믹서는 비빈 콘크리트를 신속하게 배출할 수 있어야 하며, 배출할 때 재료분리를 일으키지 않아야 한다.
  ㉢ 종류
   - 중력식 믹서 : 날개가 달린 비빔통을 회전시켜서 내부의 재료를 비비는 콘크리트 믹서이다.
   - 강제식 믹서 : 비빔통 속에 달린 날개를 동력으로 회전시켜 콘크리트를 비비며, 주로 콘크리트 플랜트에 사용된다.
   - 배치 믹서(batch mixer) : 콘크리트 재료를 1회분씩 혼합하는 믹서이다.

[중력식 믹서(현장 믹서)]

② 배처플랜트
    ㉠ 댐 건설과 같은 대규모 공사장 부근에 설치하여 대량의 콘크리트를 효율적이고 균일하게 제조하는 설비이다.
    ㉡ 배처플랜트는 원칙적으로 각 재료를 위한 별도의 저장공간이 필요하며 정확한 계량을 확인할 수 있는 지시계를 구비해야 한다.
    ㉢ 계량기는 서로 배합이 다른 콘크리트의 각 재료를 연속적으로 계량할 수 있는 장치가 구비되어야 한다.
    ㉣ 계량기에는 잔골재의 표면수량에 따른 계량값의 보정을 쉽게 할 수 있는 장치가 구비되어 있어야 한다.
③ 콘크리트 플랜트
    ㉠ 콘크리트 플랜트는 연속적으로 작업하여 콘크리트를 만드는 설비이다.
    ㉡ 콘크리트를 일관 작업으로 대량 생산하는 장치로서 재료저장부, 계량 장치, 비비기 장치, 배출 장치로 되어 있다.
    ㉢ 콘크리트 플랜트는 구조에 따라 고정식과 이동식이 있다.

[콘크리트 플랜트]

10년간 자주 출제된 문제

1-1. 배치 믹서(batch mixer)에 대한 설명으로 옳은 것은?

① 콘크리트 1m³씩 혼합하는 믹서
② 콘크리트 재료를 1회분씩 운반하는 장치
③ 콘크리트 재료를 1회분씩 혼합하는 믹서
④ 콘크리트 1m³씩 운반하는 장치

1-2. 콘크리트를 일관 작업으로 대량 생산하는 장치로서, 재료저장부, 계량 장치, 비비기 장치, 배출 장치로 되어 있는 것은?

① 레미콘
② 콘크리트 플랜트
③ 콘크리트 피니셔
④ 콘크리트 디스트리뷰터

정답 1-1 ③ 1-2 ②

핵심이론 02 운반장비

콘크리트는 재료가 분리되지 않고, 슬럼프가 줄지 않도록 되도록 빨리 운반해서 쳐 넣어야 한다. 또한 콘크리트를 운반할 때에는 공사의 종류, 규모, 기간 등을 고려하여 적절한 운반방법을 선정해야 한다.

① 운반차 및 운반장비

   ㉠ 트럭믹서
- 콘크리트 플랜트에서 콘크리트를 공급받아 비비면서 주행하는 레디믹스트 콘크리트 운반용 트럭이다.
- 운반거리가 먼 경우나 슬럼프가 큰 콘크리트의 경우에 사용하는 애지테이터를 붙인 운반기계이다.
- 트럭믹서의 작업량

$$Q = \frac{60qE}{C_m} \text{ (여기서, } q : \text{적재량, } E : \text{효율, } C_m : \text{사이클 타임)}$$

   ㉡ 트럭 애지테이터(truck agitator) : 콘크리트 운반기계 중에서 거리가 멀 때 가장 적합한 운반기계이다.

   ㉢ 덤프트럭
- 슬럼프가 25mm 이하의 낮은 콘크리트를 운반할 때는 덤프트럭을 사용할 수 있다.
- 덤프트럭의 적재함은 평탄하고 방수 장치를 갖추어야 한다.
- 필요에 따라 비, 바람 등으로부터 보호를 받을 수 있는 방수 덮개를 갖추어야 한다.

   ㉣ 손수레 : 운반거리가 100m 이하가 되는 평탄한 운반로를 만들어 콘크리트의 재료분리를 방지할 수 있는 경우에 사용한다.

② 버킷

   ㉠ 버킷은 믹서로부터 받아 즉시 콘크리트를 치기 할 장소로 운반하기에 가장 좋은 방법이다.

   ㉡ 버킷의 구조는 콘크리트를 투입·배출할 때에 재료분리를 일으키지 않아야 한다.

   ㉢ 콘크리트의 배출이 쉽고, 닫았을 때 콘크리트나 모르타르가 누출되지 않도록 해야 한다.

10년간 자주 출제된 문제

2-1. 싣기 용량이 6m³인 트럭믹서의 1시간당 작업량은 얼마인가?(단, 작업효율 0.85, 사이클 타임은 1시간이다)

① 3.1m³/h
② 4.5m³/h
③ 5.1m³/h
④ 5.5m³/h

2-2. 운반거리가 먼 경우나 슬럼프가 큰 콘크리트의 경우에 사용하는 애지테이터를 붙인 운반기계는?

① 덤프트럭
② 트럭믹서
③ 콘크리트 펌프
④ 콘크리트 플레이서

2-3. 콘크리트의 운반장비로서 손수레를 사용할 수 있는 경우에 대한 설명으로 옳은 것은?

① 운반거리가 1km 이하가 되는 평탄한 운반로를 만들어 콘크리트의 재료분리를 방지할 수 있는 경우
② 운반거리가 100m 이하가 되고 타설 장소를 향하여 상향으로 15% 이상의 경사로를 만들어 콘크리트의 재료분리를 방지할 수 있는 경우
③ 운반거리가 1km 이하가 되고 타설 장소를 향하여 하향으로 15% 이상의 경사로를 만들어 콘크리트의 재료분리를 방지할 수 있는 경우
④ 운반거리가 100m 이하가 되는 평탄한 운반로를 만들어 콘크리트의 재료분리를 방지할 수 있는 경우

|해설|

2-1

$$작업량(Q) = \frac{60qE}{C_m} = \frac{60 \times 6 \times 0.85}{60}$$
$$= 5.1 \text{m}^3/\text{h}$$

여기서, q : 적재량
E : 효율
C_m : 사이클 타임

2-2

트럭믹서 : 콘크리트 플랜트에서 콘크리트를 공급받아 비비면서 주행하는 레디믹스트 콘크리트 운반용 트럭이다.

정답 2-1 ③ 2-2 ② 2-3 ④

CHAPTER 02 콘크리트 시공에 관한 지식 ■ 47

핵심이론 03 콘크리트 펌프

① 콘크리트 펌프의 표준

[콘크리트 펌프]

㉠ 비빈 콘크리트를 수송관을 통해 압력으로 치기할 장소까지 연속적으로 보내는 기계이며, 콘크리트의 운반기구 중 재료분리가 적고, 연속적으로 칠 수 있어 터널, 댐, 항만 등의 공사에 널리 쓰인다.

㉡ 콘크리트 펌프를 사용하여 시공하는 콘크리트는 소요의 워커빌리티를 가지며, 시공 시 및 경화 후에 소정의 품질을 갖는 것이어야 한다.

㉢ 압송하는 콘크리트의 슬럼프는 아래의 값을 표준으로 하며, 작업에 적합한 범위 내에서 되도록 작게 해야 한다. 다만, 압송성을 고려하여 이들 값보다도 큰 슬럼프로 할 수 있다.

※ 슬럼프의 표준값(mm)
- 철근 콘크리트 : 일반적인 경우 80~150, 단면이 큰 경우 60~120
- 무근 콘크리트 : 일반적인 경우 50~150, 단면이 큰 경우 50~100

㉣ 압송관의 지름 및 배관의 경로는 콘크리트의 종류 및 품질, 굵은 골재의 최대 치수, 콘크리트 펌프의 기종, 압송 조건, 압송작업의 용이성·안전성 등을 고려하여 정해야 한다.

㉤ 콘크리트 펌프의 종류 및 대수는 콘크리트의 종류 및 품질, 수송관의 지름 및 배관의 수평환산거리, 압송부하, 토출량, 단위 시간당 타설량, 막힘에 대한 안전성 및 시공 장소의 환경조건 등을 고려하여 정해야 한다.

㉥ 콘크리트 펌프의 형식은 피스톤식 또는 스퀴즈식을 표준으로 한다.

㉦ 콘크리트 펌프의 기종은 압송능력이 펌프에 걸리는 최대 압송부하보다도 커지도록 선정한다.

㉧ 콘크리트의 압송에 앞서 콘크리트 중의 모르타르와 동일한 정도의 배합을 가지는 모르타르를 압송하여, 콘크리트 중의 모르타르가 펌프 등에 부착되어 그 양이 적어지지 않도록 한다.

㉨ 미리 압송하는 모르타르나 압송 중 막힘현상 등으로 품질이 저하된 콘크리트는 폐기하도록 한다.

㉩ 압송은 계획에 따라 연속적으로 실시해야 한다.

㉪ 부득이 장시간 중단해야 되는 경우에는 재개 후 콘크리트의 펌퍼빌리티 및 품질이 떨어지지 않도록 적절한 조치를 취해야 한다.

㉫ 콘크리트가 장시간에 걸쳐 압송이 중단될 것이 예상되는 경우에는 펌프의 막힘을 방지하기 위해 시간 간격을 조절하면서 운전을 실시한다.

㉬ 장시간 중단에 의해 막힘이 생길 가능성이 높은 경우에는 배관 내의 콘크리트를 배출시켜야 한다.

② 콘크리트 펌프의 주요사항
　㉠ 압송조건은 관 내에 콘크리트가 막히는 일이 없도록 정해야 한다.
　㉡ 수송관의 배치는 될 수 있는 대로 굴곡을 적게 한다.
　㉢ 수송관은 될 수 있는 대로 수평 또는 상향으로 하여 콘크리트를 압송한다.
　㉣ 일반 콘크리트를 펌프로 압송할 경우 굵은 골재의 최대 치수 40mm 이하를 표준으로 하고, 슬럼프의 범위는 10~18cm로 한다.
　㉤ 일반적으로 지름 100~150mm의 수송관을 사용한다.
　㉥ 콘크리트 펌프로 콘크리트를 수송할 때 수송관이 90°의 굴곡이 1회 있을 경우 수평거리 6m 정도로 환산한다.

10년간 자주 출제된 문제

3-1. 콘크리트를 수송관을 통해 압력으로 비빈 콘크리트를 치기 할 장소까지 연속적으로 보내는 기계는?
① 콘크리트 펌프
② 콘크리트 믹서
③ 트럭믹서
④ 콘크리트 플랜트

3-2. 콘크리트 펌프에 대한 설명 중 옳지 않은 것은?
① 압송조건은 관 내에 콘크리트가 막히는 일이 없도록 정해야 한다.
② 수송관의 배치는 될 수 있는 대로 굴곡을 적게 한다.
③ 수송관은 될 수 있는 대로 수평 또는 상향으로 하여 콘크리트를 압송한다.
④ 일반 콘크리트를 펌프로 압송할 경우 굵은 골재의 최대 치수는 25mm 이하로 해야 한다.

3-3. 콘크리트 펌프로 콘크리트를 수송할 때 수송관이 90°의 굴곡이 1회 있을 경우 수평거리는 몇 m 정도로 환산하는가?
① 2m
② 6m
③ 8m
④ 12m

해설

3-1
콘크리트 펌프는 콘크리트의 운반기구 중 재료분리가 적고, 연속적으로 칠 수 있어 터널, 댐, 항만 등의 공사에 널리 쓰인다.

3-2
일반 콘크리트를 펌프로 압송할 경우 굵은 골재의 최대 치수 40mm 이하를 표준으로 한다.

정답 3-1 ① 3-2 ④ 3-3 ②

핵심이론 04 콘크리트 플레이서, 벨트 컨베이어

① 콘크리트 플레이서
  ㉠ 수송관 속의 콘크리트를 압축공기로써 압송하며 터널 등의 좁은 곳에 콘크리트를 운반하는 데 편리한 기계이다.
  ㉡ 잔골재율을 크게 한 콘크리트를 사용하는 것이 좋다.
  ㉢ 콘크리트 플레이서를 사용할 경우는 수송거리, 공기압, 공기소비량에 따라 재료분리가 심하므로 그 기종, 형식 및 사용방법에 대해 책임기술자의 지시에 따라야 한다.
  ㉣ 수송관의 배치는 굴곡을 적게 하고 수평 또는 상향으로 설치하며, 하향 경사로 설치·운용하지 않아야 한다.
  ㉤ 관으로부터의 토출할 때 콘크리트의 재료분리가 생기는 경우에는 토출 충격을 완화시키는 등 재료분리를 되도록 방지해야 한다.

② 벨트 컨베이어
  ㉠ 콘크리트를 연속으로 운반하는 기계이다.
  ㉡ 벨트 컨베이어를 사용할 경우 콘크리트의 품질을 해치지 않도록 벨트 컨베이어를 적당한 위치에 배치한다.
  ㉢ 벨트 컨베이어의 끝부분에는 조절판 및 깔때기를 설치해서 재료분리를 방지해야 한다.
    ※ 재료분리 방지를 위해 설치하는 깔때기의 길이는 60cm 이상이어야 한다.

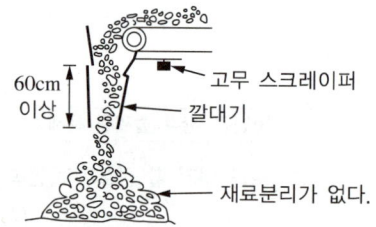

  ㉣ 운반거리가 길면 햇빛이나 공기에 노출되는 시간이 길어지므로 콘크리트가 건조해지거나, 반죽질기가 변하므로 컨베이어를 적당한 위치에 배치하여 덮개를 설치하는 등의 조치를 취해야 한다.
  ㉤ 벨트 컨베이어의 경사는 콘크리트의 운반 도중 재료분리가 발생하지 않도록 결정해야 한다.
  ㉥ 벨트 컨베이어는 운반거리가 길거나 경사가 있어서는 안 된다.

10년간 자주 출제된 문제

4-1. 수송관 내의 콘크리트를 압축공기의 압력으로 보내는 것으로서, 주로 터널의 둘레 콘크리트에 사용되는 것은?
① 벨트 컨베이어
② 운반차
③ 버킷
④ 콘크리트 플레이서

4-2. 콘크리트 플레이서에 대한 설명으로 틀린 것은?
① 수송관의 배치는 굴곡을 적게 하고, 하향 경사로 설치·운용해야 한다.
② 관에서 배출 시에 콘크리트의 재료분리가 생기는 경우에는 관 끝에 달아맨 삼베 등에 닿도록 배출시키거나 해서 배출충격을 완화시켜야 한다.
③ 수송관 내의 콘크리트를 압축공기로서 압송하는 것으로 터널 등의 좁은 곳에 콘크리트를 운반하는 데 편리하다.
④ 콘크리트 플레이서의 수송거리는 공기압, 공기소비량 등에 따라 다르다.

4-3. 벨트 컨베이어를 사용하여 콘크리트를 운반할 때 벨트 컨베이어의 끝부분에 조절판 및 깔때기를 설치해야 하는 이유로 가장 적당한 것은?
① 콘크리트의 건조를 피하기 위하여
② 콘크리트의 반죽질기가 변화하지 않도록 하기 위하여
③ 콘크리트의 재료분리를 방지하기 위하여
④ 운반시간을 줄이기 위하여

|해설|

4-1
수송관 속의 콘크리트를 압축공기에 의해 압송하는 것으로서 콘크리트 펌프와 같이 터널 등의 좁은 곳에 콘크리트를 운반하는 데에 편한 콘크리트 운반기계이다.

4-2
수송관의 배치는 굴곡을 적게 하고 수평 또는 상향으로 설치하며, 하향 경사로 설치·운용하지 않아야 한다.

정답 4-1 ④ 4-2 ① 4-3 ③

핵심이론 05 슈트(shute)

① 슈트의 개념
  ㉠ 콘크리트를 높은 곳에서 낮은 곳으로 미끄러져 내려갈 수 있게 만든 홈통이나 관 모양의 것을 말한다.
  ㉡ 콘크리트를 내리는 경우 버킷을 사용할 수 없을 때 사용하면 편리한 기구이다.

② 슈트의 분류
  ㉠ 연직 슈트
    • 슈트를 사용할 때는 원칙적으로 연직 슈트를 사용해야 하며, 깔때기 등을 설치하여 콘크리트의 재료분리가 적게 일어나도록 해야 한다.
    • 연직 슈트를 사용할 경우 콘크리트가 한 장소에 모이지 않도록 콘크리트의 투입구의 간격, 투입 순서 등에 대하여 콘크리트 타설 전에 검토해야 한다.
    • 연직 슈트를 사용할 경우에 추가 슈트의 설치를 생략하기 위해 한 개의 슈트로 넓은 장소에 공급해서는 안 된다.
    • 연직 슈트의 이음부분은 콘크리트 치기 중에 분리되지 않도록 충분한 강도를 가져야 한다.
  ㉡ 경사 슈트
    • 경사 슈트를 사용할 경우 슈트의 경사는 콘크리트가 재료분리를 일으키지 않아야 하며, 일반적으로 경사는 수평 2에 대하여 연직 1 정도가 적당하다.
    • 경사 슈트의 토출구에서 조절판 및 깔때기를 설치해서 재료분리를 방지해야 한다. 이 경우 깔때기의 하단은 될 수 있는 대로 콘크리트를 치는 표면에 가까이 두어야 한다.
    • 경사 슈트로 운반한 콘크리트에 재료분리가 생긴 경우에는 슈트 토출구에 팬을 놓고 콘크리트를 받아 다시 비벼서 사용해야 한다.
    ※ 경사 슈트는 재료분리를 일으키기 쉬우므로, 가능하면 사용하지 않는 것이 좋다.

[콘크리트 경사 슈트]

> 10년간 자주 출제된 문제

5-1. 높은 곳에서 콘크리트를 내리는 경우, 버킷을 사용할 수 없을 때 사용하며 콘크리트 치기의 높이에 따라 길이를 조절할 수 있도록 깔때기 등을 이어서 만든 운반기구는?

① 콘크리트 펌프
② 연직 슈트
③ 콘크리트 플레이서
④ 벨트 컨베이어

5-2. 콘크리트 운반에 사용되는 슈트에 대한 설명으로 틀린 것은?

① 경사 슈트를 사용할 경우에는 수평 2에 대해 연직 1의 경사로 한다.
② 슈트를 사용할 경우에는 원칙적으로 경사 슈트를 사용해야 한다.
③ 연직 슈트를 사용할 경우에 추가 슈트의 설치를 생략하기 위해 한 개의 슈트로 넓은 장소에 공급해서는 안 된다.
④ 연직 슈트를 사용할 경우에는 콘크리트의 투입구 간격, 투입 순서 등으로 검토하여 콘크리트가 한 곳에 모이지 않도록 한다.

5-3. 경사 슈트에 의해 콘크리트를 운반하는 경우 기울기는 연직 1에 대하여 수평을 얼마 정도로 하는 것이 좋은가?

① 1
② 2
③ 3
④ 4

5-4. 콘크리트 운반 중 재료분리가 발생할 염려가 가장 큰 기구는?

① 콘크리트 펌프
② 경사 슈트
③ 벨트 컨베이어
④ 콘크리트 버킷

[해설]

5-1
① 콘크리트 펌프 : 비빈 콘크리트를 수송관을 통해 압력으로 치기 할 장소까지 연속적으로 보내는 운반기계이다.
③ 콘크리트 플레이서 : 수송관 속의 콘크리트를 압축공기에 의해 압송하는 것으로서 콘크리트 펌프와 같이 터널 등의 좁은 곳에 콘크리트를 운반하는 데에 편리한 기계이다.
④ 벨트 컨베이어 : 콘크리트를 연속적으로 운반하는 기계이다.

5-2, 5-4
경사 슈트는 재료분리를 일으키기 쉬우므로, 가능하면 사용하지 않는 것이 좋다.

정답 5-1 ② 5-2 ② 5-3 ② 5-4 ②

제2절 콘크리트의 배합

핵심이론 01 재료의 계량

> 콘크리트 시공의 작업 순서 : 계량 → 비비기 → 운반 → 치기 → 양생

① 재료의 계량은 현장 배합에 의해 실시하는 것으로 한다.
② 각 재료는 1배치씩 질량으로 계량해야 하며, 물과 혼화제 용액은 용적으로 계량해도 좋다.
③ 혼화제를 녹이거나 묽게 하는 데 사용하는 물은 단위 수량의 일부로 보아야 한다.
④ 재료의 계량오차(표준시방서 기준)

재료의 종류	측정 단위	허용오차
시멘트	질량	±1%
골재	질량 또는 부피	±3%
물	질량	±1%
혼화재	질량	±2%
혼화제	질량 또는 부피	±3%

※ 물은 콘크리트 각 재료의 양을 계량할 때 반죽질기, 워커빌리티, 강도 등에 직접 영향을 끼치므로 특히 정확하게 계량해야 한다.

10년간 자주 출제된 문제

1-1. 콘크리트 시공의 작업 순서를 바르게 나타낸 것은 어느 것인가?
① 계량 → 운반 → 비비기 → 치기 → 양생
② 계량 → 비비기 → 치기 → 운반 → 양생
③ 계량 → 운반 → 치기 → 비비기 → 양생
④ 계량 → 비비기 → 운반 → 치기 → 양생

1-2. 콘크리트 재료의 계량에 대한 설명으로 틀린 것은?
① 골재의 계량오차는 ±3%이다.
② 혼화제를 묽게 하는 데 사용하는 물은 단위 수량으로 포함하여서는 안 된다.
③ 혼화재의 계량오차는 ±2%이다.
④ 각 재료는 1배치씩 질량으로 계량해야 하며, 물과 혼화제 용액은 용적으로 계량해도 좋다.

|해설|

1-2
혼화제를 묽게 하는 데 사용하는 물은 단위 수량의 일부로 보아야 한다.

정답 1-1 ④ 1-2 ②

핵심이론 02 콘크리트의 비비기

① 비비기
  ㉠ 믹서는 사용 전후에 잘 청소해야 한다.
  ㉡ 비비기를 시작하기 전에 미리 믹서 내부를 모르타르로 부착시켜야 한다.
  ㉢ 콘크리트의 재료는 반죽된 콘크리트가 균질하게 될 때까지 충분히 비벼야 한다.
  ㉣ 비비기가 잘 되면 같은 배합이라도 콘크리트의 워커빌리티가 좋아지고, 강도가 커지지만 너무 오래 비비면 워커빌리티가 나빠지고, 재료분리가 생기거나 골재가 파쇄되어 강도가 저하되므로 알맞게 비벼야 한다.
  ㉤ 비비기 시간은 시험에 의해 정하는 것을 원칙으로 하며, 미리 정해둔 비비기 시간의 3배 이상 계속하지 않아야 한다.
  ㉥ 비비기 시간에 대한 시험을 하지 않은 경우 다음의 시간을 표준으로 한다.
    • 강제식 믹서 사용 : 1분 이상
    • 가경식 믹서 사용 : 1분 30초 이상
  ㉦ 비비기 시작 후 최초에 배출되는 콘크리트는 품질 불량의 우려가 있으므로 사용하지 않아야 한다.

② 다시 비비기
  ㉠ 되 비비기 : 콘크리트 또는 모르타르가 엉기기 시작하였을 때 다시 비비는 작업을 말한다. 되 비비기를 하면 물-시멘트비가 작아지지만 응결이 시작된 이후 다시 비비는 경우로서 강도가 저하된다.
  ㉡ 거듭 비비기 : 콘크리트 또는 모르타르가 엉기기 시작하지는 않았으나 비빈 후 상당히 시간이 지났거나 또 재료가 분리된 경우에 다시 비비는 작업을 말한다. 거듭 비비기를 하면 슬럼프, 철근과의 부착강도가 커지고 침하 및 경화수축이 작아진다.

10년간 자주 출제된 문제

2-1. 다음은 콘크리트 비비기에 대한 설명이다. 틀린 것은?
① 비비기가 잘되면 강도와 내구성이 커진다.
② 오래 비빌수록 워커빌리티가 좋아진다.
③ 비비기는 미리 정해 둔 비비기 시간의 3배 이상 계속해서는 안 된다.
④ 비비기를 시작하기 전에 미리 믹서 내부를 모르타르로 부착시켜야 한다.

2-2. 콘크리트 비비기에 대한 설명으로 잘못된 것은?
① 비비기 시간에 대한 시험을 실시하지 않은 경우 가경식 믹서일 때에는 1분 30초 이상을 표준으로 한다.
② 비비기 시간에 대한 시험을 실시하지 않은 경우 강제식 믹서일 때에는 2분 이상을 표준으로 한다.
③ 비비기는 미리 정해둔 비비기 시간의 3배 이상 계속하지 않아야 한다.
④ 비비기를 시작하기 전에 미리 믹서 내부를 모르타르로 부착시켜야 한다.

2-3. 가경식 믹서를 사용하여 콘크리트 비비기를 할 경우 비비기 시간은 믹서 안에 재료를 투입한 후 얼마 이상을 표준으로 하는가?
① 30초　　　　　　　　　　② 60초
③ 90초　　　　　　　　　　④ 120초

2-4. 콘크리트 또는 모르타르가 엉기기 시작하지는 않았지만 비빈 후 상당히 시간이 지났거나, 재료가 분리된 경우에 다시 비비는 작업은?
① 되 비비기　　　　　　　　② 거듭 비비기
③ 현장 비비기　　　　　　　④ 시방 배합

[해설]

2-1
콘크리트는 너무 오래 비비면 비빌수록 워커빌리티가 나빠지고 재료분리가 생길 수 있다.

2-2
강제식 믹서를 사용하여 비비기를 할 경우 비비기 시간은 1분 이상을 표준으로 한다.

2-3
가경식 믹서를 사용하여 비비기를 할 경우 비비기 시간은 1분 30초 이상을 표준으로 한다.

정답 2-1 ② 2-2 ② 2-3 ③ 2-4 ②

핵심이론 03 레디믹스트 콘크리트(ready-mixed concrete)

① 레디믹스트 콘크리트의 개념
  ㉠ 정비된 콘크리트 제조설비를 가진 공장으로부터 수시로 구입할 수 있는 굳지 않은 콘크리트를 말한다.
  ㉡ 레디믹스트 콘크리트 운반차는 트럭믹서나 트럭 애지테이터를 사용한다.
  ㉢ 레디믹스트 콘크리트에서 보통 콘크리트 공기량의 허용오차는 ±1.5%이다.

② 레디믹스트 콘크리트의 장점
  ㉠ 균질의 콘크리트를 얻을 수 있다.
  ㉡ 공사 능률이 향상되고 공사비용 절감 및 공기를 단축할 수 있다.
  ㉢ 대량 콘크리트의 연속치기가 가능하다.
  ㉣ 콘크리트 치기와 양생에만 전념할 수 있다.
  ㉤ 콘크리트 반죽을 위한 현장설비가 필요 없다.
  ※ 콘크리트의 워커빌리티를 현장에서 즉시 조절할 수 없다.

③ 레디믹스트 콘크리트의 운반방식
  ㉠ 센트럴 믹스트 콘크리트 : 공장에 있는 고정 믹서에서 완전히 비빈 콘크리트를 애지테이터 트럭 등으로 운반하는 방식으로 근거리 운반에 사용된다.
  ㉡ 슈링크 믹스트 콘크리트 : 공장에 있는 고정 믹서에서 어느 정도 콘크리트를 비빈 다음, 현장으로 가면서 완전히 비비는 방식으로 중거리 운반에 사용된다.
  ㉢ 트랜싯 믹스트 콘크리트 : 플랜트에 고정 믹서가 없고 각 재료의 계량 장치만 설치하여 계량된 각 재료를 트럭믹서 속에 투입하여 운반 중에 소요 수량을 가해 완전히 비벼진 콘크리트를 만들어 공급하는 방식으로 장거리 수송에 사용된다.

④ 레미콘의 규격
  ㉠ 레미콘의 규격은 예를 들어 '보통 콘크리트-25-24-100'처럼 숫자로 표시한다.
  ㉡ 순서대로 콘크리트의 종류, 굵은 골재의 최대 치수(mm), 호칭강도(MPa), 슬럼프(mm) 또는 슬럼프 플로를 나타낸다.

> 10년간 자주 출제된 문제

3-1. 정비된 콘크리트 제조설비를 가진 공장에서 필요한 조건의 굳지 않은 콘크리트를 수시로 공급할 수 있는 것을 무엇이라 하는가?
① 프리플레이스트 콘크리트
② 프리캐스트 콘크리트
③ 프리스트레스트 콘크리트
④ 레디믹스트 콘크리트

3-2. 레디믹스트 콘크리트의 장점이 아닌 것은?
① 균질의 콘크리트를 얻을 수 있다.
② 공사 능률이 향상되고 공기를 단축할 수 있다.
③ 콘크리트의 워커빌리티를 현장에서 즉시 조절할 수 있다.
④ 콘크리트 치기와 양생에만 전념할 수 있다.

3-3. 레디믹스트 콘크리트의 종류 중 센트럴 믹스트 콘크리트의 설명으로 옳은 것은?
① 공장에 있는 고정 믹서에서 완전히 비빈 콘크리트를 애지테이터 트럭 등으로 운반하는 방법이다.
② 콘크리트 플랜트에서 재료를 계량하여 트럭믹서에 싣고, 운반 중에 물을 넣어 비비는 방법이다.
③ 운반거리가 장거리이거나, 운반시간이 긴 경우에 사용한다.
④ 공장에 있는 고정 믹서에서 어느 정도 콘크리트를 비빈 다음, 현장으로 가면서 완전히 비비는 방법이다.

3-4. 레디믹스트 콘크리트를 제조와 운반방법에 따라 분류할 때 아래 표의 설명이 해당하는 것은?

콘크리트 플랜트에서 재료를 계량하여 트럭믹서에 싣고 운반 중에 물을 넣어 비비는 방법이다.

① 센트럴 믹스트 콘크리트
② 슈링크 믹스트 콘크리트
③ 가경식 믹스트 콘크리트
④ 트랜싯 믹스트 콘크리트

해설

3-1
① 프리플레이스트 콘크리트 : 특정한 입도를 가진 굵은 골재를 거푸집에 채워 넣고, 그 공극 속에 특수한 모르타르를 적당한 압력으로 주입하여 제조한 콘크리트이다.
② 프리캐스트 콘크리트 : 공장에서 미리 제작한 콘크리트 부재를 현장에서 조립하여 완성하는 건축 및 토목 구조물의 자재이다.
③ 프리스트레스트 콘크리트 : 외력에 의하여 일어나는 응력을 소정의 한도까지 상쇄할 수 있도록 미리 인위적으로 그 응력의 분포와 크기를 정하여 내력을 준 콘크리트이다.

3-2
콘크리트의 워커빌리티를 현장에서 즉시 조절할 수 없다.

3-3
②·③은 트랜싯 믹스트 콘크리트, ④는 슈링크 믹스트 콘크리트에 대한 설명이다.

정답 3-1 ④ 3-2 ③ 3-3 ① 3-4 ④

제3절 콘크리트의 운반, 타설 및 다지기

핵심이론 01 콘크리트 운반

① 콘크리트 배합 후 치기를 위해 소정의 위치까지 콘크리트를 이동하는 작업을 말한다.
② 공사를 시작하기 전에 콘크리트의 종류, 품질 및 시공 조건에 따라 적합한 방법에 의하여 콘크리트를 운반하며, 운반과정에서 콘크리트의 분리, 누출 및 품질의 변화가 최대한 적게 되도록 충분한 계획을 세워야 한다.
③ 콘크리트는 신속하게 운반하여 즉시 타설하고, 충분히 다져야 한다.
④ 비비기로부터 타설이 끝날 때까지의 시간
 ㉠ 외기온도가 25℃ 이상일 때 : 1.5시간 이내
 ㉡ 외기온도가 25℃ 미만일 때 : 2시간 이내
⑤ 양질의 지연제 등을 사용하여 응결을 지연시키는 등의 특별한 조치를 강구한 경우에는 콘크리트의 품질 변동이 없는 범위 내에서 책임기술자의 승인을 받아 이 시간 제한을 변경할 수 있다.
⑥ 콘크리트를 배출하는 장소는 운반차가 안전하고 원활하게 출입할 수 있으며, 배출하는 작업이 쉽게 될 수 있는 장소로 한다.
⑦ 운반 시 주의사항
 ㉠ 공사의 종류, 규모, 기간 등을 고려하여 콘크리트의 운반방법을 선정한다.
 ㉡ 콘크리트 운반 중 재료손실, 재료분리가 일어나지 않아야 한다.
 ㉢ 콘크리트 운반 중 슬럼프가 줄어들지 않도록 해야 한다.
 ㉣ 콘크리트 운반로를 결정할 때 경제성을 고려해야 한다.
 ㉤ 소량으로 단거리를 운반할 때는 버킷, 손수레 등을 사용한다.
 ㉥ 대규모 공사일 때는 슈트(트럭믹서 등), 벨트 컨베이어, 콘크리트 펌프 등을 사용한다.
 ㉦ 콘크리트를 연속적으로 운반하는 데 가장 편리한 것은 벨트 컨베이어이다.
 ㉧ 1일 타설량을 고려하여 설비 및 인원을 배치한다.

10년간 자주 출제된 문제

1-1. 외기온도가 25℃ 미만일 때 콘크리트는 비비기로부터 타설이 끝날 때까지의 시간은 원칙적으로 몇 시간이 이내로 하는가?
① 1시간
② 2시간
③ 3시간
④ 4시간

1-2. 콘크리트 운반에 대한 일반적인 설명 중 가장 적당하지 않은 것은?
① 운반방법은 재료의 분리 및 손실이 없는 경제적인 방법을 선택한다.
② 운반 때문에 치기에 필요한 컨시스턴시(consistency)를 변화시켜선 안 된다.
③ 운반 도중 재료가 분리된 콘크리트는 사용하여서는 안 된다.
④ 콘크리트 취급 횟수를 적게 하는 것이 좋다.

1-3. 다음 중 콘크리트 운반기계에 포함되지 않는 것은?
① 버킷
② 배처플랜트
③ 슈트
④ 벨트 컨베이어

해설

1-1
보통 콘크리트의 비비기로부터 치기가 끝날 때까지의 시간은 외기온도가 25℃ 미만일 때 최대 2시간 이내를 원칙으로 한다.

1-2
충분히 다시 비벼서 균질한 상태로 콘크리트를 타설해야 한다. 단, 심한 재료분리가 일어났으며 엉기기 시작한 콘크리트는 사용하여서는 안 된다.

1-3
배처플랜트 : 대량의 콘크리트를 제조하는 설비이며, 댐 건설과 같은 대규모 공사장 부근에 설치한다.

정답 1-1 ② 1-2 ③ 1-3 ②

핵심이론 02 콘크리트 타설

① 콘크리트의 타설은 원칙적으로 시공계획서에 따라야 한다.
② 타설작업 시 철근, 매설물의 배치, 거푸집 등이 변형 및 손상되지 않도록 주의해야 한다.
③ 타설한 콘크리트를 거푸집 안에서 횡방향으로 이동시켜서는 안 된다.
④ 타설 도중에 심한 재료분리가 생긴 콘크리트는 사용하지 않는다.
⑤ 한 구획 내의 콘크리트는 타설이 완료될 때까지 연속해서 타설해야 한다.
⑥ 콘크리트는 그 표면이 한 구획 내에서는 거의 수평이 되도록 타설하는 것을 원칙으로 한다.
⑦ 콘크리트 타설의 1층 높이는 다짐 능력을 고려하여 결정해야 한다.
⑧ 콘크리트를 2층 이상으로 나누어 타설할 경우, 상층의 콘크리트 타설은 원칙적으로 하층의 콘크리트가 굳기 시작하기 전에 해야 하며, 상층과 하층이 일체가 되도록 시공한다.
⑨ 콜드 조인트가 발생하지 않도록 시공구획의 면적, 콘크리트의 공급 능력, 허용 이어치기 시간 간격 등을 정해야 한다.

[허용 이어치기 시간 간격의 표준]

외기온도	허용 이어치기 시간 간격
25℃ 초과	2.0시간
25℃ 이하	2.5시간

※ 허용 이어치기 시간 간격 : 하층 콘크리트 비비기 시작에서부터 콘크리트 타설 완료한 후, 상층 콘크리트가 타설되기까지의 시간

⑩ 거푸집의 높이가 높을 경우
  ㉠ 재료분리를 막고 상부의 철근 또는 거푸집에 콘크리트가 부착하여 경화하는 것을 방지하기 위해 거푸집에 투입구를 설치한다.
  ㉡ 연직 슈트 또는 펌프 배관의 배출구를 타설면 가까운 곳까지 내려서 콘크리트를 타설해야 한다.
  ㉢ 슈트, 펌프 배관, 버킷, 호퍼 등의 배출구와 타설면까지의 높이는 1.5m 이하를 원칙으로 한다.
⑪ 콘크리트 타설 도중 표면에 떠올라 고인 블리딩수가 있을 경우에는 적당한 방법으로 이 물을 제거한 후가 아니면 그 위에 콘크리트를 쳐서는 안 되며, 고인 물을 제거하기 위하여 콘크리트 표면에 홈을 만들어 흐르게 해서는 안 된다.
⑫ 벽 또는 기둥과 같이 높이가 높은 콘크리트를 연속해서 타설할 경우
  ㉠ 타설 및 다짐과정에서 재료분리가 적게 발생하도록 콘크리트의 반죽질기 및 타설 속도를 조정해야 한다.
  ㉡ 콘크리트를 쳐 올라가는 속도, 단면의 크기, 배합, 다지기 방법 등에 따라 다르나 보통 30분에 1~1.5m 정도로 하는 것이 적당하다.

10년간 자주 출제된 문제

2-1. 콘크리트 타설에 대한 설명으로 틀린 것은?
① 한 구획 내의 콘크리트는 타설이 완료될 때까지 연속해서 타설해야 한다.
② 콘크리트는 그 표면이 한 구획 내에서는 거의 수평이 되도록 타설하는 것을 원칙으로 한다.
③ 콘크리트 타설의 1층 높이는 다짐 능력을 고려하여 이를 결정해야 한다.
④ 타설한 콘크리트는 그 수평을 맞추기 위하여 거푸집 안에서 횡방향으로 이동시키면서 작업해야 한다.

2-2. 콘크리트를 타설할 때 거푸집의 높이가 높을 경우, 펌프 배관의 배출구를 타설면 가까운 곳까지 내려서 콘크리트를 타설해야 한다. 그 이유로 가장 적합한 것은?
① 슬럼프의 감소를 막기 위해서
② 타설 시간을 단축하기 위해서
③ 재료분리를 막기 위해서
④ 양생을 쉽게 하기 위해서

2-3. 콘크리트 타설에 대한 설명이 잘못된 것은?
① 콘크리트 타설의 1층 높이는 다짐 능력을 고려하여 이를 결정해야 한다.
② 콘크리트를 쳐 올라가는 속도는 30분에 2~3m 정도로 한다.
③ 거푸집의 높이가 높을 경우 재료의 분리를 막기 위해 연직 슈트, 깔때기 등을 사용한다.
④ 콘크리트를 2층 이상으로 나누어 타설할 경우 상층과 하층이 일체가 되도록 한다.

해설

2-1
타설한 콘크리트를 거푸집 안에서 횡방향으로 이동시켜서는 안 된다.

2-2
거푸집의 높이가 높을 경우 재료분리를 막기 위해 거푸집에 투입구를 설치하거나 연직 슈트 또는 펌프 배관의 배출구를 타설면 가까운 곳까지 내려서 콘크리트를 타설해야 한다.

2-3
콘크리트의 타설 속도는 일반적으로 30분에 1~1.5m 정도로 해야 한다.

정답 2-1 ④ 2-2 ③ 2-3 ②

핵심이론 03 콘크리트 다지기

① 콘크리트 다지기에는 내부 진동기의 사용을 원칙으로 한다.
② 얇은 벽 등 내부 진동기의 사용이 곤란한 장소에서는 거푸집 진동기를 사용해도 좋으며, 거푸집의 적절한 위치에 단단히 설치해야 한다.
③ 콘크리트는 타설 직후 바로 충분히 다져서 콘크리트가 철근 및 매설물 등의 주위, 거푸집의 구석구석까지 잘 채워져 밀실한 콘크리트가 되도록 해야 한다.
④ 거푸집 판에 접하는 콘크리트는 되도록 평탄한 표면이 얻어지도록 타설하고 다져야 한다.
⑤ 진동기의 종류
　㉠ 내부 진동기 : 일반적으로 된 반죽의 콘크리트를 다질 때 가장 많이 사용된다.
　㉡ 거푸집 진동기 : 거푸집의 외부에 진동을 주어 내부 콘크리트를 다지는 기계로서, 터널의 둘레 콘크리트나 높은 벽 등에 사용된다.
　㉢ 표면 진동기 : 비교적 두께가 얇고, 넓은 콘크리트의 표면에 진동을 주어 고르게 다지는 기계로서, 주로 도로 포장, 활주로 포장 등의 표면 다지기에 사용된다.
⑥ 내부 진동기의 사용방법 및 표준
　㉠ 진동 다지기를 할 때에는 내부 진동기를 하층의 콘크리트 속으로 0.1m 정도 찔러 넣는다.
　㉡ 내부 진동기는 연직으로 찔러 넣어야 한다.
　㉢ 삽입 간격은 진동이 유효하다고 인정되는 범위의 지름 이하로서 일정한 간격으로 하며, 일반적으로 0.5m 이하로 하는 것이 좋다.
　㉣ 1개소당 진동 시간은 다짐할 때 시멘트풀(페이스트)이 표면 상부로 약간 떠오를 때까지 한다.
　㉤ 내부 진동기는 콘크리트로부터 천천히 빼내어 구멍이 남지 않도록 한다.
　㉥ 내부 진동기는 콘크리트를 횡방향으로 이동시킬 목적으로 사용하지 않아야 한다.
　㉦ 진동기의 형식, 크기 및 대수는 1회에 다짐하는 콘크리트의 전 용적을 충분히 다지는 데 적합하도록 부재 단면의 두께 및 면적, 1시간당 최대 타설량, 굵은 골재 최대 치수, 배합, 특히 잔골재율, 콘크리트의 슬럼프 등을 고려하여 선정한다.
⑦ 재진동을 할 경우에는 한 차례 다진 후 적절한 시기에 다시 진동을 한다.
⑧ 침하균열에 대한 조치
　㉠ 슬래브 또는 보의 콘크리트가 벽 또는 기둥의 콘크리트와 연속되어 있는 경우에는 침하균열을 방지하기 위하여 벽 또는 기둥의 콘크리트 침하가 거의 끝난 다음 슬래브, 보의 콘크리트를 타설해야 한다. 내민 부분을 가진 구조물의 경우에도 동일한 방법으로 시공한다.
　㉡ 콘크리트가 굳기 전에 침하균열이 발생한 경우에는 즉시 다짐이나 재진동을 실시하여 균열을 제거해야 한다.

10년간 자주 출제된 문제

3-1. 거푸집의 외부에 진동을 주어 내부 콘크리트를 다지는 기계는?
① 표면 진동기
② 거푸집 진동기
③ 내부 진동기
④ 콘크리트 플레이서

3-2. 콘크리트 치기의 진동 다지기에 있어서 내부 진동기로 똑바로 찔러 넣어 진동기의 끝이 아래층 콘크리트 속으로 어느 정도 들어가야 하는가?
① 0.1m
② 0.2m
③ 0.3m
④ 0.4m

3-3. 내부 진동기를 사용하여 콘크리트를 다지기할 때 주의해야 할 사항으로 잘못된 것은?
① 진동 다지기를 할 때에는 내부 진동기를 하층의 콘크리트 속으로 0.1m 정도 찔러 넣는다.
② 내부 진동기는 콘크리트로부터 천천히 빼내어 구멍이 남지 않도록 한다.
③ 내부 진동기의 삽입 간격은 1.5m 이하로 해야 한다.
④ 내부 진동기는 연직으로 찔러 넣어야 한다.

해설

3-1
거푸집 진동기 : 거푸집의 외부에 진동을 주어 내부 콘크리트를 다지는 기계로서 터널의 둘레 콘크리트나 높은 벽 등에 사용된다.

3-2
진동기를 하층의 콘크리트 속으로 0.1m 정도 찔러 넣어야 한다.

3-3
내부 진동기를 찔러 넣는 간격은 일반적으로 0.5m 이내로 한다.

정답 3-1 ② 3-2 ① 3-3 ③

제4절 콘크리트 이음, 거푸집 및 동바리

핵심이론 01 시공이음, 신축이음

① 시공이음(시공줄눈)
  ㉠ 콘크리트 치기에 있어 먼저 친 콘크리트와 새로 친 콘크리트 사이에 생기는 이음을 말한다.
  ㉡ 기능상 필요에 의해서가 아니라 시공상 필요에 의해서 콘크리트 타설 시 주는 줄눈으로서, 콘크리트 타설을 일시 중단해야 할 때 만드는 줄눈이다.
  ㉢ 콘크리트에 시공이음을 두는 경우
    - 거푸집과 동바리를 반복하여 사용하기 위해
    - 철근 조립을 일체로 할 수 없을 때
    - 댐과 같이 단면이 큰 경우 수화열의 피해를 줄이기 위해
  ㉣ 시공이음은 될 수 있는 대로 전단력이 적은 위치에 설치한다.
  ㉤ 시공이음을 부재의 압축력이 작용하는 방향과 직각이 되도록 한다.
  ㉥ 아치의 시공이음은 아치 축에 직각 방향이 되도록 설치해야 한다.
  ㉦ 부득이 전단이 큰 위치에 시공이음을 설치할 경우에는 시공이음에 장부 또는 홈을 두거나 적절한 강재를 배치하여 보강해야 한다.
  ㉧ 이음부의 시공에 있어서는 설계에 정해져 있는 이음의 위치와 구조는 지켜져야 한다.
  ㉨ 설계에 정해져 있지 않은 이음을 설치할 경우에는 구조물의 강도, 내구성, 수밀성 및 외관을 해치지 않도록 시공계획서에 정해진 위치, 방향 및 시공방법을 준수한다.
  ㉩ 외부의 염분에 의한 피해를 받을 우려가 있는 해양 및 항만 콘크리트 구조물 등에 있어서는 시공이음부를 되도록 두지 않는 것이 좋다.

② 신축이음
  ㉠ 신축이음은 양쪽의 구조물 혹은 부재가 구속되지 않는 구조이어야 한다.
  ㉡ 신축이음에는 필요에 따라 이음재, 지수판 등을 배치해야 한다.
  ㉢ 신축이음의 단차를 피할 필요가 있는 경우에는 장부 또는 홈을 두거나 전단 연결재를 사용하는 것이 좋다.
  ㉣ 온도변화 등에 의한 신축이 자유로워야 한다.
  ㉤ 평탄하고 주행성이 있는 구조가 되어야 한다.
  ㉥ 구조가 단순하고 시공이 쉬워야 한다.

10년간 자주 출제된 문제

1-1. 콘크리트 치기에 있어 먼저 친 콘크리트와 새로 친 콘크리트 사이에 이음이 생기는데 이 이음을 무엇이라고 하는가?
① 공사이음
② 시공이음
③ 치기이음
④ 압축이음

1-2. 콘크리트에 시공이음을 두는 경우가 아닌 것은?
① 거푸집과 동바리를 연속으로 사용하는 경우
② 철근 조립을 일체로 할 수 없을 경우
③ 댐과 같이 단면이 커서 수화열의 피해를 줄이기 위한 경우
④ 기존에 타설된 콘크리트에 충분한 양생기간을 주기 위한 경우

1-3. 콘크리트를 시공할 때 이음에 대한 설명으로 옳지 않은 것은?
① 시공이음은 전단력이 적은 위치에 설치한다.
② 신축이음은 양쪽 부재가 구속되지 않게 한다.
③ 아치의 시공이음은 아치축에 평행이 되게 한다.
④ 시공이음은 부재의 압축이 작용하는 방향과 직각이 되게 한다.

[해설]

1-2

시공이음(시공줄눈, construction joint)
기능상 필요에 의해서가 아니라, 시공상 필요에 의해서 콘크리트 타설 시 주는 줄눈으로서, 콘크리트 타설을 일시 중단해야 할 때 만드는 줄눈이다.

1-3
아치의 시공이음은 아치축에 직각 방향이 되도록 설치해야 한다.

정답 1-1 ② 1-2 ④ 1-3 ③

핵심이론 02 거푸집 및 동바리

① **거푸집의 구비조건**
  ㉠ 형상 및 위치가 정확히 유지되어야 한다.
  ㉡ 이음부가 밀실해서 모르타르가 새지 않아야 한다.
  ㉢ 조립과 해체가 용이해야 한다.
  ㉣ 여러 번 반복 사용할 수 있어야 하며, 재사용할 경우에는 콘크리트에 접하는 면을 깨끗하게 한 후 사용해야 한다.
  ㉤ 형상이 찌그러지거나 비틀림 등 변형이 있는 것은 교정한 다음 사용해야 한다.
  ㉥ 흠집 및 옹이가 많은 거푸집과 합판의 접착부분이 떨어져 구조적으로 약한 것은 사용해서는 안 된다.
  ㉦ 거푸집의 띠장은 부러지거나 균열이 있는 것을 사용해서는 안 된다.

② **동바리의 구비조건**
  ㉠ 하중을 기초에 전달할 수 있는 충분한 강도와 안전성을 가져야 한다.
  ㉡ 조립과 해체가 쉬운 구조이어야 한다.
  ㉢ 콘크리트 타설 중은 물론 타설 완료 후에도 과도한 침하나 부동침하가 일어나지 않도록 한다.
  ㉣ 현저한 손상, 변형, 부식이 있는 것은 사용하지 않는다.
  ㉤ 강관 동바리는 굽어져 있는 것을 사용하지 않는다.

[동바리]

③ **거푸집 및 동바리의 해체**
  ㉠ 거푸집 및 동바리는 콘크리트가 자중 및 시공 중에 가해지는 하중을 지지할 수 있는 강도를 가질 때까지 해체할 수 없다.
  ㉡ 거푸집 및 동바리의 해체 시기 및 순서는 시멘트의 성질, 콘크리트의 배합, 구조물의 종류와 중요도, 부재의 종류 및 크기, 부재가 받는 하중, 콘크리트 내부의 온도와 표면 온도의 차이 등을 고려하여 결정하고 책임기술자의 승인을 받아야 한다.

[콘크리트의 압축강도를 시험할 경우 거푸집널의 해체 시기]

부재		콘크리트 압축강도(f_{cu})
기초, 보, 기둥, 벽 등의 측면		5MPa 이상
슬래브 및 보의 밑면, 아치 내면	단층구조인 경우	설계기준 압축강도의 2/3배 이상(단, 최소 강도 14MPa 이상)
	다층구조인 경우	설계기준 압축강도 이상(필러 동바리 구조를 이용할 경우는 구조계산에 의해 기간을 단축할 수 있음. 단, 이 경우라도 최소 강도는 14MPa 이상으로 함)

ⓒ 기초, 보, 기둥, 벽 등의 거푸집널은 내구성이 중요한 구조물에서는 콘크리트의 압축강도가 10MPa 이상일 때 거푸집널을 해체할 수 있다.

ⓔ 거푸집널 존치기간 중 평균기온이 10℃ 이상인 경우 압축강도 시험을 하지 않고 기초, 보, 기둥 및 벽 등의 측면은 다음 표와 같이 재령 이상 경과하면 압축강도 시험을 하지 않고도 해체할 수 있다.

[콘크리트의 압축강도를 시험하지 않을 경우 거푸집널의 해체 시기]

시멘트의 종류 평균기온	조강 포틀랜드 시멘트	보통 포틀랜드 시멘트 고로 슬래그 시멘트(1종) 포틀랜드 포졸란 시멘트(1종) 플라이애시 시멘트(1종)	고로 슬래그 시멘트(2종) 포틀랜드 포졸란 시멘트(2종) 플라이애시 시멘트(2종)
20℃ 이상	2일	4일	5일
20℃ 미만 10℃ 이상	3일	6일	8일

ⓜ 보, 슬래브 및 아치 하부의 거푸집널은 원칙적으로 동바리를 해체한 후에 해체한다. 그러나 구조계산으로 안전성이 확보된 양의 동바리를 현 상태대로 유지하도록 설계·시공된 경우 콘크리트를 10℃ 이상 온도에서 4일 이상 양생한 후 사전에 책임기술자의 승인을 받아 해체할 수 있다.

ⓗ 동바리 해체 후 해당 부재에 가해지는 전 하중이 설계하중을 초과하는 경우에는 존치기간에 관계없이 하중에 의하여 유해한 균열이 발생하지 않고 충분히 안전하다는 것을 구조계산으로 확인한 후 책임기술자의 승인을 받아 해체할 수 있다.

ⓢ 거푸집, 동바리의 해체 순서는 해체에 의해 가해지는 하중이 비교적 작은 부분을 먼저하고 발생하는 응력이 큰 부분을 나중에 한다.
- 기둥, 벽 등의 수직 부재의 거푸집은 보 등의 수평 부재의 거푸집보다도 일찍 해체하는 것이 원칙이다.
- 보의 밑판의 거푸집은 보의 양 측면의 거푸집보다 나중에 떼어 낸다.

ⓞ 거푸집을 시공할 때 거푸집 판의 안쪽에 박리제를 발라서 콘크리트가 거푸집에 붙는 것을 방지하도록 한다.

10년간 자주 출제된 문제

2-1. 철근 콘크리트 구조물에 있어서 기초, 기둥, 벽 등의 측벽 거푸집을 떼어 내어도 좋은 시기의 콘크리트 압축강도는 얼마인가?
① 3.5MPa 이상
② 5MPa 이상
③ 14MPa 이상
④ 28MPa 이상

2-2. 슬래브 및 보의 밑면의 경우 콘크리트 압축강도가 몇 MPa 이상일 때 거푸집을 해체할 수 있는가?(단, 콘크리트의 설계기준 압축강도는 21MPa이다)
① 7MPa
② 14MPa
③ 18MPa
④ 21MPa

2-3. 거푸집과 동바리에 관한 설명 중 옳지 않은 것은?
① 연직 부재의 거푸집은 수평 부재의 거푸집보다 빨리 떼어 낸다.
② 보에서는 밑면 거푸집을 양 측면의 거푸집보다 먼저 떼어 낸다.
③ 거푸집을 시공할 때 거푸집 판의 안쪽에 박리제를 발라서 콘크리트가 거푸집에 붙는 것을 방지하도록 한다.
④ 거푸집 및 동바리는 콘크리트가 자중 및 시공 중에 가해지는 하중에 충분히 견딜만한 강도를 가질 때까지 해체해서는 안 된다.

[해설]

2-1, 2-2

콘크리트의 압축강도를 시험할 경우 거푸집널의 해체 시기

부재		콘크리트 압축강도(f_{cn})
기초, 보, 기둥, 벽 등의 측면		5MPa 이상
슬래브 및 보의 밑면, 아치 내면	단층구조인 경우	설계기준 압축강도의 2/3배 이상(단, 최소 강도 14MPa 이상)
	다층구조인 경우	설계기준 압축강도 이상(필러 동바리 구조를 이용할 경우는 구조계산에 의해 기간을 단축할 수 있음. 단, 이 경우라도 최소 강도는 14MPa 이상으로 함)

2-3
보의 밑판의 거푸집은 보의 양 측면의 거푸집보다 나중에 떼어 낸다.

정답 2-1 ② 2-2 ② 2-3 ②

제5절 콘크리트의 양생

핵심이론 01 양생의 개념

① 콘크리트 양생의 정의

타설이 끝난 콘크리트가 시멘트의 수화반응에 의하여 충분한 강도를 발현하고, 균열이 생기지 않도록 하기 위해 일정 기간 동안 적당한 온도조건을 유지하며 수분을 공급하고 유해한 작용의 영향을 받지 않도록 보호해주는 것이다.

② 콘크리트에 양생을 실시하는 이유
　㉠ 수분 증발을 방지하고 시멘트의 수화반응을 촉진하기 위해
　㉡ 양호한 강도의 발현을 위해(강도 증진, 내구성 증대)
　㉢ 초기균열의 발생을 억제하기 위해(건조수축에 의한 균열 방지)
　㉣ 하중, 진동, 충격 등 외부 충격으로부터 보호하기 위해

③ 양생에 영향을 주는 요소
　㉠ 양생온도, 습도, 기상조건
　㉡ 구조물 규모와 형태
　㉢ 양생 중의 진동, 충격, 하중
　㉣ 공사비, 공사기간
　※ 콘크리트 양생 시 유해한 영향을 주는 요인 : 직사광선, 바람, 진동, 하중, 충격 등

④ 양생 시 주의사항
　㉠ 초기동결융해를 방지에 유의한다(초기양생이 가장 중요).
　㉡ 콘크리트 타설 후 24시간 이내 통행을 금지한다.
　㉢ 타설 후 건조 및 급격한 온도변화를 금지한다(콘크리트 온도는 5일간 2℃ 이상 유지).
　㉣ 경화 중에 진동, 충격 및 하중을 가해서는 안 된다.
　㉤ 국부 가열이 되지 않도록 한다.
　㉥ 직사광선, 급격한 건조, 찬기를 방지한다.
　㉦ 경량 콘크리트일 경우에는 장시간 습윤 양생한다.

10년간 자주 출제된 문제

1-1. 콘크리트를 타설한 다음 일정 기간 동안 콘크리트에 충분한 온도와 습도를 유지시켜 주는 것을 무엇이라 하는가?
① 콘크리트 진동
② 콘크리트 다짐
③ 콘크리트 양생
④ 콘크리트 시공

1-2. 콘크리트 양생에 관한 다음 설명 중 틀린 것은?
① 타설 후 건조 및 급격한 온도변화를 주어서는 안 된다.
② 경화 중에 진동, 충격 및 하중을 가해서는 안 된다.
③ 콘크리트 표면은 물로 적신 가마니 포대 등으로 덮어 놓는다.
④ 조강 포틀랜드 시멘트를 사용할 경우 적어도 2일간 습윤 양생한다.

1-3. 콘크리트의 양생에 대한 설명으로 틀린 것은?
① 기온이 상당히 낮은 경우에는 일정한 기간 동안 열을 주거나 보온에 의해 온도제어를 한다.
② 콘크리트 양생기간 중에는 진동, 충격의 작용을 무시해도 된다.
③ 촉진 양생을 할 때는 콘크리트에 나쁜 영향이 없도록 해야 한다.
④ 콘크리트의 수분 증발을 막기 위해서는 콘크리트의 표면에 매트, 가마니 등을 물에 적셔서 덮는 등의 습윤 상태로 보호해야 한다.

해설

1-1
양생 : 콘크리트를 친 다음 콘크리트가 수화작용에 의하여 충분한 강도를 내고 균열이 생기지 않도록 하기 위하여 일정한 기간 동안 콘크리트에 충분한 온도와 습도를 주는 것이다.

1-2
조강 포틀랜드 시멘트의 경우 적어도 3일간 습윤 상태로 보호한다.

1-3
콘크리트 경화 중에 진동, 충격 및 하중을 가해서는 안 된다.

정답 1-1 ③ 1-2 ④ 1-3 ②

핵심이론 02 습윤 양생

① 습윤 양생의 정의

타설한 콘크리트의 수분 증발을 막기 위해서 콘크리트의 표면에 양생용 매트, 가마니 등을 물에 적셔서 덮거나 살수하는 등의 조치를 하는 양생방법이다.

② 습윤 양생 종류

㉠ 수중 양생 : 콘크리트나 모르타르 따위를 물속에 잠기게 한 다음 굳을 때까지 온도 변화나 충격에 영향을 받지 않게 하는 양생방법이다.

㉡ 습포 양생 : 콘크리트 표면을 물에 적신 가마니, 마포 등으로 덮는 양생방법이다.

㉢ 습사 양생 : 콘크리트 표면에 젖은 모래를 뿌려 수분을 공급하는 양생방법이다.

㉣ 피막 양생(막양생) : 일반적으로 가마니, 마포 등을 적시거나 살수하는 등의 습윤 양생이 곤란한 경우에 사용하는 것으로 콘크리트의 막을 만드는 양생제를 살포하여 증발을 막는 양생방법이다.

㉤ 피복 양생 : 콘크리트의 표면에 아스팔트유제나 비닐유제 등으로 불투수층을 만들어 수분의 증발을 막는 양생방법이다.

③ 습윤 양생 시 주의사항

㉠ 콘크리트는 타설한 후 경화가 될 때까지 양생기간 동안 직사광선이나 바람에 의해 수분이 증발하지 않도록 보호해야 한다.

㉡ 콘크리트는 타설한 후 습윤 상태로 노출면이 마르지 않도록 해야 하며, 수분의 증발에 따라 살수를 하여 습윤 상태로 보호해야 한다.

㉢ 타설한 콘크리트의 수분 증발을 막기 위해서 콘크리트의 표면에 양생용 매트, 가마니 등을 물에 적셔서 덮거나 살수하는 등의 조치를 한다.

④ 습윤 양생기간의 표준

일평균기온	보통 포틀랜드 시멘트	고로 슬래그 시멘트 플라이애시 시멘트 B종	조강 포틀랜드 시멘트
15℃ 이상	5일	7일	3일
10℃ 이상	7일	9일	4일
5℃ 이상	9일	12일	5일

※ 예 : 습윤 양생에서 습윤 상태의 보호기간은 보통 포틀랜드 시멘트를 사용하고 일평균기온이 15℃ 이상인 경우에 5일간 이상을 표준으로 한다.

10년간 자주 출제된 문제

2-1. 타설한 콘크리트의 수분 증발을 막기 위해서 콘크리트의 표면에 양생용 매트, 가마니 등을 물에 적셔서 덮거나 살수하는 등의 조치를 하는 양생방법은?

① 습윤 양생
② 온도제어 양생
③ 촉진 양생
④ 증기 양생

2-2. 콘크리트 표면을 물에 적신 가마니, 마포 등으로 덮는 양생방법은 어느 것인가?

① 습포 양생
② 수중 양생
③ 습사 양생
④ 피막 양생

2-3. 일평균기온이 15℃ 이상일 때, 보통 포틀랜드 시멘트를 사용한 콘크리트의 습윤 양생기간의 표준은?

① 3일
② 5일
③ 7일
④ 14일

해설

2-2
② 수중 양생 : 콘크리트나 모르타르 따위를 물속에 잠기게 한 다음 굳을 때까지 온도 변화나 충격에 영향을 받지 않게 보호는 양생방법이다.
③ 습사 양생 : 콘크리트 표면에 젖은 모래를 뿌려 수분을 공급하는 양생방법이다.
④ 피막 양생(막양생) : 일반적으로 가마니, 마포 등을 적시거나 살수하는 등의 습윤 양생이 곤란한 경우에 사용하는 것으로 콘크리트의 막을 만드는 양생제를 살포하여 증발을 막는 양생방법이다.

2-3
습윤 양생기간의 표준

일평균기온	보통 포틀랜드 시멘트	고로 슬래그 시멘트 플라이애시 시멘트 B종	조강 포틀랜드 시멘트
15℃ 이상	5일	7일	3일
10℃ 이상	7일	9일	4일
5℃ 이상	9일	12일	5일

정답 2-1 ① 2-2 ① 2-3 ②

핵심이론 03 기타 양생법

① 촉진 양생
  ㉠ 보다 빠른 콘크리트의 경화 또는 강도 발현을 촉진하기 위해 실시하는 양생방법이다.
  ㉡ 촉진 양생의 종류
    • 증기 양생 : 고온의 증기로 시멘트의 수화반응을 촉진시키는 양생방법이다.
    • 오토클레이브 양생 : 일명 고온고압 양생이라고 하며, 증기압 7~15기압, 온도 180℃ 정도의 고온・고압의 증기솥 속에서 양생하는 방법이다.
    • 전기 양생 : 전류를 이용하여 콘크리트 내부를 가열하여 촉진 양생하는 방법이다.
    • 기타 : 가열 양생, 적외선 양생, 고주파 양생 등

② 온도제어 양생
  ㉠ 기온이 상당히 낮을 경우에는 콘크리트의 수화반응이 늦고 강도가 늦게 나타나서 초기에 얼어 버릴 염려가 있으므로, 필요한 온도 조건을 유지하고 부재 내부와 표면의 온도 차이를 저감하기 위하여 일정한 기간 동안 보온하여 양생해야 한다.
  ㉡ 기온이 상당히 높을 경우에는 온도 응력에 의한 균열을 막기 위하여 온도를 낮추어 양생해야 한다.

10년간 자주 출제된 문제

3-1. 일명 고온고압 양생이라고 하며, 증기압 7~15기압, 온도 180℃ 정도의 고온・고압의 증기솥 속에서 양생하는 방법은?
① 오토클레이브 양생
② 상압증기 양생
③ 전기 양생
④ 가압 양생

3-2. 콘크리트 양생방법 중 촉진 양생방법에 해당하지 않는 것은?
① 고주파 양생
② 증기 양생
③ 오토클레이브 양생
④ 막양생

|해설|

3-1
오토클레이브 양생
고온・고압의 가마 속에 콘크리트를 넣어 콘크리트 치기가 끝난 다음 온도, 하중, 충격, 오손, 파손 따위의 유해한 영향을 받지 않도록 양생하는 것으로 주로 콘크리트 말뚝 같은 콘크리트 제품에 쓰인다.

3-2
막양생(피막 양생)은 일반적으로 가마니, 마포 등을 적시거나 살수하는 등의 습윤 양생이 곤란한 경우에 사용하는 것으로 콘크리트의 막을 만드는 양생제를 살포하여 증발을 막는 양생방법이다.

정답 3-1 ① 3-2 ④

제6절 특수 콘크리트의 시공법

핵심이론 01 한중 콘크리트

① 한중 콘크리트의 적용
  ㉠ 기온이 낮을 때 치는 콘크리트를 말하며, 일평균기온이 4℃ 이하로 예상되어 콘크리트가 동결할 염려가 있는 경우 한중 콘크리트로 시공해야 한다.
  ㉡ 한중 콘크리트를 시공할 때에는 콘크리트가 동결되지 않아야 하며, 콘크리트가 동결하지 않더라고 5℃ 이하의 저온에 노출되면 응결 및 경화반응이 상당히 지연되어 소정의 강도 발현이 이루어지지 않으므로 소요의 품질을 얻을 수 있도록 적절한 조치를 취해야 한다.

② 시공 시 주의사항
  ㉠ 시멘트는 KS에 규정되어 있는 포틀랜드 시멘트(KS L 5201)를 사용하는 것을 표준으로 한다.
  ㉡ 한중 콘크리트에는 AE(공기연행) 콘크리트를 사용하는 것을 원칙으로 한다.
    ※ AE제 : 한중 콘크리트의 동결융해에 대한 내구성 개선에 주로 사용되는 혼화제이다.
  ㉢ 단위 수량은 초기동해 저감 및 방지를 위하여 소요의 워커빌리티를 유지할 수 있는 범위 내에서 되도록 적게 정해야 한다.
  ㉣ 물-결합재비는 원칙적으로 60% 이하로 해야 한다.
  ㉤ 재료를 가열할 경우 물 또는 골재를 가열하는 것으로 하며, 시멘트는 어떠한 경우라도 직접 가열할 수 없다.
  ㉥ 타설할 때의 콘크리트 온도는 구조물의 단면치수, 기상조건 등을 고려하여 5~20℃의 범위에서 정한다.
  ㉦ 콘크리트를 타설할 때에는 철근이나 거푸집 등에 빙설이 부착되어 있지 않아야 한다.
  ㉧ 한중 콘크리트는 소요의 압축강도가 얻어질 때까지는 콘크리트의 온도를 5℃ 이상으로 유지해야 하며, 소요 압축강도에 도달한 후 2일간은 구조물의 어느 부분이라도 0℃ 이상이 되도록 유지하여야 한다.
  ㉨ 골재는 시트 등으로 덮어서 동결이 방지되도록 저장해야 한다.
  ㉩ 응결・경화의 초기에 동결되지 않도록 하며, 예상되는 하중에 대하여 충분한 강도를 가지게 해야 한다.
  ㉪ 콘크리트 타설이 완료된 후 초기동해를 받지 않도록 초기양생을 실시한다. 특히 구조물의 모서리나 가장자리 부분은 보온하기 어려운 곳이어서 초기동해를 받기 쉬우므로 초기양생에 주의해야 한다.

10년간 자주 출제된 문제

1-1. 한중 콘크리트라 함은 일평균기온이 몇 이하의 온도에서 치는 콘크리트를 말하는가?
① -4℃
② 4℃
③ 0℃
④ -2℃

1-2. 한중 콘크리트에 관한 다음 설명 중 옳지 않은 것은?
① 타설할 때의 온도는 5~20℃의 범위에서 정한다.
② 공기연행 콘크리트를 사용하는 것을 원칙으로 하고 물-시멘트비는 60% 이하로 한다.
③ 하루의 평균기온이 4℃ 이하가 되는 기상조건에서는 한중 콘크리트로서 시공한다.
④ 동결 또는 빙설이 혼입되어 있는 골재와 시멘트는 직접 가열하여 쓴다.

1-3. 한중 콘크리트에 관한 설명으로 틀린 것은?
① 하루의 평균기온이 4℃ 이하가 예상되는 조건일 때는 한중 콘크리트로 시공해야 한다.
② 한중 콘크리트는 공기연행 콘크리트를 사용하는 것을 원칙으로 한다.
③ 콘크리트를 타설할 때에는 철근이나 거푸집 등에 빙설이 부착되어 있지 않아야 한다.
④ 초기 동해를 적게 하기 위하여 단위 수량은 크게 하는 것이 좋다.

1-4. 한중 콘크리트는 양생 중에 온도를 최소 얼마 이상 유지해야 하는가?
① 0℃
② 5℃
③ 15℃
④ 20℃

[해설]

1-1
한중 콘크리트란 타설일의 일평균기온이 4℃ 이하 또는 콘크리트 타설 완료 후 24시간 동안 일최저기온 0℃ 이하가 예상되는 조건이거나 그 이후라도 초기동해 위험이 있는 경우 한중 콘크리트로 시공한다.

1-2
재료를 가열할 경우 물 또는 골재를 가열하는 것으로 하며, 시멘트는 어떠한 경우라도 직접 가열할 수 없다. 골재의 가열은 온도가 균등하고 건조되지 않는 방법을 적용해야 한다.

1-3
단위 수량은 초기동해 저감 및 방지를 위하여 소요의 워커빌리티를 유지할 수 있는 범위 내에서 되도록 적게 정해야 한다.

1-4
한중 콘크리트는 소요 압축강도가 얻어질 때까지 콘크리트의 온도를 5℃ 이상으로 유지해야 하며, 또한 소요 압축강도에 도달한 후 2일간은 구조물의 어느 부분이라도 0℃ 이상이 되도록 유지해야 한다.

정답 1-1 ② 1-2 ④ 1-3 ④ 1-4 ②

핵심이론 02 서중(暑中) 콘크리트

① 서중 콘크리트의 적용
  ㉠ 높은 외부 기온으로 콘크리트의 슬럼프 저하나 수분의 급격한 증발 등의 염려가 있을 경우에 시공되는 콘크리트이다.
  ㉡ 일평균기온이 25℃를 초과하는 것이 예상되는 경우 서중 콘크리트로 시공해야 한다.

② 시공 시 주의사항
  ㉠ 타설하기 전에 지반, 거푸집 등 콘크리트로부터 물을 흡수할 우려가 있는 부분을 습윤 상태로 유지하여야 한다.
  ㉡ 콘크리트의 배합은 단위 수량을 적게 하고 단위 시멘트양이 많아지지 않도록 적절한 조치를 해야 한다.
  ㉢ 서중 콘크리트의 배합온도는 낮게 관리해야 한다.
  ㉣ 콘크리트는 비빈 후 즉시 타설해야 하며, 지연형 감수제를 사용하는 등의 일반적인 대책을 강구한 경우라도 1.5시간 이내에 타설해야 한다.
  ㉤ 콘크리트를 타설할 때의 콘크리트 온도는 35℃ 이하이어야 한다.
  ㉥ 콘크리트를 타설할 때와 타설 직후에는 콘크리트의 온도가 낮아지도록 재료의 취급, 비비기, 운반, 타설 및 양생 등에 대해 적절한 조치를 해야 한다.
  ㉦ 중용열 포틀랜드 시멘트나 혼합 시멘트를 사용하면 좋다.

10년간 자주 출제된 문제

2-1. 서중 콘크리트에 대한 설명으로 틀린 것은?
① 하루 평균기온이 15℃를 초과하는 것이 예상되는 경우 서중 콘크리트로 시공해야 한다.
② 서중 콘크리트의 배합온도는 낮게 관리해야 한다.
③ 콘크리트를 타설할 때의 콘크리트 온도는 35℃ 이하이어야 한다.
④ 타설하기 전에 지반, 거푸집 등 콘크리트로부터 물을 흡수할 우려가 있는 부분을 습윤 상태로 유지해야 한다.

2-2. 서중 콘크리트는 비빈 후 얼마 이내에 타설해야 하는가?
① 1시간
② 1.5시간
③ 2시간
④ 2.5시간

해설

2-1
하루 평균기온이 25℃를 초과하는 것이 예상되는 경우 서중 콘크리트로 시공해야 한다.

2-2
콘크리트는 비빈 후 1.5시간 이내에 타설해야 한다.

정답 2-1 ① 2-2 ②

핵심이론 03 수중 콘크리트

① 수중 콘크리트의 적용
   수중에 타설하는 콘크리트로 현장타설 말뚝 및 지하연속벽 등에 사용한다.

② 시공 시 주의사항
   ㉠ 콘크리트를 수중에 낙하시키면 재료분리가 일어나고 시멘트가 유실되기 때문에 콘크리트는 수중에 낙하시키지 않아야 한다.
   ㉡ 수중 콘크리트는 시멘트의 유실, 레이턴스의 발생을 방지하기 위해 물막이를 설치하여 물을 정지시킨 정수 중에서 타설하여야 한다.
   ㉢ 타설할 때 완전히 물막이를 할 수 없는 경우에도 유속은 50mm/s 이하로 하여야 하며, 수중 낙하높이는 0.5m 이하이어야 한다.
   ㉣ 수중 콘크리트를 시공할 때 시멘트가 물에 씻겨서 흘러나오지 않도록 트레미나 콘크리트 펌프를 사용해서 타설해야 한다.
   ㉤ 트레미를 사용하여 시공하는 일반 수중 콘크리트의 슬럼프의 표준값은 130~180mm이다.
   ㉥ 부득이한 경우 및 소규모 공사의 경우 밑열림 상자나 밑열림 포대를 사용할 수 있다.
   ㉦ 물-결합재비는 50% 이하, 단위 시멘트양은 370kg/m³ 이상을 표준으로 한다.

   [수중 콘크리트의 물-결합재비 및 단위 시멘트양]

종류	일반 수중 콘크리트	현장타설 말뚝 및 지하연속벽에 사용하는 수중 콘크리트
물-결합재비	50% 이하	55% 이하
단위 시멘트양	370kg/m³ 이상	350kg/m³ 이상

   ㉧ 지하연속벽에 사용하는 수중 콘크리트의 경우, 지하연속벽을 가설만으로 이용할 경우에는 단위 시멘트양은 300kg/m³ 이상으로 해야 한다.
   ㉨ 잔골재율을 적절한 범위 내에서 크게 하여 점성이 풍부한 배합으로 할 필요가 있다.
   ㉩ 콘크리트면을 가능한 한 수평하게 유지하면서 소정의 높이 또는 수면상에 이를 때까지 연속해서 타설하여야 한다.
   ㉪ 한 구획의 콘크리트 타설을 완료한 후 레이턴스를 모두 제거하고 다시 타설하여야 한다.

10년간 자주 출제된 문제

3-1. 일반 수중 콘크리트에 대한 설명으로 틀린 것은?
① 트레미, 콘크리트 펌프 등에 의해 타설된다.
② 물-결합재비는 50% 이하여야 한다.
③ 단위 시멘트양은 300kg/m³ 이상으로 한다.
④ 콘크리트는 수중에 낙하시키지 않아야 한다.

3-2. 수중 콘크리트를 타설할 때 사용되는 기계 및 기구와 관계가 먼 것은?
① 트레미
② 슬립 폼 페이버
③ 밑열림 상자
④ 콘크리트 펌프

3-3. 일반 수중 콘크리트에서 물-결합재비는 얼마 이하이어야 하는가?
① 50%
② 55%
③ 60%
④ 65%

해설

3-1, 3-3
일반 수중 콘크리트를 시공할 때 물-시멘트비 50% 이하, 단위 시멘트양 370kg/m³ 이상을 표준으로 한다.

3-2
슬립 폼 페이버는 콘크리트 슬래브 포설기계의 일종으로 펴고, 다지며 표면 마무리 등의 기능을 하며 연속적으로 포설할 수 있는 장비이다.

수중 콘크리트의 시공방법
- 트레미에 의한 시공
- 콘크리트 펌프에 의한 시공
- 밑열림 상자에 의한 시공

정답 3-1 ③ 3-2 ② 3-3 ①

핵심이론 04 해양 콘크리트(offshore concrete)

① 해양 콘크리트의 적용

항만, 해안 또는 해양에 위치하여 해수 또는 바닷바람의 작용을 받는 구조물에 쓰이는 콘크리트이다.

② 시공 시 주의사항

㉠ 해양 콘크리트는 바닷물에 대한 내구성이 강하고, 강도와 수밀성이 커야 한다.

㉡ 단위 결합재량을 크게 하면 해수 중의 각종 염류의 화학적 침식, 콘크리트 속의 강재의 부식 등에 대한 저항성이 커진다.

㉢ 보통 포틀랜드 시멘트를 사용한 콘크리트는 재령 5일이 될 때까지 콘크리트가 바닷물에 씻기지 않도록 해야 한다.

㉣ 콘크리트가 충분히 경화되기 전에 해수에 씻기면 모르타르 부분이 유실되는 등 피해를 받을 우려가 있으므로 직접 해수에 닿지 않도록 보호해야 한다.

㉤ 해양 구조물은 시공이음부를 둘 경우 성능 저하가 생기기 쉬우므로 될 수 있는 대로 피해야 한다. 특히 만조위로부터 위로 0.6m, 간조위로부터 아래로 0.6m 사이의 감조부분에는 시공이음이 생기지 않게 한다.

㉥ 해양 콘크리트 구조물에 쓰이는 콘크리트의 설계기준 압축강도는 30MPa 이상으로 하며, 단위 시멘트양은 280~330kg/m³로 한다.

㉦ 일반 현장시공의 경우 최대 물-시멘트비는 45~50%로 한다.

10년간 자주 출제된 문제

4-1. 해양 콘크리트에 대한 설명으로 틀린 것은?

① 콘크리트는 될 수 있는 대로 시공이음을 만들지 말아야 한다.
② 콘크리트는 바닷물에 대한 내구성, 수밀성, 강도가 작아야 한다.
③ 재령 5일이 될 때까지 콘크리트가 바닷물에 씻기지 않도록 해야 한다.
④ 항만, 해안 또는 해양에 위치하여 해수 또는 바닷바람의 작용을 받는 구조물에 쓰이는 콘크리트를 해양 콘크리트라 한다.

4-2. 특수 콘크리트의 시공법 중에서 해양 콘크리트에 대한 설명으로 잘못된 것은?

① 단위 시멘트양은 280~330kg/m³ 이상으로 한다.
② 일반 현장시공의 경우 최대 물-시멘트비는 45~50%로 한다.
③ 해양 구조물에서는 성능 저하를 방지하기 위하여 시공이음을 만들어야 한다.
④ 보통 포틀랜드 시멘트를 사용한 콘크리트는 재령 5일이 되기까지 바닷물에 씻기지 않도록 보호해야 한다.

|해설|

4-1
해양 콘크리트는 바닷물에 대한 내구성이 강하고, 강도와 수밀성이 커야 한다.

4-2
해양 콘크리트는 될 수 있는 대로 시공이음을 만들지 말아야 한다.

정답 4-1 ② 4-2 ③

핵심이론 05 수밀 콘크리트

① 수밀 콘크리트의 적용
  ㉠ 물, 공기의 공극률을 최소로 하거나 방수성 물질을 사용하여 방수성을 높인 콘크리트이다.
  ㉡ 지하실, 정화조, 수영장 등 수밀성이 요구되는 곳에 사용된다.

② 수밀 콘크리트의 특징
  ㉠ 방수성이 뛰어나며 전류와 풍화에 강하다.
  ㉡ 내화학성, 염해, 알칼리 골재 반응, 동결융해 등에 강한 저항성을 가지고 있다.

③ 시공 시 주의사항
  ㉠ 단위 수량 및 물-결합재비는 되도록 작게 하고, 단위 굵은 골재량은 되도록 크게 한다.
  ㉡ 온도 변화에 의한 균열을 방지하기 위해 혼화재료를 사용한다.
  ㉢ 콘크리트의 워커빌리티를 개선시키기 위해 AE제, AE 감수제 또는 고성능 AE 감수제를 사용하는 경우라도 공기량은 4% 이하가 되게 한다.
  ㉣ 물-결합재비는 50% 이하를 표준으로 한다.
  ㉤ 콘크리트는 가능한 한 연속으로 타설하여 콜드 조인트가 발생하지 않도록 한다.
  ㉥ 경화 후의 콘크리트는 될 수 있는 대로 장기간 습윤 상태로 유지한다.

10년간 자주 출제된 문제

5-1. 수밀 콘크리트를 만드는 데 적합하지 않은 것은?
① 단위 수량을 되도록 적게 한다.
② 물-시멘트비를 되도록 적게 한다.
③ 단위 굵은 골재량을 되도록 크게 한다.
④ AE제를 사용하지 않음을 원칙으로 한다.

5-2. 수밀 콘크리트의 물-시멘트비는 몇 % 이하를 표준으로 하는가?
① 35% 이하
② 40% 이하
③ 50% 이하
④ 60% 이하

해설

5-1
수밀 콘크리트의 혼화재료는 공기연행(AE) 감수제, 고성능 감수제 또는 포졸란을 사용한다.

5-2
수밀 콘크리트는 물-결합재비 50% 이하를 표준으로 한다.

정답 5-1 ④ 5-2 ③

핵심이론 06 숏크리트(shotcrete, 뿜어붙이기 콘크리트)

① 숏크리트의 적용
  ㉠ 모르타르 또는 콘크리트를 압축공기를 이용해 고압으로 분사하여 만드는 콘크리트이다.
  ㉡ 비탈면의 보호, 교량의 보수, 터널공사 등에 쓰인다.

② 숏크리트의 장단점

장점	• 급결제의 첨가로 조기강도의 발현이 가능하다. • 거푸집이 불필요하며 급속 시공이 가능하다. • 임의 방향, 협소한 장소 및 급경사면의 시공이 가능하다. • 작은 물-시멘트비로 시공이 가능하다.
단점	• 리바운드(rebound) 등의 재료 손실이 많으며, 수축균열이 생기기 쉽다. • 표면이 거칠다. • 시공조건, 시공자에 따라 시공성, 품질 등에 변동이 심하다. • 수밀성이 적으며, 작업 시에 분진이 생긴다.

③ 시공 시 주의사항
  ㉠ 일반 숏크리트의 장기설계기준 압축강도는 재령 28일로 설정하며 그 값은 21MPa 이상으로 한다(단, 영구 지보재인 경우 설계기준 압축강도 35MPa 이상).
  ㉡ 숏크리트는 노즐의 막힘 현상이나 반발량을 최소화할 수 있도록 굵은 골재의 최대 치수를 13mm 이하로 한다.
  ㉢ 숏크리트는 빠르게 운반하고, 급결제를 첨가한 후는 바로 뿜어붙이기 작업을 실시해야 한다.
  ㉣ 숏크리트는 뿜어붙인 콘크리트가 흘러내리지 않는 범위의 적당한 두께를 뿜어붙이고, 소정의 두께가 될 때까지 반복해서 뿜어붙여야 한다.

10년간 자주 출제된 문제

6-1. 다음 중에서 뿜어붙이기 콘크리트의 시공에 적합하지 않은 것은?
① 콘크리트 표면공사
② 콘크리트 보수공사
③ 터널(tunnel) 공사
④ 수중 콘크리트 공사

6-2. 뿜어붙이기 콘크리트에 관한 다음 내용 중 잘못된 것은?
① 시멘트 건(gun)에 의해 압축공기로 모르타르를 뿜어붙이는 것이다.
② 수축균열이 생기기 쉽다.
③ 공사기간이 길어진다.
④ 시공 중 분진이 많이 발생한다.

|해설|

6-1
뿜어붙이기 콘크리트는 수밀성이 다소 결여되어 수중 콘크리트 공사에는 적절하지 않다.

6-2
뿜어붙이기 콘크리트를 사용하면 거푸집이 불필요하고 급속 시공이 가능하므로 공사기간이 짧아진다.

정답 6-1 ④ 6-2 ③

핵심이론 07 프리플레이스트 콘크리트(preplaced concrete)

① 프리플레이스트 콘크리트의 적용
  ㉠ 특정한 입도를 가진 굵은 골재를 거푸집에 채워 넣고, 그 공극 속에 특수한 모르타르를 적당한 압력으로 주입하여 제조한 콘크리트이며, 강도는 원칙적으로 재령 28일 또는 재령 91일의 압축강도를 기준으로 한다.
  ㉡ 고강도 프리플레이스트 콘크리트는 고성능 감수제에 의하여 물-결합재비를 40% 이하로 낮추어 재령 91일에서 40MPa 이상의 압축강도를 얻을 수 있는 콘크리트를 말한다.

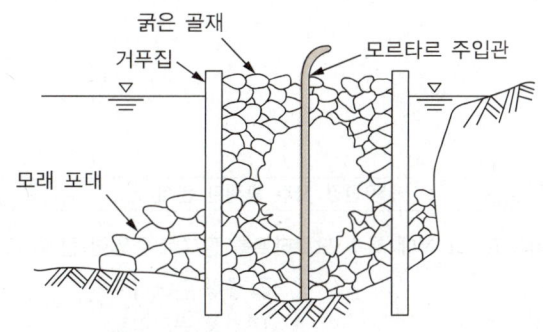

② 프리플레이스트 콘크리트의 특징
  ㉠ 투수성이 낮아 수중 콘크리트에 적합하다.
  ㉡ 블리딩 및 레이턴스, 수축률이 적다.
  ㉢ 수밀성, 내구성이 크다.
  ㉣ 부착강도가 크며 동결융해에 대한 저항성이 크다.
  ㉤ 조기강도는 적고, 장기강도는 보통 콘크리트보다 크다.

③ 시공 시 주의사항
  ㉠ 대규모 프리플레이스트 콘크리트에 사용하는 주입관은 설치가 용이하고 끌어올리기, 분리하기가 쉬운 구조이어야 한다. 주입관의 간격은 굵은 골재의 치수, 주입 모르타르의 배합, 유동성 및 주입속도에 따라 정하며, 일반적으로 5m 전후로 한다.
  ㉡ 연직 주입관의 수평 간격은 2m 정도를 표준으로 한다.
  ㉢ 프리플레이스트 콘크리트용 주입 모르타르에 사용되는 혼화재료는 유동성 및 보수성을 향상시키고, 재료분리 저항성 및 팽창성을 가지는 것이어야 한다.
  ㉣ 프리플레이스트 콘크리트용 그라우트에 사용하는 발포제(기포제)는 굵은 골재의 간극이나 PC 강재의 주위에 부착을 좋게 한다.
  ㉤ 골재의 치수
    • 잔골재의 조립률은 1.4~2.2의 범위로 한다.
    • 굵은 골재의 최소 치수는 15mm 이상, 굵은 골재의 최대 치수는 부재 단면 최소 치수의 1/4 이하, 철근 콘크리트의 경우 철근 순간격의 2/3 이하로 해야 한다.

- 굵은 골재의 최대 치수와 최소 치수와의 차이를 적게 하면 굵은 골재의 실적률이 적어지고 주입 모르타르의 소요량이 많아지므로 적절하게 입도 분포를 선정해야 한다.
- 일반적으로 굵은 골재의 최대 치수는 최소 치수의 2~4배 정도로 한다.
- 대규모 프리플레이스트 콘크리트를 대상으로 할 경우 굵은 골재의 최소 치수를 크게 하는 것이 효과적이며, 굵은 골재의 최소 치수가 클수록 모르타르의 주입성이 현저하게 개선되므로 굵은 골재의 최소 치수는 40mm 이상이어야 한다.

10년간 자주 출제된 문제

7-1. 미리 거푸집 안에 굵은 골재를 채우고, 그 틈에 특수 모르타르를 펌프로 주입한 콘크리트는?
① 프리플레이스트 콘크리트
② 중량 콘크리트
③ PC 콘크리트
④ 진공 콘크리트

7-2. 프리플레이스트 콘크리트의 특징이 아닌 것은?
① 블리딩 및 레이턴스가 없다.
② 수중 콘크리트에 적합하다.
③ 장기강도는 보통 콘크리트보다 크다.
④ 조기강도는 보통 콘크리트보다 크다.

7-3. 프리플레이스트 콘크리트에서 굵은 골재의 최소 치수는 몇 mm 이상이어야 하는가?
① 15mm
② 25mm
③ 40mm
④ 60mm

해설

7-1
② 중량 콘크리트 : 비중이 큰 중량 골재를 사용하여 만든 콘크리트를 중량 콘크리트라 한다.
③ PC(프리캐스트) 콘크리트 : 공장에서 미리 제작한 콘크리트 부재를 현장에서 조립하여 완성하는 건축 및 토목 구조물의 자재이다.
④ 진공 콘크리트 : 콘크리트를 친 후 콘크리트의 표면에 진공 덮개를 덮고, 진공 펌프로 표면의 물과 공기를 빼내어 콘크리트에 대기압을 주어 만든 콘크리트이다.
프리플레이스트 콘크리트 : 특정한 입도를 가진 굵은 골재를 거푸집에 채워 넣고, 그 공극 속에 특수한 모르타르를 적당한 압력으로 주입하여 제조한 콘크리트이다.

7-2
조기강도는 보통 콘크리트보다 작다.

7-3
프리플레이스트 콘크리트에서 굵은 골재 치수
- 최소 치수 : 15mm 이상
- 최대 치수 : 최소 치수의 2~4배 정도

정답 7-1 ① 7-2 ④ 7-3 ①

핵심이론 08 매스 콘크리트(mass concrete)

① 매스 콘크리트의 적용
  ㉠ 부재의 치수가 커서 시멘트의 수화열로 인한 온도 상승 및 하강에 따른 콘크리트의 팽창과 수축을 고려하여 시공해야 하는 콘크리트이다.
  ㉡ 구조물의 부재 치수는 일반적인 표준으로서 넓이가 넓은 평판구조의 경우 두께 0.8m 이상, 하단이 구속된 벽조의 경우 두께 0.5m 이상으로 한다.

② 시공 시 주의사항
  ㉠ 저발열형 시멘트를 사용하는 경우 91일 정도의 장기 재령을 설계기준 압축강도의 기준 재령으로 하는 것이 바람직하다.
  ㉡ 수화열로 인해 콘크리트에 균열이 생기므로, 시공 시 콘크리트의 온도를 낮추어야 한다.
  ㉢ 프리쿨링, 파이프 쿨링 등에 의한 온도 저하 방법을 사용한다.
    • 파이프 쿨링(pipe-cooling)법 : 콘크리트를 타설한 후 콘크리트의 내부 온도를 제어하기 위해 미리 콘크리트 속에 묻은 파이프 내부에 냉수 또는 찬 공기를 강제적으로 순환시켜 콘크리트를 냉각시키는 방법이다.
    • 프리쿨링(pre-cooling)법 : 콘크리트의 온도균열 방지를 위해 콘크리트 재료의 일부 또는 전부를 냉각시켜 온도를 낮추는 방법이다.
  ㉣ 팽창 콘크리트를 사용하여 균열을 방지하는 것이 효과적이다.
  ㉤ 골재는 소요의 내구성을 가지며 온도에 의한 체적변화가 되도록이면 작은 것을 선정하여야 한다.
  ㉥ 굵은 골재의 최대 치수는 작업성이나 건조수축 등을 고려하여 되도록 큰 값을 사용하여야 한다.
  ㉦ 콘크리트의 발열량은 대체적으로 단위 시멘트양에 비례하므로 콘크리트의 온도상승을 감소시키기 위해 소요의 품질을 만족시키는 범위 내에서 단위 시멘트양이 적어지도록 배합을 선정한다.
  ㉧ 굵은 골재 최대 치수는 큰 것을 사용하고, 슬럼프값을 최대한 적게 한다.
  ㉨ 콘크리트의 내부 온도 상승이 완만하게 되고, 또 최고 온도에 도달한 후에는 매스 콘크리트 부재를 보온하여 되도록 장시간에 걸쳐 서서히 냉각시키는 것이 좋다.

10년간 자주 출제된 문제

8-1. 다음 중 특수 콘크리트에 대한 설명으로 옳은 것은?

① 일평균기온이 4℃ 이하에서 콘크리트를 사용하는 것을 서중 콘크리트라 한다.
② 압축공기에 의해 모르타르 또는 콘크리트를 뿜어 시공하는 것을 프리플레이스트 콘크리트라 한다.
③ 구조물의 치수가 커서 시멘트의 수화열에 대한 고려를 하여 시공하는 것을 매스 콘크리트라 한다.
④ 서중 콘크리트를 치고자 할 때는 조강 또는 초조강 포틀랜드 시멘트를 사용하면 좋다.

8-2. 매스 콘크리트 시공방법 중 파이프 내부에 냉수 또는 공기를 보내 콘크리트의 온도를 제어하는 방법은?

① 프리쿨링법 ② 파이프 쿨링법
③ 온도균열 제어 ④ 열전도

8-3. 댐 공사에서 수화열에 의한 균열을 막기 위해 재료를 인공 냉각하는데 다음 중 그 방법은?

① 프리쿨링법 ② 벤트 공법
③ 프레시네 공법 ④ 전기 냉각법

|해설|

8-1
① 한중 콘크리트에 대한 설명이다.
② 숏크리트에 대한 설명이다.
④ 서중 콘크리트를 치고자 할 때는 중용열 포틀랜드 시멘트를 사용하면 좋다.

8-2
파이프 쿨링(pipe-cooling)법 : 콘크리트를 친 후 콘크리트의 온도 상승을 억제시키기 위해 미리 콘크리트 속에 묻은 파이프 내부에 냉수 또는 찬 공기를 보내 콘크리트를 냉각시키는 방법이다.

8-3
프리쿨링(pre-cooling)법 : 댐 공사에서 콘크리트 온도균열 방지를 위해 콘크리트 재료의 일부 또는 전부를 냉각시켜 온도를 낮추는 방법이다.

정답 8-1 ③ 8-2 ② 8-3 ①

핵심이론 09 경량골재 콘크리트

① 경량골재 콘크리트의 적용
  ㉠ 골재의 전부 또는 일부를 인공 경량골재를 써서 만든 콘크리트로서 단위 질량이 1.4~2.0t/m³인 콘크리트이다.
  ㉡ 구조물의 하중을 줄이고, 시공성을 개선하며, 단열 성능을 높이는 데 효과적이다.
② 경량골재 콘크리트의 특징
  ㉠ 강도가 낮고 내구성, 열전도율, 탄성계수가 작다.
  ㉡ 건물 자중을 경감할 수 있다.
  ㉢ 콘크리트 운반이나 부어넣기 노력을 절감시킬 수 있다.
  ㉣ 방음, 흡음성, 내화성이 좋다.
  ㉤ 건조수축이 크며, 시공이 번거롭고, 재료처리가 필요하다.
③ 시공 시 주의사항
  ㉠ 경량골재 콘크리트는 공기연행 콘크리트로 하는 것을 원칙으로 한다.
  ㉡ 콘크리트의 슬럼프는 작업에 알맞은 범위 내에서 작게 하며, 일반적인 경우 대체로 80~210mm를 표준으로 한다.
  ㉢ 경량골재 콘크리트의 배합은 조건 범위 내에서 단위 수량을 가능한 한 작게 정하여야 한다.
  ㉣ 단위 결합재량의 최솟값은 300kg/m³ 이상, 물-결합재비의 최댓값은 60%를 원칙으로 한다.
  ㉤ 경량골재를 건조한 상태로 사용하면 콘크리트의 비비기 및 운반 중에 물을 흡수하므로 골재를 사용하기 전에 충분히 물을 흡수시킨 상태로 사용해야 한다.

10년간 자주 출제된 문제

9-1. 경량골재 콘크리트에 대한 설명 중 옳은 것은?
① 내구성이 보통 콘크리트보다 크다.
② 열전도율은 보통 콘크리트보다 작다.
③ 탄성계수는 보통 콘크리트의 2배 정도이다.
④ 건조수축에 의한 변형이 생기지 않는다.

9-2. 경량골재 콘크리트에 대한 설명이다. 잘못된 것은?
① 골재의 전부 또는 일부를 인공 경량골재를 써서 만든 콘크리트를 말한다.
② 운반과 치기가 쉽다.
③ 건조수축이 작다.
④ 강도와 탄성계수가 작다.

|해설|

9-1
① 내구성이 보통 콘크리트보다 작다.
③ 탄성계수는 보통 콘크리트의 40~70% 정도이다.
④ 건조수축에 의한 변형이 생기기 쉽다.

9-2
건조수축에 의한 변형이 생기기 쉽다.

정답 9-1 ② 9-2 ③

핵심이론 10 기타 특수 콘크리트

① 섬유보강 콘크리트(fiber reinforced concrete)
  ㉠ 보강용 섬유를 혼입하여 주로 인성, 균열 억제, 내충격성 및 내마모성 등을 높인 콘크리트이다.
  ㉡ 콘크리트의 인장강도와 균열에 대한 저항성을 높이고 인성을 대폭 개선시키는 것을 주목적으로 한다.
  ㉢ 섬유보강으로 인해 인장강도, 휨강도, 전단강도 및 인성은 증대되지만, 압축강도는 그다지 변화하지 않는다.
② 방사선 차폐용 콘크리트
  ㉠ 중량 골재를 사용하여 방사선을 차폐할 목적으로 만든 밀도가 큰 콘크리트이다.
  ㉡ 방사선 연구용 시설, 원자력 발전소 시설, 저장시설 등에 사용된다.
  ㉢ 워커빌리티 개선을 위해 감수제, 고성능 AE 감수제, 플라이애시 등의 혼합재료를 사용한다.
③ 프리캐스트 콘크리트(Precast Concrete, PC 콘크리트)
  공장에서 미리 제작한 콘크리트 부재를 현장에서 조립하여 완성하는 건축 및 토목 구조물의 자재이다.
④ 프리스트레스트 콘크리트(PSC ; Prestressed Concrete)
  ㉠ 외력에 의하여 일어나는 응력을 소정의 한도까지 상쇄할 수 있도록 미리 인위적으로 그 응력의 분포와 크기를 정하여 내력을 준 콘크리트이다.
  ㉡ 탄력성과 복원성이 우수하여 구조물의 인장응력에 의한 균열이 방지되고 안전성이 높다.
⑤ 진동 롤러 다짐 콘크리트(RCC ; Roller Compacted Concrete)
  매우 된 반죽 콘크리트를 얇게 층으로 깔고, 진동 롤러로 다지기를 한 콘크리트이다.

10년간 자주 출제된 문제

10-1. 다음 중 콘크리트의 인장강도와 균열에 대한 저항성을 높이고 인성을 대폭 개선시키는 것을 주목적으로 하는 특수 콘크리트는?
① 중량 콘크리트
② 고강도 콘크리트
③ 섬유보강 콘크리트
④ 경량골재 콘크리트

10-2. 매우 된 반죽의 빈배합 콘크리트를 불도저로 깔고 진동 롤러로 다져서 시공하는 콘크리트는?
① 매스 콘크리트
② 프리플레이스트 콘크리트
③ 강섬유 콘크리트
④ 진동 롤러 다짐 콘크리트

정답 10-1 ③ 10-2 ④

CHAPTER 03 콘크리트 재료에 관한 시험법 및 배합설계에 관한 지식

제1절 시멘트 시험

핵심이론 01 시멘트의 비중 시험방법(KS L 5110)

① 시험 목적
  ㉠ 콘크리트 배합설계 시 시멘트가 차지하는 부피(용적)를 계산하기 위해서 필요하다.
  ㉡ 비중의 시험치에 의해 시멘트 풍화의 정도, 시멘트의 품종, 혼합 시멘트에 있어서 혼합하는 재료의 함유비율을 추정할 수 있다.

② 시험 기구
  ㉠ 르샤틀리에 플라스크
  ㉡ 광유 : 온도 20±1℃에서 밀도 약 $0.73mg/m^3$인 완전히 탈수된 등유 또는 나프타를 사용한다.
  ㉢ 시멘트
  ㉣ 천칭(저울)
  ㉤ 항온 수조
  ㉥ 온도계
  ㉦ 가는 철사 및 마른 천

③ 시험방법

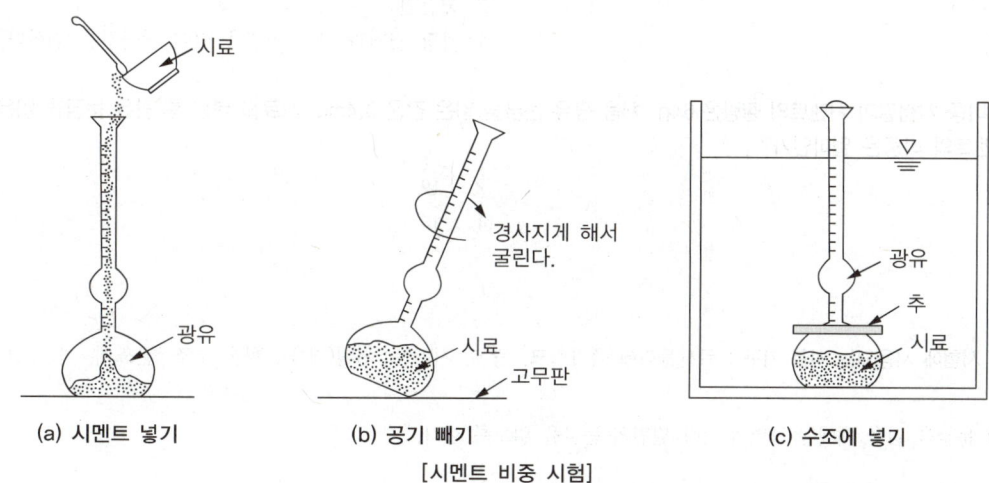

[시멘트 비중 시험]

  ㉠ 르샤틀리에 플라스크의 0~1mL 사이 눈금선까지 광유를 채운다.
  ㉡ 항온 수조에 넣어 온도차가 0.2℃ 이내가 되었을 때 눈금을 읽어 기록한다.

ⓒ 일정한 양의 시멘트를 0.05g까지 계량하여 플라스크에 넣는다.
ⓓ 플라스크를 굴려 시멘트 안의 공기를 제거한다.
ⓔ 항온 수조에 넣어 물과 온도차가 0.2℃ 이내가 되었을 때 눈금을 읽는다.

④ 시험결과의 계산

$$시멘트의 비중(밀도) = \frac{시료의 \ 무게}{눈금 \ 차}$$

⑤ 주의사항
ⓐ 시멘트, 광유, 수조의 물, 비중병은 미리 실온과 같게 해놓고 사용한다.
ⓑ 광유의 온도가 1℃ 변하면 용적이 약 0.2cc 변화하고 비중이 약 0.02의 차가 생기므로 시멘트를 넣기 전후의 광유의 온도차는 0.2℃를 넘어서는 안 된다.
ⓒ 광유 표면의 눈금을 읽을 때에는 곡면(메니스커스)의 가장 밑면의 눈금을 읽도록 한다.
ⓓ 비중 시험은 2회 이상 행하고, 측정한 결과가 ±0.03mg/m³ 이내이면 그 평균값을 취한다.

10년간 자주 출제된 문제

1-1. 시멘트 비중 시험에 사용되는 것이 아닌 것은?
① 가는 철사
② 광유
③ 원뿔형 몰드
④ 르샤틀리에 플라스크

1-2. 시멘트 비중 시험에서 광유 표면의 눈금을 읽을 때에 눈높이를 수평으로 하여 곡면(메니스커스)의 어디를 읽어야 하는가?
① 가장 윗면
② 중간면
③ 가장 밑면
④ 가장 윗면과 가장 밑면을 읽어 평균값을 취한다.

1-3. 시멘트 비중 시험결과 시멘트의 질량은 64g, 처음 광유 눈금을 읽은 값은 0.4mL, 시료를 넣은 후 광유 눈금을 읽은 값은 20.9mL였다. 이 시멘트의 비중은 얼마인가?
① 3.09
② 3.12
③ 3.15
④ 3.18

해설

1-1
시멘트 비중 시험에 사용되는 시험 기구 : 르샤틀리에 플라스크, 광유, 시멘트, 천칭(저울), 항온 수조, 온도계, 가는 철사, 마른 천

1-2
광유 표면의 눈금을 읽을 때에는 곡면의 가장 밑면의 눈금을 읽도록 한다.

1-3
$$시멘트의 \ 비중 = \frac{시료의 \ 무게}{눈금 \ 차} = \frac{64}{20.9 - 0.4} ≒ 3.12$$

정답 1-1 ③ 1-2 ③ 1-3 ②

핵심이론 02 시멘트의 응결시간 시험방법(KS L ISO 9597)

① 시험 목적

어떤 특정값에 도달할 때까지 표준 질기(standard consistence)를 가진 시멘트 페이스트 속에 들어가는 바늘의 침입도를 관찰하여 응결시간을 측정한다.

※ 응결 : 시멘트에 물을 넣으면 수화작용을 일으켜 시멘트풀이 시간이 지남에 따라 유동성과 점성을 잃고 점차 굳어지는 반응

② 시험 기구

㉠ 재료 : 각종 시멘트, 젖은 천, 유리판

㉡ 기계 및 기구 : 길모어침(조결침, 종결침), 칼, 저울(1g 단위까지 측정할 수 있는 것), 눈금이 있는 실린더 또는 뷰렛, 온도계, 습기함, 혼합기

[길모어침]　　　　[비카침]

③ 시험방법

㉠ 적절한 크기의 실험실 또는 습기함을 사용한다. 실험실의 온도는 20±1℃로 유지해야 하며 상대습도는 50% 정도, 습기함의 상대습도는 90% 이상이어야 한다.

※ 따뜻한 지역에서는 실험실의 온도가 25±2℃ 또는 27±2℃일 수 있으며 이 경우 시험결과에 그 온도를 기록해야 한다.

㉡ 시멘트풀을 만들 때 시멘트 500g을 1g 단위까지 계량한다. 물(125g)은 혼합용기에 넣어 측정하거나 눈금이 있는 실린더나 뷰렛으로 측정하여 혼합용기에 넣는다.

㉢ 시멘트의 첨가가 끝난 시간을 0시로 기록하고, 이 시간을 기점으로 시험을 시작한다.

　• 초결의 측정 : 바늘과 바닥판이 거리가 4±1mm가 될 때를 시멘트의 초결시간으로 삼고 5분 단위로 측정한다.

　• 종결의 측정 : 시험체를 뒤집어 0.5mm 관통하였을 때를 측정한다.

㉣ 습기함이나 습기실에 보관하면서 일정 시간 간격으로 응결시간을 측정한다.

※ 응결시간은 온도 및 습도 등에 영향을 많이 받으므로 시험조건(환경)에 주의를 요한다.

10년간 자주 출제된 문제

2-1. 시멘트에 물을 넣으면 수화작용을 일으켜 시멘트풀이 시간이 지남에 따라 유동성과 점성을 잃고 점차 굳어진다. 이러한 반응을 무엇이라 하는가?
① 풍화
② 인성
③ 경화
④ 응결

2-2. 시멘트의 응결시간을 측정하는 시험 장치는?
① 블레인 공기투과장치
② 비카 장치, 길모어 장치
③ 르샤틀리에 플라스크
④ 오토클레이브 장치

2-3. 시멘트의 응결시간 시험방법에서 비카 장치에 의한 방법은 시멘트풀을 만들 때 시멘트 몇 g을 시료로 사용하는가?
① 100g
② 200g
③ 300g
④ 500g

해설

2-1
① 풍화 : 시멘트가 저장 중에 공기와 접촉하면 공기 중의 수분 및 이산화탄소를 흡수하여 가벼운 수화반응을 일으켜 굳어지는 현상이다.
② 인성 : 재료의 질긴 정도, 즉 외부에서 잡아당기거나 누르는 힘 때문에 갈라지거나 늘어나지 않고 견디는 성질을 이른다.
③ 경화 : 응결이 끝난 후 수화작용이 계속되어 굳어져서 기계적 강도가 증가하는 현상이다.

2-2
① 블레인 공기투과장치 : 시멘트의 분말도 시험
③ 르샤틀리에 플라스크 : 시멘트 비중 시험
④ 오토클레이브 장치 : 시멘트의 안정성 시험

2-3
시멘트 500g, 물 125g을 계량해서 사용한다.

정답 2-1 ④ 2-2 ② 2-3 ④

핵심이론 03 시멘트 분말도 시험(KS L 5106)

① 시험 목적

분말도는 시멘트 입자의 굵고 가는 정도를 말하며, 시험을 통해 시멘트 입자의 가는 정도를 알 수 있다.

② 시험방법

분말도는 블레인 방법에 의하여 결정하는 것을 원칙으로 한다. 단, 표준체에 의한 방법으로 결정할 수도 있다.

㉠ 블레인 투과 장치에 의한 방법(KS L 5106)
- 시험 기구 : 표준시멘트, 거름종이, 수은, 셀, 플런저 및 유공 금속판, 마노미터액 등
- 블레인 공기 투과 장치를 사용하여 비표면적으로 나타나는 시멘트의 분말도를 시험하는 방법으로, 단위는 cm^2/g으로 표시한다.
- 표준시료와 시험시료로 만든 시멘트 베드를 공기가 투과하는 데 요하는 시간을 비교하여 비표면적을 구한다.

> **비표면적 기준치**
> - 보통 포틀랜드 시멘트 : 2,800cm^2/g 이상
> - 중용열 포틀랜드 시멘트 : 2,800cm^2/g 이상
> - 조강 포틀랜드 시멘트 : 3,300cm^2/g 이상

- 시험결과의 계산

$m = pv(1-e)$

여기서, m : 측정할 시료의 질량(g)

p : 시료의 밀도(보통 포틀랜드 시멘트는 3.15로 함)

v : 셀 중의 시료 베드의 부피(cm^3)

e : 시료 베드의 기공률(보통 포틀랜드 시멘트 0.500±0.005)

㉡ 표준체에 의한 방법(KS L 5112)
- 45μm 표준체로 쳐서 위에 남는 시멘트의 양을 계량하여 분말도를 시험하는 방법이다.
- 시험 기구 : 표준체, 스프레이 노즐, 압력계, 저울(0.0005g의 정확도로 측정할 수 있는 것)
- 시험결과의 계산

보정된 잔사(%) = 45μm 표준체에 걸린 시료 잔사 × (100 + 표준체 보정계수)

보정된 시멘트의 분말도(%) = 100 − 보정된 잔사

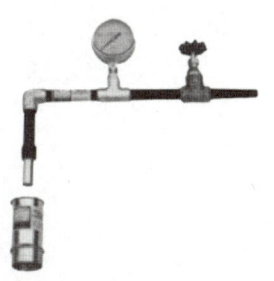

[표준체에 의한 시멘트 분말도 시험 장치]

[블레인 분말도 시험 장치]

10년간 자주 출제된 문제

3-1. 1g의 시멘트가 가지고 있는 전체 입자의 총 겉넓이를 무엇이라 하는가?

① 비표면적
② 총표면적
③ 단위 표면적
④ 유효 표면적

3-2. 보통 포틀랜드의 시멘트 분말도 규격에서 비표면적은 얼마 이상이어야 하는가?

① 2,800cm^2/g 이상
② 3,100cm^2/g 이상
③ 3,300cm^2/g 이상
④ 3,500cm^2/g 이상

해설

3-1
1g의 시멘트가 가지고 있는 전체 입자의 총 표면적을 말한다. 시멘트의 분말도를 나타내며, 단위는 cm^2/g이다.

3-2
비표면적 기준치
- 보통 포틀랜드 시멘트 : 2,800cm^2/g 이상
- 중용열 포틀랜드 시멘트 : 2,800cm^2/g 이상
- 조강 포틀랜드 시멘트 : 3,300cm^2/g 이상

정답 3-1 ① 3-2 ①

핵심이론 04 시멘트의 강도 시험방법(KS L ISO 679)

① 시험 목적

콘크리트 강도에 직접적인 관계가 있고 시멘트의 여러 성질 중 가장 중요한 부분이므로 시험을 실시한다.

② 시험 기구

　㉠ 실험실
- 공시체를 성형하는 실험실은 20±2℃ 및 상대습도 50% 이상을 유지해야 한다.
- 시험실 내의 온도, 상대습도 및 양생 수조의 수온은 적어도 1일에 1회 정도는 작업시간 중에 기록해야 한다.
- 틀에 다진 공시체를 양생할 때의 항온 항습기는 온도 20±1℃ 및 상대습도 90% 이상을 계속적으로 유지해야 한다.
- 항온 항습기의 온도 및 상대습도는 적어도 4시간 간격으로 기록해야 한다.
- 온도 범위를 설정하는 경우에는 목표 온도가 중간 값이 되도록 온도 범위를 조절해야 한다.

　㉡ 기계 및 기구 : 시험용 체(2mm, 1.6mm, 1mm, 0.5mm, 0.16mm, 0.08mm), 혼합기, 시험체 틀, 진동다짐기, 휨강도 시험기, 압축강도 시험기, 압축강도 시험기용 부속기구

③ 시험방법

　㉠ 이 방법은 치수 40mm × 40mm × 160mm인 각주형 공시체의 압축강도 및 휨강도의 시험방법에 대해서 규정한다.

　㉡ 공시체는 질량으로 시멘트 1, 표준사 3 및 물-시멘트비 0.5의 비율로 모르타르를 성형한다.

　㉢ 틀에 다진 공시체는 24시간 습윤 양생한다. 그 후 탈형하여 강도측정 시험을 할 때까지 수중 양생한다.

　㉣ 측정 재령에 이르렀을 때 시험체를 수중 양생조로부터 꺼내어 휨강도를 측정한 후 깨진 시편으로 압축강도 시험을 한다.

④ 시험결과의 계산

　㉠ 시멘트의 압축강도는 3개를 한 조로 하여 측정하는 6개의 평균값으로 한다.

　㉡ 6개의 측정값 중에서 1개의 결과가 6개의 평균값보다 ±10% 이상 벗어나는 경우에는 이 결과를 버리고 나머지 5개의 평균으로 계산한다.

　㉢ 이들 5개의 측정값 중에서 또 다시 하나의 결과가 그 평균값보다 ±10% 이상이 벗어나면 결과 전체를 버려야 한다.

　㉣ 시멘트의 압축강도

$$압축강도(f) = \frac{P}{A}$$

여기서, P : 파괴될 때 최대 하중(N)
　　　　A : 시험체의 단면적(mm^2)

10년간 자주 출제된 문제

4-1. 시멘트의 강도 시험(KS L ISO 679)에서 모르타르를 제조할 때 시멘트와 표준모래의 질량에 의한 비율로 옳은 것은?

① 1 : 2
② 1 : 2.5
③ 1 : 3
④ 1 : 3.5

4-2. 시멘트 모르타르의 압축강도나 인장강도의 시험체의 양생온도는?

① 20±2℃
② 27±2℃
③ 23±2℃
④ 15±3℃

4-3. 지름 100mm, 높이 200mm인 콘크리트 공시체로 압축강도 시험을 실시한 결과 공시체 파괴 시 최대 하중이 231kN이었다. 이 공시체의 압축강도는?

① 29.4MPa
② 27.4MPa
③ 25.4MPa
④ 23.4MPa

[해설]

4-1
공시체는 질량으로 시멘트 1, 표준사 3 및 물-시멘트비 0.5의 비율로 모르타르를 성형한다.

4-2
공시체를 성형하는 실험실은 20±2℃ 및 상대습도 50% 이상을 유지해야 한다.

4-3
압축강도$(f) = \dfrac{P}{A} = \dfrac{231,000}{\dfrac{\pi \times 100^2}{4}} ≒ 29.4\text{MPa}$

여기서, P : 파괴될 때 최대 하중(N)
　　　　A : 시험체의 단면적(mm²)

정답 4-1 ③　4-2 ①　4-3 ①

핵심이론 05 수경성 시멘트 모르타르의 인장강도 시험방법(KS L 5104)

① 시험 목적

수경성 시멘트 모르타르의 인장강도를 평가하고 콘크리트의 강도를 추정하기 위해 실시한다.

② 시험 기구

㉠ 저울 : 0.01g 이상의 정밀도를 가진 것

㉡ 표준체 : 600μm, 850μm로 견고하고 부식되지 않는 것

㉢ 메스실린더 : 150mL, 200mL의 용량으로 비흡수성 재질의 것

㉣ 틀 : 시험체 제작용 틀은 시멘트 모르타르에 의해서 침식되지 않는 금속으로 만들어야 하며, 시험체를 성형할 때 축변의 틀은 벌어지지 않아야 한다.

㉤ 흙손 : 길이 100~150mm로 견고하고 부식되지 않는 것

㉥ 시험기 : 하중을 연속적으로 2,700±100N/min의 속도로 가할 수 있고, 재하속도를 조절하는 장치가 있어야 한다.

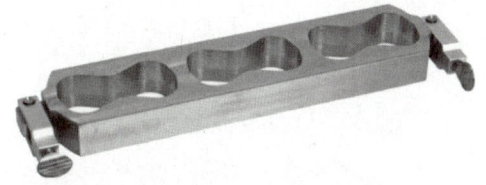

[모르타르 인장강도 시험체 틀]

③ 온도와 습도

㉠ 반죽한 건조재료, 틀 및 밑판 부근의 공기온도는 20±2℃로 유지해야 한다.

㉡ 배합수, 습기함 또는 습기실 및 시험체 저장용 수조의 물 온도는 20±1℃이어야 한다.

㉢ 상대습도는 실험실 50% 이상, 습기함이나 습기실은 90% 이상이어야 한다.

④ 모르타르 : 표준 모르타르의 배합비는 시멘트 : 모래 = 1 : 3으로 한다.

⑤ 시험체의 형성 및 저장

㉠ 틀은 모르타르를 채우기 전에 광유를 얇게 바른 뒤 기름을 바르지 않은 유리판 또는 금속판 위에 놓고 반죽이 끝난 모르타르를 다지지 말고 수북이 쌓아 놓는다.

㉡ 두 손의 엄지손가락으로 전 면적에 걸쳐 힘이 미치도록 각 시험체마다 12회씩 힘껏 모르타르를 밀어 넣는다. 이때 압력은 모르타르가 틀에 균일하게 채워지는 데 충분하도록 한다.

㉢ 모르타르를 틀 위에 쌓아 놓고 흙손으로 고르게 한 뒤, 틀 위에 광유를 바른 유리판이나 금속판을 올리고 두 손으로 틀과 판을 받쳐 들고 틀이 그 종축에 대하여 회전하도록 뒤집는다.

㉣ 위판을 떼고 다시 쌓아 올리기, 누르기, 흙손으로 고르기를 반복한다. 이때 두드리거나 찧거나 해서는 안 되며 시험체의 표면을 고르게 하는 것 이외의 흙손질을 해서는 안 된다.

㉤ 시험체 전부를 성형 직후 몰드에 있는 그대로 밑판에 얹어 습기함이나 습기실 내에 20~24시간까지 보관한다.

⑥ 시험방법

　㉠ 24시간 시험체는 습기함에서 꺼낸 직후, 그 이외의 시험체는 저장수에서 꺼낸 직후에 실시한다. 이때 1개보다 많은 시험체를 꺼낸 경우 이들 시험체는 시험할 때까지 20±1℃ 온도의 물이 있는 용기에 완전히 잠기도록 넣어 둔다.

　㉡ 각 시험체는 표면건조 상태가 되도록 물기를 닦고, 시험기의 클립과 접촉하는 면에 붙어 있는 모래알이나 다른 부착물이 없게 한다.

　㉢ 시험체는 클립단의 중심에 오도록 주의 깊게 넣고, 하중을 2,700±100N/min 속도로 가하여 시험체가 파괴되도록 한다.

⑦ 시험결과의 계산

　시험기가 나타낸 최대 하중을 기록하고, 다음 식으로 인장강도(MPa)를 계산한다.

　인장강도 = $\dfrac{P}{A}$

　여기서, P : 최대 파괴하중(N)
　　　　　A : 시험체 면적(mm^2)

10년간 자주 출제된 문제

5-1. 시멘트 모르타르의 인장강도 시험을 실시하기 위한 장치가 아닌 것은?

① 저울　　　　　　　　　　　　　② 표준체
③ 메스실린더　　　　　　　　　　④ 스프레이 노즐

5-2. 모르타르(mortar) 인장강도 시험 시 하중을 가하는 부하속도에 해당하는 것은?

① 950±100N/min　　　　　　　② 1,600±100N/min
③ 2,700±100N/min　　　　　　④ 3,500±100N/min

5-3. 시멘트 모르타르 인장강도 시험에서 다음 내용 중 틀린 것은?

① 시멘트와 표준모래를 1:3의 무게비로 배합한다.
② 모르타르를 두 손의 엄지손가락으로 힘을 주어 12번씩 다진다.
③ 시험체를 클립에 고정 후 2,700±100N/min의 속도로 하중을 계속 부하한다.
④ 공시체 양생은 26±4℃의 수조에서 양생한다.

|해설|

5-1
시멘트 모르타르의 인장강도 시험을 실시하기 위한 장치 : 저울, 표준체, 메스실린더, 틀, 흙손, 시험기 등

5-3
인장강도 시험에서 공시체의 양생온도는 20±2℃로 한다.

정답 5-1 ④　5-2 ③　5-3 ④

제2절 골재 시험

핵심이론 01 골재의 체가름 시험방법(KS F 2502)

① 시험 목적

체가름 시험은 골재의 입도(크고 작은 알이 섞여 있는 정도), 조립률, 굵은 골재의 최대 치수를 알기 위한 시험이다.

② 시험 기구 : 표준체, 저울, 건조기, 시료 분취기, 체 진동기, 삽 등

[체 진동기]

[시험용 체]

③ 시료 준비

　㉠ 시료의 채취 : 사분법 또는 시료 분취기에 의해 일정 분량이 되도록 축분한다.

　　※ 사분법 채취방법 : A + C 또는 B + D

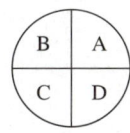

　㉡ 시료의 건조 : 분취한 시료를 건조기 안에 넣고 105±5℃에서 24시간, 일정 질량이 될 때까지 건조시킨다.

　㉢ 시료의 질량

　　• 굵은 골재는 최대 치수의 0.2배를 한 정수를 최소 건조질량(kg)으로 한다.

　　• 굵은 골재 최대 치수가 25mm일 때 시료의 최소 질량은 5kg으로 한다.

　　• 잔골재는 1.18mm 체를 95%(질량비) 이상 통과하는 것에 대한 최소 건조질량을 100g으로 하고, 1.18mm 체에 5%(질량비) 이상 남는 것에 대한 최소 건조질량을 500g으로 한다. 다만, 구조용 경량골재에서는 최소 건조질량의 1/2로 한다.

④ 시험방법

　㉠ 시료질량은 0.1% 이상의 정밀도로 측정하며, 현장에서 시험하는 경우에는 시료질량의 정밀도를 0.5% 이상으로 측정하도록 한다.

　㉡ 시험 목적에 맞는 망체를 선택한 뒤 수동 또는 기계를 사용하여 체가름한다. 체 위에서 골재가 끊임없이 상하·수평 운동하도록 하고, 1분마다 각 체를 통과하는 것이 전 시료질량의 0.1% 이하로 될 때까지 반복한다.

ⓒ 각 체에 남은 시료의 질량을 시료질량의 0.1%의 정밀도로 측정한다. 각 체에 남은 시료질량과 받침 접시 안의 시료질량의 합은 체가름 전에 측정한 시료질량과의 차이가 1% 미만이어야 한다.

ⓓ 체 눈에 막힌 알갱이는 파쇄되지 않도록 주의하면서 되밀어내어 체 위에 남은 시료로 간주한다. 이때 골재를 손으로 체 사이로 밀어내어 무리하게 체를 통과시키면 안 된다.

⑤ 시험결과의 계산

ⓐ 체가름 시험결과는 전체 시료질량에 대한 각 체에 남아 있는 시료질량의 백분율로 소수점 이하 한 자리까지 계산하여 정수로 끝맺는다.

ⓑ 시료를 나누어서 시험을 실시한 경우에는 각 시험결과를 합하거나 평균을 내어 계산한다.

10년간 자주 출제된 문제

1-1. 골재의 체가름 시험으로 결정할 수 없는 것은?
① 입도 ② 조립률
③ 굵은 골재의 최대 치수 ④ 실적률

1-2. 골재의 체가름 시험의 목적으로 옳은 것은?
① 골재의 입도 분포 및 골재의 최대 치수를 구하기 위해서 한다.
② 기상작용에 대한 내구성을 판단한다.
③ 골재의 부피와 빈틈률을 계산한다.
④ 골재의 닳음 저항성을 알기 위해서 한다.

1-3. 골재의 체가름 시험에 사용되는 시료에 대한 설명 중 틀린 것은?
① 굵은 골재 최대 치수가 25mm일 때 시료의 최소 질량은 5kg으로 한다.
② 시험할 대표 시료를 사분법이나 시료 분취기를 이용하여 채취한다.
③ 채취한 시료는 표면건조 포화 상태에서 시험을 한다.
④ 잔골재는 1.18mm 체에 5%(질량비) 이상 남는 시료의 최소 질량은 500g으로 한다.

[해설]

1-2
② 안정성 시험의 목적이다.
③ 골재의 밀도 및 흡수율 시험의 목적이다.
④ 마모 시험의 목적이다.

1-3
분취한 시료를 건조기에서 105±5℃에서 24시간, 일정 질량이 될 때까지 건조시킨다.

정답 1-1 ④ 1-2 ① 1-3 ③

핵심이론 02 골재의 조립률(FM ; Finess Modulus)

① 조립률 개념
   ㉠ 조립률이란 10개의 체(75mm, 40mm, 20mm, 10mm, 5mm, 2.5mm, 1.2mm, 0.6mm, 0.3mm, 0.15mm)를 1조로 하여 체가름 시험을 하였을 때, 각 체에 남은 누계량의 전체 시료에 대한 질량 백분율의 합을 100으로 나눈 값으로 나타낸다.
   ㉡ 조립률을 통해 콘크리트의 경제적인 배합을 결정할 수 있으며, 골재의 균등성 및 사용 적부를 판단할 수 있다.

② 골재 조립률의 특징
   ㉠ 조립률은 콘크리트에 사용되는 골재의 입도 정도를 표시하는 지표이다.
   ㉡ 잔골재의 조립률은 2.3~3.1이 적당하다(굵은 골재 : 6~8).
   ㉢ 골재의 조립률은 체가름 시험으로부터 구할 수 있다.
   ㉣ 골재의 조립률은 골재알의 지름이 클수록 크다(조립률이 작음 = 골재 입자가 작음).

※ 조립률 = $\dfrac{\text{각 체의 가적 잔류율의 합}}{100}$

10년간 자주 출제된 문제

2-1. 다음 중 골재의 조립률(FM)에 대한 설명 중 틀린 것은?
① 잔골재의 조립률은 2.3~3.1이다.
② 굵은 골재의 조립률은 6~8이다.
③ 골재의 조립률은 골재알의 지름이 클수록 크다.
④ 조립률이란 굵은 골재 및 잔골재의 치수를 나타내는 것이다.

2-2. 골재를 체가름 시험 후 조립률의 계산 시 필요하지 않는 체는?
① 40mm
② 25mm
③ 5mm
④ 1.2mm

2-3. 골재의 체가름 시험결과가 다음과 같다. 조립률은 얼마인가?

체번호	잔류율(%)	누적 잔류율(%)
75mm	0	0
40mm	4	4
30mm	16	20
25mm	18	38
20mm	32	70
10mm	26	96
5mm	4	100
2.5mm	0	100
합계	100	

① 6.7
② 7.7
③ 8.7
④ 9.7

해설

2-1, 2-2

조립률 : 10개의 체(75mm, 40mm, 20mm, 10mm, 5mm, 2.5mm, 1.2mm, 0.6mm, 0.3mm, 0.15mm)를 1조로 하여 체가름 시험을 하였을 때, 각 체에 남은 누계량의 전체 시료에 대한 질량 백분율의 합을 100으로 나눈 값으로 나타낸다.

2-3

$$조립률 = \frac{각\ 체의\ 가적\ 잔류율의\ 합}{100}$$

$$= \frac{4 + 70 + 96 + 100 + 100 + 400}{100}$$

$$= 7.7$$

※ 계산에서 400은 1.2mm, 0.6mm, 0.3mm, 0.15mm 체에 남은 가적 잔류율의 합이다.

정답 2-1 ④ 2-2 ② 2-3 ②

핵심이론 03 유기불순물 시험방법(KS F 2510)

① 시험 목적

시멘트 모르타르 또는 콘크리트에 사용되는 모래 중에 함유되어 있는 유기화합물의 해로운 양을 측정한다.

② 시험 기구
- ㉠ 저울 : 잔골재를 계량하는 경우는 칭량 2kg 이상, 감도 0.1g 이상으로 하고, 탄닌산을 계량하는 경우는 칭량 200g 이상, 감도 0.01g 이상으로 한다.
- ㉡ 유리병 : 고무마개를 가지고 눈금이 있는 용량 400mL의 무색 유리병이 2개 있어야 하며 그중 1개는 130mL와 200mL의 눈금이 있어야 한다.
- ㉢ 시약과 식별용 표준색 용액
  - 수산화나트륨 용액(3%) : 물 97에 수산화나트륨 3의 질량비로 용해시킨 것이다.
  - 식별용 표준색 용액 : 10%의 알코올 용액으로 2% 탄닌산 용액을 만들고, 그 2.5mL를 3%의 수산화나트륨 용액 97.5mL에 가하여 유리병에 넣어 혼합한 것을 표준색 용액으로 한다.

③ 시험방법
- ㉠ 시료는 대표적인 것을 취하고 공기 중 건조 상태로 건조시켜 사분법 또는 시료 분취기를 사용하여 약 450g을 채취한다.
- ㉡ 시료를 시험용 무색 투명 유리병에 130mL 눈금까지 채운다.
- ㉢ 여기에 3%의 수산화나트륨 용약을 가하여 시료와 용액의 전량이 200mL가 되게 한다.
- ㉣ 마개를 받고 잘 흔든 후 24시간 동안 정치한다.

④ 색도의 측정

시료에 수산화나트륨 용액을 가한 유리 용기와 표준색 용액을 넣은 유리 용기를 24시간 정치한 후 잔골재 상부의 용액 색이 표준색 용액보다 연한지, 진한지 또는 같은지를 육안으로 비교한다.

10년간 자주 출제된 문제

3-1. 콘크리트용 모래에 포함되어 있는 유기불순물 시험에 사용되는 시약은?
① 무수황산나트륨
② 염화칼슘 용액
③ 실리카 겔
④ 수산화나트륨 용액

3-2. 콘크리트용 모래에 포함되어 있는 유기불순물 시험에 사용하는 식별용 표준색 용액의 제조방법으로 옳은 것은?
① 10%의 수산화나트륨 용액으로 2% 탄닌산 용액을 만들고, 그 2.5mL를 3%의 알코올 용액 97.5mL에 가하여 유리병에 넣어 마개를 닫고 잘 흔든다.
② 10%의 알코올 용액으로 2% 탄닌산 용액을 만들고, 그 2.5mL를 3%의 수산화나트륨 용액 97.5mL에 가하여 유리병에 넣어 마개를 닫고 잘 흔든다.
③ 3%의 알코올 용액으로 10% 탄닌산 용액을 만들고, 그 2.5mL를 2%의 황산나트륨 용액 97.5mL에 가하여 유리병에 넣어 마개를 닫고 잘 흔든다.
④ 3%의 황산나트륨 용액으로 10% 탄닌산 용액을 만들고, 그 2.5mL를 2%의 알코올 용액 97.5mL에 가하여 유리병에 넣어 마개를 닫고 잘 흔든다.

3-3. 콘크리트용 모래에 포함되어 있는 유기불순물 시험에 대한 설명으로 옳은 것은?
① 사용하는 수산화나트륨 용액은 물 50에 수산화나트륨 50의 질량비로 용해시킨 것이다.
② 시료는 대표적인 것을 취하고 절대건조 상태로 건조시켜 사분법을 사용하여 약 5kg을 준비한다.
③ 시험에 사용할 유리병은 노란색으로 된 유리병을 사용해야 한다.
④ 시험의 결과 24시간 정치한 잔골재 상부의 용액 색이 표준용액보다 연할 경우 이 모래는 콘크리트용으로 사용할 수 있다.

해설

3-1
모래의 유기불순물 시험에서 시료와 수산화나트륨 용액을 넣고 병마개를 닫고 잘 흔든 다음 24시간 동안 가만히 놓아둔 후 색도를 비교한다.

3-2
식별용 표준색 용액은 10%의 알코올 용액으로 2% 탄닌산 용액을 만들고, 그 2.5mL를 3%의 수산화나트륨 용액 97.5mL에 가하여 유리병에 넣어 마개를 닫고 잘 흔든 것을 표준색 용액으로 한다.

3-3
① 사용하는 수산화나트륨 용액은 물 97에 수산화나트륨 3의 질량비로 용해시킨 것이다.
② 시료는 공기 중 건조 상태로 건조시켜 사분법 또는 시료 분취기를 사용하여 약 450g을 채취한다.
③ 시험에 사용할 유리병은 무색 투명 유리병을 사용하여야 한다.

정답 3-1 ④ 3-2 ② 3-3 ④

핵심이론 04 굵은 골재의 밀도 및 흡수율 시험방법(KS F 2503)

① 시험 목적

콘크리트의 배합설계를 할 때 골재의 부피와 빈틈 등의 계산을 하기 위해 굵은 골재의 밀도 및 흡수율을 측정하는 방법이다.

② 시험 기구 : 저울, 철망태, 물탱크, 마른 천, 건조기, 체, 시료 분취기 등

③ 시험방법

㉠ 시료 준비
- 대표적인 시료를 시료 분취기 또는 사분법에 따라 채취한다.
- 1회 시험에 사용되는 시료의 최소 질량은 굵은 골재 최대 치수의 0.1배를 kg으로 나타낸 양으로 한다.

㉡ 시료를 물로 충분히 씻어 입자 표면의 불순물 및 그 밖의 이물질을 제거한다.

㉢ 시료를 철망태에 넣고 수중에서 흔들어 공기를 제거한 후, 20±5℃의 물속에 24시간 담근다.

㉣ 침지된 시료의 수중 질량과 수온을 측정하고, 철망태와 시료를 수중에서 꺼낸 뒤 물기를 제거하여 표면건조 포화 상태의 질량을 측정한다.

㉤ 105±5℃에서 질량 변화가 없을 때까지 건조시키고, 실온까지 냉각시켜 절대건조 상태의 질량을 측정한다.

④ 시험결과의 계산

㉠ 밀도는 다음 식에 의해 산출하고, 소수점 둘째 자리까지 구한다.
- 절대건조 상태의 밀도 : 골재 내부의 빈틈에 포함된 물이 전부 제거된 상태인 골재 입자의 겉보기 밀도로서, 골재의 절대건조 상태 질량을 골재의 절대 용적으로 나눈 값을 말한다.

$$\text{절대건조 상태의 밀도} = \frac{A}{B-C} \times \rho_w$$

여기서, A : 절대건조 상태의 시료질량(g)
B : 표면건조 포화 상태의 시료질량(g)
C : 침지된 시료의 수중 질량(g)
ρ_w : 시험온도에서의 물의 밀도(g/cm^3)

- 표면건조 포화 상태의 밀도 : 골재의 표면은 건조하고 골재 내부의 공극이 완전히 물로 차 있는 상태의 골재 질량을 같은 체적의 물의 질량으로 나눈 값을 말하며, 골재의 함수 상태를 나타내는 기준이 된다.

$$\text{표면건조 포화 상태의 밀도} = \frac{B}{B-C} \times \rho_w$$

- 겉보기 밀도 : 절대건조 상태의 체적에 대한 절대건조 상태의 질량

$$\text{겉보기 밀도} = \frac{A}{A-C} \times \rho_w$$

• 흡수율 : 표면건조 포화 상태의 골재에 함유되어 있는 전체 수량을 절대건조 상태의 골재 질량으로 나누어 백분율로 표시한 값을 말한다.

$$흡수율 = \frac{B-A}{A} \times 100$$

ⓒ 시험값의 결정 : 2회 시험의 평균값을 굵은 골재의 밀도 및 흡수율의 값으로 한다.
⑤ 정밀도 : 시험값은 평균값과의 차이가 밀도의 경우 0.01g/cm³ 이하, 흡수율의 경우는 0.03% 이하여야 한다.

10년간 자주 출제된 문제

4-1. 골재 시험 중 시험용 기구로서 철망태가 사용되는 것은?
① 잔골재의 표면수 시험
② 잔골재의 밀도 시험
③ 굵은 골재의 밀도 시험
④ 굵은 골재의 마모 시험

4-2. 굵은 골재의 밀도 시험결과 2회 평균한 값의 측정범위의 한계는 0.01g/cm³ 이하이며 흡수율의 정밀도는?
① 0.01%
② 0.02%
③ 0.03%
④ 0.05%

4-3. 표면건조 포화 상태 시료의 질량이 4,000g이고, 물속에서 철망태와 시료의 질량이 3,070g이며 물속에서 철망태의 질량이 580g, 절대건조 상태 시료의 질량이 3,930g일 때 이 굵은 골재의 절대건조 상태의 밀도를 구하면?(단, 시험온도에서의 물의 밀도는 1g/cm³이다)
① 2.30g/cm³
② 2.40g/cm³
③ 2.50g/cm³
④ 2.60g/cm³

|해설|

4-2
정밀도 : 시험값은 평균값과의 차이가 밀도의 경우 0.01g/cm³ 이하, 흡수율의 경우는 0.03% 이하여야 한다.

4-3

$$절대건조\ 상태의\ 밀도 = \frac{A}{B-C} \times \rho_w$$

$$= \frac{3,930}{4,000-(3,070-580)} \times 1$$

$$\fallingdotseq 2.6\text{g/cm}^3$$

여기서, A : 절대건조 상태의 시료질량(g)
B : 표면건조 포화 상태의 시료질량(g)
C : 물속에 24시간 담가둔 시료의 수중 질량(g)
ρ_w : 시험온도에서의 물의 밀도(g/cm³)

정답 4-1 ③ 4-2 ③ 4-3 ④

핵심이론 05 잔골재의 밀도 및 흡수율 시험방법(KS F 2504)

① 시험 목적

콘크리트의 배합설계를 할 때 잔골재의 부피 계산을 하기 위해서 잔골재의 밀도 및 흡수율을 측정하는 방법이다.

② 시험 기구 : 시료 분취기, 원뿔형 몰드, 다짐봉, 저울, 플라스크(500mL), 건조기, 항온 수조, 피펫

[원뿔형 몰드 및 다짐봉]   [플라스크(500mL)]

③ 시험방법

㉠ 시료 준비
- 시료는 사분법 또는 시료 분취기에 의해 약 1kg의 잔골재를 준비하고, 용기에 담아 105±5℃ 온도로 질량의 변화가 없을 때까지 건조시킨다.
- 시료를 24±4시간 동안 물속에 담근다. 이때 수온은 20±5℃에서 최소한 20시간 이상 유지하도록 한다.
- 시료를 평평한 용기에 펴서 물기가 없어질 때까지 따뜻한 공기로 서서히 건조시킨다.
- 건조시킨 시료를 원뿔형 몰드에 느슨하게 채운 뒤 다짐봉으로 25회 가볍게 다진 후 몰드를 가만히 연직으로 들어올린다.
- 표면수가 있으면 잔골재의 원뿔이 흘러내리지 않고 그 상태를 유지할 것이다. 몰드를 들어 올릴 때 잔골재의 원뿔이 흘러내릴 때까지 계속해서 잔골재를 헤쳐 말려야 하며, 원뿔이 처음 흘러내린다는 것은 잔골재가 표면 건조 포화 상태에 도달하였다는 것을 의미한다.
- 표면건조 포화 상태의 잔골재를 500g 이상 채취하고, 그 질량을 0.1g까지 측정하여, 이것을 1회 시험량으로 한다.

㉡ 측정한 시료를 플라스크에 바로 넣고 물을 90%까지 채운 다음 플라스크를 평평한 면에 굴려서 교란시켜 기포를 모두 없애야 한다. 이때 물의 온도를 측정하고 다음에 플라스크를 항온 수조에 약 1시간 동안 담가 20±5℃ 온도로 조정한 후 플라스크, 시료, 물의 질량을 0.1g까지 측정한다.

㉢ 금속제 용기 안으로 플라스크 속에 있는 시료를 모두 옮기고, 플라스크 속에 물을 검정선(눈금)까지 다시 채워 그 질량을 측정한다. 이때 물의 온도를 측정해야 하는데, 첫 번째와 두 번째 물의 온도 차이가 1℃를 초과해서는 안 된다.

② 플라스크에서 꺼내 시료로부터 상부의 물을 천천히 따라 버리고, 금속제 용기를 시료와 함께 일정한 온도가 될 때까지 약 24시간 동안 105±5℃에서 건조시킨다. 또한 데시케이터 내에서 실온까지 냉각하여 그 질량을 0.1g까지 측정한다.

④ **시험결과의 계산**
  ㉠ 밀도는 다음 식에 의해 산출하며, 소수점 이하 둘째 자리까지 구한다.
  - 절대건조 상태의 밀도 : 골재 내부의 빈틈에 포함되어 있는 물이 전부 제거된 상태인 골재 입자의 겉보기 밀도로서, 골재의 절대건조 상태 질량을 골재의 절대 용적으로 나눈 값을 말한다.

    절대건조 상태의 밀도 = $\dfrac{A}{B+m-C} \times \rho_w$

    여기서, A : 절대건조 상태의 시료질량(g)
    B : 검정선(눈금)까지 물을 채운 플라스크의 질량(g)
    m : 표면건조 포화 상태의 시료질량(g)
    C : 시료와 물로 검정선(눈금)까지 채운 플라스크의 질량(g)
    ρ_w : 시험온도에서의 물의 밀도(g/cm^3)

  - 표면건조 포화 상태의 밀도 : 골재의 표면은 건조하고 골재 내부의 공극이 완전히 물로 차 있는 상태의 골재의 질량을 같은 체적의 물의 질량으로 나눈 값으로 골재의 함수 상태를 나타내는 기준이 된다.

    표면건조 포화 상태의 밀도 = $\dfrac{m}{B+m-C} \times \rho_w$

  - 상대 겉보기 밀도 : 절대건조 상태의 체적에 대한 절대건조 상태의 질량을 말한다.

    상대 겉보기 밀도 = $\dfrac{A}{B+A-C} \times \rho_w$

  - 흡수율 : 표면건조 포화 상태의 골재에 함유되어 있는 전체 수량을 절대건조 상태의 골재 질량으로 나누어 백분율로 표시한 값이다.

    흡수율 = $\dfrac{m-A}{A} \times 100$

  ㉡ 시험값의 결정 : 2회 시험의 평균값을 잔골재의 밀도 및 흡수율 값으로 한다.
⑤ **정밀도** : 시험값은 평균과의 차이가 밀도의 경우 0.01g/cm^3 이하, 흡수율의 경우 0.05% 이하여야 한다.

10년간 자주 출제된 문제

5-1. 잔골재의 밀도 및 흡수율 시험에 사용되는 시험 기구가 아닌 것은?
① 플라스크
② 원뿔형 몰드
③ 저울
④ 원심분리기

5-2. 잔골재의 밀도 및 흡수율 시험을 1회 수행하기 위한 표면건조 포화 상태의 시료량은 최소 몇 g 이상이 필요한가?
① 100g
② 500g
③ 1,000g
④ 5,000g

5-3. 잔골재의 밀도 및 흡수율 시험을 하면서 시료와 물이 들어 있는 플라스크를 편평한 면에 굴리는 이유 중 가장 옳은 것은?
① 먼지를 제거하기 위하여
② 온도차에 의한 물의 단위 질량을 고려하기 위하여
③ 공기를 제거하기 위하여
④ 플라스크 용량 검정을 위하여

5-4. 잔골재의 밀도 및 흡수율 시험에서 시료의 질량을 측정한 후 플라스크에 넣고 물을 용량의 몇 %까지 채우는가?
① 70%
② 80%
③ 90%
④ 100%

해설

5-1
잔골재의 밀도 및 흡수율 시험에 사용되는 시험 기구 : 시료 분취기, 저울, 플라스크(500mL), 원뿔형 몰드, 다짐봉, 건조기, 항온 수조, 피펫

5-2
잔골재의 밀도 및 흡수량 시험에서 표면건조 포화 상태의 시료를 1회 사용할 때 시료의 표준 중량은 500g이다.

5-3, 5-4
시험 시 측정한 시료를 플라스크에 바로 넣고 물을 90%까지 채운 다음 플라스크를 평평한 면에 굴려서 교란시켜 기포를 모두 없애야 한다.

정답 5-1 ④ 5-2 ② 5-3 ③ 5-4 ③

핵심이론 06 잔골재 표면수 측정방법(KS F 2509)

① 시험 목적

　콘크리트 배합설계 시 골재는 표면건조 포화 상태를 기준한 것으로, 골재에 표면수가 있으면 물-시멘트비가 달라지므로 혼합수량을 조정하기 위해서 시험을 한다.

　※ 시험은 잔골재의 표면건조 포화 상태의 밀도와 관계가 있으며, 시료의 양이 많을수록 정확한 결과를 얻을 수 있다.

② 시험 기구 : 저울, 용기(500~1,000mL), 시료

③ 시험방법

　㉠ 시료 준비
　　• 시료는 대표적인 것을 400g 이상 채취한다.
　　• 채취한 시료는 가능한 한 함수율의 변화가 없도록 주의하여 두 개의 시료로 나누고 각각을 1회의 시험의 시료로 한다.
　　• 2회째의 시험에 사용하는 시료는 특히 시험을 할 때까지의 사이에 함수량이 변화하지 않도록 주의한다.

　㉡ 시험은 질량법 또는 용적법 중 어느 쪽에 따른다.

질량법	• 시료의 질량을 0.1g까지 측정한다. • 플라스크의 표시선까지 물을 채우고 질량을 측정한다. • 플라스크를 비운 뒤 다시 플라스크에 시료가 충분히 잠길 수 있도록 물을 넣는다. • 플라스크 속에 시료를 넣고, 흔들어서 공기를 없앤다. • 플라스크의 표시선까지 물을 채우고 플라스크, 시료, 물의 질량을 측정한다.
용적법	• 시료의 질량을 측정한다. • 시료를 덮기에 충분한 수량을 측정하여 용기에 넣는다. • 시료를 용기에 넣고 흔들어서 공기를 충분히 빼낸다. • 시료와 물이 섞인 양을 눈금으로 읽고, 시료가 밀어낸 물의 양을 구한다.

　㉢ 시험하는 동안 용기 및 그 내용물의 온도는 15~25℃의 범위 내에서 가능한 한 일정하게 유지한다.

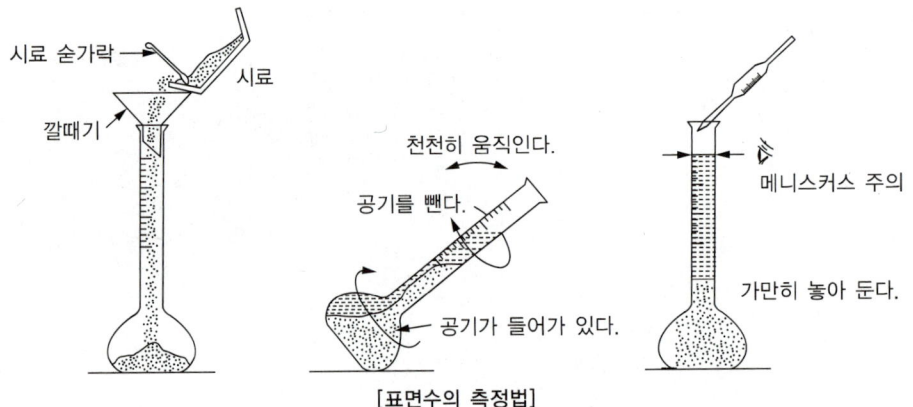

[표면수의 측정법]

④ 시험결과의 계산
  ㉠ 표면수율은 다음 식에 따라 산출하며, 반올림하여 소수점 이하 첫째 자리로 끝맺음한다.

  $$표면수율 = \frac{m - m_s}{m_1 - m} \times 100 \left(단, \ m_s = \frac{m_1}{d_s} \right)$$

  여기서, m : 시료에서 치환된 물의 질량(g)
  m_1 : 시료의 질량(g)
  d_s : 잔골재의 표건 밀도(g/cm^3)

  ㉡ 시험은 동시에 채취한 시료에 대하여 2회 실시하고 그 결과는 평균값으로 나타낸다.
⑤ 정밀도 : 평균값에서의 차가 0.3% 이하이여야 한다.

10년간 자주 출제된 문제

6-1. 잔골재의 표면수 시험에서 준비해야 하는 시료에 대한 설명으로 옳은 것은?
① 시료는 대표적인 것을 100g 이상 채취하여 가능한 한 함수율의 변화가 없도록 주의하여 두 개의 시료로 나누고 각각을 1회의 시험의 시료로 한다.
② 시료는 대표적인 것을 400g 이상 채취하여 가능한 한 함수율의 변화가 없도록 주의하여 두 개의 시료로 나누고 각각을 1회의 시험의 시료로 한다.
③ 시료는 대표적인 것을 500g 이상 채취하여 가능한 한 함수율의 변화가 없도록 주의하여 네 개의 시료로 나누고 각각을 1회의 시험의 시료로 한다.
④ 시료는 대표적인 것을 1,000g 이상 채취하여 가능한 한 함수율의 변화가 없도록 주의하여 두 개의 시료로 나누고 각각을 1회의 시험의 시료로 한다.

6-2. 잔골재의 표면수 시험에 대한 설명 중 틀린 것은?
① 시험방법에는 질량에 의한 측정법과 부피에 의한 측정법이 있다.
② 시험은 같은 시료에 대하여 계속 두 번 시험을 한다.
③ 시험은 잔골재의 표면건조 포화 상태의 밀도와 관계가 있다.
④ 두 번 시험을 하였을 때 평균값과 각 시험 차가 0.1% 이하이어야 한다.

[해설]

6-2
시험의 정밀도는 각 시험값과 평균값의 차가 0.3% 이하이어야 한다.

정답 6-1 ② 6-2 ④

핵심이론 07 골재의 단위 용적질량 및 실적률 시험방법(KS F 2505)

① 시험 목적

콘크리트에 사용하는 잔골재, 굵은 골재 및 이들 혼합 골재의 단위 용적질량과 실적률을 측정하는 방법이다.
※ 호칭치수가 150mm보다 큰 골재에는 적당하지 않다.

② 시험 기구 : 저울, 용기, 다짐봉, 시료

③ 시험방법

㉠ 시료 준비
  - 사분법 또는 시료 분취기에 의해 거의 소정량이 될 때까지 축분하며, 그 양은 사용하는 용기의 2배 이상으로 한다.
  - 시료는 절건 상태로 한다(굵은 골재의 경우는 기건 상태여도 좋다).
  - 시료를 둘로 나누어 각각의 1회 시험 시료로 한다.

㉡ 시료를 채우고 골재의 표면을 고른 후, 용기 안 시료의 단위 용적질량을 잰다. 시료를 채우는 방법은 다짐봉을 이용하는 것으로 하되, 골재의 치수가 커서 곤란한 경우 및 시료를 손상할 염려가 있는 경우에는 충격을 이용하는 방법으로 한다.
  - 다짐봉을 이용하는 경우
    – 골재의 최대 치수가 40mm 이하인 경우
    – 시료를 용기의 1/3까지 넣고 윗면을 손가락으로 고르게 하고 다짐봉의 앞 끝이 용기 바닥에 세게 닿지 않도록 주의하며 균등하게 소요 횟수를 다진다. 다음으로 용기의 2/3까지 시료를 넣고 앞과 똑같은 횟수로 다지고 마지막으로 용기에서 넘칠 때까지 전회와 같은 횟수로 다진다.
  - 충격을 이용하는 경우
    – 골재의 최대 치수가 40mm 이상 100mm 이하인 경우
    – 용기를 콘크리트 바닥과 같은 튼튼하고 수평인 바닥 위에 놓고 시료를 거의 같은 3층으로 나누어 채운다. 각 층마다 용기의 한쪽을 약 50mm 들어 올려서 바닥을 두드리듯이 낙하시킨다. 다음으로 반대쪽을 약 50mm 들어 올려 낙하시키고 각각을 교대로 25회, 전체적으로 50회 낙하시켜서 다진다.

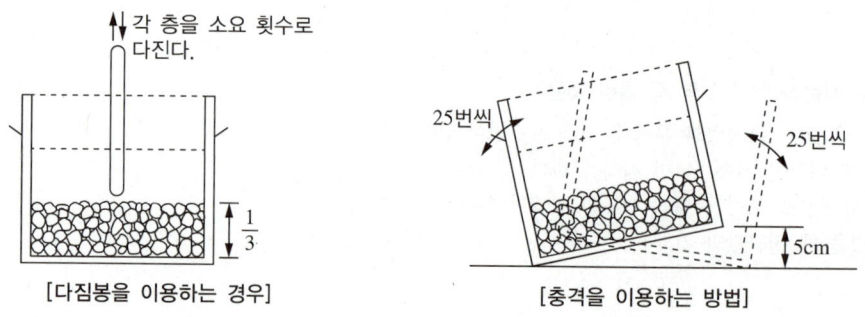

[다짐봉을 이용하는 경우]   [충격을 이용하는 방법]

  - 삽을 이용하는 경우 : 골재의 최대 치수가 100mm 이하인 경우

㉢ 시료의 밀도, 흡수율, 함수율을 측정한다.

㉣ 시험은 동시에 채취한 시료에 대하여 2회 실시한다.

④ 시험결과의 계산

㉠ 골재의 단위 용적질량(kg/L) = $\dfrac{\text{용기 안 시료의 질량(kg)}}{\text{용기의 용적(L)}}$

㉡ 골재의 실적률(%) = $\dfrac{\text{골재의 단위 용적질량(kg/L)}}{\text{골재의 절건 밀도(kg/L)}} \times 100$ 또는 $\dfrac{\text{골재의 단위 용적질량(kg/L)}}{\text{골재의 표건 밀도(kg/L)}} \times (100 + \text{흡수율})$

⑤ 정밀도 : 단위 용적질량의 평균값에서의 차는 0.01kg/L 이하이어야 한다.

10년간 자주 출제된 문제

7-1. 골재의 단위 용적질량 시험방법이 아닌 것은?
① 충격을 이용한 시험
② 표준체에 의한 방법
③ 삽을 사용하는 시험
④ 봉다짐 시험

7-2. 골재의 단위 용적질량 시험방법 중 충격에 의한 경우는 용기에 시료를 3층으로 나누어 채우고 각 층마다 용기의 한쪽을 몇 cm 정도 들어 올려서 낙하시켜야 하는가?
① 5cm
② 10cm
③ 15cm
④ 20cm

7-3. 잔골재의 단위 무게가 1.6t/m³이고 밀도가 2.6g/cm³일 때 이 골재의 실적률은 얼마인가?
① 61.5%
② 53.9%
③ 38.5%
④ 16.3%

해설

7-2
골재의 단위 무게를 구하는 방법 중 충격을 이용해서 구하는 방법은 용기의 한쪽 면을 5cm 가량 올렸다가 떨어뜨린다.

7-3
실적률(%) = $\dfrac{\text{골재의 단위 용적질량}}{\text{골재의 절건 밀도}} \times 100$

$= \dfrac{1.6}{2.6} \times 100$

$= 61.5\%$

정답 7-1 ② 7-2 ① 7-3 ①

핵심이론 08 골재의 잔입자량(0.08mm 체 통과분) 시험(KS F 2511)

① 시험 목적

골재에 포함된 0.08mm 체를 통과하는 잔입자의 양을 측정하는 방법이다.

② 시험 기구 : 저울, 체, 용기, 건조기

③ 시험방법

　㉠ 시료 준비
　　• 시료는 잘 혼합되고, 또한 재료분리가 일어나지 않을 정도의 충분한 수분을 가진 것이어야 한다.
　　• 이 시료는 재료를 대표할 수 있는 것이어야 하며 건조되었을 때의 질량은 대략 다음 표의 값 이상이어야 한다.

체의 최대 치수(mm)	시료의 최소 질량의 근삿값(kg)
2.5	0.1
5	0.5
10	1.0
20	2.5
40 및 그 이상	5.0

　㉡ 시료는 105±5℃의 온도에서 항량이 될 때까지 건조시키고, 시료질량의 0.1% 정밀도로 정확히 한다.

　㉢ 건조 및 계량이 끝난 시료를 용기에 넣고, 물에 완전히 침지되도록 한다.

　㉣ 용기 속을 충분히 휘저은 후, 즉시 굵은 눈을 가진 체를 위에 끼운 한 벌의 체에 씻은 물을 붓는다.

　㉤ 이후 굵은 입자와 잔입자를 완전히 분리시키고, 0.08mm 체를 통과하는 잔입자를 물에 뜨게 하여 씻은 물과 같이 유출되도록 충분히 휘젓는다.

　㉥ 굵은 입자가 씻은 물과 함께 유출되지 않도록 주의하며, 씻은 물이 맑아질 때까지 위의 작업을 반복한다.

　㉦ 씻은 시료는 105±5℃의 온도에서 항량이 될 때까지 건조시킨 후 0.1%의 정밀도로 정확히 계량한다.

④ 시험결과의 계산

$$A = \frac{B-C}{B} \times 100$$

여기서, A : 0.08mm 체를 통과하는 잔입자량의 백분율(%)
　　　　B : 씻기 전의 건조질량(kg)
　　　　C : 씻은 후의 건조질량(kg)

10년간 자주 출제된 문제

8-1. 골재에 포함된 잔입자량 시험(KS F 2511)은 골재를 물로 씻어서 몇 mm 체를 통과하는 것을 잔입자로 하는가?

① 0.03mm
② 0.04mm
③ 0.06mm
④ 0.08mm

8-2. 골재에 포함된 잔입자량 시험(KS F 2511) 결과 다음과 같은 자료를 구하였다. 여기서 0.08mm 체를 통과하는 잔입자량(%)을 구하면?

- 씻기 전의 시료의 건조질량 : 500g
- 씻은 후의 시료의 건조질량 : 488.5g

① 1.6%
② 2.0%
③ 2.1%
④ 2.3%

해설

8-2

$$A = \frac{B-C}{B} \times 100$$
$$= \frac{500-488.5}{500} \times 100$$
$$= 2.3\%$$

여기서, A : 0.08mm 체를 통과하는 잔입자량의 백분율(%)
　　　　B : 씻기 전의 건조질량(kg)
　　　　C : 씻은 후의 건조질량(kg)

정답 8-1 ④　8-2 ④

핵심이론 09 로스앤젤레스 시험기에 의한 굵은 골재의 마모 시험방법(KS F 2508)

① 시험 목적

굵은 골재(구조용 경량골재는 포함하지 않음)의 마모에 대한 저항을 시험하는 방법으로, 일반적으로 로스앤젤레스 시험기를 가장 많이 사용한다.

② 시험 기구

로스앤젤레스 시험기, 구, 저울, 체(1.7mm, 2.5mm, 5mm, 10mm, 15mm, 20mm, 25mm, 40mm, 50mm, 65mm, 75mm의 망체), 건조기

[로스앤젤레스 마모 시험기]

③ 시험방법

㉠ 시료 준비

- 굵은 골재를 망체(2.5mm, 5mm, 10mm, 15mm, 20mm, 25mm, 40mm, 50mm, 65mm, 75mm) 중의 시료의 입도에 따른 망체를 사용하여 체가름한다.
- 다음 표에 나타내는 입도 구분 중 시험하는 굵은 골재의 입도에 가장 가까운 입도 구분을 고르고, 거기에 해당하는 입자 지름의 범위의 굵은 골재를 물로 씻은 후 105±5℃의 온도에서 일정 질량이 될 때까지 건조한다. 그리고 건조한 시료를 선택한 입도 질량에 적합하도록 1g까지 측정하여 시료로 한다.

입도 구분	입자 지름의 범위(mm)	시료의 질량(g)	시료의 전 질량(g)
A	40~25 25~20 20~15 15~10	1,250±25 1,250±25 1,250±10 1,250±10	5,000±10
B	25~20 20~15	2,500±10 2,500±10	5,000±10
C	15~10 10~5	2,500±10 2,500±10	5,000±10
D	5~2.5	5,000±10	5,000±10
E	80~65 65~50 50~40	2,500±50 2,500±50 5,000±50	10,000±100
F	50~40 40~25	5,000±50 5,000±25	10,000±75

입도 구분	입자 지름의 범위(mm)	시료의 질량(g)	시료의 전 질량(g)
G	40~25 25~20	5,000±25 5,000±25	10,000±50
H	20~10	5,000±10	5,000±10

ⓛ 시료의 입도에 따라 적합한 구를 고르고, 이것을 시료와 함께 원통에 넣어 덮개를 부착한다.

ⓒ 매분 30~33번의 회전수로 A, B, C, D 및 H의 입도 구분의 경우는 500회, E, F, G의 경우는 1,000회 회전시킨다.

ⓔ 회전이 끝나면 시료를 시험기에서 꺼내서 1.7mm의 망체로 친다.

ⓜ 체에 남은 시료를 물로 씻은 후 105±5℃의 온도에서 일정 질량이 될 때까지 건조하고 질량을 잰다.

④ 시험결과의 계산

마모 감량(%) = $\dfrac{m_1 - m_2}{m_1} \times 100$

여기서, m_1 : 시험 전의 시료의 질량(g)

m_2 : 시험 후 1.7mm의 망체에 남은 시료의 질량(g)

10년간 자주 출제된 문제

9-1. 로스앤젤레스 시험기를 사용하는 골재의 시험법은 무엇인가?
① 마모 시험
② 안정성 시험
③ 밀도 시험
④ 단위 용적질량 시험

9-2. 굵은 골재의 마모 시험에 관한 설명으로 옳지 않은 것은?
① 로스앤젤레스 시험기를 사용한다.
② 마모에 대한 저항성을 측정하는 시험이다.
③ 일반 콘크리트용 굵은 골재의 마모율 한도는 40% 이하이다.
④ 시료를 시험기에서 꺼내서 5mm의 망체로 친다.

9-3. 골재의 마모 시험방법 중 로스앤젤레스 마모 시험기에 의해 마모 시험을 할 경우 잔량 및 통과량을 결정하는 체는?
① 5mm 체
② 2.5mm 체
③ 1.7mm 체
④ 1.2mm 체

[해설]

9-1
로스앤젤레스 시험기는 철구를 사용하여 굵은 골재(부서진 돌, 깨진 광재, 자갈 등)의 마모에 대한 저항을 시험하는 데 사용한다.

9-2, 9-3
로스앤젤레스 마모 시험기에 의해 굵은 골재의 마모 시험을 한 경우 잔량 및 통과량을 결정하는 체는 1.7mm이다.

정답 9-1 ① 9-2 ④ 9-3 ③

제3절 굳지 않은 콘크리트 시험

핵심이론 01 콘크리트의 슬럼프 시험방법(KS F 2402)

① 개념 및 시험 목적
  ㉠ 슬럼프란 굳지 않은 콘크리트의 유동성을 나타내는 것으로, 슬럼프 콘을 들어 올렸을 때 본래의 콘크리트 높이에서 내려앉은 치수를 mm로 나타낸 값이다.
  ㉡ 슬럼프 시험은 워커빌리티를 판단하기 위한 것으로, 굳지 않은 콘크리트의 반죽질기를 측정하는 방법이다.

> **굳지 않은 콘크리트의 성질**
> - 워커빌리티(workability, 시공연도) : 반죽질기에 따른 작업의 어렵고 쉬운 정도 및 재료의 분리에 저항하는 정도를 나타내는 굳지 않은 콘크리트의 성질
> - 플라스티시티(plasticity, 성형성) : 거푸집에 쉽게 다져 넣을 수 있고 거푸집을 제거하면 천천히 그 형상이 변하기는 하지만 허물어지거나 재료분리가 없는 성질
> - 피니셔빌리티(finishability, 마무리성) : 굵은 골재의 최대 치수, 잔골재율, 잔골재의 입도, 반죽질기 등에 따른 콘크리트 표면의 마무리하기 쉬운 정도를 나타내는 성질
> - 컨시스턴시(consistency, 반죽질기) : 주로 수량의 다소에 따른 반죽의 되고 진 정도를 나타내는 것으로 콘크리트 반죽의 유연성을 나타내는 성질
> - 펌퍼빌리티(pumpability, 압송성) : 펌프시공 콘크리트의 경우 펌프에 콘크리트가 잘 밀려나가는지의 난이 정도

  ㉢ 이 시험은 기포 콘크리트, 잔골재가 없는 콘크리트 또는 굵은 골재의 최대 치수가 40mm를 넘는 콘크리트에는 적용되지 않는다.

② 시험 기구
  ㉠ 슬럼프 콘 : 윗면의 안지름이 100±2mm, 밑면의 안지름이 200±2mm, 높이 300±2mm 및 두께 1.5mm 이상인 금속제로 하고, 밑면에 발판과 슬럼프 콘 높이의 2/3 지점에 두 개의 손잡이를 붙인다.
  ㉡ 다짐봉 : 지름 16±1mm, 길이 600±5mm인 원형 단면을 갖는 강재로, 한쪽 끝은 반구 형태인 것으로 한다.

③ 시험방법
  ㉠ 슬럼프 콘은 수평으로 설치하였을 때 수밀성이 있는 평판 위에 놓고 누른 뒤 시료를 3층으로 나누어 슬럼프 콘에 채운다.
  ㉡ 슬럼프 콘 내 시료를 고르게 채운 뒤, 각 층의 단면에 균일하게 25회씩 다진다.
  ㉢ 슬럼프 콘에 채운 콘크리트의 윗면을 슬럼프 콘의 상단에 맞춰 고르게 한 후 수직 방향으로 들어 올린다.
    ※ 슬럼프 콘을 들어 올리는 시간은 높이 300mm에서 2~5초로 한다.
  ㉣ 콘크리트를 채우기 시작하고 나서부터 슬럼프 콘을 들어 올려 종료할 때까지의 시간은 3분 이내로 한다.
  ㉤ 콘크리트의 중앙부와 공시체 높이와의 차를 5mm 단위로 측정하여 이것을 슬럼프값으로 한다. 콘크리트가 슬럼프 콘의 중심축에 대해 치우치거나 무너져서 모양이 불균형이 된 경우는 다른 시료에 의해 재시험을 한다.

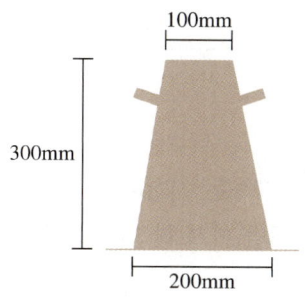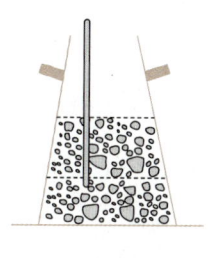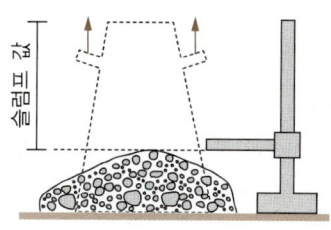

[콘크리트 슬럼프 시험]

④ 시험결과 : 슬럼프는 5mm 단위로 표시한다.

10년간 자주 출제된 문제

1-1. 콘크리트 슬럼프 시험의 목적을 가장 적절하게 설명한 것은?
① 블리딩양을 측정하기 위한 시험이다.
② 반죽질기를 측정하기 위한 시험이다.
③ 공기량을 알기 위한 시험이다.
④ 피니셔빌리티를 측정하기 위한 시험이다.

1-2. 슬럼프 콘의 규격으로 옳은 것은?
① 윗면의 안지름이 150±2mm, 밑면의 안지름이 300±2mm, 높이 300±2mm
② 윗면의 안지름이 150±2mm, 밑면의 안지름이 200±2mm, 높이 300±2mm
③ 윗면의 안지름이 100±2mm, 밑면의 안지름이 300±2mm, 높이 300±2mm
④ 윗면의 안지름이 100±2mm, 밑면의 안지름이 200±2mm, 높이 300±2mm

1-3. 콘크리트의 슬럼프 시험에 대한 설명으로 틀린 것은?
① 콘크리트 슬럼프 시험은 반죽질기를 측정하는 것이다.
② 콘크리트 슬럼프 시험은 워커빌리티를 판단하는 수단으로 사용된다.
③ 슬럼프 콘에 시료를 채우고 벗길 때까지의 전 작업은 3분 이내로 한다.
④ 시료를 슬럼프 콘에 넣고 다짐대로 3층으로 15회씩 다진다.

해설

1-2
슬럼프 콘 : 윗면의 안지름이 100±2mm, 밑면의 안지름이 200±2mm, 높이 300±2mm 및 두께 1.5mm 이상인 금속제로 하고, 밑면에 발판과 슬럼프 콘 높이의 2/3 지점에 두 개의 손잡이를 붙인다.

1-3
슬럼프 콘은 수평으로 설치하였을 때 수밀성이 있는 평판 위에 놓고 누른 뒤 시료를 3층으로 나눠서 슬럼프 콘에 채운다. 각 층은 다짐봉으로 고르게 한 후 25회씩 다진다.

정답 1-1 ② 1-2 ④ 1-3 ④

핵심이론 02 기타 콘크리트의 반죽질기(컨시스턴시) 시험

① 기타 굳지 않은 콘크리트 관련 시험
　㉠ 리몰딩 시험
　　• 콘크리트를 성형했을 때 균질성과 강도 특성이 유지되는가를 평가하는 시험이다.
　　• 콘크리트를 한 번 다져 몰드(형틀)에 넣은 뒤 탈형하고, 그 콘크리트를 다시 한 번 몰드에 넣어 다져서 리몰딩 전후의 슬럼프 변화, 밀도 변화, 강도 변화를 측정한다.
　㉡ 켈리볼 관입 시험(구관입 시험)
　　• 콘크리트의 반죽질기 또는 유동성·변형성을 평가하는 시험이다.
　　• 선단을 반구형으로 마감한 강재의 켈리볼을 콘크리트의 표면상에 놓았을 때의 관입량을 측정한다.
　㉢ 다짐계수 시험
　　• 콘크리트의 유동성과 다짐 가능성을 평가하는 시험이다.
　　• 일정 용기에 호퍼(hopper)를 통하여 낙하 충전시킨 콘크리트의 중량과 충분히 다진 콘크리트의 비를 구하여 다짐계수를 구하는 시험이다.
　㉣ 비비 시험(vee-bee test)
　　• 콘크리트 반죽이 진동·떨림 등 외부 충격을 받았을 때 흐름·유동하는 정도를 평가하는 시험이다.
　　• 슬럼프가 2.5cm 이하인 된비빔 콘크리트의 컨시스턴시를 측정하여 미리 진동다짐의 난이 정도를 판정하기 위한 시험이다.

② 워커빌리티에 영향을 끼치는 요소
　㉠ 시멘트 : 시멘트양, 분말도, 시멘트 종류
　㉡ 혼화재료 : 혼화재료의 종류와 양
　㉢ 골재 : 골재의 입도, 골재의 최대 치수, 표면조직과 흡수량 등
　㉣ 물-시멘트비, 공기량, 배합 비율, 시간과 온도 등
　※ 워커빌리티에 가장 큰 영향을 끼치는 요소는 단위 수량이다.

10년간 자주 출제된 문제

2-1. 굳지 않은 콘크리트에 대한 시험방법이 아닌 것은?
① 워커빌리티 시험
② 공기량 시험
③ 슈미트 해머 시험
④ 블리딩 시험

2-2. 굳지 않은 콘크리트의 워커빌리티 및 반죽질기에 영향을 미치는 요인에 대한 설명으로 틀린 것은?
① 온도 – 일반적으로 온도가 높을수록 슬럼프는 작아진다.
② 골재 – 둥근 모양의 골재는 모가 난 골재보다 워커빌리티를 좋게 한다.
③ 시멘트 – 일반적으로 단위 시멘트양이 많을수록 콘크리트는 워커블해진다.
④ 혼화제 – AE제, 감수제 등의 혼화재료는 콘크리트의 워커빌리티에 영향을 주지 않는다.

2-3. 콘크리트의 워커빌리티에 가장 큰 영향을 미치는 요소는?
① 시멘트의 종류
② 단위 수량
③ 잔골재의 품질
④ 굵은 골재의 최대 치수

해설

2-1
슈미트 해머 시험은 완성된 구조물의 콘크리트(굳은 콘크리트) 강도를 알고자 할 때 쓰이는 비파괴 시험방법이다.

2-2
혼화제는 콘크리트의 성능을 개선시키는 데 사용되며, 슬럼프, 흐름성, 공기 함량 등의 특성을 조절할 수 있으므로 워커빌리티에 영향을 준다.

2-3
콘크리트의 워커빌리티에 가장 큰 영향을 미치는 요소는 재료분리가 일어나지 않는 환경에서는 단위 수량에 의한 반죽질기이다.

정답 2-1 ③ 2-2 ④ 2-3 ②

핵심이론 03 콘크리트의 블리딩 시험방법(KS F 2414)

① 시험 목적 : 콘크리트의 재료분리 정도를 알기 위한 시험이다.
  ※ 블리딩 시험은 굵은 골재의 최대 치수가 40mm 이하인 경우에 적용한다.
② 시험 기구
  ㉠ 용기 : 금속제의 원통 모양으로 안지름 250mm, 안높이 285mm인 것
  ㉡ 저울 : 감도 10g의 것
  ㉢ 메스실린더 : 10mL, 50mL, 100mL의 것
  ㉣ 피펫 또는 스포이트
  ㉤ 다짐봉 : 반구 모양인 지름 16mm, 길이 500~600mm의 강 또는 금속재 원형봉
③ 시험방법
  ㉠ 시험 중에는 실온 20±3℃로 한다.
  ㉡ 콘크리트를 용기에 3층으로 나누어 넣고, 각 층을 다짐대로 25번씩 균등하게 다진다.
  ㉢ 콘크리트를 다짐봉으로 채워 넣고 표면이 용기의 가장자리에서 30±3mm 낮아지도록 고른 후 평활한 면이 되도록 흙손으로 고른 후 즉시 시간을 기록한다.
  ㉣ 시료가 든 용기를 진동이 없는 수평한 시험대 위에 놓고 뚜껑을 덮는다.
  ㉤ 최초로 기록한 시각에서부터 60분 동안 10분마다 콘크리트 표면에서 스며 나온 물을 빨아낸다. 그 후는 블리딩이 정지할 때까지 30분마다 물을 빨아낸다.
  ㉥ 블리딩이 정지하면 즉시 용기와 시료의 질량을 측정한다.
④ 시험결과의 계산
  ㉠ 블리딩양

  $$블리딩양(m^3/m^2) = \frac{V}{A}$$

  여기서, V : 마지막까지 누계한 블리딩에 의한 물의 용적(m^3)
  A : 콘크리트 윗면의 면적(m^2)

  ㉡ 블리딩률

  $$블리딩률(\%) = \frac{B}{W_s} \times 100 \left(단, \ W_s = \frac{W}{C} \times S \right)$$

  여기서, B : 최종까지 누계한 블리딩에 의한 물의 질량(kg)
  W_s : 시료 중의 물의 질량(kg)
  C : 콘크리트의 단위 용적질량(kg/m^3)
  W : 콘크리트의 단위 수량(kg/m^3)
  S : 시료의 질량(kg)

10년간 자주 출제된 문제

3-1. 굳지 않는 콘크리트 블리딩 시험으로 알 수 있는 것은?
① 워커빌리티
② 재료분리
③ 응결시간
④ 단위 수량

3-2. 콘크리트의 블리딩 시험에 대한 설명으로 틀린 것은?
① 시험하는 동안 30±3℃의 온도를 유지한다.
② 콘크리트를 용기에 3층으로 넣고, 각 층을 다짐대로 25번씩 다진다.
③ 다짐봉은 반구 모양인 지름 16mm, 길이 500~600mm의 강 또는 금속재 원형봉으로 한다.
④ 콘크리트의 재료분리 정도를 알기 위한 시험이다.

3-3. 콘크리트의 블리딩 시험에서 시료의 블리딩 물의 총량이 300g이고 시료에 함유된 물의 총 질량이 150kg일 때 블리딩률은 몇 %인가?
① 0.2%
② 0.8%
③ 1.2%
④ 4.5%

[해설]

3-1
콘크리트의 블리딩 시험을 통하여 재료분리 정도를 알 수 있다.

3-2
시험 중에는 실온 20±3℃로 한다.

3-3

블리딩률(%) $= \dfrac{B}{W_s} \times 100$

$= \dfrac{0.3}{150} \times 100$

$= 0.2\%$

여기서, B : 최종까지 누계한 블리딩에 의한 물의 질량(kg)
W_s : 시료 중의 물의 질량(kg)

정답 3-1 ② 3-2 ① 3-3 ①

핵심이론 04 압력법에 의한 굳지 않은 콘크리트의 공기량 시험방법(KS F 2421)

① 시험 목적

굳지 않는 콘크리트의 공기 함유량을 공기실의 압력 감소에 의해 구하는 시험방법이며, 보일의 법칙을 기초로 한 것이다. 공기량은 콘크리트의 워커빌리티, 강도, 내구성, 수밀성 및 단위 용적질량 등에 영향을 미치므로 콘크리트의 품질관리 및 적절한 배합설계에 이용한다.

② 시험 기구 : 공기량 측정기, 디지털식 압력계

[워싱턴 공기량 측정기]

③ 시험방법

㉠ 시료를 용기에 3층으로 나눠 넣고 각 층을 다짐봉으로 25회 균등하게 다진다.
㉡ 용기의 옆면을 고무 망치로 가볍게 두들겨 용기 속의 빈틈을 없앤다.
㉢ 용기 윗부분의 남는 콘크리트를 깎아내고 테두리를 깨끗이 닦은 뒤 뚜껑을 얹어 공기가 새지 않게 잠근다.
㉣ 공기실의 주밸브는 잠그고, 배기구 밸브와 주수구 밸브를 열어 둔다.
㉤ 물을 넣을 경우에는, 배기구에서 물이 나올 때까지 주수구에 물을 넣고, 배기구에서 기포가 나오지 않을 때까지 압력계를 가볍게 두들긴 다음 배기구와 주수구의 밸브를 잠근다.
㉥ 공기실 내의 압력을 초기 압력의 눈금에 일치시키고 약 5초가 지난 뒤 주밸브를 충분히 연다.
㉦ 콘크리트 각 부에 압력이 잘 전달되도록 용기의 측면을 망치로 두들긴다.
㉧ 압력계의 지침이 안정되었을 때 압력계를 읽어(소수점 이하 첫째 자리) 겉보기 공기량을 구한다.

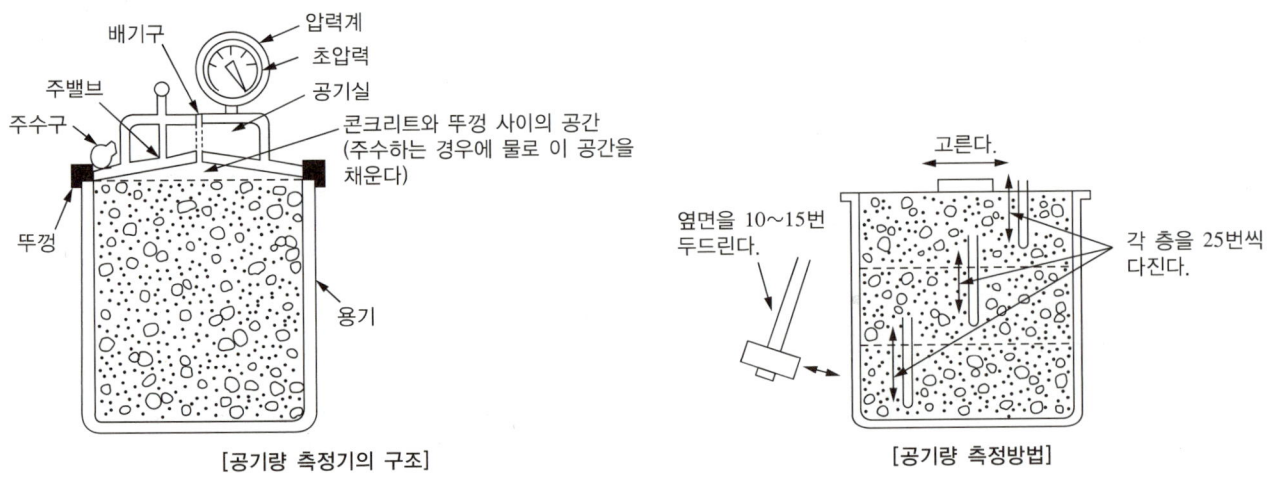

[공기량 측정기의 구조]   [공기량 측정방법]

> **공기량의 측정법**
> - 질량법(중량법, 무게법) : 공기량이 전혀 없는 것으로 간주하여, 시방 배합에서 계산한 콘크리트의 단위 무게와 실제로 측정한 단위 무게와의 차이로부터 공기량을 구하는 방법이다.
> - 용적법(부피법) : 콘크리트 속의 공기량을 물로 치환하여, 치환한 물의 부피로부터 공기량을 구하는 방법이다.
> - 공기실 압력법(주수법, 무주수법) : 워싱턴형 공기량 측정기를 사용하며, 공기실에 일정한 압력을 콘크리트에 주었을 때, 공기량으로 인하여 압력이 저하하는 것으로부터 공기량을 구하는 방법으로 주수법(물을 부어서 실시하는 방법. 용기의 용량 5L 이상)과 무주수법(물을 붓지 않고 실시하는 방법. 용기의 용량 7L 이상)이 있다.

④ 시험결과의 계산

$A = A_1 - G$

여기서, A : 콘크리트의 공기량(%)

A_1 : 콘크리트의 겉보기 공기량(%)

G : 골재의 수정계수(%)

10년간 자주 출제된 문제

4-1. 다음 중 공기량 측정법이 아닌 것은?
① 공기실 압력법
② 질량법
③ 부피법
④ 길모어침법

4-2. 굳지 않은 콘크리트의 공기 함유량 시험방법 중에서 보일(Boyle)의 법칙을 이용하여 공기량을 구하는 것은?
① 주수압력법
② 공기실 압력법
③ 무게법
④ 체적법

4-3. 겉보기 공기량이 6.80%이고 골재의 수정계수가 1.20%일 때 콘크리트의 공기량은 얼마인가?
① 5.60%
② 4.40%
③ 3.20%
④ 2.0%

해설

4-1
공기량의 측정법에는 질량법(중량법, 무게법), 용적법(부피법), 공기실 압력법(주수법과 무주수법)이 있다.

4-3
콘크리트의 공기량
$A = A_1 - G$
$= 6.80 - 1.20$
$= 5.60\%$
여기서, A : 콘크리트의 공기량(%)
A_1 : 콘크리트의 겉보기 공기량(%)
G : 골재의 수정계수(%)

정답 4-1 ④ 4-2 ② 4-3 ①

핵심이론 05 굳지 않은 콘크리트에 포함된 공기량

① 굳지 않은 콘크리트의 공기 함유량
  ㉠ 콘크리트 속의 공기에는 갇힌 공기와 AE 공기가 있다.
  ㉡ 갇힌 공기는 혼화제를 쓰지 않아도 콘크리트 속에 자연적으로 생기는 기포이다.
  ㉢ AE 공기는 AE제나 AE 감수제 등의 사용으로 콘크리트 속에 생긴 기포이다.
  ㉣ AE 공기량이 콘크리트 부피의 4~7% 정도일 때, 워커빌리티와 내구성이 가장 좋다.
  ※ 공기량은 콘크리트의 워커빌리티, 내구성, 강도, 단위 무게 및 수밀성 등에 큰 영향을 끼치므로, 콘크리트의 품질 관리 및 적절한 배합설계를 하기 위하여 공기량을 알아야 한다.

② 굳지 않은 콘크리트에 포함된 공기량에 영향을 미치는 요소
  ㉠ 시멘트의 분말도가 높을수록 공기량은 감소한다.
  ㉡ 단위 시멘트양이 많을수록 공기량은 감소한다.
  ㉢ 공기량은 AE제의 사용량에 비례하여 증가한다.
  ㉣ 공기량이 많을수록 소요 단위 수량이 감소하게 된다.
  ㉤ 잔골재량이 많을수록 공기량이 증가한다.
  ㉥ 콘크리트의 혼합온도가 낮을수록 공기량은 증가한다.
  ㉦ 슬럼프가 커지면 공기량은 증가한다.
  ㉧ 진동다짐 시간이 길면 공기량은 감소한다.

10년간 자주 출제된 문제

5-1. AE 콘크리트의 알맞은 공기량은 굵은 골재의 최대 치수에 따라 다르며, 보통 콘크리트 부피의 몇 %를 표준으로 하는가?
① 1~3%
② 4~7%
③ 7~12%
④ 12~17%

5-2. 콘크리트에 공기량이 미치는 영향에 대한 설명으로 옳지 않은 것은?
① 콘크리트의 온도는 높을수록 공기량은 감소한다.
② 부배합일수록 공기량은 감소한다.
③ AE제의 첨가량이 많을수록 공기량은 증가한다.
④ 단위 잔골재량이 많을수록 공기량은 감소한다.

|해설|

5-1
공기연행 콘크리트의 알맞은 공기량은 콘크리트 부피의 4~7%를 표준으로 한다.

5-2
잔골재량이 많을수록 공기량이 증가한다.

정답 5-1 ② 5-2 ④

핵심이론 06 염화물 이온 선택 전극법에 의한 굳지 않은 콘크리트의 염화물 함유량 시험방법(KS F 2587)

① 시험 목표

슬럼프 50mm 이상의 굳지 않은 콘크리트에 포함된 염화물 함유량을 염화물 이온 선택 전극을 사용한 전위차 적정법으로 측정하는 방법이다.

② 시험 기구

　㉠ 염화물 이온 농도계 : 굳지 않은 콘크리트의 수용액 중 염소(Cl^-) 이온 농도를 측정하는 경우에 0.10~0.50%의 농도 범위에서 염화물 이온 선택 전극을 이용한 전위차 적정법으로 동일 시료를 분석하여 모든 값이 ±10% 이내의 값을 얻는 것이 가능한 것을 사용한다.

　㉡ 시료 채취 도구 : 염화물이 부착되지 않도록 채취할 수 있는 것

　㉢ 시료 용기 : 20L 정도의 용량으로 오염되지 않은 상태로 시료를 보관할 수 있는 것

　㉣ 기구 세척 용수 : 실험 기구의 세척에는 증류수를 사용한다.

　　※ 증류수를 구할 수 없는 경우에는 수돗물로 대체해도 되지만, 이 경우에는 수돗물에 포함되어 있는 염소 농도를 사전에 측정하여 10~30ppm 이하임을 확인해야 한다.

③ 시약

　㉠ 염화나트륨(NaCl)

　㉡ 표준액 : 전위차 적정 장치의 교정에 사용하는 표준액으로 염소 이온을 0.1% 함유한 염화나트륨(NaCl) 수용액과 0.5% 함유한 염화나트륨 수용액

④ 시험방법

　㉠ 시료 채취 : 콘크리트의 슬럼프와 공기량을 확인한 후, 콘크리트의 3곳에서 총량 중 20L 정도의 시료를 채취한 후, 이를 충분히 혼합하여 사용한다.

　㉡ 염화물 양의 결정을 위한 시험 기구의 교정 및 측정은 KS M 0013에 규정한 염화물 이온 선택 전극을 사용한 전위차 적정법을 따르며, 측정 횟수는 채취한 시료 1개당 2회 실시한다.

⑤ 시험결과의 계산

시험으로 2회 측정하여 얻어진 염화물 이온 농도 2개의 평균값을 구하여 굳지 않은 콘크리트 $1m^3$ 중의 염화물 함유량(kg/m^3)을 계산한다.

$$CL = W \times \frac{Y}{100}$$

여기서, CL : 굳지 않은 콘크리트 $1m^3$ 중의 염화물 함유량(kg/m^3)

　　　　W : 단위 수량(kg/m^3)

　　　　Y : 염화물 이온 농도(%)

10년간 자주 출제된 문제

6-1. 콘크리트에 유해물이 들어 있으면 콘크리트의 강도, 내구성, 안정성 등이 나빠지는데 특히, 철근 콘크리트나 프리스트레스트 콘크리트 속의 강재를 녹슬게 하는 유해물은?

① 실트
② 점토
③ 연한 석편
④ 염화물

6-2. 굳지 않은 콘크리트의 염화물 함유량 시험에서 사용하는 시약의 종류는?

① 염화나트륨
② 황산나트륨
③ 수산화나트륨
④ 염화칼슘

[해설]

6-1

염화물(Chloride)

해수에는 NaCl 등의 염화물이 다량 존재한다. 해수는 강재를 부식시킬 우려가 있으므로 철근 콘크리트, 프리스트레스트 콘크리트, 강콘크리트 합성구조 및 철근이 배치된 무근 콘크리트에서는 혼합수로서 사용할 수 없다.

6-2

굳지 않은 콘크리트의 염화물 함유량 시험에서는 전위차 적정 장치의 교정에 사용하는 표준액으로 염소 이온을 0.1% 함유한 염화나트륨(NaCl) 수용액과 0.5% 함유한 염화나트륨(NaCl) 수용액을 이용하여 표준액으로 사용한다.

정답 6-1 ④ 6-2 ①

제4절 굳은 콘크리트 시험

핵심이론 01 콘크리트의 강도 시험용 공시체 제작방법(KS F 2403)

① 압축강도 시험용 공시체
  ㉠ 공시체의 치수 : 공시체의 지름은 굵은 골재 최대 치수의 3배 이상 및 100mm 이상으로 하고, 높이는 공시체 지름의 2배 이상으로 한다.
    ※ 압축강도 시험용 공시체 지름의 표준 : 100mm, 125mm, 150mm
  ㉡ 다짐 : 지름 150mm, 높이 300mm의 경우는 3층으로 나누어 채우고 각 층을 다짐봉으로 25회 다진다. 지름이 150mm 이외의 공시체에 대해서는 각 층의 두께를 100~150mm로 하고 윗면적 1,000mm^{2}에 대해 1회의 비율로 다진다.
  ㉢ 윗면 고르기 : 몰드 위쪽의 콘크리트는 제거하고 표면을 주의해서 고른다.

  캐핑(capping)
  - 압축강도 시험용 공시체에 재하할 때, 가압판과 공시체 재하면을 밀착시키고 평면으로 유지시키기 위해 공시체 상면을 마무리하는 작업이다.
  - 콘크리트 압축강도 시험용 공시체를 캐핑하기 위해 사용하는 시멘트풀의 물-시멘트비 범위는 27~30%로 한다.
  - 콘크리트를 채우고 나서 캐핑을 실시하는 시기는 2~6시간 이후이다.

② 휨강도 시험용 공시체
  ㉠ 공시체의 치수 : 공시체는 단면이 정사각형인 각주로 하고, 한 변의 길이는 굵은 골재의 최대 치수의 4배 이상이면서 100mm 이상으로 한다. 공시체의 길이는 단면의 한 변의 길이의 3배보다 80mm 이상 길어야 한다.
    ※ 휨강도 시험용 공시체의 표면 단면치수 : 100mm×100mm 또는 150mm×150mm
  ㉡ 다짐 : 콘크리트는 2층 이상의 동일한 두께로 나눠서 채우고, 각 층을 최소 1,000m^{2}에 1회의 비율로 다진다.
  ㉢ 몰드 위쪽의 콘크리트는 제거하고 표면을 주의해서 고른다.

③ 쪼갬 인장강도용 공시체
  ㉠ 공시체는 원기둥 모양으로 지름은 굵은 골재 최대 치수의 4배 이상이며 150mm 이상으로 한다.
    ※ 공시체 길이는 시험기 가압판의 길이를 고려해서 결정하며, 일반적으로 지름이 150mm인 경우 길이는 200mm가 적절하다.
  ㉡ 길이는 공시체 지름의 1배 이상, 2배 이하로 한다.
  ㉢ 다짐 : 콘크리트는 2층 이상의 동일한 두께로 나눠서 채우고, 각 층을 최소 1,000m^{2}에 1회의 비율로 다진다.

④ 공시체 몰드의 제거 및 양생
  ㉠ 몰드 제거 시기는 콘크리트를 채운 직후 16시간 이상 3일 이내로 한다.
  ㉡ 공시체 양생온도는 20±2℃로 한다.
  ㉢ 공시체는 몰드 제거 후 강도 시험을 할 때까지 습윤 상태에서 양생을 실시한다.
  ㉣ 공시체를 습윤 상태로 유지하기 위해서 수중 또는 상대습도 95% 이상의 장소에 둔다.

10년간 자주 출제된 문제

1-1. 콘크리트 압축강도 시험에 필요한 공시체의 지름은 굵은 골재 최대 치수의 몇 배 이상이며 또한 몇 mm 이상이어야 하는가?

① 2배, 30mm
② 3배, 100mm
③ 2배, 100mm
④ 3배, 200mm

1-2. 콘크리트 압축강도 시험에 사용되는 시험체 지름의 표준이 아닌 것은?

① 100mm
② 125mm
③ 150mm
④ 200mm

1-3. 콘크리트 압축강도 시험을 위한 공시체를 제작할 때 콘크리트를 채우고 나서 캐핑을 실시하는 시기로서 가장 적합한 것은?

① 1~2시간 이후
② 2~6시간 이후
③ 6~12시간 이후
④ 12~24시간 이후

1-4. 콘크리트 압축강도 시험용 공시체 제작을 할 때 시멘트풀로 캐핑을 하고자 한다. 이때 사용하는 시멘트풀의 물-시멘트비의 범위로 가장 적합한 것은?

① 20~23%
② 27~30%
③ 33~36%
④ 40~43%

[해설]

1-1
압축강도 시험용 공시체의 지름은 굵은 골재 최대 치수의 3배 이상 및 100mm 이상으로 하고, 높이는 공시체 지름의 2배 이상으로 한다.

1-2
압축강도 시험용 공시체 지름의 표준은 100mm, 125mm, 150mm이다.

1-3
된 반죽 콘크리트에서는 2~6시간 이후, 묽은 반죽 콘크리트에서는 6~24시간 이후로 한다.

1-4
캐핑을 하기 위해 사용하는 시멘트풀(페이스트)의 물-시멘트비 범위는 27~30% 정도가 되도록 정하는 것이 좋다.

정답 1-1 ② 1-2 ④ 1-3 ② 1-4 ②

핵심이론 02 콘크리트의 압축강도 시험방법(KS F 2405)

① 개요
  ㉠ 콘크리트의 강도라 하면 일반적으로 압축강도를 말한다.
  ㉡ 압축강도는 콘크리트의 강도 중에서 가장 큰 값을 갖는다.

② 시험 목적
  ㉠ 재료 및 배합한 콘크리트의 압축강도를 구하고 배합을 결정한다.
  ㉡ 필요한 성질을 가진 콘크리트를 가장 경제적으로 만들기 위해 재료를 선정한다.
  ㉢ 압축강도를 구하여 휨강도, 인장강도, 탄성계수 등의 대략적인 값을 추정한다.
  ㉣ 콘크리트의 품질관리에 이용한다.

③ 공시체의 제작 및 검사
  공시체는 KS F 2043(핵심이론 01의 ①)에 따라 재령 별로 최소 3개씩 제작하며, 소정의 양생이 끝난 직후의 상태에서 시험을 할 수 있도록 한다.

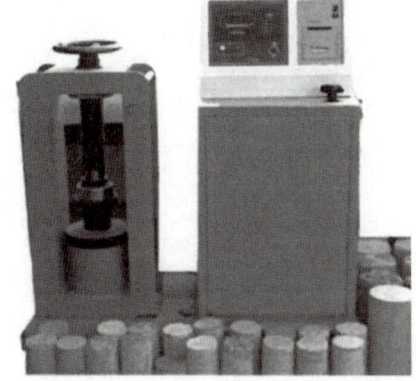
[압축강도 시험기]

[원주형 몰드]

④ 시험방법
  ㉠ 공시체의 상하 끝면 및 상하의 가압판의 압축면을 청소한다.
  ㉡ 공시체의 치수는 0.2mm의 단위로 측정하고 질량을 시험 전에 기록해야 한다.
  ㉢ 공시체 중심축이 가압판의 중심과 일치하도록 놓는다. 공시체 중심축과 가압판 중심의 차이는 공시체 지름의 1% 이내여야 한다.
  ㉣ 시험기의 가압판과 공시체의 끝면은 직접 밀착시키고 그 사이에 쿠션재를 넣어서는 안 된다. 다만, 언본드 캐핑에 의한 경우는 제외한다.
  ㉤ 공시체에 충격을 주지 않도록 일정한 속도로 하중을 가한다. 하중을 가하는 속도는 매초 0.6±0.2MPa의 범위에서 일정한 속도가 되도록 한다.
  ㉥ 공시체가 파괴될 때까지 시험기가 나타내는 최대 하중을 유효 숫자 3자리까지 읽는다.

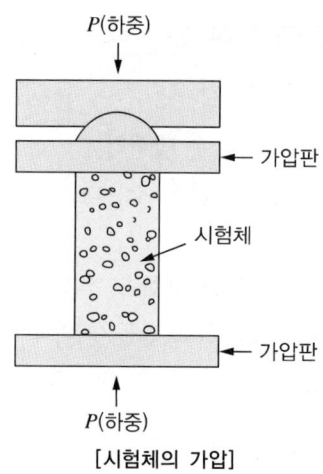

[시험체의 가압]

⑤ 시험결과의 계산
　㉠ 공시체의 지름(mm)
　　공시체의 지름은 0.1mm까지 측정하여 다음 식에 따라 산출한다.
　　$d = \dfrac{d_1 + d_2}{2}$

　　여기서, d : 공시체의 지름(mm)
　　　　　　d_1, d_2 : 2방향의 지름(mm)

　㉡ 압축강도(MPa)
　　압축강도는 다음 식에 따라 산출하여 유효 숫자 3자리로 한다.
　　압축강도$(f_c) = \dfrac{P}{\dfrac{\pi \times d^2}{4}}$

　　여기서, P : 최대 하중(N)
　　　　　　d : 공시체의 지름(mm)

10년간 자주 출제된 문제

2-1. 콘크리트의 압축강도 시험의 목적으로 옳지 않은 것은?

① 배합한 콘크리트의 압축강도를 구한다.
② 압축강도 시험값으로 휨강도, 인장강도, 탄성계수 값을 정확하게 구할 수 있다.
③ 콘크리트의 품질관리에 이용한다.
④ 콘크리트를 가장 경제적으로 만들기 위해 재료를 선정한다.

2-2. 콘크리트 압축강도 시험용 공시체 파괴 시험에서 공시체에 하중을 가하는 속도는 매초 얼마를 표준하는가?

① 0.6±0.2MPa
② 0.8±0.2MPa
③ 0.05±0.01MPa
④ 1±0.5MPa

2-3. 콘크리트의 압축강도용 표준 공시체의 파괴 시험에서 파괴하중이 360kN일 때 콘크리트의 압축강도는?(단, 공시체의 지름 150mm, 높이 300mm)

① 20.4MPa
② 21.4MPa
③ 21.9MPa
④ 22.9MPa

해설

2-1
휨강도, 인장강도, 탄성계수 등의 대략적인 값을 추정한다.

2-2
하중을 가하는 속도는 원칙적으로 압축응력도의 증가가 매초 0.6±0.2MPa이 되도록 한다.

2-3
압축강도(f_c) = $\dfrac{P}{\dfrac{\pi \times d^2}{4}}$ = $\dfrac{360,000}{\dfrac{\pi \times 150^2}{4}}$ ≒ 20.4MPa

여기서, P : 최대 하중(N)
d : 공시체의 지름(mm)

정답 2-1 ② 2-2 ① 2-3 ①

핵심이론 03 콘크리트의 휨강도 시험방법(KS F 2408)

① 개요
  ㉠ 이 시험은 4점 재하법에 따른 경화 콘크리트 공시체의 휨강도를 알기 위한 시험이다.
  ㉡ 휨강도 시험값은 시험방법 및 재하방법에 따라 달라진다.
  ㉢ 휨강도 시험 시 재하속도가 빠르게 되면 얻어지는 휨강도는 큰 값을 나타낸다.

② 시험 목적
  ㉠ 콘크리트 포장 두께, 설계, 배합설계를 위한 자료로 이용한다.
  ㉡ 콘크리트 휨에 의해 균열이 생기는 것을 미리 알아낼 수 있다.

③ 공시체의 제작 및 검사
  공시체는 KS F 2043(핵심이론 01의 ②)에 따라 제작하며, 소정의 양생이 끝난 직후의 상태에서 시험을 할 수 있도록 한다.

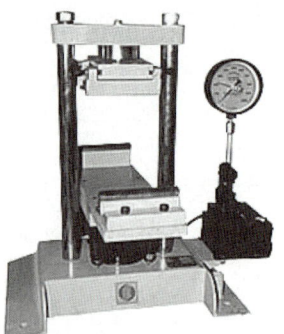

[휨강도 시험기]

④ 시험방법
  ㉠ 시험기는 시험 시의 최대 하중이 용량의 1/5에서 최대 용량까지의 범위에서 사용한다.
  ㉡ 지간은 공시체 높이(공칭값)의 3배로 한다.

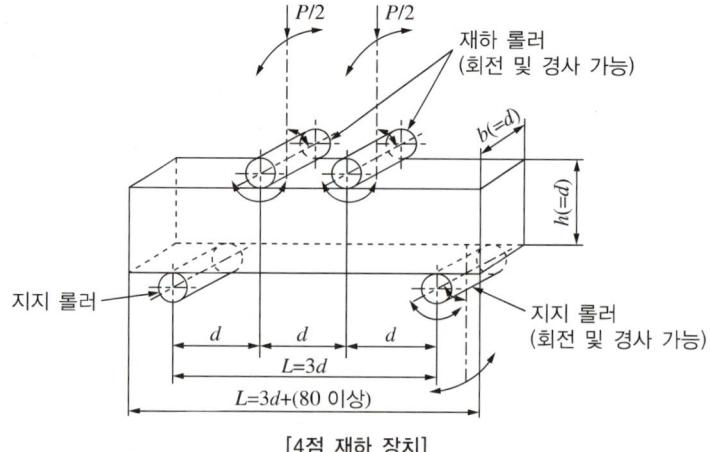

[4점 재하 장치]

ⓒ 공시체는 콘크리트를 몰드에 채웠을 때의 옆면을 상하면으로 하며, 베어링 너비의 중앙에 놓고 지간의 4점에 상부 재하 장치를 접촉시킨다. 이 경우 재하 장치의 접촉면과 공시체 면과의 사이에는 틈이 없어야 한다.

ⓔ 공시체에 충격을 가하지 않도록 일정한 속도로 하중을 가한다. 하중을 가하는 속도는 가장자리 응력도의 증가율이 매초 0.06±0.04MPa이 되도록 조정하고, 최대 하중이 될 때까지 그 증가율을 유지하도록 한다.

ⓜ 공시체가 파괴될 때까지 시험기가 나타내는 최대 하중을 유효 숫자 3자리까지 읽는다.

ⓗ 파괴 단면의 너비는 3곳에서 0.1mm까지, 높이는 2곳에서 0.1mm까지 측정하고 그 평균값을 소수점 이하 첫째 자리에서 끝맺음한다.

⑤ **시험결과의 계산**

㉠ 공시체가 인장쪽 표면 지간 방향 중심선의 4점 사이에서 파괴되었을 때는 휨강도(MPa)를 다음 식으로 산출하여 유효 숫자 3자리까지 구한다.

휨강도(f_b) = $\dfrac{Pl}{bh^2}$

여기서, P : 시험기가 나타내는 최대 하중(N)
        l : 지간(mm)
        b : 파괴 단면의 너비(mm)
        h : 파괴 단면의 높이(mm)

㉡ 공시체가 인장쪽 표면의 지간 방향 중심선의 4점의 바깥쪽에서 파괴된 경우는 그 시험결과를 무효로 한다.

> **10년간 자주 출제된 문제**

3-1. 콘크리트의 휨강도 시험에 대한 설명으로 옳지 않은 것은?

① 공시체의 길이는 높이의 3배보다 8cm 이상 더 커야 한다.
② 공시체는 성형 후 16시간 이상 3일 이내에 몰드를 해체한다.
③ 공시체의 한 변의 길이는 굵은 골재 최대 치수의 3배 이상으로 한다.
④ 공시체가 지간 방향 중심선의 4점 바깥쪽에서 파괴 시 그 시험결과는 무효로 한다.

3-2. 다짐봉을 사용하여 콘크리트 휨강도 시험용 공시체를 제작하는 경우 다짐횟수는 표면적 약 몇 cm²당 1회의 비율로 다지는가?

① 14cm² ② 10cm²
③ 8cm²   ④ 7cm²

3-3. 150mm×150mm×530mm 크기의 콘크리트 시험체를 450mm 지간이 되도록 고정한 후 4점 재하법으로 휨강도를 측정하였다. 35kN의 최대 하중에서 중앙부분이 파괴되었다면 휨강도는 얼마인가?

① 4.7MPa ② 5.3MPa
③ 5.6MPa ④ 5.9MPa

[해설]

3-1
휨강도 공시체는 단면이 정사각형인 각주로 하고, 그 한 변의 길이는 굵은 골재의 최대 치수의 4배 이상이면서 100mm 이상으로 한다.

3-2
콘크리트 휨강도 시험용 공시체는 제작할 때 콘크리트는 몰드에 2층으로 나누어 채우고 각 층은 적어도 1,000mm²에 1회의 비율로 다짐을 한다.

3-3
휨강도 $(f_b) = \dfrac{Pl}{bh^2} = \dfrac{35,000 \times 450}{150 \times 150^2} ≒ 4.7\text{N/mm}^2 ≒ 4.7\text{MPa}$

여기서, P : 시험기가 나타내는 최대 하중(N)
  l : 지간(mm)
  b : 파괴 단면의 너비(mm)
  h : 파괴 단면의 높이(mm)

정답 3-1 ③ 3-2 ② 3-3 ①

핵심이론 04 콘크리트의 쪼갬(할렬) 인장강도 시험방법(KS F 2423)

① 시험 목적

콘크리트 포장, 물탱크, 수로 등과 같이 인장력을 받는 콘크리트의 내구성을 평가하고, 중성화 정도를 판단하는데 사용하는 시험이다.

② 인장강도의 특징
  ㉠ 인장강도는 압축강도의 1/13~1/10 정도로 작다.
  ㉡ 인장강도는 철근 콘크리트의 부재 설계에서는 일반적으로 무시해도 된다.
  ㉢ 압축강도, 인장강도, 휨강도는 물-시멘트비에 반비례한다.
  ㉣ 콘크리트 인장강도는 직접 인장강도, 할렬 인장강도, 휨강도 등으로 구분한다.
    • 직접 인장강도 시험 : 시험과정에서 인장부에 미끄러짐과 지압파괴가 발생될 우려가 있어 현장 적용이 어렵다.
    • 할렬 인장강도 시험 : 일종의 간접 시험방법으로 공사현장에서 간단하게 측정할 수 있으며, 비교적 오차도 적은 편이다.

③ 공시체의 제작 및 검사

공시체는 KS F 2043(핵심이론 01의 ③)에 따라 제작하며, 소정의 양생이 끝난 직후의 상태에서 시험을 할 수 있도록 한다.

④ 시험방법
  ㉠ 공시체 지름을 2개소 이상에서 0.1mm까지 측정하고, 그 평균값을 공시체 지름으로 하여 소수점 이하 첫째자리까지 구한다.
  ㉡ 시험 시 최대 하중은 시험기 최대 용량의 20~80% 범위여야 한다.
  ㉢ 공시체의 측면, 상하 가압판의 압축면을 청소한 뒤 가압판 위에 편심이 발생하지 않도록 다음과 같이 설치한다. 이때 접촉선에는 틈새가 없어야 하며, 상하 가압판은 하중을 가하고 있는 동안 평행을 유지해야 한다.

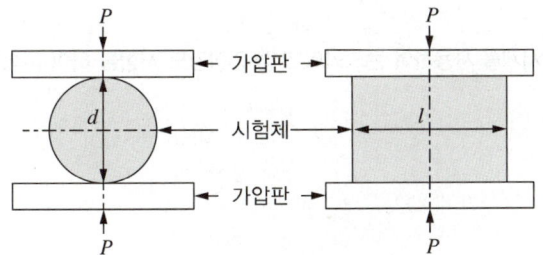

[공시체 설치방법]

  ㉣ 공시체에 충격이 가해지지 않도록 동일한 속도로 하중을 가한다. 하중 속도는 매초 0.06±0.04MPa가 되도록 조정하고, 최대 하중에 도달할 때까지 그 증가율을 유지해야 한다.
  ㉤ 공시체가 파괴될 때 나타난 최대 하중을 유효 숫자 3자리까지 읽는다.
  ㉥ 공시체가 쪼개진 면에서의 길이를 2개소 이상에서 0.1mm까지 측정하여 그 평균값을 공시체의 길이로 하고 유효 숫자 4자리까지 구한다.

⑤ 시험결과의 계산

쪼갬 인장강도(f_{sp}) = $\dfrac{2P}{\pi dl}$

여기서, P : 최대 하중(N)
  d : 공시체의 지름(mm)
  l : 공시체의 길이(mm)

10년간 자주 출제된 문제

4-1. 콘크리트 인장강도를 측정하기 위한 간접 시험방법으로 가장 적당한 시험은?

① 탄성종파 시험
② 직접전단 시험
③ 비파괴 시험
④ 할렬 시험

4-2. 콘크리트의 인장강도에 대한 설명으로 옳지 않은 것은?

① 인장강도는 도로 포장이나 수로 등에 중요시된다.
② 압축강도와 달리 인장강도는 물-결합재비에 비례한다.
③ 인장강도는 압축강도의 1/13~1/10배 정도로 작다.
④ 인장강도는 철근 콘크리트 휨부재 설계 시 무시한다.

4-3. 지름 150mm, 높이 300mm인 공시체를 사용하여 콘크리트 쪼갬 인장강도 시험을 하여 시험기에 나타난 최대 하중이 147.9kN이었다. 인장강도는 얼마인가?

① 1.5MPa
② 1.7MPa
③ 1.9MPa
④ 2.1MPa

|해설|

4-2
압축강도, 인장강도, 휨강도는 물-결합재비에 반비례한다.

4-3
쪼갬 인장강도(f_{sp}) = $\dfrac{2P}{\pi dl}$ = $\dfrac{2 \times 147,900}{\pi \times 150 \times 300}$ ≒ 2.09 ≒ 2.1MPa

여기서, P : 최대 하중(N)
  d : 공시체의 지름(mm)
  l : 공시체의 길이(mm)

정답 4-1 ④ 4-2 ② 4-3 ④

핵심이론 05 콘크리트의 비파괴 시험방법

① 개념
  ㉠ 재료나 제품 또는 구조물 등의 검사에 있어 시험 대상에 대한 손상 없이 조사 대상물의 성질, 상태 또는 내구성을 알아보는 대표적인 시험방법이다.
  ㉡ 현장에서 직접 적용할 수 있으며, 콘크리트 구조물의 상태를 지속적으로 모니터링할 수 있다.

② 비파괴 시험 종류

구분	시험방법
접촉식 방법	• 반발경도법(표면타격법) : 강구 또는 해머를 사용하여 콘크리트 표면을 타격하고 이로 인한 깊이·직경·면적 등을 측정하여 압축강도를 측정하는 시험방법이며, 슈미트 해머(Schmidt Hammer)법이 가장 널리 사용된다. • 초음파 속도법 : 콘크리트를 통과하는 초음파 진동의 속도와 파형을 측정하여 압축강도·균열 상태 등을 평가한다. 단독으로 사용하지만 다른 방법과 복합적으로 강도를 추정하는 데 사용할 수도 있다. • 자기법 : 자기장을 이용해 철근의 피복두께 직경, 배근 간격을 탐지한다. • 자연전위법 : 철근과 콘크리트 간의 전위차를 측정하여 전위도를 작성함으로써 철근의 부식 정도를 평가하는 시험이다. • AE법 : 균열의 성장 또는 소성변형이 일어나는 동안 발생되는 급격한 에너지 발산으로 음파가 발생하는데, 이 음파를 대상 구조물의 표면에 설치된 센서를 통하여 포착함으로서, 구조물의 거동을 감시하는 방법이다.
비접촉식 방법	• 전자파법 : 전자파 펄스를 측정해서 철근의 위치를 파악할 수 있다. • 적외선법 : 구조물에서 발산하는 적외선을 탐지하여 콘크리트 내의 균열, 박리, 내부 공극 등을 알아내는 방법이다. • 방사선투과법 : X선 또는 γ선 등의 방사선을 통해 철근의 상태, 위치, 크기와 콘크리트의 밀도, 건전성, 단면 재질, 두께 등을 조사하는 방법이다. • 충격공진법 : 두 반사면 사이에서 공진 조건을 일으켜 현장에서 공극과 박리를 발견하는 데 사용한다.

③ 파괴 시험과 비파괴 시험 비교

구분	파괴 시험	비파괴 시험
특징	구조물을 물리적으로 파괴하여 강도를 측정한다.	구조물의 손상 없이 상태를 평가한다.
정확성	정확하고 신뢰도가 높다.	정확성은 떨어지지만 빠르게 평가할 수 있다.
적용	주로 실험실에서 적용한다.	현장에서 직접 적용 가능하다.
장점	콘크리트의 실제 강도를 직접적으로 확인할 수 있다.	빠르고 간편하게 상태를 평가할 수 있다.
단점	구조물에 손상이 있다.	정확한 평가를 위해 보정이 필요할 수 있다.

10년간 자주 출제된 문제

5-1. 콘크리트의 비파괴 시험방법에 속하지 않는 것은?
① 반발경도법
② 초음파 속도법
③ 비비 시험법
④ 충격공진법

5-2. 콘크리트의 비파괴 시험에서 일정한 에너지의 타격을 콘크리트 표면에 주어 그 타격으로 생기는 반발력으로 콘크리트의 강도를 판정하는 방법은?
① 볼트를 잡아당기는 방법
② 코어 채취방법
③ 음파 측정방법
④ 반발경도법

[해설]

5-1
비비 시험법은 굳지 않은 콘크리트의 반죽질기 시험방법에 속한다.

5-2
반발경도법(표면타격법) : 강구 또는 해머를 사용하여 콘크리트 표면을 타격하고 이로 인한 깊이·직경·면적 등을 측정하여 압축강도를 측정하는 시험방법이며, 슈미트 해머(Schmidt Hammer)법이 가장 널리 사용된다.

정답 5-1 ③ 5-2 ④

제5절 콘크리트의 배합설계

핵심이론 01 배합설계의 개념

① 배합설계의 개요
  ㉠ 정의
    - 콘크리트를 만들기 위한 각 재료의 비율 또는 사용량을 콘크리트의 배합이라 한다.
    - 필요한 강도, 내구성, 수밀성 및 작업에 알맞은 워커빌리티를 가지는 범위 안에서 단위 수량이 적게 되도록 각 재료의 비율을 정하는 것을 콘크리트의 배합설계라 한다.
  ㉡ 구성 재료 : 잔골재, 굵은 골재, 물, 시멘트, 혼화재료
    ※ 콘크리트를 구성하는 재료 중 부피 크기순 : 골재 > 물 > 시멘트 > 공기
  ㉢ 콘크리트의 배합설계 방법
    - 배합표에 의한 방법
    - 계산에 의한 방법
    - 시험 배합에 의한 방법

② 콘크리트 배합설계 시 주의사항
  ㉠ 콘크리트 배합은 시멘트, 물, 골재의 혼합비로 하며 각 재료의 무게비율로서 나타낸다.
  ㉡ 콘크리트 배합강도는 설계기준강도보다 충분히 크게 정한다.
  ㉢ 콘크리트의 강도를 좌우하는 가장 큰 요인은 물-시멘트비이다.
  ㉣ 시방 배합에서는 잔·굵은 골재는 모두 표면건조 포화 상태로 한다.
  ㉤ 단위 시멘트양은 원칙적으로 단위 수량과 물-시멘트비로부터 정한다.
  ㉥ 단위 수량은 작업이 가능한 범위 내에서 될 수 있는 대로 적게 한다.
  ㉦ 설계 및 시공상 허용되는 범위 안에서 굵은 골재의 최대 치수가 큰 것을 사용하는 것이 경제적이다.
  ㉧ 배합은 충분한 내구성과 강도를 가지도록 해야 한다.
  ㉨ 일반 콘크리트의 수밀성을 기준으로 물-시멘트비를 정하는 경우 최대 50% 이하여야 한다.

③ 배합설계의 순서
  ㉠ 배합강도를 결정한다.
  ㉡ 물-시멘트비(W/C)를 결정한다.
  ㉢ 굵은 골재 최대 치수를 정한다.
  ㉣ 슬럼프값을 정한다.
  ㉤ 공기량을 산정한다.

ⓑ 단위 수량을 산정한다.

※ 단위량 : 콘크리트 1m³를 만드는 데 쓰이는 각 재료의 양(kg)을 말하며 단위 시멘트양, 단위 수량, 단위 굵은 골재량, 단위 잔골재량 등으로 나타낸다.

ⓢ 단위 시멘트양을 정한다.
ⓞ 단위 잔골재량을 구한다.
ⓩ 단위 굵은 골재량을 구한다.
ⓒ 단위 혼화재량을 구한다.
ⓚ 시험배치에 사용할 필요한 재료량을 구해 배합표를 작성한다.
ⓣ 시방 배합을 현장 배합으로 보정한다.

> **시방 배합을 현장 배합으로 고칠 경우 고려사항**
> - 굵은 골재 및 잔골재의 표면수량
> - 잔골재의 5mm 체 잔류율
> - 굵은 골재의 5mm 체 통과율
> - 혼화제를 희석시킨 희석수량

10년간 자주 출제된 문제

1-1. 일반적으로 콘크리트를 구성하는 재료 중에서 부피가 가장 큰 것부터 작은 순으로 나열한 것은?

① 골재>공기>물>시멘트
② 골재>물>시멘트>공기
③ 물>시멘트>골재>공기
④ 물>골재>시멘트>공기

1-2. 시방 배합에서 사용되는 골재는 어떤 상태인가?

① 습윤 상태
② 공기 중 건조 상태
③ 표면건조 포화 상태
④ 절대건조 상태

1-3. 콘크리트의 배합설계 시 고려해야 할 사항으로 적당하지 않은 것은?

① 골재는 표면건조 포화 상태로 한다.
② 가능한 한 단위 수량을 적게 한다.
③ 굵은 골재는 될수록 작은 치수의 것을 사용한다.
④ 배합은 충분한 내구성과 강도를 가지도록 한다.

[해설]

1-2
콘크리트의 배합에서 골재는 표면건조 포화 상태를 기준으로 한다.

1-3
설계 및 시공상 허용되는 범위 안에서 굵은 골재의 최대 치수가 큰 것을 사용하는 것이 경제적이다.

정답 1-1 ② 1-2 ③ 1-3 ③

핵심이론 02 콘크리트 배합의 종류와 배합강도

① 시방 배합
  ㉠ 표준시방서 또는 책임기술자가 지시한 배합이다.
  ㉡ 골재는 표면건조 포화 상태에 있고, 잔골재는 5mm 체를 통과하고, 굵은 골재는 5mm 체에 다 남는 것으로 한다.

[시방 배합에서 규정된 배합의 표시법에 포함되어야 할 것]

굵은 골재의 최대 치수 (mm)	슬럼프 범위 (mm)	공기량 범위 (%)	물-결합재비 W/C (%)	잔골재율 S/a (%)	단위 질량(kg/m³)				
					물	시멘트	잔골재	굵은 골재	혼화재료	
									혼화재	혼화제

② 시험 배합
  ㉠ 계획한 배합(조합)으로 소정의 콘크리트가 얻어지는 가능성 여부를 조사하기 위한 반죽 혼합이다.
  ㉡ 배합강도는 콘크리트 배합을 정하는 경우에 목표로 하는 강도를 말하며 일반적으로 재령 28일의 압축강도(f_{cn})를 기준으로 한다.
  ㉢ 표준편차(s) 계산 : 30회 이상의 시험 실적이 필요하며, 시험 횟수가 29회 이하이면 표준편차를 보정해야 한다.

[시험 횟수가 29회 이하일 때 표준편차의 보정계수]

시험 횟수	표준편차의 보정계수
15	1.16
20	1.08
25	1.03
30 이상	1.00

※ 시험 횟수는 직선 보간한다.

  ㉣ 배합강도(f_{cr}) 결정방법 : 계산된 두 값 중 큰 값을 적용한다.

압축강도(f_{cn}) ≤ 35MPa인 경우	• $f_{cr} = f_{cn} + 1.34s$ (MPa) • $f_{cr} = (f_{cn} - 3.5) + 2.33s$ (MPa)
압축강도(f_{cn}) > 35MPa인 경우	• $f_{cr} = f_{cn} + 1.34s$ (MPa) • $f_{cr} = 0.9f_{cn} + 2.33s$ (MPa)

  ㉤ 콘크리트 압축강도의 표준편차를 알지 못할 때, 또는 압축강도의 시험횟수가 14회 이하인 경우 콘크리트의 배합강도는 다음과 같이 정할 수 있다.

호칭강도(MPa)	배합강도(MPa)
21 미만	$f_{cn} + 7$
21 이상 35 이하	$f_{cn} + 8.5$
35 초과	$1.1f_{cn} + 5$

③ 현장 배합

　㉠ 현장에서 사용하는 골재의 함수 상태, 혼합률 등을 고려하여 시방 배합을 현장에서 실제로 사용하는 재료의 성질에 맞추어 고친 배합이다.

　㉡ 골재 입도에 대한 조정식

$$x = \frac{100S - b(S+G)}{100 - (a+b)} \qquad y = \frac{100G - a(S+G)}{100 - (a+b)}$$

　여기서, x : 계량해야 할 현장의 잔골재량(kg/m³)

　　　　　y : 계량해야 할 현장의 굵은 골재량(kg/m³)

　　　　　S : 시방 배합의 잔골재량(kg/m³)

　　　　　G : 시방 배합의 굵은 골재량(kg/m³)

　　　　　a : 잔골재 속의 5mm 체에 남는 양(%)

　　　　　b : 굵은 골재 속의 5mm 체를 통과하는 양(%)

10년간 자주 출제된 문제

2-1. 콘크리트의 설계기준 압축강도가 18MPa이고, 압축강도 시험의 기록이 없는 경우 콘크리트의 배합강도는?

① 18MPa　　② 25MPa
③ 26.5MPa　　④ 28MPa

2-2. 30회 이상의 시험실적으로부터 구한 압축강도의 표준편차가 2MPa이고 설계기준 압축강도가 30MPa인 경우 배합강도는?

① 30MPa　　② 31.2MPa
③ 32.7MPa　　④ 33.9MPa

|해설|

2-1

압축강도의 시험 횟수가 14회 이하이거나 기록이 없는 경우의 배합강도

호칭강도(MPa)	배합강도(MPa)
21 미만	$f_{cn} + 7$
21 이상 35 이하	$f_{cn} + 8.5$
35 초과	$1.1 f_{cn} + 5$

∴ 배합강도 = $f_{cn} + 7 = 18 + 7 = 25$ MPa

2-2

압축강도(f_{cn}) ≤ 35MPa인 경우

- $f_{cr} = f_{cn} + 1.34s$ (MPa) $= 30 + 1.34 \times 2 = 32.68$ MPa
- $f_{cr} = (f_{cn} - 3.5) + 2.33s$ (MPa) $= (30 - 3.5) + 2.33 \times 2 = 31.16$ MPa

여기서, s : 압축강도의 표준편차(MPa)

∴ 배합강도는 위의 두 값 중 큰 값인 32.7MPa이다.

정답 2-1 ②　2-2 ③

핵심이론 03 단위 시멘트양과 단위 골재량의 산정

① 단위 시멘트양
   ㉠ 물-시멘트비는 물과 시멘트의 질량비를 말한다.
   ㉡ 단위 시멘트양은 원칙적으로 단위 수량과 물-시멘트비로 정한다.

   $$\text{단위 시멘트양(kg/m}^3\text{)} = \frac{\text{단위 수량}}{\text{물-시멘트비}}$$

② 잔골재율(S/a)

   골재에서 5mm 체를 통과한 것을 잔골재, 5mm 체에 남은 것을 굵은 골재로 하여 구한 잔골재량의 전체 골재에 대한 절대 부피로 나타낸다.

   $$\text{잔골재율(\%)} = \frac{\text{잔골재량}}{\text{잔골재량 + 굵은 골재량}} \times 100$$

③ 단위 골재량 및 단위 굵은 골재량

   ㉠ 단위 골재량의 절대 부피(m³) = $1 - \left(\dfrac{\text{단위 수량}}{\text{물의 밀도} \times 1{,}000} + \dfrac{\text{단위 시멘트양}}{\text{시멘트의 비중} \times 1{,}000} + \dfrac{\text{공기량}}{100} \right)$
   ㉡ 단위 잔골재량의 절대 부피(m³) = 단위 골재량의 절대 부피 × 잔골재율
   ㉢ 단위 잔골재량(kg/m³) = 단위 잔골재량의 절대 부피 × 잔골재의 비중 × 1,000
   ㉣ 단위 굵은 골재량의 절대 부피(m³) = 단위 골재량의 절대 부피 – 단위 잔골재량의 절대 부피
   ㉤ 단위 굵은 골재량(kg/m³) = 단위 굵은 골재량의 절대 부피 × 굵은 골재의 밀도 × 1,000

④ 보통 사용하는 콘크리트는 골재가 전체 부피의 약 70% 정도를 차지한다.
⑤ 보통 콘크리트의 단위 무게는 무근 콘크리트에서 2,300~2,350kg/m³ 정도이다.

10년간 자주 출제된 문제

3-1. 물-시멘트비가 66%, 단위 수량이 176kg/m³일 때 단위 시멘트양은 얼마인가?
① 266.7kg/m³
② 279.8kg/m³
③ 285.4kg/m³
④ 293.1kg/m³

3-2. 콘크리트를 배합할 때 잔골재 275L, 굵은 골재를 480L를 투입하여 혼합한다면 이때 잔골재율(S/a)은 얼마인가?
① 27%
② 36.4%
③ 48.0%
④ 63.5%

3-3. 단위 골재량의 절대 부피가 0.75m³인 콘크리트에서 절대 잔골재율이 38%이고 잔골재 밀도 2.6g/cm³, 굵은 골재의 밀도가 2.65g/cm³라면 단위 굵은 골재량은 몇 kg/m³인가?
① 741
② 865
③ 1,021
④ 1,232

해설

3-1

$\dfrac{W}{C} = 0.66$

$\therefore C = \dfrac{W}{0.66} = \dfrac{176}{0.66} ≒ 266.7 \text{kg/m}^3$

3-2

잔골재율(%) = $\dfrac{\text{잔골재량}}{\text{잔골재량 + 굵은 골재량}} \times 100$

$= \dfrac{275}{275 + 480} \times 100$

$≒ 36.4\%$

3-3

단위 굵은 골재량의 절대 부피(m³) = 단위 골재량의 절대 부피 – 단위 잔골재량의 절대 부피
= 단위 골재량의 절대 부피 – (단위 골재량의 절대 부피 × 잔골재율)
= 0.75 – (0.75 × 0.38)
= 0.465m³

∴ 단위 굵은 골재량(kg/m³) = 단위 굵은 골재량의 절대 부피 × 굵은 골재의 밀도 × 1,000
= 0.465 × 2.65 × 1,000
= 1,232.25kg/m³

정답 3-1 ① 3-2 ② 3-3 ④

PART 02

과년도 + 최근 기출복원문제

2015~2016년	과년도 기출문제
2017~2024년	과년도 기출복원문제
2025년	최근 기출복원문제

2015년 제1회 과년도 기출문제

01 시멘트의 비중 시험은 (㉠)회 이상 실시하여 그 평균값의 차가 (㉡) 이내일 때의 평균값으로 비중을 취한다. 이때 ㉠과 ㉡의 값은 각각 얼마인가?

① ㉠ 2, ㉡ 0.03
② ㉠ 2, ㉡ 0.02
③ ㉠ 3, ㉡ 0.01
④ ㉠ 3, ㉡ 0.02

해설
시멘트 비중 시험의 정밀도 및 편차 : 동일 시험자가 동일 재료에 대하여 2회 측정한 결과가 ±0.03mg/m³ 이내이어야 한다.

02 콘크리트 압축강도 시험용 공시체 파괴 시험에서 공시체에 하중을 가하는 속도는 매초 얼마를 표준으로 하는가?

① 0.6±0.2MPa
② 0.8±0.2MPa
③ 0.05±0.01MPa
④ 1±0.05MPa

해설
하중을 가하는 속도는 압축응력도의 증가율이 매초 0.6±0.2MPa이 되도록 한다.
※ 개정된 KS 기준으로 내용을 수정하였다.

03 다음 중 시멘트의 제조과정에서 응결지연제로 석고를 클링커 질량의 약 몇 % 정도 넣고 분쇄하는가?

① 3%
② 6%
③ 10%
④ 16%

해설
시멘트를 제조할 때 응결시간을 조절하기 위하여 3~5%의 석고를 넣는다.

04 경량골재 콘크리트에 대한 설명 중 옳은 것은?

① 내구성이 보통 콘크리트보다 크다.
② 열전도율은 보통 콘크리트보다 작다.
③ 탄성계수는 보통 콘크리트의 2배 정도이다.
④ 건조수축에 의한 변형이 생기지 않는다.

해설
① 내구성이 보통 콘크리트보다 작다.
③ 탄성계수는 보통 콘크리트의 40~70% 정도이다.
④ 건조수축에 의한 변형이 생기기 쉽다.

05 한중 콘크리트라 함은 일평균기온이 몇 이하의 온도에서 치는 콘크리트를 말하는가?

① −4℃
② 4℃
③ 0℃
④ −2℃

해설
타설일의 일평균기온이 4℃ 이하 또는 콘크리트 타설 완료 후 24시간 동안 일최저기온 0℃ 이하가 예상되는 조건이거나 그 이후라도 초기동해 위험이 있는 경우 한중 콘크리트로 시공하여야 한다.

정답 1 ① 2 ① 3 ① 4 ② 5 ②

06 골재의 체가름 시험결과가 다음과 같다. 조립률은 얼마인가?

체번호	잔류율(%)	누적 잔류율(%)
75mm	0	0
40mm	4	4
30mm	16	20
25mm	18	38
20mm	32	70
10mm	26	96
5mm	4	100
2.5mm	0	100
합계	100	

① 6.7 ② 7.7
③ 8.7 ④ 9.7

해설
조립률 : 10개의 체(75mm, 40mm, 20mm, 10mm, 5mm, 2.5mm, 1.2mm, 0.6mm, 0.3mm, 0.15mm)를 1조로 하여 체가름 시험을 하였을 때, 각 체에 남은 누계량의 전체 시료에 대한 질량 백분율의 합을 100으로 나눈 값으로 나타낸다.

$$조립률 = \frac{각\ 체의\ 누적\ 잔류율의\ 합}{100}$$

$$= \frac{4+70+96+100+100+400}{100} = 7.7$$

※ 계산에서 400은 1.2mm, 0.6mm, 0.3mm, 0.15mm 체에 남은 가적 잔류율의 합이다.

07 슬럼프(slump) 시험에 대한 설명 중 옳지 않은 것은?

① 반죽질기를 측정하는 방법으로서 오래전부터 여러 나라에서 많이 사용하여 왔다.
② 슬럼프 콘의 규격은 밑면 200±2mm, 윗면 100±2mm, 높이 300±2mm이다.
③ 슬럼프값을 측정할 때 콘을 벗기는 작업은 1분 30초 정도로 끝낸다.
④ 3층으로 나누어 넣고 각 층마다 지름 16mm의 다짐대로 25회 다진다.

해설
슬럼프 콘을 벗기는 작업은 2~5초 이내로 한다.
※ 개정된 KS 기준으로 내용을 수정하였다.

08 다음 중 포졸란 작용이 있는 혼화재가 아닌 것은?

① 고로 슬래그 ② 화산재
③ 폴리머 ④ 소성 점토

해설
포졸란의 종류
• 천연산 : 화산재, 규조토, 규산백토 등
• 인공산 : 플라이애시, 고로 슬래그, 실리카 퓸, 실리카 겔, 소성 점토, 혈암

09 감수제의 특징을 설명한 것 중 옳지 않은 것은?

① 시멘트풀의 유동성을 증가시킨다.
② 워커빌리티를 좋게 하고 단위 수량을 줄일 수 있다.
③ 콘크리트가 굳은 뒤에는 내구성이 커진다.
④ 수화작용이 느리고 강도가 감소된다.

해설
수화작용을 촉진시키고 강도가 커진다.

10 콘크리트의 배합설계에서 재료의 계량 허용오차는 물에서는 얼마 정도인가?

① ±1% ② ±2%
③ ±3% ④ ±4%

해설
표준시방서상 계량오차

재료의 종류	측정 단위	허용오차
시멘트	질량	±1%
골재	질량 또는 부피	±3%
물	질량	±1%
혼화재	질량	±2%
혼화제	질량 또는 부피	±3%

정답 6 ② 7 ③ 8 ③ 9 ④ 10 ①

11 골재를 체가름 시험 후 조립률의 계산 시 필요하지 않는 체는?

① 40mm ② 25mm
③ 5mm   ④ 1.2mm

해설
조립률 계산에 사용되는 체 : 75mm, 40mm, 20mm, 10mm, 5mm, 2.5mm, 1.2mm, 0.6mm, 0.3mm, 0.15mm 체

12 다음 콘크리트 다짐기계 중에서 비교적 두께가 얇고 넓은 콘크리트의 표면을 고르고 다듬질할 때 사용되며 주로 도로 포장, 활주로 포장 등의 다짐에 쓰이는 것은?

① 거푸집 진동기 ② 내부 진동기
③ 표면 진동기   ④ 롤러 진동기

해설
① 거푸집 진동기 : 거푸집의 외부에 진동을 주어 내부 콘크리트를 다지는 기계로서 터널의 둘레 콘크리트나 높은 벽 등에 사용된다.
② 내부 진동기 : 일반적으로 된 반죽의 콘크리트를 다질 때 가장 많이 사용된다.

13 가루 석탄을 연소시킬 때 굴뚝에서 집진기로 모은 아주 작은 입자의 재료로 워커빌리티가 좋아지게 만드는 혼화재료는?

① 포졸란   ② 플라이애시
③ 공기연행제   ④ 분산제

해설
플라이애시 : 가루 석탄을 연소시킬 때 굴뚝에서 집진기로 모은 아주 작은 입자의 재이며 실리카질 혼화재이다. 입자가 둥글고 매끄럽기 때문에 콘크리트의 워커빌리티를 좋게 하고 수화열이 적으며, 장기강도를 크게 한다.

14 콘크리트 치기에 있어 먼저 친 콘크리트와 새로 친 콘크리트 사이에 이음이 생기는데 이 이음을 무엇이라고 하는가?

① 공사이음 ② 시공이음
③ 치기이음 ④ 압축이음

해설
시공이음(시공줄눈)
• 콘크리트 치기에 있어 먼저 친 콘크리트와 새로 친 콘크리트 사이에 생기는 이음을 말한다.
• 기능상 필요에 의해서가 아니라 시공상 필요에 의해서 콘크리트 타설 시 주는 줄눈으로서, 콘크리트 타설을 일시 중단해야 할 때 만드는 줄눈이다.
• 시공이음은 가능한 한 전단력이 작은 위치에 하며, 부재의 압축력이 작용하는 방향과 직각이 되게 한다.

15 시멘트의 종류에서 특수 시멘트에 속하는 것은?

① 고로 슬래그 시멘트
② 팽창 시멘트
③ 플라이애시 시멘트
④ 백색 포틀랜드 시멘트

해설
시멘트의 종류
• 포틀랜드 시멘트 : 보통 포틀랜드 시멘트, 중용열 포틀랜드 시멘트, 조강 포틀랜드 시멘트, 저열 포틀랜드 시멘트, 내황산염 포틀랜드 시멘트, 백색 포틀랜드 시멘트
• 혼합 시멘트 : 고로 슬래그 시멘트, 플라이애시 시멘트, 실리카(포졸란) 시멘트
• 특수 시멘트 : 알루미나 시멘트, 초속경 시멘트, 팽창 시멘트

16 중량골재에 속하지 않은 것은?

① 중정석　　② 화산암
③ 자철광　　④ 갈철광

해설
화산암은 경량골재에 속한다.
중량골재 : 중정석(바라이트), 자철광, 갈철광, 적철광 등

17 기상작용에 대한 골재의 내구성을 알기 위한 시험은 다음 중 어느 것인가?

① 골재의 밀도 시험
② 골재의 빈틈률 시험
③ 골재의 안정성 시험
④ 골재에 포함된 유기불순물 시험

해설
골재의 안정성 시험(KS F 2507)
- 안정성이란 시멘트가 굳는 도중에 체적팽창을 일으켜 균열이 생기거나 뒤틀림 등의 변형을 일으키는 성질을 말한다.
- 골재의 안정성 시험을 실시하는 목적은 기상작용에 대한 내구성을 판단하기 위한 자료를 얻기 위함이다.

18 분말도가 큰 시멘트에 대한 설명으로 틀린 것은?

① 수밀한 콘크리트를 얻을 수 있으며 균열의 발생이 없다.
② 풍화되기 쉽고 수화열이 많이 발생한다.
③ 수화반응이 빨라지고 조기강도가 크다.
④ 블리딩양이 적고 워커블한 콘크리트를 얻을 수 있다.

해설
분말도가 크다는 것은 시멘트 입자의 크기가 가늘다는 것이다. 입자가 고운만큼 물에 접촉하는 면적이 크며 이에 따라 수화열이 많이 발생하고 건조수축이 커지므로 콘크리트에 균열이 발생하기 쉽다.

19 콘크리트의 비비기에 대한 설명으로 틀린 것은?

① 비비기가 잘 되면 강도와 내구성이 커진다.
② 오래 비비면 비빌수록 워커빌리티가 좋아진다.
③ 비비기는 미리 정해 둔 비비기 시간의 3배 이상 계속해서는 안 된다.
④ 비비기를 시작하기 전에 미리 믹서 내부를 모르타르로 부착시켜야 한다.

해설
오래 비비면 수화를 촉진하여 워커빌리티가 나빠지고 재료분리가 생길 수 있다.

20 특정한 입도를 가진 굵은 골재를 거푸집에 채워 넣고, 그 공극 속에 특수한 모르타르를 적당한 압력으로 주입하여 제조한 콘크리트를 무엇이라 하는가?

① 프리스트레스트 콘크리트
② 숏크리트
③ 트레미 콘크리트
④ 프리플레이스트 콘크리트

해설
① 프리스트레스트 콘크리트 : 외력에 의하여 일어나는 응력을 소정의 한도까지 상쇄할 수 있도록 미리 인위적으로 그 응력의 분포와 크기를 정하여 내력을 준 콘크리트이다.
② 숏크리트 : 모르타르 또는 콘크리트를 압축공기를 이용해 고압으로 분사하여 만드는 콘크리트이며 비탈면의 보호, 교량의 보수, 터널공사 등에 쓰인다.
③ 트레미 콘크리트 : 윗부분에 깔때기 모양의 수구가 있고 물이 새지 않도록 밀봉된 관으로 타설하는 콘크리트이며 물속에서 작업을 할 때 쓰인다.

[정답] 16 ② 17 ③ 18 ① 19 ② 20 ④

21 콘크리트용 모래에 포함되어 있는 유기불순물 시험에 사용하는 식별용 표준색 용액의 제조방법으로 옳은 것은?

① 10%의 수산화나트륨 용액으로 2% 탄닌산 용액을 만들고, 그 2.5mL를 3%의 알코올 용액 97.5mL에 가하여 유리병에 넣어 마개를 닫고 잘 흔든다.
② 10%의 알코올 용액으로 2% 탄닌산 용액을 만들고, 그 2.5mL를 3%의 수산화나트륨 용액 97.5mL에 가하여 유리병에 넣어 마개를 닫고 잘 흔든다.
③ 3%의 알코올 용액으로 10% 탄닌산 용액을 만들고, 그 2.5mL를 2%의 황산나트륨 용액 97.5mL에 가하여 유리병에 넣어 마개를 닫고 잘 흔든다.
④ 3%의 황산나트륨 용액으로 10% 탄닌산 용액을 만들고, 그 2.5mL를 2%의 알코올 용액 97.5mL에 가하여 유리병에 넣어 마개를 닫고 잘 흔든다.

22 콘크리트 슬럼프 시험에서 슬럼프값은 얼마의 정밀도로 측정하는가?

① 5mm   ② 1mm
③ 10mm   ④ 0.5mm

해설
슬럼프값은 콘크리트가 내려앉은 길이를 5mm의 정밀도로 측정한다.

23 잔골재의 밀도 및 흡수율 시험에 사용되는 시험 기구가 아닌 것은?

① 플라스크   ② 원뿔형 몰드
③ 저울   ④ 원심분리기

해설
잔골재의 밀도 및 흡수율 시험에 사용되는 시험 기구 : 저울, 플라스크(500mL), 원뿔형 몰드, 다짐봉, 건조기, 항온 수조, 피펫

24 거푸집의 높이가 높을 경우 재료분리를 막기 위하여 거푸집에 투입구를 만들거나, 슈트, 깔때기를 사용한다. 깔때기와 슈트 등의 배출구와 치기면과의 높이는 얼마 이하를 원칙으로 하는가?

① 0.5m 이하
② 1.0m 이하
③ 1.5m 이하
④ 2.0m 이하

해설
슈트, 펌프배관, 버킷, 호퍼 등의 배출구와 타설면까지의 높이는 1.5m 이하를 원칙으로 한다.

25 레디믹스트 콘크리트를 제조와 운반방법에 따라 분류할 때 다음의 설명에 해당하는 것은?

> 콘크리트 플랜트에서 재료를 계량하여 트럭믹서에 싣고 운반 중에 물을 넣어 비비는 방법이다.

① 센트럴 믹스트 콘크리트
② 슈링크 믹스트 콘크리트
③ 가경식 믹스트 콘크리트
④ 트랜싯 믹스트 콘크리트

해설
레디믹스트 콘크리트의 운반방식에 따른 분류
- 센트럴 믹스트 콘크리트 : 공장에 있는 고정 믹서에서 완전히 비빈 콘크리트를 애지테이터 트럭 등으로 운반하는 방식으로 근거리 운반에 사용된다.
- 슈링크 믹스트 콘크리트 : 공장에 있는 고정 믹서에서 어느 정도 콘크리트를 비빈 다음, 현장으로 가면서 완전히 비비는 방식으로 중거리 운반에 사용된다.
- 트랜싯 믹스트 콘크리트 : 플랜트에 고정 믹서가 없고 각 재료의 계량장치만 설치하여 계량된 각 재료를 트럭믹서 속에 투입하여 운반 중에 소요 수량을 가해 완전히 비벼진 콘크리트를 만들어 공급하는 방식으로 장거리 수송에 사용된다.

정답 21 ② 22 ① 23 ④ 24 ③ 25 ④

26 콘크리트의 건조를 방지하기 위하여 방수제를 표면에 바르든지 또는 이것을 뿜어붙이기를 하여 습윤 양생을 하는 것은?

① 전기 양생 ② 방수 양생
③ 증기 양생 ④ 피막 양생

해설
①·③ : 촉진 양생에 해당한다.
피막 양생(막양생) : 일반적으로 가마니, 마포 등을 적시거나 살수하는 등의 습윤 양생이 곤란한 경우에 사용하는 것으로 콘크리트의 막을 만드는 양생제를 살포하여 증발을 막는 양생방법이다.

27 일반적인 수중 콘크리트의 단위 시멘트양 표준은 얼마 이상인가?

① 370kg/m³ ② 300kg/m³
③ 250kg/m³ ④ 200kg/m³

해설
일반 수중 콘크리트를 시공할 때 물-시멘트비 50% 이하, 단위 시멘트양 370kg/m³ 이상을 표준으로 한다.

28 일반 콘크리트에서 수밀성을 기준으로 물-결합재비를 정할 경우 그 값은 얼마를 기준으로 하는가?

① 30% 이하 ② 45% 이하
③ 50% 이하 ④ 60% 이하

해설
수밀 콘크리트의 물-결합재비는 50% 이하로 하여야 한다.

29 겉보기 공기량이 6.80%이고 골재의 수정계수가 1.20%일 때 콘크리트의 공기량은 얼마인가?

① 5.60% ② 4.40%
③ 3.20% ④ 2.0%

해설
콘크리트의 공기량(A)
$A = A_1 - G$
$= 6.80 - 1.20$
$= 5.60\%$
여기서, A_1 : 콘크리트의 겉보기 공기량(%)
G : 골재의 수정계수(%)

30 콘크리트의 인장강도 시험을 하여 다음과 같은 결과를 얻었다. 이 공시체의 쪼갬 인장강도는 얼마인가?

- 시험기에 나타난 최대 하중 : 167.4kN
- 공시체의 길이 : 300mm
- 공시체의 지름 : 150mm

① 1.7MPa ② 2.0MPa
③ 2.4MPa ④ 2.7MPa

해설
쪼갬 인장강도 $= \dfrac{2P}{\pi dl}$
$= \dfrac{2 \times 167,400}{\pi \times 150 \times 300}$
$\fallingdotseq 2.36\text{N/mm}^2 \fallingdotseq 2.4\text{MPa}$
여기서, P : 최대 하중(N)
d : 공시체의 지름(mm)
l : 공시체의 길이(mm)

31 단위 골재량의 절대 부피가 0.7m³이고 잔골재율이 35%일 때 단위 굵은 골재량은?(단, 굵은 골재의 밀도는 2.6g/cm³임)

① 1,183kg/m³   ② 1,198kg/m³
③ 1,213kg/m³   ④ 1,228kg/m³

해설
단위 굵은 골재량의 절대 부피(m³)
= 단위 골재량의 절대 부피 − 단위 잔골재량의 절대 부피
= 0.7 − (0.7 × 0.35)
= 0.455m³
∴ 단위 굵은 골재량(kg/m³)
= 단위 굵은 골재량의 절대 부피 × 굵은 골재의 밀도 × 1,000
= 0.455 × 2.6 × 1,000
= 1,183kg/m³

32 콘크리트의 블리딩 시험에서 시험온도로 옳은 것은?

① 17±3℃   ② 20±3℃
③ 23±3℃   ④ 25±3℃

해설
블리딩 시험 중에는 실온 20±3℃로 한다.

33 콘크리트에 사용하는 촉진제에 대한 설명으로 옳지 않은 것은?

① 프리플레이스트 콘크리트용 그라우트에 사용하여 부착을 좋게 한다.
② 시멘트의 수화작용을 빠르게 하여 응결이 빠르므로 숏크리트에 사용한다.
③ 일반적으로 시멘트 무게의 1~2%의 염화칼슘을 사용하여 조기강도가 커지게 한다.
④ 염화칼슘을 시멘트 무게의 4% 이상 사용하면 급속히 굳어질 염려가 있고 장기강도가 작아진다.

해설
프리플레이스트 콘크리트용 그라우트에 사용하여 부착을 좋게 하는 것은 발포제이다.

34 다음에서 설명하는 시멘트의 성질은?

> 시멘트가 굳는 도중에 체적팽창을 일으켜 균열이 생기거나 뒤틀림 등의 변형을 일으키는 성질

① 응결   ② 풍화
③ 비표면적   ④ 안정성

해설
안정성이란 시멘트가 굳는 도중에 체적 팽창을 일으켜 균열이 생기거나 뒤틀림 등의 변형을 일으키는 성질을 말하며, 오토클레이브 팽창도 시험에 의해 알아볼 수 있다.

35 콘크리트에 사용되는 굵은 골재 및 잔골재를 구분하는데 기준이 되는 체의 호칭치수는?

① 5mm   ② 10mm
③ 2.5mm   ④ 1.2mm

해설
골재의 종류
- 잔골재(모래) : 10mm 체를 전부 통과하고 5mm 체를 거의 다 통과하며 0.08mm 체에 거의 다 남는 골재
- 굵은 골재(자갈) : 5mm 체에 거의 다 남는 골재 또는 5mm 체에 다 남는 골재

36 보통 포틀랜드의 시멘트 분말도 규격에서 비표면적은 얼마 이상이어야 하는가?

① 2,800cm²/g 이상
② 3,100cm²/g 이상
③ 3,300cm²/g 이상
④ 3,500cm²/g 이상

해설
비표면적 기준치
- 보통 포틀랜드 시멘트 : 2,800cm²/g 이상
- 중용열 포틀랜드 시멘트 : 2,800cm²/g 이상
- 조강 포틀랜드 시멘트 : 3,300cm²/g 이상

37 골재의 절대건조 상태에 대한 정의로 옳은 것은?

① 골재를 80~90℃의 온도에서 3시간 이상 건조하여 골재알의 내부에 포함되어 있는 자유수가 완전히 제거된 상태
② 골재를 90~100℃의 온도에서 6시간 이상 건조하여 골재알의 내부에 포함되어 있는 자유수가 완전히 제거된 상태
③ 골재를 110~120℃의 온도에서 24시간 이상 건조하여 골재알의 내부에 포함되어 있는 자유수가 완전히 제거된 상태
④ 골재를 100~110℃의 온도에서 일정한 질량이 될 때까지 건조하여 골재알의 내부에 포함되어 있는 자유수가 완전히 제거된 상태

38 한중 콘크리트의 시공에서 타설할 때의 콘크리트 온도는 어느 정도의 범위로 하여야 하는가?

① 0~5℃
② 5~20℃
③ 20~30℃
④ 30~35℃

해설
타설할 때의 콘크리트 온도는 구조물의 단면 치수, 기상 조건 등을 고려하여 5~20℃의 범위에서 정하여야 한다.

39 콘크리트의 압축강도를 시험할 경우 기둥의 측면 거푸집널의 해체 시기로 옳은 것은?

① 콘크리트의 압축강도가 5MPa 이상
② 콘크리트의 압축강도가 4MPa 이상
③ 콘크리트의 압축강도가 3MPa 이상
④ 콘크리트의 압축강도가 2MPa 이상

해설
콘크리트의 압축강도를 시험할 경우 거푸집널의 해체 시기

부재		콘크리트 압축강도(f_{cu})
기초, 보, 기둥, 벽 등의 측면		5MPa 이상
슬래브 및 보의 밑면, 아치 내면	단층구조인 경우	설계기준 압축강도의 2/3배 이상 (단, 최소 강도 14MPa 이상)
	다층구조인 경우	설계기준 압축강도 이상(필러 동바리 구조를 이용할 경우는 구조 계산에 의해 기간을 단축할 수 있음. 단, 이 경우라도 최소 강도는 14MPa 이상으로 함)

정답 36 ① 37 ④ 38 ② 39 ①

40 수송관 내의 콘크리트를 압축공기의 압력으로 보내는 것으로서, 주로 터널의 둘레 콘크리트에 사용되는 것은?

① 벨트 컨베이어
② 운반차
③ 버킷
④ 콘크리트 플레이서

해설
① 벨트 컨베이어 : 콘크리트를 연속적으로 운반하는 기계이다.
③ 버킷 : 믹서에서 나온 콘크리트를 즉시 현장에 운반하는 용기로, 기중기 등에 매달아 사용한다.

41 콘크리트 치기의 진동 다지기에 있어서 내부 진동기로 똑바로 찔러 넣어 진동기의 끝이 아래층 콘크리트 속으로 어느 정도 들어가야 하는가?

① 0.1m
② 0.2m
③ 0.3m
④ 0.4m

해설
진동 다지기를 할 때에는 내부 진동기를 하층의 콘크리트 속으로 0.1m 정도 찔러 넣는다.

42 공기연행(AE) 콘크리트의 알맞은 공기량은 굵은 골재의 최대 치수에 따라 다르며 보통 콘크리트 부피의 몇 %를 표준으로 하는가?

① 1~3%
② 4~7%
③ 7~12%
④ 12~17%

해설
공기연행 콘크리트의 알맞은 공기량은 콘크리트 부피의 4~7%를 표준으로 한다.

43 콘크리트 휨강도 시험용 공시체의 한 변의 길이는 콘크리트에 사용될 굵은 골재 최대 치수의 몇 배 이상이며 또한 몇 mm 이상이어야 하는가?

① 2배, 50mm
② 3배, 80mm
③ 4배, 100mm
④ 5배, 150mm

해설
휨강도 공시체의 치수 : 공시체는 단면이 정사각형인 각주로 하고, 그 한 변의 길이는 굵은 골재의 최대 치수의 4배 이상이며 100mm 이상으로 한다.

44 콘크리트의 블리딩 시험에 대한 다음의 설명에서 ( ) 안에 들어갈 시간(분)으로 옳은 것은?

> 기록한 처음 시각에서 60분 동안 (a)분마다 콘크리트 표면에 스며 나온 물을 빨아낸다. 그 후는 블리딩이 정지할 때까지 (b)분마다 물을 빨아낸다.

① a = 40분, b = 10분
② a = 30분, b = 10분
③ a = 10분, b = 30분
④ a = 10분, b = 60분

해설
블리딩 시험 : 최초로 기록한 시각에서부터 60분 동안 10분마다 콘크리트 표면에서 스며 나온 물을 빨아낸다. 그 후는 블리딩이 정지할 때까지 30분마다 물을 빨아낸다.

45 콘크리트를 2층 이상으로 나누어 타설할 경우 외기온도 25℃ 이하에서 이어치기 허용시간의 표준으로 옳은 것은?

① 1.0시간　② 1.5시간
③ 2.0시간　④ 2.5시간

해설
이어치기 허용시간 표준
- 외기온도 25℃ 초과 : 2.0시간
- 외기온도 25℃ 이하 : 2.5시간

46 시멘트의 강도 시험(KS L ISO 679)에서 모르타르를 조제할 때 시멘트와 표준모래의 질량에 의한 비율로 옳은 것은?

① 1 : 2　② 1 : 2.5
③ 1 : 3　④ 1 : 3.5

해설
시멘트 강도 시험(KS L ISO 679)
공시체는 질량으로 시멘트 1, 표준사 3 및 물-시멘트비 0.5의 비율로 모르타르를 성형한다.

47 굵은 골재의 최대 치수에 대한 설명 중 틀린 것은?

① 무근 콘크리트의 굵은 골재 최대 치수는 40mm이고, 이때 부재 최소 치수의 1/4을 초과해서는 안 된다.
② 철근 콘크리트의 굵은 골재 최대 치수는 거푸집 양 측면 사이의 최소 거리의 1/5을 초과하지 않아야 한다.
③ 일반적인 철근 콘크리트 구조물인 경우 굵은 골재 최대 치수는 15mm를 표준으로 한다.
④ 단면이 큰 철근 콘크리트 구조물인 경우 굵은 골재 최대 치수는 40mm를 표준으로 한다.

해설
굵은 골재의 최대 치수

콘크리트의 종류		굵은 골재의 최대 치수(mm)
무근 콘크리트		40 (부재 최소 치수의 1/4 이하)
철근 콘크리트	일반적인 경우	20 또는 25
	단면이 큰 경우	40
포장 콘크리트		40 이하
댐콘크리트		150 이하

부재 최소 치수의 1/5 이하, 철근 순간격의 3/4 이하

48 콘크리트 타설에 대한 설명으로 틀린 것은?

① 한 구획 내의 콘크리트는 타설이 완료될 때까지 연속해서 타설해야 한다.
② 콘크리트는 그 표면이 한 구획 내에서는 거의 수평이 되도록 타설하는 것을 원칙으로 한다.
③ 콘크리트 타설의 1층 높이는 다짐능력을 고려하여 이를 결정하여야 한다.
④ 타설한 콘크리트는 그 수평을 맞추기 위하여 거푸집 안에서 횡방향으로 이동시키면서 작업하여야 한다.

해설
타설한 콘크리트를 거푸집 안에서 횡방향으로 이동시켜서는 안 된다.

정답 45 ④　46 ③　47 ③　48 ④

49 콘크리트의 혼화제에 대한 설명으로 가장 적합한 것은?

① 사용량이 시멘트 질량의 5% 정도 이상이 되어 그 자체의 부피가 콘크리트의 배합계산에 관계된다.
② 사용량이 콘크리트 질량의 1% 정도 이상이 되어 그 자체의 부피가 콘크리트의 배합계산에 관계된다.
③ 사용량이 콘크리트 질량의 5% 정도 이하인 것으로서 그 자체의 부피는 콘크리트의 배합계산에서 무시된다.
④ 사용량이 시멘트 질량의 1% 정도 이하의 것으로서 그 자체의 부피는 콘크리트의 배합계산에서 무시된다.

해설
①은 혼화재, ④는 혼화제에 대한 설명이다.

50 공극률이 25%인 골재의 실적률은?

① 12.5% ② 25%
③ 50%   ④ 75%

해설
실적률(%) = 100 − 공극률(%)
         = 100 − 25
         = 75%

51 시멘트 비중 시험에서 광유 표면의 눈금을 읽을 때에 눈높이를 수평으로 하여 곡면(메니스커스)의 어디를 읽어야 하는가?

① 가장 윗면
② 중간면
③ 가장 밑면
④ 가장 윗면과 가장 밑면을 읽어 평균값을 취한다.

해설
광유 표면의 눈금을 읽을 때에는 곡면의 가장 밑면의 눈금을 읽도록 한다.

52 한중 콘크리트에 적합하고 조기강도가 필요한 공사나 긴급공사에 사용되는 시멘트는?

① 백색 포틀랜드 시멘트
② 조강 포틀랜드 시멘트
③ 내황산염 포틀랜드 시멘트
④ 중용열 포틀랜드 시멘트

해설
② 조강 포틀랜드 시멘트 : 수화열이 높아 조기강도와 저온에서 강도 발현이 우수하여 한중공사, 긴급공사에 사용된다.
① 백색 포틀랜드 시멘트 : 산화철과 마그네시아의 함유량을 제한하여 철분이 거의 없으며 주로 건축물의 미장, 장식용, 인조석 제조 등에 사용된다.
③ 내황산염 포틀랜드 시멘트 : 황산염에 대한 저항성 우수하여 해양공사에 유리하다.
④ 중용열 포틀랜드 시멘트 : 수화열이 적고 장기강도가 우수하여 댐, 매스 콘크리트, 방사선 차폐용 등에 사용된다.

53 잔골재의 흡수율은 몇 % 이하를 기준으로 하는가?

① 2%   ② 3%
③ 5%   ④ 7%

해설
일반적으로 잔골재의 흡수율은 3.0% 이하의 값을 표준으로 한다.

54 운반거리가 먼 경우나 슬럼프가 큰 콘크리트의 경우에 사용하는 애지테이터를 붙인 운반기계는?

① 덤프트럭
② 트럭믹서
③ 콘크리트 펌프
④ 콘크리트 플레이서

해설
① 덤프트럭 : 슬럼프값이 50mm 이하의 콘크리트를 10km 이하 거리 또는 1시간 이내 운반 가능한 경우에 사용한다.
③ 콘크리트 펌프 : 비빈 콘크리트를 수송관을 통해 압력으로 치기할 장소까지 연속적으로 보내는 운반기계이다.
④ 콘크리트 플레이서 : 수송관 속의 콘크리트를 압축공기에 의해 압송하는 것으로서, 터널 등의 좁은 곳에 콘크리트를 운반하는 데에 편리한 기계이다.

55 콘크리트 운반시공에 관한 설명 중 틀린 것은?

① 연직 슈트는 재료분리를 일으키기 쉬워 가능한 한 사용하지 않는 것이 좋다.
② 콘크리트 플레이서는 수송관을 수평 또는 상향으로 설치하고 압축공기로 콘크리트를 압송한다.
③ 벨트 컨베이어는 운반거리가 길거나 경사가 있어서는 안 된다.
④ 버킷은 믹서로부터 받아 즉시 콘크리트 칠 장소로 운반하기에 가장 좋은 방법이다.

해설
슈트를 사용할 때는 원칙적으로 연직 슈트를 사용해야 하며, 깔때기 등을 설치하여 콘크리트의 재료분리가 적게 일어나도록 해야 한다.

56 다음 중 콘크리트 압축강도 시험과 관련이 없는 것은?

① 캘리퍼스
② 다짐대
③ 공시체 몰드
④ 플라스크

해설
플라스크는 잔골재의 밀도 및 흡수율 시험에 사용된다.
콘크리트 압축강도 시험에 사용되는 시험 기구 : 압축시험기, 상하 가압판, 구면시트, 공시체 몰드, 다짐대, 진동기, 혼합기, 저울, 양생장치, 캘리퍼스, 흙손, 비빔용기 등

정답 53 ② 54 ② 55 ① 56 ④

57 다음 중 골재의 실적률 계산에 이용되지 않는 것은?

① 골재의 밀도
② 골재의 단위 용적질량
③ 골재의 조립률
④ 골재의 빈틈률

해설
골재의 실적률 계산
• 실적률(%) = 100 − 공극률(%)
$= \dfrac{\text{골재의 단위 용적질량}}{\text{골재의 절건 밀도}} \times 100$
• 실적률 + 공극률(빈틈률) = 100

58 굵은 골재의 밀도 시험결과 2회 평균한 값의 측정 범위의 한계는 0.01g/cm³ 이하이며 흡수율의 정밀도는?

① 0.01%
② 0.02%
③ 0.03%
④ 0.05%

해설
정밀도 : 시험값은 평균값과의 차이가 밀도의 경우 0.01g/cm³ 이하, 흡수율의 경우는 0.03% 이하여야 한다.

59 터널 내부에 라이닝 콘크리트를 타설하기 위하여 설치하는 이동식 철제 대형 거푸집은?

① 콘크리트 플레이서
② 슬립 폼
③ 터널 지보재
④ SCW(Soil Cemet Wall)

해설
슬립 폼(slip form)
• 콘크리트의 면에 따라 거푸집을 천천히 움직이면서 연속적으로 콘크리트를 치는 특수 거푸집이다.
• 슬립 폼에는 연직 방향으로 이동하는 것과 수평 방향으로 이동하는 것이 있는데 연직 방향으로 이동하는 것은 주로 교각과 사일로 등에 사용되고, 수평 방향으로 이동하는 것은 수로 및 터널의 라이닝 등에 사용된다.

60 공기가 전혀 없는 것으로 계산한 시방 배합의 콘크리트 이론 단위 무게와 실제 측정한 단위 무게의 차이로 공기량을 측정하는 방법은?

① 면적법
② 부피법
③ 질량법
④ 공기실 압력법

해설
공기량의 측정법
• 질량법(중량법, 무게법) : 공기량이 전혀 없는 것으로 간주하여, 시방 배합에서 계산한 콘크리트의 단위 무게와 실제로 측정한 단위 무게와의 차이로부터 공기량을 구하는 방법이다.
• 용적법(부피법) : 콘크리트 속의 공기량을 물로 치환하여, 치환한 물의 부피로부터 공기량을 구하는 방법이다.
• 공기실 압력법(주수법, 무주수법) : 워싱턴형 공기량 측정기를 사용하며, 공기실에 일정한 압력을 콘크리트에 주었을 때, 공기량으로 인하여 압력이 저하하는 것으로부터 공기량을 구하는 방법으로 주수법(물을 부어서 실시하는 방법. 용기의 용량 5L 이상)과 무주수법(물을 붓지 않고 실시하는 방법. 용기의 용량 7L 이상)이 있다.

57 ③ 58 ③ 59 ② 60 ③

2015년 제2회 과년도 기출문제

01 다음은 아래 조건 시의 굵은 골재의 마모 시험결과 값이다. 마모율로 옳은 것은?

> • 시험 전 시료질량 : 10,000g
> • 시험 후 1.7mm 체에 남은 질량 : 6,700g

① 마모율 : 33%
② 마모율 : 49%
③ 마모율 : 25%
④ 마모율 : 32%

해설

$$마모율(\%) = \frac{m_1 - m_2}{m_1} \times 100$$

$$= \frac{10,000 - 6,700}{10,000} \times 100$$

$$= 33\%$$

여기서, m_1 : 시험 전 시료의 질량(g)
m_2 : 시험 후 1.7mm의 망체에 남은 시료의 질량(g)

02 일반적으로 콘크리트를 구성하는 재료 중에서 부피가 가장 큰 것부터 작은 순으로 나열한 것은?

① 골재 > 공기 > 물 > 시멘트
② 골재 > 물 > 시멘트 > 공기
③ 물 > 시멘트 > 골재 > 공기
④ 물 > 골재 > 시멘트 > 공기

해설
재료의 부피 크기 : 굵은 골재>잔골재>물>시멘트>공기

03 잔골재의 절대건조 상태의 무게가 100g, 표면건조 포화 상태의 무게가 110g, 습윤 상태의 무게가 120g 이었다면 이 잔골재의 흡수율은?

① 5%   ② 10%
③ 14% ④ 20%

해설

$$흡수율(\%) = \frac{표면건조\ 포화\ 상태 - 절대건조\ 상태}{절대건조\ 상태} \times 100$$

$$= \frac{110 - 100}{100} \times 100$$

$$= 10\%$$

04 가경식 믹서를 사용하여 콘크리트 비비기를 할 경우 비비기 시간은 믹서 안에 재료를 투입한 후 얼마 이상을 표준으로 하는가?

① 1분   ② 30초
③ 1분 30초 ④ 2분

해설
가경식 믹서는 1분 30초 이상, 강제식 믹서는 1분 이상을 표준 비비기 시간으로 한다.

정답 1 ① 2 ② 3 ② 4 ③

05 모르타르 또는 콘크리트를 압축공기에 의해 뿜어 붙여서 만든 콘크리트로 비탈면의 보호, 교량의 보수 등에 쓰이는 콘크리트는?

① 진공 콘크리트
② 프리플레이스트 콘크리트
③ 숏크리트
④ 수밀 콘크리트

해설
① 진공 콘크리트 : 콘크리트를 친 후 콘크리트의 표면에 진공 덮개를 덮고, 진공 펌프로 표면의 물과 공기를 빼내어 콘크리트에 대기압을 주어 만든 콘크리트이다.
② 프리플레이스트 콘크리트 : 특정한 입도를 가진 굵은 골재를 거푸집에 채워 넣고, 그 공극 속에 특수한 모르타르를 적당한 압력으로 주입하여 제조한 콘크리트이다.
④ 수밀 콘크리트 : 물, 공기의 공극률을 최소로 하거나 방수성 물질을 사용하여 방수성을 높인 콘크리트이다.

06 콘크리트의 슬럼프 시험에 대한 설명으로 옳은 것은?

① 콘크리트가 내려앉은 길이를 5mm의 정밀도로 측정한다.
② 시료는 슬럼프 콘의 높이를 3등분하여 3층으로 나누어 넣고 가운데 층만 25회 다진다.
③ 슬럼프 콘에 시료를 채우고 벗길 때까지의 전 작업시간은 3분 30초 이내로 한다.
④ 슬럼프 콘 벗기는 작업은 10초 정도로 천천히 해야 한다.

해설
② 시료는 슬럼프 콘의 높이를 3등분하여 3층으로 나누어 넣고 각 층을 25회 다진다.
③ 슬럼프 콘에 시료를 채우고 벗길 때까지의 전 작업시간은 3분 이내로 한다.
④ 슬럼프 콘 벗기는 작업은 2~5초 이내로 한다.

07 굳지 않은 콘크리트의 공기 함유량 시험방법 중에서 보일(Boyle)의 법칙을 이용하여 공기량을 구하는 것은?

① 주수압력법
② 공기실 압력법
③ 무게법
④ 체적법

해설
공기실 압력법 : 워싱턴형 공기량 측정기를 사용하며, 굳지 않은 콘크리트의 공기 함유량을 압력의 감소를 이용해 측정하는 방법으로 보일(Boyle)의 법칙을 적용한 것이다.

08 표면건조 포화 상태 시료의 질량이 4,000g이고, 물속에서 철망태와 시료의 질량이 3,070g이며 물속에서 철망태의 질량이 580g, 절대건조 상태 시료의 질량이 3,930g일 때 이 굵은 골재의 절대건조 상태의 밀도를 구하면?(단, 시험온도에서의 물의 밀도는 1g/cm³이다)

① 2.30g/cm^3
② 2.40g/cm^3
③ 2.50g/cm^3
④ 2.60g/cm^3

해설
절대건조 상태의 밀도(D_d)

$$D_d = \frac{A}{B-C} \times \rho_w$$
$$= \frac{3,930}{4,000-(3,070-580)} \times 1$$
$$\fallingdotseq 2.6 \text{g/cm}^3$$

여기서, A : 절대건조 상태의 시료질량(g)
B : 표면건조 포화 상태의 시료질량(g)
C : 침지된 시료의 수중 질량(g)
ρ_w : 시험온도에서의 물의 밀도(g/cm³)

09 다음 중 시멘트의 비중을 시험할 때 사용되는 기구는?

① 르샤틀리에 병
② 블레인 투과장치
③ 길모어침
④ 비카침

해설
② : 시멘트의 분말도 시험방법에 사용된다.
③·④ : 시멘트의 응결시간을 측정하는 장치이다.

10 수중 콘크리트에 대한 설명 중 옳지 않은 것은?

① 콘크리트를 수중에 낙하시키지 말아야 한다.
② 수중에 물의 속도가 5cm/s 이상일 때에 한하여 시공한다.
③ 트레미나 포대를 사용한다.
④ 정수 중에 치면 더욱 좋다.

해설
수중 콘크리트 타설 시 완전히 물막이를 할 수 없는 경우에도 유속은 5cm/s 이하로 하여야 한다.

11 시멘트를 저장할 때 몇 포 이상 쌓아 올려서는 안 되는가?

① 10포
② 13포
③ 15포
④ 20포

해설
13포대(장기간 저장 시에는 7포대) 이상 쌓으면 안 되며 반드시 입하순으로 사용해야 한다.

12 시멘트가 풍화하면 그 성질이 달라진다. 맞는 것은?

① 비중이 커진다.
② 수화열이 커진다.
③ 응결, 경화가 늦어진다.
④ 강도가 증진된다.

해설
① 비중이 작아진다.
② 수화열이 낮고 응결속도 느리다.
④ 초기강도가 현저히 작아지고, 특히 압축강도에 큰 영향을 미친다.

13 시멘트를 분류할 때 혼합 시멘트에 해당하지 않는 것은?

① 고로 슬래그 시멘트
② 플라이애시 시멘트
③ 포졸란 시멘트
④ 내화물용 알루미나 시멘트

해설
시멘트의 종류
- 포틀랜드 시멘트 : 보통 포틀랜드 시멘트, 중용열 포틀랜드 시멘트, 조강 포틀랜드 시멘트, 저열 포틀랜드 시멘트, 내황산염 포틀랜드 시멘트, 백색 포틀랜드 시멘트
- 혼합 시멘트 : 고로 슬래그 시멘트, 플라이애시 시멘트, 실리카(포졸란) 시멘트
- 특수 시멘트 : 알루미나 시멘트, 초속경 시멘트, 팽창 시멘트

14 1g의 시멘트가 가지고 있는 전체 입자의 총 겉넓이를 무엇이라 하는가?

① 비표면적
② 총 표면적
③ 단위 표면적
④ 유효 표면적

해설
비표면적 : 1g의 시멘트가 가지고 있는 전체 입자의 총 표면적을 말한다. 시멘트의 분말도를 나타내며, 단위는 cm^2/g이다.

정답 9 ① 10 ② 11 ② 12 ③ 13 ④ 14 ①

15 분말도가 높은 시멘트에 관한 설명 중 옳지 않은 것은 어떤 것인가?

① 발열량이 커서 균열이 쉽다.
② 수화작용이 빠르다.
③ 풍화하기 쉽다.
④ 조기강도가 작다.

해설
시멘트의 분말도가 높으면 조기강도가 커진다.

16 잔골재 표면수 측정시험에서 동일 시료에 계속 두 번 시험하였을 때 허용 측정오차는?

① 0.1%   ② 0.2%
③ 0.3%   ④ 0.4%

해설
잔골재 표면수 측정 시 정밀도 : 평균값에서의 차가 0.3% 이하이어야 한다.

17 골재의 안정성 시험에 대한 설명 중 옳지 않은 것은?

① 시료를 금속제 망태에 넣고 시험용 용액을 24시간 담가 둔다.
② 무게비가 5% 이상인 무더기에 대해서만 시험을 한다.
③ 용액은 자주 휘저으면서 20±1℃의 온도로 48시간 이상 보존 후 시험에 사용한다.
④ 황산소듐 포화용액으로 인한 골재의 부서짐 작용에 대한 저항성을 시험한다.

해설
시료를 철망 바구니에 넣고 시험용 용액 안에 16~18시간 담가 둔다.

18 잔골재의 실체적률이 75%이고, 밀도가 2.65g/cm³일 때 빈틈률은?

① 28%   ② 25%
③ 66%   ④ 3%

해설
실적률 = 100 − 공극률(빈틈률)
∴ 공극률(%) = 100 − 실적률(%)
= 100 − 75%
= 25%

19 조립률 3.0의 모래와 7.0의 자갈을 중량비 1 : 3 비율로 혼합할 때의 조립률을 구한 것 중 옳은 것은?

① 4.0   ② 5.0
③ 6.0   ④ 7.0

해설
혼합 골재의 조립률 = $\frac{3.0 \times 1 + 7.0 \times 3}{1 + 3}$
= 6.0

20 레디믹스트 콘크리트를 사용했을 때의 특징 중 옳지 않은 것은?

① 균등질의 좋은 콘크리트를 얻을 수 있다.
② 대량 콘크리트의 연속치기가 가능하다.
③ 경비가 많이 든다.
④ 공사기간이 단축된다.

[해설]
레디믹스트 콘크리트는 콘크리트 반죽을 위한 현장설비가 필요 없으며 콘크리트 치기와 양생에만 전념할 수 있어 공사능률이 향상되고 공사비용 절감 및 공기를 단축할 수 있다.

21 벨트 컨베이어에 의한 콘크리트를 운반할 경우 재료의 분리를 방지하기 위해 설치하는 깔때기의 길이는 최소 얼마 이상이어야 하는가?

① 40cm 이상
② 50cm 이상
③ 60cm 이상
④ 70cm 이상

[해설]
깔때기의 길이는 60cm 이상이어야 한다.

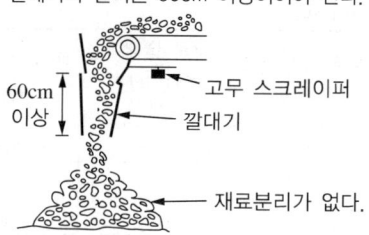

22 콘크리트의 양생에 대한 설명으로 틀린 것은?

① 기온이 상당히 낮은 경우에는 일정한 기간 동안 열을 주거나 보온에 의해 온도제어를 한다.
② 콘크리트 양생기간 중에는 진동, 충격의 작용을 무시해도 된다.
③ 촉진 양생을 할 때는 콘크리트에 나쁜 영향이 없도록 해야 한다.
④ 콘크리트의 수분 증발을 막기 위해서는 콘크리트의 표면에 매트, 가마니 등을 물에 적셔서 덮는 등의 습윤 상태로 보호해야 한다.

[해설]
콘크리트는 양생기간 중에 예상되는 진동, 충격, 하중 등의 유해한 작용으로부터 보호하여야 한다.

23 거푸집의 외부에 진동을 주어 내부 콘크리트를 다지는 기계로서 터널의 둘레 콘크리트나 높은 벽 등에 사용되는 것은?

① 거푸집 진동기
② 내부 진동기
③ 콘크리트 피니셔
④ 표면 진동기

[해설]
② 내부 진동기 : 일반적으로 된 반죽의 콘크리트를 다질 때 가장 많이 사용된다.
③ 콘크리트 피니셔 : 콘크리트 스프레더가 깔아 놓은 생콘크리트를 평탄하고 균일하게 다듬질하기 위한 것으로 정리 및 사상장치를 가진 원동기를 설치한 기계이다.
④ 표면 진동기 : 비교적 두께가 얇고, 넓은 콘크리트의 표면에 진동을 주어 고르게 다지는 기계로서, 주로 도로 포장, 활주로 포장 등의 표면 다지기에 사용된다.

24 콘크리트 속의 공기량에 대한 설명이다. 잘못된 것은?

① 공기연행제에 의하여 콘크리트 속에 생긴 공기를 연행공기라 하고 이 밖에 공기를 갇힌 공기라 한다.
② 공기연행 콘크리트에서 공기량이 많아지면 압축강도가 커진다.
③ 공기연행 콘크리트의 알맞은 공기량은 콘크리트 부피의 4~7%를 표준으로 한다.
④ 공기연행 공기량은 시멘트의 양, 물의 양, 비비기 시간 등에 따라 달라진다.

해설
연행된 공기량이 증가하면 콘크리트의 압축강도는 감소한다.

25 공기연행 감수제를 사용한 콘크리트의 특징으로 틀린 것은?

① 동결융해에 대한 저항성이 증대된다.
② 굳지 않은 콘크리트의 워커빌리티를 개선하고 재료의 분리를 방지한다.
③ 건조수축을 감소시킨다.
④ 수밀성이 감소하고 투수성이 증가한다.

해설
공기연행 감수제를 사용하면 수밀성이 증가하고 투수성이 감소한다.

26 철근 콘크리트에서 구조물의 단면이 큰 경우 굵은 골재의 최대 치수는 다음 중 어느 것을 표준으로 하는가?

① 25mm
② 40mm
③ 50mm
④ 100mm

해설
굵은 골재의 최대 치수

콘크리트의 종류		굵은 골재의 최대 치수(mm)
무근 콘크리트		40 (부재 최소 치수의 1/4 이하)
철근 콘크리트	일반적인 경우	20 또는 25
	단면이 큰 경우	40
포장 콘크리트		40 이하
댐콘크리트		150 이하

철근 콘크리트 행의 우측: 부재 최소 치수의 1/5 이하, 철근 순간격의 3/4 이하

27 일평균기온이 15℃ 이상일 때, 보통 포틀랜드 시멘트를 사용한 콘크리트의 습윤 양생기간의 표준은?

① 3일
② 5일
③ 7일
④ 14일

해설
습윤 양생기간의 표준

일평균 기온	보통 포틀랜드 시멘트	고로 슬래그, 플라이애시 시멘트	조강 포틀랜드 시멘트
15℃ 이상	5일	7일	3일
10℃ 이상	7일	9일	4일
5℃ 이상	9일	12일	5일

정답 24 ② 25 ④ 26 ② 27 ②

28 콘크리트의 블리딩 시험에 대한 설명으로 틀린 것은?

① 시험하는 동안 30±3℃의 온도를 유지한다.
② 콘크리트를 용기에 3층으로 넣고, 각 층을 다짐대로 25번씩 다진다.
③ 용기에 채워 넣을 때 콘크리트의 표면이 용기의 가장자리에서 3±0.3cm 낮아지도록 고른다.
④ 콘크리트의 재료분리 정도를 알기 위한 시험이다.

해설
블리딩 시험 중에는 실온 20±3℃로 한다.

29 레디믹스트 콘크리트를 제조와 운반방법에 따라 분류할 때 다음의 설명에 해당하는 것은?

> 콘크리트 플랜트에서 재료를 계량하여 트럭믹서에 싣고 운반 중에 물을 넣어 비비는 방법이다.

① 센트럴 믹스트 콘크리트
② 슈링크 믹스트 콘크리트
③ 가경식 믹스트 콘크리트
④ 트랜싯 믹스트 콘크리트

해설
레디믹스트 콘크리트의 운반방식에 따른 분류
- 센트럴 믹스트 콘크리트 : 공장에 있는 고정 믹서에서 완전히 비빈 콘크리트를 애지테이터 트럭 등으로 운반하는 방식으로 근거리 운반에 사용된다.
- 슈링크 믹스트 콘크리트 : 공장에 있는 고정 믹서에서 어느 정도 콘크리트를 비빈 다음, 현장으로 가면서 완전히 비비는 방식으로 중거리 운반에 사용된다.
- 트랜싯 믹스트 콘크리트 : 플랜트에 고정 믹서가 없고 각 재료의 계량장치만 설치하여 계량된 각 재료를 트럭믹서 속에 투입하여 운반 중에 소요 수량을 가해 완전히 비벼진 콘크리트를 만들어 공급하는 방식으로 장거리 수송에 사용된다.

30 콘크리트의 시방 배합으로 각 재료의 양과 현장 골재의 상태가 다음과 같을 때 현장 배합에서 굵은 골재의 양은 얼마로 하여야 하는가?

> [조건]
> - 시멘트 : 300kg/m³
> - 물 : 160kg/m³
> - 잔골재 : 666kg/m³
> - 굵은 골재 : 1,178kg/m³
>
> [현장 골재]
> - 5mm 체에 남는 잔골재량 : 0%
> - 5mm 체에 통과하는 굵은 골재량 : 5%

① 116kg/m³   ② 1,178kg/m³
③ 1,240kg/m³   ④ 1,258kg/m³

해설
현장 배합 굵은 골재량 $= \dfrac{100G - a(S+G)}{100-(a+b)}$

$= \dfrac{100 \times 1{,}178 - 0 \times (666+1{,}178)}{100-(0+5)}$

$= 1{,}240 \text{kg/m}^3$

여기서, S : 시방 배합의 잔골재량(kg)
G : 시방 배합의 굵은 골재량(kg)
a : 잔골재 속의 5mm 체에 남는 양(%)
b : 굵은 골재 속의 5mm 체에 통과하는 양(%)

31 콘크리트 치기의 진동 다지기에 있어서 내부 진동기로 똑바로 찔러 넣어 진동기의 끝에 아래층 콘크리트 속으로 어느 정도 들어가야 하는가?

① 0.1m   ② 0.2m
③ 0.3m   ④ 0.4m

해설
진동 다지기를 할 때에는 내부 진동기를 하층의 콘크리트 속으로 0.1m 정도 찔러 넣는다.

32 지름 100mm, 높이 200mm인 콘크리트 공시체로 압축강도 시험을 실시한 결과 공시체 파괴 시 최대 하중이 231kN이었다. 이 공시체의 압축강도는?

① 29.4MPa ② 27.4MPa
③ 25.4MPa ④ 23.4MPa

해설

압축강도$(f) = \dfrac{P}{A} = \dfrac{231,000}{\dfrac{\pi \times 100^2}{4}} ≒ 29.4\text{MPa}$

여기서, P : 파괴될 때 최대 하중(N)
　　　　A : 시험체의 단면적(mm²)

33 규격 150mm × 150mm × 530mm인 콘크리트 공시체에 지간길이 450mm인 4점 재하법으로 휨강도 시험을 실시한 결과, 공시체가 지간 방향 중심선의 4점 사이에서 파괴되면서 시험기에 나타난 최대 하중은 36kN이었다. 이 공시체의 휨강도는?

① 4.8MPa ② 4.2MPa
③ 3.6MPa ④ 3.0MPa

해설

휨강도$(f_b) = \dfrac{Pl}{bh^2} = \dfrac{36,000 \times 450}{150 \times 150^2} = 4.8\text{MPa}$

여기서, P : 시험기가 나타내는 최대 하중(N)
　　　　l : 지간(mm)
　　　　b : 파괴 단면의 너비(mm)
　　　　h : 파괴 단면의 높이(mm)
※ 개정된 KS 기준으로 내용을 수정하였다.

34 포졸란을 사용한 콘크리트의 특징으로 틀린 것은?

① 워커빌리티가 좋아진다.
② 조기강도는 크나, 장기강도가 작아진다.
③ 블리딩이 감소한다.
④ 수밀성 및 화학 저항성이 크다.

해설

조기강도는 감소하나 장기강도는 증가한다.

35 슬럼프 콘의 규격으로 옳은 것은?

① 윗면의 안지름이 150±2mm, 밑면의 안지름이 300±2mm, 높이 300±2mm
② 윗면의 안지름이 150±2mm, 밑면의 안지름이 200±2mm, 높이 300±2mm
③ 윗면의 안지름이 100±2mm, 밑면의 안지름이 300±2mm, 높이 300±2mm
④ 윗면의 안지름이 100±2mm, 밑면의 안지름이 200±2mm, 높이 300±2mm

해설

슬럼프 콘은 윗면의 안지름이 100±2mm, 밑면의 안지름이 200±2mm, 높이 300±2mm 및 두께 1.5mm 이상인 금속제로 하고, 적절한 위치에 발판과 손잡이를 붙인다.
※ 개정된 KS 기준으로 내용을 수정하였다.

36 콘크리트를 제조할 때 각 재료의 계량에 대한 허용오차 중 골재의 허용오차로 옳은 것은?

① ±1% ② ±2%
③ ±3% ④ ±4%

해설

표준시방서상 계량오차

재료의 종류	측정 단위	허용오차
시멘트	질량	±1%
골재	질량 또는 부피	±3%
물	질량	±1%
혼화재	질량	±2%
혼화제	질량 또는 부피	±3%

37 일반 수중 콘크리트에 대한 설명으로 틀린 것은?

① 트레미, 콘크리트 펌프 등에 의해 타설된다.
② 물-결합재비는 50% 이하여야 한다.
③ 단위 시멘트양은 300kg/m³ 이상으로 한다.
④ 콘크리트는 수중에 낙하시키지 않아야 한다.

[해설]
일반 수중 콘크리트를 시공할 때 단위 시멘트양은 370kg/m³ 이상을 표준으로 한다.

38 수송관 속의 콘크리트를 압축공기에 의해 압송하는 것으로서 콘크리트 펌프와 같이 터널 등의 좁은 곳에 콘크리트를 운반하는 데에 편리한 콘크리트 운반기계는?

① 벨트 컨베이어
② 버킷
③ 콘크리트 플레이서
④ 슈트

[해설]
① 벨트 컨베이어 : 콘크리트를 연속적으로 운반하는 기계이다.
② 버킷 : 믹서에서 나온 콘크리트를 즉시 현장에 운반하는 용기로, 기중기 등에 매달아 사용한다.
④ 슈트 : 콘크리트를 높은 곳에서 낮은 곳으로 미끄러져 내려갈 수 있게 만든 홈통이나 관 모양의 것을 말한다.

39 시멘트 비중 시험결과 시멘트의 질량은 64g, 처음 광유 눈금을 읽은 값은 0.4mL, 시료를 넣은 후 광유 눈금을 읽은 값은 20.9mL였다. 이 시멘트의 비중은 얼마인가?

① 3.09
② 3.12
③ 3.15
④ 3.18

[해설]
시멘트의 비중 = $\dfrac{\text{시료의 무게}}{\text{눈금 차}}$
$= \dfrac{64}{20.9 - 0.4}$
$≒ 3.12$

40 시멘트의 응결속도에 영향을 주는 요소에 대한 설명으로 틀린 것은?

① 분말도가 크면 응결은 빨라진다.
② 석고의 첨가량이 많을수록 응결은 지연된다.
③ 온도가 낮을수록 응결은 빨라진다.
④ 풍화된 시멘트는 일반적으로 응결이 지연된다.

[해설]
온도가 높을수록 시멘트의 응결은 빨라진다.

41 주로 원자로 등에서 방사선 차폐 콘크리트를 만드는 데 사용되는 골재는?

① 중량골재
② 경량골재
③ 보통골재
④ 부순 골재

[해설]
② 경량골재 : 콘크리트의 중량을 감소시킬 목적으로 상용되는 중량이 가벼운 골재이다.
③ 보통골재 : 보통의 토목·건축구조물에 이용되는 일반적인 골재이다.
④ 부순 골재 : 암석을 크러셔 등으로 분쇄하여 인공적으로 만든 골재

42 콘크리트용 모래에 포함되어 있는 유기불순물 시험에 대한 설명으로 옳은 것은?

① 사용하는 수산화나트륨 용액은 물 50에 수산화나트륨 50의 질량비로 용해시킨 것이다.
② 시료는 대표적인 것을 취하고 절대건조 상태로 건조시켜 사분법을 사용하여 약 5kg을 준비한다.
③ 시험에 사용할 유리병은 노란색으로 된 유리병을 사용하여야 한다.
④ 시험의 결과 24시간 정치한 잔골재 상부의 용액 색이 표준용액보다 연할 경우 이 모래는 콘크리트용으로 사용할 수 있다.

해설
① 사용하는 수산화나트륨 용액은 물 97에 수산화나트륨 3의 질량비로 용해시킨다.
② 시료는 대표적인 것을 취하고 공기 중 건조 상태로 건조시켜서 사분법 또는 시료 분취기를 사용하여 약 450g을 채취한다.
③ 시험에 사용할 유리병은 무색 투명 유리병을 사용하여야 한다.

43 서중 콘크리트를 칠 때의 콘크리트 온도는 몇 ℃ 이하여야 하는가?

① 25℃ ② 30℃
③ 35℃ ④ 40℃

44 시멘트의 응결시간을 측정하는 시험방법은?

① 블레인 공기투과장치
② 비카 장치, 길모어 장치
③ 시멘트 비중 시험
④ 오토클레이브 장치

해설
① 블레인 공기투과장치 : 분말도 시험
③ 시멘트 비중 시험 : 르샤틀리에 비중병으로 측정
④ 오토클레이브 장치 : 시멘트의 안정성 시험

45 골재의 표면수량에 대한 설명 중 옳지 않은 것은?

① 골재의 습윤 상태에서 표면건조 포화 상태의 수분을 뺀 물의 양이다.
② 시방 배합을 현장 배합으로 보정할 경우 표면수량을 고려한다.
③ 절대건조 상태에서 표면건조 포화 상태로 되기까지 흡수된 물의 양이다.
④ 골재의 표면에 묻어 있는 물의 양이다.

해설
③은 골재의 흡수량에 대한 설명이다.
표면수량
• 골재 입자의 표면에 묻어 있는 물의 양을 말하는 것으로 함수량에서 흡수량을 뺀 값이다.
• 표면수량(%) = $\dfrac{\text{습윤 상태 질량} - \text{표건 질량}}{\text{표건 질량}} \times 100$

46 콘크리트 인장강도 시험에 대한 설명 중 틀린 것은?

① 시험체를 매초 0.06±0.04MPa의 일정한 비율로 증가하도록 하중을 가한다.
② 시험체의 지름은 150mm 이상으로 한다.
③ 시험체의 지름은 굵은 골재 최대 치수의 3배 이상이어야 한다.
④ 시험체는 습윤 상태에서 시험을 한다.

해설
공시체의 지름은 굵은 골재 최대 치수의 4배 이상이어야 한다.

47 콘크리트 휨강도 시험에 대한 설명으로 옳지 않은 것은?

① 공시체의 길이는 높이의 3배보다 8cm 이상 더 커야 한다.
② 공시체는 성형 후 16시간 이상 3일 이내에 몰드를 해체한다.
③ 공시체의 한 변의 길이는 굵은 골재 최대 치수의 3배 이상으로 한다.
④ 공시체가 지간 방향 중심선의 4점의 바깥쪽에서 파괴 시 그 시험결과는 무효로 한다.

해설
휨강도 시험 공시체의 한 변의 길이는 굵은 골재의 최대 치수의 4배 이상으로 한다.
※ 개정된 KS 기준으로 내용을 수정하였다.

48 다음 중 잔골재 밀도 측정시험에 사용되는 기계기구가 아닌 것은?

① 원뿔형 몰드 ② 플라스크(mL)
③ 항온 수조   ④ 철망태

해설
철망태는 굵은 골재의 밀도 측정 시 사용된다.
잔골재의 밀도 및 흡수율 시험 시 시험용 기구 : 시료 분취기, 저울, 플라스크(500mL), 원뿔형 몰드, 다짐봉, 건조기, 항온 수조, 피펫

49 콘크리트를 타설한 후 다지기를 할 때 내부 진동기를 찔러 넣는 간격은 어느 정도가 적당한가?

① 25cm 이하 ② 50cm 이하
③ 75cm 이하 ④ 100cm 이하

해설
내부 진동기는 연직으로 0.1m 정도 찔러 넣으며, 삽입 간격은 일반적으로 0.5m 이하로 한다.

50 콘크리트의 혼화제에 대한 설명으로 가장 적합한 것은?

① 사용량이 시멘트 질량의 5% 정도 이상이 되어 그 자체의 부피가 콘크리트의 배합계산에 관계된다.
② 사용량이 콘크리트 질량의 1% 정도 이상이 되어 그 자체의 부피가 콘크리트의 배합계산에 관계된다.
③ 사용량이 콘크리트 질량의 5% 정도 이하의 것으로서 그 자체의 부피는 콘크리트의 배합계산에서 무시된다.
④ 사용량이 콘크리트 질량의 1% 정도 이하의 것으로서 그 자체의 부피는 콘크리트의 배합계산에서 무시된다.

해설
①은 혼화재, ④는 혼화제에 대한 설명이다.

51 골재의 체가름 시험과정에서 골재가 체 눈에 끼인 경우 올바른 조치는?

① 체 눈에 끼인 골재는 손으로 밀어 체를 통과시킨다.
② 체 눈에 끼인 골재알은 부서지지 않도록 빼내고 체에 남는 시료로 간주한다.
③ 체 눈에 끼인 골재는 통과된 시료로 간주한다.
④ 체 눈에 끼인 골재는 부서지지 않도록 빼내고 전체 시료량에서 제외한다.

해설
체 눈에 막힌 알갱이는 파쇄되지 않도록 주의하면서 되밀어내어 체에 남은 시료로 간주한다. 이때 골재를 손으로 눌러 무리하게 체를 통과시키면 안 된다.

정답 47 ③ 48 ④ 49 ② 50 ④ 51 ②

52 싣기 용량이 6m³인 트럭믹서의 1시간당 작업량은 얼마인가?(단, 작업효율 0.85, 사이클 타임 1시간이다)

① 3.1m³/h ② 4.5m³/h
③ 5.1m³/h ④ 5.5m³/h

해설
트럭믹서의 작업량
$Q = \dfrac{60qE}{C_m} = \dfrac{60 \times 6 \times 0.85}{60}$
$= 5.1\text{m}^3/\text{h}$
여기서, q : 적재량
E : 효율
C_m : 사이클 타임

53 다음 중 프리스트레스트 콘크리트에 대한 설명으로 옳지 않은 것은?

① 프리텐션 방식은 시스와 PS 강재의 간격을 특수한 모르타르로 채워야 한다.
② PS 강재에는 PS 강봉, PS 강선, PS 스트랜드 등이 사용된다.
③ PS 강재가 원래의 상태로 돌아가려는 힘으로 콘크리트의 압축응력이 생기게 된다.
④ 프리텐션 방식의 경우 프리스트레이싱을 할 때의 콘크리트 압축강도는 30MPa 이상이어야 한다.

해설
①은 포스트 텐션 방식에 대한 설명이다.

54 콘크리트 양생방법 중 촉진 양생방법에 해당하지 않는 것은?

① 고주파 양생
② 증기 양생
③ 오토클레이브 양생
④ 막양생

해설
막양생(피막 양생)은 콘크리트의 막을 만드는 양생제를 살포하여 증발을 막는 습윤 양생방법이다.
촉진 양생
• 온도를 높게 하거나 압력을 가하여 콘크리트의 경화나 강도 발현을 빠르게 하는 양생방법이다.
• 증기 양생, 고온고압(오토클레이브) 양생, 전기 양생, 온수 양생, 적외선 양생, 고주파 양생 등이 있다.

55 다음의 포졸란 종류 중 인공산에 해당하는 것은?

① 화산재 ② 플라이애시
③ 규조토 ④ 규산백토

해설
포졸란의 종류
• 천연산 : 화산회(화산재), 규조토, 규산백토 등
• 인공산 : 플라이애시, 고로 슬래그, 실리카 퓸, 실리카 겔, 소성 점토, 혈암

56 콘크리트 속에 많은 거품을 일으켜 부재의 경량화나 단열성을 목적으로 사용하는 혼화제는?

① 기포제 ② 지연제
③ 경화촉진제 ④ 감수제

해설
②・③ : 응결과 경화시간을 조절하는 혼화제이다.
④ : 시멘트 입자를 분산시켜 콘크리트의 단위 수량을 감소시킬 목적으로 사용하는 혼화제이다.

57 콘크리트 운반에 사용되는 슈트에 대한 설명으로 틀린 것은?

① 경사 슈트를 사용할 경우에는 수평 2에 대해 연직 1의 경사로 한다.
② 슈트를 사용할 경우에는 원칙적으로 경사 슈트를 사용하여야 한다.
③ 연직 슈트를 사용할 경우에 추가 슈트의 설치를 생략하기 위해 한 개의 슈트로 넓은 장소에 공급해서는 안 된다.
④ 연직 슈트를 사용할 경우에는 콘크리트의 투입구 간격, 투입 순서 등으로 검토하여 콘크리트가 한 곳에 모이지 않도록 한다.

[해설]
슈트를 사용할 때는 원칙적으로 연직 슈트를 사용해야 하며, 깔때기 등을 설치하여 콘크리트의 재료분리가 적게 일어나도록 해야 한다.

58 콘크리트의 인장강도에 대한 설명으로 옳지 않은 것은?

① 인장강도는 도로 포장이나 수로 등에 중요시된다.
② 압축강도와 달리 인장강도는 물-결합재비에 비례한다.
③ 인장강도는 압축강도의 1/13~1/10배 정도로 작다.
④ 인장강도는 철근 콘크리트 휨부재 설계 시 무시한다.

[해설]
압축강도, 인장강도, 휨강도는 물-결합재비에 반비례한다.

59 습윤 상태의 굵은 골재 질량이 5,600g이고 이 시료의 표면건조 포화 상태 질량이 5,400g, 공기 중 건조 상태 질량이 5,100g이었다. 이 골재의 표면수량은?

① 3.7%   ② 5.9%
③ 6.3%   ④ 9.8%

[해설]

표면수량(%) = $\dfrac{습윤\ 상태\ 질량 - 표건\ 질량}{표건\ 질량} \times 100$

$= \dfrac{5,600 - 5,400}{5,400} \times 100$

$≒ 3.7\%$

60 콘크리트에 공기량이 미치는 영향에 대한 설명으로 옳지 않은 것은?

① 콘크리트의 온도는 높을수록 공기량은 감소한다.
② 부배합일수록 공기량은 감소한다.
③ AE제의 첨가량이 많을수록 공기량은 증가한다.
④ 단위 잔골재량이 많을수록 공기량은 감소한다.

[해설]
단위 잔골재량이 많을수록 공기량은 증가한다.

[정답] 57 ② 58 ② 59 ① 60 ④

2015년 제3회 과년도 기출문제

01 시방 배합에서 잔골재와 굵은 골재를 구별하는 표준체는?

① 5mm 체
② 10mm 체
③ 2.5mm 체
④ 1.2mm 체

해설
골재의 종류
- 잔골재(모래) : 10mm 체를 전부 통과하고 5mm 체를 거의 다 통과하며 0.08mm 체에 거의 다 남는 골재
- 굵은 골재(자갈) : 5mm 체에 거의 다 남는 골재 또는 5mm 체에 다 남는 골재

02 포장용 콘크리트의 배합기준 중 굵은 골재의 최대 치수는 몇 mm 이하이어야 하는가?

① 25mm
② 40mm
③ 100mm
④ 150mm

해설
굵은 골재의 최대 치수

콘크리트의 종류		굵은 골재의 최대 치수(mm)
무근 콘크리트		40 (부재 최소 치수의 1/4 이하)
철근 콘크리트	일반적인 경우	20 또는 25
	단면이 큰 경우	40
포장 콘크리트		40 이하
댐콘크리트		150 이하

철근 콘크리트: 부재 최소 치수의 1/5 이하, 철근 순간격의 3/4 이하

03 시멘트의 제조 시 응결시간을 조절하기 위해 첨가하는 것은?

① 석고
② 점토
③ 철분
④ 광재

해설
시멘트를 제조할 때 응결시간을 조절하기 위하여 3~5%의 석고를 넣는다.

04 시멘트의 분말도에 대한 설명으로 가장 적합한 것은?

① 시멘트 입자의 가는 정도를 나타내는 것
② 여러 가지 크기의 입자들이 어떤 비율로 섞여 있는가를 나타내는 것
③ 시멘트가 굳어 가는 도중에 부피가 팽창하는 정도를 나타내는 것
④ 시멘트의 강도를 나타내는 것

해설
분말도
- 시멘트 입자의 가는 정도를 나타내는 것이다.
- 분말도는 비표면적으로 나타내며, 시멘트 1g이 가지는 전체 입자의 총 표면적(cm^2/g)을 말한다.
- 시멘트의 입자가 가늘수록 분말도가 높다.

1 ① 2 ② 3 ① 4 ①

05 어떤 굵은 골재의 밀도가 2.65g/cm³이고, 단위 용적질량이 1,800kg/m³일 때 이 골재의 공극률은 약 얼마인가?

① 72% ② 68%
③ 32% ④ 28%

해설

실적률(%) = $\dfrac{\text{골재의 단위 용적질량}}{\text{골재의 절건 밀도}} \times 100$

= $\dfrac{1.8}{2.65} \times 100$

≒ 68%

∴ 공극률(%) = 100 − 실적률(%)
= 100 − 68%
= 32%

06 다음 표에서 설명하고 있는 혼화재료는?

> 화력발전소에서 미분탄을 보일러 내에서 완전히 연소했을 때 그 폐가스 중에 함유된 용융 상태의 실리카질 미분입자를 전기집진기로 모은 것

① 고로 슬래그 분말
② 급결제
③ 팽창제
④ 플라이애시

해설

① 고로 슬래그 분말 : 제철소의 용광로에서 배출되는 슬래그를 급랭하여 입자(알갱이)화한 후 미분쇄한 것이다.
② 급결제 : 시멘트의 응결을 상당히 빠르게 하기 위하여 사용하는 혼화제이다.
③ 팽창제 : 콘크리트가 경화되는 중에 부피를 늘어나게 하여 콘크리트의 건조수축에 의한 균열을 억제하는 데 사용하는 혼화재이다.

07 굵은 골재의 최대 치수는 질량비로 몇 % 이상을 통과시키는 체 중에서 최소 치수인 체의 호칭치수로 나타낸 것인가?

① 60% 이상 ② 70% 이상
③ 80% 이상 ④ 90% 이상

해설

굵은 골재의 최대 치수는 골재가 질량비로 90% 이상을 통과하는 체 중 가장 작은 체의 치수로 정한다.

08 중용열 포틀랜드 시멘트에 대한 설명으로 틀린 것은?

① 화학적 저항성이 크다.
② 한중 콘크리트 시공에 적합하다.
③ 수화열이 낮아 단면이 큰 콘크리트에 적합하다.
④ 조기강도는 작고 장기강도가 크다.

해설

한중 콘크리트 시공에 적합한 것은 조강 포틀랜드 시멘트이다.
중용열 포틀랜드 시멘트
• 수화열이 적다.
• 조기강도는 작으나 장기강도가 크다.
• 포틀랜드 시멘트 중에서 건조수축이 가장 작다.
• 댐, 매스 콘크리트, 방사선 차폐용 등에 적합하다.

09 콘크리트에 AE제를 혼합하는 주된 목적으로 옳은 것은?

① 콘크리트의 강도를 높인다.
② 콘크리트의 단위 중량을 높인다.
③ 철근과의 부착강도를 증가시킨다.
④ 동결융해에 대한 저항성을 높인다.

해설

① AE제의 사용량이 많을수록 콘크리트의 강도는 감소한다.
② 사용수량을 6~8% 정도 감소시킬 수 있다.
③ 철근과의 부착강도를 감소시킨다.
AE제 : 워커빌리티를 좋게 하고, 동결융해에 대한 저항성과 수밀성을 크게 하는 혼화재료이다.

10 골재의 조립률을 구할 때 사용하는 표준체 중 그 호칭 치수가 가장 큰 것은?

① 65mm ② 75mm
③ 90mm ④ 100mm

해설
조립률 : 10개의 체(75mm, 40mm, 20mm, 10mm, 5mm, 2.5mm, 1.2mm, 0.6mm, 0.3mm, 0.15mm)를 1조로 하여 체가름 시험을 하였을 때, 각 체에 남은 누계량의 전체 시료에 대한 질량 백분율의 합을 100으로 나눈 값으로 나타낸다.

11 시멘트와 물을 반죽한 것을 무엇이라 하는가?

① 모르타르 ② 시멘트풀
③ 콘크리트 ④ 반죽질기

해설
시멘트풀(cement paste) : 시멘트와 물의 혼합물을 말하며, 물-시멘트비가 27~30% 정도가 되도록 정하는 것이 좋다.

12 골재의 수분함량 상태를 나타내는 용어 중 가장 많은 양의 수분을 나타내는 것은?

① 유효 흡수량 ② 표면수량
③ 흡수량 ④ 함수량

해설
골재의 수분함량 상태
절건 상태 / 기건 상태(평형) / 표건 상태 / 습윤 상태
기건 흡수량 / 유효 흡수량
흡수량 / 표면수량
함수량

13 콘크리트가 경화되는 중에 부피를 늘어나게 하여 콘크리트의 건조수축에 의한 균열을 억제하는 데 사용하는 혼화재료는?

① 포졸란 ② AE제
③ 팽창제 ④ 경화촉진제

해설
① 포졸란 : 천연산의 것과 인공산의 것이 있으며 콘크리트의 워커빌리티를 좋게 하고 수밀성과 내구성 등을 크게 할 목적으로 사용되는 혼화재이다.
② AE제 : 콘크리트 내부에 독립된 미세한 기포를 발생시켜 시멘트, 골재 주위에서 볼 베어링 작용을 하여 콘크리트의 워커빌리티를 개선하는 혼화제이다.
④ 경화촉진제 : 시멘트의 경화를 촉진시키는 혼화제이다.

14 고로 슬래그 시멘트에 관한 설명으로 옳은 것은?

① 보통 포틀랜드 시멘트에 비해 응결이 빠르다.
② 보통 포틀랜드 시멘트에 비해 발열량이 많아 균열발생이 크다.
③ 보통 포틀랜드 시멘트에 비해 해수 및 화학 작용에 대한 저항성이 크다.
④ 보통 포틀랜드 시멘트에 비해 조기강도가 크다.

해설
① 보통 포틀랜드 시멘트에 비해 응결시간이 느리다.
② 보통 포틀랜드 시멘트에 비해 발열량이 적어 균열의 발생이 적다.
④ 조기강도는 낮으나 장기강도가 크다.

정답 10 ② 11 ② 12 ④ 13 ③ 14 ③

15 골재의 절대건조 상태에 대한 설명으로 옳은 것은?

① 골재를 90±5℃의 온도에서 무게가 일정하게 될 때까지 건조시킨 것
② 골재를 105±5℃의 온도에서 무게가 일정하게 될 때까지 건조시킨 것
③ 골재를 115±5℃의 온도에서 무게가 일정하게 될 때까지 건조시킨 것
④ 골재를 125±5℃의 온도에서 무게가 일정하게 될 때까지 건조시킨 것

해설
골재의 절대건조 상태 : 골재를 105±5℃(100~110℃)의 온도에서 일정한 질량이 될 때까지 건조하여 골재 입자의 내부에 포함되어 있는 자유수가 완전히 제거된 상태이다.

16 시멘트의 분말도가 높을 때 나타나는 현상이 아닌 것은?

① 풍화하기 쉽다.
② 건조수축이 커진다.
③ 수화작용이 늦어 강도가 늦게 나타난다.
④ 수화열이 많아 콘크리트에 균열이 생긴다.

해설
시멘트의 분말도가 높으면 수화반응이 빨라지고 조기강도가 커진다.

17 다음의 혼화재료 중 사용량이 비교적 많아서 콘크리트의 배합계산에 포함되는 것은?

① 실리카 퓸   ② AE제
③ 촉진제   ④ 감수제

해설
혼화재료의 종류
• 혼화재
 - 사용량이 시멘트 질량의 5% 정도 이상이 되어 그 자체의 부피가 콘크리트의 배합계산에 관계가 되는 것
 - 포졸란, 플라이애시, 고로 슬래그, 팽창제, 실리카 퓸 등
• 혼화제
 - 사용량이 시멘트 질량의 1% 정도 이하의 것으로 콘크리트의 배합계산에서 무시되는 것
 - AE제, 경화촉진제, 감수제, 지연제, 기포제, 방수제 등

18 일반적인 콘크리트용 굵은 골재의 절대건조 밀도는 몇 g/cm³ 이상의 값을 표준으로 하는가?

① $2.50 g/cm^3$ ② $2.65 g/cm^3$
③ $2.70 g/cm^3$ ④ $2.85 g/cm^3$

해설
일반적인 콘크리트용 잔골재와 굵은 골재의 절대건조 밀도는 $2.5 g/cm^3$ 이상, 흡수율은 3.0 % 이하의 값을 표준으로 한다(KCS 14 20 10).

19 감수제를 사용하면 여러 가지 효과가 나타난다. 그 효과에 대한 설명으로 틀린 것은?

① 콘크리트의 워커빌리티가 좋아진다.
② 단위 시멘트의 사용량이 늘어난다.
③ 내구성이 좋아진다.
④ 강도가 커진다.

해설
소요의 슬럼프 및 강도를 확보하기 위해 단위 수량 및 단위 시멘트를 감소시킨다.

정답 15 ② 16 ③ 17 ① 18 ① 19 ②

20 알루미나 시멘트의 최대 특징으로 옳은 것은?

① 원료가 풍부하다.
② 값이 싸다.
③ 조기강도가 크다.
④ 타 시멘트와 혼합이 용이하다.

해설

알루미나 시멘트
- 보크사이트와 석회석을 혼합하여 분말로 만든 시멘트이다.
- 재령 1일에 보통 포틀랜드 시멘트의 재령 28일에 해당하는 강도를 나타낸다.
- 조기강도가 커 긴급공사, 한중공사에 적합하다.
- 해수, 산, 염류, 등 작용에 대한 저항성이 커 해수공사에 사용된다.
- 내화용 콘크리트에 적합하다.

21 콘크리트를 양생하는 목적에 해당하지 않는 것은?

① 수분의 증발을 촉진시키려고
② 건조수축에 의한 균열을 줄이려고
③ 하중, 진동 등으로부터 보호하기 위하여
④ 수화작용에 의해 충분한 강도를 내기 위하여

해설

양생 : 타설이 끝난 콘크리트가 시멘트의 수화반응에 의하여 충분한 강도를 발현하고, 균열이 생기지 않도록 하기 위해 일정 기간 동안 적당한 온도조건을 유지하며 수분을 공급하고 유해한 작용(하중, 진동, 충격)의 영향을 받지 않도록 보호해주는 것이다.

22 콘크리트 플랜트에 대한 일반적인 설명으로 틀린 것은?

① 콘크리트 플랜트는 구조에 따라 고정식과 이동식이 있다.
② 콘크리트 플랜트에는 재료의 저장 및 계량 장치가 있다.
③ 콘크리트 플랜트에는 비비기 장치가 있다.
④ 콘크리트 플랜트는 비연속적으로 작업하여 콘크리트를 만드는 설비이다.

해설

콘크리트 플랜트 : 콘크리트 재료의 저장 장치, 계량 장치, 혼합 장치 따위의 일체를 갖추고 다량의 콘크리트를 일관 작업으로 제조하는 기계설비이다.

23 콘크리트 또는 모르타르가 엉기기 시작하지는 않았으나, 비빈 후 상당히 시간이 지났거나 또 재료가 분리된 경우에 다시 비비는 작업을 무엇이라 하는가?

① 되 비비기
② 거듭 비비기
③ 믹서 비비기
④ 혼합 비비기

해설

되 비비기는 콘크리트 또는 모르타르가 엉기기 시작하였을 때 다시 비비는 작업을 말한다.

거듭 비비기
- 콘크리트 또는 모르타르가 엉기기 시작하지는 않았으나 비빈 후 상당히 시간이 지났거나 또 재료가 분리된 경우에 다시 비비는 작업을 말한다.
- 거듭 비비기를 하면 슬럼프, 철근과의 부착강도가 커지고 침하 및 경화수축이 작아진다.

24 일명 고온고압 양생이라고 하며, 증기압 7~15기압, 온도 180℃ 정도의 고온·고압으로 양생하는 방법은?

① 오토클레이브 양생　② 상압증기 양생
③ 전기 양생　　　　　④ 가압 양생

해설
오토클레이브 양생
고온·고압의 가마 속에 콘크리트를 넣어 콘크리트 치기가 끝난 다음 온도, 하중, 충격, 오손, 파손 따위의 유해한 영향을 받지 않도록 하는 촉진 양생방법이다.

25 그림과 같이 거푸집에 골재를 먼저 채워 넣고 모르타르(mortar)를 나중에 주입하는 콘크리트 시공법은?

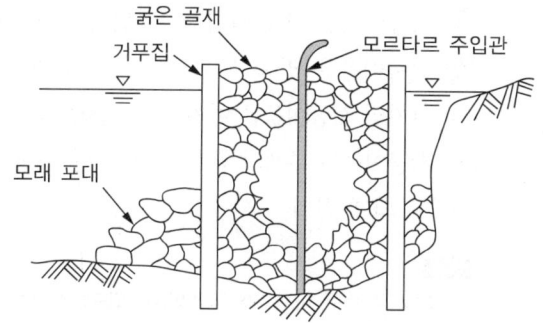

① 숏크리트(shotcrete)
② 시멘트풀(cement paste)
③ 매스 콘크리트(mass concrete)
④ 프리플레이스트 콘크리트(preplaced concrete)

해설
① 숏크리트 : 모르타르 또는 콘크리트를 압축공기를 이용해 고압으로 분사하여 만드는 콘크리트이다.
② 시멘트풀 : 시멘트와 물을 반죽한 것을 말하며, 시멘트 페이스트라고도 한다.
③ 매스 콘크리트 : 부재의 치수가 커서 시멘트의 수화열로 인한 온도 상승 및 하강에 따른 콘크리트의 팽창과 수축을 고려하여 시공해야 하는 콘크리트이다.
프리플레이스트 콘크리트
특정한 입도를 가진 굵은 골재를 거푸집에 채워 넣고, 그 공극 속에 특수한 모르타르를 적당한 압력으로 주입하여 제조한 콘크리트이다.

26 콘크리트 플레이서에 대한 설명으로 틀린 것은?

① 수송관의 배치는 굴곡을 적게 하고, 하향 경사로 설치·운용하여야 한다.
② 관에서 배출 시에 콘크리트의 재료분리가 생기는 경우에는 관 끝에 달아맨 삼베 등에 닿도록 배출시키거나 해서 배출충격을 완화시켜야 한다.
③ 수송관 내의 콘크리트를 압축공기로서 압송하는 것으로 터널 등의 좁은 곳에 콘크리트를 운반하는 데 편리하다.
④ 콘크리트 플레이서의 수송거리는 공기압, 공기 소비량 등에 따라 다르다.

해설
수송관의 배치는 굴곡을 적게 하고 수평 또는 상향으로 설치하며, 하향 경사로 설치·운용하지 않아야 한다.

27 해양 콘크리트에 대한 설명으로 틀린 것은?

① 콘크리트는 될 수 있는 대로 시공이음을 만들지 말아야 한다.
② 콘크리트는 바닷물에 대한 내구성, 수밀성, 강도가 작아야 한다.
③ 재령 5일이 될 때까지 콘크리트가 바닷물에 씻기지 않도록 해야 한다.
④ 항만, 해안 또는 해양에 위치하여 해수 또는 바닷바람의 작용을 받는 구조물에 쓰이는 콘크리트를 해양 콘크리트라 한다.

해설
해양 콘크리트는 바닷물에 대한 내구성이 강하고, 강도와 수밀성이 커야 한다.

28 일반 수중 콘크리트 타설에 대한 설명으로 틀린 것은?

① 콘크리트는 수중에 낙하시키지 않아야 한다.
② 타설할 때 완전히 물막이를 할 수 없는 경우에도 유속은 500mm/s 이하로 하여야 한다.
③ 콘크리트면을 가능한 한 수평하게 유지하면서 소정의 높이 또는 수면상에 이를 때까지 연속해서 타설하여야 한다.
④ 트레미나 콘크리트 펌프를 사용해서 타설하는 것이 좋다.

해설
수중 콘크리트는 시멘트의 유실, 레이턴스의 발생을 방지하기 위해 물막이를 설치하여 물을 정지시킨 정수 중에서 타설해야 하며, 부득이한 경우 수중 물의 속도가 5cm/s(50mm/s) 이내에 한하여 시공한다.

29 다음 중에서 뿜어붙이기 콘크리트의 시공에 적합하지 않은 것은?

① 콘크리트 표면공사
② 콘크리트 보수공사
③ 터널(tunnel) 공사
④ 수중 콘크리트 공사

해설
뿜어붙이기 콘크리트는 고압으로 콘크리트를 분사하여 시공하는 방법으로, 수밀성이 다소 결여되어 수중 콘크리트 공사에는 적절하지 않다.
숏크리트(shotcrete, 뿜어붙이기 콘크리트)
• 터널의 복공, 비탈면 보호, 보강 공사 등에 사용한다.
• 시공속도가 빠르며 협소한 장소나 시공면에 영향을 받지 않는다.

30 내부 진동기를 사용하여 콘크리트 다지기를 실시할 때, 내부 진동기를 찔러 넣는 간격의 표준으로 옳은 것은?

① 30cm 이하
② 50cm 이하
③ 80cm 이하
④ 100cm 이하

해설
내부 진동기는 연직으로 0.1m 정도 찔러 넣으며, 삽입 간격은 일반적으로 0.5m 이하로 한다.

31 콘크리트를 시공할 때 이음에 대한 설명으로 옳지 않은 것은?

① 시공이음은 전단력이 적은 위치에 설치한다.
② 신축이음은 양쪽 부재가 구속되지 않게 한다.
③ 아치의 시공이음은 아치 축에 평행이 되게 한다.
④ 시공이음은 부재의 압축이 작용하는 방향과 직각이 되게 한다.

해설
아치의 시공이음은 아치 축에 직각 방향이 되도록 설치하여야 한다.

32 콘크리트 배합설계에서 물-시멘트비가 48%, 잔골재율이 35%, 단위 수량이 170kg/m³을 얻었다면 단위 시멘트양은 약 얼마인가?

① 485kg/m³
② 413kg/m³
③ 354kg/m³
④ 327kg/m³

해설
$\dfrac{W}{C} = 0.48$

$\therefore C = \dfrac{W}{0.48} = \dfrac{170}{0.48} \fallingdotseq 354.1\,\text{kg/m}^3$

33 콘크리트의 습윤 양생방법의 종류가 아닌 것은?

① 수중 양생　② 습포 양생
③ 습사 양생　④ 촉진 양생

해설
촉진 양생은 온도를 높게 하거나 압력을 가하여 콘크리트의 경화나 강도의 발현을 빠르게 하는 양생방법이다.
양생의 종류
- 습윤 양생 : 수중 양생, 습포 양생, 습사 양생, 피막 양생(막양생), 피복 양생
- 촉진 양생 : 증기 양생, 고온고압(오토클레이브) 양생, 전기 양생, 적외선 양생, 고주파 양생

34 콘크리트 재료의 계량에 대한 설명으로 틀린 것은?

① 재료의 계량은 시방 배합에 의해 실시하는 것으로 한다.
② 각 재료는 1배치씩 질량으로 계량하여야 한다.
③ 골재의 1회 계량분에 대한 계량오차는 ±3%이다.
④ 혼화재의 1회 계량분에 대한 계량오차는 ±2%이다.

해설
계량은 현장 배합에 의해 실시하는 것으로 한다.

35 벽이나 기둥과 같이 높이가 높은 콘크리트를 연속해서 칠 경우 치는 속도가 너무 빠르면 재료분리가 일어나기 쉬우므로 일반적으로 30분에 어느 정도가 적당한가?

① 4~5m　② 3~4m
③ 2~3m　④ 1~1.5m

해설
콘크리트를 쳐 올라가는 속도는 단면의 크기, 배합, 다지기 방법 등에 따라 다르나 보통 30분에 1~1.5m 정도로 하는 것이 적당하다.

36 서중 콘크리트에 대한 설명으로 틀린 것은?

① 하루 평균기온이 20℃를 초과하는 것이 예상되는 경우 서중 콘크리트로 시공하여야 한다.
② 콘크리트를 타설할 때의 콘크리트 온도는 35℃ 이하이어야 한다.
③ 콘크리트는 비빈 후 1.5시간 이내에 타설하여야 한다.
④ 콘크리트의 배합은 단위 수량을 적게 하고 단위 시멘트양이 많아지지 않도록 적절한 조치를 하여야 한다.

해설
하루 평균기온이 25℃를 초과하는 것이 예상되는 경우 서중 콘크리트로 시공하여야 한다.

37 콘크리트의 비비기 시간에 대한 시험을 실시하지 않은 경우 그 최소 시간의 표준으로 옳은 것은?(단, 가경식 믹서를 사용하는 경우)

① 30초 이상
② 1분 이상
③ 1분 30초 이상
④ 2분 이상

해설
가경식 믹서는 1분 30초 이상, 강제식 믹서는 1분 이상을 표준 비비기 시간으로 한다.

정답　33 ④　34 ①　35 ④　36 ①　37 ③

38 콘크리트 시방 배합에 사용되는 골재의 함수비는 다음 중 어느 것을 기준으로 하는가?

① 절대건조 상태
② 공기 중 건조 상태
③ 표면건조 포화 상태
④ 습윤 상태

해설
시방 배합에서는 잔골재와 굵은 골재는 모두 표면건조 포화 상태로 한다.

39 일반 콘크리트 시방 배합표에 표시되지 않는 것은?

① 굵은 골재 최소 치수
② 슬럼프
③ 잔골재율
④ 단위 시멘트양

해설
시방 배합에서 규정된 배합의 표시법에 포함되어야 사항
- 굵은 골재의 최대 치수(mm)
- 슬럼프 범위(mm)
- 공기량 범위(%)
- 물-결합재비(%)
- 잔골재율(%)
- 단위 질량(kg/m³) : 물, 시멘트, 잔골재, 굵은 골재, 혼화재료

40 콘크리트 타설 시 버킷, 호퍼 등의 배출구로부터 콘크리트의 타설면까지의 높이는 얼마 이내를 원칙으로 하는가?

① 1.0m 이내
② 1.5m 이내
③ 2.0m 이내
④ 2.5m 이내

해설
슈트, 펌프배관, 버킷, 호퍼 등의 배출구와 타설면까지의 높이는 1.5m 이하를 원칙으로 한다.

41 콘크리트 강도 시험에 사용되는 공시체의 양생방법으로 가장 적합한 것은?

① 15±2℃에서 습윤 양생
② 15±2℃에서 공기 중 양생
③ 20±2℃에서 습윤 양생
④ 20±2℃에서 공기 중 양생

해설
콘크리트 강도 시험에 사용되는 공시체는 18~22℃의 온도에서 습윤 양생한다.

42 골재의 안정성 시험(KS F 2507)에서 잔골재의 손실질량 백분율은 몇 % 이하를 표준으로 하는가? (단, 일반적인 경우)

① 5%
② 10%
③ 20%
④ 25%

해설
잔골재의 안정성은 황산소듐으로 5회 시험을 하여 평가하는데, 그 손실질량은 10% 이하를 표준으로 한다.
※ 굵은 골재는 황산소듐 손실질량 백분율 12% 이내

정답 38 ③ 39 ① 40 ② 41 ③ 42 ②

43 골재의 단위 용적질량 시험방법 중 충격에 의한 경우는 용기에 시료를 3층으로 나누어 채우고 각 층마다 용기의 한쪽을 몇 cm 정도 들어 올려서 낙하시켜야 하는가?

① 5cm
② 10m
③ 15m
④ 20m

해설
골재의 단위 용적질량 시험(충격에 의한 경우)
용기를 콘크리트 바닥과 같은 튼튼하고 수평인 바닥 위에 놓고 시료를 거의 같은 3층으로 나누어 채운다. 각 층마다 용기의 한쪽을 약 5cm 들어 올려서 바닥을 두드리듯이 낙하시킨다. 다음으로 반대쪽을 약 5cm 들어 올려 낙하시키고 각각을 교대로 25회, 전체적으로 50회 낙하시켜서 다진다.

44 콘크리트 압축강도 시험용 공시체를 캐핑하기 위해 사용하는 시멘트풀의 물-시멘트비 범위는 어느 정도인가?

① 22~25%
② 27~30%
③ 32~35%
④ 37~40%

해설
시멘트풀(페이스트)의 물-시멘트비는 27~30% 정도가 되도록 정하는 것이 좋다.

45 블리딩(bleeding) 시험에서 물을 피펫으로 빨아낼 때 처음 60분 동안은 몇 분 간격으로 표면의 물을 빨아내는가?

① 10분
② 20분
③ 30분
④ 60분

해설
블리딩 시험
최초로 기록한 시각에서부터 60분 동안 10분마다 콘크리트 표면에서 스며 나온 물을 빨아낸다. 그 후는 블리딩이 정지할 때까지 30분마다 물을 빨아낸다.

46 콘크리트의 블리딩 시험에서 콘크리트를 채워 넣을 때에 대한 다음의 설명에서 ( ) 안에 적합한 수치는?

> 콘크리트의 표면이 용기의 가장자리에서 ( )cm 낮아지도록 고른다. 콘크리트의 표면은 최소 작업에서 평활한 면이 되도록 흙손으로 고른다.

① 3±0.3cm
② 5±0.5cm
③ 7±0.7cm
④ 10±1cm

해설
콘크리트의 블리딩 시험(KS F 2414) 시 콘크리트를 채워 넣을 때에는 콘크리트의 표면이 용기의 가장자리에서 30±3mm 낮아지도록 고른 후 평활한 면이 되도록 흙손으로 고른 후 즉시 시간을 기록한다.

47 4점 재하법으로 콘크리트 휨강도를 시험한 결과 지간 방향 중심선의 4점 사이에서 파괴되었으며, 최대 하중이 30kN이고, 파괴 단면의 너비와 높이는 각각 150mm일 때 휨강도는 몇 MPa인가?(단, 지간의 길이가 450mm이다)

① 1MPa
② 2MPa
③ 4MPa
④ 6MPa

해설
휨강도(f_b) $= \dfrac{Pl}{bh^2} = \dfrac{30,000 \times 450}{150 \times 150^2}$
$= 4\text{MPa}$

여기서, P : 시험기가 나타내는 최대 하중(N)
l : 지간(mm)
b : 파괴 단면의 너비(mm)
h : 파괴 단면의 높이(mm)

※ 개정된 KS 기준으로 내용을 수정하였다.

48 골재 마모 시험방법 중 로스앤젤레스 마모 시험기에 의해 마모 시험을 할 경우 잔량 및 통과량을 결정하는 체는?

① 5mm 체
② 2.5mm 체
③ 1.7mm 체
④ 1.2mm 체

해설
로스앤젤레스 마모 시험기에 의해 마모 시험을 한 경우 잔량 및 통과량을 결정하는 체는 1.7mm이다.

49 콘크리트용 잔골재에 포함되어 있는 유기불순물 시험에 사용되는 시약으로 옳은 것은?

① 무수황산나트륨 용액
② 염화칼슘 용액
③ 실리카 겔
④ 수산화나트륨 용액

해설
유기불순물 시험에 사용되는 시약
- 수산화나트륨 용액(3%) : 물 97에 수산화나트륨 3의 질량비로 용해시킨 것이다.
- 탄닌산 용액(2%) : 10%의 알코올 용액으로 2% 탄닌산 용액을 제조한다.

50 시방 배합으로 잔골재 600kg/m³, 굵은 골재 1,250kg/m³일 때 현장 배합으로 고친 잔골재량은?(단, 5mm 체에 남는 잔골재량 3%, 5mm 체를 통과하는 굵은 골재량 2%이며 표면수량에 대한 조정은 무시한다)

① 593kg/m³
② 600kg/m³
③ 607kg/m³
④ 627kg/m³

해설
현장 배합 잔골재량 $= \dfrac{100S - b(S+G)}{100-(a+b)}$
$= \dfrac{100 \times 600 - 2(600+1,250)}{100-(3+2)}$
$= \dfrac{56,300}{95}$
$≒ 592.63 \text{kg/m}^3$

여기서, S : 시방 배합의 잔골재량(kg/m³)
G : 시방 배합의 굵은 골재량(kg/m³)
a : 잔골재 속의 5mm 체에 남는 양(%)
b : 굵은 골재 속의 5mm 체를 통과하는 양(%)

51 콘크리트 슬럼프 시험의 목적을 가장 적절하게 설명한 것은?

① 블리딩양을 측정하기 위한 시험이다.
② 반죽질기를 측정하기 위한 시험이다.
③ 공기량을 알기 위한 시험이다.
④ 피니셔빌리티를 측정하기 위한 시험이다.

해설
슬럼프 시험은 굳지 않은 콘크리트의 반죽질기 정도를 측정하는 시험이다.

정답 48 ③ 49 ④ 50 ① 51 ②

52 표면건조 포화 상태 시료의 질량이 4,000g이고, 물속에서 철망태와 시료의 질량이 3,070g이며 물속에서 철망태의 질량이 580g, 절대건조 상태 시료의 질량이 3,930g일 때 이 굵은 골재의 절대건조 상태의 밀도는?(단, 시험온도에서의 물의 밀도는 1g/cm³이다)

① 2.30g/cm³
② 2.40g/cm³
③ 2.50g/cm³
④ 2.60g/cm³

해설
절대건조 상태의 밀도(D_d)

$D_d = \dfrac{A}{B-C} \times \rho_w$

$= \dfrac{3,930}{4,000-(3,070-580)} \times 1$

$\fallingdotseq 2.60\text{g/cm}^3$

여기서, A : 절대건조 상태의 시료질량(g)
B : 표면건조 포화 상태의 시료질량(g)
C : 침지된 시료의 수중 질량(g)
ρ_w : 시험온도에서의 물의 밀도(g/cm³)

53 콘크리트의 쪼갬 인장강도 시험에 사용할 공시체는 시험 직전에 공시체의 지름을 측정하여 그 평균값을 지름으로 하는데 이때 몇 mm까지의 정밀도로 측정하여야 하는가?

① 0.1mm
② 0.5mm
③ 1mm
④ 2mm

해설
쪼갬 인장강도 시험 시 공시체 지름을 2개소 이상에서 0.1mm까지 측정하고, 그 평균값을 공시체의 지름으로 하여 소수점 이하 첫째 자리로 끝맺는다.

54 콘크리트 압축강도 시험에 사용되는 시험체 지름의 표준이 아닌 것은?

① 100mm
② 125mm
③ 150mm
④ 200mm

해설
압축강도 시험용 공시체 지름의 표준은 100mm, 125mm, 150mm이다.

55 30회 이상의 시험실적으로부터 구한 압축강도의 표준편차가 3.5MPa이고, 콘크리트의 설계기준 압축강도가 30MPa인 경우 배합강도는?

① 31.4MPa
② 32.5MPa
③ 33.6MPa
④ 34.7MPa

해설
$f_{cn} \leq 35\text{MPa}$인 경우

• $f_{cr} = f_{cn} + 1.34s\text{(MPa)}$
$= 30 + 1.34 \times 3.5$
$= 34.69\text{MPa}$

• $f_{cr} = (f_{cn} - 3.5) + 2.33s\text{(MPa)}$
$= (30 - 3.5) + 2.33 \times 3.5$
$= 34.655\text{MPa}$

여기서, f_{cr} : 배합강도
f_{cn} : 압축강도
s : 압축강도의 표준편차(MPa)

∴ 배합강도는 두 값 중 큰 값인 34.69MPa(약 34.7MPa)이다.

56 시멘트 밀도 시험의 목적이 아닌 것은?

① 시멘트의 종류를 어느 정도 추정할 수 있다.
② 시멘트의 품질을 판정할 수 있다.
③ 시멘트 입자 사이의 공기량을 알 수 있다.
④ 콘크리트 배합설계를 할 때 시멘트의 절대 용적을 구할 수 있다.

해설
시멘트 비중 시험을 하는 이유
- 콘크리트 배합설계 시 시멘트가 차지하는 부피(용적)를 구할 수 있다.
- 비중의 시험치에 의해 시멘트 풍화의 정도, 시멘트의 품종, 혼합 시멘트에 있어서 혼합하는 재료의 함유비율을 추정할 수 있다.
- 혼합 시멘트의 분말도(블레인) 시험 시 시료의 양을 결정하는 데 비중의 실측치를 이용한다.

57 지름 151mm, 길이 300mm인 원주형 콘크리트 공시체를 쪼갬 인장강도 시험을 한 결과 최대 하중이 200kN이었다. 이 콘크리트의 인장강도는?

① 2.54MPa ② 2.81MPa
③ 25.4MPa ④ 28.1MPa

해설
쪼갬 인장강도 $= \dfrac{2P}{\pi dl}$
$= \dfrac{2 \times 200,000}{\pi \times 151 \times 300}$
$≒ 2.81\text{MPa}$

여기서, P : 최대 하중(N)
d : 공시체의 지름(mm)
l : 공시체의 길이(mm)

58 콘크리트 배합설계에서 단위 굵은 골재의 절대 용적이 0.45m³, 굵은 골재 밀도가 2.64g/cm³일 때 단위 굵은 골재량은 몇 kg/m³인가?

① 315.0kg/m³ ② 831.6kg/m³
③ 1,188.0kg/m³ ④ 1,848.0kg/m³

해설
단위 굵은 골재량(kg/m³)
= 단위 굵은 골재량의 절대 부피 × 굵은 골재의 밀도 × 1,000
= 0.45 × 2.64 × 1,000
= 1,188kg/m³

59 잔골재 밀도 및 흡수율 시험에서 사용되는 기구가 아닌 것은?

① 원추형 몰드
② 플라스크
③ 르샤틀리에 비중병
④ 피펫

해설
르샤틀리에 비중병은 시멘트 비중 시험에 사용된다.
잔골재의 밀도 및 흡수율 시험에 사용되는 시험 기구 : 시료 분취기, 저울, 플라스크(500mL), 원뿔형 몰드, 다짐봉, 건조기, 항온 수조, 피펫

60 골재의 안정성 시험에 사용되는 시험용 용액은?

① 염화칼슘 ② 황산소듐
③ 가성소다 ④ 탄닌산

해설
골재의 안정성 시험 : 골재의 내구성을 알기 위하여 황산소듐 포화용액으로 인한 골재의 부서짐 작용에 대한 저항성을 시험한다.

2016년 제1회 과년도 기출문제

01 콘크리트의 블리딩에 관한 설명 중 틀린 것은?

① 블리딩이 심하면 투수성과 투기성이 커져서 콘크리트의 중성화(탄산화)가 촉진된다.
② 블리딩이 심하면 철근과 부착력 감소로 강도 및 내구성의 감소가 현저해진다.
③ 시멘트의 분말도가 작을수록, 잔골재 중의 미립분이 작을수록 블리딩 현상이 적어진다.
④ 블리딩은 보통 2~4시간에 끝나며 그 연속시간은 콘크리트 높이가 낮고 온도가 높으면 빨리 끝난다.

해설
시멘트의 분말도가 높을수록 블리딩양은 적어진다.

02 혼화재의 계량오차는 몇 % 이내인가?

① ±1%   ② ±2%
③ ±3%   ④ ±4%

해설
표준시방서상 계량오차

재료의 종류	측정 단위	허용오차
시멘트	질량	±1%
골재	질량 또는 부피	±3%
물	질량	±1%
혼화재	질량	±2%
혼화제	질량 또는 부피	±3%

03 골재의 표면건조 포화 상태에 관한 설명 중 옳은 것은?

① 건조로(oven) 내에서 일정 중량이 될 때까지 완전히 건조시킨 상태
② 골재의 표면은 건조하고 골재 내부에는 포화하는 데 필요한 수량보다 적은 양의 물을 포화한 상태
③ 골재 내부는 물로 포화하고 표면이 건조된 상태
④ 골재 내부가 완전히 수분으로 포화되고 표면에 여분의 물을 포함하고 있는 상태

해설
① : 절대건조 상태에 대한 설명이다.
② : 공기 중 건조 상태에 대한 설명이다.
④ : 습윤 상태에 대한 설명이다.

04 다음 중 잔골재의 밀도는 얼마인가?

① $2.0 \sim 2.50 \text{g/cm}^3$
② $2.50 \sim 2.65 \text{g/cm}^3$
③ $2.55 \sim 2.70 \text{g/cm}^3$
④ $2.0 \sim 3.0 \text{g/cm}^3$

해설
• 잔골재의 밀도 : $2.50 \sim 2.65 \text{g/cm}^3$
• 굵은 골재의 밀도 : $2.55 \sim 2.70 \text{g/cm}^3$

정답 1 ③   2 ②   3 ③   4 ②

05 콘크리트를 배합할 때 잔골재 275L, 굵은 골재를 480L를 투입하여 혼합한다면 이때 잔골재율(S/a)은 얼마인가?

① 27%   ② 36.4%
③ 48.0%   ④ 63.5%

해설

$$잔골재율(\%) = \frac{잔골재량}{잔골재량 + 굵은 골재량} \times 100$$
$$= \frac{275}{275 + 480} \times 100$$
$$≒ 36.4\%$$

06 시방 배합에서 사용되는 골재는 어떤 상태인가?

① 습윤 상태
② 공기 중 건조 상태
③ 표면건조 포화 상태
④ 절대건조 상태

해설
시방 배합에서는 잔·굵은 골재는 모두 표면건조 포화 상태로 한다.

07 기상작용에 대한 골재의 내구성을 알기 위한 시험은 다음 중 어느 것인가?

① 골재의 밀도 시험
② 골재의 빈틈률 시험
③ 골재의 안정성 시험
④ 골재에 포함된 유기불순물 시험

해설
골재의 안정성 시험(KS F 2507)
• 안정성이란 시멘트가 굳는 도중에 체적팽창을 일으켜 균열이 생기거나 뒤틀림 등의 변형을 일으키는 성질을 말한다.
• 골재의 안정성 시험을 실시하는 목적은 기상작용에 대한 내구성을 판단하기 위한 자료를 얻기 위함이다.

08 혼화재와 혼화제의 분류에서 혼화재에 대한 설명으로 알맞은 것은?

① 사용량이 비교적 많으나 그 자체의 부피가 콘크리트 등의 비비기 용적에 계산되지 않는 것
② 사용량이 비교적 많아서 그 자체의 부피가 콘크리트 등의 비비기 용적에 계산되는 것
③ 사용량이 비교적 적으나 그 자체의 부피가 콘크리트 등의 비비기 용적에 계산되는 것
④ 사용량이 비교적 적어서 그 자체의 부피가 콘크리트 등의 비비기 용적에 계산되지 않는 것

해설
혼화재는 사용량이 시멘트 질량의 5% 정도 이상이 되어 그 자체의 부피가 콘크리트의 배합계산에 관계된다.

09 시멘트가 응결할 때 화학적 반응에 의하여 수소가스를 발생시켜 모르타르 또는 콘크리트 속에 아주 작은 기포를 생기게 하는 혼화제로 알루미늄 가루 등을 사용하며 프리플레이스트 콘크리트용 그라우트나 PC용 그라우트에 사용하면 부착을 좋게 하는 것은?

① 발포제   ② 방수제
③ 촉진제   ④ 급결제

해설
② 방수제 : 수밀성을 좋게 해주는 혼화제이다.
③ 촉진제 : 시멘트의 수화작용을 빠르게 하는 혼화제이다.
④ 급결제 : 시멘트의 응결을 상당히 빠르게 하기 위하여 사용하는 혼화제이다.

10 다음 중 콘크리트 운반기계에 포함되지 않는 것은?

① 버킷
② 배처플랜트
③ 슈트
④ 트럭 애지테이터

해설
배처플랜트는 대량의 콘크리트를 제조하는 설비이며, 댐 건설과 같은 대규모 공사장 부근에 설치한다.
① 버킷 : 믹서에서 나온 콘크리트를 즉시 현장에 운반하는 용기로, 기중기 등에 매달아 사용한다.
③ 슈트 : 콘크리트를 높은 곳에서 낮은 곳으로 미끄러져 내려갈 수 있게 만든 홈통이나 관 모양의 것을 말한다.
④ 트럭 애지테이터 : 콘크리트 운반기계 중에서 거리가 멀 때 가장 적합한 운반기계이다.

11 한중 콘크리트는 양생 중에 온도를 최소 얼마 이상으로 유지해야 하는가?

① 0℃   ② 5℃
③ 15℃ ④ 20℃

해설
한중 콘크리트는 소요 압축강도가 얻어질 때까지 콘크리트의 온도를 5℃ 이상으로 유지하여야 하며, 또한 소요 압축강도에 도달한 후 2일간은 구조물의 어느 부분이라도 0℃ 이상이 되도록 유지하여야 한다.

12 수중 콘크리트를 타설할 때 사용되는 기계 및 기구와 관계가 먼 것은?

① 트레미
② 슬립 폼 페이버
③ 밑열림 상자
④ 콘크리트 펌프

해설
슬립 폼 페이버는 콘크리트 슬래브의 포설기계의 일종으로 펴고, 다지며 표면 마무리 등의 기능을 하며 연속적으로 포설할 수 있는 장비이다.
수중 콘크리트의 시공방법
• 트레미에 의한 시공
• 콘크리트 펌프에 의한 시공
• 밑열림 상자에 의한 시공

13 콘크리트 압축강도 시험에 사용하는 시료의 양생 온도 범위로 가장 적합한 것은?

① 0~4℃   ② 6~10℃
③ 11~15℃ ④ 18~22℃

해설
콘크리트 강도 시험에 사용되는 공시체는 18~22℃의 온도에서 습윤 양생한다.

14 콘크리트 압축강도 시험체의 지름은 골재 최대 치수의 몇 배 이상이어야 하는가?

① 3배   ② 4배
③ 5배   ④ 6배

해설
콘크리트 압축강도 시험에 필요한 공시체의 지름은 굵은 골재 최대 치수의 3배 이상이며 100mm 이상이어야 한다.

정답 10 ② 11 ② 12 ② 13 ④ 14 ①

15 일반 수중 콘크리트에서 물-결합재비는 얼마 이하이어야 하는가?

① 50% ② 55%
③ 60% ④ 65%

해설
일반 수중 콘크리트를 시공할 때 물-시멘트비 50% 이하, 단위시멘트양 370kg/m³ 이상을 표준으로 한다.

16 잔골재의 유해물 중 시방서에 규정된 점토 덩어리의 함유량의 한도(중량 백분율)는 얼마인가?

① 0.5% ② 1%
③ 3%   ④ 5%

해설
잔골재의 유해물 함유량 한도

종류		천연 잔골재(%)
점토 덩어리		1.0
0.08mm 체 통과량	콘크리트의 표면이 마모작용을 받는 경우	3.0
	기타의 경우	5.0
석탄, 갈탄 등으로 밀도 2.0g/cm³의 액체에 뜨는 것	콘크리트의 외관이 중요한 경우	0.5
	기타의 경우	1.0
염화물(NaCl 환산량)		0.04

17 시멘트가 매우 빨리 응결하도록 하기 위해 사용하는 혼화제로서, 콘크리트 뿜어올리기 공법, 그라우트에 의한 지수 공법 등에 사용하는 혼화재료는?

① 경화촉진제 ② 급결제
③ 지연제   ④ 발포제

해설
① 경화촉진제 : 시멘트의 경화속도를 촉진시키는 혼화제이다.
③ 지연제 : 시멘트의 응결시간을 늦추기 위하여 사용하는 혼화제이다.
④ 발포제 : 알루미늄 또는 아연 가루를 넣어, 시멘트가 응결할 때 수소가스를 발생시켜 모르타르 또는 콘크리트 속에 아주 작은 기포를 생기게 하는 혼화제이다.

18 콘크리트의 인장강도 시험에 사용할 공시체는 시험 직전에 공시체의 지름을 몇 mm까지 2개소 이상을 측정하여 평균값을 구하는가?

① 0.1mm ② 0.5mm
③ 1mm   ④ 2mm

해설
쪼갬 인장강도 시험 시 공시체 지름을 2개소 이상에서 0.1mm까지 측정하고, 그 평균값을 공시체의 지름으로 하여 소수점 이하 첫째 자리로 끝맺는다.

19 시멘트를 분류할 때 혼합 시멘트에 해당하지 않는 것은?

① 고로 슬래그 시멘트
② 플라이애시 시멘트
③ 포졸란 시멘트
④ 내화물용 알루미나 시멘트

해설
시멘트의 종류
- 포틀랜드 시멘트 : 보통 포틀랜드 시멘트, 중용열 포틀랜드 시멘트, 조강 포틀랜드 시멘트, 저열 포틀랜드 시멘트, 내황산염 포틀랜드 시멘트, 백색 포틀랜드 시멘트
- 혼합 시멘트 : 고로 슬래그 시멘트, 플라이애시 시멘트, 실리카(포졸란) 시멘트
- 특수 시멘트 : 알루미나 시멘트, 초속경 시멘트, 팽창 시멘트

20 굵은 골재의 밀도가 2.65g/cm³이고 단위 질량이 1.80t/m³일 때 이 골재의 공극률은?

① 30.02% ② 31.04%
③ 31.96% ④ 32.08%

해설

실적률(%) = $\frac{\text{골재의 단위 용적질량}}{\text{골재의 절건 밀도}} \times 100$

= $\frac{1.80}{2.65} \times 100$

≒ 67.92%

∴ 공극률(%) = 100 − 실적률(%)
= 100 − 67.92%
= 32.08%

21 콘크리트의 압축강도 시험을 한 결과 파괴하중이 350kN이었다. 이때 압축강도는 얼마인가?(단, 공시체의 지름 150mm, 높이 300mm)

① 18.6MPa ② 19.8MPa
③ 20.6MPa ④ 21.8MPa

해설

압축강도(f) = $\frac{P}{A} = \frac{350,000}{\frac{\pi \times 150^2}{4}}$

≒ 19.8MPa

여기서, A : 시험체의 단면적(mm²)
P : 최대 하중(N)

22 조립률 3.0의 모래와 7.0의 자갈을 중량비 1 : 3 비율로 혼합할 때의 조립률을 구한 것 중 옳은 것은?

① 4.0 ② 5.0
③ 6.0 ④ 7.0

해설

혼합 골재의 조립률 = $\frac{3.0 \times 1 + 7.0 \times 3}{1+3}$
= 6.0

23 뿜어붙이기 콘크리트에 관한 다음 내용 중 잘못된 것은?

① 시멘트 건(gun)에 의해 압축공기로 모르타르를 뿜어붙이는 것이다.
② 수축균열이 생기기 쉽다.
③ 공사기간이 길어진다.
④ 시공 중 분진이 많이 발생한다.

해설

뿜어붙이기 콘크리트(숏크리트)는 시공 속도가 빠르며, 협소한 장소나 시공면에 영향을 받지 않는다.

24 중량골재에 속하지 않는 것은?

① 중정석 ② 화산암
③ 자철광 ④ 갈철광

해설

화산암은 경량골재에 속한다.
중량골재 : 중정석(바라이트), 자철광, 갈철광, 적철광 등

정답 20 ④ 21 ② 22 ③ 23 ③ 24 ②

25 콘크리트 인장강도 시험을 할 때 인장강도가 어느 정도의 일정한 비율로 증가하도록 하중을 가하여야 하는가?

① 매초 0.06±0.04MPa
② 매초 0.07±0.14MPa
③ 매초 0.15±0.35MPa
④ 매초 1.5±3.5MPa

해설
공시체에 충격이 가해지지 않도록 동일한 속도로 하중을 가한다. 하중 속도는 0.06±0.04MPa/s가 되도록 조정하고, 최대 하중에 도달할 때까지 그 증가율을 유지해야 한다.

26 골재의 안정성 시험에 대한 설명 중 옳지 않은 것은?

① 시료를 금속제 망태에 넣고 시험용 용액을 24시간 담가 둔다.
② 무게비가 5% 이상인 무더기에 대해서만 시험을 한다.
③ 용액은 자주 휘저으면서 20±1.0℃의 온도로 48시간 이상 보존 후 시험에 사용한다.
④ 황산소듐 포화용액으로 인한 골재의 부서짐 작용에 대한 저항성을 시험한다.

해설
시료를 철망 바구니에 넣고 시험용 용액 안에 16~18시간 담가 둔다.

27 콘크리트에서 부순 돌을 굵은 골재로 사용했을 때의 설명이다. 잘못된 것은?

① 단위 수량이 많아진다.
② 잔골재율이 작아진다.
③ 부착력이 좋아서 압축강도가 커진다.
④ 포장 콘크리트에 사용하면 된다.

해설
부순 골재를 사용하면 워커빌리티가 나빠지므로 강자갈을 사용할 때보다 단위 수량 및 잔골재율이 증가한다.

28 공기연행(AE) 콘크리트의 성질에 관한 설명으로 틀린 것은?

① 워커빌리티가 좋다.
② 소요 단위 수량이 적어진다.
③ 블리딩이 적어진다.
④ 철근과의 부착강도가 커진다.

해설
AE제 사용량이 많아지면 콘크리트의 강도 및 철근과의 부착강도가 작아진다.

29 콘크리트가 굳기 시작한 후에 다시 비비는 작업을 무엇이라고 하는가?

① 되 비비기
② 거듭 비비기
③ 믹서
④ 슈트(chute)

해설
되 비비기
• 콘크리트 또는 모르타르가 엉기기 시작하였을 때 다시 비비는 작업을 말한다.
• 되 비비기를 하면 물-시멘트비가 작아지지만 응결이 시작된 이후 다시 비비는 경우로서 강도가 저하된다.
※ 거듭 비비기란 콘크리트 또는 모르타르가 엉기기 시작하지는 않았으나 비빈 후 상당히 시간이 지났거나, 재료가 분리된 경우에 다시 비비는 작업을 말한다.

정답 25 ① 26 ① 27 ② 28 ④ 29 ①

30 높은 곳에서 콘크리트를 내리는 경우, 버킷을 사용할 수 없을 때 사용하며 콘크리트 치기의 높이에 따라 길이를 조절할 수 있도록 깔때기 등을 이어서 만든 운반기구는?

① 콘크리트 펌프
② 연직 슈트
③ 콘크리트 플레이서
④ 벨트 컨베이어

해설
① 콘크리트 펌프 : 비빈 콘크리트를 수송관을 통해 압력으로 치기할 장소까지 연속적으로 보내는 운반기계이다.
③ 콘크리트 플레이서 : 수송관 속의 콘크리트를 압축공기에 의해 압송하는 것으로서, 터널 등의 좁은 곳에 콘크리트를 운반하는 데에 편리한 기계이다.
④ 벨트 컨베이어 : 콘크리트를 연속적으로 운반하는 기계이다.

31 콘크리트를 타설한 다음 일정 기간 동안 콘크리트에 충분한 온도와 습도를 유지시켜 주는 것을 무엇이라 하는가?

① 콘크리트 진동   ② 콘크리트 다짐
③ 콘크리트 양생   ④ 콘크리트 시공

해설
양생 : 타설이 끝난 콘크리트가 시멘트의 수화반응에 의하여 충분한 강도를 발현하고, 균열이 생기지 않도록 하기 위해 일정 기간 동안 적당한 온도조건을 유지하며 수분을 공급하고 유해한 작용(하중, 진동, 충격)의 영향을 받지 않도록 보호해주는 것이다.

32 골재의 마모 시험에서 시료를 시험기에서 꺼내 몇 mm 체로 체가름을 하는가?

① 1.7mm   ② 3.4mm
③ 1.25mm ④ 2.5mm

해설
골재 마모 시험에서 로스앤젤레스 마모 시험기에 의해 마모 시험을 한 경우 잔량 및 통과량을 결정하는 체는 1.7mm이다.

33 시멘트의 분말도에 대한 설명으로 틀린 것은?

① 시멘트의 분말도가 높으면 조기강도가 작아진다.
② 시멘트의 입자가 가늘수록 분말도가 높다.
③ 분말도란 시멘트 입자의 고운 정도를 나타낸다.
④ 분말도가 높으면 시멘트의 표면적이 커서 수화작용이 빠르다.

해설
시멘트 분말도에 따른 특징

구분	분말도가 큰 시멘트	분말도가 작은 시멘트
입자 크기	시멘트 입자가 작으므로 면적이 넓어진다.	시멘트 입자가 크므로 면적이 적어진다.
수화 반응	수화열이 크고 응결이 빠르다.	수화열이 작고 응결속도가 느리다.
강도	건조수축이 커지므로 균열이 발생하고 풍화되기 쉬우며 조기강도가 크다.	건조수축이 작아 균열발생이 적고, 장기강도가 크다.
적용 대상	공기가 급할 때, 한중 콘크리트	중량 콘크리트, 서중 콘크리트

34 운반거리가 먼 레미콘이나 무더운 여름철 콘크리트의 시공에 사용하는 혼화제는?

① 기포제   ② 지연제
③ 방수제   ④ 경화촉진제

해설
② 지연제 : 서중 콘크리트나 레디믹스트 콘크리트에서 운반거리가 먼 경우 또는 연속적으로 콘크리트를 칠 때 콜드 조인트가 생기지 않도록 할 경우 등에 사용되는 혼화제이다.
① 기포제 : 콘크리트 속에 많은 거품을 일으켜, 부재의 경량화나 단열성을 목적으로 사용하는 혼화제이다.
③ 방수제 : 수밀성을 좋게 해주는 혼화제이다.
④ 경화촉진제 : 시멘트의 경화속도를 촉진시키는 혼화제이다.

35 물-시멘트비가 50%이고 단위 수량이 180kg/m³일 때 단위 시멘트양은 얼마인가?

① 90kg/m³
② 180kg/m³
③ 270kg/m³
④ 360kg/m³

해설

$\dfrac{W}{C} = 0.5$

$\therefore C = \dfrac{W}{0.5} = \dfrac{180}{0.5} = 360 \text{kg/m}^3$

36 콘크리트의 표면에 아스팔트 유제나 비닐유제 등으로 불투수층을 만들어 수분의 증발을 막는 양생 방법을 무엇이라 하는가?

① 증기 양생
② 전기 양생
③ 습윤 양생
④ 피복 양생

해설
① 증기 양생 : 고온의 증기로 시멘트의 수화반응을 촉진시켜 조기 강도를 얻기 위한 양생방법이다.
② 전기 양생 : 전기를 이용하여 충분한 습기와 적당한 온도를 유지하면서 콘크리트를 양생하는 방법이다.
③ 습윤 양생 : 타설한 콘크리트의 수분 증발을 막기 위해서 콘크리트의 표면에 양생용 매트, 가마니 등을 물에 적셔서 덮거나 살수하는 등의 조치를 하는 양생방법이다.

37 콘크리트 공사에서 거푸집 떼어 내기에 관한 설명으로 틀린 것은?

① 거푸집은 콘크리트가 자중 및 시공 중에 가해지는 하중에 충분히 견딜 만한 강도를 가질 때까지 해체해서는 안 된다.
② 거푸집을 떼어 내는 순서는 비교적 하중을 받지 않는 부분을 먼저 떼어 낸다.
③ 연직 부재의 거푸집은 수평 부재의 거푸집보다 먼저 떼어 낸다.
④ 보의 밑판의 거푸집은 보의 양 측면의 거푸집보다 먼저 떼어 낸다.

해설
보의 밑판의 거푸집은 보의 양 측면의 거푸집보다 나중에 떼어 낸다.

38 골재의 함수 상태 네 가지 중 습기가 없는 실내에서 자연건조시킨 것으로서 골재알 속의 빈틈 일부가 물로 차 있는 상태는?

① 습윤 상태
② 절대건조 상태
③ 표면건조 포화 상태
④ 공기 중 건조 상태

해설
① 습윤 상태 : 골재알 속이 물로 차 있고, 표면에도 물기가 있는 상태이다.
② 절대건조 상태(절건 상태) : 105±5℃의 온도에서 일정한 질량이 될 때까지 건조시킨 것으로서, 물기가 전혀 없는 상태이다.
③ 표면건조 포화 상태(표건 상태) : 골재알의 표면에는 물기가 없고, 골재알 속의 빈틈만 물로 차 있는 상태이다.

39 콘크리트 타설에 대한 설명으로 틀린 것은?

① 콘크리트 치기 도중 발생한 블리딩수가 있을 경우 표면에 도랑을 만들어 물을 흐르게 한다.
② 거푸집의 높이가 높을 경우 거푸집에 투입구를 설치하거나 연직 슈트를 타설면 가까이 내려서 타설한다.
③ 콘크리트를 2층 이상으로 나누어 타설할 경우, 상층의 콘크리트가 굳기 전에 타설해야 한다.
④ 콘크리트는 그 표면이 한 구획 내에서는 거의 수평이 되도록 타설하는 것을 원칙으로 한다.

해설
콘크리트를 타설하는 동안 표면에 블리딩수가 있는 경우에는 이것을 제거하고 콘크리트를 타설해야 한다.

40 프리플레이스트 콘크리트에 있어서 연직 주입관의 수평 간격은 얼마 정도를 표준으로 하는가?

① 1m ② 2m
③ 3m ④ 4m

해설
연직 주입관의 수평 간격은 2m 정도를 표준으로 한다.

41 비빔통 속에 달린 날개를 회전시켜 콘크리트를 비비는 것이며 주로 콘크리트 플랜트에 사용되는 믹서는?

① 중력식 믹서 ② 강제식 믹서
③ 가경식 믹서 ④ 연속식 믹서

해설
강제식 믹서
혼합조 속에서 동력에 의해 날개가 회전하여 콘크리트를 비빔으로써 비빔 성능이 좋으며, 주로 콘크리트 플랜트에 많이 사용된다.

42 내부 진동기의 사용방법으로 옳지 않은 것은?

① 진동기는 연직으로 찔러 넣는다.
② 진동기 삽입 간격은 0.5m 이하로 한다.
③ 진동기를 빨리 빼내어 구멍이 남지 않도록 한다.
④ 진동기를 하층의 콘크리트 속으로 0.1m 정도 찔러 넣는다.

해설
내부 진동기는 콘크리트로부터 천천히 빼내어 구멍이 남지 않도록 한다.

43 수화열이 적어 댐과 같은 단면이 큰 콘크리트 공사에 적합한 시멘트는?

① 보통 포틀랜드 시멘트
② 중용열 포틀랜드 시멘트
③ 조강 포틀랜드 시멘트
④ 알루미나 시멘트

해설
① 보통 포틀랜드 시멘트 : 건축・토목공사, 일반 콘크리트 제품
③ 조강 포틀랜드 시멘트 : 긴급공사, 한중공사
④ 알루미나 시멘트 : 한중공사, 긴급공사, 해수공사
중용열 포틀랜드 시멘트
• 수화열이 적다.
• 조기강도는 작으나 장기강도가 크다.
• 포틀랜드 시멘트 중에서 건조수축이 가장 작다.
• 댐, 매스 콘크리트, 방사선 차폐용 등에 적합하다.

정답 39 ① 40 ② 41 ② 42 ③ 43 ②

44 서중 콘크리트는 비빈 후 얼마 이내에 타설해야 하는가?

① 1시간 ② 1.5시간
③ 2시간 ④ 2.5시간

해설
서중 콘크리트는 재료를 비빈 후 1.5시간 이내에 타설해야 한다.

45 굳지 않는 콘크리트의 슬럼프 시험에 대한 설명 중 틀린 것은?

① 콘크리트가 슬럼프 콘의 중심축에 대하여 치우친 경우라도 재시험은 하지 않는다.
② 굵은 골재 최대 치수가 40mm를 넘는 콘크리트의 경우에는 40mm를 넘는 굵은 골재를 제거한다.
③ 슬럼프 콘에 시료를 3층으로 채운 후 각 층을 25회 다짐봉으로 다지고 위로 가만히 빼어 올린다.
④ 시험은 3분 이내로 한다.

해설
콘크리트가 슬럼프 콘의 중심축에 대하여 치우치거나 무너져서 모양이 불균형이 된 경우에는 다른 시료에 의해 재시험을 한다.

46 잔골재의 표면수 시험에 대한 설명 중 틀린 것은?

① 시험방법에는 질량에 의한 측정법과 부피에 의한 측정법이 있다.
② 시험은 같은 시료에 대하여 계속 두 번 시험을 한다.
③ 시험은 잔골재의 표면건조 포화 상태의 밀도와 관계가 있다.
④ 두 번 시험을 하였을 때 평균값과 각 시험 차가 0.1% 이하이어야 한다.

해설
시험의 정밀도는 평균값에서의 차가 0.3% 이하이어야 한다.

47 시멘트 비중 시험에 사용되는 것이 아닌 것은?

① 가는 철사
② 광유
③ 원뿔형 몰드
④ 르샤틀리에 병

해설
원뿔형 몰드는 잔골재의 밀도 및 흡수율 시험에 사용된다.

48 콘크리트를 제조할 때 각 재료의 계량에 대한 허용오차 중 골재의 허용오차로 옳은 것은?

① ±1% ② ±2%
③ ±3% ④ ±4%

해설
표준시방서상 계량오차

재료의 종류	측정 단위	허용오차
시멘트	질량	±1%
골재	질량 또는 부피	±3%
물	질량	±1%
혼화재	질량	±2%
혼화제	질량 또는 부피	±3%

49 거푸집의 높이가 높을 경우, 재료분리를 막기 위해 거푸집에 투입구를 설치하거나 연직 슈트 또는 펌프배관의 배출구를 타설면 가까운 곳까지 내려서 콘크리트를 타설하여야 한다. 이 경우 슈트, 펌프배관, 버킷 등의 배출구와 타설면까지의 높이로 가장 적합한 것은?

① 1.5m 이하
② 2.0m 이하
③ 2.5m 이하
④ 3.0m 이하

해설
슈트, 펌프배관, 버킷, 호퍼 등의 배출구와 타설면까지의 높이는 1.5m 이하를 원칙으로 한다.

50 콘크리트 재료의 계량에 대한 설명으로 틀린 것은?

① 골재의 계량오차는 ±3%이다.
② 혼화제를 묽게 하는 데 사용하는 물은 단위 수량으로 포함하여서는 안 된다.
③ 혼화재의 계량오차는 ±2%이다.
④ 각 재료는 1배치씩 질량으로 계량하여야 하며, 물과 혼화제 용액은 용적으로 계량해도 좋다.

해설
혼화제를 묽게 하는 데 사용하는 물은 단위 수량의 일부로 보아야 한다.

51 콘크리트용 모래에 포함되어 있는 유기불순물 시험에 대한 설명으로 옳은 것은?

① 사용하는 수산화나트륨 용액은 물 50에 수산화나트륨 50의 질량비로 용해시킨 것이다.
② 시료는 대표적인 것을 취하고 절대건조 상태로 건조시켜 사분법을 사용하여 약 5kg을 준비한다.
③ 시험에 사용할 유리병은 노란색으로 된 유리병을 사용하여야 한다.
④ 시험의 결과 24시간 정치한 잔골재 상부의 용액색이 표준용액보다 연할 경우 이 모래는 콘크리트용으로 사용할 수 있다.

해설
① 사용하는 수산화나트륨 용액은 물 97에 수산화나트륨 3의 질량비로 용해시킨다.
② 시료는 대표적인 것을 취하고 공기 중 건조 상태로 건조시켜 사분법 또는 시료 분취기를 사용하여 약 450g을 채취한다.
③ 시험에 사용할 유리병은 무색 투명 유리병을 사용하여야 한다.

52 겉보기 공기량이 6.80%이고 골재의 수정계수가 1.20%일 때 콘크리트의 공기량은 얼마인가?

① 5.60% ② 4.40%
③ 3.20% ④ 2.0%

해설
콘크리트의 공기량(A)
$A = A_1 - G$
$= 6.80 - 1.20$
$= 5.60\%$
여기서, A_1 : 콘크리트의 겉보기 공기량(%)
G : 골재의 수정계수(%)

정답 49 ① 50 ② 51 ④ 52 ①

53 시멘트의 강도 시험(KS L ISO 679)에서 모르타르를 제조할 때 시멘트와 표준모래의 질량에 의한 비율로 옳은 것은?

① 1 : 2
② 1 : 2.5
③ 1 : 3
④ 1 : 3.5

해설
시멘트 강도 시험(KS L ISO 679)
공시체는 질량으로 시멘트 1, 표준사 3 및 물-시멘트비 0.5의 비율로 모르타르를 성형한다.

54 포졸란을 사용한 콘크리트의 특징으로 틀린 것은?

① 워커빌리티가 좋아진다.
② 조기강도는 크나, 장기강도가 작아진다.
③ 블리딩이 감소한다.
④ 수밀성 및 화학 저항성이 크다.

해설
조기강도는 감소하나 장기강도는 증가한다.

55 콘크리트 플레이서를 사용할 경우 다음의 설명 중 틀린 것은?

① 콘크리트를 압축공기로서 압송하는 것으로 터널 등의 좁은 곳에 운반하는 데는 불편하다.
② 수송관의 배치는 굴곡을 적게 하고 수평 또는 상향으로 설치한다.
③ 수송관의 배치는 하향 경사로 설치하여 사용해서는 안 된다.
④ 잔골재율을 크게 한 콘크리트를 사용하는 것이 좋다.

해설
콘크리트 플레이서는 수송관 속의 콘크리트를 압축공기에 의해 압송하는 것으로서, 터널 등의 좁은 곳에 콘크리트를 운반하는 데에 편한 콘크리트 운반기계이다.

56 골재의 단위 용적질량 시험방법 중 충격에 의한 경우는 용기에 시료를 3층으로 나누어 채우고 각 층마다 용기의 한쪽을 몇 cm 정도 들어 올려서 낙하시켜야 하는가?

① 5cm
② 10cm
③ 15cm
④ 20cm

해설
골재의 단위 용적질량 시험(충격에 의한 경우)
용기를 콘크리트 바닥과 같은 튼튼하고 수평인 바닥 위에 놓고 시료를 거의 같은 3층으로 나누어 채운다. 각 층마다 용기의 한쪽을 약 5cm 들어 올려서 바닥을 두드리듯이 낙하시킨다. 다음으로 반대쪽을 약 5cm 들어 올려 낙하시키고 각각을 교대로 25회, 전체적으로 50회 낙하시켜서 다진다.

57 다음의 혼화재료 중에 사용량이 비교적 많은 혼화재로 짝지어진 것은?

① 플라이애시, 고로 슬래그 미분말
② 플라이애시, AE제
③ 염화칼슘, AE제
④ AE제, 고로 슬래그 미분말

해설
혼화재료의 종류
• 혼화재
 - 사용량이 시멘트 질량의 5% 정도 이상이 되어 그 자체의 부피가 콘크리트의 배합계산에 관계가 되는 것
 - 포졸란, 플라이애시, 고로 슬래그, 팽창제, 실리카 퓸 등
• 혼화제
 - 사용량이 시멘트 질량의 1% 정도 이하의 것으로 콘크리트의 배합계산에서 무시되는 것
 - AE제, 경화촉진제, 감수제, 지연제, 기포제, 방수제 등

58 다음의 혼화재 중 용광로에서 나온 슬래그를 냉각시켜 생성된 것은?

① AE제
② 포졸란
③ 플라이애시
④ 고로 슬래그 미분말

해설
① AE제 : 콘크리트 속에 작고 많은 독립된 기포를 고르게 생기게 하기 위하여 사용하는 혼화제이다.
② 포졸란 : 천연산의 것과 인공산의 것이 있으며 콘크리트의 워커빌리티를 좋게 하고 수밀성과 내구성 등을 크게 할 목적으로 사용되는 혼화재이다.
③ 플라이애시 : 가루 석탄을 연소시킬 때 굴뚝에서 집진기로 모은 아주 작은 입자의 재이며 실리카질 혼화재이다. 콘크리트의 워커빌리티를 좋게 하고 수화열이 적으며, 장기강도를 크게 한다.
고로 슬래그 미분말
제철소에서 발생하는 산업부산물로서 찬공기나 냉수로 급랭한 후 미분쇄하여 사용하는 혼화재이다.

59 다음 중 콘크리트 시방 배합을 현장 배합으로 수정할 경우 필요한 사항이 아닌 것은?

① 굵은 골재 및 잔골재의 표면수량
② 잔골재의 5mm 체 잔류율
③ 시멘트의 비중
④ 굵은 골재의 5mm 체 통과율

해설
시방 배합을 현장 배합으로 고칠 경우에는 시멘트(시멘트, 단위 시멘트양, 시멘트 비중 등)의 단위량은 변하지 않는다.
시방 배합을 현장 배합으로 고칠 경우 고려사항
• 굵은 골재 및 잔골재의 표면수량
• 잔골재의 5mm 체 잔류율
• 굵은 골재의 5mm 체 통과율
• 혼화제를 희석시킨 희석수량

60 다음 중 골재의 입도, 조립률, 굵은 골재의 최대 치수 등을 알기 위해 실시하는 시험은?

① 골재의 밀도 시험
② 골재의 체가름 시험
③ 골재의 안정성 시험
④ 골재의 유기불순물 시험

해설
① 골재의 밀도(비중) 시험 : 콘크리트의 단위 무게 계산과 배합설계 등을 위해 필요하며 또한 시멘트의 성질을 판정할 수 있다.
③ 골재의 안정성 시험 : 안정성이란 시멘트가 굳는 도중에 체적팽창을 일으켜 균열이 생기거나 뒤틀림 등의 변형을 일으키는 성질을 말하며, 기상작용에 대한 내구성을 판단하기 위한 자료를 얻기 위해 시험을 실시한다.
④ 골재의 유기불순물 시험 : 시멘트 모르타르 또는 콘크리트에 사용되는 모래 중에 함유되어 있는 유기화합물의 해로운 양을 측정하는 시험이다.

정답 57 ① 58 ④ 59 ③ 60 ②

2016년 제2회 과년도 기출문제

01 시멘트 분말도에 관한 설명 중 옳은 것은?

① 분말도가 높을수록 물에 접촉하는 면적이 작다.
② 분말도가 높을수록 수화작용이 느리다.
③ 분말도가 높을수록 콘크리트에 내구성이 좋다.
④ 분말도가 높을수록 콘크리트에 균열이 발생하기 쉽다.

해설
분말도가 높을수록 수화열이 높아 콘크리트에 균열이 발생하기 쉽다.

02 다음은 골재의 입도(粒度)에 대한 설명이다. 적당하지 못한 것은 어느 것인가?

① 입도 시험을 위한 골재는 사분법이나 시료 분취기에 의하여 필요한 양을 채취한다.
② 입도란 크고 작은 골재알이 혼합되어 있는 정도를 말하며 체가름 시험에 의하여 구할 수 있다.
③ 입도가 좋은 골재를 사용한 콘크리트의 간극이 커지기 때문에 강도가 저하된다.
④ 입도곡선이란 골재의 체가름 시험결과를 곡선으로 표시한 것이며, 입도곡선이 표준 입도곡선 내에 들어가야 한다.

해설
입도가 좋은 골재를 사용한 콘크리트는 공극이 작아져 강도가 증가하지만, 입도가 나쁜 골재를 사용하면 워커빌리티가 나빠지고 재료분리의 증가 및 강도가 저하하며 비경제적인 콘크리트가 된다.

03 휨강도 공시체 150mm × 150mm × 530mm의 몰드를 제작할 때 각 층은 몇 회씩 다지는가?

① 25회   ② 50회
③ 80회   ④ 92회

해설
콘크리트 휨강도 시험용 공시체를 제작할 때 콘크리트는 몰드에 2층으로 나누어 채우고 각 층은 적어도 1,000mm²에 1회의 비율로 다짐을 한다.
- 몰드의 단면적 = 150 × 530
  = 79,500mm²
- 다짐 횟수 = 79,500 ÷ 1,000
  = 79.5(약 80회)

04 콘크리트 배합에 관하여 다음 설명 중에서 틀린 것은?

① 현장 배합은 현장 골재의 조립률에 따라서 시방 배합을 환산하여 배합한다.
② 콘크리트 배합은 질량 배합을 사용하는 것이 원칙이다.
③ 콘크리트 배합강도는 설계기준 강도보다 충분히 크게 정한다.
④ 시방 배합에서는 잔·굵은 골재는 모두 표면건조 포화 상태로 한다.

해설
현장 배합 : 현장에서 사용하는 골재의 함수 상태, 혼합률 등을 고려하여 시방 배합을 현장에서 실제로 사용하는 재료의 성질에 맞추어 고친 배합이다.

정답 1 ④ 2 ③ 3 ③ 4 ①

05 다음 중 사용량이 많아 콘크리트의 배합설계에 고려하여야 하는 혼화재료는?

① 슬래그　　② 감수제
③ 지연제　　④ 공기연행제

해설
혼화재료의 종류
- 혼화재
  - 사용량이 시멘트 질량의 5% 정도 이상이 되어 그 자체의 부피가 콘크리트의 배합계산에 관계가 되는 것
  - 포졸란, 플라이애시, 고로 슬래그, 팽창제, 실리카 퓸 등
- 혼화제
  - 사용량이 시멘트 질량의 1% 정도 이하의 것으로 콘크리트의 배합계산에서 무시되는 것
  - AE제, 경화촉진제, 감수제, 지연제, 기포제, 방수제 등

06 콘크리트의 경화나 강도 발현을 촉진하기 위해 실시하는 촉진 양생의 종류에 속하지 않는 것은?

① 습윤 양생
② 증기 양생
③ 오토클레이브 양생
④ 전기 양생

해설
습윤 양생 : 타설한 콘크리트의 수분 증발을 막기 위해서 콘크리트의 표면에 양생용 매트, 가마니 등을 물에 적셔서 덮거나 살수하는 등의 조치를 하는 양생방법이다.

07 알루미나 시멘트에 관한 설명이다. 옳지 않은 것은?

① 보크사이트와 석회석을 혼합하여 분말로 만든 시멘트이다.
② 화학작용에 대한 저항성이 크다.
③ 알칼리성이 약하여 철근을 부식시킬 염려가 있다.
④ 재령 3일로 보통 포틀랜드 시멘트의 28일 강도를 나타낸다.

해설
알루미나 시멘트는 재령 1일에 보통 포틀랜드 시멘트의 재령 28일에 해당하는 강도를 나타낸다.

08 콘크리트용 골재가 갖추어야 할 성질이 아닌 것은?

① 물리적으로 안정하고 내구성, 내마멸성이 클 것
② 화학적으로 안정하고 유해물을 함유하지 않을 것
③ 시멘트풀과의 부착력이 큰 표면조직을 가질 것
④ 낱알의 크기가 균일할 것

해설
골재는 크고 작은 입자의 혼합 상태가 적절해야 한다.

09 정비된 콘크리트 제조설비를 가진 공장에서 필요한 조건의 굳지 않은 콘크리트를 수시로 공급할 수 있는 것을 무엇이라 하는가?

① 프리플레이스트 콘크리트
② 프리캐스트 콘크리트
③ 프리스트레스트 콘크리트
④ 레디믹스트 콘크리트

해설
① 프리플레이스트 콘크리트 : 특정한 입도를 가진 굵은 골재를 거푸집에 채워 넣고, 그 공극 속에 특수한 모르타르를 적당한 압력으로 주입하여 제조한 콘크리트이다.
② 프리캐스트 콘크리트 : 공장에서 미리 제작한 콘크리트 부재를 현장에서 조립하여 완성하는 건축 및 토목 구조물의 자재이다.
③ 프리스트레스트 콘크리트 : 외력에 의하여 일어나는 응력을 소정의 한도까지 상쇄할 수 있도록 미리 인위적으로 그 응력의 분포와 크기를 정하여 내력을 준 콘크리트이다.

정답　5 ①　6 ①　7 ④　8 ④　9 ④

10 댐 공사에서 수화열에 의한 균열을 막기 위해 재료를 인공 냉각하는데 다음 중 그 방법은?

① 프리쿨링법
② 벤트 공법
③ 프레시네 공법
④ 전기냉각법

해설
프리쿨링(pre-cooling)법 : 댐 공사에서 콘크리트 온도균열 방지를 위해 콘크리트 재료의 일부 또는 전부를 냉각시켜 온도를 낮추는 방법이다.

11 재료에 일정 하중이 작용하면 시간의 경과와 함께 변형이 증가하는 데 이러한 현상을 무엇이라 하는가?

① 푸아송비   ② 크리프
③ 연성   ④ 취성

해설
① 푸아송비 = 횡방향 변형률/종방향 변형률
③ 연성 : 재료에 인장력을 주어 가늘고 길게 늘일 수 있는 성질
④ 취성 : 재료가 외력을 받을 때 조금만 변형되어도 파괴되는 성질

12 콘크리트 펌프로 콘크리트를 수송할 때 수송관이 90°의 굴곡이 1회 있을 경우 수평거리는 몇 m 정도로 환산하는가?

① 2m   ② 6m
③ 8m   ④ 12m

해설
일반적으로 슬럼프 12cm 정도의 콘크리트로써 90°의 굴곡은 수평거리 6m에 해당한다.

13 일반적인 잔골재의 흡수율은 대개 어느 정도인가?

① 1~6%   ② 6~12%
③ 13~18%   ④ 18~23%

해설
일반적인 콘크리트의 잔골재, 굵은 골재의 절대건조 밀도는 2.5 g/cm³ 이상, 흡수율은 3.0% 이하의 값을 표준으로 한다(KCS 14 20 10). 그러므로 3%에 가장 근접한 ①번이 답이 된다.

14 잔골재와 굵은 골재를 구별할 때 사용하는 체는?

① 25mm   ② 15mm
③ 10mm   ④ 5mm

해설
골재의 종류
- 잔골재(모래) : 10mm 체를 전부 통과하고 5mm 체를 거의 다 통과하며 0.08mm 체에 거의 다 남는 골재
- 굵은 골재(자갈) : 5mm 체에 거의 다 남는 골재 또는 5mm 체에 다 남는 골재

15 보통 콘크리트의 비비기로부터 치기가 끝날 때까지의 시간은 외기온도가 25℃ 미만일 때 최대 몇 시간 이하를 원칙으로 하는가?

① 2시간　　② 2.5시간
③ 1.5시간　④ 1시간

해설
비비기로부터 타설이 끝날 때까지의 시간
- 외기온도가 25℃ 이상일 때 : 1.5시간 이내
- 외기온도가 25℃ 미만일 때 : 2시간 이내

16 콘크리트를 타설한 다음 일정 기간 동안 콘크리트에 충분한 온도와 습도를 유지시켜 주는 것을 무엇이라 하는가?

① 콘크리트 진동
② 콘크리트 다짐
③ 콘크리트 양생
④ 콘크리트 시공

해설
양생 : 타설이 끝난 콘크리트가 시멘트의 수화반응에 의하여 충분한 강도를 발현하고, 균열이 생기지 않도록 하기 위해 일정 기간 동안 적당한 온도조건을 유지하며 수분을 공급하고 유해한 작용(하중, 진동, 충격)의 영향을 받지 않도록 보호해주는 것이다.

17 지름이 150mm, 길이가 300mm인 콘크리트 공시체로 쪼갬 인장강도 시험을 실시한 결과, 공시체 파괴 시 시험기에 나타난 최대 하중이 162.6kN이었다. 이 공시체의 쪼갬 인장강도는?

① 2.1MPa　② 2.3MPa
③ 2.5MPa　④ 2.7MPa

해설
쪼갬 인장강도 $= \dfrac{2P}{\pi dl}$

$= \dfrac{2 \times 162,600}{\pi \times 150 \times 300}$

$≒ 2.3 \text{N/mm}^2$

$≒ 2.3 \text{MPa}$

여기서, P : 최대 하중(N)
　　　　d : 공시체의 지름(mm)
　　　　l : 공시체의 길이(mm)

18 슬럼프 콘의 규격으로 옳은 것은?

① 윗면의 안지름이 150±2mm, 밑면의 안지름이 300±2mm, 높이 300±2mm
② 윗면의 안지름이 150±2mm, 밑면의 안지름이 200±2mm, 높이 300±2mm
③ 윗면의 안지름이 100±2mm, 밑면의 안지름이 300±2mm, 높이 300±2mm
④ 윗면의 안지름이 100±2mm, 밑면의 안지름이 200±2mm, 높이 300±2mm

해설
슬럼프 콘은 윗면의 안지름이 100±2mm, 밑면의 안지름이 200±2mm, 높이 300±2mm 및 두께 1.5mm 이상인 금속제로 하고, 적절한 위치에 발판과 손잡이를 붙인다.
※ 개정된 KS 기준으로 내용을 수정하였다.

19 시멘트의 분말도에 대한 설명으로 틀린 것은?

① 시멘트의 분말도가 높으면 조기강도가 작아진다.
② 시멘트의 입자가 가늘수록 분말도가 높다.
③ 분말도란 시멘트 입자의 고운 정도를 나타낸다.
④ 분말도가 높으면 시멘트의 표면적이 커서 수화작용이 빠르다.

해설
시멘트의 분말도가 높으면 조기강도가 커진다.

20 시멘트의 응결시간에 대한 설명으로 옳은 것은?

① 일반적으로 물-시멘트비가 클수록 응결시간이 빨라진다.
② 풍화되었을 때에는 응결시간이 늦어진다.
③ 온도가 높으면 응결시간이 늦어진다.
④ 분말도가 크면 응결시간이 늦어진다.

해설
② 풍화된 시멘트는 응결 및 경화가 늦어진다.
① 일반적으로 물-시멘트비가 클수록 응결시간이 늦어진다.
③ 온도가 높으면 응결시간이 빨라진다.
④ 분말도가 크면 응결시간이 빨라진다.

21 콘크리트 타설 시 버킷, 호퍼 등의 배출구로부터 콘크리트의 타설면까지의 높이는 얼마 이내를 원칙으로 하는가?

① 1.0m 이내   ② 1.5m 이내
③ 2.0m 이내   ④ 2.5m 이내

해설
슈트, 펌프배관, 버킷, 호퍼 등의 배출구와 타설 면까지의 높이는 1.5m 이하를 원칙으로 한다.

22 콘크리트를 제조할 때 각 재료의 계량에 대한 허용오차 중 골재의 허용오차로 옳은 것은?

① ±1%   ② ±2%
③ ±3%   ④ ±4%

해설
표준시방서상 계량오차

재료의 종류	측정 단위	허용오차
시멘트	질량	±1%
골재	질량 또는 부피	±3%
물	질량	±1%
혼화재	질량	±2%
혼화제	질량 또는 부피	±3%

23 일반 수중 콘크리트에 대한 설명으로 틀린 것은?

① 트레미, 콘크리트 펌프 등에 의해 타설한다.
② 물-결합재비는 50% 이하여야 한다.
③ 단위 시멘트양은 300kg/m³ 이상으로 한다.
④ 콘크리트는 수중에 낙하시키지 않아야 한다.

해설
일반 수중 콘크리트를 시공할 때 단위 시멘트양은 370kg/m³ 이상을 표준으로 한다.

정답 19 ① 20 ② 21 ② 22 ③ 23 ③

24 슬래브 및 보의 밑면의 경우 콘크리트 압축강도가 몇 MPa 이상일 때 거푸집을 해체할 수 있는가?(단, 콘크리트의 설계기준 압축강도는 21MPa이다)

① 7MPa
② 14MPa
③ 18MPa
④ 21MPa

해설
콘크리트의 압축강도를 시험할 경우 거푸집널의 해체 시기

부재		콘크리트 압축강도(f_{cu})
기초, 보, 기둥, 벽 등의 측면		5MPa 이상
슬래브 및 보의 밑면, 아치 내면	단층구조인 경우	설계기준 압축강도의 2/3배 이상 (단, 최소 강도 14MPa 이상)
	다층구조인 경우	설계기준 압축강도 이상(필러 동바리 구조를 이용할 경우는 구조 계산에 의해 기간을 단축할 수 있음. 단, 이 경우라도 최소 강도는 14MPa 이상으로 함)

25 콘크리트 비비기에 대한 설명으로 옳은 것은?

① 콘크리트 비비기는 오래하면 할수록 재료가 분리되지 않으며, 강도가 커진다.
② AE(공기연행) 콘크리트 비비기는 오래하면 할수록 공기량이 증가한다.
③ 비비기는 미리 정해둔 비비기 시간 이상 계속하면 안 된다.
④ 비비기는 시간에 대한 시험을 실시하지 않은 경우 그 최소 시간은 가경식 믹서인 경우 1분 30초 이상을 표준으로 한다.

해설
④ 가경식 믹서는 1분 30초 이상, 강제식 믹서는 1분 이상을 표준 비비기 시간으로 한다.
① 비비기를 오래 하면 재료분리 가능성이 높아지고, 강도가 감소한다.
② 비비기를 오래 하면 공기량은 감소한다.
③ 비비기는 미리 정해둔 비비기 시간의 3배 이상 계속하지 않아야 한다.

26 콘크리트 압축강도 시험에 필요한 공시체의 지름은 굵은 골재 최대 치수의 몇 배 이상이며 또한 몇 mm 이상이어야 하는가?

① 2배, 30mm
② 3배, 100mm
③ 2배, 100mm
④ 3배, 200mm

해설
콘크리트 압축강도 시험에 필요한 공시체의 지름은 굵은 골재 최대 치수의 3배 이상이며 100mm 이상이어야 한다.

27 잔골재 밀도 시험의 결과가 아래의 표와 같을 때 이 잔골재의 표면건조 포화 상태의 밀도는?

- 검정된 용량을 나타낸 눈금까지 물을 채운 플라스크의 질량(g) : 711.2
- 표면건조 포화 상태 시료의 질량(g) : 500
- 시료와 물로 검정된 용량을 나타낸 눈금까지 채운 플라스크의 질량(g) : 1,019.8
- 시험온도에서 물의 밀도(g/cm³) : 1

① 2.046g/cm³
② 2.357g/cm³
③ 2.586g/cm³
④ 2.612g/cm³

해설
$$d_s = \frac{m}{B+m-C} \times \rho_w$$
$$= \frac{500}{711.2+500-1,019.8} \times 1$$
$$\fallingdotseq 2.612 \text{g/cm}^3$$

여기서, d_s : 표면건조 포화 상태의 밀도(g/cm³)
m : 표면건조 포화 상태의 시료질량(g)
B : 검정된 용량을 나타낸 눈금까지 물을 채운 플라스크의 질량(g)
C : 시료와 물로 검정된 용량을 나타낸 눈금까지 채운 플라스크의 질량(g)
ρ_w : 시험온도에서의 물의 밀도(g/cm³)

정답 24 ② 25 ④ 26 ② 27 ④

28 주로 잠재 수경성이 있는 혼화재는?

① 고로 슬래그 미분말
② 플라이애시
③ 규산질 미분말
④ 팽창제

해설

혼화재의 용도별 분류
- 포졸란 작용이 있는 것 : 화산회, 규조토, 규산백토, 플라이애시, 실리카 퓸
- 주로 잠재 수경성이 있는 것 : 고로 슬래그 미분말
- 경화과정에서 팽창을 일으키는 것 : 팽창제

29 포틀랜드 시멘트 제조방법 중 옳지 않은 것은?

① 건식법
② 반건식법
③ 습식법
④ 수중법

해설

시멘트의 제조는 원료의 섞기 방법에 따라 건식법, 습식법, 반건식법이 있으며 그중에서 건식법이 가장 많이 사용되고 있다.

시멘트의 제조방법
- 건식법 : 원료를 건조 상태에서 분쇄·혼합·소성하는 방법이다.
- 습식법 : 원료에 약 35~40%의 물을 가하여 분쇄·혼합·소성하는 방법이다.
- 반건식법 : 건식법으로 분쇄한 다음 반응성을 좋게 하기 위하여 물을 가하여 혼합·소성하는 방법이다.

30 일반적인 구조물의 콘크리트에 사용되는 굵은 골재의 최대 치수는 다음 중 어느 것을 표준으로 하는가?

① 25mm ② 50mm
③ 75mm ④ 100mm

해설

굵은 골재의 최대 치수

콘크리트의 종류		굵은 골재의 최대 치수(mm)
무근 콘크리트		40 (부재 최소 치수의 1/4 이하)
철근 콘크리트	일반적인 경우	20 또는 25
	단면이 큰 경우	40
포장 콘크리트		40 이하
댐콘크리트		150 이하

철근 콘크리트: 부재 최소 치수의 1/5 이하, 철근 순간격의 3/4 이하

31 잔골재의 밀도 및 흡수율(KS F 2504) 시험에서 밀도 시험의 정밀도는 2회 실시하여 각각 구한 값과 평균값의 차이가 몇 g/cm^3 이하이어야 하는가?

① $0.01g/cm^3$
② $0.05g/cm^3$
③ $0.1g/cm^3$
④ $0.5g/cm^3$

해설

정밀도 : 시험값은 평균과의 차이가 밀도의 경우 $0.01g/cm^3$ 이하, 흡수율의 경우 0.05% 이하여야 한다.

32 30회 이상의 시험실적으로부터 구한 압축강도의 표준편차가 2MPa이고 설계기준 압축강도가 30MPa인 경우 배합강도는?

① 30MPa ② 31.2MPa
③ 32.7MPa ④ 33.9MPa

해설
$f_{cn} \leq 35$MPa인 경우
- $f_{cr} = f_{cn} + 1.34s$(MPa)
  $= 30 + 1.34 \times 2$
  $= 32.68$MPa
- $f_{cr} = (f_{cn} - 3.5) + 2.33s$(MPa)
  $= (30 - 3.5) + 2.33 \times 2$
  $= 31.16$MPa

여기서, f_{cr} : 배합강도
f_{cn} : 압축강도
s : 압축강도의 표준편차(MPa)

∴ 배합강도는 두 값 중 큰 값인 32.68MPa(약 32.7MPa)이다.

33 30회 이상의 시험실적으로부터 구한 압축강도의 표준편차가 2MPa이고 설계기준 압축강도가 40MPa인 경우 배합강도는?

① 40.66MPa ② 42.68MPa
③ 45MPa ④ 43.5MPa

해설
$f_{cn} > 35$MPa인 경우
- $f_{cr} = f_{cn} + 1.34s$(MPa)
  $= 40 + 1.34 \times 2$
  $= 42.68$MPa
- $f_{cr} = 0.9f_{cn} + 2.33s$(MPa)
  $= 0.9 \times 40 + 2.33 \times 2$
  $= 40.66$MPa

여기서, f_{cr} : 배합강도
f_{cn} : 압축강도
s : 압축강도의 표준편차(MPa)

∴ 배합강도는 두 값 중 큰 값인 42.68MPa이다.

34 AE제(공기연행제)를 사용한 콘크리트의 장점에 대한 설명으로 틀린 것은?

① 알칼리 골재 반응이 적다.
② 단위 수량이 적게 된다.
③ 수밀성 및 동결융해에 대한 저항성이 작아진다.
④ 워커빌리티가 좋고 블리딩이 적어진다.

해설
수밀성 및 동결융해에 대한 저항이 커진다.

35 경량골재에 대한 설명으로 틀린 것은?

① 경량골재는 천연 경량골재와 인공 경량골재로 나눌 수 있다.
② 인공 경량골재는 흡수량이 크지 않으므로 콘크리트 제조 전에 골재를 흡수시키는 작업을 하지 않는 것을 원칙으로 한다.
③ 천연 경량골재에는 경석, 화산자갈, 응회암, 용암 등이 있다.
④ 동결융해에 대한 내구성은 보통골재와 비교해서 상당히 약한 편이다.

해설
인공 경량골재는 흡수량이 크므로 콘크리트 제조 전에 골재를 흡수시키는 작업을 하는 것을 원칙으로 한다.

36 굵은 골재의 최대 치수가 클수록 콘크리트에 미치는 영향을 설명한 것으로 가장 적합한 것은?

① 재료분리가 일어나기 쉽고 시공이 어렵다.
② 시멘트풀의 양이 많아져서 경제적이다.
③ 콘크리트의 마모 저항성이 커진다.
④ 골재의 입도가 커져서 골재 손실이 발생한다.

해설
굵은 골재의 최대 치수가 클수록 단위 수량과 단위 시멘트양이 감소하지만, 시공면에서 비비기가 어려워진다.

정답 32 ③ 33 ② 34 ③ 35 ② 36 ①

37 시멘트 비중 시험결과 시멘트의 질량은 64g, 처음 광유 눈금을 읽은 값은 0.4mL, 시료를 넣은 후 광유 눈금을 읽은 값은 20.9mL였다. 이 시멘트의 비중은 얼마인가?

① 3.09
② 3.12
③ 3.15
④ 3.18

해설

시멘트의 비중 = $\dfrac{\text{시료의 무게}}{\text{눈금 차}}$

$= \dfrac{64}{20.9 - 0.4}$

$≒ 3.12$

38 워커빌리티(workabillity) 판정기준이 되는 반죽 질기 측정 시험방법이 아닌 것은?

① 켈리볼 관입 시험
② 리몰딩 시험
③ 슈미트 해머 시험
④ 슬럼프 시험

해설

슈미트 해머 시험은 콘크리트 압축강도를 추정하기 위한 비파괴 시험이다.

39 잔골재의 표면수 시험에 대한 설명으로 틀린 것은?

① 시험방법으로 질량법과 용적법이 있다.
② 시료의 양이 많을수록 정확한 결과가 얻어진다.
③ 시료는 200g을 채취하고, 채취한 시료는 가능한 한 함수율의 변화가 없도록 주의하여 2분하고 각각을 1회의 시험의 시료로 한다.
④ 2회째의 시험에 사용하는 시료는 특히 시험을 할 때까지의 사이에 함수량이 변화하지 않도록 주의한다.

해설

시료는 대표적인 것을 400g 이상 채취하고, 채취한 시료는 가능한 한 함수율의 변화가 없도록 주의하여 2분하고 각각을 1회의 시험의 시료로 한다.

40 플라이애시를 혼합한 콘크리트의 특징으로 틀린 것은?

① 콘크리트의 워커빌리티가 좋아진다.
② 콘크리트의 조기강도가 좋아진다.
③ 콘크리트의 수밀성이 좋아진다.
④ 콘크리트의 건조수축이 감소된다.

해설

조기강도는 작으나 장기강도 증진이 크다.

41 콘크리트를 높은 곳에서 낮은 곳으로 미끄러져 내려갈 수 있게 만든 홈통이나 관 모양의 것으로 만들어진 것은?

① 슈트
② 콘크리트 플레이서
③ 버킷
④ 벨트 컨베이어

해설

② 콘크리트 플레이서 : 수송관 속의 콘크리트를 압축공기에 의해 압송하는 것으로서, 터널 등의 좁은 곳에 콘크리트를 운반하는 데에 편리한 기계이다.
③ 버킷 : 믹서에서 나온 콘크리트를 즉시 현장에 운반하는 용기로, 기중기 등에 매달아 사용한다.
④ 벨트 컨베이어 : 콘크리트를 연속적으로 운반하는 기계이다.

42 골재의 조립률을 구하기 위한 체의 호칭치수로 적당하지 않은 것은?

① 40mm ② 25mm
③ 5mm   ④ 2.5mm

해설
조립률 : 10개의 체(75mm, 40mm, 20mm, 10mm, 5mm, 2.5mm, 1.2mm, 0.6mm, 0.3mm, 0.15mm)를 1조로 하여 체가름 시험을 하였을 때, 각 체에 남은 누계량의 전체 시료에 대한 질량 백분율의 합을 100으로 나눈 값으로 나타낸다.

43 단위 용적질량이 1,690kg/m³, 밀도가 2.60g/cm³인 굵은 골재의 공극률은 얼마인가?

① 25% ② 30%
③ 35% ④ 40%

해설
공극률(%) = 100 − 실적률(%)
$= 100 - \left(\dfrac{\text{골재의 단위 용적질량}}{\text{골재의 절건 밀도}} \times 100\right)$
$= 100 - \left(\dfrac{1.69}{2.60} \times 100\right)$
$= 35\%$

44 시멘트의 응결시간을 측정하는 시험방법은?

① 블레인 공기투과장치
② 비카 장치, 길모어 장치
③ 시멘트 비중 시험
④ 오토클레이브 장치

해설
① 블레인 공기투과장치 : 분말도 시험
③ 시멘트 비중 시험 : 르샤틀리에 비중병으로 측정
④ 오토클레이브 장치 : 시멘트의 안정성 시험

45 다음 중 콘크리트의 운반기구 및 기계가 아닌 것은?

① 버킷
② 콘크리트 펌프
③ 콘크리트 플랜트
④ 벨트 컨베이어

해설
콘크리트 플랜트 : 콘크리트 재료의 저장 장치, 계량 장치, 혼합 장치 따위의 일체를 갖추고 다량의 콘크리트를 일관 작업으로 제조하는 기계설비이다.

46 콘크리트용 모래에 포함되어 있는 유기불순물 시험에 사용하는 식별용 표준색 용액의 제조방법으로 옳은 것은?

① 10%의 수산화나트륨 용액으로 2% 탄닌산 용액을 만들고, 그 2.5mL를 3%의 알코올 용액 97.5mL에 가하여 유리병에 넣어 마개를 닫고 잘 흔든다.
② 10%의 알코올 용액으로 2% 탄닌산 용액을 만들고, 그 2.5mL를 3%의 수산화나트륨 용액 97.5mL에 가하여 유리병에 넣어 마개를 닫고 잘 흔든다.
③ 3%의 알코올 용액으로 10% 탄닌산 용액을 만들고, 그 2.5mL를 2%의 황산나트륨 용액 97.5mL에 가하여 유리병에 넣어 마개를 닫고 잘 흔든다.
④ 4%의 황산나트륨 용액으로 10% 탄닌산 용액을 만들고, 그 2.5mL를 2%의 알코올 용액 97.5mL에 가하여 유리병에 넣어 마개를 닫고 잘 흔든다.

해설
시약과 식별용 표준색 용액
- 수산화나트륨 용액(3%) : 물 97에 수산화나트륨 3의 질량비로 용해시킨 것이다.
- 탄닌산 용액(2%) : 10%의 알코올 용액으로 2% 탄닌산 용액을 제조한다.
- 식별용 표준색 용액 : 탄닌산 용액 2.5mL를 3%의 수산화나트륨 용액 97.5mL에 가하여 유리병에 넣어 혼합한 것을 표준색 용액으로 한다.

정답 42 ② 43 ③ 44 ② 45 ③ 46 ②

47 공극률이 적은 골재를 사용한 콘크리트의 특징으로 잘못된 것은?

① 시멘트풀의 양이 적게 들어 경제적이다.
② 콘크리트의 수밀성이 증대된다.
③ 콘크리트의 건조수축이 적어진다.
④ 블리딩의 발생이 증대된다.

해설
공극률이 적은 골재는 흡수성이 작으므로 블리딩 발생이 감소된다.

48 골재를 함수 상태에 따라 분류할 때 골재 입자의 내부에 물이 채워져 있고, 표면에도 물이 부착되어 있는 상태는?

① 습윤 상태
② 표면건조 포화 상태
③ 공기 중 건조 상태
④ 절대건조 상태

해설
골재의 함수 상태
- 절대건조 상태(절건 상태) : 105±5℃의 온도에서 일정한 질량이 될 때까지 건조시킨 것으로서, 물기가 전혀 없는 상태이다.
- 공기 중 건조 상태(기건 상태) : 습기가 없는 실내에서 건조시킨 것으로서, 골재알 속의 일부에만 물기가 있는 상태이다.
- 표면건조 포화 상태(표건 상태) : 골재알의 표면에는 물기가 없고, 골재알 속의 빈틈만 물로 차 있는 상태이다.
- 습윤 상태 : 골재알 속이 물로 차 있고, 표면에도 물기가 있는 상태이다.

49 콘크리트 압축강도 시험용 공시체 파괴 시험에서 공시체에 하중을 가하는 속도는 매초 얼마를 표준으로 하는가?

① 0.6±0.2MPa
② 0.8±0.2MPa
③ 0.05±0.01MPa
④ 1±0.5MPa

해설
하중을 가하는 속도는 압축응력도의 증가율이 매초 0.6±0.2MPa이 되도록 한다.
※ 개정된 KS 기준으로 내용을 수정하였다.

50 수송관 내의 콘크리트를 압축공기의 압력으로 보내는 것으로서, 주로 터널의 둘레 콘크리트에 사용되는 것은?

① 벨트 컨베이어
② 운반차
③ 버킷
④ 콘크리트 플레이서

해설
① 벨트 컨베이어 : 콘크리트를 연속적으로 운반하는 기계이다.
③ 버킷 : 믹서에서 나온 콘크리트를 즉시 현장에 운반하는 용기로, 기중기 등에 매달아 사용한다.

51 모르타르 또는 콘크리트를 압축공기에 의해 뿜어붙여서 만든 콘크리트로 비탈면의 보호, 교량의 보수 등에 쓰이는 콘크리트는?

① 진공 콘크리트
② 프리플레이스트 콘크리트
③ 숏크리트
④ 수밀 콘크리트

해설
① 진공 콘크리트 : 콘크리트를 친 후 콘크리트의 표면에 진공 덮개를 덮고, 진공 펌프로 표면의 물과 공기를 빼내어 콘크리트에 대기압을 주어 만든 콘크리트이다.
② 프리플레이스트 콘크리트 : 특정한 입도를 가진 굵은 골재를 거푸집에 채워 넣고, 그 공극 속에 특수한 모르타르를 적당한 압력으로 주입하여 제조한 콘크리트이다.
④ 수밀 콘크리트 : 물, 공기의 공극률을 최소로 하거나 방수성 물질을 사용하여 방수성을 높인 콘크리트이다.

52 서중 콘크리트에 대한 설명으로 틀린 것은?

① 하루 평균기온이 15℃를 초과하는 것이 예상되는 경우 서중 콘크리트로 시공하여야 한다.
② 서중 콘크리트의 배합온도는 낮게 관리하여야 한다.
③ 콘크리트를 타설할 때의 콘크리트 온도는 35℃ 이하이어야 한다.
④ 타설하기 전에 지반, 거푸집 등 콘크리트로부터 물을 흡수할 우려가 있는 부분을 습윤 상태로 유지하여야 한다.

해설
하루 평균기온이 25℃를 초과하는 것이 예상되는 경우 서중 콘크리트로 시공하여야 한다.

53 콘크리트의 휨강도 시험에 대한 설명으로 틀린 것은?

① 몰드에 콘크리트를 채울 때는 3층 이상으로 나누어 채운다.
② 시험방법은 4점 재하법을 사용한다.
③ 공시체가 인장쪽 표면의 지간 방향 중심선의 3등분점의 바깥쪽에서 파괴된 경우는 그 시험결과를 무효로 한다.
④ 몰드를 떼어 낸 공시체는 습윤 상태에서 강도 시험을 할 때까지 양생을 하여야 한다.

해설
콘크리트 휨강도 시험용 공시체를 제작할 때 콘크리트는 몰드에 2층으로 나누어 채우고 각 층은 적어도 1,000mm²에 1회의 비율로 다짐을 한다.

54 압력법에 의한 콘크리트 공기량 시험 시 주의사항으로 옳지 않은 것은?

① 용기의 뚜껑을 죌 때에는 반드시 대각선상으로 조금씩 죈다.
② 골재의 수정계수는 생략해도 좋다.
③ 장치의 검정은 규격에 맞추어 정기적으로 실시해야 한다.
④ 압력계를 읽을 때엔 항상 압력계를 손가락으로 가볍게 두들긴 다음에 읽어야 한다.

해설
공기량 시험결과 계산 시 골재의 수정계수가 반드시 필요하다.
$A = A_1 - G$
여기서, A : 콘크리트의 공기량(%)
A_1 : 콘크리트의 겉보기 공기량(%)
G : 골재의 수정계수(%)

55 잔골재의 밀도 및 흡수율 시험에 사용하는 시료에 대한 설명으로 옳은 것은?

① 절대건조 상태의 잔골재를 1kg 이상 채취하고 그 질량을 0.1g까지 측정하여 이것을 1회 시험량으로 사용한다.
② 습윤 상태의 잔골재를 400g 이상 채취하고 그 질량을 0.01g까지 측정하여 이것을 1회 시험량으로 사용한다.
③ 표면건조 포화 상태의 잔골재를 500g 이상 채취하고 그 질량을 0.1g까지 측정하여 이것을 1회 시험량으로 사용한다.
④ 공기 중 건조 상태의 잔골재를 200g 이상 채취하고 그 질량을 0.1g까지 측정하여 이것을 1회 시험량으로 사용한다.

정답 52 ① 53 ① 54 ② 55 ③

56 다음 중 공기량 측정법이 아닌 것은?

① 공기실 압력법 ② 질량법
③ 부피법 ④ 길모어침법

해설
공기량의 측정법
질량법(중량법, 무게법), 용적법(부피법), 공기실 압력법(주수법과 무주수법)이 있다.

57 일반적인 콘크리트 타설에 대한 설명으로 옳지 않은 것은?

① 콘크리트를 쳐 올라가는 속도는 30분에 2~3m 정도로 유지한다.
② 거푸집의 높이가 높을 경우에는 재료의 분리를 방지하기 위해 연직 슈트, 깔때기 등을 사용한다.
③ 콘크리트를 2층 이상으로 나누어 타설할 경우에는 상층과 하층이 일체가 되도록 한다.
④ 콘크리트 타설의 1층 높이는 다짐능력을 고려하여 결정하여야 한다.

해설
타설 속도는 일반적으로 30분에 1~1.5m 정도 하는 것이 적당하다.

58 레디믹스트 콘크리트의 주문 규격이 아래 표와 같을 때 이 콘크리트의 호칭강도는?

보통 25-24-100

① 25MPa ② 24MPa
③ 100MPa ④ 12MPa

해설
레디믹스트 콘크리트 호칭방법
보통 25-24-100
 ㉠ ㉡ ㉢ ㉣
㉠ 콘크리트의 종류에 따른 구분
㉡ 굵은 골재의 최대 치수에 따른 구분(mm)
㉢ 호칭강도(MPa)
㉣ 슬럼프 또는 슬럼프 플로(mm)

59 터널 내의 콘크리트 라이닝(복공) 설치로 인해 발생하는 현상으로 볼 수 없는 것은?

① 외부 지반의 수압에 대하여 터널의 안전성을 유지한다.
② 터널 내의 콘크리트 벽면이 불안정할 수가 있다.
③ 지반이 안정되고 암반의 떨어지는 것을 막는다.
④ 터널 안으로 지하수가 흘러나오는 것을 막는다.

해설
콘크리트 라이닝
터널의 가장 내측에 시공되는 무근 또는 철근 콘크리트의 터널부재로, 터널 내의 콘크리트 벽면이 안정을 유지할 수 있게 해준다.

60 시멘트의 경화촉진제에 대한 설명으로 틀린 것은?

① 염화칼슘을 혼합한 콘크리트는 응결이 촉진되고 콘크리트의 슬럼프가 감소한다.
② 수중이나 한중공사에 조기강도나 수화열을 필요로 할 경우에 사용한다.
③ 염화칼슘을 촉진제로 사용된다.
④ 황산염의 작용을 받는 경우에 염화칼슘은 시멘트 양의 4% 이상을 사용해야 한다.

해설
일반적으로 시멘트 무게의 1~2%의 염화칼슘을 사용하여 조기강도를 커지게 하며, 4% 이상 사용하면 급속히 굳어질 염려가 있고 장기강도가 작아진다.

정답 56 ④ 57 ① 58 ② 59 ② 60 ④

2016년 제3회 과년도 기출문제

01 건축물의 미장, 장식용, 인조대리석 제조용으로 사용되는 시멘트는?

① 보통 포틀랜드 시멘트
② 중용열 포틀랜드 시멘트
③ 조강 포틀랜드 시멘트
④ 백색 포틀랜드 시멘트

해설
① : 건축·토목공사, 일반 콘크리트 제품
② : 댐, 매스 콘크리트, 방사선 차폐용
③ : 긴급공사, 한중공사
백색 포틀랜드 시멘트
산화철과 마그네시아의 함유량을 제한하여 철분이 거의 없으며, 주로 건축물의 미장, 장식용, 인조석 제조 등에 사용되는 시멘트이다.

02 수밀 콘크리트에 대한 설명 중 옳지 않은 것은?

① 일반적인 경우보다 잔골재율을 적게 하는 것이 좋다.
② 물-결합재비의 50% 이하가 표준이다.
③ 경화 후의 콘크리트는 될 수 있는 대로 장기간 습윤 상태로 유지한다.
④ 혼화재료는 공기연행 감수제, 고성능 감수제 또는 포졸란을 사용한다.

해설
잔골재율을 적게 하면 공극률이 증가하여 수밀성이 저하될 수 있으므로, 수밀 콘크리트의 잔골재율은 일반적인 경우와 동일하거나 약간 높게 하는 것이 좋다.

03 콘크리트의 인장강도 시험에서 하중을 가하는 속도로서 옳은 것은?

① 인장응력도의 증가율이 매초 0.06±0.04MPa이 되도록 한다.
② 인장응력도의 증가율이 매초 0.6±0.4MPa이 되도록 한다.
③ 인장응력도의 증가율이 매초 6±0.4MPa이 되도록 한다.
④ 인장응력도의 증가율이 매초 6±4MPa이 되도록 한다.

해설
공시체에 충격이 가해지지 않도록 동일한 속도로 하중을 가한다. 하중 속도는 매초 0.06±0.04MPa이 되도록 조정하고, 최대 하중에 도달할 때까지 그 증가율을 유지해야 한다.

04 콘크리트의 설계기준 압축강도가 18MPa이고, 압축강도 시험의 기록이 없는 경우 콘크리트의 배합강도는?

① 18MPa
② 25MPa
③ 26.5MPa
④ 28MPa

해설
압축강도의 시험 횟수가 14회 이하이거나 기록이 없는 경우의 배합강도

호칭강도(MPa)	배합강도(MPa)
21 미만	$f_{cn} + 7$
21 이상 35 이하	$f_{cn} + 8.5$
35 초과	$1.1 f_{cn} + 5$

∴ 배합강도 = $f_{cn} + 7 = 18 + 7 = 25$MPa

정답 1 ④ 2 ① 3 ① 4 ②

05 시멘트의 분말도에 대한 설명으로 틀린 것은?

① 시멘트의 분말도가 높으면 조기강도가 작아진다.
② 시멘트의 입자가 가늘수록 분말도가 높다.
③ 분말도란 시멘트 입자의 고운 정도를 나타낸다.
④ 분말도가 높으면 시멘트의 표면적이 커서 수화작용이 빠르다.

해설
시멘트의 분말도가 높으면 조기강도가 커진다.

06 시멘트의 응결시간에 대한 설명으로 옳은 것은?

① 일반적으로 물-시멘트비가 클수록 응결시간이 빨라진다.
② 풍화되었을 때에는 응결시간이 늦어진다.
③ 온도가 높으면 응결시간이 늦어진다.
④ 분말도가 크면 응결시간이 늦어진다.

해설
② 풍화된 시멘트는 응결 및 경화가 늦어진다.
① 일반적으로 물-시멘트비가 클수록 응결시간이 늦어진다.
③ 온도가 높으면 응결시간이 빨라진다.
④ 분말도가 크면 응결시간이 빨라진다.

07 콘크리트 타설에 대한 설명으로 틀린 것은?

① 한 구획 내의 콘크리트는 타설이 완료될 때까지 연속해서 타설해야 한다.
② 콘크리트는 그 표면이 한 구획 내에서는 거의 수평이 되도록 타설하는 것을 원칙으로 한다.
③ 콘크리트 타설의 1층 높이는 다짐능력을 고려하여 이를 결정하여야 한다.
④ 타설한 콘크리트는 그 수평을 맞추기 위하여 거푸집 안에서 횡방향으로 이동시키면서 작업하여야 한다.

해설
타설한 콘크리트를 거푸집 안에서 횡방향으로 이동시켜서는 안 된다.

08 혼화재료인 플라이애시의 특성에 대한 설명 중 틀린 것은?

① 가루 석탄재로서 실리카질 혼화재이다.
② 입자가 둥글고 매끄럽다.
③ 콘크리트에 넣으면 워커빌리티가 좋아진다.
④ 플라이애시를 사용한 콘크리트는 반죽 시에 사용수량을 증가시켜야 한다.

해설
플라이애시는 워커빌리티가 좋아 단위 수량을 감소시킬 수 있다.

09 콘크리트 압축강도 시험을 위한 공시체를 제작할 때 콘크리트를 채우고 나서 캐핑을 실시하는 시기로서 가장 적합한 것은?(단, 된 반죽 콘크리트의 경우)

① 1~2시간 이후
② 2~6시간 이후
③ 6~12시간 이후
④ 12~24시간 이후

해설
된 반죽 콘크리트에서는 2~6시간 이후, 묽은 반죽 콘크리트에서는 6~24시간 이후로 한다.

10 콘크리트의 슬럼프 시험에 대한 설명으로 틀린 것은?

① 콘크리트 슬럼프 시험은 반죽질기를 측정하는 것이다.
② 콘크리트 슬럼프 시험은 워커빌리티를 판단하는 수단으로 사용된다.
③ 슬럼프 콘에 시료를 채우고 벗길 때까지의 전 작업은 3분 이내로 한다.
④ 시료를 슬럼프 콘에 넣고 다짐대로 3층으로 15회씩 다진다.

해설
시료는 슬럼프 콘의 높이를 3등분하여 3층으로 나누어 넣고 각 층을 25회 다진다.

11 AE제를 사용한 콘크리트의 특성에 대한 설명으로 옳지 않은 것은?

① 워커빌리티가 증가한다.
② 단위 수량이 증가한다.
③ 블리딩이 감소된다.
④ 동결융해 저항성이 커진다.

해설
AE제를 사용하면 단위 수량이 줄어든다.

12 골재의 함수 상태 네 가지 중 습기가 없는 실내에서 자연건조시킨 것으로서 골재알 속의 빈틈 일부가 물로 차 있는 상태는?

① 습윤 상태
② 절대건조 상태
③ 표면건조 포화 상태
④ 공기 중 건조 상태

해설
골재의 함수 상태
• 절대건조 상태(절건 상태) : 105±5°C의 온도에서 일정한 질량이 될 때까지 건조시킨 것으로서, 물기가 전혀 없는 상태이다.
• 공기 중 건조 상태(기건 상태) : 습기가 없는 실내에서 건조시킨 것으로서, 골재알 속의 일부에만 물기가 있는 상태이다.
• 표면건조 포화 상태(표건 상태) : 골재알의 표면에는 물기가 없고, 골재알 속의 빈틈만 물로 차 있는 상태이다.
• 습윤 상태 : 골재알 속이 물로 차 있고, 표면에도 물기가 있는 상태이다.

13 용량(q)이 0.75m³인 믹서기, 4대로 구성된 콘크리트 플랜트의 단위 시간당 생산량(Q)는 몇 m³/h인가?(단, 작업효율(E) = 0.8, 사이클 시간(C_m) = 4분이다)

① 9m³/h
② 18m³/h
③ 36m³/h
④ 72m³/h

해설
$$Q = \frac{60qE}{C_m}$$
$$= \frac{60 \times 0.75 \times 0.8 \times 4}{4}$$
$$= 36\text{m}^3/\text{h}$$
여기서, q : 적재량
E : 작업효율
C_m : 사이클 타임

14 콘크리트 재료를 계량할 때 혼화재의 계량 허용오차로 옳은 것은?

① ±1%   ② ±2%
③ ±3%   ④ ±4%

해설
표준시방서상 계량오차

재료의 종류	측정 단위	허용오차
시멘트	질량	±1%
골재	질량 또는 부피	±3%
물	질량	±1%
혼화재	질량	±2%
혼화제	질량 또는 부피	±3%

15 압력법에 의한 공기량 시험에서 겉보기 공기량이 6.75%이고, 골재의 수정계수가 1.23%인 경우 이 콘크리트의 공기량은?

① 4.25%   ② 5.5%
③ 8.0%   ④ 9.25%

해설
콘크리트의 공기량(A)
$A = A_1 - G$
$= 6.75 - 1.23$
$= 5.52\%$
여기서, A_1 : 콘크리트의 겉보기 공기량(%)
G : 골재의 수정계수(%)

16 안지름 25cm, 높이 28cm의 용기를 사용하여 블리딩 시험을 한 결과 피펫으로 빨아낸 물의 양이 508cm³였다. 블리딩양(cm³/cm²)을 구하면?

① 0.009   ② 9.58
③ 1.03   ④ 5.08

해설
$$블리딩양 = \frac{V}{A} = \frac{508}{\frac{\pi \times 25^2}{4}}$$
$$\fallingdotseq 1.03 \text{cm}^3/\text{cm}^2$$

17 로스앤젤레스 시험기를 사용하는 골재의 시험법은 무엇인가?

① 마모 시험
② 안정성 시험
③ 밀도 시험
④ 단위 용적질량 시험

해설
로스앤젤레스 시험기는 철구를 사용하여 굵은 골재(부서진 돌, 깨진 광재, 자갈 등)의 마모에 대한 저항을 시험하는 데 사용한다.

18 굵은 골재의 정의로 옳은 것은?

① 10mm 체에 거의 다 남는 골재
② 5mm 체에 거의 다 남는 골재
③ 2.5mm 체에 거의 다 남는 골재
④ 1.2mm 체에 거의 다 남는 골재

해설
골재의 종류
- 잔골재(모래) : 10mm 체를 전부 통과하고 5mm 체를 거의 다 통과하며 0.08mm 체에 거의 다 남는 골재
- 굵은 골재(자갈) : 5mm 체에 거의 다 남는 골재 또는 5mm 체에 다 남는 골재

19 배치 믹서(batch mixer)에 대한 설명으로 옳은 것은?

① 콘크리트 1m³씩 혼합하는 믹서
② 콘크리트 재료를 1회분씩 운반하는 장치
③ 콘크리트 재료를 1회분씩 혼합하는 믹서
④ 콘크리트 1m³씩 운반하는 장치

20 내부 진동기를 사용하여 콘크리트를 다지기할 때 주의해야 할 사항으로 잘못된 것은?

① 진동다지기를 할 때에는 내부 진동기를 하층의 콘크리트 속으로 0.1m 정도 찔러 넣는다.
② 내부 진동기는 콘크리트로부터 천천히 빼내어 구멍이 남지 않도록 한다.
③ 내부 진동기의 삽입 간격은 1.5m 이하로 하여야 한다.
④ 내부 진동기는 연직으로 찔러 넣어야 한다.

해설
내부 진동기는 연직으로 0.1m 정도 찔러 넣으며, 삽입 간격은 일반적으로 0.5m 이하로 한다.

21 한중 콘크리트에 있어서 양생 중 콘크리트의 온도는 최저 몇 ℃ 이상으로 유지하는 것을 표준으로 하는가?

① 5℃   ② 10℃
③ 15℃   ④ 20℃

해설
한중 콘크리트는 소요 압축강도가 얻어질 때까지 콘크리트의 온도를 5℃ 이상으로 유지하여야 하며, 또한 소요 압축강도에 도달한 후 2일간은 구조물의 어느 부분이라도 0℃ 이상이 되도록 유지하여야 한다.

22 휨강도 시험을 위한 공시체의 길이에 대한 설명으로 옳은 것은?

① 단면의 한 변의 길이의 2배보다 50mm 이상 긴 것으로 한다.
② 단면의 한 변의 길이의 2배보다 80mm 이상 긴 것으로 한다.
③ 단면의 한 변의 길이의 3배보다 50mm 이상 긴 것으로 한다.
④ 단면의 한 변의 길이의 3배보다 80mm 이상 긴 것으로 한다.

해설
휨강도 시험용 공시체는 단면이 정사각형인 각주로 하고, 한 변의 길이는 굵은 골재의 최대 치수의 4배 이상이면서 100mm 이상으로 한다. 공시체의 길이는 단면의 한 변의 길이의 3배보다 80mm 이상 길어야 한다.

23 콘크리트용 굵은 골재의 안정성은 황산소듐으로 5회 시험을 하여 평가한다. 이때 손실질량은 몇 % 이하를 표준으로 하는가?

① 12%   ② 10%
③ 5%   ④ 3%

해설
굵은 골재의 안정성은 황산소듐으로 5회 시험을 하여 평가하는데, 그 손실질량은 12% 이하를 표준으로 한다.
※ 잔골재는 황산소듐 손실질량 백분율 10% 이내

정답 19 ③ 20 ③ 21 ① 22 ④ 23 ①

24 시멘트 입자를 분산시킴으로써 콘크리트의 소요의 워커빌리티를 얻는 데 필요한 단위 수량을 줄이기 위해 사용되는 혼화제는?

① 감수제
② AE제(공기연행제)
③ 촉진제
④ 급결제

해설
② AE제(공기연행제) : 콘크리트 속에 작고 많은 독립된 기포를 고르게 생기게 하기 위하여 사용하는 혼화제이다.
③ 촉진제 : 한랭 시에 온난 시와 같은 경화속도를 갖게 할 목적으로 사용되는 혼화제이다.
④ 급결제 : 시멘트의 응결을 빠르게 하기 위하여 사용하는 혼화제로서 숏크리트, 물막이 공법 등에 사용한다.

25 잔골재의 밀도 시험은 두 번 실시하여 밀도 측정값의 평균값과 차가 얼마 이하이어야 하는가?

① $0.01g/cm^3$
② $0.1g/cm^3$
③ $0.02g/cm^3$
④ $0.5g/cm^3$

해설
정밀도 : 시험값은 평균과의 차이가 밀도의 경우 $0.01g/cm^3$ 이하, 흡수율의 경우 0.05% 이하이어야 한다.

26 잔골재의 밀도 및 흡수율 시험을 하면서 시료와 물이 들어 있는 플라스크를 편평한 면에 굴리는 이유 중 가장 옳은 것은?

① 먼지를 제거하기 위하여
② 온도차에 의한 물의 단위 질량을 고려하기 위하여
③ 공기를 제거하기 위하여
④ 플라스크 용량 검정을 위하여

해설
플라스크를 편평한 면에 굴려 교란시켜 기포를 없애기 위함이다.

27 프리플레이스트 콘크리트에서 굵은 골재의 최소 치수는 몇 mm 이상이어야 하는가?

① 15mm
② 25mm
③ 40mm
④ 60mm

해설
프리플레이스트 콘크리트에서 굵은 골재 치수
• 최소 치수는 15mm 이상으로 하여야 한다.
• 최대 치수는 최소 치수의 2~4배 정도로 한다.

28 잔골재 체가름 시험에 필요한 시료를 준비할 때 1.18mm 체를 95%(질량비) 이상 통과하는 시료의 최소 건조질량은?

① 100g
② 300g
③ 500g
④ 1,000g

해설
체가름 시험 시 시료의 질량
• 굵은 골재 : 최대 치수의 0.2배를 한 정수를 최소 건조질량(kg)으로 한다.
• 잔골재 : 1.18mm 체를 95%(질량비) 이상 통과하는 것에 대한 최소 건조질량을 100g으로 하고, 1.18mm 체에 5%(질량비) 이상 남는 것에 대한 최소 건조질량을 500g으로 한다. 다만, 구조용 경량골재에서는 최소 건조질량의 1/2로 한다.
※ 개정된 KS 기준으로 내용을 수정하였다.

29 미리 거푸집 안에 굵은 골재를 채우고, 그 틈에 특수 모르타르를 펌프로 주입한 콘크리트는?

① 프리플레이스트 콘크리트
② 중량 콘크리트
③ PC 콘크리트
④ 진공 콘크리트

해설
② 중량 콘크리트 : 비중이 큰 중량 골재를 사용하여 만든 콘크리트를 중량 콘크리트라 한다.
③ PC(프리캐스트) 콘크리트 : 공장에서 미리 제작한 콘크리트 부재를 현장에서 조립하여 완성하는 건축 및 토목 구조물의 자재이다.
④ 진공 콘크리트 : 콘크리트를 친 후 콘크리트의 표면에 진공 덮개를 덮고, 진공 펌프로 표면의 물과 공기를 빼내어 콘크리트에 대기압을 주어 만든 콘크리트이다.

30 일반 콘크리트에서 수밀성을 기준으로 물-결합재비를 정할 경우 그 값은 얼마를 기준으로 하는가?

① 30% 이하
② 45% 이하
③ 50% 이하
④ 60% 이하

해설
수밀 콘크리트의 물-결합재비는 50% 이하로 하여야 한다.

31 콘크리트에 사용하는 촉진제에 대한 설명으로 옳지 않은 것은?

① 프리플레이스트 콘크리트용 그라우트에 사용하여 부착을 좋게 한다.
② 시멘트의 수화작용을 빠르게 하여 응결이 빠르므로 숏크리트에 사용한다.
③ 일반적으로 시멘트 무게의 1~2%의 염화칼슘을 사용하여 조기강도가 커지게 한다.
④ 염화칼슘을 시멘트 무게의 4% 이상 사용하면 급속히 굳어질 염려가 있어 장기강도가 작아진다.

해설
프리플레이스트 콘크리트용 그라우트에 사용하여 부착을 좋게 하는 것은 발포제이다.

32 콘크리트를 2층 이상으로 나누어 타설할 경우 외기온도 25℃ 이하에서 이어치기 허용시간의 표준으로 옳은 것은?

① 1.0시간
② 1.5시간
③ 2.0시간
④ 2.5시간

해설
이어치기 허용시간 표준
• 외기온도 25℃ 초과 : 2.0시간
• 외기온도 25℃ 이하 : 2.5시간

33 일평균기온이 15℃ 이상일 때, 보통 포틀랜드 시멘트를 사용한 콘크리트의 습윤 양생기간의 표준은?

① 3일　　② 5일
③ 7일　　④ 14일

해설
습윤 양생기간의 표준

일평균 기온	보통 포틀랜드 시멘트	고로 슬래그, 플라이애시 시멘트	조강 포틀랜드 시멘트
15℃ 이상	5일	7일	3일
10℃ 이상	7일	9일	4일
5℃ 이상	9일	12일	5일

34 레디믹스트 콘크리트를 제조와 운반방법에 따라 분류할 때 다음의 설명에 해당하는 것은?

> 콘크리트 플랜트에서 재료를 계량하여 트럭믹서에 싣고 운반 중에 물을 넣어 비비는 방법이다.

① 센트럴 믹스트 콘크리트
② 슈링크 믹스트 콘크리트
③ 가경식 믹스트 콘크리트
④ 트랜싯 믹스트 콘크리트

해설
레디믹스트 콘크리트의 운반방식에 따른 분류
- 센트럴 믹스트 콘크리트 : 공장에 있는 고정 믹서에서 완전히 비빈 콘크리트를 애지테이터 트럭 등으로 운반하는 방식으로 근거리 운반에 사용된다.
- 슈링크 믹스트 콘크리트 : 공장에 있는 고정 믹서에서 어느 정도 콘크리트를 비빈 다음, 현장으로 가면서 완전히 비비는 방식으로 중거리 운반에 사용된다.
- 트랜싯 믹스트 콘크리트 : 플랜트에 고정 믹서가 없고 각 재료의 계량장치만 설치하여 계량된 각 재료를 트럭믹서 속에 투입하여 운반 중에 소요 수량을 가해 완전히 비벼진 콘크리트를 만들어 공급하는 방식으로 장거리 수송에 사용된다.

35 지름 100mm, 높이 200mm인 콘크리트 공시체로 압축강도 시험을 실시한 결과 공시체 파괴 시 최대 하중이 231kN이었다. 이 공시체의 압축강도는?

① 29.4MPa　　② 27.4MPa
③ 25.4MPa　　④ 23.4MPa

해설
압축강도$(f) = \dfrac{P}{A} = \dfrac{231,000}{\dfrac{\pi \times 100^2}{4}} ≒ 29.4\text{MPa}$

여기서, P : 파괴될 때 최대 하중(N)
　　　　A : 시험체의 단면적(mm²)

36 슬럼프 콘의 규격으로 옳은 것은?

① 윗면의 안지름이 150±2mm, 밑면의 안지름이 300±2mm, 높이 300±2mm
② 윗면의 안지름이 150±2mm, 밑면의 안지름이 200±2mm, 높이 300±2mm
③ 윗면의 안지름이 100±2mm, 밑면의 안지름이 300±2mm, 높이 300±2mm
④ 윗면의 안지름이 100±2mm, 밑면의 안지름이 200±2mm, 높이 300±2mm

해설
슬럼프 콘은 윗면의 안지름이 100±2mm, 밑면의 안지름이 200±2mm, 높이 300±2mm 및 두께 1.5mm 이상인 금속제로 하고, 적절한 위치에 발판과 손잡이를 붙인다.
※ 개정된 KS 기준으로 내용을 수정하였다.

37 일반 수중 콘크리트에 대한 설명으로 틀린 것은?

① 트레미, 콘크리트 펌프 등에 의해 타설한다.
② 물-결합재비는 50% 이하여야 한다.
③ 단위 시멘트양은 300kg/m³ 이상으로 한다.
④ 콘크리트는 수중에 낙하시키지 않아야 한다.

해설
일반 수중 콘크리트를 시공할 때 단위 시멘트양은 370kg/m³ 이상을 표준으로 한다.

38 다음의 포졸란 종류 중 인공산에 해당하는 것은?

① 화산재 ② 플라이애시
③ 규조토 ④ 규산백토

[해설]
포졸란의 종류
- 천연산 : 화산회(화산재), 규조토, 규산백토 등
- 인공산 : 플라이애시, 고로 슬래그, 실리카 퓸, 실리카 겔, 소성점토, 혈암

39 콘크리트를 비비는 시간은 시험에 의해 정하는 것을 원칙으로 하나 시험을 실시하지 않는 경우 가경식 믹서에서 비비기 시간은 최소 얼마 이상을 표준으로 하는가?

① 1분 30초 ② 2분
③ 3분 ④ 3분 30초

[해설]
가경식 믹서는 1분 30초 이상, 강제식 믹서는 1분 이상을 표준 비비기 시간으로 한다.

40 서중 콘크리트에 대한 설명으로 틀린 것은?

① 하루 평균기온이 15℃를 초과하는 것이 예상되는 경우 서중 콘크리트로 시공하여야 한다.
② 서중 콘크리트의 배합온도는 낮게 관리하여야 한다.
③ 콘크리트를 타설할 때의 콘크리트 온도는 35℃ 이하이어야 한다.
④ 타설하기 전에 지반, 거푸집 등 콘크리트로부터 물을 흡수할 우려가 있는 부분을 습윤 상태로 유지하여야 한다.

[해설]
하루 평균기온이 25℃를 초과하는 것이 예상되는 경우 서중 콘크리트로 시공하여야 한다.

41 단위 골재량의 절대 부피가 $0.70m^3$이고 잔골재율이 35%일 때 단위 굵은 골재량은?(단, 굵은 골재의 밀도는 $2.6g/cm^3$임)

① $1,183kg/m^3$ ② $1,198kg/m^3$
③ $1,213kg/m^3$ ④ $1,228kg/m^3$

[해설]
단위 굵은 골재량의 절대 부피(m^3)
= 단위 골재량의 절대 부피 – 단위 잔골재량의 절대 부피
= 0.70 – (0.70 × 0.35)
= $0.455m^3$
∴ 단위 굵은 골재량(kg/m^3)
  = 단위 굵은 골재량의 절대 부피 × 굵은 골재의 밀도 × 1,000
  = 0.455 × 2.6 × 1,000
  = $1,183kg/m^3$

42 시방 배합에서 규정된 배합의 표시법에 포함되지 않는 것은?

① 슬럼프의 범위
② 잔골재의 최대 치수
③ 물–결합재비
④ 시멘트의 단위량

[해설]
시방 배합에서 규정된 배합의 표시법에 포함되어야 사항
- 굵은 골재의 최대 치수(mm)
- 슬럼프 범위(mm)
- 공기량 범위(%)
- 물–결합재비(%)
- 잔골재율(%)
- 단위 질량(kg/m^3) : 물, 시멘트, 잔골재, 굵은 골재, 혼화재료

정답 38 ② 39 ① 40 ① 41 ① 42 ②

43 골재의 안정성 시험에 사용되는 시험용 용액은?

① 황산소듐 ② 가성소다
③ 염화칼슘 ④ 탄닌산

[해설]
골재의 안정성 시험 : 골재의 내구성을 알기 위하여 황산소듐 포화 용액으로 인한 골재의 부서짐 작용에 대한 저항성을 시험한다.

44 단위 용적질량이 1,690kg/m³, 밀도가 2.60g/cm³ 인 굵은 골재의 공극률은 얼마인가?

① 25% ② 30%
③ 35% ④ 40%

[해설]
공극률(%) = 100 − 실적률(%)
= $100 - \left(\dfrac{골재의\ 단위\ 용적질량}{골재의\ 절건\ 밀도} \times 100\right)$
= $100 - \left(\dfrac{1.69}{2.60} \times 100\right)$
= 35%

45 벽이나 기둥과 같이 높이가 높은 콘크리트를 연속해서 타설할 경우 콘크리트의 쳐 올라가는 속도는 일반적으로 30분에 얼마 정도로 하는가?

① 1m 이하 ② 1~1.5m
③ 2~3m ④ 3~4m

[해설]
콘크리트를 쳐 올라가는 속도는 단면의 크기, 배합, 다지기 방법 등에 따라 다르나 보통 30분에 1~1.5m 정도로 하는 것이 적당하다.

46 지름 150mm, 길이가 300mm인 공시체를 사용한 콘크리트 쪼갬 인장강도 시험을 하여 시험기에 나타난 최대 하중이 147.9kN이었다. 인장강도는 얼마인가?

① 1.5MPa ② 1.7MPa
③ 1.9MPa ④ 2.1MPa

[해설]
쪼갬 인장강도 = $\dfrac{2P}{\pi dl}$
$= \dfrac{2 \times 147,900}{\pi \times 150 \times 300}$
$\fallingdotseq 2.09 \text{N/mm}^2$
$\fallingdotseq 2.1 \text{MPa}$

여기서, P : 최대 하중(N)
d : 공시체의 지름(mm)
l : 공시체의 길이(mm)

47 분말도가 큰 시멘트에 대한 설명으로 틀린 것은?

① 수밀한 콘크리트를 얻을 수 있으며 균열이 발생이 없다.
② 풍화되기 쉽고 수화열이 많이 발생한다.
③ 수화반응이 빨라지고 조기강도가 크다.
④ 블리딩양이 적고 워커블한 콘크리트를 얻을 수 있다.

[해설]
분말도가 크다는 것은 시멘트 입자의 크기가 가늘다는 것이다. 입자가 고운만큼 물에 접촉하는 면적이 크며 이에 따라 수화열이 많이 발생하고 건조수축이 커지므로 콘크리트에 균열이 발생하기 쉽다.

48 골재의 안정성 시험에서 골재에 시약용 용액의 잔류 유무를 판단하기 위해 사용되는 염화바륨 용액의 농도로 적합한 것은?

① 1~5%   ② 5~10%
③ 10~15% ④ 15~20%

49 거푸집널의 일반적인 설명으로 옳지 않은 것은?

① 목재 및 금속재 거푸집널은 절대 재사용해서는 안 된다.
② 형상이 찌그러지거나 비틀림 등 변형이 있는 것은 교정한 다음 사용해야 한다.
③ 흠집 및 옹이가 많은 거푸집과 합판의 접착부분이 떨어져 구조적으로 약한 것을 사용해서는 안 된다.
④ 거푸집의 띠장은 부러지거나 균열이 있는 것을 사용해서는 안 된다.

해설
거푸집널을 재사용하는 경우에는 콘크리트에 접하는 면을 깨끗이 청소하고 볼트용 구멍 또는 파손 부위를 수선한 후 사용한다.

50 골재의 체가름 시험의 목적으로 옳은 것은?

① 골재의 입도 분포 및 골재의 최대 치수를 구하기 위해서 한다.
② 기상작용에 대한 내구성을 판단한다.
③ 골재의 부피와 빈틈률을 계산한다.
④ 골재의 닳음 저항성을 알기 위해서 한다.

해설
② 안정성 시험의 목적이다.
③ 골재의 밀도 및 흡수율 시험의 목적이다.
④ 마모 시험의 목적이다.

51 시멘트의 수화작용에 영향을 미치는 주요 화합물 중 조기강도를 높이는 특성을 갖고 있으며 시멘트 중 함유 비율이 가장 높은 것은?

① 알루민산 3석회(C_3A)
② 규산 3석회(C_3S)
③ 규산 2석회(C_2S)
④ 알루민산철 4석회(C_4AF)

해설
규산 3석회(C_3S) : 알루민산 3석회(C_3A)보다 수화작용은 늦으나 강도의 증진이 오래 지속되고 수화열이 크다.

52 다음 중 포틀랜드 시멘트의 종류에 해당되지 않는 것은?

① 보통 포틀랜드 시멘트
② 중용열 포틀랜드 시멘트
③ 조강 포틀랜드 시멘트
④ 포틀랜드 포졸란 시멘트

해설
시멘트의 종류
- 포틀랜드 시멘트 : 보통 포틀랜드 시멘트, 중용열 포틀랜드 시멘트, 조강 포틀랜드 시멘트, 저열 포틀랜드 시멘트, 내황산염 포틀랜드 시멘트, 백색 포틀랜드 시멘트
- 혼합 시멘트 : 고로 슬래그 시멘트, 플라이애시 시멘트, 실리카(포졸란) 시멘트
- 특수 시멘트 : 알루미나 시멘트, 초속경 시멘트, 팽창 시멘트

정답 48 ② 49 ① 50 ① 51 ② 52 ④

53 콘크리트의 압축강도 시험의 목적으로 옳지 않은 것은?

① 배합한 콘크리트의 압축강도를 구한다.
② 압축강도 시험값으로 휨강도, 인장강도, 탄성계수 값을 정확하게 구할 수 있다.
③ 콘크리트의 품질관리에 이용한다.
④ 콘크리트를 가장 경제적으로 만들기 위해 재료를 선정한다.

해설
콘크리트의 압축강도 시험의 목적
- 재료 및 배합한 콘크리트의 압축강도를 구하고 배합을 결정한다.
- 필요한 성질을 가진 콘크리트를 가장 경제적으로 만들기 위해 재료를 선정한다.
- 압축강도를 구하여 휨강도, 인장강도, 탄성계수 등의 대략적인 값을 추정한다.
- 콘크리트의 품질관리에 이용한다.

54 시멘트의 응결시간을 늦추기 위하여 사용하는 혼화제로서 서중 콘크리트나 레디믹스트 콘크리트에서 운반거리가 먼 경우 또는 연속적으로 콘크리트를 칠 때 콜드 조인트가 생기지 않도록 할 경우 등에 사용되는 혼화제는?

① 감수제   ② 촉진제
③ 급결제   ④ 지연제

해설
① 감수제 : 시멘트 입자를 분산시켜 콘크리트의 단위 수량을 감소시킬 목적으로 사용하는 혼화제이다.
② 촉진제 : 한랭 시에 온난 시와 같은 경화속도를 갖게 할 목적으로 사용되는 혼화제이다.
③ 급결제 : 시멘트의 응결을 상당히 빠르게 하기 위하여 사용하는 혼화제이다.

55 거푸집과 동바리에 관한 설명 중 옳지 않은 것은?

① 연직 부재의 거푸집은 수평 부재의 거푸집보다 빨리 떼어 낸다.
② 보에서는 밑면 거푸집을 양 측면의 거푸집보다 먼저 떼어 낸다.
③ 거푸집을 시공할 때 거푸집 판의 안쪽에 박리제를 발라서 콘크리트가 거푸집에 붙는 것을 방지하도록 한다.
④ 거푸집 및 동바리는 콘크리트가 자중 및 시공 중에 가해지는 하중에 충분히 견딜 만한 강도를 가질 때까지 해체해서는 안 된다.

해설
보의 밑판의 거푸집은 보의 양 측면의 거푸집보다 나중에 떼어 낸다.

56 콘크리트의 배합에서 시방서 또는 책임기술자가 지시한 배합을 무엇이라고 하는가?

① 현장 배합   ② 시방 배합
③ 표면 배합   ④ 책임 배합

해설
배합설계의 분류
- 시방 배합 : 표준시방서 또는 책임기술자가 지시한 배합이다.
- 현장 배합 : 현장에서 사용하는 골재의 함수 상태, 혼합률 등을 고려하여 시방 배합을 현장에서 실제로 사용하는 재료의 성질에 맞추어 고친 배합이다.

53 ② 54 ④ 55 ② 56 ②

57 표면건조 포화 상태의 잔골재 500g을 노건조시켰더니 480g이었다면 흡수율은 얼마인가?

① 4.00%   ② 4.17%
③ 4.76%   ④ 5.00%

해설

$$흡수율(\%) = \frac{표면건조\ 포화\ 상태 - 절대건조\ 상태}{절대건조\ 상태} \times 100$$

$$= \frac{500 - 480}{480} \times 100$$

$$\fallingdotseq 4.17\%$$

58 다음 혼화재료 중 그 사용량이 시멘트 무게의 5% 정도 이상이 되어 그 자체의 양이 콘크리트 배합계산에 관계되는 혼화재는?

① 고로 슬래그
② 공기연행제
③ 염화칼슘
④ 기포제

해설

혼화재료의 종류
- 혼화재
  - 사용량이 시멘트 질량의 5% 정도 이상이 되어 그 자체의 부피가 콘크리트의 배합계산에 관계가 되는 것
  - 포졸란, 플라이애시, 고로 슬래그, 팽창제, 실리카 퓸 등
- 혼화제
  - 사용량이 시멘트 질량의 1% 정도 이하의 것으로 콘크리트의 배합계산에서 무시되는 것
  - AE제, 경화촉진제, 감수제, 지연제, 기포제, 방수제 등
  ※ 촉진제로 염화칼슘을 사용한다.

59 시멘트의 성질에 대한 설명으로 틀린 것은?

① 시멘트풀이 물과 화학반응을 일으켜 시간이 경과함에 따라 유동성과 점성을 상실하고 고체화하는 현상을 수화라고 한다.
② 수화반응은 시멘트의 분말도, 수량, 온도, 혼화재료의 사용 유무 등 많은 요인들의 영향을 받는다.
③ 수량이 많고 시멘트가 풍화되어 있을 때에는 응결이 늦어진다.
④ 온도가 높고 분말도가 높으면 응결이 빨라진다.

해설
①은 응결에 대한 설명이다.

60 수송관 내의 콘크리트를 압축공기의 압력으로 보내는 것으로서, 주로 터널의 둘레 콘크리트에 사용되는 것은?

① 벨트 컨베이어
② 운반차
③ 버킷
④ 콘크리트 플레이서

해설
① 벨트 컨베이어 : 콘크리트를 연속적으로 운반하는 기계이다.
③ 버킷 : 믹서에서 나온 콘크리트를 즉시 현장에 운반하는 용기로, 기중기 등에 매달아 사용한다.

정답 57 ② 58 ① 59 ① 60 ④

2017년 제1회 과년도 기출복원문제

※ 2017년부터는 CBT(컴퓨터 기반 시험)로 진행되어 수험자의 기억에 의해 문제를 복원하였습니다. 실제 시행문제와 일부 상이할 수 있음을 알려드립니다.

01 골재의 표면건조 포화 상태에서 공기 중 건조 상태의 수분을 뺀 물의 양은?

① 함수량　② 흡수량
③ 표면수량　④ 유효 흡수량

해설
골재의 수분함량 상태

절건 상태　기건 상태(평형)　표건 상태　습윤 상태

기건 흡수량 | 유효 흡수량
흡수량 | 표면수량
함수량

02 다음 중 인공골재에 속하는 것은?

① 강자갈　② 바닷자갈
③ 산자갈　④ 부순 돌

해설
산지 또는 제조방법에 따른 골재의 분류
- 천연골재 : 강모래, 강자갈, 바닷모래, 바닷자갈, 육상모래, 육상자갈, 산모래, 산자갈
- 인공골재 : 부순 돌, 부순 모래, 슬래그, 인공 경량골재

03 프리플레이스트 콘크리트에 사용하는 잔골재의 조립률은 어느 범위가 적당한가?

① 0.5~0.8　② 0.8~1.2
③ 1.4~2.2　④ 2.2~3.2

해설
골재 조립률
- 잔골재
  - 일반적 : 2.3~3.1
  - 프리플레이스트 콘크리트 : 1.4~2.2
- 굵은 골재 : 6~8

04 굵은 골재의 밀도를 측정하기 위하여 일정량의 시료를 정해진 과정에 따라 측정한 결과 공기 중 표면건조 포화 상태의 질량은 450g, 물속에서의 질량은 280g, 절대건조 상태의 질량은 390g이었다. 이 골재의 표면건조 포화 상태의 밀도는?(단, 시험온도에서의 물의 밀도는 1g/cm³이다)

① $2.95g/cm^3$　② $2.85g/cm^3$
③ $2.75g/cm^3$　④ $2.65g/cm^3$

해설
굵은 골재의 표면건조 포화 상태의 밀도
$$d_s = \frac{B}{B-C} \times \rho_w$$
$$= \frac{450}{450-280} \times 1$$
$$\fallingdotseq 2.65g/cm^3$$

여기서, d_s : 표면건조 포화 상태의 밀도(g)
B : 표면건조 포화 상태의 시료질량(g)
C : 물속에 24시간 담가둔 시료의 수중 질량(g)
ρ_w : 시험온도에서의 물의 밀도(g/cm³)

정답　1 ④　2 ④　3 ③　4 ④

05 굵은 골재의 유해물 함유량의 한도 중 점토 덩어리는 질량 백분율로 얼마 이하인가?

① 0.25 ② 0.5
③ 1.0   ④ 5.0

해설
굵은 골재의 유해물 함유량 한도

종류		천연 굵은 골재(%)
점토 덩어리		0.25*
연한 석편		5.0*
0.08mm 체 통과량		1.0
석탄, 갈탄 등으로 밀도 $2.0g/cm^3$의 액체에 뜨는 것	콘크리트의 외관이 중요한 경우	0.5
	기타의 경우	1.0

(*) 점토 덩어리와 연한 석편의 합이 5%를 넘으면 안 된다.

06 다음 중 시멘트의 조기강도가 큰 순서로 되어 있는 것은?

① 보통 포틀랜드 시멘트 > 고로 슬래그 시멘트 > 알루미나 시멘트
② 알루미나 시멘트 > 고로 슬래그 시멘트 > 보통 포틀랜드 시멘트
③ 알루미나 시멘트 > 보통 포틀랜드 시멘트 > 고로 슬래그 시멘트
④ 고로 슬래그 시멘트 > 보통 포틀랜드 시멘트 > 알루미나 시멘트

해설
시멘트의 조기강도가 큰 순서
알루미나 시멘트 > 조강 포틀랜드 시멘트 > 보통 포틀랜드 시멘트 > 고로 슬래그 시멘트 > 실리카 시멘트

07 1g의 시멘트가 가지고 있는 전체 입자의 표면적의 합계를 무엇이라 하는가?

① 비표면적   ② 총 표면적
③ 단위표면적 ④ 표면적

해설
비표면적 : 1g의 시멘트가 가지고 있는 전체 입자의 총 표면적을 말한다. 시멘트의 분말도를 나타내며, 단위는 cm^2/g이다.

08 시멘트의 응결에 대한 설명 중 틀린 것은?

① 수량이 많고 시멘트가 풍화되었을 경우 응결이 늦어진다.
② 온도와 분말도가 높고 습도가 낮을 경우는 응결이 빨라진다.
③ 석고의 양이 많으면 응결시간이 늦어진다.
④ 화학 성분 중에서 C_3A가 많으면 응결이 늦어진다.

해설
C_3A(알루민산 3석회)는 응결이 빠르고 수축이 매우 크다.

09 댐과 같은 콘크리트 단면이 큰 공사에 가장 적합한 시멘트는?

① 중용열 포틀랜드 시멘트
② 보통 포틀랜드 시멘트
③ 알루미나 시멘트
④ 백색 포틀랜드 시멘트

해설
② 보통 포틀랜드 시멘트 : 건축·토목공사, 일반 콘크리트 제품
③ 알루미나 시멘트 : 한중공사, 긴급공사, 해수공사
④ 백색 포틀랜드 시멘트 : 건축물의 미장, 장식용, 인조대리석 제조용
중용열 포틀랜드 시멘트 : 수화속도는 느리지만 수화열이 적고 장기강도가 우수하여 댐, 매스 콘크리트, 방사선 차폐용 등에 사용된다.

정답 5 ① 6 ③ 7 ① 8 ④ 9 ①

10 다음 시멘트 중 바닷물에 대한 저항성이 가장 큰 것은?

① 고로 슬래그 시멘트
② 조강 포틀랜드 시멘트
③ 백색 포틀랜드 시멘트
④ 보통 포틀랜드 시멘트

해설
① 고로 슬래그 시멘트 : 일반적으로 내화학성이 좋으므로 해수, 하수, 공장폐수 등에 접하는 콘크리트에 적합하다.
② 조강 포틀랜드 시멘트 : 수화열이 높아 초기강도와 저온에서 강도 발현이 우수하여 한중공사, 긴급공사에 사용된다.
③ 백색 포틀랜드 시멘트 : 주로 건축물의 미장, 장식용, 인조석 제조 등에 사용된다.
④ 보통 포틀랜드 시멘트 : 일반적으로 쓰이는 시멘트에 해당하며 건축·토목공사에 사용된다.

11 입자가 둥글고 표면이 매끄러워 콘크리트의 워커빌리티를 증대시키며, 가루 석탄을 연소시킬 때 굴뚝에서 전기 집진기로 채취하는 실리카질의 혼화재는?

① AE제　　② 포졸란
③ 플라이애시　　④ 리그널

해설
① AE제 : 콘크리트 내부에 독립된 미세한 기포를 발생시켜 시멘트, 골재 주위에서 볼 베어링 작용을 하여 콘크리트의 워커빌리티를 개선하는 혼화제이다.
② 포졸란 : 천연산의 것과 인공산의 것이 있으며 콘크리트의 워커빌리티를 좋게 하고 수밀성과 내구성 등을 크게 할 목적으로 사용되는 혼화재이다.

12 서중 콘크리트의 시공이나 레디믹스트 콘크리트에서 운반거리가 먼 경우 또는 연속 콘크리트를 칠 때 작업이음이 생기지 않도록 할 경우에 사용하면 효과가 있는 혼화제는 어느 것인가?

① 급결제　　② 지연제
③ 발포제　　④ 촉진제

해설
① 급결제 : 시멘트의 응결을 상당히 빠르게 하기 위하여 사용하는 혼화제이다.
③ 발포제 : 알루미늄 또는 아연 가루를 넣어, 시멘트가 응결할 때 수소가스를 발생시켜 모르타르 또는 콘크리트 속에 아주 작은 기포를 생기게 하는 혼화제이다.
④ 촉진제 : 시멘트의 수화작용을 빠르게 하는 혼화제이다.

13 콘크리트 치기에 있어 먼저 친 콘크리트와 새로 친 콘크리트 사이에 이음이 생기는데 이 이음을 무엇이라고 하는가?

① 공사이음　　② 시공이음
③ 치기이음　　④ 압축이음

해설
시공이음(시공줄눈)
• 콘크리트 치기에 있어 먼저 친 콘크리트와 새로 친 콘크리트 사이에 생기는 이음을 말한다.
• 기능상 필요에 의해서가 아니라 시공상 필요에 의해서 콘크리트 타설 시 주는 줄눈으로서, 콘크리트 타설을 일시 중단해야 할 때 만드는 줄눈이다.
• 시공이음은 가능한 한 전단력이 작은 위치에 하며, 부재의 압축력이 작용하는 방향과 직각이 되게 한다.

14 뿜어붙이기 콘크리트에 대한 설명으로 틀린 것은?

① 시멘트는 보통 포틀랜드 시멘트를 사용한다.
② 혼화제로는 급결제를 사용한다.
③ 굵은 골재는 최대 치수가 40~50mm의 부순 돌 또는 강자갈을 사용한다.
④ 시공방법으로는 건식 공법과 습식 공법이 있다.

해설
뿜어붙이기 콘크리트는 노즐의 막힘 현상이나 반발량을 최소화할 수 있도록 굵은 골재의 최대 치수를 13mm 이하로 한다.

15 부순 골재에 대한 설명 중 옳은 것은?

① 부순 잔골재의 석분은 콘크리트 경화 및 내구성에 도움이 된다.
② 부순 굵은 골재는 시멘트풀과의 부착이 좋다.
③ 부순 굵은 골재는 콘크리트를 비빌 때 소요 단위 수량이 적어진다.
④ 부순 굵은 골재를 사용한 콘크리트는 수밀성은 향상되나 휨강도는 감소된다.

해설
② 골재의 표면이 거칠수록 골재와 시멘트풀과의 부착이 좋다.
① 부순 잔골재의 석분은 콘크리트 경화 및 내구성에 도움이 되지 않는다.
③ 부순 굵은 골재는 콘크리트를 비빌 때 소요 단위 수량이 커진다.
④ 부순 굵은 골재를 사용한 콘크리트는 수밀성은 떨어지나 휨강도는 커지게 된다.

16 빈틈률이 작은 골재를 사용한 콘크리트에 대한 설명으로 틀린 것은?

① 시멘트풀의 양이 적게 들어 수화열이 적어진다.
② 건조수축이 작아진다.
③ 콘크리트의 수밀성 및 마모 저항성이 작아진다.
④ 콘크리트의 강도와 내구성이 커진다.

해설
빈틈률이 작은 골재를 사용하면 수밀성과 마모 저항성이 큰 콘크리트를 만들 수 있다.

17 다음 중 혼합 시멘트가 아닌 것은?

① 고로 슬래그 시멘트
② 플라이애시 시멘트
③ 포틀랜드 포졸란 시멘트
④ 알루미나 시멘트

해설
시멘트의 종류
- 포틀랜드 시멘트 : 보통 포틀랜드 시멘트, 중용열 포틀랜드 시멘트, 조강 포틀랜드 시멘트, 저열 포틀랜드 시멘트, 내황산염 포틀랜드 시멘트, 백색 포틀랜드 시멘트
- 혼합 시멘트 : 고로 슬래그 시멘트, 플라이애시 시멘트, 실리카(포졸란) 시멘트
- 특수 시멘트 : 알루미나 시멘트, 초속경 시멘트, 팽창 시멘트

18 시멘트 64g, 처음 광유의 눈금의 읽기 0.5mL, 시료와 광유의 눈금 읽기가 20.5mL일 때 시멘트의 비중은 얼마인가?

① 3.2
② 3.6
③ 4.3
④ 5.2

해설
$$시멘트의 비중 = \frac{시료의 무게}{눈금 차}$$
$$= \frac{64}{20.5 - 0.5}$$
$$= 3.2$$

정답 14 ③ 15 ② 16 ③ 17 ④ 18 ①

19 다음 중 콘크리트의 반죽질기 시험방법에 속하지 않는 것은?

① 슬럼프 시험
② 비비 시험
③ 리몰딩 시험
④ 비카침 장치

[해설]
비카침 장치는 시멘트의 응결시간을 측정하기 위한 것이다.

20 다음의 혼화재료 중에서 사용량이 소량으로서 배합계산에서 그 양을 무시할 수 있는 것은?

① AE제
② 팽창제
③ 플라이애시
④ 고로 슬래그 미분말

[해설]
혼화제
- 사용량이 시멘트 질량의 1% 정도 이하의 것으로 콘크리트의 배합계산에서 무시되는 것
- AE제, 경화촉진제, 지연제, 감수제, 방수제 등

21 콘크리트가 된 반죽이면 진동기를 써서 다져야 한다. 가장 많이 사용되는 진동기는?

① 내부 진동기
② 거푸집 진동기
③ 평면식 진동기
④ 공기식 진동기

[해설]
콘크리트 다지기에는 내부 진동기의 사용을 원칙으로 하며, 얇은 벽 등 내부 진동기의 사용이 곤란한 장소에서는 거푸집 진동기를 사용해도 무방하다.

22 콘크리트를 비비는 시간은 시험에 의해 정하는 것을 원칙으로 하나 시험을 실시하지 않는 경우 가경식 믹서에서 비비기 시간은 최소 얼마 이상을 표준으로 하는가?

① 1분 30초   ② 2분
③ 3분   ④ 3분 30초

[해설]
가경식 믹서는 1분 30초 이상, 강제식 믹서는 1분 이상을 표준 비비기 시간으로 한다.

23 높은 곳으로부터 콘크리트를 치는 경우 가장 적당한 운반기구는?

① 손수레
② 연직 슈트
③ 덤프트럭
④ 콘크리트 플레이서

[해설]
② 연직 슈트 : 높은 곳에서 콘크리트를 내리는 경우 버킷을 사용할 수 없을 때 사용한다.
① 손수레 : 운반거리가 50~100m 이하인 평탄한 운반로의 경우 사용한다.
③ 덤프트럭 : 슬럼프값이 50mm 이하의 콘크리트를 10km 이하 거리 또는 1시간 이내 운반 가능한 경우에 사용한다.
④ 콘크리트 플레이서 : 수송관 속의 콘크리트를 압축공기에 의해 압송하는 것으로서, 터널 등의 좁은 곳에 콘크리트를 운반하는 데에 편리한 기계이다.

24 일반 콘크리트의 경우 AE 공기량이 어느 정도일 때 워커빌리티(workability)와 내구성이 가장 좋은 콘크리트가 되는가?

① 1~3% ② 4~7%
③ 8~10% ④ 11~14%

해설
공기연행 콘크리트의 알맞은 공기량은 콘크리트 부피의 4~7%를 표준으로 한다.

25 다음 중 배합설계에서 고려하여야 하는 사항으로 거리가 먼 것은?

① 물-시멘트비의 결정
② 배합강도의 결정
③ 굵은 골재의 최대 치수
④ 항복강도의 결정

해설
배합설계에서 고려하여야 하는 사항
배합강도의 결정, 물-시멘트비 설정, 단위 수량·단위 시멘트양·단위 골재량·혼화재료량의 결정, 슬럼프, 워커빌리티, 공기량 등

26 콘크리트의 배합설계에서 재료 계량의 허용오차가 맞는 것은?

① 물 : 1%, 혼화재 : 3%
② 물 : 1%, 혼화재 : 2%
③ 물 : 2%, 혼화재 : 1%
④ 물 : 3%, 혼화재 : 4%

해설
표준시방서상 계량오차

재료의 종류	측정 단위	허용오차
시멘트	질량	±1%
골재	질량 또는 부피	±3%
물	질량	±1%
혼화재	질량	±2%
혼화제	질량 또는 부피	±3%

27 수밀 콘크리트의 물-시멘트비는 얼마 이하를 표준으로 하는가?

① 45% ② 50%
③ 55% ④ 60%

해설
수밀 콘크리트의 물-시멘트비는 50% 이하로 한다.

28 콘크리트 운반에 대한 일반적인 설명 중 가장 적절하지 않은 것은?

① 운반방법은 재료의 분리 및 손실이 없는 경제적인 방법을 선택한다.
② 운반 때문에 치기에 필요한 컨시스턴시(consistency)를 변화시켜선 안 된다.
③ 운반 도중 재료가 분리된 콘크리트는 절대 사용할 수 없다.
④ 콘크리트는 신속하게 운반하여 즉시 타설하고, 충분히 다져야 한다.

해설
경사 슈트로 운반한 콘크리트에 재료분리가 생긴 경우에는 슈트 토출구에 팬을 놓고 콘크리트를 받아 다시 비벼서 사용하여야 한다.

정답 24 ② 25 ④ 26 ② 27 ② 28 ③

29 콘크리트의 블리딩에 대한 설명 중 가장 적절하지 않은 것은?

① AE제를 사용한 콘크리트는 블리딩양이 감소하고 포졸란을 사용한 콘크리트는 블리딩양이 증대된다.
② 시멘트의 분말도가 높을수록 블리딩양은 적다.
③ 단위 수량을 줄이면 블리딩양이 줄어든다.
④ 블리딩양이 많으면 수밀성이 약한 콘크리트가 된다.

해설
AE제나 포졸란을 사용한 콘크리트는 블리딩양이 감소한다.

30 콘크리트 배합설계에서 물-시멘트비가 48%, 절대 잔골재율이 35%, 단위 수량이 170kg/m³을 얻었다면 단위 시멘트양은 얼마인가?

① 485kg/m³
② 413kg/m³
③ 354kg/m³
④ 327kg/m³

해설
$\frac{W}{C} = 0.48$

$\therefore C = \frac{W}{0.48} = \frac{170}{0.48} ≒ 354.1 kg/m^3$

31 일반 수중 콘크리트의 시공에 관한 설명 중 옳지 않은 것은?

① 콘크리트는 정수 중에서 타설하는 것이 좋다.
② 콘크리트는 수중에 낙하시켜서는 안 된다.
③ 점성이 풍부해야 하며 물-시멘트비는 55% 이상으로 해야 한다.
④ 콘크리트 펌프나 트레미를 사용해서 타설해야 한다.

해설
수중 콘크리트는 점성이 풍부해야 하며 물-시멘트비는 50% 이하로 한다.

32 서중 콘크리트에 대한 설명으로 옳은 것은?

① 월평균 기온이 5℃를 넘을 때 시공한다.
② 콘크리트 재료는 온도가 되도록 낮아지도록 하여 사용하여야 한다.
③ 배합은 필요한 강도 및 워커빌리티를 얻는 범위 내에서 단위 수량과 시멘트양은 많이 되도록 한다.
④ 콘크리트를 비벼서 쳐 넣을 때까지의 시간은 30분을 넘어서는 안 된다.

해설
① 하루 평균기온이 25℃를 초과하는 것이 예상되는 경우 서중 콘크리트로 시공하여야 한다.
③ 콘크리트의 배합은 소요의 강도 및 워커빌리티를 얻을 수 있는 범위 내에서 단위 수량을 적게 하고 단위 시멘트양이 많아지지 않도록 적절한 조치를 취하여야 한다.
④ 서중 콘크리트는 재료를 비빈 후 1.5시간 이내에 타설해야 한다.

33 콘크리트의 운반에 있어 보통 콘크리트를 펌프로 압송할 경우 굵은 골재 최대 치수의 표준은 얼마인가?

① 25mm 이하
② 30mm 이하
③ 35mm 이하
④ 40mm 이하

해설
보통 콘크리트를 펌프로 압송할 경우 굵은 골재의 최대 치수는 40mm 이하, 슬럼프는 100~180mm의 범위가 적절하다.

34 콘크리트의 표면에 아스팔트유제나 비닐유제 등으로 불투수층을 만들어 수분의 증발을 막는 양생방법을 무엇이라 하는가?

① 증기 양생 ② 전기 양생
③ 습윤 양생 ④ 피복 양생

해설
① 증기 양생 : 고온의 증기로 시멘트의 수화반응을 촉진시켜 조기 강도를 얻기 위한 양생방법이다.
② 전기 양생 : 전기를 이용하여 충분한 습기와 적당한 온도를 유지하면서 콘크리트를 양생하는 방법이다.
③ 습윤 양생 : 타설한 콘크리트의 수분 증발을 막기 위해서 콘크리트의 표면에 양생용 매트, 가마니 등을 물에 적셔서 덮거나 살수하는 등의 조치를 하는 양생방법이다.

35 콘크리트 치기의 진동 다지기에 있어서 내부 진동기로 똑바로 찔러 넣어 진동기의 끝이 아래층 콘크리트 속으로 어느 정도 들어가야 하는가?

① 10cm ② 15cm
③ 20cm ④ 30cm

해설
진동 다지기를 할 때에는 내부 진동기를 하층의 콘크리트 속으로 0.1m 정도 찔러 넣는다.

36 단위 잔골재량의 절대 부피가 0.253m³이고, 잔골재의 비중이 2.6g/cm³일 때 단위 잔골재량은?

① 658 ② 687
③ 693 ④ 721

해설
단위 잔골재량(kg/m³)
= 단위 잔골재량의 절대 부피 × 잔골재의 비중 × 1,000
= 0.253 × 2.6 × 1,000
= 657.8kg/m³

37 콘크리트 타설에 대한 설명이 잘못된 것은?

① 콘크리트 타설의 1층 높이는 다짐능력을 고려하여 이를 결정하여야 한다.
② 콘크리트를 쳐 올라가는 속도는 30분에 2~3m 정도로 한다.
③ 거푸집의 높이가 높을 경우, 재료의 분리를 막기 위해 연직 슈트, 깔때기 등을 사용한다.
④ 콘크리트를 2층 이상으로 나누어 타설할 경우, 상층과 하층이 일체가 되도록 한다.

해설
콘크리트를 쳐 올라가는 속도는 단면의 크기, 배합, 다지기 방법 등에 따라 다르나 보통 30분에 1~1.5m 정도로 하는 것이 적당하다.

38 콘크리트는 타설한 후 직사광선이나 바람에 의해 표면의 수분이 증발하는 것을 막기 위해 습윤 상태로 보호해야 한다. 보통 포틀랜드 시멘트를 사용한 콘크리트인 경우 습윤 양생기간의 표준은?(단, 일평균기온이 15℃ 이상인 경우)

① 3일 ② 5일
③ 14일 ④ 21일

해설
습윤 양생기간의 표준

일평균 기온	보통 포틀랜드 시멘트	고로 슬래그, 플라이애시 시멘트	조강 포틀랜드 시멘트
15℃ 이상	5일	7일	3일
10℃ 이상	7일	9일	4일
5℃ 이상	9일	12일	5일

39 철근 콘크리트 구조물에 있어서 기초, 기둥, 벽 등의 측벽 거푸집을 떼어 내어도 좋은 시기의 콘크리트 압축강도는 얼마인가?

① 3.5MPa 이상
② 5MPa 이상
③ 14MPa 이상
④ 28MPa 이상

해설
콘크리트의 압축강도를 시험할 경우 거푸집널의 해체 시기

부재		콘크리트 압축강도(f_{cu})
기초, 보, 기둥, 벽 등의 측면		5MPa 이상
슬래브 및 보의 밑면, 아치 내면	단층구조인 경우	설계기준 압축강도의 2/3배 이상 (단, 최소 강도 14MPa 이상)
	다층구조인 경우	설계기준 압축강도 이상(필러 동바리 구조를 이용할 경우는 구조계산에 의해 기간을 단축할 수 있음. 단, 이 경우라도 최소 강도는 14MPa 이상으로 함)

40 용량(q) 7m³, 사이클 시간(C_m) 1시간 20분, 작업효율(E) 0.9인 트럭믹서의 1시간당 운반량은 몇 m³/h인가?

① 3.6m³/h
② 4.7m³/h
③ 5.2m³/h
④ 6.3m³/h

해설
$Q = \dfrac{60qE}{C_m} = \dfrac{60 \times 7 \times 0.9}{80}$
$= 4.725 \text{m}^3/\text{h}$
여기서, q : 적재량
E : 효율
C_m : 사이클 타임

41 콘크리트의 슬럼프 시험에 사용하는 콘의 밑면 안지름은?

① 15±2cm
② 20±2cm
③ 25±2cm
④ 30±2cm

해설
슬럼프 콘은 윗면의 안지름이 100±2mm, 밑면의 안지름이 200±2mm, 높이 300±2mm 및 두께 1.5mm 이상인 금속제로 하고, 적절한 위치에 발판과 손잡이를 붙인다.

42 다음 중 레이턴스를 바르게 설명한 것은?

① 주로 물의 양이 많고 적음에 따르는 반죽이 되거나 진 정도를 나타내는 성질
② 거푸집을 떼어 내면 천천히 그 모양이 변하기는 하지만 허물어지거나 재료가 분리되지 않는 성질
③ 굳지 않는 콘크리트에서 물이 올라오는 현상
④ 블리딩에 의하여 콘크리트 표면에 떠올라서 가라앉은 미세한 물질

해설
① : 컨시스턴시(반죽질기)에 대한 설명이다.
② : 플라스티시티(성형성)에 대한 설명이다.
③ : 블리딩에 대한 설명이다.

43 모래에 포함되어 있는 유기불순물 시험에 사용하는 표준색 용액을 제조하는 방법으로 옳은 것은?

① 3%의 수산화나트륨 용액과 2%의 탄닌산 용액으로 표준색 용액을 만든다.
② 2%의 수산화나트륨 용액과 3%의 탄닌산 용액으로 표준색 용액을 만든다.
③ 10%의 알코올 용액과 3%의 탄닌산 용액으로 표준색 용액을 만든다.
④ 5%의 알코올 용액과 5%의 탄닌산 용액으로 표준색 용액을 만든다.

해설
식별용 표준색 용액
10%의 알코올 용액으로 2% 탄닌산 용액을 만들고, 그 2.5mL를 3%의 수산화나트륨 용액 97.5mL에 가하여 유리병에 넣어 혼합한 것을 표준색 용액으로 한다.

44 골재의 안정성 시험을 하기 위한 시험 용액에 사용되는 시약은 어느 것인가?

① 탄닌산
② 염화칼슘
③ 황산소듐
④ 수산화나트륨

해설
골재의 안정성 시험
골재의 내구성을 알기 위하여 황산소듐 포화용액으로 인한 골재의 부서짐 작용에 대한 저항성을 시험하는 것이다.

45 콘크리트 압축강도 시험용 공시체 표면의 캐핑은 무엇으로 하는가?

① 된 반죽의 시멘트풀
② 가는 모래
③ 콘크리트
④ 시멘트 분말

해설
콘크리트 압축강도 시험용 공시체를 캐핑하기 위해서는 시멘트풀을 사용하며, 물-시멘트비 범위는 27~30%로 한다.

46 콘크리트의 압축강도 시험 시 공시체의 함수 상태는 어떤 상태로 해야 하는가?

① 노건조 상태
② 공기 중 건조 상태
③ 표면건조 포화 상태
④ 습윤 상태

해설
공시체는 몰드 제거 후 강도 시험을 할 때까지 습윤 상태에서 양생을 실시한다.

47 지름 100mm, 높이 200mm인 콘크리트 공시체로 압축강도 시험을 실시한 결과 공시체 파괴 시 최대 하중이 191kN이었다. 이 공시체의 압축강도는?

① 28.3MPa
② 26.3MPa
③ 24.3MPa
④ 22.3MPa

해설
압축강도 $(f) = \dfrac{P}{A} = \dfrac{191,000}{\dfrac{\pi \times 100^2}{4}} ≒ 24.3\text{MPa}$

여기서, P : 파괴될 때 최대 하중(N)
A : 시험체의 단면적(mm²)

48 규격 150mm×150mm×530mm인 콘크리트 공시체로 지간길이 450mm인 단순보의 4점 재하 장치로 휨강도 시험을 실시한 결과 시험기에 나타난 최대 하중이 31.5kN일 때 공시체가 지간 방향 중심선의 4점 사이에서 파괴되었다면 휨강도는?

① 4.0MPa ② 4.2MPa
③ 4.4MPa ④ 4.6MPa

해설

휨강도(f_b) = $\dfrac{Pl}{bh^2}$

= $\dfrac{31,500 \times 450}{150 \times 150^2}$

= 4.2MPa

여기서, P : 시험기가 나타내는 최대 하중(N)
 l : 지간(mm)
 b : 파괴 단면의 너비(mm)
 h : 파괴 단면의 높이(mm)

49 콘크리트의 휨강도 시험용 공시체의 길이와 높이에 대한 설명으로 옳은 것은?

① 길이는 높이의 2배보다 10cm 이상 더 커야 한다.
② 길이는 높이의 3배보다 8cm 이상 더 커야 한다.
③ 길이는 높이의 4배 이상이어야 한다.
④ 길이는 높이의 5배 이상이어야 한다.

해설

휨강도 시험용 공시체는 단면이 정사각형인 각주로 하고, 한 변의 길이는 굵은 골재의 최대 치수의 4배 이상이면서 100mm 이상으로 한다. 공시체의 길이는 단면의 한 변의 길이의 3배보다 80mm 이상 길어야 한다.

50 갇힌 공기량 2%, 단위 수량 180kg/m³, 단위 시멘트양 315kg/m³인 콘크리트의 단위 골재량의 절대 부피는 얼마인가?(단, 시멘트의 비중은 3.15임)

① 0.65m³ ② 0.68m³
③ 0.70m³ ④ 0.73m³

해설

단위 골재량의 절대 부피(m³)

= $1 - \left(\dfrac{\text{단위 수량}}{1,000} + \dfrac{\text{단위 시멘트양}}{\text{시멘트의 비중} \times 1,000} + \dfrac{\text{공기량}}{100}\right)$

= $1 - \left(\dfrac{180}{1,000} + \dfrac{315}{3.15 \times 1,000} + \dfrac{2.0}{100}\right)$

= 0.7m³

51 잔골재의 흡수율은 몇 % 이하를 기준으로 하는가?

① 2% ② 3%
③ 5% ④ 7%

해설

일반적인 콘크리트용 잔골재와 굵은 골재의 절대건조 밀도는 2.5g/cm³ 이상, 흡수율은 3.0% 이하의 값을 표준으로 한다.

52 콘크리트 원주 시험체를 할렬시켜 인장강도를 구하고자 할 때 인장강도(σ_t)를 구하는 식이 바른 것은?(단, l : 공시체 평균 길이, d : 공시체 평균 지름, P : 시험기에 나타난 최대 하중, A : 파괴 단면적)

① $\sigma_t = P/A$ ② $\sigma_t = P/\pi dl$
③ $\sigma_t = 2P/A$ ④ $\sigma_t = 2P/\pi dl$

해설

인장강도 = $\dfrac{2P}{\pi dl}$

여기서, P : 최대 하중(N)
 d : 공시체의 지름(mm)
 l : 공시체의 길이(mm)

48 ② 49 ② 50 ③ 51 ② 52 ④

53 콘크리트를 타설한 후 다지기를 할 때 내부 진동기를 찔러 넣는 간격은 어느 정도가 적당한가?

① 25cm 이하
② 50cm 이하
③ 75cm 이하
④ 100cm 이하

해설
내부 진동기는 연직으로 0.1m 정도 찔러 넣으며, 삽입 간격은 일반적으로 0.5m 이하로 한다.

54 콘크리트 압축강도 시험용 공시체 제작 시 캐핑(capping)이란 무엇을 말하는가?

① 공시체 표면의 레이턴스를 제거하는 것
② 공시체 표면을 긁어내는 것
③ 공시체 표면을 물로 씻어 내는 것
④ 공시체 표면을 수평이 되게 다듬는 것

해설
캐핑(capping) : 압축강도 시험용 공시체에 재하할 때, 가압판과 공시체 재하면을 밀착시키고 평면으로 유지시키기 위해 공시체 상면을 마무리하는 작업이다.

55 다음 중 굳지 않은 콘크리트의 공기 함유량 시험법의 종류가 아닌 것은?

① 부피법
② 무게법
③ 침하법
④ 압력법

해설
공기량의 측정법
질량법(중량법, 무게법), 용적법(부피법), 공기실 압력법(주수법과 무주수법)이 있다.

56 단위 골재량의 절대 부피가 0.69m³이고, 잔골재율이 40%인 경우 단위 굵은 골재량의 절대 부피는 얼마인가?

① 0.314m³
② 0.364m³
③ 0.414m³
④ 0.464m³

해설
단위 굵은 골재량의 절대 부피(m³)
= 단위 골재량의 절대 부피 − 단위 잔골재량의 절대 부피
= 0.69 − (0.69 × 0.4)
= 0.414m³

정답 53 ② 54 ④ 55 ③ 56 ③

57 굳지 않은 콘크리트의 블리딩(bleeding) 시험을 할 때의 시험 중 온도는 어느 정도로 유지하여야 하는가?

① 15±3℃ ② 20±3℃
③ 27±3℃ ④ 35±3℃

해설
블리딩 시험 중에는 실온 20±3℃로 한다.

58 콘크리트의 겉보기 공기량이 7%이고 골재의 수정계수가 1.2%일 때 콘크리트의 공기량은 얼마인가?

① 4.6% ② 5.8%
③ 8.2% ④ 9.4%

해설
콘크리트의 공기량(A)
$A = A_1 - G$
$= 7 - 1.2$
$= 5.8\%$
여기서, A_1 : 콘크리트의 겉보기 공기량(%)
G : 골재의 수정계수(%)

59 콘크리트의 휨강도 시험에서 공시체 한 변의 길이는 골재의 최대 치수의 몇 배 이상이어야 하는가?

① 1배 ② 2배
③ 3배 ④ 4배

해설
휨강도 시험용 공시체
단면이 정사각형인 각주로 하고, 그 한 변의 길이는 굵은 골재의 최대 치수의 4배 이상이며 100mm 이상으로 한다.

60 굳지 않은 콘크리트 성질 중 거푸집에 쉽게 다져 넣을 수 있고 거푸집을 떼어 내면 천천히 모양이 변하기는 하지만 허물어지거나 재료의 분리가 일어나는 일이 없는 것을 무엇이라 하는가?

① 반죽질기
② 워커빌리티
③ 피니셔빌리티
④ 성형성

해설
① 반죽질기 : 주로 수량의 다소에 따른 반죽의 되고 진 정도를 나타내는 것으로 콘크리트 반죽의 유연성을 나타내는 성질
② 워커빌리티(작업성) : 반죽질기에 의한 작업의 난이한 정도와 균일한 질의 콘크리트를 만들기 위하여 필요한 재료의 분리에 저항하는 정도를 나타내는 굳지 않은 콘크리트의 성질
③ 피니셔빌리티(마무리성) : 굵은 골재의 최대 치수, 잔골재율, 잔골재의 입도, 반죽질기 등에 따른 콘크리트 표면의 마무리하기 쉬운 정도를 나타내는 성질

2017년 제2회 과년도 기출복원문제

01 콘크리트를 배합할 때 골재의 1회 계량분에 대한 최대 허용오차는?

① ±1% ② ±2%
③ ±3% ④ ±5%

해설
표준시방서상 계량오차

재료의 종류	측정 단위	허용오차
시멘트	질량	±1%
골재	질량 또는 부피	±3%
물	질량	±1%
혼화재	질량	±2%
혼화제	질량 또는 부피	±3%

02 다음 중 골재의 흡수량에 대한 설명이 옳은 것은?

① 골재 입자의 표면에 묻어 있는 물의 양
② 절대건조 상태에서 표면건조 포화 상태로 되기까지 흡수된 물의 양
③ 공기 중 건조 상태에서 표면건조 포화 상태로 되기까지 흡수된 물의 양
④ 골재 입자 안팎에 들어 있는 모든 물의 양

해설
① : 표면수량에 대한 설명이다.
③ : 유효 흡수량에 대한 설명이다.
④ : 함수량에 대한 설명이다.

03 콘크리트용 골재에 대한 설명으로 옳지 않은 것은?

① 굵은 골재 중의 연한 석편은 질량 백분율로 5% 이하이어야 한다.
② 굵은 골재 중의 점토 덩어리 함유량은 질량 백분율로 0.25% 이하이어야 한다.
③ 굵은 골재로서 사용할 자갈의 흡수율은 5% 이하의 값을 표준으로 한다.
④ 잔골재 중의 점토 덩어리 함유량은 질량 백분율로 1% 이하이어야 한다.

해설
잔골재와 굵은 골재로서 사용할 자갈의 흡수율은 3.0% 이하의 값을 표준으로 한다.

04 골재의 단위 용적질량이 $1.6t/m^3$이고 밀도가 $2.6g/cm^3$일 때 이 골재의 공극률은?

① 16.25% ② 38.46%
③ 42.84% ④ 61.54%

해설
$$공극률(\%) = \left(1 - \frac{골재의\ 단위\ 용적질량}{골재의\ 절건\ 밀도}\right) \times 100$$
$$= \left(1 - \frac{1.6}{2.6}\right) \times 100$$
$$≒ 38.46\%$$

[정답] 1 ③ 2 ② 3 ③ 4 ②

05 골재의 저장방법에 대한 설명으로 틀린 것은?

① 잔골재, 굵은 골재 및 종류와 입도가 다른 골재는 서로 섞어 균질한 골재가 되도록 하여 저장한다.
② 먼지나 잡물 등이 섞이지 않도록 한다.
③ 골재의 저장설비에는 알맞은 배수 시설을 한다.
④ 골재는 햇빛을 바로 쬐지 않도록 알맞은 시설을 갖추어야 한다.

해설
잔골재, 굵은 골재 및 종류와 입도가 다른 골재는 서로 분류하여 구분해서 저장한다.

06 시멘트의 응결에 대한 설명 중 잘못된 것은?

① 물-시멘트비가 높으면 응결이 늦다.
② 풍화되었을 경우에는 응결이 늦다.
③ 온도가 높으면 응결이 늦다.
④ 분말도가 낮을 때는 응결이 늦다.

해설
온도가 높고 습도가 낮으면 응결이 빠르다.

07 고로 슬래그 시멘트의 특성으로 옳지 않은 것은?

① 건조수축이 작다.
② 바닷물에 대한 저항이 크다.
③ 콘크리트의 블리딩이 적어진다.
④ 조기강도가 크다.

해설
고로 슬래그 시멘트는 조기강도는 낮으나 장기강도가 높다.

08 시멘트의 분말도가 높을 경우에 대한 설명 중 옳지 않은 것은?

① 콘크리트의 조기강도가 크다.
② 콘크리트의 내구성이 좋다.
③ 콘크리트의 작업이 용이하다.
④ 콘크리트에 균열이 생길 가능성이 많다.

해설
분말도가 높을수록 수화열이 높아 콘크리트에 균열이 발생하기 쉽고, 내구성이 떨어진다.

09 다음의 포졸란 종류 중 인공산인 것은?

① 플라이애시
② 화산회
③ 규조토
④ 규산백토

해설
포졸란의 종류
- 천연산 : 화산회(화산재), 규조토, 규산백토 등
- 인공산 : 플라이애시, 고로 슬래그, 실리카 퓸, 실리카 겔, 소성 점토, 혈암

10 다음 혼화재료 중 그 사용량이 시멘트 무게의 5% 정도 이상이 되어 그 자체의 양이 콘크리트의 배합계산에 관계되는 혼화재는?

① 고로 슬래그
② AE제
③ 염화칼슘
④ 기포제

해설
혼화재료의 종류
• 혼화재
 - 사용량이 시멘트 질량의 5% 정도 이상이 되어 그 자체의 부피가 콘크리트의 배합계산에 관계가 되는 것
 - 포졸란, 플라이애시, 고로 슬래그, 팽창제, 실리카 퓸 등
• 혼화제
 - 사용량이 시멘트 질량의 1% 정도 이하의 것으로 콘크리트의 배합계산에서 무시되는 것
 - AE제, 경화촉진제, 감수제, 지연제, 기포제, 방수제 등
 ※ 촉진제로 염화칼슘을 사용한다.

11 시멘트의 성분 중에서 석고를 사용하는 목적은?

① 압축강도를 증진하기 위하여
② 부착력을 증진하기 위하여
③ 반죽질기를 조절하기 위하여
④ 굳는 속도를 늦추기 위하여

해설
시멘트를 제조할 때 응결시간을 조절하기 위하여 3~5%의 석고를 넣는다.

12 알루미늄 또는 아연 가루를 넣어, 시멘트가 응결할 때 수소가스를 발생시켜 모르타르 또는 콘크리트 속에 아주 작은 기포를 생기게 하는 혼화제는?

① 지연제 ② 발포제
③ 팽창제 ④ AE제

해설
① 지연제 : 시멘트의 응결시간을 늦추기 위하여 사용하는 혼화제이다.
③ 팽창제 : 콘크리트가 경화되는 중에 부피를 늘어나게 하여 콘크리트의 건조수축에 의한 균열을 억제하는 데 사용하는 혼화재이다.
④ AE제 : 콘크리트 속에 작고 많은 독립된 기포를 고르게 생기게 하기 위하여 사용하는 혼화제이다.

13 콘크리트 골재로서 경량골재로 사용하는 것은?

① 자철광
② 팽창성 혈암
③ 중정석
④ 강자갈

해설
①·③ : 중량골재
④ : 보통골재
경량골재
• 천연 경량골재 : 화산암, 응회암, 용암, 경석 등
• 인공 경량골재 : 팽창성 혈암, 팽창성 점토, 플라이애시, 소성 규조토

정답 10 ① 11 ④ 12 ② 13 ②

14 수화열이 적고, 건조수축이 작으며, 장기강도가 커서 댐과 같은 매스 콘크리트, 방사선 차폐용 등에 쓰이는 시멘트는?

① 보통 포틀랜드 시멘트
② 중용열 포틀랜드 시멘트
③ 조강 포틀랜드 시멘트
④ 내황산염 포틀랜드 시멘트

해설
① 보통 포틀랜드 시멘트 : 일반적으로 쓰이는 시멘트에 해당하며 건축·토목공사에 사용된다.
③ 조강 포틀랜드 시멘트 : 수화열이 높아 초기강도와 저온에서 강도 발현이 우수하여 한중공사, 긴급공사에 사용된다.
④ 내황산염 포틀랜드 시멘트 : 황산염에 대한 저항성 우수하여 해양공사에 유리하다.

15 콘크리트에서 부순 돌을 굵은 골재로 사용했을 때의 설명이다. 잘못된 것은?

① 일반 골재를 사용한 콘크리트와 동일한 워커빌리티의 콘크리트를 얻기 위해 단위 수량이 많아진다.
② 일반 골재를 사용한 콘크리트와 동일한 워커빌리티의 콘크리트를 얻기 위해 잔골재율이 작아진다.
③ 일반 골재를 사용한 콘크리트보다 시멘트 페이스트와의 부착이 좋다.
④ 포장 콘크리트에 사용하면 좋다.

해설
부순 골재를 사용하면 워커빌리티가 나빠지므로 강자갈을 사용할 때보다 단위 수량 및 잔골재율이 증가한다.

16 콘크리트 작업 중의 재료분리에 대한 설명으로 잘못된 것은?

① 콘크리트는 비중이 다른 재료들을 물로 비벼서 만든 것이기 때문에 재료가 분리되기 쉽다.
② 굵은 골재의 최대 치수가 클수록 재료분리가 감소한다.
③ 잔골재율을 증가시키면 재료분리를 적게 하는데 유효하다.
④ 골재량과 물의 양이 너무 많으면 재료가 분리되기 쉽다.

해설
굵은 골재의 최대 치수가 클수록 재료분리가 일어나기 쉽고 시공이 어렵다.

17 다음 중 콘크리트의 배합설계에서 제일 먼저 결정해야 하는 것은?

① 물-시멘트비
② 배합강도
③ 단위 수량
④ 단위 골재량

해설
콘크리트 배합설계 절차
배합강도의 결정 → 물-시멘트비 설정 → 굵은 골재 최대 치수, 슬럼프, 공기량 결정 → 단위 수량 결정 → 단위 시멘트양 결정 → 단위 잔골재량 결정 → 단위 굵은 골재량 결정 → 혼화재료량의 결정 → 배합표 작성(시방 배합) → 현장 배합

18 조기강도가 커서 긴급공사나 한중 콘크리트에 알맞은 시멘트는?

① 중용열 포틀랜드 시멘트
② 알루미나 시멘트
③ 고로 슬래그 시멘트
④ 팽창 시멘트

해설
알루미나 시멘트
- 보크사이트와 석회석을 혼합하여 만든 시멘트이다.
- 재령 1일에서 보통 포틀랜드 시멘트의 재령 28일의 강도를 나타낸다.
- 조기강도가 커 긴급공사, 한중공사에 적합하다.
- 해수, 산, 염류, 등 작용에 대한 저항성이 커 해수공사에 사용된다.
- 내화용 콘크리트에 적합하다.

19 골재의 함수 상태에서 공기 중에서 자연 건조시킨 것으로서, 골재알 속의 빈틈 일부가 물로 차 있는 상태는?

① 절대건조 포화 상태
② 공기 중 건조 상태
③ 표면건조 포화 상태
④ 습윤 상태

해설
골재의 함수 상태
- 절건조 상태(절건 상태) : 105±5℃의 온도에서 일정한 질량이 될 때까지 건조시킨 것으로서, 물기가 전혀 없는 상태이다.
- 공기 중 건조 상태(기건 상태) : 습기가 없는 실내에서 건조시킨 것으로서, 골재알 속의 일부에만 물기가 있는 상태이다.
- 표면건조 포화 상태(표건 상태) : 골재알의 표면에는 물기가 없고, 골재알 속의 빈틈만 물로 차 있는 상태이다.
- 습윤 상태 : 골재알 속이 물로 차 있고, 표면에도 물기가 있는 상태이다.

20 시멘트의 입자를 분산시켜 콘크리트의 단위 수량을 감소시키는 혼화제는?

① AE제
② 지연제
③ 촉진제
④ 감수제

해설
① AE제 : 콘크리트 속에 작고 많은 독립된 기포를 고르게 생기게 하기 위하여 사용하는 혼화제이다.
② 지연제 : 시멘트의 응결시간을 늦추기 위하여 사용하는 혼화제이다.
③ 촉진제 : 시멘트의 수화작용을 빠르게 하는 혼화제이다.

21 가경식 믹서를 사용하여 콘크리트 비비기를 할 경우 비비기 시간은 믹서 안에 재료를 투입한 후 얼마 이상을 표준으로 하는가?

① 1분
② 30초
③ 1분 30초
④ 2분

해설
가경식 믹서는 1분 30초 이상, 강제식 믹서는 1분 이상을 표준 비비기 시간으로 한다.

22 AE 콘크리트의 가장 적당한 공기량은 콘크리트 부피의 얼마 정도인가?

① 1~3%
② 4~7%
③ 8~12%
④ 12~15%

해설
공기연행(AE) 콘크리트의 알맞은 공기량은 콘크리트 부피의 4~7%를 표준으로 한다.

정답 18 ② 19 ② 20 ④ 21 ③ 22 ②

23 콘크리트의 배합에 관한 설명으로 옳은 것은?

① 사용하는 각 재료의 비율은 부피비로 나타낸다.
② 물의 양은 작업의 난이도에 따라 결정한다.
③ 현장 배합을 기준으로 시방 배합을 정한다.
④ 잔골재량의 전체 골재량에 대한 절대 부피비를 백분율로 나타낸 것을 잔골재율이라고 한다.

해설
① 사용하는 각 재료의 비율은 무게비로 나타낸다.
② 콘크리트의 반죽질기는 슬럼프로 정한다.
③ 시방 배합을 기준으로 현장 배합을 정한다.

24 콘크리트의 시방 배합을 현장 배합으로 고칠 때 단위량이 변하지 않는 것은?

① 단위 수량
② 단위 잔골재량
③ 단위 굵은 골재량
④ 단위 시멘트양

해설
시방 배합을 현장 배합으로 고칠 경우에는 시멘트(시멘트, 단위 시멘트양, 시멘트 비중 등)의 단위량은 변하지 않는다.
시방 배합을 현장 배합으로 고칠 경우 고려사항
• 굵은 골재 및 잔골재의 표면수량
• 잔골재의 5mm 체 잔류율
• 굵은 골재의 5mm 체 통과율
• 혼화제를 희석시킨 희석수량

25 콘크리트의 배합설계를 할 때 고려하여야 할 사항으로 적당하지 않은 것은?

① 골재는 표면건조 포화 상태로 한다.
② 가능한 한 단위 수량을 적게 한다.
③ 굵은 골재는 될수록 작은 치수의 것을 사용한다.
④ 배합은 충분한 내구성과 강도를 가지도록 한다.

해설
설계 및 시공상 허용되는 범위 안에서 굵은 골재의 최대 치수가 큰 것을 사용하는 것이 경제적이다.

26 콘크리트의 다지기에 있어서 내부 진동기를 사용할 경우 아래층의 콘크리트 속에 몇 cm 정도 찔러 넣어야 하는가?

① 5cm
② 10cm
③ 15cm
④ 20cm

해설
진동 다지기를 할 때에는 내부 진동기를 하층의 콘크리트 속으로 0.1m 정도 찔러 넣는다.

27 콘크리트 치기에 대한 설명으로 옳지 않은 것은?

① 철근의 배치가 흐트러지지 않도록 주의해야 한다.
② 거푸집 안에 투입한 후 이동시킬 필요가 없도록 해야 한다.
③ 2층 이상으로 쳐 넣을 경우 아래층이 굳은 다음 위층을 쳐야 한다.
④ 높은 곳을 연속해서 쳐야 할 경우 반죽질기 및 속도를 조정해야 한다.

해설
콘크리트를 2층 이상으로 나누어 타설할 경우, 상층의 콘크리트 타설은 원칙적으로 하층의 콘크리트가 굳기 시작하기 전에 해야 하며, 상층과 하층이 일체가 되도록 시공한다.

28 일반적인 공장 제품 콘크리트의 강도는 보통 재령 며칠의 압축강도를 기준으로 하는가?

① 7일　　② 14일
③ 28일　④ 91일

해설
콘크리트 압축강도 재령기간
- 일반 콘크리트 : 재령 28일 강도기준
- 댐 콘크리트 : 재령 91일 강도기준
- 공장 제품 : 재령 14일 강도기준

29 일반적인 수중 콘크리트의 단위 시멘트양의 표준은 얼마 이상인가?

① 370kg/m³　② 300kg/m³
③ 250kg/m³　④ 200kg/m³

해설
일반 수중 콘크리트를 시공할 때 물-시멘트비 50% 이하, 단위 시멘트양은 370kg/m³ 이상을 표준으로 한다.

30 한중 콘크리트에 관한 다음 설명 중에서 올바르지 못한 사항은?

① 1일 평균 기온이 4℃ 이하가 되는 기상조건하에서는 한중 콘크리트로서 시공한다.
② 한중 콘크리트를 시공할 때에는 물과 시멘트를 가열한 다음 혼합하여 콘크리트를 타설한다.
③ 타설할 때의 콘크리트 온도는 구조물의 단면치수, 기상조건 등을 고려하여 5~20℃의 범위에서 정한다.
④ 콘크리트 타설이 완료된 후 초기동해를 받지 않도록 초기양생을 실시한다.

해설
시멘트는 어떠한 경우라도 직접 가열할 수 없다. 재료를 가열할 경우 물 또는 골재를 가열하는 것으로 하며, 골재의 가열은 온도가 균등하고 건조되지 않는 방법을 적용하여야 한다.

31 콘크리트 각 재료의 양을 계량할 때 반죽질기, 워커빌리티, 강도 등에 직접 영향을 끼치므로 특히 정확하게 계량해야 하는 재료는?

① 혼화재　　② 물
③ 잔골재　　④ 굵은 골재

해설
물은 콘크리트 각 재료의 양을 계량할 때 반죽질기, 워커빌리티, 강도 등에 직접 영향을 끼치므로 특히 정확하게 계량해야 한다.

32 일반 콘크리트에서 콘크리트는 신속하게 운반하여 즉시 타설하고, 충분히 다져야 한다. 이때 비비기로부터 타설이 끝날 때까지의 시간은 얼마 이내로 하여야 하는가?(단, 외기온도가 25℃ 이상인 경우)

① 30분　　　② 1시간
③ 1시간 30분　④ 2시간

해설
비비기로부터 타설이 끝날 때까지의 시간
- 외기온도가 25℃ 이상일 때 : 1.5시간 이내
- 외기온도가 25℃ 미만일 때 : 2시간 이내

정답　28 ②　29 ①　30 ②　31 ②　32 ③

33 다음 중 콘크리트의 운반기구 및 기계가 아닌 것은?

① 버킷　　　　　② 콘크리트 펌프
③ 콘크리트 플랜트　④ 벨트 컨베이어

해설
콘크리트 플랜트 : 콘크리트 재료의 저장 장치, 계량 장치, 혼합 장치 따위의 일체를 갖추고 다량의 콘크리트를 일관 작업으로 제조하는 기계설비이다.

34 특수 콘크리트의 시공법 중에서 해양 콘크리트에 대한 설명으로 잘못된 것은?

① 단위 시멘트양은 280~330kg/m³ 이상으로 한다.
② 일반 현장시공의 경우 최대 물-시멘트비는 45~50%로 한다.
③ 해양구조물에서는 성능 저하를 방지하기 위하여 시공이음을 만들어야 한다.
④ 보통 포틀랜드 시멘트를 사용한 콘크리트는 재령 5일이 되기까지 바닷물에 씻기지 않도록 보호해야 한다.

해설
콘크리트는 될 수 있는 대로 시공이음을 만들지 말아야 한다.

35 용량 0.75m³인 믹서 2대로 된 중력식 콘크리트 플랜트의 시간당 생산량을 구하면?(단, 작업효율(E) = 0.8, 사이클 시간(C_m) = 4min으로 한다)

① 14m³/h　　② 16m³/h
③ 18m³/h　　④ 20m³/h

해설
$$Q = \frac{60qE}{C_m}$$
$$= \frac{60 \times 0.75 \times 0.8 \times 2}{4}$$
$$= 18\text{m}^3/\text{h}$$

여기서, q : 적재량
　　　　E : 작업효율
　　　　C_m : 사이클 타임

36 콘크리트 표면을 물에 적신 가마니, 마포 등으로 덮는 양생방법은?

① 수중 양생
② 오토클레이브 양생
③ 피막 양생
④ 습윤 양생

해설
① 수중 양생 : 콘크리트나 모르타르 따위를 물속에 잠기게 한 다음 굳을 때까지 온도 변화나 충격에 영향을 받지 않게 하는 양생방법이다.
② 오토클레이브 양생 : 일명 고온고압 양생이라고 하며 증기압 7~15기압, 온도 180℃ 정도의 고온·고압의 증기솥 속에서 양생하는 방법이다.
③ 피막 양생(막양생) : 일반적으로 가마니, 마포 등을 적시거나 살수하는 등의 습윤 양생이 곤란한 경우에 사용하는 것으로 콘크리트의 막을 만드는 양생제를 살포하여 증발을 막는 양생방법이다.

37 일반 콘크리트를 펌프로 압송할 경우, 슬럼프값은 어느 범위가 가장 적당한가?

① 5~8cm　　② 8~10cm
③ 10~18cm　④ 20~25cm

해설
일반 콘크리트를 펌프로 압송할 경우, 슬럼프는 100~180mm의 범위가 적절하다.

38 콘크리트를 일관 작업으로 대량 생산하는 장치로서, 재료저장부, 계량 장치, 비비기 장치, 배출 장치로 되어 있는 것은?

① 레미콘
② 콘크리트 플랜트
③ 콘크리트 피니셔
④ 콘크리트 디스트리뷰터

해설
콘크리트 플랜트 : 재료의 저장 및 계량, 혼합장치 등 일체를 갖추고 다량의 콘크리트를 일괄 작업으로 제조하는 기계설비이다.

39 물-시멘트비(W/C)가 50%, 단위 수량이 170kg/m³일 때 시멘트양은 얼마인가?

① 210kg/m³
② 300kg/m³
③ 340kg/m³
④ 420kg/m³

해설
$\dfrac{W}{C} = 0.5$

$\therefore C = \dfrac{W}{0.5} = \dfrac{170}{0.5} \fallingdotseq 340\,\text{kg/m}^3$

40 콘크리트 타설 시 슈트, 버킷, 호퍼 등의 배출구로부터 타설면까지의 높이는 최대 얼마 이하를 원칙으로 하는가?

① 0.5m
② 1.0m
③ 1.5m
④ 2.0m

해설
슈트, 펌프배관, 버킷, 호퍼 등의 배출구와 타설면까지의 높이는 1.5m 이하를 원칙으로 한다.

41 콘크리트의 슬럼프 시험을 하였다. 슬럼프 콘을 뺀 후의 형상이 아래 그림과 같았을 때 측정척을 콘크리트의 표에 일치시킨 것이다. 이때 슬럼프값은 얼마인가?

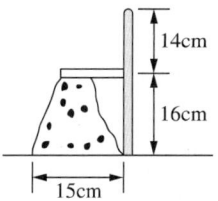

① 2cm
② 14cm
③ 15cm
④ 16cm

해설
슬럼프 콘을 연직 방향으로 들어 올리고 콘크리트의 중앙부에서 공시체 높이와의 차를 5mm 단위로 측정하여 이것을 슬럼프값으로 한다.

42 굳지 않은 콘크리트의 워커빌리티를 측정하는 시험법으로 틀린 것은?

① 슬럼프 시험
② 플로(flow) 시험
③ 공기 함유량 시험
④ 비비 시험

해설
워커빌리티(반죽질기) 시험
• 슬럼프 시험
• 흐름(플로) 시험
• 리몰딩 시험
• 켈리볼 시험(구관입 시험, 이리바렌 시험)
• 다짐계수 시험
• 비비 시험(진동대식 컨시스턴시 시험)

43 블리딩 시험을 수행할 때 유지되어야 하는 시험실의 온도로써 가장 적당한 것은?

① 10±3℃
② 14±3℃
③ 20±3℃
④ 26±3℃

해설
블리딩 시험 중에는 실온 20±3℃로 한다.

44 골재의 체가름 시험에 사용하는 저울은 어느 정도의 정밀도를 가진 것이 필요한가?

① 최소 측정값이 1g인 정밀도를 가진 것
② 최소 측정값이 0.1g인 정밀도를 가진 것
③ 시료질량의 1% 이상인 눈금량 또는 감량을 가진 것
④ 시료질량의 0.1% 이하의 눈금량 또는 감량을 가진 것

해설
저울은 시료질량의 0.1%까지 측정할 수 있는 것으로 하며, 현장에서 시험하는 경우 저울의 정밀도를 시료질량의 0.5%까지 측정할 수 있는 것으로 한다.

45 골재의 마모 시험방법 중 로스앤젤레스 마모 시험기에 의해 마모 시험을 한 경우 잔량 및 통과량을 결정하는 체는?

① 5mm 체
② 2.5mm 체
③ 1.7mm 체
④ 1.2mm 체

해설
로스앤젤레스 마모 시험기에 의해 마모 시험을 한 경우 잔량 및 통과량을 결정하는 체는 1.7mm이다.

46 콘크리트용 모래에 포함되어 있는 유기불순 시험에 필요한 식별용 표준색 용액을 제조하는 경우에 대한 다음의 내용 중 ( ) 안에 적합한 것은?

> 식별용 표준색 용액은 10%의 알코올 용액으로 ( )의 탄닌산 용액을 만들고, 그 2.5mL를 3%의 수산화나트륨용액 97.5mL에 가하여 유리병에 넣어 마개를 닫고 잘 흔든다. 이것을 표준색 용액으로 한다.

① 1%
② 2%
③ 3%
④ 5%

해설
식별용 표준색 용액은 10%의 알코올 용액으로 2% 탄닌산 용액을 만들고, 그 2.5mL를 3%의 수산화나트륨 용액 97.5mL에 가하여 유리병에 넣어 마개를 닫고 잘 흔든다. 이것을 표준색 용액으로 한다.

47 콘크리트의 압축강도 시험결과 최대 하중이 195,000N에서 공시체가 파괴되었다. 이 공시체의 압축강도는 얼마인가?(단, 공시체의 지름은 100mm이다)

① 19.5MPa
② 22.5MPa
③ 24.8MPa
④ 34.8MPa

해설
압축강도 $(f) = \dfrac{P}{A} = \dfrac{195,000}{\dfrac{\pi \times 100^2}{4}} = \dfrac{195,000}{7,854}$

$\fallingdotseq 24.8\text{MPa}$

여기서, P : 파괴될 때 최대 하중(N)
A : 시험체의 단면적(mm²)

정답 43 ③ 44 ④ 45 ③ 46 ② 47 ③

48 콘크리트의 인장강도에 대한 설명 중 틀린 것은?

① 인장강도는 압축강도에 비해 매우 작다.
② 인장강도는 철근 콘크리트의 부재 설계 시 무시한다.
③ 인장강도는 도로 포장이나 수로 등에 중요시된다.
④ 인장강도는 압축강도와 달리 물-시멘트비에 비례한다.

해설
압축강도, 인장강도, 휨강도는 물-시멘트비에 반비례한다.

49 공시체가 지간 방향 중심선의 4점 사이에서 파괴되었을 때 휨강도는 약 얼마인가?(단, 150×150×530mm의 공시체를 사용하였으며, 지간 450mm, 최대 하중이 25kN이다)

① 2.73MPa
② 3.03MPa
③ 3.33MPa
④ 4.73MPa

해설
휨강도(f_b) = $\dfrac{Pl}{bh^2}$
= $\dfrac{25,000 \times 450}{150 \times 150^2}$
≒ 3.33MPa

여기서, P : 시험기가 나타내는 최대 하중(N)
l : 지간(mm)
b : 파괴 단면의 너비(mm)
h : 파괴 단면의 높이(mm)

50 콘크리트 휨강도 시험용 공시체 규격으로 옳은 것은?

① ϕ10cm×20cm
② ϕ15cm×30cm
③ 10cm×10cm×30cm
④ 15cm×15cm×53cm

해설
공시체의 표준 단면치수 : 100mm×100mm×400mm 또는 150mm×150mm×530mm이다.

51 굳지 않은 콘크리트의 공기량 측정법이 아닌 것은?

① 공기실 압력법
② 부피법
③ 계산법
④ 무게법

해설
공기량의 측정법
질량법(중량법, 무게법), 용적법(부피법), 공기실 압력법(주수법과 무주수법)이 있다.

52 콘크리트 압축강도 시험에 사용되는 공시체의 지름은 굵은 골재 최대 치수의 최소 몇 배 이상이어야 하는가?

① 2배
② 3배
③ 4배
④ 5배

해설
압축강도 시험용 공시체의 치수 : 공시체의 지름은 굵은 골재 최대 치수의 3배 이상 및 100mm 이상으로 하고, 높이는 공시체 지름의 2배 이상으로 한다.

53 콘크리트의 공기량을 구하는 식으로 옳은 것은?

① (겉보기 공기량 − 골재의 수정계수)×100
② 겉보기 공기량 + 골재의 수정계수
③ 겉보기 공기량 − 골재의 수정계수
④ (겉보기 공기량 + 골재의 수정계수)×100

해설
콘크리트의 공기량 = 겉보기 공기량 − 골재의 수정계수

54 골재의 안정성 시험에 사용되는 시험용 용액은?

① 염화칼슘
② 가성소다
③ 황산소듐
④ 탄닌산

해설
골재의 안정성 시험 : 골재의 내구성을 알기 위하여 황산소듐 포화 용액으로 인한 골재의 부서짐 작용에 대한 저항성을 시험한다.

55 콘크리트 배합설계에서 단위 시멘트양이 380kg/m³, 물은 180kg/m³, 갇힌 공기량은 2%이었다. 단위 골재량의 절대 부피는 얼마인가?(단, 시멘트 비중은 3.14이다)

① $0.542m^3$
② $0.480m^3$
③ $0.679m^3$
④ $0.854m^3$

해설
단위 골재량의 절대 부피(m^3)
$= 1 - \left(\dfrac{단위 수량}{1,000} + \dfrac{단위 시멘트양}{시멘트의 비중 \times 1,000} + \dfrac{공기량}{100} \right)$
$= 1 - \left(\dfrac{180}{1,000} + \dfrac{380}{3.14 \times 1,000} + \dfrac{2.0}{100} \right)$
$\fallingdotseq 0.679m^3$

56 일반적으로 콘크리트의 압축강도는 재령 며칠의 강도를 설계 표준으로 하는가?

① 28일
② 14일
③ 7일
④ 1일

해설
콘크리트 구조물은 일반적으로 재령 28일 콘크리트의 압축강도를 기준으로 한다.

57 콘크리트 강도 측정용 공시체는 어떤 상태에서 시험을 하는가?

① 절대건조 상태
② 기건 상태
③ 표면건조 포화 상태
④ 습윤 상태

해설
공시체는 양생을 끝낸 직후의 상태(습윤 상태)에서 시험을 하여야 한다.

58 시방 배합에서 단위 잔골재량이 720kg/m³이다. 현장 골재의 시험에서 표면수량이 1%라면 현장 배합으로 보정된 잔골재량은?

① 727.2kg/m³
② 712.8kg/m³
③ 722.4kg/m³
④ 720.1kg/m³

해설
표면수에 의한 조정 = 720 × 0.01 = 7.2kg
∴ 보정된 잔골재량 = 720 + 7.2 = 727.2kg/m³

59 굳지 않은 콘크리트의 블리딩(bleeding) 시험에서 블리딩 물의 양이 80m³, 콘크리트의 윗면적이 490m²일 때 블리딩양(m³/m²)을 구하면?

① 0.142
② 0.163
③ 0.327
④ 0.392

해설
블리딩양 $= \dfrac{V}{A}$
$= \dfrac{80}{490} ≒ 0.163 \text{m}^3/\text{m}^2$

60 모르타르에서 물이 분리되어 올라오는 현상을 무엇이라 하는가?

① 워커빌리티
② 피니셔빌리티
③ 신축이음
④ 블리딩

해설
블리딩(bleeding) : 콘크리트를 친 후 시멘트와 골재알이 침하하면서, 물이 올라와 콘크리트의 표면에 떠오르는 현상이다.

정답 57 ④ 58 ① 59 ② 60 ④

2018년 제2회 과년도 기출복원문제

01 콘크리트용 잔골재로 적합한 조립률의 범위는?

① 1.1~1.7 ② 1.7~2.2
③ 2.3~3.1 ④ 3.7~4.6

해설
골재의 조립률(FM)
- 잔골재 : 2.3~3.1
- 굵은 골재 : 6~8

02 해수, 산, 염류 등의 작용에 대한 저항성이 커서 해수공사에 알맞고 수화열이 많아서 한중 콘크리트에 알맞은 특수 시멘트는?

① 팽창성 시멘트
② 알루미나 시멘트
③ 초조강 시멘트
④ 중용열 포틀랜드 시멘트

해설
알루미나 시멘트는 조기강도가 커서 긴급공사에 적합하며 해중공사 또는 한중 콘크리트 공사에 사용한다.

03 콘크리트를 친 후 시멘트와 골재알이 가라앉으면서 물이 올라와 콘크리트의 표면에 떠오른다. 이러한 현상을 무엇이라 하는가?

① 응결 현상
② 블리딩(bleeding) 현상
③ 레이턴스(laitance)
④ 유동성

해설
블리딩(bleeding) : 콘크리트를 친 후 시멘트와 골재알이 침하하면서, 물이 올라와 콘크리트의 표면에 떠오르는 현상이다.

04 가루 석탄을 연소시킬 때 굴뚝에서 집진기로 모은 아주 작은 입자의 재이며, 실리카질 혼화재로 입자가 둥글고 매끄럽기 때문에 콘크리트의 워커빌리티를 좋게 하고 수화열이 적으며, 장기강도를 크게 하는 것은?

① 실리카 퓸
② 플라이애시
③ 고로 슬래그 미분말
④ AE제

해설
① 실리카 퓸 : 포졸란 작용이 있는 혼화재로 알칼리 골재 반응의 억제효과가 있으며, 콘크리트의 재료분리 저항성과 수밀성이 향상된다.
③ 고로 슬래그 미분말 : 제철소의 용광로에서 배출되는 슬래그를 급랭하여 입자(알갱이)화한 후 미분쇄한 것이다.
④ AE제 : 콘크리트 속에 작고 많은 독립된 기포를 고르게 생기게 하기 위하여 사용하는 혼화제이다.

05 콘크리트가 경화되는 중에 부피를 늘어나게 하여 콘크리트의 건조수축에 의한 균열을 억제하는 데 사용하는 혼화재료는?

① 포졸란   ② 팽창제
③ AE제   ④ 경화촉진제

해설
① 포졸란 : 천연산의 것과 인공산의 것이 있으며 콘크리트의 워커빌리티를 좋게 하고 수밀성과 내구성 등을 크게 할 목적으로 사용되는 혼화재이다.
④ 경화촉진제 : 시멘트의 경화를 촉진시키는 혼화제이다.

정답 1 ③ 2 ② 3 ② 4 ② 5 ②

06 고로 슬래그 시멘트에 대한 설명으로 틀린 것은?

① 내화학성이 좋으므로 해수, 하수, 공장폐수와 닿는 콘크리트 공사에 적합하다.
② 수화열이 적어서 매스 콘크리트에 사용된다.
③ 응결시간이 빠르고 장기강도가 작으나 조기강도가 크다.
④ 제철소의 용광로에서 선철을 만들 때 부산물로 얻는 슬래그를 이용한다.

해설
고로 슬래그 시멘트는 조기강도는 낮으나 장기강도가 높다.

07 기상작용에 대한 골재의 내구성을 알기 위한 시험은 다음 중 어느 것인가?

① 골재의 밀도 시험
② 골재의 빈틈률 시험
③ 골재의 안정성 시험
④ 골재에 포함된 유기불순물 시험

해설
골재의 안정성 시험(KS F 2507)
- 안정성이란 시멘트가 굳는 도중에 체적팽창을 일으켜 균열이 생기거나 뒤틀림 등의 변형을 일으키는 성질을 말한다.
- 골재의 안정성 시험을 실시하는 목적은 기상작용에 대한 내구성을 판단하기 위한 자료를 얻기 위함이다.

08 다음 표준체 중에서 골재의 조립률을 구할 때 사용하는 체가 아닌 것은?

① 65mm   ② 40mm
③ 2.5mm   ④ 0.6mm

해설
조립률 : 10개의 체(75mm, 40mm, 20mm, 10mm, 5mm, 2.5mm, 1.2mm, 0.6mm, 0.3mm, 0.15mm)를 1조로 하여 체가름 시험을 하였을 때, 각 체에 남은 누계량의 전체 시료에 대한 질량 백분율의 합을 100으로 나눈 값으로 나타낸다.

09 혼화재와 혼화제의 분류에서 혼화재에 대한 설명으로 알맞은 것은?

① 사용량이 비교적 많으나 그 자체의 부피가 콘크리트 등의 비비기 용적에 계산되지 않는 것
② 사용량이 비교적 많아서 그 자체의 부피가 콘크리트 등의 비비기 용적에 계산되는 것
③ 사용량이 비교적 적으나 그 자체의 부피가 콘크리트 등의 비비기 용적에 계산되는 것
④ 사용량이 비교적 적어서 그 자체의 부피가 콘크리트 등의 비비기 용적에 계산되지 않는 것

해설
혼화재료의 종류
- 혼화재
  - 사용량이 시멘트 질량의 5% 정도 이상이 되어 그 자체의 부피가 콘크리트의 배합계산에 관계가 되는 것
  - 포졸란, 플라이애시, 고로 슬래그, 팽창제, 실리카 퓸 등
- 혼화제
  - 사용량이 시멘트 질량의 1% 정도 이하의 것으로 콘크리트의 배합계산에서 무시되는 것
  - AE제, 경화촉진제, 감수제, 지연제, 기포제, 방수제 등

10 잔골재의 정의에 대한 내용이다. 다음의 ( ) 안에 알맞은 것은?

> 10mm 체를 통과하고, 5mm 체를 거의 다 통과하며, ( )mm 체에 거의 다 남는 골재

① 2.5   ② 1.2
③ 0.5   ④ 0.08

해설
골재의 종류
- 잔골재(모래) : 10mm 체를 전부 통과하고 5mm 체를 거의 다 통과하며 0.08mm 체에 거의 다 남는 골재
- 굵은 골재(자갈) : 5mm 체에 거의 다 남는 골재 또는 5mm 체에 다 남는 골재

11 다음 중 천연골재에 속하지 않는 것은?

① 강모래, 강자갈
② 산모래, 산자갈
③ 바닷모래, 바닷자갈
④ 부순 모래, 슬래그

해설
산지 또는 제조방법에 따른 골재의 분류
- 천연골재 : 강모래, 강자갈, 바닷모래, 바닷자갈, 육상모래, 육상자갈, 산모래, 산자갈
- 인공골재 : 부순 돌, 부순 모래, 슬래그, 인공 경량골재

12 조강 포틀랜드 시멘트는 보통 포틀랜드 시멘트 28일의 강도를 얼마 만에 발현하는가?

① 3일   ② 7일
③ 14일 ④ 28일

해설
조강 포틀랜드 시멘트는 재령 7일로 보통 포틀랜드 시멘트의 28일 강도를 낸다.

13 시멘트와 물을 반죽한 것을 무엇이라 하는가?

① 모르타르
② 시멘트풀
③ 콘크리트
④ 반죽질기

해설
시멘트풀(cement paste) : 시멘트와 물의 혼합물을 말하며, 물-시멘트비가 27~30% 정도가 되도록 정하는 것이 좋다.

14 일반적으로 콘크리트를 구성하는 재료 중에서 부피가 가장 큰 것부터 작은 순으로 나열한 것은?

① 골재 > 공기 > 물 > 시멘트
② 골재 > 물 > 시멘트 > 공기
③ 물 > 시멘트 > 골재 > 공기
④ 물 > 골재 > 시멘트 > 공기

해설
재료의 부피 크기 : 굵은 골재 > 잔골재 > 물 > 시멘트 > 공기

15 다음 중 시멘트의 제조과정에서 응결지연제로 석고를 클링커 질량의 약 몇 % 정도 넣고 분쇄하는가?

① 3%   ② 6%
③ 10% ④ 16%

해설
시멘트를 제조할 때 응결시간을 지연시키기 위하여 3~5%의 석고를 넣는다.

16 굵은 골재의 밀도 시험에서 5mm 체를 통과하는 시료는 어떻게 처리해야 하는가?

① 모두 버린다.
② 다시 체가름한다.
③ 전부 포함시킨다.
④ 5mm 체를 통과하는 시료만 별도로 시험한다.

해설
굵은 골재 밀도 시험에서 5mm 체를 통과하는 시료는 모두 버려야 한다.

17 시멘트 모르타르의 압축강도 시험에서 표준모래를 사용하는 이유로 가장 타당한 것은?

① 가격이 저렴하므로
② 구하기가 쉬우므로
③ 건설현장에서도 표준모래를 사용하므로
④ 시험조건을 일정하게 하기 위해

해설
모래알의 차이에 의한 영향을 없애고 시험조건을 일정하게 하기 위함이다.

18 잔골재 체가름 시험에서 조립률의 기호는?

① AM   ② AF
③ FM   ④ OMC

해설
조립률(FM ; Finess Modulus) : 콘크리트에 사용되는 골재의 입도 정도를 표시하는 지표이다.

19 잔골재의 절대건조 상태의 무게가 100g, 표면건조 포화 상태의 무게가 110g, 습윤 상태의 무게가 120g이었다면 이 잔골재의 흡수율은?

① 5%   ② 10%
③ 15%   ④ 20%

해설
$$흡수율(\%) = \frac{표면건조\ 포화\ 상태 - 절대건조\ 상태}{절대건조\ 상태} \times 100$$
$$= \frac{110 - 100}{100} \times 100$$
$$= 10\%$$

20 시멘트가 응결할 때 화학적 반응에 의하여 수소가스를 발생시켜 모르타르 또는 콘크리트 속에 아주 작은 기포를 생기게 하는 혼화제로 알루미늄 가루 등을 사용하며 프리플레이스트 콘크리트용 그라우트나 PC용 그라우트에 사용하면 부착을 좋게 하는 것은?

① 발포제   ② 방수제
③ 촉진제   ④ 급결제

해설
② 방수제 : 수밀성을 좋게 해주는 혼화제이다.
③ 촉진제 : 시멘트의 수화작용을 빠르게 하는 혼화제이다.
④ 급결제 : 시멘트의 응결을 상당히 빠르게 하기 위하여 사용하는 혼화제이다.

정답 16 ① 17 ④ 18 ③ 19 ② 20 ①

21 가경식 믹서를 사용하여 콘크리트 비비기를 할 경우 비비기 시간은 믹서 안에 재료를 투입한 후 얼마 이상을 표준으로 하는가?

① 1분　　② 30초
③ 1분 30초　　④ 2분

해설
가경식 믹서는 1분 30초 이상, 강제식 믹서는 1분 이상을 표준 비비기 시간으로 한다.

22 수중 콘크리트의 타설에 대한 설명으로 옳지 않은 것은?

① 콘크리트를 수중에 낙하시키지 말아야 한다.
② 수중의 물의 속도가 30cm/s 이내일 때에 한하여 시공한다.
③ 콘크리트 면을 가능한 한 수평하게 유지하면서 소정의 높이 또는 수면상에 이를 때까지 연속해서 타설해야 한다.
④ 한 구획의 콘크리트 타설을 완료한 후 레이턴스를 모두 제거하고 다시 타설하여야 한다.

해설
수중 물의 속도가 5cm/s 이내에 한하여 시공한다.

23 콘크리트 배합에 있어서 단위 수량 160kg/m³, 단위 시멘트양 310kg/m³, 공기량 3%로 할 때 단위 골재량의 절대 부피는?(단, 시멘트의 비중은 3.15이다)

① 0.71m³　　② 0.74m³
③ 0.61m³　　④ 0.64m³

해설
단위 골재량의 절대 부피(m^3)
$= 1 - \left(\dfrac{\text{단위 수량}}{1,000} + \dfrac{\text{단위 시멘트양}}{\text{시멘트의 비중} \times 1,000} + \dfrac{\text{공기량}}{100} \right)$
$= 1 - \left(\dfrac{160}{1,000} + \dfrac{310}{3.15 \times 1,000} + \dfrac{3.0}{100} \right)$
$\fallingdotseq 0.71 m^3$

24 콘크리트 배합설계에서 물-시멘트비가 48%, 잔골재율이 35%, 단위 수량이 170kg/m³을 얻었다면 단위 시멘트양은 약 얼마인가?

① 485kg/m³　　② 413kg/m³
③ 354kg/m³　　④ 327kg/m³

해설
$\dfrac{W}{C} = 0.48$
$\therefore C = \dfrac{W}{0.48} = \dfrac{170}{0.48} \fallingdotseq 354.1 kg/m^3$

25 콘크리트의 다지기에 있어서 내부 진동기를 사용할 경우 아래층의 콘크리트 속에 몇 cm 정도 찔러 넣어야 하는가?

① 5cm　　② 10cm
③ 15cm　　④ 20cm

해설
진동 다지기를 할 때에는 내부 진동기를 하층의 콘크리트 속으로 0.1m 정도 찔러 넣는다.

26 콘크리트 치기에 앞서 거푸집에 충분히 물을 뿌리지 않으면 안될 이유 가운데 가장 중요한 것은?

① 거푸집의 먼지를 청소한다.
② 콘크리트 치기의 작업이 용이하다.
③ 거푸집을 재사용함이 편리하다.
④ 거푸집이 시멘트의 경화에 필요한 수분을 흡수하는 것을 방지한다.

해설
건조한 거푸집 표면을 습윤조건으로 하기 위하여 콘크리트 타설 전에 살수를 충분히 하여야 한다.

27 공장에 있는 고정 믹서에서 어느 정도 콘크리트를 비빈 다음, 트럭믹서에 싣고 비비면서 현장에 운반하는 레디믹스트 콘크리트는?

① 벌크 믹스트 콘크리트
② 센트럴 믹스트 콘크리트
③ 트랜싯 믹스트 콘크리트
④ 슈링크 믹스트 콘크리트

해설
레디믹스트 콘크리트의 운반방식에 따른 분류
- 센트럴 믹스트 콘크리트 : 공장에 있는 고정 믹서에서 완전히 비빈 콘크리트를 애지테이터 트럭 등으로 운반하는 방식으로 근거리 운반에 사용된다.
- 슈링크 믹스트 콘크리트 : 공장에 있는 고정 믹서에서 어느 정도 콘크리트를 비빈 다음, 현장으로 가면서 완전히 비비는 방식으로 중거리 운반에 사용된다.
- 트랜싯 믹스트 콘크리트 : 플랜트에 고정 믹서가 없고 각 재료의 계량장치만 설치하여 계량된 각 재료를 트럭믹서 속에 투입하여 운반 중에 소요 수량을 가해 완전히 비벼진 콘크리트를 만들어 공급하는 방식으로 장거리 수송에 사용된다.

28 다음 중 콘크리트 운반기계에 포함되지 않는 것은?

① 버킷
② 배처플랜트
③ 슈트
④ 트럭 애지테이터

해설
배처플랜트 : 대량의 콘크리트를 제조하는 설비이며, 댐 건설과 같은 대규모 공사장 부근에 설치한다.

29 콘크리트를 타설한 후 다지기를 할 때 내부 진동기를 찔러 넣는 간격은 어느 정도가 적당한가?

① 25cm 이하
② 50cm 이하
③ 75cm 이하
④ 100cm 이하

해설
내부 진동기는 연직으로 0.1m 정도 찔러 넣으며, 삽입 간격은 일반적으로 0.5m 이하로 한다.

30 콘크리트 배합에 대한 설명 중 옳은 것은?

① 시방 배합에서 골재량은 공기 중 건조 상태에 있는 것을 기준으로 한다.
② 설계기준강도는 배합강도보다 충분히 크게 정하여야 한다.
③ 무근 콘크리트의 굵은 골재 최대 치수는 150mm 이하가 표준이다.
④ 단위 시멘트양은 원칙적으로 단위 수량과 물-시멘트비로부터 정한다.

해설
① 시방 배합에서 골재량은 표면건조 포화 상태에 있는 것을 기준으로 한다.
② 배합강도는 설계기준강도보다 충분히 크게 정하여야 한다.
③ 무근 콘크리트의 굵은 골재 최대 치수는 40mm 이하가 표준이다.

31 한중 콘크리트는 양생 중에 온도를 최소 얼마 이상으로 유지해야 하는가?

① 0℃ ② 5℃
③ 15℃ ④ 20℃

해설
한중 콘크리트는 소요 압축강도가 얻어질 때까지 콘크리트의 온도를 5℃ 이상으로 유지하여야 하며, 또한 소요 압축강도에 도달한 후 2일간은 구조물의 어느 부분이라도 0℃ 이상이 되도록 유지하여야 한다.

32 수중 콘크리트를 타설할 때 사용되는 기계 및 기구와 관계가 먼 것은?

① 트레미
② 슬립 폼 페이버
③ 밑열림 상자
④ 콘크리트 펌프

해설
슬립 폼 페이버는 콘크리트 슬래브의 포설기계의 일종으로 펴고, 다지며 표면 마무리 등의 기능을 하며 연속적으로 포설할 수 있는 장비이다.
수중 콘크리트의 시공방법
• 트레미에 의한 시공
• 콘크리트 펌프에 의한 시공
• 밑열림 상자에 의한 시공

33 콘크리트 양생에 관한 다음 설명 중 틀린 것은?

① 타설 후 건조 및 급격한 온도변화를 주어서는 안 된다.
② 경화 중에 진동, 충격 및 하중을 가해서는 안 된다.
③ 콘크리트 표면은 물로 적신 가마니 포대 등으로 덮어 놓는다.
④ 조강 포틀랜드 시멘트를 사용할 경우 적어도 1일간 습윤 양생한다.

해설
조강 포틀랜드 시멘트를 사용할 경우 적어도 3일간 습윤 양생한다.

34 시방서 또는 책임기술자가 지시한 배합을 무엇이라 하는가?

① 현장 배합 ② 시방 배합
③ 복합 배합 ④ 용적 배합

해설
배합설계의 분류
• 시방 배합 : 표준시방서 또는 책임기술자가 지시한 배합이다.
• 현장 배합 : 현장에서 사용하는 골재의 함수 상태, 혼합률 등을 고려하여 시방 배합을 현장에서 실제로 사용하는 재료의 성질에 맞추어 고친 배합이다.

35 콘크리트의 배합을 정하는 경우에 목표로 하는 강도를 배합강도라고 한다. 배합강도는 일반적인 경우 재령 며칠의 압축강도를 기준으로 하는가?

① 14일 ② 18일
③ 28일 ④ 32일

해설
콘크리트 구조물은 일반적으로 재령 28일 콘크리트의 압축강도를 기준으로 한다.

정답 31 ② 32 ② 33 ④ 34 ② 35 ③

36 수송관 속의 콘크리트를 압축공기로써 압송하며 터널 등의 좁은 곳에 콘크리트를 운반하는 데 편리한 콘크리트 운반장비는?

① 운반차
② 콘크리트 플레이서
③ 슈트
④ 버킷

해설
③ 슈트 : 콘크리트를 높은 곳에서 낮은 곳으로 미끄러져 내려갈 수 있게 만든 홈통이나 관 모양의 것을 말한다.
④ 버킷 : 믹서에서 나온 콘크리트를 즉시 현장에 운반하는 용기로, 기중기 등에 매달아 사용한다.

37 모르타르 또는 콘크리트를 압축공기에 의해 뿜어 붙여서 만든 콘크리트로 비탈면의 보호, 교량의 보수 등에 쓰이는 콘크리트는?

① 진공 콘크리트
② 프리플레이스트 콘크리트
③ 숏크리트
④ 수밀 콘크리트

해설
① 진공 콘크리트 : 콘크리트를 친 후 콘크리트의 표면에 진공 덮개를 덮고, 진공 펌프로 표면의 물과 공기를 빼내어 콘크리트에 대기압을 주어 만든 콘크리트이다.
② 프리플레이스트 콘크리트 : 특정한 입도를 가진 굵은 골재를 거푸집에 채워 넣고, 그 공극 속에 특수한 모르타르를 적당한 압력으로 주입하여 제조한 콘크리트이다.
④ 수밀 콘크리트 : 물, 공기의 공극률을 최소로 하거나 방수성 물질을 사용하여 방수성을 높인 콘크리트이다.

38 콘크리트의 경화나 강도 발현을 촉진하기 위해 실시하는 촉진 양생의 종류에 속하지 않는 것은?

① 습윤 양생
② 증기 양생
③ 오토클레이브 양생
④ 전기 양생

해설
습윤 양생 : 타설한 콘크리트의 수분 증발을 막기 위해서 콘크리트의 표면에 양생용 매트, 가마니 등을 물에 적셔서 덮거나 살수하는 등의 조치를 하는 양생방법이다.

39 잔골재의 절대 부피가 0.324m³이고 굵은 골재의 절대 부피는 0.684m³일 때 잔골재율을 구하면?

① 16%   ② 17.1%
③ 24.5%   ④ 32.1%

해설
$$잔골재율(\%) = \frac{잔골재량}{잔골재량 + 굵은 골재량} \times 100$$
$$= \frac{0.324}{0.324 + 0.684} \times 100$$
$$≒ 32.14\%$$

40 콘크리트의 압축강도와 물-시멘트비에 관한 설명으로 옳지 않은 것은?

① 시멘트 사용량이 일정할 때 물의 사용량이 적을수록 압축강도는 크다.
② 물-시멘트비가 작을수록 압축강도는 작아진다.
③ 물의 양이 일정하면 시멘트 양이 클수록 압축강도는 커진다.
④ 압축강도는 물-시멘트비와 밀접한 관계가 있다.

해설
물-시멘트비가 작을수록 공극이 줄어 압축강도가 커진다.

41 콘크리트 슬럼프 시험은 굵은 골재 최대 치수가 몇 mm 이상인 경우에는 적용할 수 없는가?

① 40mm
② 30mm
③ 25mm
④ 20mm

해설
굵은 골재의 최대 치수가 40mm를 넘는 콘크리트의 경우 40mm를 넘는 굵은 골재를 제거한다.

42 콘크리트 인장강도 시험을 실시하였다. 공시체의 크기는 $\phi 15 \times 30$cm이며, 시험 최대 하중은 106kN이었다. 이때 인장강도는 얼마인가?

① 1.0MPa
② 1.5MPa
③ 2.0MPa
④ 2.5MPa

해설
쪼갬 인장강도 $= \dfrac{2P}{\pi dl}$

$= \dfrac{2 \times 106,000}{\pi \times 150 \times 300}$

$\fallingdotseq 1.5$MPa

여기서, P : 최대 하중(N)
d : 공시체의 지름(mm)
l : 공시체의 길이(mm)

43 콘크리트 겉보기 공기량이 7%이고 골재의 수정계수가 1.2%일 때 콘크리트 공기량은 얼마인가?

① 4.6%
② 5.8%
③ 8.2%
④ 9.4%

해설
콘크리트의 공기량(A)
$A = A_1 - G$
$= 7 - 1.2$
$= 5.8\%$
여기서, A_1 : 콘크리트의 겉보기 공기량(%)
G : 골재의 수정계수(%)

44 콘크리트의 휨강도 시험용 공시체의 길이와 높이에 대한 설명으로 옳은 것은?

① 길이는 높이의 2배보다 10cm 이상 더 커야 한다.
② 길이는 높이의 3배보다 8cm 이상 더 커야 한다.
③ 길이는 높이의 4배 이상이어야 한다.
④ 길이는 높이의 5배 이상이어야 한다.

해설
휨강도 시험용 공시체는 단면이 정사각형인 각주로 하고, 한 변의 길이는 굵은 골재의 최대 치수의 4배 이상이면서 100mm 이상으로 한다. 공시체의 길이는 단면의 한 변의 길이의 3배보다 80mm 이상 길어야 한다.

45 콘크리트 압축강도 시험용 공시체 제작 시 캐핑(capping)이란 무엇을 말하는가?

① 공시체 표면의 레이턴스를 제거하는 것
② 공시체 표면을 긁어내는 것
③ 공시체 표면을 물로 씻어 내는 것
④ 공시체 표면을 수평이 되게 다듬는 것

해설
캐핑(capping) : 압축강도 시험용 공시체에 재하할 때, 가압판과 공시체 재하면을 밀착시키고 평면으로 유지시키기 위해 공시체 상면을 마무리하는 작업이다.

47 콘크리트 배합설계 순서 중 가장 마지막에 하는 작업은?

① 굵은 골재의 최대 치수 결정
② 물-시멘트비 결정
③ 골재량 산정
④ 시방 배합을 현장 배합으로 수정

해설
콘크리트 배합설계 절차
배합강도의 결정 → 물-시멘트비 설정 → 굵은 골재 최대 치수, 슬럼프, 공기량 결정 → 단위 수량 결정 → 단위 시멘트양 결정 → 단위 잔골재량 결정 → 단위 굵은 골재량 결정 → 혼화재료량의 결정 → 배합표 작성(시방 배합) → 현장 배합

46 콘크리트 압축강도 시험에 사용하는 시료의 양생 온도 범위로 가장 적합한 것은?

① 0~4℃
② 6~10℃
③ 11~15℃
④ 18~22℃

해설
콘크리트 강도 시험에 사용되는 공시체는 18~22℃의 온도에서 습윤 양생한다.

48 잔골재의 밀도 및 흡수율 시험을 1회 수행하기 위한 표면건조 포화 상태의 시료량은 최소 몇 g 이상이 필요한가?

① 100g
② 500g
③ 1,500g
④ 5,000g

해설
표면건조 포화 상태의 잔골재를 500g 이상 채취하고, 그 질량을 0.1g까지 측정하여 이것을 1회 시험량으로 한다.

정답 45 ④ 46 ④ 47 ④ 48 ②

49 콘크리트 압축강도 시험체의 지름은 골재 최대 치수의 몇 배 이상이어야 하는가?

① 3배　　② 4배
③ 5배　　④ 6배

해설
콘크리트 압축강도 시험에 필요한 공시체의 지름은 굵은 골재 최대 치수의 3배 이상이며 100mm 이상이어야 한다.

50 콘크리트의 휨강도 시험에서 공시체가 지간 방향 중심선의 4점 사이에서 파괴되었을 때의 휨강도를 구하는 공식으로 옳은 것은?(단, P : 시험기에 나타난 최대 하중(N), l : 지간 길이(mm), b : 파괴 단면의 너비(mm), h : 파괴 단면의 높이(mm))

① $\dfrac{Pl}{bh^2}$　　② $\dfrac{Pl}{2bh^2}$

③ $\dfrac{2Pl}{3bh^2}$　　④ $\dfrac{3Pl}{2bh^2}$

51 빈틈이 적은 골재를 사용한 콘크리트에 나타나는 현상으로 잘못된 것은?

① 강도가 큰 콘크리트를 만들 수 있다.
② 경제적인 콘크리트를 만들 수 있다.
③ 건조수축이 큰 콘크리트를 만들 수 있다.
④ 마멸 저항이 큰 콘크리트를 만들 수 있다.

해설
빈틈이 적은 골재(잔골재)를 사용하면 건조수축이 작아진다.

52 콘크리트의 슬럼프 시험에 대한 설명으로 옳은 것은?

① 콘크리트가 내려앉은 길이를 5mm의 정밀도로 측정한다.
② 시료는 슬럼프 콘의 높이를 3등분하여 3층으로 나누어 넣고 가운데 층만 25회 다진다.
③ 슬럼프 콘에 시료를 채우고 벗길 때까지의 전 작업시간은 3분 30초 이내로 한다.
④ 슬럼프 콘 벗기는 작업은 10초 정도로 천천히 해야 한다.

해설
② 시료는 슬럼프 콘의 높이를 3등분하여 3층으로 나누어 넣고 각 층을 25회 다진다.
③ 슬럼프 콘에 시료를 채우고 벗길 때까지의 전 작업시간은 3분 이내로 한다.
④ 슬럼프 콘 벗기는 작업은 2~5초 이내로 한다.

53 콘크리트 압축강도 시험용 공시체의 표면을 캐핑하기 위한 시멘트풀의 물-시멘트비(W/C)는 어느 정도가 적당한가?

① 30~35%
② 37~40%
③ 17~20%
④ 27~30%

해설
콘크리트 압축강도 시험용 공시체를 캐핑하기 위해서는 시멘트 풀을 사용하며, 물-시멘트비 범위는 27~30%로 한다.

54 다음 중 워커빌리티(workability)를 판정하는 시험방법은?

① 압축강도 시험
② 슬럼프 시험
③ 블리딩 시험
④ 단위 무게 시험

해설
슬럼프 시험 : 주목적은 반죽질기를 측정하는 것으로, 워커빌리티를 판단하는 하나의 수단으로 사용한다.

55 골재알이 공기 중 건조 상태에서 표면건조 포화 상태로 되기까지 흡수된 물의 양을 나타내는 것은?

① 함수량
② 흡수량
③ 유효 흡수량
④ 표면수량

해설
골재의 함수 상태 분류
• 함수량 : 골재 입자 안팎에 들어 있는 모든 물의 양을 말한다.
• 흡수량 : 골재가 절대건조 상태에서 표면건조 포화 상태가 되기까지 흡수된 물의 양을 말한다.
• 유효 흡수량 : 골재의 함수 상태에 있어서 공기 중 건조 상태에서 표면건조 포화 상태가 될 때까지 흡수되는 물의 양을 말한다.
• 표면수량 : 골재 입자의 표면에 묻어 있는 물의 양을 말하는 것으로 함수량에서 흡수량을 뺀 값이다.

56 굳지 않은 콘크리트의 공기 함유량 시험방법 중에서 보일(Boyle)의 법칙을 이용하여 공기량을 구하는 것은?

① 수주압력법
② 공기실 압력법
③ 무게법
④ 체적법

해설
공기실 압력법 : 워싱턴형 공기량 측정기를 사용하며, 굳지 않은 콘크리트의 공기 함유량을 압력의 감소를 이용해 측정하는 방법으로 보일(Boyle)의 법칙을 적용한 것이다.

57 실내에서 건조시킨 상태로 골재의 알 속의 일부에만 물기가 있는 상태를 무엇이라 하는가?

① 절대건조 상태
② 표면건조 포화 상태
③ 습윤 상태
④ 공기 중 건조 상태

해설
골재의 함수 상태
- 절대건조 상태(절건 상태) : 105±5℃의 온도에서 일정한 질량이 될 때까지 건조시킨 것으로서, 물기가 전혀 없는 상태이다.
- 공기 중 건조 상태(기건 상태) : 습기가 없는 실내에서 건조시킨 것으로서, 골재알 속의 일부에만 물기가 있는 상태이다.
- 표면건조 포화 상태(표건 상태) : 골재알의 표면에는 물기가 없고, 골재알 속의 빈틈만 물로 차 있는 상태이다.
- 습윤 상태 : 골재알 속이 물로 차 있고, 표면에도 물기가 있는 상태이다.

58 표면건조 포화 상태 시료의 질량이 4,000g이고, 물속에서 철망태와 시료의 질량이 3,070g이며 물속에서 철망태의 질량이 580g, 절대건조 상태 시료의 질량이 3,930g일 때 이 굵은 골재의 절대건조 상태의 밀도를 구하면?(단, 시험온도에서의 물의 밀도는 1g/cm³이다)

① 2.30g/cm³
② 2.40g/cm³
③ 2.50g/cm³
④ 2.60g/cm³

해설
절대건조 상태의 밀도(D_d)

$$D_d = \frac{A}{B-C} \times \rho_w$$

$$= \frac{3,930}{4,000-(3,070-580)} \times 1 ≒ 2.6\text{g/cm}^3$$

여기서, A : 절대건조 상태의 시료질량(g)
B : 표면건조 포화 상태의 시료질량(g)
C : 침지된 시료의 수중 질량(g)
ρ_w : 시험온도에서의 물의 밀도(g/cm³)

59 다음 중 콘크리트의 블리딩 시험에 필요한 시험 기구는?

① 슬럼프 콘
② 메스실린더
③ 강도 시험기
④ 데시케이터

해설
블리딩 시험에 필요한 시험 기구
- 용기 : 금속제의 원통 모양으로 안지름 250mm, 안높이 285mm인 것
- 저울 : 감도 10g의 것
- 메스실린더 : 10mL, 50mL, 100mL의 것
- 다짐봉 : 반구 모양인 지름 16mm, 길이 500~600mm의 강 또는 금속재 원형봉

60 콘크리트의 블리딩양을 계산하는 식으로 옳은 것은?

① $\dfrac{\text{블리딩 물의 양}(\text{m}^3)}{\text{콘크리트의 윗면적}(\text{m}^2)}$

② $\dfrac{\text{시료에 들어 있는 물의 총무게}(\text{kg})}{\text{콘크리트 } 1\text{m}^3\text{에 사용된 물의 총무게}(\text{kg})}$

③ $\dfrac{\text{시료의 무게}(\text{kg})}{\text{콘크리트 } 1\text{m}^3\text{에 사용된 물의 총무게}(\text{kg})}$

④ $\dfrac{\text{콘크리트 } 1\text{m}^3\text{에 사용된 물의 총무게}(\text{kg})}{\text{콘크리트 } 1\text{m}^3\text{에 사용된 물의 총무게}(\text{kg})}$

해설
블리딩양(m³/m²) $= \dfrac{V}{A}$ (여기서, $A = \dfrac{\pi \times d^2}{4}$)

여기서, V : 마지막까지 누계한 블리딩 물의 양(m³)
A : 콘크리트 윗면의 면적(m²)
d : 안지름의 길이

2018년 제3회 과년도 기출복원문제

01 중용열 포틀랜드 시멘트에 대한 설명으로 틀린 것은?

① 규산 2석회가 비교적 많다.
② 한중 콘크리트 시공에 적합하다.
③ 수화열이 낮아 단면이 큰 콘크리트에 적합하다.
④ 조기강도는 작고 장기강도가 크다.

해설
한중 콘크리트 시공에 적합한 것은 조강 포틀랜드 시멘트 또는 알루미나 시멘트이다.
중용열 포틀랜드 시멘트
• 수화열이 적다.
• 조기강도는 작으나 장기강도가 크다.
• 포틀랜드 시멘트 중에서 건조수축이 가장 작다.
• 댐, 매스 콘크리트, 방사선 차폐용 등에 적합하다.

02 체가름 시험결과 잔골재 조립률이 2.68, 굵은 골재의 조립률이 7.39이고, 그 비율이 1 : 1.9라면 혼합 골재 조립률은 얼마인가?

① 3.76   ② 4.77
③ 5.77   ④ 6.76

해설
혼합 골재의 조립률 = $\dfrac{2.68 \times 1 + 7.39 \times 1.9}{1 + 1.9}$
= $\dfrac{16.721}{2.9}$
≒ 5.77

03 재료에 일정 하중이 작용하면 시간의 경과와 함께 변형이 증가하는 데 이러한 현상을 무엇이라 하는가?

① 푸아송비   ② 크리프
③ 연성   ④ 취성

해설
① 푸아송비 = 횡방향 변형률/종방향 변형률
③ 연성 : 재료에 인장력을 주어 가늘고 길게 늘일 수 있는 성질
④ 취성 : 재료가 외력을 받을 때 조금만 변형되어도 파괴되는 성질

04 천연산의 것과 인공산의 것이 있으며 콘크리트의 워커빌리티를 좋게 하고 수밀성과 내구성 등을 크게 할 목적으로 사용되는 혼화재료는?

① 방수제   ② 포졸란
③ 촉진제   ④ 급결제

해설
① 방수제 : 수밀성을 좋게 해주는 혼화제이다.
③ 촉진제 : 시멘트의 수화작용을 빠르게 하는 혼화제이다.
④ 급결제 : 시멘트의 응결을 상당히 빠르게 하기 위하여 사용하는 혼화제이다.

05 콘크리트에 AE제를 혼합하는 주된 목적으로 옳은 것은?

① 콘크리트의 강도를 높인다.
② 콘크리트의 단위 중량을 높인다.
③ 시멘트를 절약한다.
④ 동결융해에 대한 저항성을 높인다.

해설
콘크리트의 동결융해 저항성의 강화를 위해서는 독립된 무수의 미세한 공기포를 연행하는 것이 효과적이다.

정답 1 ② 2 ③ 3 ② 4 ② 5 ④

06 보크사이트와 석회석을 혼합하여 만든 것으로 재령 1일에서 보통 포틀랜드 시멘트의 재령 28일의 강도를 내는 시멘트는?

① 알루미나 시멘트
② 플라이애시 시멘트
③ 고로 슬래그 시멘트
④ 포틀랜드 포졸란 시멘트

해설

알루미나 시멘트
- 보크사이트와 석회석을 혼합하여 분말로 만든 시멘트이다.
- 재령 1일에 보통 포틀랜드 시멘트의 재령 28일에 해당하는 강도를 나타낸다.
- 조기강도가 커 긴급공사, 한중공사에 적합하다.
- 해수, 산, 염류, 등 작용에 대한 저항성이 커 해수공사에 사용된다.

07 시멘트 분말도는 무엇으로 나타내는가?

① 단위 무게
② 비표면적
③ 단위 부피
④ 표건비중

해설

비표면적 : 1g의 시멘트가 가지고 있는 전체 입자의 총 표면적을 말한다. 시멘트의 분말도를 나타내며, 단위는 cm^2/g이다.

08 분말도가 높은 시멘트에 관한 설명으로 옳은 것은?

① 콘크리트에 균열이 생기기 쉽다.
② 수화열 발생이 적다.
③ 시멘트 풍화속도가 느리다.
④ 콘크리트의 수화작용 속도가 느리다.

해설

분말도가 높으면 수화열이 커지고 응결이 빨라지게 되어 건조수축이 커지며 이에 따라 균열이 발생하기 쉽다.

09 굵은 골재의 연한 석편 함유량의 한도는 최댓값을 몇 %(질량 백분율)로 규정하고 있는가?

① 3%
② 5%
③ 10%
④ 13%

해설

굵은 골재의 유해물 함유량 한도

종류		천연 굵은 골재(%)
점토 덩어리		0.25*
연한 석편		5.0*
0.08mm 체 통과량		1.0
석탄, 갈탄 등으로 밀도 $2.0g/cm^3$의 액체에 뜨는 것	콘크리트의 외관이 중요한 경우	0.5
	기타의 경우	1.0

(*) 점토 덩어리와 연한 석편의 합이 5%를 넘으면 안 된다.

10 실적률이 큰 값을 갖는 골재를 사용한 콘크리트에 대한 설명으로 틀린 것은?

① 콘크리트의 밀도가 증대된다.
② 콘크리트의 수밀성이 증대된다.
③ 콘크리트의 내구성이 증대된다.
④ 건조수축이 크고 균열발생의 위험이 증대된다.

해설

실적률이 큰(공극률이 작은) 골재를 사용하면 건조수축 및 수화열이 적어 균열발생 위험이 줄어든다.

11. 혼화재 중 용광로에서 나오는 슬래그를 급랭시켜 만든 가루는?

① 포졸란(pozzolan)
② 플라이애시(fly ash)
③ 고로 슬래그 미분말
④ AE제

해설
고로 슬래그 미분말 : 제철소의 용광로에서 배출되는 슬래그를 급랭하여 입자(알갱이)화한 후 미분쇄한 것이다.

12. 콘크리트의 강도 중에서 가장 큰 값을 갖는 것은?

① 인장강도　② 압축강도
③ 휨강도　　④ 비틀림 강도

해설
콘크리트는 압축강도가 가장 크고 인장강도는 압축강도의 1/13～1/10배 정도로 작다.

13. 잔골재의 유해물 함유량의 한도 중 점토 덩어리 함유량의 최대치는 질량 백분율로 얼마인가?

① 0.2%　② 0.6%
③ 0.8%　④ 1.0%

해설
잔골재의 유해물 함유량 한도

종류		천연 잔골재(%)
점토 덩어리		1.0
0.08mm 체 통과량	콘크리트의 표면이 마모작용을 받는 경우	3.0
	기타의 경우	5.0
석탄, 갈탄 등으로 밀도 2.0g/cm³의 액체에 뜨는 것	콘크리트의 외관이 중요한 경우	0.5
	기타의 경우	1.0
염화물(NaCl 환산량)		0.04

14. 다음 설명 중 시멘트의 저장방법으로 부적당한 것은?

① 시멘트 포대가 넘어지지 않도록 벽에 붙여서 쌓아야 한다.
② 지상에서 30cm 이상 되는 마루에 저장하여야 한다.
③ 저장기간이 길어질 우려가 있는 경우에는 7포 이상 쌓아 올리지 않도록 하여야 한다.
④ 방습적인 구조로 된 사일로 또는 창고에 품종별로 구분하여 저장하여야 한다.

해설
포대 시멘트가 저장 중에 습기를 받지 않도록 벽과 지면으로부터 띄워 저장해야 한다.

15. 골재가 갖추어야 할 성질 중 틀린 것은?

① 단단하고 내구적일 것
② 마모에 대한 저항성이 클 것
③ 모양이 얇고, 가늘고 긴 조각일 것
④ 알맞은 입도를 가질 것

해설
골재의 모양은 둥근 것 또는 육면체에 가까운 것이 좋다.

16 운반거리가 먼 레미콘이나 무더운 여름철 콘크리트의 시공에 사용하는 혼화제는 어느 것인가?

① 감수제 ② 지연제
③ 방수제 ④ 경화촉진제

해설
지연제 : 서중 콘크리트나 레디믹스트 콘크리트에서 운반거리가 먼 경우 또는 연속적으로 콘크리트를 칠 때 콜드 조인트가 생기지 않도록 할 경우 등에 사용되는 혼화제이다.

17 혼화재료 중 사용량이 비교적 많아서 콘크리트의 배합계산에 관계되는 것은?

① 포졸리스 ② 플라이애시
③ 염화칼슘 ④ 경화촉진제

해설
혼화재료의 종류
- 혼화재
  - 사용량이 시멘트 질량의 5% 정도 이상이 되어 그 자체의 부피가 콘크리트의 배합계산에 관계가 되는 것
  - 포졸란, 플라이애시, 고로 슬래그, 팽창제, 실리카 퓸 등
- 혼화제
  - 사용량이 시멘트 질량의 1% 정도 이하의 것으로 콘크리트의 배합계산에서 무시되는 것
  - AE제, 경화촉진제, 감수제, 지연제, 기포제, 방수제 등

18 표면건조 포화 상태의 잔골재 500g을 노건조시켰더니 480g이었다면 흡수율은 얼마인가?

① 4.00% ② 4.17%
③ 4.76% ④ 5.00%

해설
$$흡수율(\%) = \frac{표면건조\ 포화\ 상태 - 절대건조\ 상태}{절대건조\ 상태} \times 100$$
$$= \frac{500 - 480}{480} \times 100$$
$$\fallingdotseq 4.17\%$$

19 중용열 포틀랜드 시멘트보다 더 수화열을 적게 한 시멘트는?

① 고로 슬래그 시멘트
② 백색 포틀랜드 시멘트
③ 내황산염 포틀랜드 시멘트
④ 저열 포틀랜드 시멘트

해설
저열 포틀랜드 시멘트
수화열이 적게 되도록 보통 포틀랜드 시멘트보다 규산 3석회와 알루민산 3석회의 양을 아주 적게 한 것이다. 이 시멘트는 중용열 포틀랜드 시멘트보다 수화열이 5~10% 정도 적으며, 대형 구조물 공사에 적합하다.

20 시멘트의 종류 중 혼합 시멘트는?

① 조강 포틀랜드 시멘트
② 알루미나 시멘트
③ 고로 슬래그 시멘트
④ 팽창 시멘트

해설
시멘트의 종류
- 포틀랜드 시멘트 : 보통 포틀랜드 시멘트, 중용열 포틀랜드 시멘트, 조강 포틀랜드 시멘트, 저열 포틀랜드 시멘트, 내황산염 포틀랜드 시멘트, 백색 포틀랜드 시멘트
- 혼합 시멘트 : 고로 슬래그 시멘트, 플라이애시 시멘트, 실리카(포졸란) 시멘트
- 특수 시멘트 : 알루미나 시멘트, 초속경 시멘트, 팽창 시멘트

정답 16 ② 17 ② 18 ② 19 ④ 20 ③

21 콘크리트 공사에서 거푸집 떼어 내기에 관한 설명으로 틀린 것은?

① 거푸집은 콘크리트가 자중 및 시공 중에 가해지는 하중에 충분히 견딜 만한 강도를 가질 때까지 해체해서는 안 된다.
② 거푸집을 떼어내는 순서는 비교적 하중을 받지 않는 부분을 먼저 떼어 낸다.
③ 연직 부재의 거푸집은 수평 부재의 거푸집보다 먼저 떼어 낸다.
④ 보의 밑판의 거푸집은 보의 양 측면의 거푸집보다 먼저 떼어 낸다.

해설
보의 밑판의 거푸집은 보의 양 측면의 거푸집보다 나중에 떼어 낸다.

22 다음 중 배치 믹서(batch mixer)에 대한 설명으로 가장 적합한 것은?

① 콘크리트 재료를 1회분씩 혼합하는 기계
② 콘크리트 재료를 1회분씩 계량하는 기계
③ 콘크리트를 혼합하면서 운반하는 트럭
④ 콘크리트를 1m³씩 혼합하는 기계

23 다음 중 콘크리트 다짐기계가 아닌 것은?

① 내부 진동기   ② 싱커
③ 표면 진동기   ④ 거푸집 진동기

해설
싱커는 일명 잭 해머, 핸드 해머라고 하는 소형 착암기이다.
※ 콘크리트 다짐기계 : 내부 진동기, 표면 진동기, 거푸집 진동기 등

24 뿜어붙이기 콘크리트에 관한 다음 내용 중 잘못된 것은?

① 시멘트 건(gun)에 의해 압축공기로 모르타르를 뿜어붙이는 것이다.
② 수축균열이 생기기 쉽다.
③ 공사기간이 길어진다.
④ 건식 공법의 경우 시공 중 분진이 많이 발생한다.

해설
뿜어붙이기 콘크리트(숏크리트)는 시공 속도가 빠르며, 협소한 장소나 시공면에 영향을 받지 않는다.

25 레디믹스트 콘크리트의 장점이 아닌 것은?

① 균질의 콘크리트를 얻을 수 있다.
② 공사능률이 향상되고 공기를 단축할 수 있다.
③ 콘크리트의 워커빌리티를 현장에서 즉시 조절할 수 있다.
④ 콘크리트 치기와 양생에만 전념할 수 있다.

해설
레디믹스트 콘크리트는 수요자가 지정한 배합의 콘크리트를 만들어서 운반해 주는 굳지 않은 콘크리트이기 때문에 현장에서 워커빌리티 조절이 어렵다.

정답 21 ④ 22 ① 23 ② 24 ③ 25 ③

26 단위 잔골재량의 절대 부피 0.266m³ 잔골재의 비중 2.60일 때 단위 잔골재량은?

① 692kg/m³
② 962kg/m³
③ 296kg/m³
④ 726kg/m³

해설
단위 잔골재량(kg/m³)
= 단위 잔골재량의 절대 부피 × 잔골재의 비중 × 1,000
= 0.266 × 2.6 × 1,000
≒ 692kg/m³

27 다음 중 배합설계에서 고려하여야 하는 사항으로 거리가 먼 것은?

① 물-시멘트비의 결정
② 배합강도의 결정
③ 굵은 골재의 최대 치수
④ 항복강도의 결정

해설
배합설계에서 고려하여야 하는 사항
배합강도의 결정, 물-시멘트비 설정, 단위 수량·단위 시멘트양·단위 골재량·혼화재료량의 결정, 슬럼프, 워커빌리티, 공기량 등

28 콘크리트 운반 시 주의사항으로 잘못된 것은?

① 운반 도중 재료분리가 일어나지 않아야 한다.
② 운반 도중 슬럼프가 줄어들지 않도록 해야 한다.
③ 콘크리트 운반 시에는 공사의 종류, 규모, 기간 등을 고려하여 운반방법을 선정한다.
④ 콘크리트 운반로를 결정할 때 경제성을 고려하지 않아도 된다.

해설
콘크리트 운반방법은 현장크기에 맞추어 가장 경제적이고 가장 쉽게 하는 것에 따른다.

29 다음 중 콘크리트용 잔골재와 굵은 골재로 분류할 때 기준이 되는 체는?

① 1.2mm
② 2.5mm
③ 5mm
④ 10mm

해설
골재의 종류
• 잔골재(모래) : 10mm 체를 전부 통과하고 5mm 체를 거의 다 통과하며 0.08mm 체에 거의 다 남는 골재
• 굵은 골재(자갈) : 5mm 체에 거의 다 남는 골재 또는 5mm 체에 다 남는 골재

30 시방 배합에서 규정된 배합의 표시법에 포함되지 않은 것은?

① 물-시멘트비
② 잔골재의 최대 치수
③ 물, 시멘트, 골재의 단위량
④ 슬럼프의 범위

해설
시방 배합에서 규정된 배합의 표시법에 포함되어야 사항
• 굵은 골재의 최대 치수(mm)
• 슬럼프 범위(mm)
• 공기량 범위(%)
• 물-결합재비(%)
• 잔골재율(%)
• 단위 질량(kg/m³) : 물, 시멘트, 잔골재, 굵은 골재, 혼화재료

31 콘크리트의 습윤 양생방법이 아닌 것은?

① 수중 양생   ② 습포 양생
③ 습사 양생   ④ 촉진 양생

해설
촉진 양생은 콘크리트의 경화나 강도 발현을 촉진하기 위해 실시하는 양생방법이다.
양생의 종류
- 습윤 양생 : 수중 양생, 습포 양생, 습사 양생, 피막 양생(막양생), 피복 양생
- 촉진 양생 : 증기 양생, 고온고압(오토클레이브) 양생, 전기 양생, 적외선 양생, 고주파 양생

32 콘크리트 비비기는 미리 정해 둔 비비기 시간의 최소 몇 배 이상 계속해서는 안 되는가?

① 2배   ② 3배
③ 4배   ④ 5배

해설
비비기는 미리 정해 둔 비비기 시간의 3배 이상 계속해서는 안 된다.

33 비빈 콘크리트를 수송관을 통해 압력으로 치기 할 장소까지 연속적으로 보내는 기계는?

① 콘크리트 펌프   ② 콘크리트 믹서
③ 트럭믹서   ④ 콘크리트 플랜트

해설
① 콘크리트 펌프 : 콘크리트의 운반기구 중 재료분리가 적고, 연속적으로 칠 수 있어 터널, 댐, 항만 등의 공사에 널리 쓰이는 운반기계이다.
② 콘크리트 믹서 : 콘크리트 재료가 고르게 섞이도록 콘크리트를 비비는 장치이다.
③ 트럭믹서 : 운반거리가 먼 경우나 슬럼프가 큰 콘크리트의 경우에 사용하는 애지테이터를 붙인 운반기계이다.
④ 콘크리트 플랜트 : 콘크리트 재료의 저장 장치, 계량 장치, 혼합 장치 따위의 일체를 갖추고 다량의 콘크리트를 일관 작업으로 제조하는 기계설비이다.

34 굳지 않은 콘크리트 또는 모르타르에서 물이 분리되어 상승하는 현상을 무엇이라 하는가?

① 워커빌리티(workability)
② 컨시스턴시(consistency)
③ 레이턴스(laitance)
④ 블리딩(bleeding)

해설
블리딩(bleeding) : 콘크리트를 친 후 시멘트와 골재알이 침하하면서, 물이 올라와 콘크리트의 표면에 떠오르는 현상이다.

35 콘크리트 시방 배합설계의 기준으로서 골재는 어느 상태의 골재를 사용하는가?

① 절대건조 상태
② 습윤 상태
③ 공기 중 건조 상태
④ 표면건조 포화 상태

해설
시방 배합에서는 잔·굵은 골재는 모두 표면건조 포화 상태로 한다.

정답 31 ④ 32 ② 33 ① 34 ④ 35 ④

36 일반적인 경량골재 콘크리트란 콘크리트의 기건 단위 무게가 얼마 정도인 것을 말하는가?

① 0.5~1.0t/m³
② 1.4~2.0t/m³
③ 2.1~2.7t/m³
④ 2.8~3.5t/m³

해설
경량골재 콘크리트
• 설계기준강도 : 15~24MPa 이하
• 기건 단위 용적질량의 범위 : 1.4~2.0t/m³

37 일반적으로 하루의 평균기온이 최대 몇 ℃ 이하가 되는 기상조건에서 한중 콘크리트로서 시공하는가?

① 10℃ 이하
② 8℃ 이하
③ 4℃ 이하
④ 0℃ 이하

해설
타설일의 일평균기온이 4℃ 이하 또는 콘크리트 타설 완료 후 24시간 동안 일최저기온 0℃ 이하가 예상되는 조건이거나 그 이후라도 초기동해 위험이 있는 경우 한중 콘크리트로 시공하여야 한다.

38 수중 콘크리트에서 물-시멘트비는 50% 이하 단위 시멘트양은 370kg/m³ 이상, 잔골재율은 얼마를 표준으로 하는가?

① 10~25%
② 20~35%
③ 40~45%
④ 50~55%

해설
수중 콘크리트는 재료분리를 적게 하기 위하여 단위 시멘트양을 증가시키고 잔골재율을 40~45% 범위 내에서 사용한다. 또한 굵은 골재로서 부순 돌을 사용할 경우에는 시공상 필요한 점성 및 반죽질기를 얻을 수 있도록 잔골재율을 3~5% 증가시킨다.

39 기온 30℃ 이상의 온도에서 콘크리트를 타설할 때 나타나는 현상으로 옳지 않은 것은?

① 소요 수량의 증가
② 수송 중 슬럼프(slump) 증대
③ 타설 후 빠른 응결
④ 수화열에 의한 온도상승 증가

해설
② 고온에서는 수분 증발 및 수화반응 가속으로 인해 슬럼프가 감소한다.
① 고온에서는 증발이 빠르고 수화가 급속히 진행되어 콘크리트가 빨리 굳으므로, 동일한 슬럼프를 확보하기 위해 소요 수량이 증가한다.
③ 시멘트의 온도가 높으면 수화반응 속도가 증가하여 초결 및 종결시간이 빨라진다.
④ 수화가 급속하게 진행되어 내부온도가 상승하고 온도 균열 및 내부응력을 유발한다.

40 콘크리트를 친 후 일정 기간까지 굳기에 필요한 온도, 습도를 주고, 해로운 작용을 받지 않도록 해야 한다. 이러한 작업을 무엇이라 하는가?

① 치기
② 양생
③ 다지기
④ 시공이음

해설
양생 : 타설이 끝난 콘크리트가 시멘트의 수화반응에 의하여 충분한 강도를 발현하고, 균열이 생기지 않도록 하기 위해 일정 기간 동안 적당한 온도조건을 유지하며 수분을 공급하고 유해한 작용(하중, 진동, 충격)의 영향을 받지 않도록 보호해주는 것이다.

41 압축강도 시험용 공시체의 양생온도로 가장 적당한 것은?

① 13±2℃
② 15±2℃
③ 20±2℃
④ 25±2℃

해설
콘크리트 강도 시험에 사용되는 공시체는 18~22℃의 온도에서 습윤 양생한다.

42 슬럼프 시험에 대한 설명으로 옳은 것은?

① 콘크리트의 물-시멘트의 비를 측정하는 시험이다.
② 굳지 않은 콘크리트의 반죽질기 정도를 측정하는 시험이다.
③ 굳지 않은 콘크리트 속의 공기량을 측정하는 시험이다.
④ 재료의 혼합 정도를 측정하는 시험이다.

해설
슬럼프 시험 : 주목적은 반죽질기를 측정하는 것으로, 워커빌리티를 판단하는 하나의 수단으로 사용한다.

43 시방 배합표에서 단위 수량이 167kg/m³, 단위 시멘트양이 314kg/m³, 갇힌 공기량이 1.3%일 때 단위 골재량의 절대 부피는 얼마인가?(단, 시멘트의 비중은 3.14임)

① 0.66m³
② 0.69m³
③ 0.72m³
④ 0.75m³

해설
단위 골재량의 절대 부피(m³)
$= 1 - \left(\dfrac{\text{단위 수량}}{1,000} + \dfrac{\text{단위 시멘트양}}{\text{시멘트의 비중} \times 1,000} + \dfrac{\text{공기량}}{100}\right)$
$= 1 - \left(\dfrac{167}{1,000} + \dfrac{314}{3.14 \times 1,000} + \dfrac{1.3}{100}\right)$
$= 0.72\text{m}^3$

44 콘크리트 압축강도를 추정하기 위한 비파괴 시험기는 다음 중 어느 것인가?

① 슈미트 해머
② 비카침
③ 블레인 공기투과장치
④ 길모어침

해설
② · ④ : 시멘트의 응결시간을 측정하는 시험 장치
③ : 시멘트의 분말도를 측정하는 시험 장치
슈미트 해머 : 완성된 구조물의 콘크리트 강도를 알고자 할 때 쓰이는 비파괴 시험기이다.

정답 41 ③ 42 ② 43 ③ 44 ①

45 콘크리트의 휨강도 시험에서 공시체가 지간 방향 중심선의 4점 사이에서 파괴되었을 때의 휨강도를 구하는 공식으로 옳은 것은?(단, P : 시험기에 나타난 최대 하중(N), l : 지간 길이(mm), b : 파괴 단면의 너비(mm), h : 파괴 단면의 높이(mm))

① $\dfrac{Pl}{bh^2}$ ② $\dfrac{Pl}{2bh^2}$

③ $\dfrac{2Pl}{3bh^2}$ ④ $\dfrac{3Pl}{2bh^2}$

46 콘크리트를 친 후 비중 차이로 시멘트와 골재알이 가라앉으며 물이 올라와 콘크리트의 표면에 가라앉은 작은 물질을 무엇이라 하는가?

① 슬럼프
② 레이턴스
③ 워커빌리티
④ 반죽질기

해설
레이턴스(laitance) : 콘크리트 타설 후 블리딩에 의해 부유물과 함께 내부의 미세한 입자가 부상하여 콘크리트의 표면에 형성되는 경화되지 않은 층을 말한다.

47 콘크리트 원주 시험체를 할렬시켜 인장강도를 구하고자 할 때 시험 공시체의 지름은 굵은 골재 최대 치수의 최소 몇 배 이상이어야 하는가?

① 4/3배   ② 3배
③ 4배   ④ 5배

해설
인장강도 시험용 공시체는 원기둥 모양으로 지름은 굵은 골재 최대 치수의 4배 이상이어야 한다.

48 콘크리트 블리딩 시험(KS F 2414)을 적용할 수 있는 굵은 골재의 최대 치수는?

① 40mm   ② 50mm
③ 60mm   ④ 70mm

해설
콘크리트의 블리딩 시험방법(KS F 2414)은 굵은 골재의 최대 치수가 40mm 이하인 콘크리트의 시험방법에 대하여 규정한다.

49 골재의 조립률 측정을 위해 사용되는 체가 아닌 것은?

① 40mm ② 30mm
③ 20mm ④ 10mm

[해설]
조립률 : 10개의 체(75mm, 40mm, 20mm, 10mm, 5mm, 2.5mm, 1.2mm, 0.6mm, 0.3mm, 0.15mm)를 1조로 하여 체가름 시험을 하였을 때, 각 체에 남은 누계량의 전체 시료에 대한 질량 백분율의 합을 100으로 나눈 값으로 나타낸다.

50 콘크리트 슬럼프(slump) 시험에 있어서 각 층마다 다짐봉으로 몇 회 다짐을 원칙으로 하는가?

① 15회 ② 20회
③ 25회 ④ 30회

[해설]
슬럼프 시험 시 시료는 슬럼프 콘의 높이를 3등분하여 3층으로 나누어 넣고 각 층을 25회 다진다.

51 콘크리트의 인장강도는 압축강도의 얼마 정도인가?

① 1/2 ② 1/4
③ 1/6 ④ 1/10

[해설]
인장강도는 압축강도의 1/13~1/10 정도이다.

52 다음 표에서 설명하고 있는 배합을 무슨 배합이라고 하는가?

> 소정의 품질을 갖는 콘크리트가 얻어지도록 된 배합으로서 시방서 또는 책임기술자가 지시한 배합

① 현장 배합
② 강도 배합
③ 골재 배합
④ 시방 배합

[해설]
배합설계의 분류
- 시방 배합 : 표준시방서 또는 책임기술자가 지시한 배합이다.
- 현장 배합 : 현장에서 사용하는 골재의 함수 상태, 혼합률 등을 고려하여 시방 배합을 현장에서 실제로 사용하는 재료의 성질에 맞추어 고친 배합이다.

53 단위 수량이 154kg/m³일 때 물-시멘트(W/C) 50%의 콘크리트 1m³을 만드는 데 필요한 단위 시멘트양은 얼마인가?

① 308kg/m³
② 154kg/m³
③ 77kg/m³
④ 462kg/m³

해설

$\dfrac{W}{C} = 0.5$

$\therefore C = \dfrac{W}{0.5} = \dfrac{154}{0.5} = 308\,\text{kg/m}^3$

54 잔골재의 밀도 및 흡수율 시험에 사용하지 않는 시험 기구는?

① 르샤틀리에 비중병
② 시료 분취기
③ 저울
④ 원추형 몰드

해설
르샤틀리에 비중병은 시멘트 비중 시험에 사용된다.
잔골재의 밀도 및 흡수율 시험에 사용되는 시험 기구 : 시료 분취기, 원뿔형 몰드, 다짐봉, 저울, 플라스크(500mL), 건조기, 항온 수조, 피펫

55 골재의 체가름 시험을 하여 알 수 있는 것은?

① 마모량
② 풍화도
③ 골재의 모양
④ 조립률

해설
골재의 체가름 시험은 골재의 입도, 조립률, 굵은 골재의 최대 치수 등을 알기 위해 실시하는 시험이다.

56 콘크리트의 휨강도 시험에 관한 사항 중 옳지 않은 것은?

① 휨강도 시험은 4점 재하법을 주로 사용한다.
② 휨강도 시험용 공시체를 제작할 때 콘크리트를 3층으로 나누어 채우고 각 층의 윗면을 다짐봉으로 다진다.
③ 휨강도 시험용 공시체는 몰드를 떼어 낸 후, 습윤 상태에서 강도 시험을 할 때까지 양생하여야 한다.
④ 휨강도 시험 시 공시체가 인장쪽 표면의 지간 방향 중심선의 4점 바깥쪽에서 파괴된 경우는 그 시험결과를 무효로 한다.

해설
휨강도 시험용 공시체를 제작할 때 콘크리트를 2층으로 나누어 채우고 각 층은 적어도 1,000mm²에 1회의 비율로 다지도록 하고 바로 아래층까지 다짐봉이 닿도록 한다.

정답 53 ① 54 ① 55 ④ 56 ②

57 굳지 않은 콘크리트의 공기량 시험법과 거리가 먼 것은?

① 밀도법
② 공기실 압력법
③ 무게법
④ 부피법

해설
공기량의 측정법
질량법(중량법, 무게법), 용적법(부피법), 공기실 압력법(주수법과 무주수법)이 있다.

58 콘크리트 공기량 시험에서 겉보기 공기량이 5.4%이고 골재의 수정계수가 2.3%일 때 공기량은 얼마인가?

① 2.3%
② 12.4%
③ 3.1%
④ 7.7%

해설
콘크리트의 공기량(A)
$A = A_1 - G$
$= 5.4 - 2.3$
$= 3.1\%$
여기서, A_1 : 콘크리트의 겉보기 공기량(%)
G : 골재의 수정계수(%)

59 콘크리트 압축강도 시험에서 몰드 지름 150mm인 공시체의 파괴강도가 52.3kN일 때 압축강도는 약 얼마인가?

① 2.96MPa
② 2.72MPa
③ 2.58MPa
④ 2.36MPa

해설
압축강도(f) = $\dfrac{P}{A} = \dfrac{52,300}{\dfrac{\pi \times 150^2}{4}} = \dfrac{52,300}{17,671.5}$

$≒ 2.96\text{MPa}$

여기서, P : 파괴될 때 최대 하중(N)
A : 시험체의 단면적(mm²)

60 다음은 콘크리트 배합설계에 대한 내용이다. 잘못 나타낸 것은?

① 물-시멘트비는 물과 시멘트의 질량비를 말한다.
② 콘크리트 1m³를 만드는 데 쓰이는 각 재료량을 단위량이라고 한다.
③ 배합강도는 콘크리트 배합을 정하는 경우에 목표로 하는 압축강도이다.
④ 잔골재율은 잔골재량의 전체 골재에 대한 질량비를 말한다.

해설
잔골재율은 콘크리트 내의 전체 골재량에 대한 잔골재량의 절대용적비를 백분율로 나타낸 값이다.

정답 57 ① 58 ③ 59 ① 60 ④

2019년 제1회 과년도 기출복원문제

01 시멘트의 종류에서 특수 시멘트에 속하는 것은?

① 고로 슬래그 시멘트
② 팽창 시멘트
③ 플라이애시 시멘트
④ 백색 포틀랜드 시멘트

해설
시멘트의 종류
- 포틀랜드 시멘트 : 보통 포틀랜드 시멘트, 중용열 포틀랜드 시멘트, 조강 포틀랜드 시멘트, 저열 포틀랜드 시멘트, 내황산염 포틀랜드 시멘트, 백색 포틀랜드 시멘트
- 혼합 시멘트 : 고로 슬래그 시멘트, 플라이애시 시멘트, 실리카(포졸란) 시멘트
- 특수 시멘트 : 알루미나 시멘트, 초속경 시멘트, 팽창 시멘트

02 다음 중 천연골재에 속하지 않는 것은?

① 강모래, 강자갈
② 산모래, 산자갈
③ 바닷모래, 바닷자갈
④ 부순 모래, 슬래그

해설
산지 또는 제조방법에 따른 골재의 분류
- 천연골재 : 강모래, 강자갈, 바닷모래, 바닷자갈, 육상모래, 육상자갈, 산모래, 산자갈
- 인공골재 : 부순 돌, 부순 모래, 슬래그, 인공 경량골재

03 AE 감수제를 사용한 콘크리트의 특징으로 틀린 것은?

① 동결융해에 대한 저항성이 증대된다.
② 굳지 않은 콘크리트의 워커빌리티를 개선하고 재료의 분리를 방지한다.
③ 건조수축을 감소시킨다.
④ 수밀성이 감소하고 투수성이 증가한다.

해설
공기연행(AE) 감수제를 사용하면 수밀성이 증가하고 투수성이 감소한다.

04 혼화재 중 입자가 둥글고 매끄러워 콘크리트의 워커빌리티를 좋게 하고, 수밀성과 내구성을 향상시키는 혼화재는?

① 폴리머
② 플라이애시
③ 염화칼슘
④ 팽창제

해설
플라이애시
- 가루 석탄을 연소시킬 때 굴뚝에서 집진기로 모은 아주 작은 입자의 재이며 실리카질 혼화재이다. 입자가 둥글고 매끄럽기 때문에 콘크리트의 워커빌리티를 좋게 하고 수화열이 적으며, 장기강도를 크게 한다.
- 입자가 구형(원형)이고 표면조직이 매끄러워 단위 수량을 감소시킨다.
- 콘크리트의 워커빌리티를 좋게 하고 수화열이 적다.
- 초기강도는 작으나 포졸란 반응에 의하여 장기강도의 발현성이 좋다.

05 시멘트의 성분 중 응결시간을 조절하기 위한 것은?

① 석고   ② 석회석
③ 점토   ④ 플라이애시

해설
시멘트를 제조할 때 응결시간을 조절하기 위하여 3~5%의 석고를 넣는다.

06 다음 혼화재료 중 그 사용량이 시멘트 무게의 5% 정도 이상이 되어 그 자체의 양이 콘크리트의 배합계산에 관계되는 혼화재는?

① 고로 슬래그   ② AE제
③ 염화칼슘   ④ 기포제

해설
혼화재료의 종류
- 혼화재
  - 사용량이 시멘트 질량의 5% 정도 이상이 되어 그 자체의 부피가 콘크리트의 배합계산에 관계가 되는 것
  - 포졸란, 플라이애시, 고로 슬래그, 팽창제, 실리카 퓸 등
- 혼화제
  - 사용량이 시멘트 질량의 1% 정도 이하의 것으로 콘크리트의 배합계산에서 무시되는 것
  - AE제, 경화촉진제, 감수제, 지연제, 기포제, 방수제 등
  ※ 촉진제로 염화칼슘을 사용한다.

07 알루미늄 또는 아연 가루를 넣어, 시멘트가 응결할 때 수소가스를 발생시켜 모르타르 또는 콘크리트 속에 아주 작은 기포를 생기게 하는 혼화제는?

① 지연제   ② 발포제
③ 팽창제   ④ AE제

해설
① 지연제 : 시멘트의 응결시간을 늦추기 위하여 사용하는 혼화제이다.
③ 팽창제 : 콘크리트가 경화되는 중에 부피를 늘어나게 하여 콘크리트의 건조수축에 의한 균열을 억제하는 데 사용하는 혼화재이다.
④ AE제 : 콘크리트 속에 작고 많은 독립된 기포를 고르게 생기게 하기 위하여 사용하는 혼화제이다.

08 중량골재에 속하지 않는 것은?

① 중정석   ② 화산암
③ 자철광   ④ 갈철광

해설
화산암은 경량골재에 속한다.
중량골재 : 중정석(바라이트), 자철광, 갈철광, 적철광 등

09 기상작용에 대한 골재의 내구성을 알기 위한 시험은 다음 중 어느 것인가?

① 골재의 밀도 시험
② 골재의 빈틈률 시험
③ 골재의 안정성 시험
④ 골재에 포함된 유기불순물 시험

해설
골재의 안정성 시험(KS F 2507)
- 안정성이란 시멘트가 굳는 도중에 체적팽창을 일으켜 균열이 생기거나 뒤틀림 등의 변형을 일으키는 성질을 말한다.
- 골재의 안정성 시험을 실시하는 목적은 기상작용에 대한 내구성을 판단하기 위한 자료를 얻기 위함이다.

정답 5 ① 6 ① 7 ② 8 ② 9 ③

10
콘크리트용 잔골재의 유해물 함유량의 허용한도 중 점토 덩어리의 허용 최댓값은 질량 백분율로 몇 %인가?

① 1% ② 2%
③ 4% ④ 5%

해설
잔골재의 유해물 함유량 한도

종류		천연 잔골재(%)
점토 덩어리		1.0
0.08mm 체 통과량	콘크리트의 표면이 마모작용을 받는 경우	3.0
	기타의 경우	5.0
석탄, 갈탄 등으로 밀도 2.0g/cm³의 액체에 뜨는 것	콘크리트의 외관이 중요한 경우	0.5
	기타의 경우	1.0
염화물(NaCl 환산량)		0.04

11
보통 포틀랜드 시멘트보다 C_3S의 함유량을 높이고 C_2S를 줄이는 동시에 온도를 높여 분말도를 높게 한 시멘트는?

① 조강 포틀랜드 시멘트
② 알루미나 시멘트
③ 저열 포틀랜드 시멘트
④ 중용열 포틀랜드 시멘트

해설
② 알루미나 시멘트 : 보크사이트와 석회석을 혼합하여 분말로 만든 시멘트이며, 재령 1일에 보통 포틀랜드 시멘트의 재령 28일에 해당하는 강도를 나타낸다.
③ 저열 포틀랜드 시멘트 : 보통 포틀랜드 시멘트보다 규산 3석회(C_3S)와 알루민산 3석회(C_3A)의 양을 아주 적게 한 것이다. 중용열 포틀랜드 시멘트보다 수화열이 5~10% 정도 적다.
④ 중용열 포틀랜드 시멘트 : 알루민산 3석회(C_3A)의 양을 적게 하고 그 대신 장기강도를 발현하기 위하여 규산 2석회(C_2S)의 양을 많게 한 시멘트이다.

12
실적률이 큰 골재를 사용한 콘크리트의 특징으로 틀린 것은?

① 시멘트 페이스트의 양이 적어도 경제적으로 소요의 강도를 얻을 수 있다.
② 단위 시멘트양이 적어지므로 수화열을 줄일 수 있다.
③ 단위 시멘트양이 적어지므로 건조수축이 증가한다.
④ 콘크리트의 밀도, 수밀성, 내구성이 증가한다.

해설
실적률이 클수록 건조수축 및 수화열이 적어 균열발생 위험이 줄어든다.

13
시멘트의 풍화에 대한 설명으로 틀린 것은?

① 비중이 작아지고 응결이 늦어진다.
② 강도가 늦게 나타난다.
③ 고온다습한 경우에는 급속히 풍화가 진행된다.
④ 강열감량이 감소한다.

해설
풍화된 시멘트는 강열감량이 증가한다.

14
굵은 골재의 최대 치수에 대한 설명으로 옳은 것은?

① 부피비로 90% 이상을 통과시키는 체 중에서 최소 치수 체의 호칭치수로 나타낸 굵은 골재의 치수
② 질량비로 90% 이상을 통과시키는 체 중에서 최소 치수 체의 호칭치수로 나타낸 굵은 골재의 치수
③ 질량비로 95% 이상을 통과시키는 체 중에서 최소 치수 체의 호칭치수로 나타낸 굵은 골재의 치수
④ 부피비로 95% 이상을 통과시키는 체 중에서 최소 치수 체의 호칭치수로 나타낸 굵은 골재의 치수

15 철근 콘크리트에서 구조물의 단면이 큰 경우 굵은 골재의 최대 치수는 다음 중 어느 것을 표준으로 하는가?

① 25mm ② 40mm
③ 50mm ④ 100mm

해설
굵은 골재의 최대 치수

콘크리트의 종류		굵은 골재의 최대 치수(mm)
무근 콘크리트		40 (부재 최소 치수의 1/4 이하)
철근 콘크리트	일반적인 경우	20 또는 25
	단면이 큰 경우	40
포장 콘크리트		40 이하
댐콘크리트		150 이하

부재 최소 치수의 1/5 이하, 철근 순간격의 3/4 이하

16 분말도가 큰 시멘트에 대한 설명으로 틀린 것은?

① 수밀한 콘크리트를 얻을 수 있으며 균열의 발생이 없다.
② 풍화되기 쉽고 수화열이 많이 발생한다.
③ 수화반응이 빨라지고 조기강도가 크다.
④ 블리딩양이 적고 워커블한 콘크리트를 얻을 수 있다.

해설
분말도가 크다는 것은 시멘트 입자의 크기가 가늘다는 것이다. 입자가 고운만큼 물에 접촉하는 면적이 크며 이에 따라 수화열이 많이 발생하고 건조수축이 커지므로 콘크리트에 균열이 발생하기 쉽다.

17 콘크리트에 사용하는 부순 돌의 특성을 설명한 것으로 옳은 것은?

① 강자갈보다 빈틈이 적고 골재 사이의 마찰이 적다.
② 강자갈보다 모르타르와의 부착성이 나쁘고 강도가 적다.
③ 동일한 워커빌리티를 얻기 위해 강자갈을 사용한 경우보다 단위 수량이 많이 요구된다.
④ 수밀성, 내구성은 강자갈을 사용한 경우보다 월등히 증가한다.

해설
① 강자갈보다 빈틈이 크고 골재 사이의 마찰이 크다.
② 강자갈보다 모르타르와의 부착성이 좋고 강도가 크다.
④ 수밀성, 내구성은 강자갈을 사용한 경우보다 다소 떨어진다.

18 서중 콘크리트의 시공 시 워커빌리티의 저하 및 레디믹스트 콘크리트의 운반거리가 멀어 운반시간이 장시간 소요되는 경우에 특히 유효한 혼화제는?

① 감수제 ② 지연제
③ 방수제 ④ 경화촉진제

해설
① 감수제 : 시멘트 입자를 분산시켜 콘크리트의 단위 수량을 감소시킬 목적으로 사용하는 혼화제이다.
③ 방수제 : 수밀성을 좋게 해주는 혼화제이다.
④ 경화촉진제 : 시멘트의 경화속도를 촉진시키는 혼화제이다.

정답 15 ② 16 ① 17 ③ 18 ②

19 잔골재의 단위 무게가 1.65t/m³이고 밀도가 2.65g/cm³일 때 이 골재의 공극률은 얼마인가?

① 32.7% ② 34.7%
③ 37.7% ④ 39.1%

해설

$$공극률(\%) = \left(1 - \frac{골재의\ 단위\ 용적질량}{골재의\ 절건\ 밀도}\right) \times 100$$

$$= \left(1 - \frac{1.65}{2.65}\right) \times 100$$

$$≒ 37.7\%$$

20 콘크리트를 친 후 시멘트와 골재알이 가라앉으면서 물이 올라와 콘크리트의 표면에 떠오르는 현상을 무엇이라 하는가?

① 워커빌리티 ② 피니셔빌리티
③ 리몰딩   ④ 블리딩

해설
블리딩(bleeding) : 콘크리트를 친 후 시멘트와 골재알이 침하하면서, 물이 올라와 콘크리트의 표면에 떠오르는 현상이다.

21 한중 콘크리트로서 시공하여야 하는 온도의 기준으로 옳은 것은?

① 하루의 평균기온이 4℃ 이하가 예상될 때
② 하루의 평균기온이 0℃ 이하가 예상될 때
③ 하루의 평균기온이 10℃ 이하가 예상될 때
④ 하루의 평균기온이 -4℃ 이하가 예상될 때

해설
하루의 평균기온이 4℃ 이하 예상되는 조건일 때는 한중 콘크리트로 시공하여야 한다.

22 콘크리트의 배합에 관한 설명으로 옳은 것은?

① 사용하는 각 재료의 비율은 부피비로 나타낸다.
② 물의 양은 작업의 난이도에 따라 결정한다.
③ 현장 배합을 기준으로 시방 배합을 정한다.
④ 잔골재량의 전체 골재량에 비해 절대 부피비를 백분율로 나타낸 것을 잔골재율이라고 한다.

해설
① 사용하는 각 재료의 비율을 무게비로 나타낸다.
② 콘크리트의 반죽질기는 슬럼프로 정한다.
③ 시방 배합을 기준으로 현장 배합을 정한다.

23 일평균기온이 15℃ 이상일 때, 보통 포틀랜드 시멘트를 사용한 콘크리트의 습윤 양생기간의 표준은?

① 3일   ② 5일
③ 7일   ④ 14일

해설

습윤 양생기간의 표준

일평균 기온	보통 포틀랜드 시멘트	고로 슬래그, 플라이애시 시멘트	조강 포틀랜드 시멘트
15℃ 이상	5일	7일	3일
10℃ 이상	7일	9일	4일
5℃ 이상	9일	12일	5일

24 콘크리트의 운반장비로서 손수레를 사용할 수 있는 경우에 대한 설명으로 옳은 것은?

① 운반거리가 1km 이하가 되는 평탄한 운반로를 만들어 콘크리트의 재료분리를 방지할 수 있는 경우
② 운반거리가 100m 이하가 되고 타설 장소를 향하여 상향으로 15% 이상의 경사로를 만들어 콘크리트의 재료분리를 방지할 수 있는 경우
③ 운반거리가 1km 이하가 되고 타설 장소를 향하여 하향으로 15% 이상의 경사로를 만들어 콘크리트의 재료분리를 방지할 수 있는 경우
④ 운반거리가 100m 이하가 되는 평탄한 운반로를 만들어 콘크리트의 재료분리를 방지할 수 있는 경우

해설
운반거리가 100m 이하가 되는 평탄한 운반로를 만들어 콘크리트의 재료분리를 방지할 수 있는 경우에는 손수레 등을 사용할 수 있다.

25 콘크리트를 제작할 때 각 재료의 계량에 대한 허용오차로서 틀린 것은?

① 물 : ±1%
② 시멘트 : ±2%
③ 골재 : ±3%
④ 혼화제 : ±3%

해설
표준시방서상 계량오차

재료의 종류	측정 단위	허용오차
시멘트	질량	±1%
골재	질량 또는 부피	±3%
물	질량	±1%
혼화재	질량	±2%
혼화제	질량 또는 부피	±3%

26 다음 그림은 콘크리트의 내부 진동기에 의한 다짐작업을 나타낸 것이다. A는 다짐작업 시 진동기의 삽입 간격을 나타낸 것이며, B는 아래층의 콘크리트 속으로 찔러 넣는 깊이를 나타낸 것이다. A와 B에 들어갈 내용으로 가장 적당한 것은?

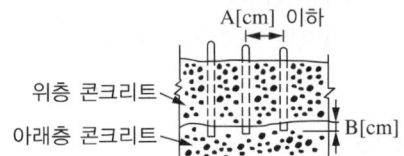

① A : 50cm 이하, B : 30cm 정도
② A : 30cm 이하, B : 30cm 정도
③ A : 30cm 이하, B : 10cm 정도
④ A : 50cm 이하, B : 10cm 정도

해설
내부 진동기는 연직으로 0.1m 정도 찔러 넣으며, 삽입 간격은 일반적으로 0.5m 이하로 한다.

27 콘크리트 배합을 결정하는 중요한 요소가 아닌 것은?

① 굵은 골재의 최대 치수
② 단위 수량
③ 단위 시멘트양
④ 잔골재의 최대 치수

해설
콘크리트 배합을 결정하는 요소
물-시멘트비, 슬럼프, 공기량, 잔골재율, 굵은 골재의 최대 치수, 단위 수량, 단위 시멘트양 등

28 콘크리트의 비비기에 대한 설명으로 틀린 것은?

① 비비기가 잘 되면 강도와 내구성이 커진다.
② 오래 비비면 비빌수록 워커빌리티가 좋아진다.
③ 비비기는 미리 정해 둔 비비기 시간의 3배 이상 계속해서는 안 된다.
④ 비비기를 시작하기 전에 미리 믹서 내부를 모르타르로 부착시켜야 한다.

해설
오래 비비면 비빌수록 워커빌리티가 나빠지고 재료분리가 생길 수 있다.

29 댐 콘크리트 공사에서 수화열에 의한 균열을 방지하기 위해 재료를 미리 냉각하는 방법을 무엇이라 하는가?

① 프리쿨링법
② 벤트 공법
③ 프레시네 공법
④ 전기냉각법

해설
프리쿨링(pre-cooling)법 : 댐 공사에서 콘크리트 온도균열 방지를 위해 콘크리트 재료의 일부 또는 전부를 냉각시켜 온도를 낮추는 방법이다.

30 콘크리트의 운반기구 중 재료분리가 적고, 연속적으로 칠 수 있어 터널, 댐, 항만 등의 공사에 널리 쓰이는 기계 기구는?

① 덤프트럭
② 슈트
③ 버킷
④ 콘크리트 펌프

해설
① 덤프트럭 : 슬럼프값이 50mm 이하의 콘크리트를 10km 이하 거리 또는 1시간 이내 운반 가능한 경우에 사용한다.
② 슈트 : 콘크리트를 높은 곳에서 낮은 곳으로 미끄러져 내려갈 수 있게 만든 홈통이나 관 모양의 것을 말한다.
③ 버킷 : 믹서에서 나온 콘크리트를 즉시 현장에 운반하는 용기로, 기중기 등에 매달아 사용한다.

31 다음 중 콘크리트 다짐기계의 종류가 아닌 것은?

① 표면 진동기
② 거푸집 진동기
③ 내부 진동기
④ 콘크리트 플레이서

해설
콘크리트 플레이서는 수송관 속의 콘크리트를 압축공기에 의해 압송하는 것으로서, 터널 등의 좁은 곳에 콘크리트를 운반하는 데에 편리한 기계이다.
진동기의 종류
- 내부 진동기 : 일반적으로 된 반죽의 콘크리트를 다질 때 가장 많이 사용된다.
- 거푸집 진동기 : 거푸집의 외부에 진동을 주어 내부 콘크리트를 다지는 기계로서, 터널의 둘레 콘크리트나 높은 벽 등에 사용된다.
- 표면 진동기 : 비교적 두께가 얇고, 넓은 콘크리트의 표면에 진동을 주어 고르게 다지는 기계로서, 주로 도로 포장, 활주로 포장 등의 표면 다지기에 사용된다.

32 콘크리트를 비비는 시간은 시험에 의해 정하는 것을 원칙으로 하나 시험을 실시하지 않는 경우 가경식 믹서에서 비비기 시간은 최소 얼마 이상을 표준으로 하는가?

① 1분 30초
② 2분
③ 3분
④ 3분 30초

해설
가경식 믹서는 1분 30초 이상, 강제식 믹서는 1분 이상을 표준 비비기 시간으로 한다.

33 경사 슈트를 사용하여 콘크리트를 타설할 경우 슈트의 경사로서 가장 적당한 것은?

① 수평 1에 대하여 연직 1 정도
② 수평 2에 대하여 연직 1 정도
③ 수평 1에 대하여 연직 2 정도
④ 수평 1에 대하여 연직 3 정도

해설
경사 슈트를 사용할 경우 슈트의 경사는 콘크리트가 재료분리를 일으키지 않아야 하며, 일반적으로 경사는 수평 2에 대하여 연직 1 정도가 적당하다.

34 다음에서 설명하는 레디믹스트 콘크리트의 종류는?

> 공장에 있는 고정 믹서에서 완전히 비빈 콘크리트를 애지테이터 트럭 또는 트럭믹서로 운반하는 방법

① 슈링크 믹스트 콘크리트
② 트랜싯 믹스트 콘크리트
③ 센트럴 믹스트 콘크리트
④ 드라이 배칭 콘크리트

해설
레디믹스트 콘크리트의 운반방식에 따른 분류
- 센트럴 믹스트 콘크리트 : 공장에 있는 고정 믹서에서 완전히 비빈 콘크리트를 애지테이터 트럭 등으로 운반하는 방식으로 근거리 운반에 사용된다.
- 슈링크 믹스트 콘크리트 : 공장에 있는 고정 믹서에서 어느 정도 콘크리트를 비빈 다음, 현장으로 가면서 완전히 비비는 방식으로 중거리 운반에 사용된다.
- 트랜싯 믹스트 콘크리트 : 플랜트에 고정 믹서가 없고 각 재료의 계량장치만 설치하여 계량된 각 재료를 트럭믹서 속에 투입하여 운반 중에 소요 수량을 가해 완전히 비벼진 콘크리트를 만들어 공급하는 방식으로 장거리 수송에 사용된다.

35 용량이 1m³의 강제혼합식 콘크리트 플랜트의 1시간당 작업량은 얼마인가?(단, 작업효율 E = 0.45, 사이클타임 C_m = 1.5분이다)

① 18m³/h   ② 20m³/h
③ 22m³/h   ④ 25m³/h

해설
콘크리트 플랜트의 작업량
$$Q = \frac{60qE}{C_m} = \frac{60 \times 1 \times 0.45}{1.5}$$
$$= 18\text{m}^3/\text{h}$$
여기서, q : 적재량
　　　　E : 효율
　　　　C_m : 사이클 타임

36 특정한 입도를 가진 굵은 골재를 거푸집에 채워 넣고, 그 공극 속에 특수한 모르타르를 적당한 압력으로 주입하여 제조한 콘크리트를 무엇이라 하는가?

① 프리스트레스트 콘크리트
② 숏크리트
③ 트레미 콘크리트
④ 프리플레이스트 콘크리트

해설
① 프리스트레스트 콘크리트 : 외력에 의하여 일어나는 응력을 소정의 한도까지 상쇄할 수 있도록 미리 인위적으로 그 응력의 분포와 크기를 정하여 내력을 준 콘크리트이다.
② 숏크리트 : 모르타르 또는 콘크리트를 압축공기를 이용해 고압으로 분사하여 만드는 콘크리트이며 비탈면의 보호, 교량의 보수, 터널공사 등에 쓰인다.
③ 트레미 콘크리트 : 윗부분에 깔때기 모양의 수구가 있고 물이 새지 않도록 밀봉된 관으로 타설하는 콘크리트이며 물속에서 작업을 할 때 쓰인다.

정답 33 ② 34 ③ 35 ① 36 ④

37 콘크리트는 신속하게 운반하여 즉시 치고 충분히 다져야 하는데, 비비기로부터 치기가 끝날 때까지 몇 시간을 넘어서는 안 되는가?(단, 외기온도가 25℃ 미만일 때)

① 30분
② 1시간
③ 2시간
④ 4시간

해설
비비기로부터 타설이 끝날 때까지의 시간
• 외기온도가 25℃ 이상일 때 : 1.5시간 이내
• 외기온도가 25℃ 미만일 때 : 2시간 이내

38 벨트 컨베이어를 사용하여 콘크리트를 운반할 때 벨트 컨베이어의 끝부분에 조절판 및 깔때기를 설치하여야 하는 이유로 가장 적당한 것은?

① 콘크리트의 건조를 피하기 위하여
② 콘크리트의 반죽질기가 변화하지 않도록 하기 위하여
③ 콘크리트의 재료분리를 방지하기 위하여
④ 운반시간을 줄이기 위하여

해설
벨트 컨베이어를 사용할 경우 콘크리트의 품질을 해치지 않도록 벨트 컨베이어를 적당한 위치에 배치하고, 또 벨트 컨베이어의 끝부분에 조절판 및 깔때기를 설치해서 재료분리를 방지하여야 한다.

39 콘크리트의 습윤 양생방법의 종류가 아닌 것은?

① 수중 양생
② 습포 양생
③ 습사 양생
④ 촉진 양생

해설
촉진 양생은 콘크리트의 경화나 강도 발현을 촉진하기 위해 실시하는 양생방법이다.
양생의 종류
• 습윤 양생 : 수중 양생, 습포 양생, 습사 양생, 피막 양생(막양생), 피복 양생
• 촉진 양생 : 증기 양생, 고온고압(오토클레이브) 양생, 전기 양생, 적외선 양생, 고주파 양생

40 콘크리트 표면을 물에 적신 가마니, 마포 등으로 덮는 양생방법은?

① 증기 양생
② 오토클레이브 양생
③ 피막 양생
④ 습윤 양생

해설
① 증기 양생 : 고온의 증기로 시멘트의 수화반응을 촉진시켜 조기 강도를 얻기 위한 양생방법이다.
② 오토클레이브 양생 : 일명 고온고압 양생이라고 하며 증기압 7~15기압, 온도 180℃ 정도의 고온·고압의 증기솥 속에서 양생하는 방법이다.
③ 피막 양생(막양생) : 일반적으로 가마니, 마포 등을 적시거나 살수하는 등의 습윤 양생이 곤란한 경우에 사용하는 것으로 콘크리트의 막을 만드는 양생제를 살포하여 증발을 막는 양생방법이다.

41 시방 배합에서 단위 잔골재량이 720kg/m³이다. 현장 골재의 시험에서 표면수량이 1%라면 현장 배합으로 보정된 잔골재량은?

① 727.2kg/m³   ② 712.8kg/m³
③ 702.4kg/m³   ④ 693.1kg/m³

해설
표면수에 의한 조정 = 720 × 0.01 = 7.2kg
∴ 보정된 잔골재량 = 720 + 7.2 = 727.2kg/m³

42 골재의 안정성 시험용 황산소듐 포화용액을 만들 때 25~30℃의 깨끗한 물 1L에 황산소듐(Na_2SO_4)을 얼마나 넣는가?

① 1,000g   ② 500g
③ 250g   ④ 150g

해설
25~30℃의 깨끗한 물 1L에 황산소듐(Na_2SO_4)을 약 250g 또는 황산소듐(결정)($Na_2SO_4 \cdot 10H_2O$)을 약 750g의 비율로 가하여 잘 저어 섞으면서 녹이고 약 20℃가 될 때까지 식힌다.

43 콘크리트 휨강도 시험을 위한 공시체를 제작할 때 콘크리트 다짐 횟수로 옳은 것은?(단, 몰드의 규격은 15 × 15 × 53cm이다)

① 25회   ② 60회
③ 70회   ④ 80회

해설
콘크리트 휨강도 시험용 공시체를 제작할 때 콘크리트는 몰드에 2층으로 나누어 채우고 각 층은 적어도 1,000mm²에 1회의 비율로 다짐을 한다.
몰드의 단면적 = 150 × 530
 = 79,500mm²
∴ 다짐 횟수 = 79,500 ÷ 1,000
 = 79.5(약 80회)

44 굳지 않은 콘크리트의 공기량에 영향을 끼치는 요소에 대한 설명으로 옳지 않은 것은?

① AE제의 사용량이 많아지면 공기량도 증가한다.
② 분말도가 높을수록 공기량은 감소한다.
③ 단위 시멘트양이 많을수록 공기량은 감소한다.
④ 콘크리트의 온도가 높을수록 공기량은 증가한다.

해설
콘크리트의 온도가 높을수록 공기량은 감소한다.

45 굳지 않은 콘크리트의 공기량을 구하는 식으로 옳은 것은?(단, A : 콘크리트의 공기량(%), G : 골재의 수정계수(%), A_1 : 콘크리트의 겉보기 공기량(%))

① $A = G - A_1$
② $A = A_1 - G$
③ $A = 1/2(A_1 - G)$
④ $A = 2A_1 G$

해설
콘크리트의 공기량(A)
$A = A_1 - G$
여기서, A_1 : 콘크리트의 겉보기 공기량(%)
 G : 골재의 수정계수(%)

정답 41 ① 42 ③ 43 ④ 44 ④ 45 ②

46 슬럼프 시험에서 슬럼프 콘을 벗기는 작업시간은 몇 초 정도로 끝내는가?

① 2~3분 ② 1~2분
③ 20~30초 ④ 2~5초

해설
슬럼프 시험에서 슬럼프 콘을 벗기는 작업시간은 2~5초로 한다.

47 콘크리트의 휨강도 시험에서 공시체가 지간 방향 중심선의 4점 사이에서 파괴되었을 때의 휨강도를 구하는 공식으로 옳은 것은?(단, P : 시험기에 나타난 최대 하중(N), l : 지간 길이(mm), b : 파괴 단면의 너비(mm), h : 파괴 단면의 높이(mm))

① $\dfrac{Pl}{bh^2}$ ② $\dfrac{Pl}{2bh^2}$
③ $\dfrac{2Pl}{3bh^2}$ ④ $\dfrac{3Pl}{2bh^2}$

48 콘크리트용 모래에 포함되어 있는 유기불순물 시험에 사용하는 식별용 표준색 용액의 제조방법으로 옳은 것은?

① 10%의 수산화나트륨 용액으로 2% 탄닌산 용액을 만들고, 그 2.5mL를 3%의 알코올 용액 97.5mL에 가하여 유리병에 넣어 마개를 닫고 잘 흔든다.
② 10%의 알코올 용액으로 2% 탄닌산 용액을 만들고, 그 2.5mL를 3%의 수산화나트륨 용액 97.5mL에 가하여 유리병에 넣어 마개를 닫고 잘 흔든다.
③ 3%의 알코올 용액으로 10% 탄닌산 용액을 만들고, 그 2.5mL를 2%의 황산나트륨 용액 97.5mL에 가하여 유리병에 넣어 마개를 닫고 잘 흔든다.
④ 3%의 황산화나트륨 용액으로 10% 탄닌산 용액을 만들고, 그 2.5mL를 2%의 알코올 용액 97.5mL에 가하여 유리병에 넣어 마개를 닫고 잘 흔든다.

49 콘크리트 원주 시험체를 할렬시켜 인장강도를 구하고자 할 때 시험용 공시체의 지름은 굵은 골재 최대 치수의 최소 몇 배 이상이어야 하는가?

① 4/3배 ② 3배
③ 4배 ④ 5배

해설
시험용 공시체의 지름은 굵은 골재 최대 치수의 4배 이상이어야 한다.

50 콘크리트의 블리딩 시험에 대한 설명으로 틀린 것은?

① 시험하는 동안 30±3℃의 온도를 유지한다.
② 콘크리트를 용기에 3층으로 넣고, 각 층을 다짐대로 25번씩 다진다.
③ 용기에 채워 넣을 때 콘크리트의 표면이 용기의 가장자리에서 3±0.3cm 낮아지도록 고른다.
④ 콘크리트의 재료분리 정도를 알기 위한 시험이다.

해설
블리딩 시험 중에는 실온 20±3℃로 한다.

51 콘크리트 인장강도 시험방법의 표준이 되고 있는 방법은 무엇인가?

① 직접 인장강도 시험방법
② 쪼갬 인장강도 시험방법
③ 휨강도 시험방법
④ 삼축 인장 시험방법

해설
쪼갬 인장강도 시험 : 일종의 간접 시험방법으로 공사현장에서 간단하게 측정할 수 있으며, 비교적 오차도 적은 편이다.

52 블리딩(bleeding) 시험에서 물을 피펫으로 뽑아내는 방법은 처음 60분 동안 몇 분 간격으로 표면의 물을 빨아내는가?

① 10분
② 20분
③ 30분
④ 40분

해설
블리딩 시험 : 최초로 기록한 시각에서부터 60분 동안 10분마다 콘크리트 표면에서 스며 나온 물을 빨아낸다. 그 후는 블리딩이 정지할 때까지 30분마다 물을 빨아낸다.

53 콘크리트 슬럼프 시험에서 슬럼프값은 얼마의 정밀도로 측정하는가?

① 0.5cm
② 0.1cm
③ 1cm
④ 0.05cm

해설
슬럼프는 5mm 단위로 표시한다.

54 콘크리트의 압축강도 시험 시 공시체의 함수 상태는 어떤 상태로 해야 하는가?

① 노건조 상태
② 공기 중 건조 상태
③ 표면건조 포화 상태
④ 습윤 상태

해설
공시체는 몰드 제거 후 강도 시험을 할 때까지 습윤 상태에서 양생을 실시한다.

55 콘크리트의 강도 시험을 위한 공시체 몰드를 떼는 시기에 대한 설명으로 가장 적합한 것은?

① 콘크리트 채우기가 끝나고 나서 2시간 이상 4시간 이내 몰드를 제거한다.
② 콘크리트 채우기가 끝나고 나서 4시간 이상 16시간 이내 몰드를 제거한다.
③ 콘크리트 채우기가 끝나고 나서 16시간 이상 3일 이내 몰드를 제거한다.
④ 콘크리트 채우기가 끝나고 나서 25일 이상 28일 이내 몰드를 제거한다.

해설
몰드 제거 시기는 콘크리트를 채운 직후 16시간 이상 3일 이내로 한다. 이때 충격, 진동, 수분의 증발을 방지해야 한다.

[정답] 51 ② 52 ① 53 ① 54 ④ 55 ③

56 시방 배합으로 잔골재 600kg/m³, 굵은 골재 1,250kg/m³일 때 현장 배합으로 고친 잔골재량은?(단, 5mm 체에 남는 잔골재량 3%, 5mm 체를 통과하는 굵은 골재량 2%이며 표면수량에 대한 조정은 무시한다)

① 593kg/m³　② 600kg/m³
③ 607kg/m³　④ 627kg/m³

해설

현장 배합 잔골재량 $= \dfrac{100S - b(S+G)}{100 - (a+b)}$

$= \dfrac{100 \times 600 - 2(600 + 1,250)}{100 - (3+2)}$

$= \dfrac{56,300}{95}$

$≒ 592.63 \text{kg/m}^3$

여기서, S : 시방 배합의 잔골재량(kg)
　　　　G : 시방 배합의 굵은 골재량(kg)
　　　　a : 잔골재 속 5mm 체에 남는 양(%)
　　　　b : 굵은 골재 속 5mm 체를 통과하는 양(%)

57 다음 중 워커빌리티(workability)를 판정하는 시험방법은?

① 압축강도 시험
② 슬럼프 시험
③ 블리딩 시험
④ 단위 무게 시험

해설
① 굳은 콘크리트의 파괴 시험방법이다.
③ 굳지 않은 콘크리트의 분리저항성 시험방법이다.
④ 굳지 않은 콘크리트의 단위 용적질량 시험방법이다.

58 잔골재의 밀도 및 흡수율 시험에 사용되는 시험 기구가 아닌 것은?

① 플라스크　② 원뿔형 몰드
③ 저울　　　④ 원심분리기

해설
잔골재의 밀도 및 흡수율 시험에 사용되는 시험 기구 : 시료 분취기, 저울, 플라스크(500mL), 원뿔형 몰드, 다짐봉, 건조기, 항온 수조, 피펫

59 콘크리트 압축강도 시험에서 원주형 공시체(ϕ150mm×300mm)의 파괴하중(최대 하중)이 530kN이었다면 압축강도는 약 얼마인가?

① 11.7MPa　② 20.0MPa
③ 30.0MPa　④ 47.0MPa

해설

압축강도(f) $= \dfrac{P}{A} = \dfrac{530,000}{\dfrac{\pi \times 150^2}{4}} = \dfrac{530,000}{17,671.5}$

$≒ 30.0 \text{MPa}$

여기서, P : 파괴될 때 최대 하중(N)
　　　　A : 시험체의 단면적(mm²)

60 콘크리트 배합설계 순서 중 가장 마지막에 하는 작업은?

① 굵은 골재의 최대 치수 결정
② 물-시멘트비 결정
③ 골재량 산정
④ 시방 배합을 현장 배합으로 수정

해설
콘크리트 배합설계 절차
배합강도의 결정 → 물-시멘트비 설정 → 굵은 골재 최대 치수, 슬럼프, 공기량 결정 → 단위 수량 결정 → 단위 시멘트양 결정 → 단위 잔골재량 결정 → 단위 굵은 골재량 결정 → 혼화재료량의 결정 → 배합표 작성(시방 배합) → 현장 배합

56 ①　57 ②　58 ④　59 ③　60 ④

2019년 제3회 과년도 기출복원문제

01 시멘트가 풍화하면 나타나는 현상에 대한 설명으로 틀린 것은?

① 비중이 작아진다.
② 응결이 늦어진다.
③ 강도가 늦게 나타난다.
④ 강열감량이 작아진다.

해설
풍화된 시멘트는 강열감량이 증가하며, 비중과 강도가 저하된다.

02 부순 골재에 대한 설명 중 옳은 것은?

① 부순 잔골재의 석분은 콘크리트 경화 및 내구성에 도움이 된다.
② 부순 굵은 골재는 시멘트풀과의 부착이 좋다.
③ 부순 굵은 골재는 콘크리트 비빌 때 소요 단위수량이 적어진다.
④ 부순 굵은 골재를 사용한 콘크리트는 수밀성은 향상되나 휨강도는 감소된다.

해설
① 부순 잔골재의 석분은 콘크리트 경화 및 내구성에 도움이 되지 않는다.
③ 부순 굵은 골재는 콘크리트 비빌 때 소요 단위 수량이 많아진다.
④ 강자갈을 사용한 콘크리트와 비교하여 수밀성이 약간 저하된다.

03 포졸란의 종류에 해당하지 않는 것은?

① 규조토   ② 규산백토
③ 고로 슬래그   ④ 포졸리스

해설
포졸란의 종류
• 천연산 : 화산회(화산재), 규조토, 규산백토 등
• 인공산 : 플라이애시, 고로 슬래그, 실리카 퓸, 실리카 겔, 소성점토, 혈암

04 콘크리트용으로 적합한 잔골재의 조립률은?

① 1.3~2.1   ② 2.3~3.1
③ 3.3~4.1   ④ 4.3~5.1

해설
골재의 조립률(FM)
• 잔골재 : 2.3~3.1
• 굵은 골재 : 6~8

05 빈틈률이 작은 골재를 사용할 때의 콘크리트 성질에 대한 설명으로 틀린 것은?

① 시멘트풀의 양이 적게 든다.
② 건조수축이 커진다.
③ 콘크리트의 강도가 커진다.
④ 콘크리트의 내구성이 커진다.

해설
건조수축이 작아진다.

정답 1 ④ 2 ② 3 ④ 4 ② 5 ②

06 콘크리트에 유해물이 들어 있으면 콘크리트의 강도, 내구성, 안정성 등이 나빠지는데 특히, 철근 콘크리트나 프리스트레스트 콘크리트 속의 강재를 녹슬게 하는 유해물은?

① 실트
② 점토
③ 연한 석편
④ 염화물

해설
염화물(Chloride)
해수에는 NaCl 등의 염화물이 다량 존재한다. 해수는 강재를 부식시킬 우려가 있으므로 철근 콘크리트, 프리스트레스트 콘크리트, 강콘크리트 합성구조 및 철근이 배치된 무근 콘크리트에서는 혼합수로서 사용할 수 없다.

07 조립률 3.0의 모래와 7.0의 자갈을 중량비 1 : 4로 혼합할 때의 조립률을 구하면?

① 3.2
② 4.2
③ 5.2
④ 6.2

해설
혼합 골재의 조립률 $= \dfrac{3.0 \times 1 + 7.0 \times 4}{1+4}$
$= 6.2$

08 프리플레이스트 콘크리트에 사용하는 굵은 골재의 최소 치수는 얼마 이상으로 하는가?

① 5mm
② 8mm
③ 10mm
④ 15mm

해설
프리플레이스트 콘크리트 골재의 치수
굵은 골재의 최소 치수는 15mm 이상, 굵은 골재의 최대 치수는 부재 단면 최소 치수의 1/4 이하로 해야 하며 일반적으로 굵은 골재의 최대 치수는 최소 치수의 2~4배 정도로 한다.

09 다음 혼화재료 중 콘크리트의 워커빌리티를 개선하는 효과가 없는 것은?

① 응결·경화촉진제
② AE제
③ 플라이애시
④ 유동화제

해설
응결·경화촉진제는 한중 콘크리트에 있어서 동결이 시작되기 전에 미리 동결에 저항하기 위한 강도를 조기에 얻기 위한 용도로 많이 사용된다.

10 골재알이 절대건조 상태에서 표면건조 포화 상태로 되기까지 흡수한 물의 양은?

① 흡수량
② 유효 흡수량
③ 표면수량
④ 함수량

해설
절건 상태 — 기건 상태(평형) — 표건 상태 — 습윤 상태
기건 흡수량 + 유효 흡수량 = 흡수량
표면수량
함수량

11 콘크리트용 골재로서 요구되는 성질이 아닌 것은?

① 골재의 낱알의 크기가 균등하게 분포할 것
② 필요한 무게를 가질 것
③ 단단하고 치밀할 것
④ 알의 모양은 둥글거나 입방체에 가까울 것

해설
골재의 입자가 크고 작은 것이 골고루 섞여 있는 것이 좋다.

12 AE제에 대한 설명으로 옳은 것은?

① 콘크리트의 워커빌리티가 개선되고 단위 수량을 줄일 수 있다.
② AE제에 의한 연행 공기는 지름이 0.5mm 이상이 대부분이며 골고루 분산된다.
③ 동결융해의 기상작용에 대한 저항성이 적어진다.
④ 기포분산의 효과로 인해 블리딩을 증가시키는 단점이 있다.

해설
② AE제에 의한 연행 공기는 지름이 0.025~0.25mm 이상이 대부분이며 골고루 분산된다.
③ 동결융해의 기상작용에 대한 저항성을 증대시킨다.
④ 기포분산의 효과로 인해 블리딩을 감소시킨다.

13 시멘트의 종류 중 특수 시멘트에 속하는 것은?

① 저열 포틀랜드 시멘트
② 백색 포틀랜드 시멘트
③ 알루미나 시멘트
④ 플라이애시 시멘트

해설
시멘트의 종류
• 포틀랜드 시멘트 : 보통 포틀랜드 시멘트, 중용열 포틀랜드 시멘트, 조강 포틀랜드 시멘트, 저열 포틀랜드 시멘트, 내황산염 포틀랜드 시멘트, 백색 포틀랜드 시멘트
• 혼합 시멘트 : 고로 슬래그 시멘트, 플라이애시 시멘트, 실리카(포졸란) 시멘트
• 특수 시멘트 : 알루미나 시멘트, 초속경 시멘트, 팽창 시멘트

14 시멘트의 입자를 분산시켜 콘크리트의 단위 수량을 감소시키는 혼화제는?

① AE제   ② 지연제
③ 촉진제   ④ 감수제

해설
① AE제 : 콘크리트 속에 작고 많은 독립된 기포를 고르게 생기게 하기 위하여 사용하는 혼화제이다.
② 지연제 : 시멘트의 응결시간을 늦추기 위하여 사용하는 혼화제이다.
③ 촉진제 : 시멘트의 수화작용을 빠르게 하는 혼화제이다.

15 다음의 혼화재료 중에서 사용량이 소량으로서 배합 계산에서 그 양을 무시할 수 있는 것은?

① AE제
② 팽창제
③ 플라이애시
④ 고로 슬래그 미분말

해설
혼화재료의 종류
• 혼화재
 - 사용량이 시멘트 질량의 5% 정도 이상이 되어 그 자체의 부피가 콘크리트의 배합계산에 관계가 되는 것
 - 포졸란, 플라이애시, 고로 슬래그, 팽창제, 실리카 퓸 등
• 혼화제
 - 사용량이 시멘트 질량의 1% 정도 이하의 것으로 콘크리트의 배합계산에서 무시되는 것
 - AE제, 경화촉진제, 감수제, 지연제, 기포제, 방수제 등

정답 11 ① 12 ① 13 ③ 14 ④ 15 ①

16 굵은 골재의 유해물 함유량의 한도 중 점토 덩어리는 질량 백분율로 얼마 이하인가?

① 0.25% ② 0.5%
③ 1.0% ④ 5.0%

해설
굵은 골재의 유해물 함유량 한도

종류		천연 굵은 골재(%)
점토 덩어리		0.25*
연한 석편		5.0*
0.08mm 체 통과량		1.0
석탄, 갈탄 등으로 밀도 2.0g/cm³의 액체에 뜨는 것	콘크리트의 외관이 중요한 경우	0.5
	기타의 경우	1.0

(*) 점토 덩어리와 연한 석편의 합이 5%를 넘으면 안 된다.

17 플라이애시 시멘트에 관한 설명 중 옳지 않은 것은?

① 플라이애시를 시멘트 클링커에 혼합하여 분쇄한 것이다.
② 수화열이 적고 장기강도는 작으나 조기강도는 커진다.
③ 워커빌리티가 좋고 수밀성이 크다.
④ 단위 수량을 감소시킬 수 있어 댐공사에 많이 이용된다.

해설
수화열이 적고 조기강도는 작으나 장기강도는 커진다.

18 시멘트의 응결에 관한 설명 중 옳지 않은 것은?

① 습도가 낮으면 응결이 빨라진다.
② 풍화되었을 경우 응결이 빨라진다.
③ 온도가 높을수록 응결이 빨라진다.
④ 분말도가 높으면 응결이 빨라진다.

해설
풍화된 시멘트는 응결 및 경화가 늦어진다.

19 골재의 저장방법에 대한 설명으로 틀린 것은?

① 잔골재, 굵은 골재 및 종류와 입도가 다른 골재는 서로 섞어 균질한 골재가 되도록 하여 저장한다.
② 먼지나 잡물 등이 섞이지 않도록 한다.
③ 골재의 저장설비에는 알맞은 배수시설을 한다.
④ 골재는 햇빛을 바로 쬐지 않도록 알맞은 시설을 갖추어야 한다.

해설
잔골재, 굵은 골재 및 종류와 입도가 다른 골재는 서로 분류하여 구분해서 저장한다.

20 다음 중 댐, 하천, 항만 등의 구조물에 사용하는 시멘트로 가장 적합한 것은?

① 조강 포틀랜드 시멘트
② 알루미나 시멘트
③ 초속경 시멘트
④ 고로 슬래그 시멘트

해설
고로 슬래그 시멘트
• 제철소의 용광로에서 선철을 만들 때 부산물로 얻은 슬래그를 포틀랜드 시멘트 클링커에 섞어서 만든 시멘트이다.
• 조기강도가 작으나 장기강도는 큰 편이며 주로 댐, 하천, 항만 등의 구조물에 쓰인다.
• 내화학성이 좋으므로 해수, 하수, 공장폐수 등에 접하는 콘크리트에 적합하다.

21 레디믹스트 콘크리트의 종류 중 센트럴 믹스트 콘크리트의 설명으로 옳은 것은?

① 공장에 있는 고정 믹서에서 완전히 비빈 콘크리트를 애지테이터 트럭 등으로 운반하는 방법이다.
② 콘크리트 플랜트에서 재료를 계량하여 트럭믹서에 싣고, 운반 중에 물을 넣어 비비는 방법이다.
③ 운반거리가 장거리이거나, 운반 시간이 긴 경우에 사용한다.
④ 공장에 있는 고정 믹서에서 어느 정도 콘크리트를 비빈 다음, 현장으로 가면서 완전히 비비는 방법이다.

해설
②·③ : 트랜싯 믹스트 콘크리트에 대한 설명이다.
④ : 슈링크 믹스트 콘크리트에 대한 설명이다.

22 거푸집과 동바리에 관한 설명 중 옳지 않은 것은?

① 연직 부재의 거푸집은 수평 부재의 거푸집보다 빨리 떼어 낸다.
② 보에서는 밑면 거푸집을 양 측면의 거푸집보다 먼저 떼어 낸다.
③ 거푸집을 시공할 때 거푸집 판의 안쪽에 박리제를 발라서 콘크리트가 거푸집에 붙는 것을 방지하도록 한다.
④ 거푸집 및 동바리는 콘크리트가 자중 및 시공 중에 가해지는 하중에 충분히 견딜 만한 강도를 가질 때까지 해체해서는 안 된다.

해설
보의 밑판의 거푸집은 보의 양 측면의 거푸집보다 나중에 떼어 낸다.

23 콘크리트의 배합에서 시방서 또는 책임기술자가 지시한 배합을 무엇이라 하는가?

① 현장 배합
② 시방 배합
③ 표면 배합
④ 책임 배합

해설
배합설계의 분류
• 시방 배합 : 표준시방서 또는 책임기술자가 지시한 배합이다.
• 현장 배합 : 현장에서 사용하는 골재의 함수 상태, 혼합률 등을 고려하여 시방 배합을 현장에서 실제로 사용하는 재료의 성질에 맞추어 고친 배합이다.

24 보통 포틀랜드 시멘트를 사용한 콘크리트의 습윤 양생기간은 최소 며칠 이상인가?(단, 일평균기온이 15℃ 이상인 경우)

① 5일 이상
② 10일 이상
③ 15일 이상
④ 20일 이상

해설
습윤 양생기간의 표준

일평균 기온	보통 포틀랜드 시멘트	고로 슬래그, 플라이애시 시멘트	조강 포틀랜드 시멘트
15℃ 이상	5일	7일	3일
10℃ 이상	7일	9일	4일
5℃ 이상	9일	12일	5일

정답 21 ① 22 ② 23 ② 24 ①

25 일반 수중 콘크리트 타설에 대한 설명으로 잘못된 것은?

① 수중 콘크리트는 정수 중에서 치면 가장 좋은데, 부득이한 경우 수중 물의 속도가 5cm/s 이내에 한하여 시공한다.
② 콘크리트는 수중에 낙하시켜서는 안 된다.
③ 수중 콘크리트의 타설에서 중요한 구조물의 경우는 밑열림 상자나 밑열림 포대를 사용하여 연속해서 타설하는 것을 원칙으로 한다.
④ 한 구획의 콘크리트 타설을 완료한 후 레이턴스를 모두 제거하고 다시 타설하여야 한다.

해설
수중 콘크리트를 시공할 때 시멘트가 물에 씻겨서 흘러나오지 않도록 트레미나 콘크리트 펌프를 사용해서 타설해야 하며, 부득이한 경우 및 소규모 공사의 경우 밑열림 상자나 밑열림 포대를 사용할 수 있다.

26 무더운 여름철 콘크리트 시공이나 운반거리가 먼 레디믹스트 콘크리트에 적합한 혼화제는?

① 촉진제 ② 방수제
③ 지연제 ④ 급결제

해설
① 촉진제 : 시멘트의 수화작용을 빠르게 하는 혼화제이다.
② 방수제 : 수밀성을 좋게 해주는 혼화제이다.
④ 급결제 : 시멘트의 응결을 상당히 빠르게 하기 위하여 사용하는 혼화제이다.

27 수송관 속의 콘크리트를 압축공기에 의해 압송하는 것으로서 콘크리트 펌프와 같이 터널 등의 좁은 곳에 콘크리트를 운반하는 데에 편한 콘크리트 운반기계는?

① 벨트 컨베이어
② 버킷
③ 콘크리트 플레이서
④ 슈트

해설
① 벨트 컨베이어 : 콘크리트를 연속적으로 운반하는 기계이다.
② 버킷 : 믹서에서 나온 콘크리트를 즉시 현장에 운반하는 용기로, 기중기 등에 매달아 사용한다.
④ 슈트 : 콘크리트를 높은 곳에서 낮은 곳으로 미끄러져 내려갈 수 있게 만든 홈통이나 관 모양의 것을 말한다.

28 콘크리트의 시방 배합을 현장 배합으로 수정할 때 필요한 사항이 아닌 것은?

① 시멘트 비중
② 골재의 표면수량
③ 잔골재의 5mm 체 잔류율
④ 굵은 골재의 5mm 체 통과율

해설
시방 배합을 현장 배합으로 고칠 경우에는 시멘트(시멘트, 단위 시멘트양, 시멘트 비중 등)의 단위량은 변하지 않는다.

29 일반 콘크리트를 펌프로 압송할 경우, 슬럼프값은 어느 범위가 가장 적당한가?

① 50~80mm ② 80~100mm
③ 100~180mm ④ 200~250mm

해설
보통 콘크리트를 펌프로 압송할 경우 굵은 골재의 최대 치수는 40mm 이하, 슬럼프는 100~180mm의 범위가 적절하다.

30 수밀 콘크리트의 물-시멘트비는 얼마 이하를 표준으로 하는가?

① 50% ② 55%
③ 60% ④ 65%

해설
수밀 콘크리트 : 콘크리트 자체의 밀도를 높이고, 내구적·방수적으로 만들어 우수의 침투를 방지할 수 있도록 만든 콘크리트로 물-시멘트비는 50% 이하로 한다.

31 콘크리트 비비기는 미리 정해 둔 비비기 시간의 최소 몇 배 이상 계속해서는 안 되는가?

① 2배 ② 3배
③ 4배 ④ 5배

해설
비비기는 미리 정해 둔 비비기 시간의 3배 이상 계속해서는 안 된다.

32 외기온도가 25℃ 미만일 때 일반 콘크리트의 비비기부터 치기가 끝날 때까지의 시간은 최대 얼마 이내로 해야 하는가?

① 1시간 ② 1시간 30분
③ 2시간 ④ 2시간 30분

해설
비비기로부터 타설이 끝날 때까지의 시간
• 외기온도가 25℃ 이상일 때 : 1.5시간 이내
• 외기온도가 25℃ 미만일 때 : 2시간 이내

33 콘크리트 타설 시 버킷, 호퍼 등의 배출구로부터 콘크리트의 타설면까지의 높이는 얼마 이내를 원칙으로 하는가?

① 1.0m 이내
② 1.5m 이내
③ 2.0m 이내
④ 2.5m 이내

해설
슈트, 펌프배관, 버킷, 호퍼 등의 배출구와 타설면까지의 높이는 1.5m 이하를 원칙으로 한다.

34 콘크리트의 비비기에서 가경식 믹서를 사용할 경우 비비기 시간은 믹서 안에 재료를 투입한 후 몇 초 이상을 표준으로 하는가?

① 30초 ② 60초
③ 90초 ④ 120초

해설
가경식 믹서는 1분 30초 이상, 강제식 믹서는 1분 이상을 표준 비비기 시간으로 한다.

정답 30 ① 31 ② 32 ③ 33 ② 34 ③

35 콘크리트 플랜트에서 콘크리트를 공급받아 비비면서 주행하는 레디믹스트 콘크리트 운반용 트럭은?

① 슈트
② 트럭믹서
③ 콘크리트 펌프
④ 콘크리트 플레이서

해설
② 트럭믹서 : 운반거리가 먼 경우나 슬럼프가 큰 콘크리트의 경우에 사용하는 애지테이터를 붙인 운반기계이다.
① 슈트 : 콘크리트를 높은 곳에서 낮은 곳으로 미끄러져 내려갈 수 있게 만든 홈통이나 관 모양의 것을 말한다.
③ 콘크리트 펌프 : 비빈 콘크리트를 수송관을 통해 압력으로 치기할 장소까지 연속적으로 보내는 기계이다.
④ 콘크리트 플레이서 : 수송관 속의 콘크리트를 압축공기에 의해 압송하는 것으로서, 터널 등의 좁은 곳에 콘크리트를 운반하는 데에 편리한 기계이다.

36 콘크리트 각 재료의 1회분에 대한 계량오차 중 골재의 허용오차로 옳은 것은?

① ±1%
② ±2%
③ ±3%
④ ±4%

해설
골재의 1회분에 대한 계량오차는 ±3%이다.

37 콘크리트 블리딩(bleeding)에 대한 설명 중 틀린 것은?

① 콘크리트 슬럼프가 크면 콘크리트 작업은 어려우나 블리딩은 감소된다.
② 일반적으로 단위 수량을 줄이고 AE제를 사용하면 블리딩은 감소된다.
③ 분말도가 높은 시멘트를 사용하면 블리딩은 감소된다.
④ 블리딩이 현저하면 상부의 콘크리트가 다공질로 되며 강도, 수밀성, 내구성 등이 감소된다.

해설
콘크리트 슬럼프가 크면 콘크리트 작업은 용이하지만 블리딩이 증가한다.

38 서중 콘크리트 시공 시 유의사항 중 틀린 것은?

① 콘크리트를 타설하기 전에는 지반, 거푸집 등 콘크리트로부터 물을 흡수할 우려가 있는 부분을 습윤 상태로 유지해야 한다.
② 거푸집, 철근 등이 직사광선을 받아서 고온이 될 우려가 있는 경우에는 살수, 덮개 등의 적절한 조치를 해야 한다.
③ 서중 콘크리트는 재료를 비빈 후 1.5시간 이내에 타설해야 한다.
④ 서중 콘크리트를 타설할 때의 온도는 40℃ 이하여야 한다.

해설
콘크리트를 타설할 때의 콘크리트 온도는 35℃ 이하이어야 한다.

39 미리 거푸집 안에 굵은 골재를 채우고 그 틈 사이에 특수 모르타르를 주입하는 콘크리트는?

① 진공 콘크리트
② 프리플레이스트 콘크리트
③ 레디믹스트 콘크리트
④ 프리스트레스트 콘크리트

해설
① 진공 콘크리트 : 콘크리트를 친 후 콘크리트의 표면에 진공 덮개를 덮고, 진공 펌프로 표면의 물과 공기를 빼내어 콘크리트에 대기압을 주어 만든 콘크리트이다.
③ 레디믹스트 콘크리트 : 콘크리트의 제조설비가 잘 된 공장에서 수요자가 지정한 배합의 콘크리트를 만들어서 현장까지 운반해주는 굳지 않은 콘크리트이다.
④ 프리스트레스트 콘크리트 : 외력에 의하여 일어나는 응력을 소정의 한도까지 상쇄할 수 있도록 미리 인위적으로 그 응력의 분포와 크기를 정하여 내력을 준 콘크리트이다.

40 한중 콘크리트 시공 시 콘크리트의 동결 온도를 낮추기 위해 사용하는 방법으로 가장 적합하지 않은 것은?

① 물을 가열하고 사용
② 잔골재를 가열하고 사용
③ 시멘트를 가열하고 사용
④ 굵은 골재를 가열하고 사용

해설
시멘트는 어떠한 경우라도 직접 가열할 수 없다. 재료를 가열할 경우 물 또는 골재를 가열하는 것으로 하며, 골재의 가열은 온도가 균등하고 건조되지 않는 방법을 적용하여야 한다.

41 워커빌리티(workability) 판정기준이 되는 반죽질기 측정 시험방법이 아닌 것은?

① 켈리볼 관입 시험
② 슬럼프 시험
③ 리몰딩 시험
④ 슈미트 해머 시험

해설
슈미트 해머 시험은 완성된 구조물의 콘크리트 강도를 알고자 할 때 쓰이는 비파괴 시험방법이다.

42 휨강도 시험용 4점 재하 장치를 사용하여 콘크리트의 휨강도를 측정하였다. 공시체 15×15×53cm를 사용하였으며 콘크리트가 25kN의 하중에 지간 방향 중심선의 4점에서 파괴되었을 때 휨강도는 얼마인가?(단, 지간의 길이는 450mm이다)

① 3.01MPa ② 3.33MPa
③ 3.65MPa ④ 3.97MPa

해설
휨강도(f_b) = $\dfrac{Pl}{bh^2}$

$= \dfrac{25,000 \times 450}{150 \times 150^2}$

$= 3.33$ MPa

여기서, P : 시험기가 나타내는 최대 하중(N)
l : 지간(mm)
b : 파괴 단면의 너비(mm)
h : 파괴 단면의 높이(mm)

43 콘크리트 배합설계에서 잔골재의 부피 290L, 굵은 골재의 부피 510L를 얻었다면 잔골재율은 약 얼마인가?

① 29% ② 36%
③ 57% ④ 64%

해설
잔골재율(%) = $\dfrac{\text{잔골재량}}{\text{잔골재량} + \text{굵은 골재량}} \times 100$

$= \dfrac{290}{290 + 510} \times 100$

$= 36.25\%$

44 콘크리트 인장강도에 대한 설명 중 틀린 것은?

① 인장강도는 압축강도의 1/30 정도이다.
② 인장강도는 보통 쪼갬 인장강도 시험방법을 표준으로 하고 있다.
③ 인장강도는 도로 포장이나 수로 등에 중요시된다.
④ 인장강도는 철근 콘크리트 휨부재 설계 시 무시한다.

해설
인장강도는 압축강도의 1/13~1/10 정도이다.

45 콘크리트 휨강도 시험에서 150×150×550mm인 시험체에 콘크리트를 1/2 정도 채운 후 다짐봉으로 몇 번 다지는가?

① 83번 ② 75번
③ 58번 ④ 43번

해설
콘크리트 휨강도 시험용 공시체를 제작할 때 콘크리트는 몰드에 2층으로 나누어 채우고 각 층은 적어도 1,000mm²에 1회의 비율로 다짐을 한다.
• 몰드의 단면적 = 150 × 550
  = 82,500mm²
• 다짐 횟수 = 82,500 ÷ 1,000
  = 82.5(약 83번)

46 콘크리트의 인장강도 시험에서 시험체의 평균 지름 d = 15cm, 평균 길이 l = 30cm, 최대 하중 P = 176kN일 때 인장강도의 값을 구하면?

① 2.45MPa ② 2.49MPa
③ 2.53MPa ④ 2.57MPa

해설
쪼갬 인장강도 $= \dfrac{2P}{\pi dl}$
$= \dfrac{2 \times 176,000}{\pi \times 150 \times 300}$
$\fallingdotseq 2.49\text{MPa}$
여기서, P : 최대 하중(N)
d : 공시체의 지름(mm)
l : 공시체의 길이(mm)

47 굳지 않은 콘크리트의 공기 함유량 시험방법으로 사용되지 않는 것은?

① 질량법 ② 건조법
③ 공기실 압력법 ④ 부피법

해설
공기량의 측정법
질량법(중량법, 무게법), 용적법(부피법), 공기실 압력법(주수법과 무주수법)이 있다.

48 콘크리트의 블리딩 시험에 사용하는 용기의 안지름과 안높이는 각각 몇 cm인가?

① 안지름 20cm, 안높이 25.5cm
② 안지름 25cm, 안높이 28.5cm
③ 안지름 30cm, 안높이 35.5cm
④ 안지름 25cm, 안높이 38.5cm

해설
블리딩 시험에 사용하는 용기는 안쪽 면을 기계 마무리한 금속제의 원통 모양의 것으로 하며, 수밀하고 견고한 것이어야 한다. 용기의 치수는 안지름 250mm, 안높이 285mm로 한다.

49 시멘트 비중 시험에서 광유 표면의 눈금을 읽을 때에 눈높이를 수평으로 하여 곡면(메니스커스)의 어디를 읽어야 하는가?

① 가장 윗면
② 중간면
③ 가장 밑면
④ 가장 윗면과 가장 밑면을 읽어 평균값을 취한다.

해설
광유 표면의 눈금을 읽을 때에는 곡면의 가장 밑면의 눈금을 읽도록 한다.

51 겉보기 공기량이 6.80%이고 골재의 수정계수가 1.20%일 때 콘크리트의 공기량은 얼마인가?

① 5.60% ② 4.40%
③ 3.20% ④ 2.0%

해설
콘크리트의 공기량(A)
$A = A_1 - G$
$= 6.80 - 1.20$
$= 5.60\%$
여기서, A_1 : 콘크리트의 겉보기 공기량(%)
G : 골재의 수정계수(%)

50 배합설계에서 물-시멘트비가 45%이고 단위 수량이 153kg/m³일 때 단위 시멘트양은 얼마인가?

① 254kg/m³
② 340kg/m³
③ 369kg/m³
④ 392kg/m³

해설
$\dfrac{W}{C} = 0.45$
$\therefore C = \dfrac{W}{0.45} = \dfrac{153}{0.45} = 340 \text{kg/m}^3$

52 콘크리트 표면에 떠올라서 가라앉은 미세한 물질을 무엇이라 하는가?

① 블리딩
② 레이턴스
③ 성형성
④ 워커빌리티

해설
레이턴스(laitance) : 콘크리트 타설 후 블리딩에 의해 부유물과 함께 내부의 미세한 입자가 부상하여 콘크리트의 표면에 형성되는 경화되지 않은 층을 말한다.

정답 49 ③ 50 ② 51 ① 52 ②

53 슬럼프 시험에서 매 층당 다지는 횟수는?

① 10회로 한다.
② 15회로 한다.
③ 20회로 한다.
④ 25회로 한다.

해설
시료는 슬럼프 콘의 높이를 3등분하여 3층으로 나누어 넣고 각 층을 25회 다진다.

54 콘크리트 압축강도 시험용 공시체를 캐핑하고자 한다. 이때 사용하는 시멘트풀의 물-시멘트비의 범위로 가장 적합한 것은?

① 20~23%
② 27~30%
③ 33~36%
④ 40~43%

해설
콘크리트 압축강도 시험용 공시체를 캐핑하기 위해서는 시멘트풀을 사용하며, 물-시멘트비 범위는 27~30%로 한다.

55 단위 용적질량이 1,690kg/cm³, 밀도가 2.60kg/cm³인 굵은 골재의 공극률은 얼마인가?

① 25%
② 30%
③ 35%
④ 40%

해설
공극률(%) = 100 - 실적률(%)
$= 100 - \left(\dfrac{\text{골재의 단위 용적질량}}{\text{골재의 절건 밀도}} \times 100 \right)$
$= 100 - \left(\dfrac{1.69}{2.60} \times 100 \right)$
$= 35\%$

56 골재의 안정성 시험을 실시하는 목적으로 가장 적합한 것은?

① 골재의 단위 중량을 구하기 위하여
② 골재의 입도를 구하기 위하여
③ 기상작용에 대한 내구성을 판단하기 위한 자료를 얻기 위하여
④ 염화물 함유량에 대한 자료를 얻기 위하여

해설
골재의 안정성 시험(KS F 2507)
• 안정성이란 시멘트가 굳는 도중에 체적팽창을 일으켜 균열이 생기거나 뒤틀림 등의 변형을 일으키는 성질을 말한다.
• 골재의 안정성 시험을 실시하는 목적은 기상작용에 대한 내구성을 판단하기 위한 자료를 얻기 위함이다.

53 ④ 54 ② 55 ③ 56 ③

57 최대 하중이 23,000N이고 직경이 15cm인 콘크리트 시험체의 압축강도는 얼마인가?

① 1.0MPa ② 1.16MPa
③ 1.30MPa ④ 1.58MPa

해설

압축강도$(f) = \dfrac{P}{A} = \dfrac{23,000}{\dfrac{\pi \times 150^2}{4}} = \dfrac{23,000}{17,671.5}$

$\fallingdotseq 1.30\text{MPa}$

여기서, P : 파괴될 때 최대 하중(N)
$\quad\quad\;\; A$: 시험체의 단면적(mm²)

58 단위 골재량의 절대 부피가 0.7m³이고 잔골재율이 35%일 때 단위 굵은 골재량은?(단, 굵은 골재의 밀도는 2.6g/cm³임)

① 1,183kg/m³
② 1,198kg/m³
③ 1,213kg/m³
④ 1,228kg/m³

해설

단위 굵은 골재량의 절대 부피(m³)
= 단위 골재량의 절대 부피 − 단위 잔골재량의 절대 부피
= 0.70 − (0.70 × 0.35)
= 0.455m³
∴ 단위 굵은 골재량(kg/m³)
  = 단위 굵은 골재의 절대 부피 × 굵은 골재의 밀도 × 1,000
  = 0.455 × 2.6 × 1,000
  = 1,183kg/m³

59 로스앤젤레스 시험기를 사용하는 골재의 시험법은 무엇인가?

① 마모 시험
② 안정성 시험
③ 밀도 시험
④ 단위 무게 시험

해설

로스앤젤레스 시험기는 철구를 사용하여 굵은 골재(부서진 돌, 깨진 광재, 자갈 등)의 마모에 대한 저항을 시험하는 데 사용한다.

60 다음은 콘크리트 배합설계에 대한 내용이다. 잘못 나타낸 것은?

① 물-시멘트비는 물과 시멘트의 질량비를 말한다.
② 콘크리트 1m³을 만드는 데 쓰이는 각 재료량을 단위량이라고 한다.
③ 배합강도는 콘크리트 배합을 정하는 경우에 목표로 하는 압축강도이다.
④ 잔골재율은 잔골재량의 전체 골재에 대한 질량비를 말한다.

해설

잔골재율은 콘크리트 내의 전체 골재량에 대한 잔골재량의 절대 용적비를 백분율로 나타낸 값이다.

잔골재율(%) = $\dfrac{\text{잔골재량}}{\text{잔골재량} + \text{굵은 골재량}} \times 100$

정답 57 ③ 58 ① 59 ① 60 ④

2020년 제1회 과년도 기출복원문제

01 굵은 골재의 최대 치수에 대한 설명으로 옳은 것은?

① 콘크리트에서 굵은 골재의 최대 치수가 크면 소요 단위 수량은 증가한다.
② 콘크리트에서 굵은 골재의 최대 치수가 크면 소요 단위 시멘트양은 증가한다.
③ 굵은 골재의 최대 치수가 크면 재료분리가 감소한다.
④ 굵은 골재의 최대 치수가 크면 시멘트풀의 양이 적어지므로 경제적이다.

해설
④ 굵은 골재의 치수가 클수록 시멘트와 모래의 비율이 줄어들기 때문에 시멘트의 양을 줄일 수 있으므로 경제적이다.
① 소요 단위 수량이 감소한다.
② 소요 단위 시멘트양이 감소한다.
③ 재료분리가 일어나기 쉬우며 시공이 어렵다.

02 시멘트의 응결시간에 대한 설명으로 옳은 것은?

① 일반적으로 물-시멘트비가 클수록 응결시간이 빨라진다.
② 풍화되었을 때에는 응결시간이 늦어진다.
③ 온도가 높으면 응결시간이 늦어진다.
④ 분말도가 크면 응결시간이 늦어진다.

해설
① 일반적으로 물-시멘트비가 클수록 응결시간이 늦어진다.
③ 온도가 높으면 응결시간이 빨라진다.
④ 분말도가 크면 응결이 빠르다.

03 AE 콘크리트의 특성에 대한 설명으로 틀린 것은?

① 워커빌리티(workability)가 좋아진다.
② 소요 단위 수량이 적어진다.
③ 재료분리가 줄어든다.
④ 공기량 1% 증가에 압축강도가 4~6% 정도 커진다.

해설
공기량 1% 증가에 압축강도가 4~6% 정도 감소한다.

04 시방 배합에서 잔골재와 굵은 골재를 구별하는 표준체는?

① 5mm 체
② 10mm 체
③ 2.5mm 체
④ 1.2mm 체

해설
골재의 종류
• 잔골재(모래) : 10mm 체를 전부 통과하고 5mm 체를 거의 다 통과하며 0.08mm 체에 거의 다 남는 골재
• 굵은 골재(자갈) : 5mm 체에 거의 다 남는 골재 또는 5mm 체에 다 남는 골재

1 ④ 2 ② 3 ④ 4 ① **정답**

05 다음의 혼화재료 중에서 사용량이 소량으로서 배합계산에서 그 양을 무시할 수 있는 것은?

① AE제
② 팽창제
③ 플라이애시
④ 고로 슬래그 미분말

해설

혼화재료의 종류
- 혼화재
  - 사용량이 시멘트 질량의 5% 정도 이상이 되어 그 자체의 부피가 콘크리트의 배합계산에 관계가 되는 것
  - 포졸란, 플라이애시, 고로 슬래그, 팽창제, 실리카 퓸 등
- 혼화제
  - 사용량이 시멘트 질량의 1% 정도 이하의 것으로 콘크리트의 배합계산에서 무시되는 것
  - AE제, 경화촉진제, 감수제, 지연제, 기포제, 방수제 등

06 무근 콘크리트 구조물의 부재 최소 치수가 160mm일 때 굵은 골재 최대 치수는 몇 mm 이하로 하여야 하는가?

① 25mm
② 40mm
③ 50mm
④ 100mm

해설

굵은 골재의 최대 치수

콘크리트의 종류		굵은 골재의 최대 치수(mm)
무근 콘크리트		40 (부재 최소 치수의 1/4 이하)
철근 콘크리트	일반적인 경우	20 또는 25
	단면이 큰 경우	40
포장 콘크리트		40 이하
댐콘크리트		150 이하

부재 최소 치수의 1/5 이하, 철근 순간격의 3/4 이하

07 고로 슬래그 시멘트에 관한 설명으로 옳은 것은?

① 보통 포틀랜드 시멘트에 비해 응결이 빠르다.
② 보통 포틀랜드 시멘트에 비해 발열량이 많아 균열발생이 크다.
③ 보통 포틀랜드 시멘트에 비해 해수 및 화학 작용에 대한 저항성이 크다.
④ 보통 포틀랜드 시멘트에 비해 조기강도가 크다.

해설

① 보통 포틀랜드 시멘트에 비해 응결시간이 느리다.
② 보통 포틀랜드 시멘트에 비해 발열량이 적어 균열의 발생이 적다.
④ 조기강도는 낮으나 장기강도가 크다.

08 중용열 포틀랜드 시멘트에 대한 설명으로 옳은 것은?

① 수화열을 크게 만든 것이다.
② 장기강도가 작다.
③ 한중 콘크리트에 적합하다.
④ 매스 콘크리트용으로 적합하다.

해설

① 수화열이 적다.
② 조기강도는 작으나 장기강도가 크다.
③ 한중 콘크리트에 적합한 것은 조강 포틀랜드 시멘트이다.

09 골재의 저장방법에 대한 설명으로 틀린 것은?

① 잔골재, 굵은 골재 및 종류와 입도가 다른 골재는 서로 섞어 균질한 골재가 되도록 하여 저장한다.
② 먼지나 잡물 등이 섞이지 않도록 한다.
③ 골재의 저장설비에는 알맞은 배수시설을 한다.
④ 골재는 햇빛을 바로 쬐지 않도록 알맞은 시설을 갖추어야 한다.

해설

잔골재, 굵은 골재 및 종류와 입도가 다른 골재는 서로 분류하여 구분해서 저장한다.

10 시멘트가 저장 중에 공기와 접촉하면 공기 중의 수분 및 이산화탄소를 흡수하여 가벼운 수화반응을 일으키게 되는데 이러한 현상을 무엇이라 하는가?

① 경화　② 풍화
③ 수축　④ 응결

해설
풍화(aeration) : 저장 중 공기에 노출되면 습기 및 탄산가스를 흡수하여 가벼운 수화반응을 일으키고 탄산화가 되면서 고체화하는 현상이다.

11 해중 공사 또는 한중 콘크리트 공사용 시멘트는?

① 고로 슬래그 시멘트
② 보통 포틀랜드 시멘트
③ 알루미나 시멘트
④ 백색 포틀랜드 시멘트

해설
① 고로 슬래그 시멘트 : 일반적으로 내화학성이 좋으므로 해수, 하수, 공장폐수 등에 접하는 콘크리트에 적합하다.
② 보통 포틀랜드 시멘트 : 일반적으로 쓰이는 시멘트에 해당하며 건축·토목공사에 사용된다.
④ 백색 포틀랜드 시멘트 : 주로 건축물의 미장, 장식용, 인조석 제조 등에 사용된다.

알루미나 시멘트
- 보크사이트와 석회석을 혼합하여 분말로 만든 시멘트이다.
- 재령 1일에 보통 포틀랜드 시멘트의 재령 28일에 해당하는 강도를 나타낸다.
- 조기강도가 커 긴급공사, 한중공사에 적합하다.
- 해수, 산, 염류, 등 작용에 대한 저항성이 커 해수공사에 사용된다.

12 혼화재 자체로는 수경성이 없으나 콘크리트 속에 녹아 있는 수산화칼슘과 상온에서 천천히 화합하여 불용성 물질을 만드는 것은?

① 팽창제　② 포졸란
③ 실리카 퓸　④ 촉진제

해설
① 팽창제 : 콘크리트가 굳어 가는 도중에 부피를 늘어나게 하여 콘크리트의 건조수축에 의한 균열을 막아준다.
③ 실리카 퓸 : 폐가스를 집진하여 얻어지는 부산물이며, 고강도 및 고내구성을 동시에 만족하는 콘크리트를 제조하는 데 사용된다.
④ 촉진제 : 한랭 시에 온난 시와 같은 경화속도를 갖게 할 목적으로 사용되는 혼화제이다.

13 포졸란(pozzolan)의 종류에 해당하지 않는 것은?

① 규조토　② 규산백토
③ 고로 슬래그　④ 포졸리스

해설
포졸란의 종류
- 천연산 : 화산회(화산재), 규조토, 규산백토 등
- 인공산 : 플라이애시, 고로 슬래그, 실리카 퓸, 실리카 겔, 소성 점토, 혈암

14 다음에서 설명하는 시멘트의 성질은?

- 포틀랜드 시멘트의 경우 KS에서 0.8% 이하로 규정하고 있다.
- 오토클레이브 팽창도 시험방법으로 측정한다.

① 비중　② 강도
③ 분말도　④ 안정성

해설
안정성이란 시멘트가 굳는 도중에 체적 팽창을 일으켜 균열이 생기거나 뒤틀림 등의 변형을 일으키는 성질을 말하며, 오토클레이브 팽창도 시험에 의해 알아볼 수 있다.

15 굵은 골재의 연한 석편 함유량의 한도는 최댓값을 몇 %(질량 백분율)로 규정하고 있는가?

① 3% ② 5%
③ 10% ④ 13%

해설
굵은 골재의 유해물 함유량 한도

종류		천연 굵은 골재(%)
점토 덩어리		0.25*
연한 석편		5.0*
0.08mm 체 통과량		1.0
석탄, 갈탄 등으로 밀도 2.0g/cm³의 액체에 뜨는 것	콘크리트의 외관이 중요한 경우	0.5
	기타의 경우	1.0

(*) 점토 덩어리와 연한 석편의 합이 5%를 넘으면 안 된다.

16 시멘트의 분말도에 대한 설명으로 틀린 것은?

① 시멘트의 분말도가 높으면 조기강도가 작아진다.
② 시멘트의 입자가 가늘수록 분말도가 높다.
③ 분말도란 시멘트 입자의 고운 정도를 나타낸다.
④ 분말도가 높으면 시멘트의 표면적이 커서 수화작용이 빠르다.

해설
시멘트의 분말도가 높으면 조기강도가 커진다.

17 다음 중 특수 시멘트에 속하는 것은?

① 백색 포틀랜드 시멘트
② 플라이애시 시멘트
③ 내황산염 프틀랜드 시멘트
④ 팽창 시멘트

해설
시멘트의 종류
- 포틀랜드 시멘트 : 보통 포틀랜드 시멘트, 중용열 포틀랜드 시멘트, 조강 포틀랜드 시멘트, 저열 포틀랜드 시멘트, 내황산염 포틀랜드 시멘트, 백색 포틀랜드 시멘트
- 혼합 시멘트 : 고로 슬래그 시멘트, 플라이애시 시멘트, 실리카(포졸란) 시멘트
- 특수 시멘트 : 알루미나 시멘트, 초속경 시멘트, 팽창 시멘트

18 운반거리가 먼 레미콘이나 무더운 여름철 콘크리트의 시공에 사용하는 혼화제는?

① 기포제   ② 지연제
③ 급결제   ④ 경화촉진제

해설
② 지연제 : 서중 콘크리트나 레디믹스트 콘크리트에서 운반거리가 먼 경우 또는 연속적으로 콘크리트를 칠 때 콜드 조인트가 생기지 않도록 할 경우 등에 사용되는 혼화제이다.
① 기포제 : 콘크리트 속에 많은 거품을 일으켜, 부재의 경량화나 단열성을 목적으로 사용하는 혼화제이다.
③ 급결제 : 시멘트의 응결을 상당히 빠르게 하기 위하여 사용하는 혼화제이다.
④ 경화촉진제 : 시멘트의 경화속도를 촉진시키는 혼화제이다.

19 골재에서 FM(Fineness Modulus)이란 무엇을 뜻하는가?

① 입도   ② 조립률
③ 잔골재율   ④ 골재의 단위량

해설
조립률(FM ; Finess Modulus) : 콘크리트에 사용되는 골재의 입도 정도를 표시하는 지표이다.

20 콘크리트에서 부순 돌을 굵은 골재로 사용했을 때의 설명으로 틀린 것은?

① 일반 골재를 사용한 콘크리트와 동일한 워커빌리티의 콘크리트를 얻기 위해 단위 수량이 많아진다.
② 일반 골재를 사용한 콘크리트와 동일한 워커빌리티의 콘크리트를 얻기 위해 잔골재율이 작아진다.
③ 일반 골재를 사용한 콘크리트보다 시멘트 페이스트와의 부착이 좋다.
④ 포장 콘크리트에 사용하면 좋다.

해설
부순 골재를 사용하면 워커빌리티가 나빠지므로 강자갈을 사용할 때보다 단위 수량 및 잔골재율이 증가한다.

21 콘크리트 타설에 대한 설명으로 틀린 것은?

① 한 구획 내의 콘크리트는 타설이 완료될 때까지 연속해서 타설해야 한다.
② 콘크리트는 그 표면이 한 구획 내에서는 거의 수평이 되도록 타설하는 것을 원칙으로 한다.
③ 콘크리트 타설의 1층 높이는 다짐능력을 고려하여 이를 결정하여야 한다.
④ 타설한 콘크리트는 그 수평을 맞추기 위하여 거푸집 안에서 횡방향으로 이동시키면서 작업하여야 한다.

해설
타설한 콘크리트를 거푸집 안에서 횡방향으로 이동시켜서는 안 된다.

22 슬래브 및 보의 밑면의 경우 콘크리트 압축강도가 몇 MPa 이상일 때 거푸집을 해체할 수 있는가?(단, 콘크리트의 설계기준강도는 21MPa이다)

① 7MPa 이상　② 14MPa 이상
③ 18MPa 이상　④ 21MPa 이상

해설
콘크리트의 압축강도를 시험할 경우 거푸집널의 해체 시기

부재		콘크리트 압축강도(f_{cu})
기초, 보, 기둥, 벽 등의 측면		5MPa 이상
슬래브 및 보의 밑면, 아치 내면	단층구조인 경우	설계기준 압축강도의 2/3배 이상 (단, 최소 강도 14MPa 이상)
	다층구조인 경우	설계기준 압축강도 이상(필러 동바리 구조를 이용할 경우는 구조 계산에 의해 기간을 단축할 수 있음. 단, 이 경우라도 최소 강도는 14MPa 이상으로 함)

23 일명 고온고압 양생이라고 하며, 증기압 7~15기압, 온도 180℃ 정도의 고온·고압으로 양생하는 방법은?

① 오토클레이브 양생
② 상압증기 양생
③ 전기 양생
④ 가압 양생

해설
오토클레이브 양생
고온·고압의 가마 속에 콘크리트를 넣어 콘크리트 치기가 끝난 다음 온도, 하중, 충격, 오손, 파손 따위의 유해한 영향을 받지 않도록 하는 촉진 양생방법이다.

정답　20 ②　21 ④　22 ②　23 ①

24 경사 슈트에 의해 콘크리트를 운반하는 경우 기울기는 연직 1에 대하여 수평을 얼마 정도로 하는 것이 좋은가?

① 1 ② 2
③ 3 ④ 4

해설
경사 슈트를 사용할 경우 슈트의 경사는 콘크리트가 재료분리를 일으키지 않아야 하며, 일반적으로 경사는 수평 2에 대하여 연직 1 정도가 적당하다.

25 콘크리트 다지기에 내부 진동기를 사용할 경우 삽입 간격은 일반적으로 얼마 이하로 하는 것이 좋은가?

① 0.5m 이하 ② 1m 이하
③ 1.5m 이하 ④ 2m 이하

해설
진동기 삽입 간격은 0.5m 이하로 한다.

26 프리플레이스트 콘크리트에 대한 설명으로 틀린 것은?

① 장기강도가 적다.
② 경화수축이 적다.
③ 수밀성이 크다.
④ 내구성이 크다.

해설
조기강도는 작지만, 장기강도는 보통 콘크리트보다 크다.

27 다음 중 특수 콘크리트에 대한 설명으로 옳은 것은?

① 일평균기온이 4℃ 이하에서 콘크리트를 사용하는 것을 서중 콘크리트라 한다.
② 압축공기에 의해 모르타르 또는 콘크리트를 뿜어 시공하는 것을 프리플레이스트 콘크리트라 한다.
③ 구조물의 치수가 커서 시멘트의 수화열에 대한 고려를 하여 시공하는 것을 매스 콘크리트라 한다.
④ 서중 콘크리트를 치고자 할 때는 조강 또는 초조강 포틀랜드 시멘트를 사용하면 좋다.

해설
① 한중 콘크리트에 대한 설명이다.
② 숏크리트에 대한 설명이다.
④ 서중 콘크리트를 치고자 할 때는 중용열 포틀랜드 시멘트나 혼합시멘트를 사용하면 좋다.
매스 콘크리트 : 부재의 치수가 커서 시멘트의 수화열로 인한 온도 상승 및 하강에 따른 콘크리트의 팽창과 수축을 고려하여 시공해야 하는 콘크리트이다.

28 콘크리트를 타설할 때 거푸집의 높이가 높을 경우, 펌프 배관의 배출구를 타설면 가까운 곳까지 내려서 콘크리트를 타설해야 한다. 그 이유로 가장 적합한 것은?

① 슬럼프의 감소를 막기 위해서
② 타설 시간을 단축하기 위해서
③ 재료분리를 막기 위해서
④ 양생을 쉽게 하기 위해서

해설
거푸집의 높이가 높을 경우 재료분리를 막기 위해 거푸집에 투입구를 설치하거나 연직 슈트 또는 펌프 배관의 배출구를 타설면 가까운 곳까지 내려서 콘크리트를 타설해야 한다.

정답 24 ② 25 ① 26 ① 27 ③ 28 ③

29 콘크리트의 비비기에 대한 설명으로 옳은 것은?

① 콘크리트 비비기는 오래하면 할수록 재료가 분리되지 않으며, 강도가 커진다.
② AE 콘크리트 비비기는 오래하면 할수록 공기량이 증가한다.
③ 비비기는 미리 정해둔 비비기 시간 이상 계속하면 안 된다.
④ 비비기 시간에 대한 시험을 실시하지 않은 경우 그 최소 시간은 가경식 믹서인 경우 1분 30초 이상을 표준으로 한다.

해설
④ 가경식 믹서는 1분 30초 이상, 강제식 믹서는 1분 이상을 표준 비비기 시간으로 한다.
① 비비기를 오래 하면 재료분리 가능성이 높아지고, 강도가 감소한다.
② 비비기를 오래 하면 공기량은 감소한다.
③ 비비기는 미리 정해둔 비비기 시간의 3배 이상 계속하지 않아야 한다.

30 수중 콘크리트를 타설할 때는 물을 정지시킨 정수 중에서 타설하는 것이 좋으나, 완전히 물막이를 할 수 없는 경우 최대 유속이 1초간 몇 cm 이하로 하여야 하는가?

① 5cm 이하
② 10cm 이하
③ 15cm 이하
④ 20cm 이하

해설
수중 콘크리트는 정수 중에서 치면 가장 좋은데, 부득이한 경우 수중 물의 속도가 5cm/s 이내에 한하여 시공한다.

31 다음 중 촉진 양생에 포함되지 않는 것은?

① 증기 양생
② 오토클레이브 양생
③ 막양생
④ 고주파 양생

해설
막양생(피막 양생)은 일반적으로 가마니, 마포 등을 적시거나 살수하는 등의 습윤 양생이 곤란한 경우에 사용하는 것으로 콘크리트의 막을 만드는 양생제를 살포하여 증발을 막는 양생방법이다.
촉진 양생
• 온도를 높게 하거나 압력을 가하거나 하여 콘크리트의 경화나 강도의 발현을 빠르게 하는 양생방법이다.
• 증기 양생, 고온고압(오토클레이브) 양생, 전기 양생, 온수 양생, 적외선 양생, 고주파 양생 등이 있다.

32 외기온도가 25℃ 미만인 경우 콘크리트 비비기에서부터 타설이 끝날 때까지의 시간은 원칙적으로 얼마 이내이어야 하는가?

① 30분
② 1시간
③ 1시간 30분
④ 2시간

해설
비비기로부터 타설이 끝날 때까지의 시간
• 외기온도가 25℃ 이상일 때 : 1.5시간 이내
• 외기온도가 25℃ 미만일 때 : 2시간 이내

33 한중 콘크리트의 시공에 관한 사항 중 옳지 않은 것은?

① 물, 골재, 시멘트를 가열하여 적당한 온도에서 비볐다.
② 가능한 한 단위 수량을 줄였다.
③ 타설할 때의 콘크리트 온도를 구조물의 단면치수, 기상조건 등을 고려하여 5~20℃의 범위에서 정하였다.
④ AE 콘크리트를 사용하여 시공하였다.

해설
시멘트는 어떠한 경우라도 직접 가열할 수 없다. 재료를 가열할 경우 물 또는 골재를 가열하는 것으로 하며, 골재의 가열은 온도가 균등하고 건조되지 않는 방법을 적용하여야 한다.

34 수송관을 통하여 입력으로 비빈 콘크리트를 치기할 장소까지 연속적으로 보내는 기계는?

① 콘크리트 펌프
② 트럭믹서
③ 콘크리트 슈트
④ 콘크리트 믹서

해설
① 콘크리트 펌프 : 콘크리트의 운반기구 중 재료분리가 적고, 연속적으로 칠 수 있어 터널, 댐, 항만 등의 공사에 널리 쓰이는 운반기계이다.
② 트럭믹서 : 운반거리가 먼 경우나 슬럼프가 큰 콘크리트의 경우에 사용하는 애지테이터를 붙인 운반기계이다.
③ 콘크리트 슈트 : 콘크리트를 높은 곳에서 낮은 곳으로 미끄러져 내려갈 수 있게 만든 홈통이나 관 모양의 것을 말한다.
④ 콘크리트 믹서 : 콘크리트 재료가 고르게 섞이도록 콘크리트를 비비는 장치이다.

35 콘크리트 펌프에 대한 설명 중 옳지 않은 것은?

① 압송조건은 관 내에 콘크리트가 막히는 일이 없도록 정해야 한다.
② 수송관의 배치는 될 수 있는 대로 굴곡을 적게 한다.
③ 수송관은 될 수 있는 대로 수평 또는 상향으로 하여 콘크리트를 압송한다.
④ 보통 콘크리트를 펌프로 압송할 경우, 굵은 골재의 최대 치수는 25mm 이하로 하여야 한다.

해설
일반 콘크리트를 펌프로 압송할 경우 굵은 골재의 최대 치수는 40mm 이하를 표준으로 하고, 슬럼프의 범위는 100~180mm로 한다.

36 콘크리트 타설 시 버킷, 호퍼 등의 배출구로부터 콘크리트의 타설면까지의 높이는 얼마 이내를 원칙으로 하는가?

① 1.0m 이내
② 1.5m 이내
③ 2.0m 이내
④ 2.5m 이내

해설
거푸집의 높이가 높을 경우, 재료분리를 막고 상부의 철근 또는 거푸집에 콘크리트가 부착되어 경화하는 것을 방지하기 위해 거푸집에 투입구를 설치하거나, 연직 슈트 또는 펌프배관의 배출구를 타설면 가까운 곳까지 내려서 콘크리트를 타설해야 한다. 이 경우 슈트, 펌프배관, 버킷, 호퍼 등의 배출구와 타설면까지의 높이는 1.5m 이하를 원칙으로 한다.

37 콘크리트를 제조할 때 각 재료의 계량에 대한 허용오차 중 골재의 허용오차로 옳은 것은?

① ±1%
② ±2%
③ ±3%
④ ±4%

해설
표준시방서상 계량오차

재료의 종류	측정 단위	허용오차
시멘트	질량	±1%
골재	질량 또는 부피	±3%
물	질량	±1%
혼화재	질량	±2%
혼화제	질량 또는 부피	±3%

38 거푸집의 외부에 진동을 주어 내부 콘크리트를 다지는 기계는?

① 표면 진동기
② 거푸집 진동기
③ 내부 진동기
④ 콘크리트 플레이서

해설
진동기의 종류
- 내부 진동기 : 일반적으로 된 반죽의 콘크리트를 다질 때 가장 많이 사용된다.
- 거푸집 진동기 : 거푸집의 외부에 진동을 주어 내부 콘크리트를 다지는 기계로서, 터널의 둘레 콘크리트나 높은 벽 등에 사용된다.
- 표면 진동기 : 비교적 두께가 얇고, 넓은 콘크리트의 표면에 진동을 주어 고르게 다지는 기계로서, 주로 도로 포장, 활주로 포장 등의 표면 다지기에 사용된다.

39 콘크리트 또는 모르타르가 엉기기 시작하지는 않았지만 비빈 후 상당히 시간이 지났거나 또 재료가 분리된 경우에 다시 비비는 작업을 무엇이라고 하는가?

① 되 비비기
② 거듭 비비기
③ 믹서
④ 슈트

해설
① 되 비비기 : 콘크리트 또는 모르타르가 엉기기 시작하였을 때 다시 비비는 작업을 말한다.
④ 슈트 : 콘크리트를 높은 곳에서 낮은 곳으로 미끄러져 내려갈 수 있게 만든 홈통이나 관 모양의 것을 말한다.

40 일반 수중 콘크리트에 대한 설명으로 틀린 것은?

① 트레미, 콘크리트 펌프 등에 의해 타설한다.
② 물-결합재비는 50% 이하이어야 한다.
③ 단위 시멘트양은 300kg/m³ 이상으로 한다.
④ 콘크리트는 수중에 낙하시키지 않아야 한다.

해설
일반 수중 콘크리트를 시공할 때 단위 시멘트양은 370kg/m³ 이상을 표준으로 한다.

41 굳지 않은 콘크리트의 공기 함유량 시험에서 보일(Boyle)의 법칙을 이용한 시험법은?

① 밀도법
② 용적법
③ 질량법
④ 공기실 압력법

해설
공기실 압력법 : 워싱턴형 공기량 측정기를 사용하며, 굳지 않은 콘크리트의 공기 함유량을 압력의 감소를 이용해 측정하는 방법으로 보일(Boyle)의 법칙을 적용한 것이다.

42 잔골재 표면수 시험(KS F 2509)에 대한 설명으로 옳지 않은 것은?

① 시험방법 중 질량법이 있다.
② 시험의 정밀도는 각 시험값과 평균값과의 차가 3% 이하이어야 한다.
③ 시험방법 중 용적법이 있다.
④ 시험은 동시에 채취한 시료에 대하여 2회 실시하고 결과는 그 평균값으로 나타낸다.

해설
시험의 정밀도는 각 시험값과 평균값과의 차가 0.3% 이하이어야 한다.

43 물-시멘트비가 66%, 단위 수량이 176kg/m³일 때 단위 시멘트양은 얼마인가?

① 266.7kg/m³
② 279.8kg/m³
③ 285.4kg/m³
④ 293.1kg/m³

해설
$\dfrac{W}{C} = 0.66$

$\therefore C = \dfrac{W}{0.66} = \dfrac{176}{0.66} \fallingdotseq 266.7 \text{kg/m}^3$

44 콘크리트의 슬럼프 시험을 통하여 알 수 있는 것은?

① 반죽질기
② 내진성
③ 압축강도
④ 탄성계수

해설
슬럼프 시험은 굳지 않은 콘크리트의 반죽질기 정도를 측정하는 시험이다.

45 단위 용적질량이 1,640kg/m³이고 밀도가 2.60g/cm³이면 공극률은?

① 4.2%
② 30.9%
③ 36.9%
④ 63.1%

해설
공극률(%) = 100 - 실적률(%)
$= 100 - \left(\dfrac{\text{골재의 단위 용적질량}}{\text{골재의 절건 밀도}} \times 100\right)$
$= 100 - \left(\dfrac{1.64}{2.60} \times 100\right)$
$\fallingdotseq 36.9\%$

46 콘크리트 압축강도 시험에 필요한 공시체의 지름은 굵은 골재 최대 치수의 몇 배 이상이며 또한 몇 mm 이상이어야 하는가?

① 2배, 30mm
② 3배, 100mm
③ 2배, 100mm
④ 3배, 200mm

해설
콘크리트 압축강도 시험에 필요한 공시체의 지름은 굵은 골재 최대 치수의 3배 이상이며 100mm 이상이어야 한다.

정답 42 ② 43 ① 44 ① 45 ③ 46 ②

47 골재의 단위 용적질량 시험방법 중 충격에 의한 경우는 용기에 시료를 3층으로 나누어 채우고 각 층마다 용기의 한쪽을 몇 cm 정도 들어 올려서 낙하시켜야 하는가?

① 5cm ② 10cm
③ 15cm ④ 20cm

해설
골재의 단위 용적질량 시험(충격에 의한 경우)
용기를 콘크리트 바닥과 같은 튼튼하고 수평인 바닥 위에 놓고 시료를 거의 같은 3층으로 나누어 채운다. 각 층마다 용기의 한쪽을 약 5cm 들어 올려서 바닥을 두드리듯이 낙하시킨다.

48 압축강도 시험의 기록이 없는 현장에서 콘크리트의 설계기준 압축강도가 40MPa일 때 배합강도는?

① 47MPa ② 48.5MPa
③ 49MPa ④ 51.5MPa

해설
압축강도의 시험 횟수가 14회 이하이거나 기록이 없는 경우의 배합강도

호칭강도(MPa)	배합강도(MPa)
21 미만	$f_{cn}+7$
21 이상 35 이하	$f_{cn}+8.5$
35 초과	$1.1f_{cn}+5$

∴ 배합강도 $= 1.1f_{cn}+5$
$= 1.1 \times 40 + 5$
$= 49\text{MPa}$

49 잔골재의 절대 부피가 0.279m³이고 잔골재 밀도가 2.64g/cm³일 때 단위 잔골재량은 약 얼마인가?

① 106kg/m³ ② 573kg/m³
③ 737kg/m³ ④ 946kg/m³

해설
단위 잔골재량(kg/m³)
= 단위 잔골재량의 절대 부피 × 잔골재의 비중 × 1,000
= 0.279 × 2.64 × 1,000
≒ 737kg/m³

50 잔골재 밀도 시험의 결과가 아래의 표와 같을 때 이 잔골재의 표면건조 포화 상태의 밀도는?

- 검정된 용량을 나타낸 눈금까지 물을 채운 플라스크의 질량(g) : 711.2
- 표면건조 포화 상태 시료의 질량(g) : 500
- 시료와 물로 검정된 용량을 나타낸 눈금까지 채운 플라스크의 질량(g) : 1,019.8
- 시험온도에서 물의 밀도(g/cm³) : 1

① 2.046g/cm³ ② 2.357g/cm³
③ 2.586g/cm³ ④ 2.612g/cm³

해설
$$d_s = \frac{m}{B+m-C} \times \rho_w$$
$$= \frac{500}{711.2+500-1,019.8} \times 1$$
$$\fallingdotseq 2.612\text{g/cm}^3$$

여기서, d_s : 표면건조 포화 상태의 밀도(g/cm³)
B : 검정된 용량을 나타낸 눈금까지 물을 채운 플라스크의 질량(g)
m : 표면건조 포화 상태의 시료질량(g)
C : 시료와 물로 검정된 용량을 나타낸 눈금까지 채운 플라스크의 질량(g)
ρ_w : 시험온도에서의 물의 밀도(g/cm³)

51 콘크리트의 블리딩 시험(KS F 2414)은 굵은 골재의 최대 치수가 최대 몇 mm 이하인 콘크리트에 적용하는가?

① 30mm ② 40mm
③ 50mm ④ 80mm

해설
콘크리트의 블리딩 시험방법(KS F 2414)은 굵은 골재의 최대 치수가 40mm 이하인 콘크리트의 시험방법에 대하여 규정한다.

52 콘크리트의 슬럼프 시험에서 콘크리트의 내려앉은 길이를 어느 정도의 정밀도로 측정하여야 하는가?

① 0.5mm ② 1mm
③ 5mm ④ 10mm

해설
콘크리트가 내려앉은 길이를 5mm의 정밀도로 측정한다.

53 아래의 그림은 잔골재의 밀도 및 흡수율 시험에서 잔골재를 원뿔형 몰드에 넣어 다지고 난 후 빼 올렸을 때의 형태를 나타낸 것이다. 함수량이 많은 순서로 나열하면?

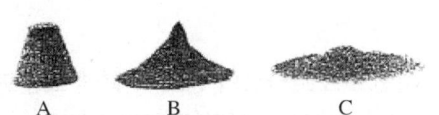

① A > C > B ② C > A > B
③ B > A > C ④ A > B > C

해설
- A(습윤 상태) : 골재알 속이 물로 차 있고, 표면에도 물기가 있는 상태이다.
- B(표면건조 포화 상태(표건 상태)) : 골재알의 표면에는 물기가 없고, 골재알 속의 빈틈만 물로 차 있는 상태이다.
- C(절대건조 상태(절건 상태)) : 105±5℃의 온도에서 일정한 질량이 될 때까지 건조시킨 것으로서, 물기가 전혀 없는 상태이다.

54 콘크리트 압축강도 시험용 공시체 제작 시 캐핑의 재료로 사용하는 시멘트풀의 물-시멘트비의 범위로 가장 적합한 것은?

① 15~18% ② 19~22%
③ 23~26% ④ 27~30%

해설
콘크리트 압축강도 시험용 공시체를 캐핑하기 위해서는 시멘트풀을 사용하며, 물-시멘트비 범위는 27~30%로 한다.

55 시멘트 비중 시험에 사용되는 기구는?

① 르샤틀리에 플라스크
② 데시케이터
③ 피크노미터
④ 건조로

해설
시멘트 비중 시험에 사용되는 시험 기구 : 르샤틀리에 플라스크, 광유, 시멘트, 천칭(저울), 항온 수조, 온도계, 가는 철사, 마른 천

56 블리딩 시험에서 처음 60분 동안은 몇 분 간격으로 표면에 생긴 블리딩의 물을 빨아내는가?

① 5분 간격으로
② 10분 간격으로
③ 20분 간격으로
④ 30분 간격으로

해설
블리딩 시험
최초로 기록한 시각에서부터 60분 동안 10분마다 콘크리트 표면에서 스며 나온 물을 빨아낸다. 그 후는 블리딩이 정지할 때까지 30분마다 물을 빨아낸다.

정답 52 ③ 53 ④ 54 ④ 55 ① 56 ②

57 콘크리트용 모래에 포함되어 있는 유기불순물을 시험에 사용되는 시약은?

① 수산화나트륨
② 염화칼슘
③ 페놀프탈레인
④ 규산나트륨

해설
유기불순물 시험에 사용되는 시약
- 수산화나트륨 용액(3%) : 물 97에 수산화나트륨 3의 질량비로 용해시킨 것이다.
- 탄닌산 용액(2%) : 10%의 알코올 용액으로 2% 탄닌산 용액을 제조한다.

58 공시체가 지간 방향 중심선의 4점 사이에서 파괴되었을 때 휨강도는 약 얼마인가?(단, 150×150×530mm의 공시체를 사용하였으며, 지간 450mm, 최대 하중이 25kN이다)

① 2.73MPa   ② 3.03MPa
③ 3.33MPa   ④ 4.73MPa

해설
휨강도$(f_b) = \dfrac{Pl}{bh^2}$

$= \dfrac{25,000 \times 450}{150 \times 150^2}$

$\fallingdotseq 3.33\text{MPa}$

여기서, P : 시험기가 나타내는 최대 하중(N)
　　　　l : 지간(mm)
　　　　b : 파괴 단면의 너비(mm)
　　　　h : 파괴 단면의 높이(mm)

59 로스앤젤레스 시험기로 굵은 골재 마모 시험을 한 시료의 잔량과 통과량을 구분하기 위해 사용하는 체는?

① 1.2mm 체
② 1.7mm 체
③ 2.5mm 체
④ 5.0mm 체

해설
로스앤젤레스 마모 시험기에 의해 마모 시험을 한 경우 잔량 및 통과량을 결정하는 체는 1.7mm이다.

60 시멘트 모르타르의 강도 시험에 표준모래를 사용하는 이유로서 가장 적합한 것은?

① 경제적인 모르타르를 제조하여 시험하기 위함이다.
② 표준모래는 양생이 쉽고 온도에 영향을 적게 받기 때문이다.
③ 표준모래는 품질이 좋고 강도가 크기 때문이다.
④ 모래알의 차이에 의한 영향을 없애고 시험조건을 일정하게 하기 위함이다.

2020년 제2회 과년도 기출복원문제

01 콘크리트 비빔작업 시 시멘트 계량의 허용오차는 얼마 이하인가?

① ±1% ② ±2%
③ ±3% ④ ±4%

해설
표준시방서상 계량오차

재료의 종류	측정 단위	허용오차
시멘트	질량	±1%
골재	질량 또는 부피	±3%
물	질량	±1%
혼화재	질량	±2%
혼화제	질량 또는 부피	±3%

02 골재의 단위 용적질량이 1.72t/m³이고 밀도가 2.65g/cm³일 때 이 골재의 공극률은?

① 72.4% ② 29.5%
③ 52.3% ④ 35.1%

해설
$$공극률(\%) = \left(1 - \frac{골재의\ 단위\ 용적질량}{골재의\ 절건\ 밀도}\right) \times 100$$
$$= \left(1 - \frac{1.72}{2.65}\right) \times 100$$
$$\fallingdotseq 35.1\%$$

03 콘크리트 골재로서 경량골재로 사용하는 것은?

① 자철광 ② 팽창성 혈암
③ 중정석 ④ 강자갈

해설
①·③ : 중량골재
④ : 보통골재

04 시멘트의 수화열을 적게 하고 조기강도는 작으나 장기강도가 크고 체적의 변화가 적어 댐 축조 등에 사용되는 시멘트는?

① 알루미나 시멘트
② 조강 포틀랜드 시멘트
③ 중용열 포틀랜드 시멘트
④ 팽창 시멘트

해설
중용열 포틀랜드 시멘트
- 화학조성 중 알루민산 3석회(C_3A)의 양을 적게 하고 그 대신 장기강도를 발현하기 위하여 규산 2석회(C_2S)의 양을 많게 한 시멘트이다.
- 수화열과 체적의 변화가 적다.
- 조기강도는 작으나 장기강도가 크다.
- 포틀랜드 시멘트 중 건조수축이 가장 작다.
- 댐, 매스 콘크리트, 방사선 차폐용 등에 사용된다.

05 AE 콘크리트의 가장 적당한 공기량은 콘크리트 부피의 얼마 정도인가?

① 1~3% ② 4~7%
③ 8~12% ④ 12~15%

해설
공기연행(AE) 콘크리트의 알맞은 공기량은 콘크리트 부피의 4~7%를 표준으로 한다.

정답 1 ① 2 ④ 3 ② 4 ③ 5 ②

06 콘크리트의 다지기에 있어서 내부 진동기를 쓸 경우 아래층의 콘크리트 속에 몇 cm 정도 찔러 넣어야 하는가?

① 5cm
② 10cm
③ 15cm
④ 20cm

해설
진동 다지기를 할 때에는 내부 진동기를 하층의 콘크리트 속으로 0.1m 정도 찔러 넣는다.

07 다음 중 수화열이 크고 초기강도 발현이 좋아 동절기 공사에 유리하며, 재령 7일 만에 강도를 내는 시멘트로 옳은 것은?

① 저열 포틀랜드 시멘트
② 중용열 포틀랜드 시멘트
③ 조강 포틀랜드 시멘트
④ 알루미나 시멘트

해설
① 저열 포틀랜드 시멘트 : 수화열이 가장 적어 대형 구조물 공사에 적합하다.
② 중용열 포틀랜드 시멘트 : 수화속도는 느리지만 수화열이 적고 장기강도가 우수하여 댐, 매스 콘크리트, 방사선 차폐용 등에 사용된다.
④ 알루미나 시멘트 : 조기강도가 커 긴급공사, 한중공사에 적합하다.

08 일반 콘크리트에서 콘크리트는 신속하게 운반하여 즉시 타설하고, 충분히 다져야 한다. 이때 비비기로부터 타설이 끝날 때까지의 시간은 얼마 이내로 하여야 하는가?(단, 외기온도가 25℃ 이상인 경우)

① 30분
② 60분
③ 90분
④ 120분

해설
비비기로부터 타설이 끝날 때까지의 시간
• 외기온도가 25℃ 이상일 때 : 1.5시간 이내
• 외기온도가 25℃ 미만일 때 : 2시간 이내

09 용량 0.75m³인 믹서 2대로 된 중력식 콘크리트 플랜트의 시간당 생산량을 구하면?(단, 작업효율(E) = 0.8, 사이클 시간(C_m) = 4min으로 한다)

① 14m³/h
② 16m³/h
③ 18m³/h
④ 20m³/h

해설
$$Q = \frac{60qE}{C_m}$$
$$= \frac{60 \times 0.75 \times 0.8 \times 2}{4}$$
$$= 18\text{m}^3/\text{h}$$
여기서, q : 적재량
E : 작업효율
C_m : 사이클 타임

10 콘크리트용 모래에 포함되어 있는 유기불순을 시험에 필요한 식별용 표준색 용액을 제조하는 경우에 대한 다음의 내용 중 (　) 안에 적합한 것은?

> 식별용 표준색 용액은 10%의 알코올 용액으로 2%의 탄닌산 용액을 만들고, 그 2.5mL를 (　)%의 (　) 용액 97.5mL에 가하여 유리병에 넣어 마개를 닫고 잘 흔든다. 이것을 표준색 용액으로 한다.

① 1%, 염화칼슘
② 3%, 수산화나트륨
③ 3%, 황산나트륨
④ 2%, 황산 마그네슘

11 공시체가 지간 방향 중심선의 4점 사이에서 파괴되었을 때 휨강도는 약 얼마인가?(단, 지간 45cm, 파괴 단면의 폭 15cm, 파괴 단면의 높이 15cm, 최대 하중이 25kN이다)

① 2.73MPa ② 3.03MPa
③ 3.33MPa ④ 4.73MPa

해설

휨강도(f_b) = $\dfrac{Pl}{bh^2}$

= $\dfrac{25{,}000 \times 450}{150 \times 150^2}$

= 3.33MPa

여기서, P : 시험기가 나타내는 최대 하중(N)
　　　　l : 지간(mm)
　　　　b : 파괴 단면의 너비(mm)
　　　　h : 파괴 단면의 높이(mm)

12 다음 중 골재의 안정성 시험에 사용되는 시험용 용액으로 옳은 것은?

① 황산소듐
② 염화나트륨
③ 수산화나트륨
④ 탄닌산

해설

골재의 안정성 시험 : 골재의 내구성을 알기 위하여 황산소듐 포화 용액으로 인한 골재의 부서짐 작용에 대한 저항성을 시험한다.

13 콘크리트 강도 측정용 공시체는 어떤 상태에서 시험을 하는가?

① 절대건조 상태
② 기건 상태
③ 표면건조 포화 상태
④ 습윤 상태

해설

공시체는 몰드 제거 후 강도 시험을 할 때까지 습윤 상태에서 양생을 실시한다.

14 굳지 않은 콘크리트의 블리딩 시험에서 블리딩 물의 양이 80cm³, 콘크리트의 윗면적이 490cm²일 때 블리딩양(cm³/cm²)을 구하면?

① 0.142 ② 0.163
③ 0.327 ④ 0.392

해설

블리딩양 = $\dfrac{V}{A}$ = $\dfrac{80}{490}$ ≒ 0.163cm³/cm²

15 입자가 둥글고 표면이 매끄러워 콘크리트의 워커빌리티를 증대시키며, 가루 석탄을 연소시킬 때 굴뚝에서 전기 집진기로 채취하는 실리카질의 혼화재는?

① AE제 ② 리그닐
③ 포졸란 ④ 플라이애시

해설

플라이애시는 입자가 둥글고 매끄럽기 때문에 콘크리트의 워커빌리티를 좋게 하고 수화열이 적으며, 장기강도를 크게 한다.

정답 11 ③ 12 ① 13 ④ 14 ② 15 ④

16 빈틈률(공극률)이 작은 골재를 사용한 콘크리트에 대한 설명으로 틀린 것은?

① 건조수축이 작아진다.
② 콘크리트의 강도와 내구성이 커진다.
③ 시멘트풀의 양이 적게 들어 수화열이 적어진다.
④ 콘크리트의 수밀성 및 마모 저항성이 작아진다.

해설
수밀성과 마모 저항성이 큰 콘크리트를 만들 수 있다.

17 다음 중 혼합 시멘트가 아닌 것은?

① 고로 슬래그 시멘트
② 알루미나 시멘트
③ 실리카 시멘트
④ 플라이애시 시멘트

해설
시멘트의 종류
- 포틀랜드 시멘트 : 보통 포틀랜드 시멘트, 중용열 포틀랜드 시멘트, 조강 포틀랜드 시멘트, 저열 포틀랜드 시멘트, 내황산염 포틀랜드 시멘트, 백색 포틀랜드 시멘트
- 혼합 시멘트 : 고로 슬래그 시멘트, 플라이애시 시멘트, 실리카(포졸란) 시멘트
- 특수 시멘트 : 알루미나 시멘트, 초속경 시멘트, 팽창 시멘트

18 수밀 콘크리트의 물-시멘트비는 얼마 이하를 표준으로 하는가?

① 45% ② 50%
③ 55% ④ 60%

해설
수밀 콘크리트 : 콘크리트 자체의 밀도를 높이고, 내구적·방수적으로 만들어 우수의 침투를 방지할 수 있도록 만든 콘크리트로 물-시멘트비는 50% 이하로 한다.

19 단위 잔골재량의 절대 부피가 $0.253m^3$이고, 잔골재의 비중이 2.60일 때 단위 잔골재량은 얼마인가?

① $634kg/m^3$ ② $658kg/m^3$
③ $676kg/m^3$ ④ $693kg/m^3$

해설
단위 잔골재량(kg/m^3)
= 단위 잔골재량의 절대 부피 × 잔골재의 비중 × 1,000
= 0.253 × 2.60 × 1,000
≒ $658kg/m^3$

20 콘크리트는 타설한 후 직사광선이나 바람에 의해 표면의 수분이 증발하는 것을 막기 위해 습윤 상태로 보호해야 한다. 보통 포틀랜드 시멘트를 사용한 콘크리트인 경우 습윤 양생기간의 표준은?(단, 일평균기온이 15℃ 이상인 경우)

① 3일 ② 5일
③ 14일 ④ 21일

해설
습윤 양생기간의 표준

일평균 기온	보통 포틀랜드 시멘트	고로 슬래그, 플라이애시 시멘트	조강 포틀랜드 시멘트
15℃ 이상	5일	7일	3일
10℃ 이상	7일	9일	4일
5℃ 이상	9일	12일	5일

21 철근 콘크리트 구조물에 있어서 기초, 기둥, 벽 등의 측벽 거푸집을 떼어 내어도 좋은 시기의 콘크리트 압축강도는 얼마인가?

① 3.5MPa 이상　② 5MPa 이상
③ 14MPa 이상　④ 28MPa 이상

해설
콘크리트의 압축강도를 시험할 경우 거푸집널의 해체 시기

부재		콘크리트 압축강도(f_{cu})
기초, 보, 기둥, 벽 등의 측면		5MPa 이상
슬래브 및 보의 밑면, 아치 내면	단층구조인 경우	설계기준 압축강도의 2/3배 이상 (단, 최소 강도 14MPa 이상)
	다층구조인 경우	설계기준 압축강도 이상(필러 동바리 구조를 이용할 경우는 구조계산에 의해 기간을 단축할 수 있음. 단, 이 경우라도 최소 강도는 14MPa 이상으로 함)

22 다음의 ( ) 안에 알맞은 값은?

> 혼화재료는 혼화제와 혼화재로 나뉘며, 사용량이 시멘트 무게의 ( )% 정도 이상이 되어 그 자체의 부피가 콘크리트의 배합계산에 관계되는 것을 혼화재라고 한다.

① 1　② 3
③ 5　④ 8

해설
혼화재료의 종류
- 혼화재 : 사용량이 시멘트 질량의 5% 정도 이상이 되어 그 자체의 부피 콘크리트의 배합계산에 관계가 되는 것
- 혼화제 : 사용량이 시멘트 질량의 1% 정도 이하의 것으로 콘크리트의 배합계산에서 무시되는 것

23 시멘트의 분말도에 관한 설명 중 틀린 것은?

① 시멘트의 입자가 가늘수록 분말도가 높다.
② 시멘트 입자의 가는 정도를 나타내는 것을 분말도라 한다.
③ 시멘트의 분말도가 높으면 균열이 없고 풍화가 생기지 않는다.
④ 시멘트의 분말도가 높으면 조기강도가 커진다.

해설
분말도가 높으면 수화열이 커지고 응결이 빨라지게 되어 건조수축이 커지며 이에 따라 균열이 발생한다.

24 품질이 좋은 콘크리트를 만들기 위한 잔골재 조립률의 범위로 옳은 것은?

① 1.4~2.2　② 2.3~3.1
③ 3.2~4.7　④ 6~8

해설
골재의 조립률(FM)
- 잔골재 : 2.3~3.1
- 굵은 골재 : 6~8

25 콘크리트 블리딩 시험에서 처음 60분 동안은 몇 분 간격으로 블리딩의 물을 빨아내는가?

① 5분　② 10분
③ 30분　④ 60분

해설
블리딩 시험(KS F 2414)
최초로 기록한 시각에서부터 60분 동안 10분마다 콘크리트 표면에서 스며 나온 물을 빨아낸다. 그 후는 블리딩이 정지할 때까지 30분마다 물을 빨아낸다.

정답 21 ② 22 ③ 23 ③ 24 ② 25 ②

26 골재 입자의 표면에는 물은 없으나 내부의 공극에는 물이 가득 차 있는 골재의 함수 상태를 나타낸 것은?

① 습윤 상태
② 절대건조 상태
③ 공기 중 건조 상태
④ 표면건조 포화 상태

해설
골재의 함수 상태
- 절대건조 상태(절건 상태) : 105±5℃의 온도에서 일정한 질량이 될 때까지 건조시킨 것으로서, 물기가 전혀 없는 상태이다.
- 공기 중 건조 상태(기건 상태) : 습기가 없는 실내에서 건조시킨 것으로서, 골재알 속의 일부에만 물기가 있는 상태이다.
- 표면건조 포화 상태(표건 상태) : 골재알의 표면에는 물기가 없고, 골재알 속의 빈틈만 물로 차 있는 상태이다.
- 습윤 상태 : 골재알 속이 물로 차 있고, 표면에도 물기가 있는 상태이다.

27 수송관 속의 콘크리트를 압축공기에 의하여 압력으로 보내는 것으로 주로 터널의 둘레치기에 사용되는 것은?

① 버킷
② 슈트
③ 콘크리트 플레이서
④ 벨트 컨베이어

해설
① 버킷 : 믹서에서 나온 콘크리트를 즉시 현장에 운반하는 용기로, 기중기 등에 매달아 사용한다.
② 슈트 : 콘크리트를 높은 곳에서 낮은 곳으로 미끄러져 내려갈 수 있게 만든 홈통이나 관 모양의 것을 말한다.
④ 벨트 컨베이어 : 콘크리트를 연속적으로 운반하는 기계이다.

28 콘크리트의 압축강도 시험을 위한 공시체의 제작이 끝나 몰드를 떼어 낸 후 습윤 양생을 한다. 이때 가장 적당한 수온은?

① 8~12℃
② 13~17℃
③ 18~22℃
④ 28~32℃

해설
콘크리트 강도 시험에 사용되는 공시체는 18~22℃의 온도에서 습윤 양생한다.

29 콘크리트 휨강도 시험에서 몰드의 크기가 150 × 150 × 530mm일 때 다짐대로 몇 층, 각각 몇 번을 다져야 하는가?

① 2층, 60회
② 2층, 80회
③ 3층, 80회
④ 3층, 90회

해설
콘크리트 휨강도 시험용 공시체를 제작할 때 콘크리트는 몰드에 2층으로 나누어 채우고 각 층은 적어도 $1,000mm^2$에 1회의 비율로 다짐을 한다.
- 몰드의 단면적 = 150 × 530
  = $79,500mm^2$
- 다짐 횟수 = 79,500 ÷ 1,000
  = 79.5 ≒ 80회

30 굳지 않는 콘크리트의 성질 중 굵은 골재의 최대 치수, 잔골재율, 잔골재의 입도, 반죽질기 등에 따른 콘크리트 표면의 마무리하기 쉬운 정도를 나타내는 성질을 무엇이라 하는가?

① 워커빌리티(workability)
② 반죽질기(consistency)
③ 성형성(plasticity)
④ 피니셔빌리티(finishability)

해설
① 워커빌리티 : 반죽질기에 의한 작업의 난이한 정도와 균일한 질의 콘크리트를 만들기 위하여 필요한 재료의 분리에 저항하는 정도를 나타내는 굳지 않은 콘크리트의 성질
② 반죽질기 : 주로 물의 양이 많고 적음에 따르는, 반죽이 되고 진 정도를 나타내는 굳지 않은 콘크리트의 성질
③ 성형성 : 거푸집에 쉽게 다져 넣을 수 있고 거푸집을 떼어 내면 천천히 모양이 변하기는 하지만 허물어지거나 재료의 분리가 일어나는 일이 없는 굳지 않은 콘크리트 성질

31 콘크리트의 슬럼프 시험은 콘크리트를 몇 층으로 투입하고 각 층을 몇 회 다져야 하는가?

① 2층, 25회
② 2층, 30회
③ 3층, 25회
④ 3층, 30회

해설
슬럼프 콘에 시료를 채울 때 시료를 거의 같은 양의 3층으로 나눠서 채우며, 그 각 층은 다짐봉으로 고르게 한 후 25회 똑같이 다진다.

32 AE 감수제를 사용한 콘크리트의 장점으로 옳지 않은 것은?

① 응결·경화 시에 발열량이 적다.
② 워커빌리티를 좋게 하고 재료분리를 방지한다.
③ 동결융해에 대한 저항성이 크다.
④ 물-결합재비를 작게 할 수 있고, 수밀성이 감소된다.

해설
AE제를 사용할 경우 수밀성이 증가한다.

33 콘크리트의 압축강도용 표준 공시체의 파괴 시험에서 파괴하중이 360kN일 때 콘크리트의 압축강도는?(단, 공시체의 지름 150mm, 높이 300mm)

① 20.4MPa
② 21.4MPa
③ 21.9MPa
④ 22.9MPa

해설
압축강도(f) = $\dfrac{P}{A}$ = $\dfrac{360,000}{\dfrac{\pi \times 150^2}{4}}$ = $\dfrac{360,000}{17,671.5}$ ≒ 20.4MPa

여기서, P : 파괴될 때 최대 하중(N)
A : 시험체의 단면적(mm^2)

34 된 반죽 콘크리트의 압축강도 시험용 공시체를 제작할 때 시멘트풀로 캐핑을 하고자 한다. 이때 사용하는 시멘트풀의 물-시멘트비의 범위로 가장 적합한 것은?

① 23~26%
② 27~30%
③ 31~33%
④ 34~37%

해설
콘크리트 압축강도 시험용 공시체를 캐핑하기 위해서는 시멘트풀을 사용하며, 물-시멘트비 범위는 27~30%로 한다.

35 지름 100mm, 길이가 200mm인 콘크리트 공시체로 쪼갬 인장강도 시험을 실시한 결과, 공시체 파괴 시 시험기에 나타난 최대 하중이 72,300N이었다. 이 공시체의 인장강도는?

① 2.1MPa ② 2.3MPa
③ 2.5MPa ④ 2.7MPa

해설

쪼갬 인장강도 $= \dfrac{2P}{\pi dl}$
$= \dfrac{2 \times 72,300}{\pi \times 100 \times 200}$
$\fallingdotseq 2.3\text{MPa}$

여기서, P : 최대 하중(N)
d : 공시체의 지름(mm)
l : 공시체의 길이(mm)

36 실적률이 큰 값을 갖는 골재를 사용한 콘크리트에 대한 설명으로 틀린 것은?

① 건조수축이 크고 균열발생의 위험이 증대된다.
② 콘크리트의 수밀성이 증대된다.
③ 콘크리트의 밀도가 증대된다.
④ 콘크리트의 내구성이 증대된다.

해설
실적률이 클수록 건조수축 및 수화열이 적어 균열발생 위험이 줄어든다.

37 골재의 비중(밀도)은 일반적으로 골재의 어떤 상태일 때의 밀도를 기준으로 하는가?

① 공기 중 건조 상태
② 습윤 상태
③ 표면건조 포화 상태
④ 노건조 상태

해설
골재의 밀도는 일반적으로 표면건조 포화 상태의 밀도를 말한다.

38 다음 중 배치 믹서(batch mixer)에 대한 설명으로 가장 적합한 것은?

① 콘크리트 재료를 1회분씩 계량하는 장비
② 콘크리트 재료를 1회분씩 혼합하는 장비
③ 콘크리트를 1m³씩 운반하는 장비
④ 콘크리트를 혼합하면서 운반하는 트럭

39 콘크리트 공사에서 거푸집 떼어 내기에 관한 설명으로 틀린 것은?

① 거푸집은 콘크리트가 그 자중 및 시공 중에 주어지는 하중을 받는 데 필요한 강도를 낼 때까지 떼어 내어서는 안 된다.
② 거푸집을 떼어 내는 순서는 비교적 하중을 받지 않는 부분을 먼저 떼어 낸다.
③ 보의 밑판의 거푸집은 보의 양 측면의 거푸집보다 먼저 떼어 낸다.
④ 연직 부재의 거푸집은 수평 부재의 거푸집보다 먼저 떼어 낸다.

해설
보의 밑판의 거푸집은 보의 양 측면의 거푸집보다 나중에 떼어 낸다.

40 뿜어붙이기 콘크리트(shotcrete)에 관한 다음 내용 중 옳지 않은 것은?

① 시멘트 건(gun)에 의해 압축공기로 모르타르를 뿜어붙이는 것이다.
② 공사기간이 길어진다.
③ 건식 공법의 경우 시공 중 분진이 많이 발생한다.
④ 수축균열이 생기기 쉽다.

해설
뿜어붙이기 콘크리트(숏크리트)는 시공 속도가 빠르며, 협소한 장소나 시공면에 영향을 받지 않는다.

41 굵은 골재의 절대건조 상태의 질량이 1,000g, 표면건조 포화 상태의 질량이 1,100g, 수중 질량이 650g일 때 흡수율은 몇 %인가?

① 5.0%
② 10.0%
③ 18.4%
④ 25.0%

해설
흡수율(%) = $\dfrac{\text{표면건조 포화 상태} - \text{절대건조 상태}}{\text{절대건조 상태}} \times 100$

$= \dfrac{1{,}100 - 1{,}000}{1{,}000} \times 100$

$= 10.0\%$

42 다음 중 굳지 않은 콘크리트의 워커빌리티에 영향을 주는 재료의 요인이 아닌 것은?

① 시멘트양
② 골재 입도
③ AE제
④ 지연제

해설
워커빌리티에 영향을 주는 재료의 요인
시멘트양, 단위 수량, 잔골재와 굵은 골재의 입도, AE제, 감수제 등이 있다.

43 시멘트가 저장 중에 공기와 접촉하면 공기 중의 수분 및 이산화탄소를 흡수하여 가벼운 수화반응을 일으키게 되는데 이러한 현상을 무엇이라 하는가?

① 경화
② 풍화
③ 수축
④ 응결

해설
풍화(aeration) : 저장 중 공기에 노출되면 습기 및 탄산가스를 흡수하여 가벼운 수화반응을 일으키고 탄산화가 되면서 고체화하는 현상이다.

44 조립률 3.0의 모래와 7.0의 자갈을 질량비 1 : 3의 비율로 혼합한 혼합 골재의 조립률을 구하면?

① 5.0
② 6.0
③ 7.0
④ 8.0

해설
혼합 골재의 조립률 = $\dfrac{3.0 \times 1 + 7.0 \times 3}{1 + 3}$

$= 6.0$

정답 40 ② 41 ② 42 ④ 43 ② 44 ②

45 운반거리가 먼 레미콘이나 무더운 여름철 콘크리트의 시공에 사용하는 혼화제는?

① 경화촉진제
② 방수제
③ 지연제
④ 감수제

해설
① 경화촉진제 : 시멘트의 경화를 촉진시키는 혼화제이다.
② 방수제 : 수밀성을 좋게 해주는 혼화제이다.
④ 감수제 : 시멘트 입자를 분산시켜 콘크리트의 단위 수량을 감소시킬 목적으로 사용하는 혼화제이다.
지연제 : 서중 콘크리트나 레디믹스트 콘크리트에서 운반거리가 먼 경우 또는 연속적으로 콘크리트를 칠 때 콜드 조인트가 생기지 않도록 할 경우 등에 사용되는 혼화제이다.

46 시멘트 제조 시에 석고를 첨가하는 목적은?

① 수축성과 발열성을 조절하기 위해
② 알칼리 골재 반응을 막기 위해
③ 수화작용을 조절하기 위해
④ 시멘트의 응결시간을 조절하기 위해

해설
시멘트를 제조할 때 응결시간을 조절하기 위하여 3~5%의 석고를 넣는다.

47 굵은 골재의 마모(닳음) 시험방법으로 옳은 것은?

① 원심분리 시험기
② 로스앤젤레스 시험기
③ 항온 건조기
④ 지깅 시험기

해설
로스앤젤레스 시험기는 철구를 사용하여 굵은 골재(부서진 돌, 깨진 광재, 자갈 등)의 마모에 대한 저항을 시험하는 데 사용한다.

48 다음 중 아스팔트 혼합물용이나 철도 및 도로용 골재로 가장 많이 쓰이는 것은?

① 막자갈
② 산자갈
③ 부순 돌
④ 바닷자갈

해설
부순 돌은 포장 콘크리트로 많이 사용된다.

49 다음 중 슬럼프 시험의 주된 목적은 어느 것인가?

① 워커빌리티 측정
② 물-시멘트비의 측정
③ 공기량의 측정
④ 시멘트 강도 측정

해설
슬럼프 시험 : 주목적은 반죽질기를 측정하는 것으로, 워커빌리티를 판단하는 하나의 수단으로 사용한다.

50 시멘트를 분류할 때 특수 시멘트에 속하지 않는 것은?

① 알루미나 시멘트
② 팽창 시멘트
③ 플라이애시 시멘트
④ 초속경 시멘트

해설
시멘트의 종류
- 포틀랜드 시멘트 : 보통 포틀랜드 시멘트, 중용열 포틀랜드 시멘트, 조강 포틀랜드 시멘트, 저열 포틀랜드 시멘트, 내황산염 포틀랜드 시멘트, 백색 포틀랜드 시멘트
- 혼합 시멘트 : 고로 슬래그 시멘트, 플라이애시 시멘트, 실리카(포졸란) 시멘트
- 특수 시멘트 : 알루미나 시멘트, 초속경 시멘트, 팽창 시멘트

51 시멘트를 저장할 때 주의해야 할 사항으로 잘못된 것은?

① 통풍이 잘 되는 창고에 저장하는 것이 좋다.
② 저장소의 구조를 방습으로 한다.
③ 저장기간이 길어질 우려가 있는 경우에는 7포 이상 쌓아 올리지 않는 것이 좋다.
④ 포대 시멘트가 저장 중에 지면으로부터 습기를 받지 않도록 저장하여야 한다.

해설
포대 시멘트는 지상에서 30cm 이상 되는 마루 위에 통풍이 되지 않도록 한 후 저장하며, 13포대(저장기간이 길어질 경우 7포대) 이상 쌓아서는 안 된다.

52 콘크리트의 배합설계에서 단위 수량이 180kg/m³, 단위 시멘트양이 300kg/m³일 때 물-시멘트비(W/C)는?

① 60%   ② 55%
③ 45%   ④ 40%

해설
물-시멘트비 $= \dfrac{W(\text{물의 질량})}{C(\text{시멘트의 질량})}$

$= \dfrac{180}{300}$

$= 0.6 (= 60\%)$

53 굳지 않은 콘크리트의 공기량 측정법 중 워싱턴형 공기량 측정기를 사용하는 것은 다음 중 어느 방법에 속하는가?

① 무게에 의한 방법에 속한다.
② 면적에 의한 방법에 속한다.
③ 부피에 의한 방법에 속한다.
④ 공기실 압력법에 속한다.

해설
공기실 압력법 : 워싱턴형 공기량 측정기를 사용하며, 굳지 않은 콘크리트의 공기 함유량을 압력의 감소를 이용해 측정하는 방법으로 보일(Boyle)의 법칙을 적용한 것이다.

54 시멘트 비중 시험에 필요한 기구는?

① 하버드 비중병
② 르샤틀리에 비중병
③ 플라스크
④ 비카 장치

해설
시멘트 비중 시험에 사용되는 시험 기구 : 르샤틀리에 플라스크, 광유, 시멘트, 천칭(저울), 항온 수조, 온도계, 가는 철사, 마른 천

55 시멘트 비중 시험결과가 다음과 같을 때 이 시멘트의 비중값은?

- 처음의 광유의 눈금 읽음 값 : 0.48mL
- 시료의 무게 : 64g
- 시료와 광유의 눈금 읽음 값 : 20.80mL

① 3.12 ② 3.15
③ 3.17 ④ 3.19

해설

시멘트의 비중 = $\dfrac{\text{시료의 무게}}{\text{눈금 차}}$

$= \dfrac{64}{20.8 - 0.48}$

$≒ 3.15$

56 콘크리트 다짐기계 중 비교적 두께가 얇고 면적이 넓은 도로 포장 등의 다지기에 사용되는 것은?

① 거푸집 진동기
② 래머(rammer)
③ 내부 진동기
④ 표면 진동기

해설
진동기의 종류
- 내부 진동기 : 일반적으로 된 반죽의 콘크리트를 다질 때 가장 많이 사용된다.
- 거푸집 진동기 : 거푸집의 외부에 진동을 주어 내부 콘크리트를 다지는 기계로서, 터널의 둘레 콘크리트나 높은 벽 등에 사용된다.
- 표면 진동기 : 비교적 두께가 얇고, 넓은 콘크리트의 표면에 진동을 주어 고르게 다지는 기계로서, 주로 도로 포장, 활주로 포장 등의 표면 다지기에 사용된다.

57 콘크리트 겉보기 공기량이 7%이고 골재의 수정계수가 1.2%일 때 콘크리트 공기량은 얼마인가?

① 4.6% ② 5.8%
③ 8.2% ④ 9.4%

해설
콘크리트의 공기량(A)
$A = A_1 - G$
$= 7 - 1.2$
$= 5.8\%$
여기서, A_1 : 콘크리트의 겉보기 공기량(%)
G : 골재의 수정계수(%)

58 갇힌 공기량이 2%, 단위 수량 180kg/m³, 단위 시멘트양 315kg/m³인 콘크리트의 단위 골재량의 절대 부피는 얼마인가?(단, 시멘트의 비중은 3.15임)

① 0.65m³ ② 0.68m³
③ 0.70m³ ④ 0.73m³

해설
단위 골재량의 절대 부피(m³)
$= 1 - \left(\dfrac{\text{단위 수량}}{1,000} + \dfrac{\text{단위 시멘트양}}{\text{시멘트의 비중} \times 1,000} + \dfrac{\text{공기량}}{100}\right)$
$= 1 - \left(\dfrac{180}{1,000} + \dfrac{315}{3.15 \times 1,000} + \dfrac{2.0}{100}\right)$
$= 0.7 \text{m}^3$

59 혼화재료의 저장에 대한 설명으로 옳지 않은 것은?

① 혼화재는 먼지나 불순물이 혼입되지 않고 변질되지 않도록 저장한다.
② 혼화재는 날리지 않도록 그 취급에 주의해야 한다.
③ 혼화재는 습기가 약간 있는 창고 내에 저장한다.
④ 저장이 오래된 것은 시험 후 사용 여부를 결정하여야 한다.

해설
혼화재는 방습적인 사일로, 창고 등에 저장하고 입하순으로 사용하여야 한다.

60 일반 수중 콘크리트의 시공에 관한 설명으로 옳지 않은 것은?

① 콘크리트는 정수 중에서 타설하는 것이 좋다.
② 콘크리트는 수중에 낙하시켜서는 안 된다.
③ 콘크리트 펌프나 트레미를 사용해서 타설해야 한다.
④ 점성이 풍부해야 하며 물-시멘트비는 55% 이상으로 해야 한다.

해설
수중 콘크리트는 점성이 풍부해야 하며 물-시멘트비는 50% 이하로 해야 한다.

정답 57 ② 58 ③ 59 ③ 60 ④

2021년 제1회 과년도 기출복원문제

01 시멘트가 응결할 때 화학적 반응에 의하여 수소가스를 발생시켜 모르타르 또는 콘크리트 속에 아주 작은 기포를 생기게 하는 혼화제로 알루미늄 가루를 사용하며 프리플레이스트 콘크리트용 그라우트나 PC공 그라우트에 사용하면 부착을 좋게 하는 것은?

① 발포제
② 방수제
③ 촉진제
④ 급결제

해설
② 방수제 : 수밀성을 좋게 해주는 혼화제이다.
③ 촉진제 : 시멘트의 수화작용을 빠르게 하는 혼화제이다.
④ 급결제 : 시멘트의 응결을 상당히 빠르게 하기 위하여 사용하는 혼화제이다.

02 골재의 밀도가 2.50g/cm³이고, 단위 용적질량이 1.5t/m³일 때 이 골재의 공극률은 얼마인가?

① 35%
② 40%
③ 45%
④ 50%

해설

실적률(%) = $\dfrac{골재의\ 단위\ 용적질량}{골재의\ 절건\ 밀도} \times 100$

$= \dfrac{1.5}{2.50} \times 100$

$= 60\%$

∴ 공극률(%) = 100 − 실적률(%)
$= 100 - 60$
$= 40\%$

03 부순 골재에 대한 설명 중 옳은 것은?

① 부순 잔골재의 석분은 콘크리트 경화 및 내구성에 도움이 된다.
② 부순 굵은 골재는 시멘트풀과의 부착이 좋다.
③ 부순 굵은 골재는 콘크리트 비빌 때 소요 단위수량이 적어진다.
④ 부순 굵은 골재를 사용한 콘크리트는 수밀성은 향상되나 휨강도는 감소된다.

해설
부순 골재는 시멘트풀과의 부착이 좋기 때문에 강자갈을 사용한 콘크리트와 거의 동등한 강도 이상을 낸다. 하지만 수밀성, 내구성 등은 오히려 약간 저하된다.

04 콘크리트용 골재가 갖추어야 할 성질로서 틀린 것은?

① 마모에 대한 저항이 클 것
② 낱알의 크기가 차이 없이 균등할 것
③ 물리적으로 안정하고 내구성이 클 것
④ 필요한 무게를 가질 것

해설
골재의 입자가 크고 작은 것이 골고루 섞여 있는 것이 좋다.

05 시멘트의 성질에 대한 설명으로 틀린 것은?

① 시멘트풀이 물과 화학반응을 일으켜 시간이 경과함에 따라 유동성과 점성을 상실하고 고체화하는 현상을 수화라고 한다.
② 수화반응은 시멘트의 분말도, 수량, 온도, 혼화재료의 사용 유무 등 많은 요인들의 영향을 받는다.
③ 수량이 많고 시멘트가 풍화되어 있을 때에는 응결이 늦어진다.
④ 온도가 높고 분말도가 높으면 응결이 빨라진다.

해설
①은 응결에 대한 설명이다.
수화 : 시멘트와 물이 화학반응을 일으켜 수화물(수산화칼슘)을 생성하는 반응이다.

06 콘크리트 속의 공기량에 대한 설명이다. 잘못된 것은?

① AE제에 의하여 콘크리트 속에 생긴 공기를 AE 공기라 하고 이 밖에 공기를 갇힌 공기라 한다.
② AE 콘크리트에서 공기량이 많아지면 압축강도가 커진다.
③ AE 콘크리트의 알맞은 공기량은 콘크리트 부피의 4~7%를 표준으로 한다.
④ AE 공기량은 시멘트의 양, 물의 양, 비비기 시간 등에 따라 달라진다.

해설
AE 콘크리트에서 공기량이 많아지면 압축강도는 감소한다.

07 풍화된 시멘트의 특징으로 틀린 것은?

① 입상·괴상으로 굳어지고 이상응결을 일으키는 원인이 된다.
② 시멘트의 비중이 떨어진다.
③ 시멘트의 응결이 지연된다.
④ 시멘트의 강열감량이 저하된다.

해설
풍화된 시멘트는 강열감량이 증가한다.

08 다음 중 시멘트 저장방법으로 적절하지 않은 것은?

① 지상에서 30cm 이상 높은 마루에 저장한다.
② 습기가 차단되도록 방습되는 창고에 저장한다.
③ 시멘트는 13포 이상 쌓도록 한다.
④ 시멘트는 입하순으로 사용한다.

해설
시멘트는 13포(저장기관이 길어질 경우 7포대) 이상 쌓아서는 안 된다.

09 다음 혼화재료 중에서 사용량이 시멘트 무게의 5% 정도 이상이 되어 그 자체의 부피가 콘크리트의 배합계산에 관계되는 혼화재료는?

① 포졸란 ② 응결촉진제
③ AE제 ④ 방수제

해설
혼화재료의 종류
• 혼화재
 - 사용량이 시멘트 질량의 5% 정도 이상이 되어 그 자체의 부피가 콘크리트의 배합계산에 관계가 되는 것
 - 포졸란, 플라이애시, 고로 슬래그, 팽창제, 실리카 퓸 등
• 혼화제
 - 사용량이 시멘트 질량의 1% 정도 이하의 것으로 콘크리트의 배합계산에서 무시되는 것
 - AE제, 경화촉진제, 감수제, 지연제, 기포제, 방수제 등

정답 5 ① 6 ② 7 ④ 8 ③ 9 ①

10 포틀랜드 시멘트의 주원료는?

① 석회석, 점토
② 석회석, 규조토
③ 점토, 규조토
④ 석고, 화산회

해설
포틀랜드 시멘트는 주로 석회질 원료와 점토질 원료를 적당한 비율로 혼합하여(성분을 조절하기 위하여 규산질 원료와 산화철 원료를 첨가하기도 한다) 미분쇄하고 그 일부가 용융할 때까지(약 1,450℃) 소성하여 얻어지는 클링커에 응결조절제로서 약간의 석고를 가하여 미분쇄하여 만든다.

11 AE제에 대한 설명으로 옳은 것은?

① 콘크리트의 워커빌리티가 개선되고 단위 수량을 줄일 수 있다.
② AE제에 의한 연행 공기는 지름이 0.5mm 이상이 대부분이며 골고루 분산된다.
③ 동결융해의 기상작용에 대한 저항성이 적어진다.
④ 기포 분산의 효과로 인해 블리딩을 증가시키는 단점이 있다.

해설
② AE제에 의한 연행 공기는 지름이 0.025~0.25mm 이상이 대부분이며 골고루 분산된다.
③ 동결융해의 기상작용에 대한 저항성을 증대시킨다.
④ 기포 분산의 효과로 인해 블리딩이 감소한다.

12 굵은 골재의 최대 치수에 대한 설명으로 옳은 것은?

① 부피비로 90% 이상을 통과시키는 체 중에서 최소 치수 체의 호칭치수로 나타낸 굵은 골재의 치수
② 질량비로 90% 이상을 통과시키는 체 중에서 최소 치수 체의 호칭치수로 나타낸 굵은 골재의 치수
③ 질량비로 95% 이상을 통과시키는 체 중에서 최소 치수 체의 호칭치수로 나타낸 굵은 골재의 치수
④ 부피비로 95% 이상을 통과시키는 체 중에서 최소 치수 체의 호칭치수로 나타낸 굵은 골재의 치수

13 포장용 콘크리트의 배합기준 중 굵은 골재의 최대 치수는 몇 mm 이하이어야 하는가?

① 25mm ② 40mm
③ 100mm ④ 150mm

해설
굵은 골재의 최대 치수

콘크리트의 종류		굵은 골재의 최대 치수(mm)	
무근 콘크리트		40 (부재 최소 치수의 1/4 이하)	
철근 콘크리트	일반적인 경우	20 또는 25	부재 최소 치수의 1/5 이하, 철근 순간격의 3/4 이하
	단면이 큰 경우	40	
포장 콘크리트		40 이하	
댐콘크리트		150 이하	

14 수화열이 적어 댐이나 방사선 차폐용, 단면이 큰 콘크리트용으로 적합한 시멘트는?

① 조강 포틀랜드 시멘트
② 중용열 포틀랜드 시멘트
③ 백색 포틀랜드 시멘트
④ 알루미나 시멘트

해설
① 조강 포틀랜드 시멘트 : 수화열이 높아 초기강도와 저온에서 강도 발현이 우수하여 한중공사, 긴급공사에 사용된다.
③ 백색 포틀랜드 시멘트 : 주로 건축물의 미장, 장식용, 인조석 제조 등에 사용된다.
④ 알루미나 시멘트 : 조기강도가 커 긴급공사, 한중공사에 적합하다.

중용열 포틀랜드 시멘트
- 수화열과 체적의 변화가 적다.
- 조기강도는 작으나 장기강도가 크다.
- 댐, 매스 콘크리트, 방사선 차폐용 등에 사용된다.

15 콘크리트용 골재에 대한 설명으로 옳은 것은?

① 골재의 밀도는 일반적으로 공기 중 건조 상태의 밀도를 말한다.
② 골재의 입도는 골재의 크기를 말하며, 입도가 좋은 골재란 크기가 균일한 것을 말한다.
③ 골재의 단위 부피 중 골재 사이의 빈틈비율을 공극률이라 한다.
④ 골재의 기상작용에 대한 내구성을 알기 위해서는 로스앤젤레스 마모 시험기로 한다.

해설
① 골재의 밀도는 일반적으로 표면건조 포화 상태의 밀도를 말한다.
② 골재의 입도는 크고 작은 골재알이 혼합되어 있는 정도를 말하며, 입도가 좋은 골재란 골재의 입자가 크고 작은 것이 골고루 섞여 있는 것을 말한다.
④ 골재의 기상작용에 대한 내구성을 판단하기 위해서는 골재의 안정성 시험을 실시한다.

16 서중 콘크리트의 시공이나 레디믹스트 콘크리트에서 운반거리가 멀 경우 등에 주로 사용하는 혼화제는?

① AE제
② 지연제
③ 촉진제
④ 방수제

해설
② 지연제 : 시멘트의 응결시간을 늦추기 위하여 사용하는 혼화제이다.
① AE제(공기연행제) : 콘크리트 속에 작고 많은 독립된 기포를 고르게 생기게 하기 위하여 사용하는 혼화제이다.
③ 촉진제 : 시멘트의 수화작용을 빠르게 하는 혼화제이다.
④ 방수제 : 수밀성을 좋게 해주는 혼화제이다.

17 플라이애시를 사용한 콘크리트의 특징으로 틀린 것은?

① 콘크리트의 워커빌리티가 좋아진다.
② 콘크리트의 수밀성이 좋아진다.
③ 시멘트 수화열에 의한 콘크리트의 온도가 감소된다.
④ 초기 재령에서의 강도가 커진다.

해설
초기 재령에서의 강도값이 보통 콘크리트에 비해 감소된다.

18 보통 굵은 골재의 흡수율 범위는 일반적으로 얼마 정도인가?

① 0.5~3%
② 4~7.5%
③ 7.5~10%
④ 10~12.5%

해설
일반적인 콘크리트용 잔골재와 굵은 골재의 절대건조 밀도는 $2.5g/cm^3$ 이상, 흡수율은 3.0% 이하의 값을 표준으로 한다(KCS 14 20 10).

19 콘크리트의 워커빌리티에 가장 큰 영향을 미치는 요소는?

① 시멘트 ② 단위 수량
③ 잔골재 ④ 굵은 골재

해설
콘크리트의 워커빌리티에 가장 큰 영향을 미치는 요소는 재료분리가 일어나지 않는 환경에서는 단위 수량에 의한 반죽질기이다.

20 콘크리트 배합에 대한 다음 설명 중 틀린 것은?

① 현장 배합은 현장 골재의 조립률에 따라서 시방 배합을 환산하여 배합한다.
② 콘크리트 배합은 질량 배합을 사용하는 것이 원칙이다.
③ 콘크리트 배합강도는 설계기준강도보다 충분히 크게 정한다.
④ 시방 배합에서는 잔·굵은 골재는 모두 표면건조 포화 상태로 한다.

해설
현장 배합 : 현장에서 사용하는 골재의 함수 상태, 혼합률 등을 고려하여 시방 배합을 현장에서 실제로 사용하는 재료의 성질에 맞추어 고친 배합이다.

21 거푸집의 높이가 높을 경우 재료분리를 막기 위하여 거푸집에 투입구를 만들거나, 슈트, 깔때기를 사용한다. 깔때기와 슈트 등의 배출구와 치기면과의 높이는 얼마 이하를 원칙으로 하는가?

① 0.5m 이하 ② 1.0m 이하
③ 1.5m 이하 ④ 2.0m 이하

해설
슈트, 펌프배관, 버킷, 호퍼 등의 배출구와 타설면까지의 높이는 1.5m 이하를 원칙으로 한다.

22 콘크리트의 건조를 방지하기 위하여 방수제를 표면에 바르든지 또는 이것을 뿜어붙이기를 하여 습윤 양생을 하는 것은?

① 전기 양생 ② 습포 양생
③ 증기 양생 ④ 피막 양생

해설
① 전기 양생 : 전기를 이용하여 충분한 습기와 적당한 온도를 유지하면서 콘크리트를 양생하는 방법이다.
② 습포 양생 : 콘크리트 표면을 물에 적신 가마니, 마포 등으로 덮는 양생방법이다.
③ 증기 양생 : 고온의 증기로 시멘트의 수화반응을 촉진시켜 조기 강도를 얻기 위한 양생방법이다.

23 레디믹스트 콘크리트를 제조와 운반방법에 따라 분류할 때 다음의 설명에 해당하는 것은?

> 콘크리트 플랜트에서 재료를 계량하여 트럭믹서에 싣고 운반 중에 물을 넣어 비비는 방법이다.

① 센트럴 믹스트 콘크리트
② 슈링크 믹스트 콘크리트
③ 가경식 믹스트 콘크리트
④ 트랜싯 믹스트 콘크리트

해설
레디믹스트 콘크리트의 운반방식에 따른 분류
- 센트럴 믹스트 콘크리트 : 공장에 있는 고정 믹서에서 완전히 비빈 콘크리트를 애지테이터 트럭 등으로 운반하는 방식으로 근거리 운반에 사용된다.
- 슈링크 믹스트 콘크리트 : 공장에 있는 고정 믹서에서 어느 정도 콘크리트를 비빈 다음, 현장으로 가면서 완전히 비비는 방식으로 중거리 운반에 사용된다.
- 트랜싯 믹스트 콘크리트 : 플랜트에 고정 믹서가 없고 각 재료의 계량장치만 설치하여 계량된 각 재료를 트럭믹서 속에 투입하여 운반 중에 소요 수량을 가해 완전히 비벼진 콘크리트를 만들어 공급하는 방식으로 장거리 수송에 사용된다.

24 외기온도가 25℃ 이상일 때 콘크리트의 비비기로부터 타설이 끝날 때까지의 시간은 얼마를 넘어서는 안 되는가?

① 1시간　　② 1.5시간
③ 2시간　　④ 2.5시간

해설
비비기로부터 타설이 끝날 때까지의 시간
• 외기온도가 25℃ 이상일 때 : 1.5시간 이내
• 외기온도가 25℃ 미만일 때 : 2시간 이내

25 콘크리트 플레이서에 대한 설명으로 틀린 것은?

① 수송관의 배치는 굴곡을 적게 하고, 하향 경사로 설치·운용하여야 한다.
② 관에서 배출 시에 콘크리트의 재료분리가 생기는 경우에는 관 끝에 달아맨 삼베 등에 닿도록 배출시키거나 해서 배출충격을 완화시켜야 한다.
③ 수송관 내의 콘크리트를 압축공기로서 압송하는 것으로 터널 등의 좁은 곳에 콘크리트를 운반하는 데 편리하다.
④ 콘크리트 플레이서의 수송거리는 공기압, 공기 소비량 등에 따라 다르다.

해설
수송관의 배치는 굴곡을 적게 하고 수평 또는 상향으로 설치하며, 하향 경사로 설치·운용하지 않아야 한다.

26 서중 콘크리트에 대한 설명으로 틀린 것은?

① 하루 평균기온이 15℃를 초과하는 것이 예상되는 경우 서중 콘크리트로 시공하여야 한다.
② 서중 콘크리트의 배합온도는 낮게 관리하여야 한다.
③ 콘크리트를 타설할 때의 콘크리트 온도는 35℃ 이하이어야 한다.
④ 타설하기 전에 지반, 거푸집 등 콘크리트로부터 물을 흡수할 우려가 있는 부분을 습윤 상태로 유지하여야 한다.

해설
하루 평균기온이 25℃를 초과하는 것이 예상되는 경우 서중 콘크리트로 시공하여야 한다.

27 콘크리트 비비기 시간에 대한 시험을 실시하지 않은 경우 비비기 시간의 최소 시간으로 옳은 것은? (단, 강제식 믹서를 사용할 경우)

① 30초 이상　　② 1분 이상
③ 1분 30초 이상　　④ 2분 이상

해설
가경식 믹서는 1분 30초 이상, 강제식 믹서는 1분 이상을 표준 비비기 시간으로 한다.

28 콘크리트 펌프로 콘크리트를 압송할 경우 굵은 골재 최대 치수는 얼마를 표준으로 하는가?

① 20mm 이하　　② 30mm 이하
③ 40mm 이하　　④ 50mm 이하

해설
일반 콘크리트를 펌프로 압송할 경우 굵은 골재의 최대 치수는 40mm 이하, 슬럼프는 100~180mm의 범위가 적절하다.

정답 24 ②　25 ①　26 ①　27 ②　28 ③

29 한중 콘크리트의 초기양생 중에 소요의 압축강도가 얻어질 때까지 콘크리트의 온도는 최소 얼마 이상 유지해야 하는가?

① 0℃ ② 5℃
③ 15℃ ④ 20℃

해설
한중 콘크리트는 소요 압축강도가 얻어질 때까지 콘크리트의 온도를 5℃ 이상으로 유지하여야 하며, 또한 소요 압축강도에 도달한 후 2일간은 구조물의 어느 부분이라도 0℃ 이상이 되도록 유지하여야 한다.

30 콘크리트를 제조하기 위해 재료를 계량하고자 한다. 혼화제의 계량 허용오차로서 옳은 것은?

① ±1% ② ±2%
③ ±3% ④ ±4%

해설
표준시방서상 계량오차

재료의 종류	측정 단위	허용오차
시멘트	질량	±1%
골재	질량 또는 부피	±3%
물	질량	±1%
혼화재	질량	±2%
혼화제	질량 또는 부피	±3%

31 콘크리트 운반에 관한 설명으로 틀린 것은?

① 운반거리가 100m 이하인 평탄한 운반로를 만들어 콘크리트의 재료분리를 방지할 수 있는 경우에는 손수레를 사용해도 좋다.
② 슬럼프값이 50mm 이하인 낮은 콘크리트를 운반할 때는 덤프트럭을 사용할 수 있다.
③ 콘크리트 펌프를 사용한 압송은 계획에 따라 연속적으로 실시하며, 되도록 중단되지 않도록 하여야 한다.
④ 슈트는 낮은 곳에서 높은 곳으로 콘크리트를 운반하며 원칙적으로 경사 슈트를 사용하여야 한다.

해설
슈트는 높은 곳에서 낮은 곳으로 콘크리트를 운반하며 원칙적으로 연직 슈트를 사용하여야 한다.

32 콘크리트를 일관 작업으로 대량 생산하는 장치로서, 재료저장부, 계량 장치, 비비기 장치, 배출 장치로 되어 있는 것은?

① 레미콘
② 콘크리트 플랜트
③ 콘크리트 피니셔
④ 콘크리트 디스트리뷰터

해설
콘크리트 플랜트 : 재료의 저장 및 계량, 혼합장치 등 일체를 갖추고 다량의 콘크리트를 일괄 작업으로 제조하는 기계설비이다.

정답 29 ② 30 ③ 31 ④ 32 ②

33 한중 콘크리트에서 재료를 가열할 때 가열해서는 안 되는 재료는?

① 시멘트 ② 물
③ 잔골재 ④ 굵은 골재

해설
시멘트는 어떠한 경우라도 직접 가열할 수 없다. 재료를 가열할 경우 물 또는 골재를 가열하는 것으로 하며, 골재의 가열은 온도가 균등하고 건조되지 않는 방법을 적용하여야 한다.

34 콘크리트의 비비기에 대한 설명으로 틀린 것은?

① 연속 믹서를 사용할 경우, 비비기 시작 후 최초로 배출되는 콘크리트를 사용할 수 있다.
② 비비기를 시작하기 전에 미리 믹서 내부를 모르타르로 부착시켜야 한다.
③ 비비기는 미리 정해둔 비비기 시간의 3배 이상 계속하지 않아야 한다.
④ 콘크리트의 재료는 반죽된 콘크리트가 균질하게 될 때까지 비비기를 하며 과도하게 비비기를 해서는 안 된다.

해설
비비기 시작 후 최초로 배출되는 콘크리트는 품질의 불량 우려로 사용할 수 없다.

35 높이가 높은 콘크리트를 연속해서 타설할 경우 타설 및 다질 때 가능한 한 재료분리를 적게 하기 위해서 타설속도는 일반적으로 30분에 얼마 정도로 하여야 하는가?

① 1.0~1.5m ② 2.0~2.5m
③ 3.0~3.5m ④ 4.0~4.5m

해설
콘크리트를 쳐 올라가는 속도는 단면의 크기, 배합, 다지기 방법 등에 따라 다르나 보통 30분에 1~1.5m 정도로 하는 것이 적당하다.

36 일반적인 수중 콘크리트의 단위 시멘트양 표준은 얼마 이상인가?

① 370kg/m³ ② 300kg/m³
③ 250kg/m³ ④ 200kg/m³

해설
일반 수중 콘크리트를 시공할 때 물-시멘트비 50% 이하, 단위 시멘트양은 370kg/m³ 이상을 표준으로 한다.

37 콘크리트 펌프로 시공하는 일반 수중 콘크리트의 슬럼프값의 표준으로 옳은 것은?

① 100~150mm
② 130~180mm
③ 150~200mm
④ 180~230mm

해설
트레미, 콘크리트 펌프를 사용하여 시공하는 일반 수중 콘크리트의 슬럼프값은 130~180mm이다.

정답 33 ① 34 ① 35 ① 36 ① 37 ②

38 일반 콘크리트에서 수밀성을 기준으로 물-결합재비를 정할 경우 그 값은 얼마를 기준으로 하는가?

① 30% 이하
② 45% 이하
③ 50% 이하
④ 60% 이하

해설
수밀 콘크리트의 물-결합재비는 50% 이하이어야 한다.

39 콘크리트 또는 모르타르가 엉기기 시작하지는 않았지만 비빈 후 상당히 시간이 지났거나, 재료가 분리된 경우에 다시 비비는 작업은?

① 되 비비기
② 거듭 비비기
③ 현장 비비기
④ 시방 배합

해설
되 비비기는 콘크리트 또는 모르타르가 엉기기 시작하였을 때 다시 비비는 작업을 말한다.

40 콘크리트의 다짐 작업에 내부 진동기를 사용할 때 내부 진동기의 삽입 간격으로 가장 적당한 것은?

① 0.1m 이하
② 0.5m 이하
③ 1m 이하
④ 1.5m 이하

해설
내부 진동기는 연직으로 0.1m 정도 찔러 넣으며, 삽입 간격은 일반적으로 0.5m 이하로 한다.

41 단위 골재량의 절대 부피가 $0.70m^3$이고 잔골재율이 35%일 때 단위 굵은 골재량은?(단, 굵은 골재의 밀도는 $2.6g/cm^3$임)

① $1,183kg/m^3$
② $1,198kg/m^3$
③ $1,213kg/m^3$
④ $1,228kg/m^3$

해설
단위 굵은 골재량의 절대 부피(m^3)
= 단위 골재량의 절대 부피 - 단위 잔골재량의 절대 부피
= 0.70 - (0.70 × 0.35)
= $0.455m^3$
∴ 단위 굵은 골재량(kg/m^3)
= 단위 굵은 골재량의 절대 부피 × 굵은 골재의 밀도 × 1,000
= 0.455 × 2.6 × 1,000
= $1,183kg/m^3$

42 워싱턴형 공기량 시험기를 이용한 공기 함유량 시험은 다음 중 어느 것인가?

① 면적법
② 공기실 압력법
③ 질량법
④ 부피법

해설
공기실 압력법 : 워싱턴형 공기량 측정기를 사용하며, 굳지 않은 콘크리트의 공기 함유량을 압력의 감소를 이용해 측정하는 방법으로 보일(Boyle)의 법칙을 적용한 것이다.

43 시멘트 비중 시험에 사용되는 것은?

① 르샤틀리에 플라스크
② 데시케이터
③ 피크노미터
④ 건조로

해설
시멘트 비중 시험에 사용되는 시험 기구 : 르샤틀리에 플라스크, 광유, 시멘트, 천칭(저울), 항온 수조, 온도계, 가는 철사, 마른 천

44 굳지 않은 콘크리트의 압력법에 의한 공기 함유량 시험방법에 대한 설명 중 옳지 않은 것은?

① 골재의 수정계수는 골재의 흡수율과 비례한다.
② 대표적인 콘크리트 시료를 3층으로 나누어 다진다.
③ 시험 전 용기의 검정 및 골재의 수정계수를 구해야 한다.
④ 다짐봉을 사용하여 콘크리트를 다질 경우 각 층을 25회 균등하게 다진다.

해설
골재의 수정계수는 일반적으로 흡수율이 크거나 밀도가 작을 경우 커지게 된다. 그러나 비례적으로 크거나 작지는 않다.

45 콘크리트의 인장강도 시험에서 시험체의 지름은 굵은 골재 최대 치수의 몇 배 이상이고 또한 몇 mm 이상이어야 하는가?

① 2배, 80mm
② 3배, 100mm
③ 4배, 150mm
④ 5배, 100mm

해설
쪼갬 인장강도용 공시체는 원기둥 모양으로 지름은 굵은 골재 최대 치수의 4배 이상이고, 150mm 이상으로 한다.

46 휨강도 시험을 위한 공시체의 길이에 대한 설명으로 옳은 것은?

① 단면의 한 변의 길이의 2배보다 50mm 이상 긴 것으로 한다.
② 단면의 한 변의 길이의 2배보다 80mm 이상 긴 것으로 한다.
③ 단면의 한 변의 길이의 3배보다 50mm 이상 긴 것으로 한다.
④ 단면의 한 변의 길이의 3배보다 80mm 이상 긴 것으로 한다.

해설
휨강도 시험용 공시체의 길이는 단면의 한 변의 길이의 3배보다 80mm 이상 길어야 한다.

47 콘크리트의 인장강도 시험을 하여 다음과 같은 결과를 얻었다. 이 공시체의 쪼갬 인장강도는 얼마인가?

- 시험기에 나타난 최대 하중 : 167.4kN
- 공시체의 길이 : 300mm
- 공시체의 지름 : 150mm

① 1.7MPa
② 2.0MPa
③ 2.4MPa
④ 2.7MPa

해설
$$쪼갬\ 인장강도 = \frac{2P}{\pi dl}$$
$$= \frac{2 \times 167,400}{\pi \times 150 \times 300}$$
$$≒ 2.4\text{MPa}$$
여기서, P : 최대 하중(N)
d : 공시체의 지름(mm)
l : 공시체의 길이(mm)

정답 43 ① 44 ① 45 ③ 46 ④ 47 ③

48 단위 수량이 176kg/m³이고 물-시멘트비가 55%일 때 단위 시멘트양은?

① 96.8kg/m³ ② 160kg/m³
③ 235.2kg/m³ ④ 320kg/m³

해설

$\frac{W}{C} = 0.55$

$\therefore C = \frac{W}{0.55} = \frac{176}{0.55} = 320 \text{kg/m}^3$

49 설계기준 강도란 일반적으로 무엇을 말하는가?

① 재령 28일의 인장강도
② 재령 28일의 압축강도
③ 재령 7일의 인장강도
④ 재령 7일의 압축강도

해설
설계기준 강도(설계기준 압축강도): 콘크리트 부재 설계 시 계산의 기준이 되는 콘크리트 강도로서 재령 28일의 압축강도를 기준으로 한다.

50 콘크리트의 시방 배합으로 각 재료의 양과 현장 골재의 상태가 다음과 같을 때 현장 배합에서 굵은 골재의 양은 얼마로 하여야 하는가?

[조건]
- 시멘트 : 300kg/m³
- 물 : 160kg/m³
- 잔골재 : 666kg/m³
- 굵은 골재 : 1,178kg/m³

[현장 골재]
- 5mm 체에 남는 잔골재량 : 0%
- 5mm 체에 통과하는 굵은 골재량 : 5%

① 116kg/m³ ② 1,178kg/m³
③ 1,240kg/m³ ④ 1,258kg/m³

해설

현장 배합 굵은 골재량 $= \frac{100G - a(S+G)}{100 - (a+b)}$

$= \frac{100 \times 1,178 - 0 \times (666 + 1,178)}{100 - (0+5)}$

$= 1,240 \text{kg/m}^3$

여기서, S : 시방 배합의 잔골재량(kg)
G : 시방 배합의 굵은 골재량(kg)
a : 잔골재 속의 5mm 체에 남는 양(%)
b : 굵은 골재 속의 5mm 체를 통과하는 양(%)

51 콘크리트용 모래에 포함되어 있는 유기불순물 시험에서 시험용 유리병은 용량 얼마의 시험용 무색 유리병 2개가 있어야 하는가?

① 1,000mL ② 800mL
③ 600mL ④ 400mL

해설
시험용 유리병은 고무마개를 가지고 눈금이 있는 용량 400mL의 무색 유리병이 2개 있어야 하며, 그중 1개는 130mL와 200mL의 눈금이 있어야 한다.

52 겉보기 공기량이 6.80%이고, 골재의 수정계수가 1.20%일 때 콘크리트의 공기량은 얼마인가?

① 5.60% ② 4.40%
③ 3.20% ④ 2.0%

해설
콘크리트의 공기량(A)
$A = A_1 - G$
$\quad = 6.80 - 1.20$
$\quad = 5.60\%$
여기서, A_1 : 콘크리트의 겉보기 공기량(%)
$\quad\quad G$: 골재의 수정계수(%)

53 굳지 않은 콘크리트에서 물이 분리되어 위로 올라오는 현상을 무엇이라 하는가?

① 워커빌리티(workability)
② 컨시스턴시(consistency)
③ 레이턴스(laitance)
④ 블리딩(bleeding)

해설
① 워커빌리티 : 반죽질기에 따른 작업의 어렵고 쉬운 정도 및 재료의 분리에 저항하는 정도를 나타내는 굳지 않은 콘크리트의 성질
② 컨시스턴시 : 주로 수량의 다소에 따른 반죽의 되고 진 정도를 나타내는 것으로 콘크리트 반죽의 유연성을 나타내는 성질
③ 레이턴스 : 블리딩에 의하여 표면에 떠올라 가라앉은 아주 작은 물질

54 골재의 조립률 측정을 위해 사용되는 체의 종류 중 적당치 못한 것은?

① 40mm ② 30mm
③ 20mm ④ 10mm

해설
조립률 : 10개의 체(75mm, 40mm, 20mm, 10mm, 5mm, 2.5mm, 1.2mm, 0.6mm, 0.3mm, 0.15mm)를 1조로 하여 체가름 시험을 하였을 때, 각 체에 남은 누계량의 전체 시료에 대한 질량 백분율의 합을 100으로 나눈 값으로 나타낸다.

55 콘크리트 슬럼프 시험에 대한 설명으로 틀린 것은?

① 슬럼프값은 5mm의 정밀도로 측정한다.
② 슬럼프 콘에 시료를 채우고 벗길 때까지의 전 작업시간은 3분 이내로 한다.
③ 슬럼프 콘을 벗기는 작업은 20초 정도로 한다.
④ 굵은 골재의 최대 치수가 40mm를 넘는 콘크리트의 경우에는 40mm를 넘는 굵은 골재를 제거한다.

해설
슬럼프 콘을 벗기는 작업은 2~5초 정도로 한다.

정답 52 ① 53 ④ 54 ② 55 ③

56 압축강도 시험용 공시체를 제작할 때 몰드를 떼는 시기는 몰드에 콘크리트를 채우고 나서 얼마 이내로 하여야 하는가?

① 8시간 이상 16시간 이내
② 16시간 이상 3일 이내
③ 3일 이상 6일 이내
④ 6일 이상 9일 이내

해설
몰드 제거 시기는 콘크리트를 채운 직후 16시간 이상 3일 이내로 한다. 이때, 충격, 진동, 수분의 증발을 방지해야 한다.

57 콘크리트 휨강도 시험용 공시체 제작에서 다짐봉을 사용하여 콘크리트를 채우고자 한다. 이때 다짐은 몇 mm^2마다 1회의 비율로 다져야 하는가?

① $100mm^2$
② $500mm^2$
③ $1,000mm^2$
④ $5,000mm^2$

해설
콘크리트 휨강도 시험용 공시체를 제작할 때 콘크리트는 몰드에 2층으로 나누어 채우고 각 층은 적어도 $1,000mm^2$에 1회의 비율로 다짐을 한다.

58 콘크리트의 블리딩 시험에서 시험온도로 옳은 것은?

① 17±3℃
② 20±3℃
③ 23±3℃
④ 25±3℃

해설
블리딩 시험 중에는 실온 20±3℃로 한다.

59 콘크리트 압축강도 시험용 공시체의 표면을 캐핑하기 위한 시멘트풀의 물-시멘트비의 범위는 어느 정도가 적당한가?

① 30~35%
② 37~40%
③ 17~20%
④ 27~30%

해설
콘크리트 압축강도 시험용 공시체를 캐핑하기 위해서는 시멘트풀을 사용하며, 물-시멘트비 범위는 27~30%로 한다.

60 콘크리트용 모래에 포함되어 있는 유기불순물 시험에 사용되는 시약은?

① 무수황산나트륨
② 염화칼슘 용액
③ 실리카 겔
④ 수산화나트륨 용액

해설
유기불순물 시험에 사용되는 시약
- 수산화나트륨 용액(3%) : 물 97에 수산화나트륨 3의 질량비로 용해시킨 것이다.
- 탄닌산 용액(2%) : 10%의 알코올 용액으로 2% 탄닌산 용액을 제조한다.

정답 56 ② 57 ③ 58 ② 59 ④ 60 ④

2021년 제2회 과년도 기출복원문제

01 토목재료로서 갖추어야 할 일반적 성질 중 틀린 것은?

① 사용 환경에 안전하고 내구성이 있어야 한다.
② 생산량이 적어야 한다.
③ 사용 목적에 알맞은 공학적 성질을 가져야 한다.
④ 운반, 다루기 및 가공하기 쉬워야 한다.

해설
토목재료의 일반적 성질
- 사용 환경에 대하여 안정하고 내구성을 가질 것
- 사용 목적에 알맞은 공학적 성질을 가질 것
- 대량공급이 가능할 것
- 경제성이 있을 것
- 운반, 취급 및 가공이 용이할 것

02 콘크리트의 워커빌리티에 가장 큰 영향을 미치는 요소는?

① 시멘트의 종류
② 단위 수량
③ 잔골재의 품질
④ 굵은 골재의 최대 치수

해설
콘크리트의 워커빌리티에 가장 큰 영향을 미치는 요소는 재료분리가 일어나지 않는 환경에서는 단위 수량에 의한 반죽질기이다.

03 보통 굵은 골재의 흡수율은 일반적으로 얼마 정도인가?

① 0.5~3%
② 4~7.5%
③ 7.5~10%
④ 10~12.5%

해설
일반적인 콘크리트용 잔골재와 굵은 골재의 절대건조 밀도는 $2.5g/cm^3$ 이상, 흡수율은 3.0% 이하의 값을 표준으로 한다(KCS 14 20 10).

04 부순 굵은 골재를 사용한 콘크리트에 대한 설명으로 틀린 것은?

① 소요 단위 수량이 많아진다.
② 강자갈을 사용한 콘크리트와 비교하여 수밀성이 약간 저하된다.
③ 강자갈을 사용한 콘크리트와 비교하여 압축강도가 현저히 작아진다.
④ 석분이 골재 표면에 부착되어 있기 때문에 세척 후 사용하여야 한다.

해설
강자갈을 사용한 콘크리트와 비교하여 압축강도가 현저히 크게 된다.

05 감수제의 성질을 잘못 설명한 것은?

① 시멘트의 입자를 흐트러지게 하는 분산제이다.
② 워커빌리티가 좋아지므로 단위 수량을 줄일 수 있다.
③ 내구성 및 수밀성이 좋아진다.
④ 단위 시멘트양이 커지는 단점이 있다.

해설
감수제는 소요의 슬럼프 및 강도를 확보하기 위해 단위 수량 및 단위 시멘트양을 감소시킨다.

정답 1 ② 2 ② 3 ① 4 ③ 5 ④

06 혼화재료의 저장에 대한 설명으로 옳지 않은 것은?

① 혼화재는 먼지나 불순물이 혼입되거나 변질되지 않도록 저장한다.
② 저장이 오래된 것은 시험 후 사용 여부를 결정하여야 한다.
③ 혼화재는 날리지 않도록 그 취급에 주의해야 한다.
④ 혼화재는 습기가 약간 있는 창고 내에 저장한다.

해설
혼화재는 방습사일로 또는 창고 등에 저장하고, 입고된 순서대로 사용해야 한다.

07 콘크리트용 골재가 갖추어야 하는 성질 중 틀린 것은?

① 알맞은 입도를 가질 것
② 깨끗하고 강하며, 내구적일 것
③ 연한 석편, 가느다란 석편을 함유할 것
④ 먼지, 흙, 유기불순물 등의 유해물을 함유하지 않을 것

해설
콘크리트용 골재는 연한 석편, 먼지, 흙, 유기불순물, 염분 등의 유해물을 함유해서는 안 된다.

08 조기강도가 커서 긴급공사나 한중 콘크리트에 알맞은 시멘트는?

① 중용열 포틀랜드 시멘트
② 알루미나 시멘트
③ 고로 슬래그 시멘트
④ 팽창 시멘트

해설
알루미나 시멘트
- 보크사이트와 석회석을 혼합하여 분말로 만든 시멘트이다.
- 재령 1일에 보통 포틀랜드 시멘트의 재령 28일에 해당하는 강도를 나타낸다.
- 조기강도가 커 긴급공사, 한중공사에 적합하다.
- 해수, 산, 염류, 등 작용에 대한 저항성이 커 해수공사에 사용된다.

09 혼화재료에 대한 설명 중 옳은 것은?

① 포졸란을 사용하면 콘크리트의 장기강도 및 수밀성이 커진다.
② 감수제는 시멘트의 입자를 분산시켜 시멘트풀의 유동성을 감소시킨다.
③ 지연제는 시멘트 입자 표면에 흡착되어 조기 수화작용을 촉진시킨다.
④ 촉진제는 일반적으로 시멘트 중량에 대해서 4% 이상을 사용해야 한다.

해설
② 감수제는 시멘트 입자를 분산시켜 단위 수량을 감소시키고 시멘트풀의 유동성을 높이는 혼화제이다.
③ 지연제는 시멘트 입자 표면에 흡착되어 조기 수화작용을 지연시킨다.
④ 촉진제는 일반적으로 시멘트 중량에 대해서 4% 이하를 사용해야 한다.

정답 6 ④ 7 ③ 8 ② 9 ①

10 굵은 골재의 최대 치수에 대한 설명으로 옳은 것은?

① 콘크리트에서 굵은 골재의 최대 치수가 크면 소요 단위 수량은 증가한다.
② 콘크리트에서 굵은 골재의 최대 치수가 크면 소요 단위 시멘트양은 증가한다.
③ 굵은 골재의 최대 치수가 크면 재료분리가 감소한다.
④ 굵은 골재의 최대 치수가 크면 시멘트풀의 양이 적어지므로 경제적이다.

해설
굵은 골재의 치수가 클수록 시멘트와 모래의 비율이 줄어들기 때문에 시멘트의 양을 줄일 수 있으므로 경제적이다.

11 고로 슬래그 시멘트에 관한 설명 중 옳은 것은?

① 응결시간이 짧고 강화할 때 발열이 크다.
② 단면이 큰 콘크리트 공사에는 부적합하다.
③ 해수, 폐수, 하수가 접하는 부분에 적합하다.
④ 긴급공사나 한중 콘크리트에 적합하다.

해설
① 응결시간이 느리고 조기강도가 작다.
② 주로 댐, 하천, 항만 등의 구조물에 사용된다.
④ 해중 콘크리트나 하수관 등에 많이 사용된다.

12 골재의 조립률(FM)과 관계있는 것은?

① 마모에 대한 저항성
② 콘크리트의 경제적인 배합 결정
③ 알칼리 골재 반응
④ 골재의 함유 불순물

해설
조립률(FM ; Finess Modulus) : 콘크리트에 사용되는 골재의 입도 정도를 표시하는 지표이다.

13 수화열이 적고, 건조수축이 작으며, 댐이나 방사선 차폐용, 매시브한 콘크리트 등 단면이 큰 콘크리트 공사에 적합한 시멘트는?

① 보통 포틀랜드 시멘트
② 조강 포틀랜드 시멘트
③ 중용열 포틀랜드 시멘트
④ 내황산염 포틀랜드 시멘트

해설
포틀랜드 시멘트
- 보통 포틀랜드 시멘트 : 일반적으로 쓰이는 시멘트에 해당하며 건축·토목공사에 사용된다.
- 중용열 포틀랜드 시멘트 : 수화속도는 느리지만 수화열이 적고 장기강도가 우수하여 댐, 매스 콘크리트, 방사선 차폐용 등에 사용된다.
- 조강 포틀랜드 시멘트 : 수화열이 높아 초기강도와 저온에서 강도 발현이 우수하여 한중공사, 긴급공사에 사용된다.
- 저열 포틀랜드 시멘트 : 수화열이 가장 적어 대형 구조물 공사에 적합하다.
- 내황산염 포틀랜드 시멘트 : 황산염에 대한 저항성 우수하여 해양공사에 유리하다.

14 혼화제로서 워커빌리티를 좋게 하고, 동결융해에 대한 저항성과 수밀성을 크게 하는 혼화재료는?

① AE제   ② 기포제
③ 팽창제   ④ 촉진제

해설
② 기포제 : 콘크리트 속에 많은 거품을 일으켜, 부재의 경량화나 단열성을 목적으로 사용하는 혼화제이다.
③ 팽창제 : 콘크리트가 경화되는 중에 부피를 늘어나게 하여 콘크리트의 건조수축에 의한 균열을 억제하는 데 사용하는 혼화재이다.
④ 촉진제 : 시멘트의 수화작용을 빠르게 하는 혼화제이다.

정답 10 ④ 11 ③ 12 ② 13 ③ 14 ①

15 AE 콘크리트의 성질에 관한 설명으로 틀린 것은?

① 워커빌리티가 좋다.
② 소요 단위 수량이 적어진다.
③ 블리딩이 적어진다.
④ 철근과의 부착강도가 커진다.

> 해설
> AE제 사용량이 많아지면 콘크리트의 강도 및 철근과의 부착강도가 떨어진다.

16 일반적인 포틀랜드 시멘트의 비중은?

① 2.50~2.65
② 2.65~2.80
③ 2.80~3.10
④ 3.10~3.20

> 해설
> 포틀랜드 시멘트의 비중
> • 보통 포틀랜드 시멘트 : 3.14~3.17
> • 중용열 포틀랜드 시멘트 : 3.2
> • 조강 포틀랜드 시멘트 : 3.12

17 골재의 크고 작은 알이 섞여 있는 정도를 무엇이라 하는가?

① 골재의 평형
② 골재의 조립률
③ 골재의 입도
④ 골재의 비중

> 해설
> ② 골재의 조립률 : 10개의 체(75mm, 40mm, 20mm, 10mm, 5mm, 2.5mm, 1.2mm, 0.6mm, 0.3mm, 0.15mm)를 1조로 하여 체가름 시험을 하였을 때, 각 체에 남는 누계량의 전체 시료에 대한 질량 백분율의 합을 100으로 나눈 값이다.
> ④ 골재의 비중 : 골재의 밀도를 나타내는 값으로, 일반적으로 표면건조 포화 상태의 비중을 말한다.

18 시멘트의 응결에 관한 설명 중 옳지 않은 것은?

① 습도가 낮으면 응결이 빨라진다.
② 풍화되었을 경우 응결이 빨라진다.
③ 온도가 높을수록 응결이 빨라진다.
④ 분말도가 크면 응결이 빨라진다.

> 해설
> 시멘트가 풍화되었을 경우에는 응결이 늦다.

19 굵은 골재의 정의로 가장 적합한 것은?

① 2.5mm 체에 거의 다 남는 골재
② 5mm 체에 거의 다 남는 골재
③ 10mm 체에 거의 다 남는 골재
④ 25mm 체에 거의 다 남는 골재

> 해설
> 골재의 종류
> • 잔골재(모래) : 10mm 체를 전부 통과하고 5mm 체를 거의 다 통과하며 0.08mm 체에 거의 다 남는 골재
> • 굵은 골재(자갈) : 5mm 체에 거의 다 남는 골재 또는 5mm 체에 다 남는 골재

정답 15 ④ 16 ④ 17 ③ 18 ② 19 ②

20 다음은 굵은 골재의 밀도 시험결과이다. 절대건조 상태의 밀도는?

- 공기 중의 절대건조 시료의 무게(g) [A] : 3,939.3g
- 공기 중의 표면건조 포화 상태의 무게(g) [B] : 4,000g
- 물속에서 시료의 무게(g) [C] : 2,492g
- 시험온도에서의 물의 밀도 : 1g/cm³

① 2.59g/cm³ ② 2.61g/cm³
③ 2.63g/cm³ ④ 2.65g/cm³

해설
절대건조 상태의 밀도(D_d)
$$D_d = \frac{A}{B-C} \times \rho_w$$
$$= \frac{3,939}{4,000-2,492} \times 1$$
$$\approx 2.61 \text{g/cm}^3$$

여기서, A : 절대건조 상태의 시료질량(g)
B : 표면건조 포화 상태의 시료질량(g)
C : 침지된 시료의 수중 질량(g)
ρ_w : 시험온도에서의 물의 밀도(g/cm³)

21 서중 콘크리트를 타설할 때의 온도는 몇 ℃ 이하로 하는가?

① 5℃   ② 15℃
③ 25℃ ④ 35℃

해설
콘크리트를 타설할 때의 콘크리트 온도는 35℃ 이하이어야 한다.

22 콘크리트 치기에서 벽이나 기둥과 같이 높이가 높은 콘크리트를 연속해서 칠 경우에는 일반적으로 30분에 어느 정도로 하는가?

① 1~1.5m   ② 1.5~2m
③ 2~3.5m   ④ 3.5~4m

해설
콘크리트를 쳐 올라가는 속도는 단면의 크기, 배합, 다지기 방법 등에 따라 다르나 보통 30분에 1~1.5m 정도로 하는 것이 적당하다.

23 콘크리트를 운반할 때 고려하여야 할 중요 사항과 가장 관계가 먼 것은?

① 운반시간 단축
② 슬럼프 감소 방지
③ 거푸집의 청결 상태
④ 재료분리 방지

해설
콘크리트 운반 시 고려사항
- 운반은 슬럼프, 공기량 감소 및 재료분리가 적게 일어나도록 빠르게 운반한다.
- 콘크리트 운반차는 트럭믹서 또는 트럭 애지테이터 사용한다.
- 슬럼프 저하나 강도 저하가 발생되지 않도록 서서히 비비면서 운반한다.
- 배차계획을 철저히 세워 현장에서 여러 대의 차량이 대기하지 않도록 한다.

24 보통 포틀랜드 시멘트를 사용한 콘크리트 포장 도로의 최소 양생기간은?

① 7일   ② 14일
③ 21일 ④ 28일

해설
습윤 양생기간
- 보통 포틀랜드 시멘트 : 14일간
- 조강 포틀랜드 시멘트 : 7일간
- 중용열 포틀랜드 시멘트 : 21일간

정답 20 ② 21 ④ 22 ① 23 ③ 24 ②

25 용량(q)이 0.75m³인 믹서 2대로 된 중력식 콘크리트 플랜트의 시간당 생산량(Q)은 얼마인가?(단, 작업 효율(E) = 0.8, 사이클 시간(C_m) = 4min)

① 6m³/h ② 12m³/h
③ 18m³/h ④ 24m³/h

해설

$Q = \dfrac{60qE}{C_m}$

$= \dfrac{60 \times 0.75 \times 0.8 \times 2}{4}$

$= 18\text{m}^3/\text{h}$

여기서, q : 적재량
E : 효율
C_m : 사이클 타임

26 콘크리트를 일관 작업으로 대량 생산하는 장치로서, 재료 저장부, 계량 장치, 비비기 장치, 배출 장치로 되어 있는 것은?

① 레미콘
② 콘크리트 플랜트
③ 콘크리트 피니셔
④ 콘크리트 디스트리뷰터

해설

콘크리트 플랜트 : 재료의 저장 및 계량, 혼합장치 등 일체를 갖추고 다량의 콘크리트를 일괄 작업으로 제조하는 기계설비이다.

27 다음 중 배치 믹서(batch mixer)에 대한 설명으로 가장 적합한 것은?

① 콘크리트 재료를 1회분씩 비비기 하는 기계
② 콘크리트 재료를 1회분씩 계량하는 기계
③ 콘크리트를 혼합하면서 운반하는 트럭
④ 콘크리트를 1m³씩 혼합하는 기계

28 다음 중 손수레를 사용하여 굳지 않은 콘크리트를 운반할 수 있는 경우에 대한 설명으로 옳은 것은?

① 운반거리가 1km 이하가 되는 평탄한 운반로를 만들어 재료분리를 방지할 수 있는 경우
② 운반거리가 500m 이하가 되는 10% 이내의 하향 경사의 운반로를 만들어 운반을 인력으로 할 수 있는 경우
③ 운반거리가 100m 이하가 되는 평탄한 운반로를 만들어 재료분리를 방지할 수 있는 경우
④ 운반거리가 500m 이하가 되는 10% 이내의 상향 경사의 운반로를 만들어 운반을 인력으로 할 수 있는 경우

29 다음 중에서 뿜어붙이기 콘크리트의 시공에 적합하지 않은 것은?

① 콘크리트 표면공사
② 콘크리트 보수공사
③ 터널(tunnel) 공사
④ 수중 콘크리트 공사

해설

뿜어붙이기 콘크리트는 고압으로 콘크리트를 분사하여 시공하는 방법으로, 수밀성이 다소 결여되어 수중 콘크리트 공사에는 적절하지 않다.

숏크리트(shotcrete, 뿜어붙이기 콘크리트)
• 터널의 복공, 비탈면 보호, 보강 공사 등에 사용한다.
• 시공속도가 빠르며 협소한 장소나 시공면에 영향을 받지 않는다.

25 ③ 26 ② 27 ① 28 ③ 29 ④

30 서중 콘크리트를 타설할 때 시간은 얼마 이내로 하여야 하는가?

① 60분 이내 ② 90분 이내
③ 120분 이내 ④ 150분 이내

해설
서중 콘크리트는 재료를 비빈 후 1.5시간 이내에 타설해야 한다.

31 콘크리트 치기에 대한 설명으로 옳지 않은 것은?

① 철근의 배치가 흐트러지지 않도록 주의해야 한다.
② 거푸집 안에 투입한 후 이동시킬 필요가 없도록 해야 한다.
③ 2층 이상으로 쳐 넣은 경우 아래층이 굳은 다음 위층을 쳐야 한다.
④ 높은 곳을 연속해서 쳐야 할 경우 반죽질기 및 속도를 조정해야 한다.

해설
콘크리트를 2층 이상으로 나누어 타설할 경우, 상층의 콘크리트 타설은 원칙적으로 하층의 콘크리트가 굳기 시작하기 전에 해야 하며, 상층과 하층이 일체가 되도록 시공한다.

32 물-시멘트비가 44%, 단위 시멘트양이 250kg/m³일 때 단위 수량을 구한 값으로 옳은 것은?

① 105kg/m³ ② 110kg/m³
③ 115kg/m³ ④ 120kg/m³

해설
$\frac{W}{C} = 0.44$
∴ $W = 0.44 \times C$
$= 0.44 \times 250$
$= 110 kg/m^3$

33 콘크리트 시공의 작업 순서를 바르게 나타낸 것은 어느 것인가?

① 계량 → 운반 → 비비기 → 치기 → 양생
② 계량 → 비비기 → 치기 → 운반 → 양생
③ 계량 → 운반 → 치기 → 비비기 → 양생
④ 계량 → 비비기 → 운반 → 치기 → 양생

34 굵은 골재의 최대 치수 40mm, 슬럼프의 범위 10~18cm인 경우 콘크리트의 운반방법으로 가장 알맞은 것은?

① 콘크리트 플레이서
② 버킷
③ 콘크리트 펌프
④ 운반차

해설
③ 콘크리트 펌프 : 일반 콘크리트를 펌프로 압송할 경우, 굵은 골재의 최대 치수 40mm 이하를 표준으로 하고, 슬럼프의 범위는 10~18cm로 한다.
① 콘크리트 플레이서 : 수송관 속의 콘크리트를 압축공기에 의해 압송하는 것으로서, 터널 등의 좁은 곳에 콘크리트를 운반하는 데에 편리한 기계이다.
② 버킷 : 믹서에서 나온 콘크리트를 즉시 현장에 운반하는 용기로, 기중기 등에 매달아 사용한다.

정답 30 ② 31 ③ 32 ② 33 ④ 34 ③

35 한중 콘크리트에 관한 설명으로 옳지 않은 것은?

① 타설할 때의 온도는 5~20℃의 범위에서 정한다.
② 공기연행 콘크리트를 사용하는 것을 원칙으로 하고 물-시멘트비는 60% 이하로 한다.
③ 하루의 평균기온이 4℃ 이하가 되는 기상조건에서는 한중 콘크리트로서 시공한다.
④ 동결 또는 빙설이 혼입되어 있는 골재와 시멘트는 직접 가열하여 쓴다.

해설
시멘트는 어떠한 경우라도 직접 가열할 수 없다. 재료를 가열할 경우 물 또는 골재를 가열하는 것으로 하며, 골재의 가열은 온도가 균등하고 건조되지 않는 방법을 적용하여야 한다.

36 콘크리트 비비기에서 강제식 믹서를 사용할 경우 비비기 시간은 얼마 이상을 표준으로 하는가?

① 1분
② 1분 30초
③ 2분
④ 2분 30초

해설
가경식 믹서는 1분 30초 이상, 강제식 믹서는 1분 이상을 표준 비비기 시간으로 한다.

37 콘크리트의 다지기에 대한 설명으로 옳은 것은?

① 내부 진동를 찔러 넣은 간격은 일반적으로 1m 이하로 한다.
② 내부 진동기는 진동기 끝이 거푸집 표면까지 닿도록 깊숙이 찔러 넣어야 한다.
③ 내부 진동기는 얇은 벽 등 작업이 어려운 곳에서 사용하기 편리하다.
④ 콘크리트의 다지기는 내부 진동기를 사용하는 것이 원칙이다.

해설
① 내부 진동기의 삽입 간격은 일반적으로 0.5m 이하로 한다.
② 내부 진동기는 진동기의 끝이 아래층 콘크리트 속으로 0.1m 정도 들어가게 한다.
③ 거푸집 진동기는 얇은 벽 등 작업이 어려운 곳에 사용하기 편리하다.

38 잔골재의 절대 부피가 0.324m³이고 굵은 골재의 절대 부피는 0.684m³일 때 잔골재율을 구하면?

① 16.0%
② 17.1%
③ 24.5%
④ 32.1%

해설
$$잔골재율(\%) = \frac{잔골재량}{잔골재량 + 굵은 골재량} \times 100$$
$$= \frac{0.324}{0.324 + 0.684} \times 100$$
$$≒ 32.14\%$$

39 일명 고온고압 양생이라고 하며, 증기압 7~15기압, 온도 180℃ 정도의 고온·고압의 증기솥 속에서 양생하는 방법은?

① 오토클레이브 양생
② 상압증기 양생
③ 전기 양생
④ 가압 양생

해설
오토클레이브(고온고압) 양생
고온·고압의 가마 속에 콘크리트를 넣어 콘크리트 치기가 끝난 다음 온도, 하중, 충격, 오손, 파손 따위의 유해한 영향을 받지 않도록 하는 촉진 양생방법이다.

40 콘크리트 표면을 물에 적신 가마니, 마포 등으로 덮는 양생방법은 어느 것인가?

① 습포 양생
② 수중 양생
③ 습사 양생
④ 피막 양생

해설
② 수중 양생 : 콘크리트나 모르타르 따위를 물속에 잠기게 한 다음 굳을 때까지 온도 변화나 충격에 영향을 받지 않게 보호하는 양생방법이다.
③ 습사 양생 : 콘크리트 표면에 젖은 모래를 뿌려 수분을 공급하는 양생방법이다.
④ 피막 양생(막양생) : 일반적으로 가마니, 마포 등을 적시거나 살수하는 등의 습윤 양생이 곤란한 경우에 사용하는 것으로 콘크리트의 막을 만드는 양생제를 살포하여 증발을 막는 양생방법이다.

41 골재의 조립률을 구하는 데 필요하지 않는 체는?

① 0.075mm 체
② 0.15mm 체
③ 0.3mm 체
④ 40mm 체

해설
조립률 : 10개의 체(75mm, 40mm, 20mm, 10mm, 5mm, 2.5mm, 1.2mm, 0.6mm, 0.3mm, 0.15mm)를 1조로 하여 체가름 시험을 하였을 때, 각 체에 남은 누계량의 전체 시료에 대한 질량 백분율의 합을 100으로 나눈 값으로 나타낸다.

42 비카침 장치와 길모어침 장치는 무슨 시험을 하기 위한 것인가?

① 시멘트의 응결시간 시험
② 시멘트의 분말도 시험
③ 시멘트의 비중 시험
④ 시멘트의 안정성 시험

해설
② : 블레인 공기투과장치를 사용한다.
③ : 르샤틀리에 비중병을 사용한다.
④ : 오토클레이브 장치를 사용한다.

43 콘크리트 휨강도 시험에서 하중을 가하는 속도는 가장자리 응력도의 증가율이 매초 얼마가 되도록 조정하여야 하는가?

① 0.02±0.04MPa
② 0.06±0.04MPa
③ 0.10±0.04MPa
④ 0.14±0.04MPa

해설
하중을 가하는 속도는 가장자리 응력도의 증가율이 매초 0.06±0.04MPa이 되도록 조정하고, 최대 하중이 될 때까지 그 증가율을 유지하도록 한다.

정답 39 ① 40 ① 41 ① 42 ① 43 ②

44 골재의 안정성 시험을 하기 위한 시험 용액에 사용되는 시약은 어느 것인가?

① 탄닌산
② 염화칼슘
③ 황산소듐
④ 수산화나트륨

해설
골재의 안정성 시험 : 골재의 내구성을 알기 위하여 황산소듐 포화 용액으로 인한 골재의 부서짐 작용에 대한 저항성을 시험한다.

45 다음 중 잔골재 밀도 측정시험에 사용되는 기계·기구가 아닌 것은?

① 철망태
② 원뿔형 몰드
③ 항온 수조
④ 플라스크

해설
철망태는 굵은 골재의 밀도 및 흡수율 시험에 사용된다.
잔골재의 밀도 및 흡수율 시험에 사용되는 시험 기구 : 저울, 플라스크(500mL), 원뿔형 몰드, 다짐봉, 건조기, 항온 수조, 피펫

46 잔골재의 절대 부피가 0.279m³이고 잔골재 밀도가 2.64g/cm³일 때 단위 잔골재량은 얼마인가?

① 106kg/m³
② 573kg/m³
③ 737kg/m³
④ 946kg/m³

해설
단위 잔골재량(kg/m³)
= 단위 잔골재량의 절대 부피 × 잔골재의 비중 × 1,000
= 0.279 × 2.64 × 1,000
≒ 737kg/m³

47 일반 콘크리트의 슬럼프 시험에 대한 설명으로 틀린 것은?

① 콘크리트 안에 40mm가 넘는 굵은 골재를 약간 포함하고 있다면, 40mm가 넘는 굵은 골재는 제거한다.
② 콘크리트가 슬럼프 콘의 중심축에 대하여 치우치거나 무너져서 모양이 불균형하게 된 경우는 다른 시료에 의해 재시험을 한다.
③ 콘에 시료를 채울 때 시료를 거의 같은 양의 3층으로 나눠서 채우며, 그 각 층은 다짐봉으로 고르게 한 후 25회 똑같이 다진다.
④ 슬럼프 콘에 시료를 채우고 벗길 때까지의 전 작업시간은 1분 이내로 한다.

해설
슬럼프 콘을 벗기는 시간은 2~5초로 하며, 시료를 채우고 벗길 때까지의 전 작업시간은 3분 이내로 한다.

48 골재의 함수 상태에서 골재알의 표면에는 물기가 없고 알 속의 빈틈만 물로 차 있는 상태는?

① 습윤 상태
② 공기 중 건조 상태
③ 절대건조 상태
④ 표면건조 포화 상태

해설
골재의 함수 상태
- 절대건조 상태(절건 상태) : 105±5℃의 온도에서 일정한 질량이 될 때까지 건조시킨 것으로서, 물기가 전혀 없는 상태이다.
- 공기 중 건조 상태(기건 상태) : 습기가 없는 실내에서 건조시킨 것으로서, 골재알 속의 일부에만 물기가 있는 상태이다.
- 표면건조 포화 상태(표건 상태) : 골재알의 표면에는 물기가 없고, 골재알 속의 빈틈만 물로 차 있는 상태이다.
- 습윤 상태 : 골재알 속이 물로 차 있고, 표면에도 물기가 있는 상태이다.

49 콘크리트의 배합설계 방법 중 적절하지 않은 것은?

① 배합표에 의한 방법
② 단위 수량에 의한 방법
③ 계산에 의한 방법
④ 시험 배합에 의한 방법

해설
콘크리트의 배합설계 방법
• 계산 배합에 의한 방법
• 시험 배합에 의한 방법
• 배합표에 의한 방법

50 슬럼프 시험에서 콘을 들어 올린 후 콘크리트가 내려 앉은 길이를 몇 mm 정밀도로 측정하여야 하는가?

① 0.5mm   ② 5mm
③ 10mm   ④ 50mm

해설
슬럼프는 5mm 단위로 표시한다.

51 콘크리트의 압축강도 시험에서 최대 하중이 280kN 일 때, 압축강도를 구하면?(단, 공시체는 $\phi 15 \times 30\text{cm}$)

① 57.3MPa   ② 44.5MPa
③ 21.7MPa   ④ 15.9MPa

해설
압축강도 $(f) = \dfrac{P}{A} = \dfrac{280,000}{\dfrac{\pi \times 150^2}{4}} = \dfrac{280,000}{17,671.5}$

$\fallingdotseq 15.9\text{MPa}$

여기서, P : 파괴될 때 최대 하중(N)
  A : 시험체의 단면적(mm²)

52 콘크리트의 쪼갬 인장강도를 구하는 식으로 옳은 것은?

• T : 쪼갬 인장강도(MPa)
• P : 시험기에 나타난 최대 하중(N)
• l : 공시체의 길이(mm)
• d : 공시체의 지름(mm)

① $T = \dfrac{2P}{Al}$ ② $T = \dfrac{\pi l d}{2P}$

③ $T = \dfrac{P}{\pi l}$ ④ $T = \dfrac{2P}{\pi d l}$

정답 49 ② 50 ② 51 ④ 52 ④

53 지름이 15cm, 길이가 30cm인 공시체를 사용하여 인장강도 시험을 하였다. 파괴 시의 강도가 180kN 이었다면 콘크리트의 인장강도는?

① 1.02MPa
② 1.84MPa
③ 2.54MPa
④ 3.34MPa

해설

쪼갬 인장강도 $= \dfrac{2P}{\pi dl}$

$= \dfrac{2 \times 180,000}{\pi \times 150 \times 300}$

$\fallingdotseq 2.54\text{MPa}$

여기서, P : 최대 하중(N)
d : 공시체의 지름(mm)
l : 공시체의 길이(mm)

54 콘크리트 휨강도 시험용 공시체를 만들 때 15×15×53cm일 때 몇 층으로 몇 회씩 다지는가?

① 3층, 30회
② 3층, 75회
③ 2층, 60회
④ 2층, 80회

해설

콘크리트 휨강도 시험용 공시체를 제작할 때 콘크리트는 몰드에 2층으로 나누어 채우고 각 층은 적어도 1,000mm²에 1회의 비율로 다짐을 한다.
• 몰드의 단면적 = 150 × 530
  = 79,500mm²
• 다짐 횟수 = 79,500 ÷ 1,000
  = 79.5 ≒ 80회

55 잔골재 표면수 시험에 대한 설명으로 옳지 않은 것은?

① 시험방법 중 질량법이 있다.
② 시험의 정밀도는 각 시험값과 평균값의 차가 3% 이하이어야 한다.
③ 시험방법 중 용적법이 있다.
④ 시험은 동시에 채취한 시료에 대하여 2회 실시하고 결과는 그 평균값으로 나타낸다.

해설

시험의 정밀도는 각 시험값과 평균값과의 차가 0.3% 이하이어야 한다.

56 콘크리트의 블리딩 시험에서 시료의 블리딩 물의 총량이 300g이고 시료에 함유된 물의 총 질량이 150kg일 때 블리딩률은 몇 %인가?

① 0.2%
② 0.8%
③ 1.2%
④ 4.5%

해설

블리딩률(%) $= \dfrac{B}{C} \times 100$

$= \dfrac{0.3}{150} \times 100$

$= 0.2\%$

여기서, B : 시료의 블리딩 물의 총량(kg)
C : 시료에 함유된 물의 총 중량(kg)

57 굳지 않은 콘크리트의 공기량 측정법이 아닌 것은?

① 공기실 압력법
② 부피법
③ 계산법
④ 무게법

해설
공기량의 측정법
질량법(중량법, 무게법), 용적법(부피법), 공기실 압력법(주수법과 무주수법)이 있다.

58 콘크리트의 압축강도 시험을 위한 공시체 모양은 원기둥형으로 하며, 공시체 높이는 지름의 몇 배로 하는가?

① 1.5배
② 2배
③ 2.5배
④ 3배

해설
공시체의 지름은 굵은 골재 최대 치수의 3배 이상 및 100mm 이상으로 하고, 높이는 공시체 지름의 2배 이상으로 한다.

59 시멘트의 비중 시험에 사용되는 기구는?

① 르샤틀리에 비중병
② 데시케이터
③ 피크노미터
④ 건조로

해설
시멘트 비중 시험에 사용되는 시험 기구 : 르샤틀리에 플라스크, 광유, 시멘트, 천칭(저울), 항온 수조, 온도계, 가는 철사, 마른 천

60 잔골재의 밀도 및 흡수율 시험을 1회 수행하기 위한 표면건조 포화 상태의 시료량은 최소 몇 g 이상이 필요한가?

① 100g
② 500g
③ 1,500g
④ 5,000g

해설
표면건조 포화 상태의 잔골재를 500g 이상 채취하고, 그 질량을 0.1g까지 측정하여, 이것을 1회 시험량으로 한다.

정답 57 ③ 58 ② 59 ① 60 ②

2022년 제1회 과년도 기출복원문제

01 조립률이 3.0인 잔골재 2kg과 조립률이 7.0인 3kg의 굵은 골재를 혼합한 경우의 조립률은 얼마인가?

① 4.2
② 4.6
③ 5.0
④ 5.4

해설

조립률 = $\dfrac{3.0 \times 2 + 7.0 \times 3}{2 + 3}$
= 5.4

02 다음 중 경량골재의 주원료가 아닌 것은?

① 팽창성 혈암
② 팽창성 점토
③ 플라이애시
④ 철분계 팽창제

해설

경량골재
- 천연 경량골재 : 화산암, 응회암, 용암, 경석 등
- 인공 경량골재 : 팽창성 혈암, 팽창성 점토 등을 소성한 것, 소성 플라이애시, 소성 규조토

03 포틀랜드 시멘트 제조 시 클링커를 만든 다음 석고를 3% 첨가하는 이유로 가장 적합한 것은?

① 강도를 작게 하기 위하여
② 강도를 크게 하기 위하여
③ 응결을 촉진시키기 위하여
④ 응결을 지연시키기 위하여

해설

시멘트를 제조할 때 응결시간을 지연시키기 위하여 3~5%의 석고를 넣는다.

04 고로 슬래그 시멘트에 대한 설명으로 틀린 것은?

① 보통 포틀랜드 시멘트에 비하여 수화열이 적고 장기강도가 작다.
② 건조수축은 약간 큰 편이다.
③ 내화학 약품성이 좋으므로 해수, 하수, 공장폐수와 닿는 콘크리트 공사에 적합하다.
④ 콘크리트의 블리딩이 적어진다.

해설

보통 포틀랜드 시멘트에 비하여 수화열이 적고 장기강도가 크다.

05 AE제를 사용한 콘크리트의 장점에 대한 설명으로 틀린 것은?

① 알칼리 골재 반응이 적다.
② 단위 수량이 적게 된다.
③ 수밀성 및 동결융해에 대한 저항성이 작아진다.
④ 워커빌리티가 좋고 블리딩이 적어진다.

해설

AE제(공기연행제)를 사용하면 수밀성 및 동결융해에 대한 저항성이 커진다.

정답 1 ④ 2 ④ 3 ④ 4 ① 5 ③

06 분말도가 높은 시멘트에 대한 설명으로 옳은 것은?

① 풍화하기 쉽다.
② 수화작용이 작다.
③ 조기강도가 작다.
④ 발열이 작아 균열 발생이 적다.

해설
분말도가 높으면 조기강도가 크고 수화작용에 의한 발열량이 커서 균열이 발생하기 쉽다.

07 긴급 공사나 한중 콘크리트 공사에 주로 쓰이는 시멘트는?

① 중용열 포틀랜드 시멘트
② 실리카 시멘트
③ 플라이애시 시멘트
④ 조강 포틀랜드 시멘트

해설
조강 포틀랜드 시멘트
• 보통 시멘트 28일 강도를 재령 7일 정도에서 발현한다.
• 수화속도가 빠르고, 수화열이 커서 동절기 공사에 유리하다.
• 조기강도가 필요한 공사나 긴급공사에 사용된다.

08 골재의 실적률이 80%이고 함수비가 76%일 때 공극률은 얼마인가?

① 24%
② 20%
③ 10%
④ 4%

해설
공극률(%) = 100 − 실적률(%)
= 100 − 80%
= 20%

09 다음 중 혼화제가 아닌 것은?

① 급결제
② 지연제
③ 팽창제
④ AE제

해설
혼화재료의 종류
• 혼화재
 − 사용량이 시멘트 질량의 5% 정도 이상이 되어 그 자체의 부피가 콘크리트의 배합계산에 관계가 되는 것
 − 포졸란, 플라이애시, 고로 슬래그, 팽창제, 실리카 퓸 등
• 혼화제
 − 사용량이 시멘트 질량의 1% 정도 이하의 것으로 콘크리트의 배합계산에서 무시되는 것
 − AE제, 경화촉진제, 감수제, 지연제, 기포제, 방수제 등

10 아래의 〈보기〉는 혼화재료를 설명한 것이다. A, B의 내용이 알맞게 짝지어진 것은?

〈보기〉
사용량이 시멘트 무게의 (A) 정도 이상이 되어 그 자체의 부피가 콘크리트 배합계산에 관계되는 것을 혼화재라 하고, 사용량이 (B) 정도 이하의 것으로서 콘크리트 배합계산에서 무시되는 것을 혼화제라 한다.

① A : 5%, B : 1%
② A : 4%, B : 4%
③ A : 2%, B : 4%
④ A : 1%, B : 5%

정답 6 ① 7 ④ 8 ② 9 ③ 10 ①

11 콘크리트용 굵은 골재 유해물의 한도 중 연한 석편은 질량 백분율로 최대 몇 % 이하이어야 하는가?

① 0.25% ② 0.5%
③ 2.5% ④ 5%

해설
굵은 골재의 유해물 함유량 한도

종류		천연 굵은 골재
점토 덩어리		0.25*
연한 석편		5.0*
0.08mm 체 통과량		1.0
석탄, 갈탄 등으로 밀도 2.0g/cm³의 액체에 뜨는 것	콘크리트의 외관이 중요한 경우	0.5
	기타의 경우	1.0

(*) 점토 덩어리와 연한 석편의 합이 5%를 넘으면 안 된다.

12 혼화재료인 플라이애시의 특성에 대한 설명 중 틀린 것은?

① 가루 석탄재로서 실리카질 혼화재이다.
② 입자가 둥글고 매끄럽다.
③ 콘크리트에 넣으면 워커빌리티가 좋아진다.
④ 플라이애시를 사용한 콘크리트는 반죽 시에 사용 수량을 증가시켜야 한다.

해설
플라이애시 : 가루 석탄을 연소시킬 때 굴뚝에서 집진기로 모은 아주 작은 입자의 재이며 실리카질 혼화재이다. 입자가 둥글고 매끄럽기 때문에 콘크리트의 워커빌리티를 좋게 하고 수화열이 적으며, 단위 수량을 줄일 수 있다.

13 경량골재에 대한 설명으로 틀린 것은?

① 경량골재는 천연 경량골재와 인공 경량골재로 나눌 수 있다.
② 인공 경량골재는 흡수량이 크지 않으므로 콘크리트 제조 전에 골재를 흡수시키는 작업을 하지 않는 것을 원칙으로 한다.
③ 천연 경량골재에는 경석, 화산자갈, 응회암, 용암 등이 있다.
④ 동결융해에 대한 내구성은 보통골재와 비교해서 상당히 약한 편이다.

해설
인공 경량골재는 흡수량이 크므로 콘크리트 제조 전에 골재를 흡수시키는 작업을 하는 것을 원칙으로 한다.

14 시멘트 중의 알칼리 성분이 골재 중의 여러 가지 조암광물과 반응을 일으키는 것을 알칼리 골재 반응이라 하는데 이것이 콘크리트에 미치는 영향은?

① 수화열을 증가시킨다.
② 내구성을 증가시킨다.
③ 균열을 발생시킨다.
④ 수밀성을 좋게 한다.

해설
알칼리 골재반응
포틀랜드 시멘트 중의 알칼리 성분과 골재의 실리카 광물이 화학반응을 일으켜 팽창을 유발하는 반응으로 균열을 발생시켜 내구성이 저하된다.

15 굵은 골재의 최대 치수가 클수록 콘크리트에 미치는 영향을 설명한 것으로 가장 적합한 것은?

① 재료분리가 일어나기 쉽고 시공이 어렵다.
② 시멘트풀의 양이 많아져서 경제적이다.
③ 콘크리트의 마모 저항성이 커진다.
④ 골재의 입도가 커져서 골재 손실이 발생한다.

해설
굵은 골재의 최대 치수가 클수록 단위 수량과 단위 시멘트양이 감소하지만, 시공면에서 비비기가 어려워진다.

16 시멘트 입자를 분산시킴으로써 콘크리트의 소요의 워커빌리티를 얻는 데 필요한 단위 수량을 줄이기 위해 사용되는 혼화제는?

① 감수제   ② AE제(공기연행제)
③ 촉진제   ④ 급결제

해설
② AE제(공기연행제) : 콘크리트 속에 작고 많은 독립된 기포를 고르게 생기게 하기 위하여 사용하는 혼화제이다.
③ 촉진제 : 시멘트의 수화작용을 빠르게 하는 혼화제이다.
④ 급결제 : 시멘트의 응결을 상당히 빠르게 하기 위하여 사용하는 혼화제이다.

17 잔골재와 굵은 골재를 구분하는 기준이 되는 체로 옳은 것은?

① 5mm 체   ② 2.5mm 체
③ 10mm 체   ④ 1.2mm 체

해설
골재의 종류
- 잔골재(모래) : 10mm 체를 전부 통과하고 5mm 체를 거의 다 통과하며 0.08mm 체에 거의 다 남는 골재
- 굵은 골재(자갈) : 5mm 체에 거의 다 남는 골재 또는 5mm 체에 다 남는 골재

18 재료에 일정 하중이 작용하면 시간의 경과와 함께 변형이 증가하는 데 이러한 현상을 무엇이라 하는가?

① 푸아송비   ② 크리프
③ 연성   ④ 취성

해설
① 푸아송비 = 횡방향 변형률/종방향 변형률
③ 연성 : 재료에 인장력을 주어 가늘고 길게 늘일 수 있는 성질
④ 취성 : 재료가 외력을 받을 때 조금만 변형되어도 파괴되는 성질

19 혼화재료의 저장 및 사용에 대해 옳지 않은 것은?

① 혼화재는 종류별로 나누어 저장하고 저장한 순서대로 사용해야 한다.
② 변질이 예상되는 혼화재는 사용하기에 앞서 시험하여 품질을 확인해야 한다.
③ 저장기간이 오래된 혼화재는 눈으로 판단하여 사용 여부를 판단한다.
④ 혼화재는 날리지 않도록 주의해서 다룬다.

해설
장기간 저장한 혼화재는 사용하기 전에 시험을 실시하여 품질을 확인하여야 한다.

20 천연산의 것과 인공산의 것이 있으며 콘크리트의 워커빌리티를 좋게 하고 수밀성과 내구성 등을 크게 할 목적으로 사용되는 혼화재료는?

① 완결제　　② 포졸란
③ 촉진제　　④ 증량제

해설
포졸란
- 포졸란의 종류
  - 천연산 : 화산회, 규조토, 규산백토 등
  - 인공산 : 플라이애시, 고로 슬래그, 실리카 퓸, 실리카 겔, 소성 혈암
- 포졸란을 사용한 콘크리트의 특징
  - 워커빌리티가 좋아진다.
  - 수밀성 및 화학 저항성이 크다.
  - 발열량이 적다.
  - 조기강도가 작지만 장기강도가 크다.
  - 블리딩 및 재료분리가 감소한다.
  - 시멘트가 절약된다.

21 콘크리트의 표면에 아스팔트유제나 비닐유제 등으로 불투수층을 만들어 수분의 증발을 막는 양생방법을 무엇이라 하는가?

① 증기 양생　　② 전기 양생
③ 습윤 양생　　④ 피복 양생

해설
① 증기 양생 : 고온의 증기로 시멘트의 수화반응을 촉진시켜 조기강도를 얻기 위한 양생방법이다.
② 전기 양생 : 전기를 이용하여 충분한 습기와 적당한 온도를 유지하면서 콘크리트를 양생하는 방법이다.
③ 습윤 양생 : 타설한 콘크리트의 수분 증발을 막기 위해서 콘크리트의 표면에 양생용 매트, 가마니 등을 물에 적셔서 덮거나 살수하는 등의 조치를 하는 양생방법이다.

22 특정한 입도를 가진 굵은 골재를 거푸집에 채워 넣고, 그 공극 속에 특수한 모르타르를 적당한 압력으로 주입하여 제조한 콘크리트를 무엇이라 하는가?

① 레디믹스트 콘크리트
② 프리스트레스트 콘크리트
③ 레진 콘크리트
④ 프리플레이스트 콘크리트

해설
① 레디믹스트 콘크리트 : 콘크리트의 제조설비가 잘 된 공장에서 수요자가 지정한 배합의 콘크리트를 만들어서 현장까지 운반해주는 굳지 않은 콘크리트이다.
② 프리스트레스트 콘크리트 : 외력에 의하여 일어나는 응력을 소정의 한도까지 상쇄할 수 있도록 미리 인위적으로 그 응력의 분포와 크기를 정하여 내력을 준 콘크리트이다.
③ 레진 콘크리트 : 경화제를 넣은 액상 레진(resin)을 골재와 섞어서 만든 콘크리트이다.

23 콘크리트 타설 시 슈트, 버킷, 호퍼 등의 배출구로부터 치기면과의 높이는 최대 얼마 이하를 원칙으로 하는가?

① 0.5m　　② 1.0m
③ 1.5m　　④ 2.0m

해설
슈트, 펌프배관, 버킷, 호퍼 등의 배출구와 타설면까지의 높이는 1.5m 이하를 원칙으로 한다.

정답 20 ② 21 ④ 22 ④ 23 ③

24 비빈 콘크리트를 수송관을 통해 압력으로 치기할 장소까지 연속적으로 보내는 기계는?

① 콘크리트 펌프
② 콘크리트 믹서
③ 트럭믹서
④ 콘크리트 플랜트

해설
② 콘크리트 믹서 : 콘크리트 재료가 고르게 섞이도록 콘크리트를 비비는 장치이다.
③ 트럭믹서 : 운반거리가 먼 경우나 슬럼프가 큰 콘크리트의 경우에 사용하는 애지테이터를 붙인 운반기계이다.
④ 콘크리트 플랜트 : 콘크리트 재료의 저장 장치, 계량 장치, 혼합 장치 따위의 일체를 갖추고 다량의 콘크리트를 일관 작업으로 제조하는 기계설비이다.

25 콘크리트의 재료는 시방 배합을 현장 배합으로 고친 다음, 현장 배합표에 따라 각 재료의 양을 질량으로 계량한다. 이때 계량할 재료가 아닌 것은?

① 거푸집
② 시멘트
③ 잔골재
④ 굵은 골재

해설
콘크리트의 계량할 재료는 물, 시멘트, 골재, 혼화재료 등이 있다.

26 콘크리트 재료를 계량할 때 플라이애시의 계량에 대한 허용오차로 옳은 것은?

① ±1%   ② ±2%
③ ±3%   ④ ±4%

해설
혼화재(플라이애시)의 1회 계량분에 대한 계량오차는 ±2%이다.

27 일반 수중 콘크리트의 단위 시멘트양의 표준으로 옳은 것은?

① 300kg/m³ 이상
② 320kg/m³ 이상
③ 350kg/m³ 이상
④ 370kg/m³ 이상

해설
일반 수중 콘크리트를 시공할 때 물-시멘트비는 50% 이하, 단위 시멘트양은 370kg/m³ 이상을 표준으로 한다.

28 콘크리트의 배합에서 단위 골재량의 절대 부피를 구하는 데 관계가 없는 것은?

① 공기량
② 단위 수량
③ 잔골재율
④ 시멘트의 비중

해설
단위 골재량의 절대 부피(m³)
$$1 - \left(\frac{단위 수량}{1,000} + \frac{단위 시멘트양}{시멘트의 비중 \times 1,000} + \frac{공기량}{100} \right)$$

정답 24 ① 25 ① 26 ② 27 ④ 28 ③

29 비교적 두께가 얇고 넓은 콘크리트의 표면을 고르고 다듬질할 때 사용되며 주로 도로 포장, 활주로 포장 등의 다짐에 쓰이는 것은?

① 거푸집 진동기　② 내부 진동기
③ 표면 진동기　　④ 롤러 진동기

해설
① 거푸집 진동기 : 거푸집의 외부에 진동을 주어 내부 콘크리트를 다지는 기계로서, 터널의 둘레 콘크리트나 높은 벽 등에 사용된다.
② 내부 진동기 : 일반적으로 된 반죽의 콘크리트를 다질 때 가장 많이 사용된다.

30 콘크리트 강도 시험에 사용되는 공시체의 양생방법으로 가장 적합한 것은?

① 15±2℃에서 습윤 양생
② 15±2℃에서 공기 중 양생
③ 20±2℃에서 습윤 양생
④ 20±2℃에서 공기 중 양생

해설
콘크리트 강도 시험에 사용되는 공시체는 18~22℃의 온도에서 습윤 양생한다.

31 일반적인 경량골재 콘크리트란 콘크리트의 기건 단위 질량이 얼마 정도인 것을 말하는가?

① 0.5~1.0t/m³　② 1.4~2.0t/m³
③ 2.1~2.7t/m³　④ 2.8~3.5t/m³

해설
경량골재 콘크리트
• 설계기준강도 : 15~24MPa
• 기건 단위 용적질량의 범위 : 1.4~2.0t/m³

32 보통 포틀랜드 시멘트를 사용하고, 일평균 기온이 15℃ 이상일 때, 습윤 양생기간의 표준으로 옳은 것은?

① 3일　② 5일
③ 7일　④ 14일

해설
습윤 양생기간의 표준

일평균 기온	보통 포틀랜드 시멘트	고로 슬래그, 플라이애시 시멘트	조강 포틀랜드 시멘트
15℃ 이상	5일	7일	3일
10℃ 이상	7일	9일	4일
5℃ 이상	9일	12일	5일

33 콘크리트 슬럼프값이 몇 mm 이하인 경우 덤프트럭을 사용하여 콘크리트를 운반할 수 있는가?

① 25mm　② 50mm
③ 75mm　④ 100mm

해설
슬럼프값이 50mm 이하인 된 반죽 콘크리트를 10km 이하 거리 또는 1시간 이내 운반 가능한 경우에는 덤프트럭으로 콘크리트를 운반할 수 있다.

34 콘크리트 공사에서 거푸집 떼어 내기에 관한 설명으로 틀린 것은?

① 거푸집은 콘크리트가 그 자중 및 시공 중에 주어지는 하중을 받는 데 필요한 강도를 낼 때까지 떼어 내어서는 안 된다.
② 거푸집을 떼어 내는 순서는 비교적 하중을 받지 않는 부분을 먼저 떼어 낸다.
③ 연직 부재의 거푸집은 수평 부재의 거푸집보다 먼저 떼어 낸다.
④ 보의 밑판의 거푸집은 보의 양 측면의 거푸집보다 먼저 떼어 낸다.

해설
보의 밑판의 거푸집은 보의 양 측면의 거푸집보다 나중에 떼어 낸다.

35 콘크리트의 제조설비가 잘 된 공장에서 수요자가 지정한 배합의 콘크리트를 만들어서 현장까지 운반해주는 굳지 않은 콘크리트는?

① 레디믹스트 콘크리트
② 한중 콘크리트
③ 서중 콘크리트
④ 프리플레이스트 콘크리트

해설
② 한중 콘크리트 : 기온이 낮을 때 콘크리트를 치는 것을 한중 콘크리트라 한다.
③ 서중 콘크리트 : 여름철, 즉 기온이 높을 때 치는 콘크리트를 서중 콘크리트라 한다.
④ 프리플레이스트 콘크리트 : 특정한 입도를 가진 굵은 골재를 거푸집에 채워 넣고, 그 공극 속에 특수한 모르타르를 적당한 압력으로 주입하여 제조한 콘크리트이다.

36 콘크리트 비비기에 대한 설명으로 틀린 것은?

① 연속 믹서를 사용할 경우 비비기 시작 후 최초에 배출되는 콘크리트는 사용할 수 있다.
② 미리 정해 둔 비비기 시간의 3배 이상 계속하지 않아야 한다.
③ 반죽된 콘크리트가 균질하게 될 때까지 충분히 비벼야 한다.
④ 배치 믹서를 사용하는 경우 비비기를 시작하기 전에 미리 믹서 내부를 모르타르로 부착시켜야 한다.

해설
비비기 시작 후 최초에 배출되는 콘크리트는 품질의 불량 우려로 사용할 수 없다.

37 한중 콘크리트에 대한 설명으로 틀린 것은?

① 하루의 평균기온이 4℃ 이하가 예상되는 조건일 때는 한중 콘크리트로 시공하여야 한다.
② 양생 중에는 콘크리트의 온도를 5℃ 이상으로 유지하여야 한다.
③ 재료를 가열하여 사용할 경우, 시멘트를 직접 가열하여야 한다.
④ 공기연행 콘크리트를 사용하는 것을 원칙으로 한다.

해설
시멘트는 어떠한 경우라도 직접 가열할 수 없다. 재료를 가열할 경우 물 또는 골재를 가열하는 것으로 하며, 골재의 가열은 온도가 균등하고 건조되지 않는 방법을 적용하여야 한다.

정답 34 ④ 35 ① 36 ① 37 ③

38 콘크리트 시공 장비에 대한 설명으로 틀린 것은?

① 콘크리트 펌프 형식은 피스톤식 또는 스퀴즈식을 표준으로 한다.
② 콘크리트 플레이어 수송관의 배치는 굴곡을 적게 하고 수평 또는 상향으로 설치하여야 한다.
③ 슈트를 사용하는 경우에는 원칙적으로 경사 슈트를 사용하여야 한다.
④ 벨트 컨베이어의 경사는 콘크리트의 운반 도중 재료분리가 발생하지 않도록 결정하여야 한다.

> **해설**
> 슈트를 사용할 때는 원칙적으로 연직 슈트를 사용해야 하며, 경사 슈트는 재료분리를 일으키기 쉬우므로, 가능하면 사용하지 않는 것이 좋다.

39 일반적으로 콘크리트 비비기 시간에 대한 시험을 실시하지 않고 강제식 믹서를 사용할 때 최소 비비기 시간은 몇 초 이상인가?

① 30초 ② 60초
③ 90초 ④ 120초

> **해설**
> 가경식 믹서는 1분 30초 이상, 강제식 믹서는 1분 이상을 표준 비비기 시간으로 한다.

40 수중 콘크리트 타설의 원칙에 대한 설명으로 틀린 것은?

① 콘크리트는 물을 정지시킨 정수 중에서 타설해야 한다.
② 콘크리트 트레미나 콘크리트 펌프를 사용해서 타설해야 한다.
③ 콘크리트는 물속으로 직접 낙하시킨다.
④ 완전히 물막이가 어려울 경우 유속을 1초당 50mm 이하로 하여야 한다.

> **해설**
> 콘크리트를 수중에 낙하시키면 재료분리가 일어나고 시멘트가 유실되기 때문에 낙하시키지 않아야 한다.

41 콘크리트 압축강도 시험용 공시체 제작 시 몰드 내부에 그리스를 발라주는 가장 주된 이유는?

① 탈형을 쉽게 하고 이음새로 콘크리트가 새는 것을 방지하기 위해
② 편심하중을 방지하고 경제적인 공시체 제작을 위해
③ 공시체 속의 공기를 제거하고 강도를 높이기 위해
④ 몰드에 콘크리트를 채울 때 골재의 분리를 막기 위해

42 콘크리트의 블리딩 시험을 위하여 안지름 25cm인 용기에 콘크리트를 채운 후 블리딩된 물을 수집한 결과 441cm³이었다. 블리딩양은 몇 cm³/cm²인가?

① 0.6 ② 0.9
③ 1.2 ④ 1.5

해설

블리딩양 $= \dfrac{V}{A} = \dfrac{441}{\dfrac{\pi \times 25^2}{4}} = \dfrac{441}{490.874}$

$\fallingdotseq 0.89 \text{cm}^3/\text{cm}^2$

여기서, V : 마지막까지 누계한 블리딩 물의 양(cm³)
  A : 콘크리트 윗면의 면적(cm²)

43 시멘트의 강도 시험(KS L ISO 679)에서 모르타르를 제조할 때 시멘트와 표준모래의 질량에 의한 비율로 옳은 것은?

① 1 : 2   ② 1 : 2.5
③ 1 : 3   ④ 1 : 3.5

해설

시멘트 강도시험(KS L ISO 679)
공시체는 질량으로 시멘트 1, 표준사 3 및 물-시멘트비 0.5의 비율로 모르타르를 성형한다.

44 골재의 체가름 시험에 사용하는 저울을 어느 정도의 정밀도를 가진 것이 필요한가?

① 최소 측정값이 1g인 정밀도를 가진 것
② 최소 측정값이 0.1g인 정밀도를 가진 것
③ 시료질량의 1% 이상인 눈금량 또는 감량을 가진 것
④ 시료질량의 0.1% 이하의 눈금량 또는 감량을 가진 것

해설

저울은 시료질량의 0.1%까지 측정할 수 있는 것으로 하며, 현장에서 시험하는 경우 저울의 정밀도를 시료질량의 0.5%까지 측정할 수 있는 것으로 한다.

45 콘크리트 압축강도 시험을 위한 공시체를 제작할 때 콘크리트를 채우고 나서 캐핑을 실시하는 시기로서 가장 적합한 것은?(단, 된 반죽 콘크리트의 경우)

① 1~2시간 이후
② 2~6시간 이후
③ 6~12시간 이후
④ 12~24시간 이후

해설

된 반죽 콘크리트에서는 2~6시간 이후, 묽은 반죽 콘크리트에서는 6~24시간 이후로 한다.

46 콘크리트 배합설계에서 물-시멘트비가 50%, 단위 시멘트양이 354kg/m³일 때 단위 수량은?

① 157kg/m³   ② 167kg/m³
③ 177kg/m³   ④ 187kg/m³

해설

$\dfrac{W}{C} = 0.5$

$\therefore W = C \times 0.5$
$= 354 \times 0.5$
$= 177 \text{kg/m}^3$

47 표면건조 포화 상태인 굵은 골재의 질량이 4,000g이고, 이 시료의 절대건조 상태일 때의 질량이 3,940g이었다면 흡수율은 몇 %인가?

① 1.25%   ② 1.32%
③ 1.45%   ④ 1.52%

해설

흡수율(%) = $\dfrac{\text{표면건조 포화 상태} - \text{절대건조 상태}}{\text{절대건조 상태}} \times 100$

= $\dfrac{4,000 - 3,940}{3,940} \times 100$

≒ 1.52%

48 잔골재의 밀도 및 흡수율 시험에서 시료의 질량을 측정한 후 플라스크에 넣고 물을 용량의 몇 %까지 채우는가?

① 70%   ② 80%
③ 90%   ④ 100%

해설

500g 시료를 플라스크에 넣고 물을 용량의 90%까지 채운 다음 교란시켜 기포를 모두 없앤다.

49 호칭강도가 25MPa일 때 이 콘크리트의 배합강도는?(단, 압축강도 시험의 기록이 없는 현장인 경우)

① 25MPa   ② 32.5MPa
③ 33.5MPa   ④ 35MPa

해설

압축강도의 시험 횟수가 14회 이하이거나 기록이 없는 경우의 배합강도

호칭강도(MPa)	배합강도(MPa)
21 미만	$f_{cn} + 7$
21 이상 35 이하	$f_{cn} + 8.5$
35 초과	$1.1 f_{cn} + 5$

∴ 배합강도 = f_{cn} + 8.5
= 25 + 8.5
= 33.5MPa

50 콘크리트의 공기량 시험 결과 겉보기 공기량 A_1(%) = 6.70, 골재의 수정계수 G(%) = 1.23일 때 콘크리트의 공기량 A(%)는?

① 4.58%   ② 5.47%
③ 7.93%   ④ 8.4%

해설

콘크리트의 공기량(A)
$A = A_1 - G$
 = 6.70 - 1.23
 = 5.47%
여기서, A_1 : 콘크리트의 겉보기 공기량(%)
   G : 골재의 수정계수(%)

51 잔골재의 표면수 시험에 대한 설명으로 틀린 것은?

① 시험방법으로 질량법과 용적법이 있다.
② 시료의 양이 많을수록 정확한 결과가 얻어진다.
③ 시료는 200g을 채취하고, 채취한 시료는 가능한 한 함수율의 변화가 없도록 주의하여 2분하고 각각을 1회의 시험의 시료로 한다.
④ 2회째의 시험에 사용하는 시료는 특히 시험을 할 때까지의 사이에 함수량이 변화하지 않도록 주의한다.

해설

시료는 400g을 채취하고, 채취한 시료는 가능한 한 함수율의 변화가 없도록 주의하여 2분하고 각각을 1회의 시험의 시료로 한다.

52 시멘트 비중 시험결과 시멘트의 질량은 64g, 처음 광유 눈금을 읽은 값은 0.4mL, 시료를 넣은 후 광유 눈금을 읽은 값은 20.9mL였다. 이 시멘트의 비중은 얼마인가?

① 3.09
② 3.12
③ 3.15
④ 3.18

해설

시멘트의 비중 = $\dfrac{\text{시료의 무게}}{\text{눈금 차}}$

$= \dfrac{64}{20.9 - 0.4}$

$≒ 3.12$

53 콘크리트의 인장강도를 측정하기 위하여 현재 세계 각국에서 직접 인장 시험방법 대신 쪼갬 인장 시험방법을 표준으로 규격화하는 이유로 가장 적당한 것은?

① 시험체의 모양, 시험 장치 등에 어려움이 없이 간단하게 측정할 수 있기 때문에
② 정확한 측정값을 얻을 수 있기 때문에
③ 압축강도에 비해 인장강도가 크기 때문에
④ 건조수축이나 온도 변화에 따른 균열의 경감을 측정할 수 있기 때문에

54 콘크리트의 슬럼프 시험에 대한 설명으로 틀린 것은?

① 콘크리트 슬럼프 시험은 반죽질기를 측정하는 것이다.
② 콘크리트 슬럼프 시험은 워커빌리티를 판단하는 수단으로 사용된다.
③ 슬럼프 콘에 시료를 채우고 벗길 때까지의 전 작업은 3분 이내로 한다.
④ 시료를 슬럼프 콘에 넣고 다짐대로 3층으로 15회씩 다진다.

해설

시료를 슬럼프 콘에 넣고 다짐대로 3층으로 25회씩 다진다.

55 워커빌리티(workabillity) 판정기준이 되는 반죽질기 측정 시험방법이 아닌 것은?

① 켈리볼 관입 시험
② 리몰딩 시험
③ 슈미트 해머 시험
④ 슬럼프 시험

해설

슈미트 해머 시험은 콘크리트 압축강도를 추정하기 위한 비파괴 시험이다.

정답 52 ② 53 ① 54 ④ 55 ③

56 콘크리트 압축강도 시험에서 몰드 지름이 150mm인 공시체의 파괴하중이 441.786kN일 때 압축강도는 약 얼마인가?

① 22MPa ② 25MPa
③ 28MPa ④ 32MPa

해설

압축강도(f) $= \dfrac{P}{A} = \dfrac{441,786}{\dfrac{\pi \times 150^2}{4}} = \dfrac{441,786}{17,671.5}$

$\fallingdotseq 25\text{MPa}$

여기서, P : 파괴될 때 최대 하중(N)
　　　　A : 시험체의 단면적(mm²)

57 굵은 골재의 마모 시험(KS F 2508)에서 골재를 시험기에 넣고 회전시킨 뒤 몇 mm 체를 통과하는 것을 마모감량으로 하는가?

① 0.6mm ② 1.0mm
③ 1.5mm ④ 1.7mm

해설

로스앤젤레스 마모 시험기(KS F 2508)에 의해 마모 시험을 한 경우 잔량 및 통과량을 결정하는 체는 1.7mm이다.

58 콘크리트의 배합설계에서 골재의 절대 부피가 0.95m³이고, 잔골재율이 39%, 잔골재의 표건 밀도가 2.60g/cm³일 때 단위 잔골재량은?

① 852kg/m³ ② 916kg/m³
③ 954kg/m³ ④ 963kg/m³

해설

단위 잔골재량(kg/m³)
= 단위 잔골재량의 절대 부피 × 잔골재의 비중 × 1,000
= (0.95 × 0.39) × 2.6 × 1,000
= 963.3kg/m³

59 굵은 골재의 마모 시험에 사용되는 기계·기구로 옳은 것은?

① 로스앤젤레스 시험기
② 비카침
③ 침입도계
④ 비비 미터

해설

로스앤젤레스 시험기는 철구를 사용하여 굵은 골재(부서진 돌, 깨진 광재, 자갈 등)의 마모에 대한 저항을 시험하는 데 사용한다.

60 골재의 내구성을 알기 위한 안정성 시험에 사용하는 시험용 용액은?

① 수산화나트륨
② 황산소듐
③ 염화나트륨
④ 규산나트륨

해설

골재의 안정성 시험 : 골재의 내구성을 알기 위하여 황산소듐 포화 용액으로 인한 골재의 부서짐 작용에 대한 저항성을 시험한다.

2022년 제2회 과년도 기출복원문제

01 철근 콘크리트에서 구조물의 단면이 큰 경우 굵은 골재의 최대 치수는 다음 중 어느 것을 표준으로 하는가?

① 25mm ② 40mm
③ 50mm ④ 100mm

해설
굵은 골재의 최대 치수

콘크리트의 종류		굵은 골재의 최대 치수(mm)
무근 콘크리트		40 (부재 최소 치수의 1/4 이하)
철근 콘크리트	일반적인 경우	20 또는 25
	단면이 큰 경우	40
포장 콘크리트		40 이하
댐콘크리트		150 이하

철근 콘크리트 부재 최소 치수의 1/5 이하, 철근 순간격의 3/4 이하

02 1g의 시멘트가 가지고 있는 전체 입자의 표면적의 합계를 무엇이라 하는가?

① 비표면적 ② 총 표면적
③ 단위 표면적 ④ 표면적

해설
비표면적 : 1g의 시멘트가 가지고 있는 전체 입자의 총 표면적을 말한다. 시멘트의 분말도를 나타내며, 단위는 cm^2/g이다.

03 시멘트의 입자를 흐트러지게 하여 콘크리트의 필요한 반죽질기를 얻는 데 사용하는 단위 수량을 줄이는 작용을 하는 혼화제는?

① 감수제 ② 촉진제
③ 급결제 ④ 지연제

해설
② 촉진제 : 시멘트의 수화작용을 빠르게 하는 혼화제이다.
③ 급결제 : 시멘트의 응결을 상당히 빠르게 하기 위하여 사용하는 혼화제이다.
④ 지연제 : 시멘트의 응결시간을 늦추기 위하여 사용하는 혼화제이다.

04 경량골재 콘크리트에 대한 설명이다. 잘못된 것은?

① 골재의 전부 또는 일부를 인공 경량골재를 써서 만든 콘크리트를 말한다.
② 운반과 치기가 쉽다.
③ 건조수축이 작다.
④ 강도와 탄성계수가 작다.

해설
경량골재 콘크리트는 건조수축이 크며, 시공이 번거롭고, 재료처리가 필요하다.

05 풍화된 시멘트의 특징으로 틀린 것은?

① 응결이 지연된다.
② 강열감량이 커진다.
③ 비중이 커진다.
④ 강도의 발현이 저하된다.

해설
풍화된 시멘트는 비중이 작아진다.

정답 1 ② 2 ① 3 ① 4 ③ 5 ③

06 골재의 함수 상태에서 골재알의 표면에는 물기가 없고 알속의 빈틈만 물로 차 있는 상태는?

① 습윤 상태
② 절대건조 포화 상태
③ 표면건조 포화 상태
④ 공기 중 건조 상태

해설
골재의 함수 상태
- 절대건조 상태(절건 상태) : 105±5℃의 온도에서 일정한 질량이 될 때까지 건조시킨 것으로서, 물기가 전혀 없는 상태이다.
- 공기 중 건조 상태(기건 상태) : 습기가 없는 실내에서 건조시킨 것으로서, 골재알 속의 일부만 물기가 있는 상태이다.
- 표면건조 포화 상태(표건 상태) : 골재알의 표면에는 물기가 없고, 골재알 속의 빈틈만 물로 차 있는 상태이다.
- 습윤 상태 : 골재알 속이 물로 차 있고, 표면에도 물기가 있는 상태이다.

07 굳지 않은 콘크리트에서 물이 분리되어 위로 올라오는 현상을 무엇이라 하는가?

① 워커빌리티
② 컨시스턴시
③ 레이턴스
④ 블리딩

해설
① 워커빌리티 : 반죽질기에 따른 작업의 어렵고 쉬운 정도 및 재료의 분리에 저항하는 정도를 나타내는 굳지 않은 콘크리트의 성질
② 컨시스턴시 : 주로 수량의 다소에 따른 반죽의 되고 진 정도를 나타내는 것으로 콘크리트 반죽의 유연성을 나타내는 성질
③ 레이턴스 : 블리딩에 의하여 표면에 떠올라 가라앉은 아주 작은 물질

08 다음 중 시멘트의 조기강도가 큰 순서로 되어 있는 것은?

① 보통 포틀랜드 시멘트 > 고로 슬래그 시멘트 > 알루미나 시멘트
② 알루미나 시멘트 > 고로 슬래그 시멘트 > 보통 포틀랜드 시멘트
③ 알루미나 시멘트 > 보통 포틀랜드 시멘트 > 고로 슬래그 시멘트
④ 고로 슬래그 시멘트 > 보통 포틀랜드 시멘트 > 알루미나 시멘트

해설
시멘트의 조기강도가 큰 순서 : 알루미나 시멘트 > 조강 포틀랜드 시멘트 > 보통 포틀랜드 시멘트 > 고로 슬래그 시멘트

09 AE제를 사용한 콘크리트의 특성에 대한 설명으로 옳지 않은 것은?

① 워커빌리티가 증가한다.
② 단위 수량이 증가한다.
③ 블리딩이 감소된다.
④ 동결융해 저항성이 커진다.

해설
AE(공기연행)제를 사용하면 단위 수량이 감소한다.

10 다음은 굵은 골재에 대한 설명이다. ( ) 안에 알맞은 수치는?

> 10mm 체를 통과하고, 5mm 체를 거의 다 통과하며, ( )mm 체에 거의 다 남는 골재

① 5   ② 10
③ 15 ④ 50

해설
굵은 골재 : 10mm 체를 통과하고, 5mm 체를 거의 다 통과하며, 5mm 체에 거의 다 남는 골재

11 조립률 3.0, 7.0의 모래와 자갈을 질량비 1 : 3의 비율로 혼합할 때의 조립률을 구하면?

① 4.0 ② 5.0
③ 6.0 ④ 8.0

해설

혼합 골재의 조립률 = $\dfrac{3.0 \times 1 + 7.0 \times 3}{1+3}$
= 6.0

12 콘크리트용 골재에 대한 설명으로 옳지 않은 것은?

① 굵은 골재 중의 연한 석편은 질량 백분율로 5% 이하여야 한다.
② 굵은 골재 중의 점토 덩어리 함유량은 질량 백분율로 0.25% 이하여야 한다.
③ 굵은 골재로서 사용할 자갈의 흡수율은 5% 이하의 값을 표준으로 한다.
④ 잔골재 중의 점토 덩어리 함유량은 질량 백분율로 1% 이하여야 한다.

해설

굵은 골재로서 사용할 자갈의 흡수율은 3.0% 이하의 값을 표준으로 한다.

13 골재의 단위 용적질량이 1.6t/m³이고 밀도가 2.60 g/cm³일 때 이 골재의 실적률은?

① 61.5% ② 53.9%
③ 38.5% ④ 16.3%

해설

실적률(%) = $\dfrac{\text{골재의 단위 용적질량}}{\text{골재의 절건 밀도}} \times 100$

= $\dfrac{1.6}{2.6} \times 100$

≒ 61.5%

14 분말도에 대한 내용 중 옳지 않은 것은?

① 시멘트의 입자가 가늘수록 분말도가 작다.
② 분말도가 높으면 수화작용이 빨라진다.
③ 분말도가 높으면 조기강도가 커진다.
④ 분말도가 높으면 건조수축이 커진다.

해설

시멘트의 입자가 가늘수록 분말도가 높다.

15 시멘트의 응결시간을 늦추기 위하여 사용하는 혼화제로서 서중 콘크리트나 레디믹스트 콘크리트에서 운반거리가 먼 경우 또는 연속적으로 콘크리트를 칠 때 콜드 조인트가 생기지 않도록 할 경우 등에 사용되는 혼화제는?

① 감수제 ② 촉진제
③ 급결제 ④ 지연제

해설

① 감수제 : 시멘트 입자를 분산시켜 콘크리트의 단위 수량을 감소시킬 목적으로 사용하는 혼화제이다.
② 촉진제 : 한랭 시에 온난 시와 같은 경화속도를 갖게 할 목적으로 사용되는 혼화제이다.
③ 급결제 : 시멘트의 응결을 상당히 빠르게 하기 위하여 사용하는 혼화제이다.

16 다음 포졸란의 종류 중 인공산은?

① 규조토　　② 응회암
③ 화산재　　④ 플라이애시

해설
포졸란의 종류
- 천연산 : 화산회(화산재), 규조토, 규산백토 등
- 인공산 : 플라이애시, 고로 슬래그, 실리카 퓸, 실리카 겔, 소성 점토, 혈암

17 시멘트 저장방법에 대한 설명 중 옳지 않은 것은?

① 방습적인 창고에 저장하고 입하순으로 사용한다.
② 포대 시멘트는 지상 30cm 이상의 마루에 쌓아야 한다.
③ 통풍이 잘 되도록 저장한다.
④ 품종별로 구분하여 저장한다.

해설
포대 시멘트는 지상 30cm 이상 되는 마루 위에 통풍이 되지 않도록 한 후 저장한다.

18 습윤 상태 질량이 120g인 모래를 건조시켜 표면건조 포화 상태에서 105g, 공기 중 건조 상태에서 100g, 노건조 상태에서 97g의 질량이 되었을 때 흡수율은?

① 14.3%　　② 5.5%
③ 8.2%　　④ 23.7%

해설
$$흡수율(\%) = \frac{표면건조\ 포화\ 상태 - 절대건조\ 상태}{절대건조\ 상태} \times 100$$
$$= \frac{105 - 97}{97} \times 100$$
$$≒ 8.2\%$$

19 혼화재료의 저장에 대한 설명으로 옳지 않은 것은?

① 혼화제는 먼지나 불순물이 혼입되지 않고 변질되지 않도록 저장한다.
② 저장이 오래된 것은 시험 후 사용 여부를 결정하여야 한다.
③ 혼화재는 날리지 않도록 그 취급에 주의해야 한다.
④ 혼화재는 습기가 약간 있는 창고 내에 저장한다.

해설
혼화재는 방습적인 사일로, 창고 등에 저장하고 입하순으로 사용하여야 한다.

20 콘크리트용 골재로서 적합한 잔골재의 조립률은?

① 2.3~3.1　　② 3.2~4.5
③ 4~6　　④ 6~8

해설
골재 조립률
- 잔골재 : 2.3~3.1
- 굵은 골재 : 6~8

정답 16 ④　17 ③　18 ③　19 ④　20 ①

21 수밀 콘크리트의 물-시멘트비는 몇 % 이하를 표준으로 하는가?

① 35% 이하 ② 40% 이하
③ 50% 이하 ④ 60% 이하

해설
물-시멘트비
- 한중 콘크리트 : 60% 이하
- 수밀 콘크리트 : 50% 이하
- 경량 콘크리트의 물과 접하는 부분 : 55% 이하

22 보통 포틀랜드 시멘트를 사용한 경우, 콘크리트는 최소 며칠 이상 습윤 상태로 보호해야 하는가?(단, 일평균기온이 15℃ 이상인 경우)

① 3일 ② 5일
③ 7일 ④ 10일

해설
습윤 양생기간의 표준

일평균 기온	보통 포틀랜드 시멘트	고로 슬래그, 플라이애시 시멘트	조강 포틀랜드 시멘트
15℃ 이상	5일	7일	3일
10℃ 이상	7일	9일	4일
5℃ 이상	9일	12일	5일

23 콘크리트 운반방법 중 슈트에 대한 설명이 잘못된 것은?

① 슈트란 높은 곳에서 낮은 곳으로 미끄러져 내려갈 수 있게 만든 홈통이나 관을 말한다.
② 연직 슈트는 재료의 분리를 일으키기 쉬우므로, 될 수 있는 대로 경사 슈트를 사용하는 것이 좋다.
③ 경사 슈트를 사용할 경우 슈트의 기울기는 수평 2에 대해 연직 1 정도로 하는 것이 좋다.
④ 경사 슈트의 토출구에 조절판 및 깔때기를 설치해서 재료분리를 방지하여야 한다.

해설
슈트를 사용할 때는 원칙적으로 연직 슈트를 사용해야 하며, 경사 슈트는 재료분리를 일으키기 쉬우므로, 가능하면 사용하지 않는 것이 좋다.

24 콘크리트를 비비는 시간은 시험에 의해 정하는 것을 원칙으로 하나 시험을 실시하지 않는 경우 가경식 믹서에서 비비기 시간은 최소 얼마 이상을 표준으로 하는가?

① 1분 30초 ② 2분
③ 3분 ④ 3분 30초

해설
가경식 믹서는 1분 30초 이상, 강제식 믹서는 1분 이상을 표준 비빔 시간으로 한다.

25 물-시멘트비가 40%이고, 단위 시멘트양이 300kg/m³일 때 단위 수량은?

① 100kg/m³ ② 110kg/m³
③ 120kg/m³ ④ 130kg/m³

해설
$$\frac{W}{C} = 0.4$$
$$\therefore W = C \times 0.4 = 300 \times 0.4 = 120 \text{kg/m}^3$$

정답 21 ③ 22 ② 23 ② 24 ① 25 ③

26 콘크리트를 한 차례 다지기를 한 뒤에 알맞은 시기에 다시 진동을 주는 것을 재진동이라 한다. 재진동의 효과가 아닌 것은?

① 콘크리트 속의 빈틈이 증가한다.
② 콘크리트의 강도가 증가한다.
③ 철근과의 부착강도가 증가한다.
④ 재료의 침하에 의한 균열을 막을 수 있다.

해설
콘크리트 속의 빈틈이 감소한다.

27 다음은 콘크리트 비비기에 대한 설명이다. 틀린 것은?

① 비비기가 잘 되면 강도와 내구성이 커진다.
② 오래 비비면 비빌수록 워커빌리티가 좋아진다.
③ 비비기는 미리 정해 둔 비비기 시간의 3배 이상 계속해서는 안 된다.
④ 비비기를 시작하기 전에 미리 믹서 내부를 모르타르로 부착시켜야 한다.

해설
오래 비비면 비빌수록 워커빌리티가 나빠지고 재료분리가 생길 수 있다.

28 한중 콘크리트에 대한 설명이다. ( ) 안에 알맞은 수치는?

하루의 평균기온이 ( )℃ 이하가 되는 기상조건 하에서는 한중 콘크리트로서 시공한다.

① -4℃   ② 4℃
③ 0℃   ④ -2℃

해설
하루의 평균기온이 4℃ 이하가 예상되는 조건일 때는 한중 콘크리트로 시공하여야 한다.

29 레디믹스트 콘크리트의 장점이 아닌 것은?

① 균질의 콘크리트를 얻을 수 있다.
② 공사능률이 향상되고 공기를 단축할 수 있다.
③ 콘크리트의 워커빌리티를 현장에서 즉시 조절할 수 있다.
④ 콘크리트 치기와 양생에만 전념할 수 있다.

해설
레디믹스트 콘크리트는 수요자가 지정한 배합의 콘크리트를 만들어서 현장까지 운반해 주는 굳지 않은 콘크리트이기 때문에 현장에서 워커빌리티 조절이 어렵다.

30 현장에서 사용하는 골재의 함수 상태, 혼합률 등을 고려하여 현장에서 실제로 사용하는 재료의 성질에 맞추어 고친 배합(수정배합)은?

① 시방 배합   ② 현장 배합
③ 복합 배합   ④ 경험 배합

해설
배합설계의 분류
• 시방 배합 : 표준시방서 또는 책임기술자가 지시한 배합이다.
• 현장 배합 : 현장에서 사용하는 골재의 함수 상태, 혼합률 등을 고려하여 시방 배합을 현장에서 실제로 사용하는 재료의 성질에 맞추어 고친 배합이다.

정답 26 ① 27 ② 28 ② 29 ③ 30 ②

31 콘크리트 치기에 대한 설명으로 옳지 않은 것은?

① 철근의 배치가 흐트러지지 않도록 주의해야 한다.
② 거푸집 안에 투입한 후 이동시킬 필요가 없도록 해야 한다.
③ 2층 이상으로 쳐 넣을 경우 아래층이 굳은 다음 위층을 쳐야 한다.
④ 높은 곳을 연속해서 쳐야 할 경우 반죽질기 및 속도를 조정해야 한다.

해설
콘크리트를 2층 이상으로 나누어 타설할 경우, 상층의 콘크리트 타설은 원칙적으로 하층의 콘크리트가 굳기 시작하기 전에 해야 하며, 상층과 하층이 일체가 되도록 시공한다.

32 수송관 내의 콘크리트를 압축공기의 압력으로 보내는 것으로서, 주로 터널의 둘레 콘크리트에 사용되는 것은?

① 벨트 컨베이어   ② 운반차
③ 버킷   ④ 콘크리트 플레이서

해설
① 벨트 컨베이어 : 콘크리트를 연속적으로 운반하는 기계이다.
③ 버킷 : 믹서에서 나온 콘크리트를 즉시 현장에 운반하는 용기로, 기중기 등에 매달아 사용한다.

33 일명 고온고압 양생이라고 하며, 증기압 7~15기압, 온도 180℃ 정도의 고온·고압의 증기솥 속에서 양생하는 방법은?

① 오토클레이브 양생   ② 상압증기 양생
③ 전기 양생   ④ 가압 양생

해설
오토클레이브 양생
고온·고압의 가마 속에 콘크리트를 넣어 콘크리트 치기가 끝난 다음 온도, 하중, 충격, 오손, 파손 따위의 유해한 영향을 받지 않도록 하는 촉진 양생방법이다.

34 거푸집의 외부에 진동을 주어 내부 콘크리트를 다지는 기계는?

① 표면 진동기
② 거푸집 진동기
③ 내부 진동기
④ 콘크리트 플레이서

해설
진동기의 종류
• 내부 진동기 : 일반적으로 된 반죽의 콘크리트를 다질 때 가장 많이 사용된다.
• 거푸집 진동기 : 거푸집의 외부에 진동을 주어 내부 콘크리트를 다지는 기계로서, 터널의 둘레 콘크리트나 높은 벽 등에 사용된다.
• 표면 진동기 : 비교적 두께가 얇고, 넓은 콘크리트의 표면에 진동을 주어 고르게 다지는 기계로서, 주로 도로 포장, 활주로 포장 등의 표면 다지기에 사용된다.

35 콘크리트를 제조할 때 각 재료의 계량오차 중 혼화재의 허용오차는?

① ±1%   ② ±2%
③ ±3%   ④ ±4%

해설
표준시방서상 계량오차

재료의 종류	측정 단위	허용오차
시멘트	질량	±1%
골재	질량 또는 부피	±3%
물	질량	±1%
혼화재	질량	±2%
혼화제	질량 또는 부피	±3%

36 콘크리트의 배합표시법에서 단위량에 대한 설명으로 옳은 것은?

① 콘크리트 $1m^2$를 만드는 데 필요한 각 재료의 양(kg)을 말한다.
② 콘크리트 $1m^3$를 만드는 데 필요한 각 재료의 양(kg)을 말한다.
③ 콘크리트 1kg을 만드는 데 필요한 각 재료의 양(m^2)을 말한다.
④ 콘크리트 1kg을 만드는 데 필요한 각 재료의 양(m^3)을 말한다.

37 일반적인 콘크리트 타설 후 다지기에서 내부 진동기를 사용할 때 내부 진동기를 찔러 넣는 간격은 어느 정도로 하는 것이 좋은가?

① 50cm 이하
② 80cm 이하
③ 100cm 이하
④ 130cm 이하

해설
내부 진동기는 연직으로 0.1m 정도 찔러 넣으며, 삽입 간격은 일반적으로 0.5m 이하로 한다.

38 콘크리트를 연속적으로 운반하는 데 가장 편리한 것은?

① 버킷
② 벨트 컨베이어
③ 덤프트럭
④ 슈트

해설
① 버킷 : 믹서에서 나온 콘크리트를 즉시 현장에 운반하는 용기로, 기중기 등에 매달아 사용한다.
③ 덤프트럭 : 슬럼프값이 50mm 이하의 콘크리트를 10km 이하 거리 또는 1시간 이내 운반 가능한 경우에 사용한다.
④ 슈트 : 콘크리트를 높은 곳에서 낮은 곳으로 미끄러져 내려갈 수 있게 만든 홈통이나 관 모양의 것을 말한다.

39 한중 콘크리트에서 양생 중인 콘크리트는 온도를 최소 몇 ℃ 이상으로 유지하는 것을 표준으로 하는가?

① 0℃
② 4℃
③ 5℃
④ 20℃

해설
한중 콘크리트는 소요의 압축강도가 얻어질 때까지는 콘크리트의 온도를 5℃ 이상으로 유지해야 한다.

40 콘크리트를 타설한 다음 일정 기간 동안 콘크리트에 충분한 온도와 습도를 유지시켜 주는 것을 무엇이라 하는가?

① 콘크리트 진동
② 콘크리트 다짐
③ 콘크리트 양생
④ 콘크리트 시공

해설
양생
콘크리트가 수화 작용에 의하여 충분한 강도를 내고 균열이 생기지 않도록 하기 위하여 일정한 기간 동안 콘크리트에 충분한 온도와 습도를 주는 것을 말한다.

41 공시체가 지간 방향 중심선의 4점 사이에서 파괴되었을 때 휨강도는 약 얼마인가?(단, 지간 45cm, 파괴 단면의 폭 15cm, 파괴 단면의 높이 15cm, 최대 하중이 25kN이다)

① 2.73MPa ② 3.03MPa
③ 3.33MPa ④ 4.73MPa

해설

휨강도(f_b) = $\dfrac{Pl}{bh^2}$

$= \dfrac{25,000 \times 450}{150 \times 150^2}$

$= 3.33$MPa

여기서, P : 시험기가 나타내는 최대 하중(N)
 l : 지간(mm)
 b : 파괴 단면의 너비(mm)
 h : 파괴 단면의 높이(mm)

42 골재의 안정성 시험에 사용되는 시험용 용액(시약)은?

① 황산마그네슘
② 황산소듐
③ 수산화칼슘
④ 염화나트륨

해설

골재의 안정성 시험 : 골재의 내구성을 알기 위하여 황산소듐 포화 용액으로 인한 골재의 부서짐 작용에 대한 저항성을 시험한다.

43 콘크리트의 씻기 분석 시험에서 모르타르 시료 중의 물의 무게가 432g이고 모르타르 시료 중의 시멘트무게가 805g일 때 물-시멘트비는?

① 74.3% ② 63.7%
③ 58.4% ④ 53.7%

해설

물-시멘트비

$\dfrac{W}{C} = \dfrac{432}{805} \times 100$

$\fallingdotseq 53.7\%$

44 콘크리트의 강도 시험용 공시체의 양생온도는 어느 정도이어야 하는가?

① 4±1℃ ② 15±2℃
③ 20±2℃ ④ 30±2℃

해설

콘크리트 강도 시험에 사용되는 공시체는 18~22℃의 온도에서 습윤 양생한다.

정답 41 ③ 42 ② 43 ④ 44 ③

45 콘크리트의 겉보기 공기량이 7%이고 골재의 수정계수가 1.2%일 때 콘크리트의 공기량은 얼마인가?

① 4.6%   ② 5.8%
③ 8.2%   ④ 9.4%

해설
콘크리트의 공기량(A)
$A = A_1 - G$
  $= 7 - 1.2$
  $= 5.8\%$
여기서, A_1 : 콘크리트의 겉보기 공기량(%)
       G : 골재의 수정계수(%)

46 다음 그림은 콘크리트의 슬럼프 시험을 한 결과를 보여주고 있다. 이 그림에서 슬럼프값을 바르게 나타낸 것은?

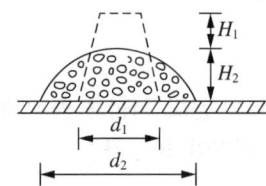

① H_1 ② H_2
③ d_2 ④ $d_2 - d_1$

해설
콘크리트가 내려앉은 길이를 슬럼프값(mm)으로 한다.

47 콘크리트 블리딩 현상을 감소시키는 방법으로 틀린 것은?

① 미립분을 적절하게 포함한 잔골재를 사용한다.
② 분말도가 작은 시멘트를 사용한다.
③ 단위 수량을 감소시킨다.
④ AE제를 사용한다.

해설
시멘트의 분말도가 작을수록, 잔골재 중의 미립분이 작을수록 블리딩 현상은 증가한다.

48 단위 골재량의 절대 부피가 0.75m³이고 잔골재율이 34%일 때 단위 굵은 골재량은 얼마인가?(단, 굵은 골재의 비중은 2.6이다)

① 1,066kg/m³   ② 1,187kg/m³
③ 1,206kg/m³   ④ 1,287kg/m³

해설
단위 굵은 골재량의 절대 부피(m³)
= 단위 골재량의 절대 부피 – 단위 잔골재량의 절대 부피
= 0.75 – (0.75 × 0.34)
= 0.495m³
∴ 단위 굵은 골재량(kg/m³)
 = 단위 굵은 골재량의 절대 부피 × 굵은 골재의 밀도 × 1,000
 = 0.495 × 2.6 × 1,000
 = 1,287kg/m³

45 ② 46 ① 47 ② 48 ④

49 콘크리트 슬럼프 시험에서 슬럼프 콘에 시료를 채우고, 벗길 때까지의 전 작업시간은 얼마 이내로 하는가?

① 1분
② 2분
③ 3분
④ 5분

해설
슬럼프 콘에 시료를 채우고 벗길 때까지의 전 작업시간은 3분 이내로 한다.

50 다음 표에서 설명하고 있는 배합을 무슨 배합이라고 하는가?

> 소정의 품질을 갖는 콘크리트가 얻어지도록 된 배합으로서 시방서 또는 책임기술자가 지시한 배합

① 현장 배합
② 강도 배합
③ 골재 배합
④ 시방 배합

해설
배합설계의 분류
- 시방 배합 : 표준시방서 또는 책임기술자가 지시한 배합이다.
- 현장 배합 : 현장에서 사용하는 골재의 함수 상태, 혼합률 등을 고려하여 시방 배합을 현장에서 실제로 사용하는 재료의 성질에 맞추어 고친 배합이다.

51 콘크리트 압축강도 시험에서 몰드 지름 150mm인 공시체의 파괴강도가 52.3kN일 때 압축강도는 약 얼마인가?

① 2.96MPa
② 2.72MPa
③ 2.58MPa
④ 2.36MPa

해설
압축강도$(f) = \dfrac{P}{A} = \dfrac{52,300}{\dfrac{\pi \times 150^2}{4}} = \dfrac{52,300}{17,671.5}$

$\fallingdotseq 2.96\text{MPa}$

여기서, P : 파괴될 때 최대 하중(N)
A : 시험체의 단면적(mm²)

52 블리딩 시험을 수행할 때 유지되어야 하는 시험실의 온도로써 가장 적당한 것은?

① 10±3℃
② 14±3℃
③ 20±3℃
④ 26±3℃

해설
블리딩 시험 중에는 실온 20±3℃로 한다.

53 압력법에 의한 굳지 않은 콘크리트의 공기량을 시험하는 내용이다. 겉보기 공기량 측정방법 중 잘못 나타낸 것은?

① 시료를 용기에 3층으로 나누어 넣는다.
② 각 층을 다짐봉으로 25회씩 다진다.
③ 용기의 옆면은 어떠한 경우라도 두들기면 안 된다.
④ 작동 밸브를 충분히 열고 지침이 안정되고 나서 압력계의 눈금을 읽는다.

해설
다짐대에 의해서 생긴 빈틈은 용기의 측면을 두들겨서 없어지도록 한다.

54 콘크리트용 모래에 포함되어 있는 유기불순물 시험에 사용되는 시약은?

① 수산화나트륨
② 염화칼슘
③ 페놀프탈레인
④ 규산나트륨

해설
유기불순물 시험에 사용되는 시약
• 수산화나트륨 용액(3%) : 물 97에 수산화나트륨 3의 질량비로 용해시킨 것이다.
• 탄닌산 용액(2%) : 10%의 알코올 용액으로 2% 탄닌산 용액을 제조한다.

55 휨강도 시험을 위한 공시체의 길이에 대한 설명으로 옳은 것은?

① 단면의 한 변의 길이의 2배보다 5cm 이상 긴 것으로 한다.
② 단면의 한 변의 길이의 2배보다 8cm 이상 긴 것으로 한다.
③ 단면의 한 변의 길이의 3배보다 5cm 이상 긴 것으로 한다.
④ 단면의 한 변의 길이의 3배보다 8cm 이상 긴 것으로 한다.

해설
휨강도 시험용 공시체의 길이는 단면의 한 변의 길이의 3배보다 80mm 이상 길어야 한다.

56 지름이 15cm, 길이가 30cm인 콘크리트 공시체로 쪼갬 인장강도 시험을 실시한 결과, 공시체 파괴 시 시험기에 나타난 최대 하중이 167.4kN이었다. 이 공시체의 인장강도는?

① 1.7MPa ② 2.0MPa
③ 2.4MPa ④ 2.7MPa

해설
쪼갬 인장강도 $= \dfrac{2P}{\pi dl}$
$= \dfrac{2 \times 167,400}{\pi \times 150 \times 300}$
$\fallingdotseq 2.4\text{MPa}$

여기서, P : 최대 하중(N)
d : 공시체의 지름(mm)
l : 공시체의 길이(mm)

정답 53 ③ 54 ① 55 ④ 56 ③

57 콘크리트 압축강도 시험에 사용되는 공시체의 지름은 굵은 골재 최대 치수의 최소 몇 배 이상이어야 하는가?

① 2배 ② 3배
③ 4배 ④ 5배

해설
압축강도 시험용 공시체의 치수 : 공시체의 지름은 굵은 골재 최대 치수의 3배 이상 및 100mm 이상으로 하고, 높이는 공시체 지름의 2배 이상으로 한다.

58 슬럼프(slump) 시험 기구 및 방법에 대한 설명으로 틀린 것은?

① 슬럼프 콘은 밑면의 안지름이 200±2mm, 윗면의 안지름이 100±2mm, 높이가 300±2mm의 원추형을 사용한다.
② 다짐봉은 지름 20mm, 길이 800mm의 강 또는 금속제 원형봉으로 그 앞 끝을 반구 모양으로 한다.
③ 슬럼프 콘을 들어 올리는 시간은 2~5초로 한다.
④ 슬럼프는 5mm 단위로 표시한다.

해설
다짐봉은 지름 16±1mm 길이 600±5mm인 원형 단면을 갖는 강재로 한쪽 끝은 반구 형태인 것으로 한다.

59 다음 그림과 같은 콘크리트의 시험방법은?

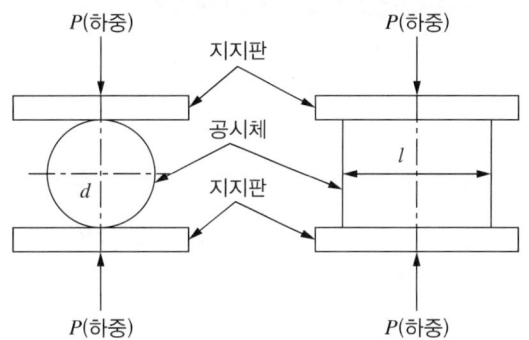

① 압축강도 시험
② 인장강도 시험
③ 휨강도 시험
④ 블리딩 시험

해설
인장강도 시험 콘크리트의 인장강도를 측정하기 위해서는 표준 공시체를 옆으로 뉘어서 할렬(쪼갬) 파괴가 일어나는 하중으로부터 인장강도를 산정하는 것이다.

60 골재의 마모 시험에서 시료를 시험기에서 꺼내어 몇 mm 체로 체가름을 하는가?

① 1.7mm ② 3.4mm
③ 1.25mm ④ 2.5mm

해설
로스앤젤레스 마모 시험기에 의해 마모 시험을 한 경우 1.7mm 체로 잔량 및 통과량을 결정한다.

2023년 제1회 과년도 기출복원문제

01 골재의 필요조건으로 옳지 않은 것은?

① 깨끗하고 유해물이 함유되지 않을 것
② 입도 분포가 양호할 것
③ 마모에 대한 저항성이 클 것
④ 모양은 각진 부분이 많은 것

해설
골재의 모양은 구형 또는 입방체에 가까워야 한다.

02 알루미나 시멘트는 보통 포틀랜드 시멘트 28일의 강도를 얼마 만에 발현하는가?

① 1일　　　② 7일
③ 14일　　④ 28일

해설
알루미나 시멘트는 보통 포틀랜드 시멘트의 28일 강도를 1일 만에 발현한다.

03 부순 골재에 대한 설명 중 옳은 것은?

① 부순 잔골재의 석분은 콘크리트 경화 및 내구성에 도움이 된다.
② 부순 굵은 골재는 시멘트풀과의 부착이 좋다.
③ 부순 굵은 골재는 콘크리트를 비빌 때 소요 단위수량이 적어진다.
④ 부순 굵은 골재를 사용한 콘크리트는 수밀성은 향상되나 휨강도는 감소된다.

해설
① 부순 잔골재의 석분은 콘크리트 경화 및 내구성에 도움이 되지 않는다.
③ 부순 굵은 골재는 콘크리트를 비빌 때 소요 단위 수량이 커진다.
④ 부순 굵은 골재를 사용한 콘크리트는 수밀성은 떨어지나 휨강도는 커지게 된다.

04 다음 중 천연골재에 속하지 않는 것은?

① 강모래, 강자갈
② 산모래, 산자갈
③ 바닷모래, 바닷자갈
④ 부순 모래, 슬래그

해설
산지 또는 제조방법에 따른 골재의 분류
• 천연골재 : 강모래, 강자갈, 바닷모래, 바닷자갈, 육상모래, 육상자갈, 산모래, 산자갈
• 인공골재 : 부순 돌, 부순 모래, 슬래그, 인공 경량골재

05 다음 중 골재의 흡수량에 대한 설명이 옳은 것은?

① 골재 입자의 표면에 묻어 있는 물의 양
② 절대건조 상태에서 표면건조 포화 상태로 되기까지 흡수된 물의 양
③ 공기 중 건조 상태에서 표면건조 포화 상태로 되기까지 흡수된 물의 양
④ 골재 입자 안팎에 들어 있는 모든 물의 양

해설
① : 표면수량에 대한 설명이다.
③ : 유효 흡수량에 대한 설명이다.
④ : 함수량에 대한 설명이다.

1 ④　2 ①　3 ②　4 ④　5 ②　**정답**

06 다음의 포졸란 종류 중 인공산인 것은?

① 플라이애시   ② 화산회
③ 규조토   ④ 규산백토

해설
포졸란의 종류
- 천연산 : 화산회(화산재), 규조토, 규산백토 등
- 인공산 : 플라이애시, 고로 슬래그, 실리카 퓸, 실리카 겔, 소성 점토, 혈암

07 다음 중 콘크리트의 배합설계에서 제일 먼저 결정해야 하는 것은?

① 물-시멘트비   ② 배합강도
③ 단위 수량   ④ 단위 골재량

해설
콘크리트 배합설계 절차
배합강도의 결정 → 물-시멘트비 설정 → 굵은 골재 최대 치수, 슬럼프, 공기량 결정 → 단위 수량 결정 → 단위 시멘트양 결정 → 단위 잔골재량 결정 → 단위 굵은 골재량 결정 → 혼화재료량의 결정 → 배합표 작성(시방 배합) → 현장 배합

08 해수, 산, 염류 등의 작용에 대한 저항성이 커서 해수공사에 알맞고 수화열이 많아서 한중 콘크리트에 알맞은 특수 시멘트는?

① 팽창성 시멘트
② 알루미나 시멘트
③ 초조강 시멘트
④ 석면 단열 시멘트

해설
알루미나 시멘트
- 보크사이트와 석회석을 혼합하여 분말로 만든 시멘트이다.
- 재령 1일에 보통 포틀랜드 시멘트의 재령 28일에 해당하는 강도를 나타낸다.
- 조기강도가 커 긴급공사, 한중공사에 적합하다.
- 해수, 산, 염류, 등 작용에 대한 저항성이 커 해수공사에 사용된다.

09 AE 감수제를 사용한 콘크리트의 특징으로 틀린 것은?

① 동결융해에 대한 저항성이 증대된다.
② 굳지 않은 콘크리트의 워커빌리티를 개선하고 재료의 분리를 방지한다.
③ 건조수축을 감소시킨다.
④ 수밀성이 감소하고 투수성이 증가한다.

해설
공기연행(AE) 감수제를 사용하면 수밀성이 증가하고 투수성이 감소한다.

10 혼화재와 혼화제의 분류에서 혼화재에 대한 설명으로 알맞은 것은?

① 사용량이 비교적 많으나 그 자체의 부피가 콘크리트 등의 비비기 용적에 계산되지 않는 것
② 사용량이 비교적 많아서 그 자체의 부피가 콘크리트 등의 비비기 용적에 계산되는 것
③ 사용량이 비교적 적으나 그 자체의 부피가 콘크리트 등의 비비기 용적에 계산되는 것
④ 사용량이 비교적 적어서 그 자체의 부피가 콘크리트 등의 비비기 용적에 계산되지 않는 것

해설
혼화재료의 종류
- 혼화재
  - 사용량이 시멘트 질량의 5% 정도 이상이 되어 그 자체의 부피가 콘크리트의 배합계산에 관계가 되는 것
  - 포졸란, 플라이애시, 고로 슬래그, 팽창제, 실리카 퓸 등
- 혼화제
  - 사용량이 시멘트 질량의 1% 정도 이하의 것으로 콘크리트의 배합계산에서 무시되는 것
  - AE제, 경화촉진제, 감수제, 지연제, 기포제, 방수제 등

정답 6 ① 7 ② 8 ② 9 ④ 10 ②

11 잔골재 체가름 시험에서 조립률의 기호는?

① AM
② AF
③ FM
④ OMC

해설
조립률(FM ; Finess Modulus) : 콘크리트에 사용되는 골재의 입도 정도를 표시하는 지표이다.

12 체가름 시험결과 잔골재 조립률이 2.68, 굵은 골재의 조립률이 7.39이고, 그 비율이 1 : 1.9라면 혼합 골재 조립률은 얼마인가?

① 3.76
② 4.77
③ 5.77
④ 6.76

해설
혼합 골재의 조립률 = $\dfrac{2.68 \times 1 + 7.39 \times 1.9}{1 + 1.9} = \dfrac{16.721}{2.9}$
$\fallingdotseq 5.77$

13 굵은 골재의 연한 석편 함유량의 한도는 최댓값을 몇 %(질량 백분율)로 규정하고 있는가?

① 3%
② 5%
③ 10%
④ 13%

해설
굵은 골재의 유해물 함유량 한도

종류		천연 굵은 골재(%)
점토 덩어리		0.25*
연한 석편		5.0*
0.08mm 체 통과량		1.0
석탄, 갈탄 등으로 밀도 2.0g/cm³의 액체에 뜨는 것	콘크리트의 외관이 중요한 경우	0.5
	기타의 경우	1.0

(*) 점토 덩어리와 연한 석편의 합이 5%를 넘으면 안 된다.

14 시멘트의 종류 중 혼합 시멘트는?

① 조강 포틀랜드 시멘트
② 알루미나 시멘트
③ 고로 슬래그 시멘트
④ 팽창 시멘트

해설
시멘트의 종류
- 포틀랜드 시멘트 : 보통 포틀랜드 시멘트, 중용열 포틀랜드 시멘트, 조강 포틀랜드 시멘트, 저열 포틀랜드 시멘트, 내황산염 포틀랜드 시멘트, 백색 포틀랜드 시멘트
- 혼합 시멘트 : 고로 슬래그 시멘트, 플라이애시 시멘트, 실리카(포졸란) 시멘트
- 특수 시멘트 : 알루미나 시멘트, 초속경 시멘트, 팽창 시멘트

15 콘크리트용 잔골재의 유해물 함유량의 허용한도 중 점토 덩어리의 허용 최댓값은 질량 백분율로 몇 %인가?

① 1%
② 2%
③ 4%
④ 5%

해설
잔골재의 유해물 함유량 한도

종류		천연 잔골재(%)
점토 덩어리		1.0
0.08mm 체 통과량	콘크리트의 표면이 마모작용을 받는 경우	3.0
	기타의 경우	5.0
석탄, 갈탄 등으로 밀도 2.0g/cm³의 액체에 뜨는 것	콘크리트의 외관이 중요한 경우	0.5
	기타의 경우	1.0
염화물(NaCl 환산량)		0.04

16 다음 혼화재료 중 콘크리트의 워커빌리티를 개선하는 효과가 없는 것은?

① 경화촉진제　② AE제
③ 플라이애시　④ 유동화제

> **해설**
> 경화촉진제는 한중 콘크리트에 있어서 동결에 저항하기 위한 강도를 조기에 얻기 위한 용도로 많이 사용된다.

17 시멘트의 응결에 관한 설명 중 옳지 않은 것은?

① 습도가 낮으면 응결이 빨라진다.
② 풍화되었을 경우 응결이 빨라진다.
③ 온도가 높을수록 응결이 빨라진다.
④ 분말도가 높으면 응결이 빨라진다.

> **해설**
> 풍화된 시멘트는 응결 및 경화가 늦어진다.

18 운반거리가 먼 레미콘이나 무더운 여름철 콘크리트의 시공에 사용하는 혼화제는?

① 기포제　② 지연제
③ 급결제　④ 경화촉진제

> **해설**
> ② 지연제 : 서중 콘크리트나 레디믹스트 콘크리트에서 운반거리가 먼 경우 또는 연속적으로 콘크리트를 칠 때 콜드 조인트가 생기지 않도록 할 경우 등에 사용되는 혼화제이다.
> ① 기포제 : 콘크리트 속에 많은 거품을 일으켜, 부재의 경량화나 단열성 목적으로 사용하는 혼화제이다.
> ③ 급결제 : 시멘트의 응결을 상당히 빠르게 하기 위하여 사용하는 혼화제이다.
> ④ 경화촉진제 : 시멘트의 경화속도를 촉진시키는 혼화제이다.

19 단위 잔골재량의 절대 부피가 0.253m³이고, 잔골재의 비중이 2.60일 때 단위 잔골재량은 얼마인가?

① 634kg/m³　② 658kg/m³
③ 676kg/m³　④ 693kg/m³

> **해설**
> 단위 잔골재량(kg/m³)
> = 단위 잔골재량의 절대 부피×잔골재의 비중×1,000
> = 0.253×2.60×1,000
> = 657.8kg/m³

20 콘크리트 공사에서 거푸집 떼어 내기에 관한 설명으로 틀린 것은?

① 거푸집은 콘크리트가 자중 및 시공 중에 가해지는 하중에 충분히 견딜 만한 강도를 가질 때까지 해체해서는 안 된다.
② 보의 밑판의 거푸집은 보의 양 측면의 거푸집보다 먼저 떼어 낸다.
③ 연직 부재의 거푸집은 수평 부재의 거푸집보다 먼저 떼어 낸다.
④ 거푸집을 떼어내는 순서는 비교적 하중을 받지 않는 부분을 먼저 떼어 낸다.

> **해설**
> 보의 밑판의 거푸집은 보의 양 측면의 거푸집보다 나중에 떼어 낸다.

정답　16 ①　17 ②　18 ②　19 ②　20 ②

21 수밀 콘크리트의 물-시멘트비는 몇 % 이하를 표준으로 하는가?

① 35% 이하
② 40% 이하
③ 50% 이하
④ 60% 이하

해설
물-시멘트비
- 한중 콘크리트 : 60% 이하
- 수밀 콘크리트 : 50% 이하
- 경량 콘크리트의 물과 접하는 부분 : 55% 이하

22 특정한 입도를 가진 굵은 골재를 거푸집에 채워 넣고, 그 공극 속에 특수한 모르타르를 적당한 압력으로 주입하여 제조한 콘크리트를 무엇이라 하는가?

① 레디믹스트 콘크리트
② 프리스트레스트 콘크리트
③ 레진 콘크리트
④ 프리플레이스트 콘크리트

해설
① 레디믹스트 콘크리트 : 콘크리트의 제조설비가 잘 된 공장에서 수요자가 지정한 배합의 콘크리트를 만들어서 현장까지 운반해주는 굳지 않은 콘크리트이다.
② 프리스트레스트 콘크리트 : 외력에 의하여 일어나는 응력을 소정의 한도까지 상쇄할 수 있도록 미리 인위적으로 그 응력의 분포와 크기를 정하여 내력을 준 콘크리트이다.
③ 레진 콘크리트 : 경화제를 넣은 액상 레진(resin)을 골재와 섞어서 만든 콘크리트이다.

23 콘크리트를 운반할 때 고려하여야 할 중요 사항과 가장 관계가 먼 것은?

① 운반시간 단축
② 슬럼프 감소 방지
③ 거푸집의 청결 상태
④ 재료분리 방지

해설
콘크리트 운반 시 고려사항
- 운반은 슬럼프, 공기량 감소 및 재료분리가 적게 일어나도록 빠르게 운반한다.
- 콘크리트 운반차는 트럭믹서 또는 트럭 애지테이터 사용한다.
- 슬럼프 저하나 강도 저하가 발생되지 않도록 서서히 비비면서 운반한다.
- 배차계획을 철저히 세워 현장에서 여러 대의 차량이 대기하지 않도록 한다.

24 외기온도가 25℃ 이상일 때 콘크리트의 비비기로부터 타설이 끝날 때까지의 시간은 얼마를 넘어서는 안 되는가?

① 1시간
② 1.5시간
③ 2시간
④ 2.5시간

해설
비비기로부터 타설이 끝날 때까지의 시간
- 외기온도가 25℃ 이상일 때 : 1.5시간 이내
- 외기온도가 25℃ 미만일 때 : 2시간 이내

25 콘크리트 블리딩 시험에서 처음 60분 동안은 몇 분 간격으로 블리딩의 물을 빨아내는가?

① 5분
② 10분
③ 30분
④ 60분

해설
블리딩 시험(KS F 2414)
최초로 기록한 시각에서부터 60분 동안 10분마다 콘크리트 표면에서 스며 나온 물을 빨아낸다. 그 후는 블리딩이 정지할 때까지 30분마다 물을 빨아낸다.

정답 21 ③ 22 ④ 23 ③ 24 ② 25 ②

26 프리플레이스트 콘크리트에 대한 설명으로 틀린 것은?

① 장기강도가 적다.
② 경화수축이 적다.
③ 수밀성이 크다.
④ 내구성이 크다.

해설
조기강도는 작지만, 장기강도는 보통 콘크리트보다 크다.

27 수송관 속의 콘크리트를 압축공기에 의해 압송하는 것으로서 콘크리트 펌프와 같이 터널 등의 좁은 곳에 콘크리트를 운반하는 데에 편한 콘크리트 운반기계는?

① 벨트 컨베이어
② 버킷
③ 콘크리트 플레이서
④ 슈트

해설
① 벨트 컨베이어 : 콘크리트를 연속적으로 운반하는 기계이다.
② 버킷 : 믹서에서 나온 콘크리트를 즉시 현장에 운반하는 용기로, 기중기 등에 매달아 사용한다.
④ 슈트 : 콘크리트를 높은 곳에서 낮은 곳으로 미끄러져 내려갈 수 있게 만든 홈통이나 관 모양의 것을 말한다.

28 콘크리트의 비비기에 대한 설명으로 틀린 것은?

① 비비기가 잘 되면 강도와 내구성이 커진다.
② 오래 비비면 비빌수록 워커빌리티가 좋아진다.
③ 비비기는 미리 정해 둔 비비기 시간의 3배 이상 계속해서는 안 된다.
④ 비비기를 시작하기 전에 미리 믹서 내부를 모르타르로 부착시켜야 한다.

해설
오래 비비면 비빌수록 워커빌리티가 나빠지고 재료분리가 생길 수 있다.

29 다음 중 콘크리트용 잔골재와 굵은 골재로 분류할 때 기준이 되는 체는?

① 1.2mm
② 2.5mm
③ 5mm
④ 10mm

해설
골재의 종류
• 잔골재(모래) : 10mm 체를 전부 통과하고 5mm 체를 거의 다 통과하며 0.08mm 체에 거의 다 남는 골재
• 굵은 골재(자갈) : 5mm 체에 거의 다 남는 골재 또는 5mm 체에 다 남는 골재

30 콘크리트 배합에 대한 설명 중 옳은 것은?

① 시방 배합에서 골재량은 공기 중 건조 상태에 있는 것을 기준으로 한다.
② 설계기준강도는 배합강도보다 충분히 크게 정하여야 한다.
③ 무근 콘크리트의 굵은 골재 최대 치수는 150mm 이하가 표준이다.
④ 단위 시멘트양은 원칙적으로 단위 수량과 물-시멘트비로부터 정한다.

해설
① 시방 배합에서 골재량은 표면건조 포화 상태에 있는 것을 기준으로 한다.
② 배합강도는 설계기준강도보다 충분히 크게 정하여야 한다.
③ 무근 콘크리트의 굵은 골재 최대 치수는 40mm 이하가 표준이다.

정답 26 ① 27 ③ 28 ② 29 ③ 30 ④

31 콘크리트 각 재료의 양을 계량할 때 반죽질기, 워커빌리티, 강도 등에 직접 영향을 끼치므로 특히 정확하게 계량해야 하는 재료는?

① 혼화재 ② 물
③ 잔골재 ④ 굵은 골재

해설
물은 콘크리트 각 재료의 양을 계량할 때 반죽질기, 워커빌리티, 강도 등에 직접 영향을 끼치므로 특히 정확하게 계량해야 한다.

32 서중 콘크리트에 대한 설명으로 옳은 것은?

① 월평균기온이 5℃를 넘을 때 시공한다.
② 콘크리트 재료는 온도가 되도록 낮아지도록 하여 사용하여야 한다.
③ 배합은 필요한 강도 및 워커빌리티를 얻는 범위 내에서 단위 수량과 시멘트양은 많이 되도록 한다.
④ 콘크리트를 비벼서 쳐 넣을 때까지의 시간은 30분을 넘어서는 안 된다.

해설
① 일평균기온이 25℃를 초과하는 것이 예상되는 경우에 시공한다.
③ 콘크리트의 배합은 소요의 강도 및 워커빌리티를 얻을 수 있는 범위 내에서 단위 수량을 적게 하고 단위 시멘트양이 많아지지 않도록 적절한 조치를 취하여야 한다.
④ 서중 콘크리트는 재료를 비빈 후 1.5시간 이내에 타설해야 한다.

33 콘크리트의 운반에 있어 보통 콘크리트를 펌프로 압송할 경우 굵은 골재 최대 치수의 표준은 얼마인가?

① 25mm 이하 ② 30mm 이하
③ 35mm 이하 ④ 40mm 이하

해설
보통 콘크리트를 펌프로 압송할 경우 굵은 골재의 최대 치수는 40mm 이하, 슬럼프는 100~180mm의 범위가 적절하다.

34 특수 콘크리트의 시공법 중에서 해양 콘크리트에 대한 설명으로 잘못된 것은?

① 단위 시멘트양은 280~330kg/m³ 이상으로 한다.
② 일반 현장시공의 경우 최대 물-시멘트비는 45~50%로 한다.
③ 해양구조물에서는 성능 저하를 방지하기 위하여 시공이음을 만들어야 한다.
④ 보통 포틀랜드 시멘트를 사용한 콘크리트는 재령 5일이 되기까지 바닷물에 씻기지 않도록 보호해야 한다.

해설
콘크리트는 될 수 있는 대로 시공이음을 만들지 말아야 한다.

35 콘크리트의 배합을 정하는 경우에 목표로 하는 강도를 배합강도라고 한다. 배합강도는 일반적인 경우 재령 며칠의 압축강도를 기준으로 하는가?

① 14일 ② 18일
③ 28일 ④ 32일

해설
콘크리트 구조물은 일반적으로 재령 28일 콘크리트의 압축강도를 기준으로 한다.

36 일반적인 경량골재 콘크리트란 콘크리트의 기건 단위 무게가 얼마 정도인 것을 말하는가?

① 0.5~1.0t/m³
② 1.4~2.0t/m³
③ 2.1~2.7t/m³
④ 2.8~3.5t/m³

해설
경량골재 콘크리트
• 설계기준강도 : 15MPa 이상~24MPa 이하
• 기건 단위 용적질량의 범위 : 1.4~2.0t/m³

37 콘크리트 블리딩(bleeding)에 대한 설명 중 틀린 것은?

① 콘크리트 슬럼프가 크면 콘크리트 작업은 어려우나 블리딩은 감소한다.
② 일반적으로 단위 수량을 줄이고 AE제를 사용하면 블리딩은 감소한다.
③ 분말도가 높은 시멘트를 사용하면 블리딩은 감소한다.
④ 블리딩이 현저하면 상부의 콘크리트가 다공질로 되며 강도, 수밀성, 내구성 등이 감소한다.

해설
콘크리트 슬럼프가 크면 콘크리트 작업은 용이하지만 블리딩은 증가한다.

38 타설한 콘크리트의 수분 증발을 막기 위해서 콘크리트의 표면에 양생용 매트나 가마니 등을 물에 적셔서 덮거나 살수하는 등의 조치를 하는 양생방법의 종류가 아닌 것은?

① 촉진 양생
② 수중 양생
③ 습포 양생
④ 피막 양생

해설
양생의 종류
• 습윤 양생 : 수중 양생, 습포 양생, 습사 양생, 피막 양생(막양생), 피복 양생
• 촉진 양생 : 증기 양생, 고온고압(오토클레이브) 양생, 전기 양생, 적외선 양생, 고주파 양생

39 콘크리트 또는 모르타르가 엉기기 시작하지는 않았지만 비빈 후 상당히 시간이 지났거나 또 재료가 분리된 경우에 다시 비비는 작업을 무엇이라고 하는가?

① 되 비비기
② 거듭 비비기
③ 믹서
④ 슈트

해설
① 되 비비기 : 콘크리트 또는 모르타르가 엉기기 시작하였을 때 다시 비비는 작업을 말한다.
④ 슈트 : 콘크리트를 높은 곳에서 낮은 곳으로 미끄러져 내려갈 수 있게 만든 홈통이나 관 모양의 것을 말한다.

40 뿜어붙이기 콘크리트(shotcrete)에 관한 다음 내용 중 옳지 않은 것은?

① 시멘트 건(gun)에 의해 압축공기로 모르타르를 뿜어붙이는 것이다.
② 공사기간이 길어진다.
③ 건식 공법의 경우 시공 중 분진이 많이 발생한다.
④ 수축균열이 생기기 쉽다.

해설
뿜어붙이기 콘크리트(숏크리트)는 시공 속도가 빠르며, 협소한 장소나 시공면에 영향을 받지 않는다.

정답 36 ② 37 ① 38 ① 39 ② 40 ②

41 단위 골재량의 절대 부피가 0.70m³이고 잔골재율이 35%일 때 단위 굵은 골재량은?(단, 굵은 골재의 밀도는 2.6g/cm³임)

① 1,183kg/m³ ② 1,198kg/m³
③ 1,213kg/m³ ④ 1,228kg/m³

해설

단위 굵은 골재량의 절대 부피(m³)
= 단위 골재량의 절대 부피 − 단위 잔골재량의 절대 부피
= 0.70 − (0.70 × 0.35)
= 0.455m³
∴ 단위 굵은 골재량(kg/m³)
  = 단위 굵은 골재량의 절대 부피 × 굵은 골재의 밀도 × 1,000
  = 0.455 × 2.6 × 1,000
  = 1,183kg/m³

42 비카침 장치와 길모어침 장치는 무슨 시험을 하기 위한 것인가?

① 시멘트의 응결시간 시험
② 시멘트의 분말도 시험
③ 시멘트의 비중 시험
④ 시멘트의 안정성 시험

해설

② : 블레인 공기투과장치를 사용한다.
③ : 르샤틀리에 비중병을 사용한다.
④ : 오토클레이브 장치를 사용한다.

43 시멘트의 강도 시험(KS L ISO 679)에서 모르타르를 제조할 때 시멘트와 표준모래의 질량에 의한 비율로 옳은 것은?

① 1 : 2 ② 1 : 2.5
③ 1 : 3 ④ 1 : 3.5

해설

시멘트 강도시험(KS L ISO 679)
공시체는 질량으로 시멘트 1, 표준사 3 및 물−시멘트비 0.5의 비율로 모르타르를 성형한다.

44 콘크리트의 강도 시험용 공시체의 양생온도는 어느 정도이어야 하는가?

① 4±1℃ ② 15±2℃
③ 20±2℃ ④ 30±2℃

해설

콘크리트 강도 시험에 사용되는 공시체는 18~22℃의 온도에서 습윤 양생한다.

45 콘크리트 압축강도 시험용 공시체 표면의 캐핑은 무엇으로 하는가?

① 된 반죽의 시멘트풀
② 가는 모래
③ 콘크리트
④ 시멘트 분말

해설

콘크리트 압축강도 시험용 공시체를 캐핑하기 위해서는 시멘트풀을 사용하며, 물−시멘트비 범위는 27~30%로 한다.

정답 41 ① 42 ① 43 ③ 44 ③ 45 ①

46 콘크리트용 모래에 포함되어 있는 유기불순을 시험에 필요한 식별용 표준색 용액을 제조하는 경우에 대한 다음의 내용 중 ( ) 안에 적합한 것은?

> 식별용 표준색 용액은 10%의 알코올 용액으로 ( )의 탄닌산 용액을 만들고, 그 2.5mL를 3%의 수산화나트륨용액 97.5mL에 가하여 유리병에 넣어 마개를 닫고 잘 흔든다. 이것을 표준색 용액으로 한다.

① 1% ② 2%
③ 3% ④ 5%

해설
식별용 표준색 용액은 10%의 알코올 용액으로 2% 탄닌산 용액을 만들고, 그 2.5mL를 3%의 수산화나트륨 용액 97.5mL에 가하여 유리병에 넣어 마개를 닫고 잘 흔든다. 이것을 표준색 용액으로 한다.

47 콘크리트 배합설계 순서 중 가장 마지막에 하는 작업은?

① 굵은 골재의 최대 치수 결정
② 물-시멘트비 결정
③ 골재량 산정
④ 시방 배합을 현장 배합으로 수정

해설
콘크리트 배합설계 절차
배합강도의 결정 → 물-시멘트비 설정 → 굵은 골재 최대 치수, 슬럼프, 공기량 결정 → 단위 수량 결정 → 단위 시멘트양 결정 → 단위 잔골재량 결정 → 단위 굵은 골재량 결정 → 혼화재료량의 결정 → 배합표 작성(시방 배합) → 현장 배합

48 콘크리트 블리딩 시험(KS F 2414)을 적용할 수 있는 굵은 골재 최대 치수는?

① 40mm ② 50mm
③ 60mm ④ 70mm

해설
콘크리트의 블리딩 시험방법(KS F 2414)은 굵은 골재의 최대 치수가 40mm 이하인 콘크리트의 시험방법에 대하여 규정한다.

49 콘크리트 원주 시험체를 할렬시켜 인장강도를 구하고자 할 때 시험용 공시체의 지름은 굵은 골재 최대 치수의 최소 몇 배 이상이어야 하는가?

① 2배 ② 3배
③ 4배 ④ 5배

해설
시험용 공시체의 지름은 굵은 골재 최대 치수의 4배 이상이어야 한다.

50 배합설계에서 물-시멘트비가 45%이고 단위 수량이 153kg/m³일 때 단위 시멘트양은 얼마인가?

① 254kg/m³ ② 340kg/m³
③ 369kg/m³ ④ 392kg/m³

해설
$\dfrac{W}{C} = 0.45$

$\therefore C = \dfrac{W}{0.45} = \dfrac{153}{0.45} = 340 \text{kg/m}^3$

정답 46 ② 47 ④ 48 ① 49 ③ 50 ②

51 콘크리트의 슬럼프 시험에서 콘크리트의 내려앉은 길이를 어느 정도의 정밀도로 측정하여야 하는가?

① 0.5mm
② 1mm
③ 5mm
④ 10mm

해설
콘크리트가 내려앉은 길이를 5mm의 정밀도로 측정한다.

52 시멘트를 저장할 때 주의해야 할 사항으로 잘못된 것은?

① 통풍이 잘 되는 창고에 저장하는 것이 좋다.
② 저장소의 구조를 방습으로 한다.
③ 저장기간이 길어질 우려가 있는 경우에는 7포 이상 쌓아 올리지 않는 것이 좋다.
④ 포대 시멘트가 저장 중에 지면으로부터 습기를 받지 않도록 저장하여야 한다.

해설
포대 시멘트는 지상 30cm 이상 되는 마루 위에 통풍이 되지 않도록 한 후 저장해야 한다.

53 일반 수중 콘크리트의 시공에 관한 설명으로 옳지 않은 것은?

① 콘크리트는 정수 중에서 타설하는 것이 좋다.
② 콘크리트는 수중에 낙하시켜서는 안 된다.
③ 콘크리트 펌프나 트레미를 사용해서 타설해야 한다.
④ 점성이 풍부해야 하며 물-시멘트비는 55% 이상으로 해야 한다.

해설
점성이 풍부해야 하며 물-시멘트비는 50% 이하로 해야 한다.

54 시멘트 비중 시험에 사용되는 기구는?

① 르샤틀리에 비중병
② 데시케이터
③ 피크노미터
④ 건조로

해설
시멘트 비중 시험에 사용되는 시험 기구 : 르샤틀리에 플라스크, 광유, 시멘트, 천칭(저울), 항온 수조, 온도계, 가는 철사, 마른 천

55 겉보기 공기량이 6.80%이고, 골재의 수정계수가 1.20%일 때 콘크리트의 공기량은 얼마인가?

① 5.60%
② 4.40%
③ 3.20%
④ 2.0%

해설
콘크리트의 공기량(A)
$A = A_1 - G$
$= 6.80 - 1.20$
$= 5.60\%$
여기서, A_1 : 콘크리트의 겉보기 공기량(%)
G : 골재의 수정계수(%)

56 콘크리트 휨강도 시험에서 하중을 가하는 속도는 가장자리 응력도의 증가율이 매초 얼마가 되도록 조정하여야 하는가?

① 0.02±0.04MPa
② 0.06±0.04MPa
③ 0.10±0.04MPa
④ 0.14±0.04MPa

해설
하중을 가하는 속도는 가장자리 응력도의 증가율이 매초 0.06±0.04MPa이 되도록 조정하고, 최대 하중이 될 때까지 그 증가율을 유지하도록 한다.

57 콘크리트의 압축강도 시험에서 최대 하중이 280kN일 때, 압축강도를 구하면?(단, 공시체는 $\phi 15 \times 30$cm)

① 57.3MPa ② 44.5MPa
③ 21.7MPa ④ 15.9MPa

해설
압축강도(f) = $\dfrac{P}{A} = \dfrac{280,000}{\dfrac{\pi \times 150^2}{4}} = \dfrac{280,000}{17,671.5}$
≒ 15.9MPa
여기서, P : 파괴될 때 최대 하중(N)
A : 시험체의 단면적(mm²)

58 굳은 콘크리트 시험에서 압축강도 시험용 공시체의 크기로 옳지 않은 것은?

① 100mm ② 125mm
③ 150mm ④ 200mm

해설
굳은 콘크리트 시험 중 압축강도 시험용 공시체 지름의 표준은 100mm, 125mm, 150mm이다.

59 골재의 안정성 시험 목적과 방법에 대한 설명으로 틀린 것은?

① 황산소듐 용액에 대한 골재의 저항성을 측정한다.
② 기상작용에 대한 내구성을 판단하기 위한 자료를 얻기 위해 시험한다.
③ 시료가 든 철망태를 황산소듐 용액 속에 24시간 이상 담가 둔다.
④ 용액은 자주 휘저으면서 20±1℃의 온도로 48시간 이상 보존 후 시험에 사용한다.

해설
시료가 든 철망태를 황산소듐 용액 속에 16~18시간 동안 담가 둔다.

60 골재의 체가름 시험에서 시료는 1분 동안에 각 체에 남는 시료의 양이 몇 % 이상 그 체를 통과하지 않을 때까지 체가름 작업을 계속하는가?

① 1% ② 5%
③ 7% ④ 10%

해설
골재의 체가름 시험은 1분 동안에 각 체에 남는 시료의 양이 1% 이상 그 체를 통과하지 않을 때까지 체가름 작업을 계속한다.

정답 56 ② 57 ④ 58 ④ 59 ③ 60 ①

2023년 제2회 과년도 기출복원문제

01 시멘트가 굳는 도중에 체적 팽창을 일으켜 균열이 생기거나 뒤틀림 등의 변형을 일으키지 않는 성질을 무엇이라 하는가?

① 안정성　　② 풍화
③ 팽창성　　④ 수밀성

해설
시멘트가 굳는 도중에 체적 팽창을 일으켜 균열이 생기거나 뒤틀림 등의 변형을 일으키지 않는 성질을 안정성이라 한다. 시멘트의 안정성 시험은 오토클레이브 팽창도 시험방법으로 측정한다.

02 중량골재에 속하지 않은 것은?

① 중정석　　② 갈철광
③ 자철광　　④ 화산암

해설
화산암은 경량골재에 속한다.
중량골재 : 중정석(바라이트), 자철광, 갈철광, 적철광 등

03 콘크리트를 친 후 시멘트와 골재알이 가라앉으면서 물이 올라와 콘크리트의 표면에 떠오른다. 이러한 현상을 무엇이라 하는가?

① 응결 현상　　② 블리딩 현상
③ 레이턴스　　④ 유동성

해설
블리딩(bleeding) : 콘크리트를 친 후 시멘트와 골재알이 침하하면서, 물이 올라와 콘크리트의 표면에 떠오르는 현상이다.

04 혼화재 중 입자가 둥글고 매끄러워 콘크리트의 워커빌리티를 좋게 하고, 수밀성과 내구성을 향상시키는 혼화재는?

① 폴리머　　② 플라이애시
③ 염화칼슘　　④ 팽창제

해설
플라이애시
- 가루 석탄을 연소시킬 때 굴뚝에서 집진기로 모은 아주 작은 입자의 재이며 실리카질 혼화재이다. 입자가 둥글고 매끄럽기 때문에 콘크리트의 워커빌리티를 좋게 하고 수화열이 적으며, 장기강도를 크게 한다.
- 입자가 구형(원형)이고 표면조직이 매끄러워 단위 수량을 감소시킨다.
- 콘크리트의 워커빌리티를 좋게 하고 수화열이 적다.
- 초기강도는 작으나 포졸란 반응에 의하여 장기강도의 발현성이 좋다.

05 다음의 혼화재료 중에서 사용량이 소량으로서 배합계산에서 그 양을 무시할 수 있는 것은?

① AE제
② 팽창제
③ 플라이애시
④ 고로 슬래그 미분말

해설
혼화재료의 종류
- 혼화재
  - 사용량이 시멘트 질량의 5% 정도 이상이 되어 그 자체의 부피가 콘크리트의 배합계산에 관계가 되는 것
  - 포졸란, 플라이애시, 고로 슬래그, 팽창제, 실리카 품 등
- 혼화제
  - 사용량이 시멘트 질량의 1% 정도 이하의 것으로 콘크리트의 배합계산에서 무시되는 것
  - AE제, 경화촉진제, 감수제, 지연제, 기포제, 방수제 등

정답　1 ①　2 ④　3 ②　4 ②　5 ①

06 콘크리트 속의 공기량에 대한 설명이다. 잘못된 것은?

① AE제에 의하여 콘크리트 속에 생긴 공기를 AE 공기라 하고 이 밖에 공기를 갇힌 공기라 한다.
② AE 콘크리트에서 공기량이 많아지면 압축강도가 커진다.
③ AE 콘크리트의 알맞은 공기량은 콘크리트 부피의 4~7%를 표준으로 한다.
④ AE 공기량은 시멘트의 양, 물의 양, 비비기 시간 등에 따라 달라진다.

해설
AE 콘크리트에서 공기량이 많아지면 압축강도는 감소한다.

07 긴급공사나 한중 콘크리트 공사에 주로 쓰이는 시멘트는?

① 중용열 포틀랜드 시멘트
② 실리카 시멘트
③ 플라이애시 시멘트
④ 조강 포틀랜드 시멘트

해설
조강 포틀랜드 시멘트
- 보통 시멘트 28일 강도를 재령 7일 정도에서 발현한다.
- 수화속도가 빠르고, 수화열이 커서 동절기 공사에 유리하다.
- 조기강도가 필요한 공사나 긴급공사에 사용된다.

08 다음 중 시멘트의 조기강도가 큰 순서로 되어 있는 것은?

① 보통 포틀랜드 시멘트 > 고로 슬래그 시멘트 > 알루미나 시멘트
② 알루미나 시멘트 > 고로 슬래그 시멘트 > 보통 포틀랜드 시멘트
③ 알루미나 시멘트 > 보통 포틀랜드 시멘트 > 고로 슬래그 시멘트
④ 고로 슬래그 시멘트 > 보통 포틀랜드 시멘트 > 알루미나 시멘트

해설
시멘트의 조기강도가 큰 순서
알루미나 시멘트 > 조강 포틀랜드 시멘트 > 보통 포틀랜드 시멘트 > 고로 슬래그 시멘트

09 혼화재료에 대한 설명 중 옳은 것은?

① 포졸란을 사용하면 콘크리트의 장기강도 및 수밀성이 커진다.
② 감수제는 시멘트의 입자를 분산시켜 시멘트풀의 유동성을 감소시킨다.
③ 지연제는 시멘트 입자 표면에 흡착되어 조기 수화작용을 촉진시킨다.
④ 촉진제는 일반적으로 시멘트 중량에 대해서 4% 이상을 사용해야 한다.

해설
② 감수제는 시멘트 입자를 분산시켜 단위 수량을 감소시키고 시멘트풀의 유동성을 높이는 혼화제이다.
③ 지연제는 시멘트 입자 표면에 흡착되어 조기 수화작용을 지연시킨다.
④ 촉진제는 일반적으로 시멘트 중량에 대해서 4% 이하를 사용해야 한다.

10 콘크리트용 모래에 포함되어 있는 유기불순을 시험에 필요한 식별용 표준색 용액을 제조하는 경우에 대한 다음의 내용 중 ( ) 안에 적합한 것은?

> 식별용 표준색 용액은 10%의 알코올 용액으로 2%의 탄닌산 용액을 만들고, 그 2.5mL를 ( )%의 ( ) 용액 97.5mL에 가하여 유리병에 넣어 마개를 닫고 잘 흔든다. 이것을 표준색 용액으로 한다.

① 1%, 염화칼슘
② 3%, 수산화나트륨
③ 3%, 황산나트륨
④ 2%, 황산마그네슘

11 콘크리트용 골재로서 요구되는 성질이 아닌 것은?

① 골재의 낱알의 크기가 균등하게 분포할 것
② 필요한 무게를 가질 것
③ 단단하고 치밀할 것
④ 알의 모양은 둥글거나 입방체에 가까울 것

해설
골재의 입자가 크고 작은 것이 골고루 섞여 있는 것이 좋다.

12 콘크리트의 강도 중에서 가장 큰 값을 갖는 것은?

① 인장강도 ② 압축강도
③ 휨강도   ④ 비틀림 강도

해설
콘크리트는 압축강도가 가장 크고 인장강도는 압축강도의 1/13~1/10 정도로 작다.

13 콘크리트 골재로서 경량골재로 사용하는 것은?

① 자철석   ② 팽창성 혈암
③ 중정석   ④ 강자갈

해설
① · ③ : 중량골재
④ : 보통골재
경량골재
- 천연 경량골재 : 화산암, 응회암, 용암, 경석 등
- 인공 경량골재 : 팽창성 혈암, 팽창성 점토, 플라이애시, 소성 규조토

14 뿜어붙이기 콘크리트에 대한 설명으로 틀린 것은?

① 시멘트는 보통 포틀랜드 시멘트를 사용한다.
② 혼화제로는 급결제를 사용한다.
③ 굵은 골재는 최대 치수가 40~50mm의 부순 돌 또는 강자갈을 사용한다.
④ 시공방법으로는 건식 공법과 습식 공법이 있다.

해설
뿜어붙이기 콘크리트는 노즐의 막힘 현상이나 반발량을 최소화할 수 있도록 굵은 골재의 최대 치수를 13mm 이하로 한다.

15 콘크리트에서 부순 돌을 굵은 골재로 사용했을 때의 설명이다. 잘못된 것은?

① 일반 골재를 사용한 콘크리트와 동일한 워커빌리티의 콘크리트를 얻기 위해 단위 수량이 많아진다.
② 일반 골재를 사용한 콘크리트와 동일한 워커빌리티의 콘크리트를 얻기 위해 잔골재율이 작아진다.
③ 일반 골재를 사용한 콘크리트보다 시멘트 페이스트와의 부착이 좋다.
④ 포장 콘크리트에 사용하면 좋다.

해설
부순 골재를 사용하면 워커빌리티가 나빠지므로 강자갈을 사용할 때보다 단위 수량 및 잔골재율이 증가한다.

16 굵은 골재의 밀도 시험에서 5mm 체를 통과하는 시료는 어떻게 처리해야 하는가?

① 모두 버린다.
② 다시 체가름한다.
③ 전부 포함시킨다.
④ 5mm 체를 통과하는 시료만 별도로 시험한다.

해설
굵은 골재 밀도 시험에서 5mm 체를 통과하는 시료는 모두 버려야 한다.

17 콘크리트에 사용하는 부순 돌의 특성을 설명한 것으로 옳은 것은?

① 강자갈보다 빈틈이 적고 골재 사이의 마찰이 적다.
② 강자갈보다 모르타르와의 부착성이 나쁘고 강도가 적다.
③ 동일한 워커빌리티를 얻기 위해 강자갈을 사용한 경우보다 단위 수량이 많이 요구된다.
④ 수밀성, 내구성은 강자갈을 사용한 경우보다 월등히 증가한다.

해설
① 강자갈보다 빈틈이 크고 골재 사이의 마찰이 크다.
② 강자갈보다 모르타르와의 부착성이 좋고 강도가 크다.
④ 수밀성, 내구성은 강자갈을 사용한 경우보다 다소 떨어진다.

18 플라이애시 시멘트에 관한 설명 중 옳지 않은 것은?

① 플라이애시를 시멘트 클링커에 혼합하여 분쇄한 것이다.
② 수화열이 적고 장기강도는 낮으나 조기강도는 커진다.
③ 워커빌리티가 좋고 수밀성이 크다.
④ 단위 수량을 감소시킬 수 있어 댐공사에 많이 이용된다.

해설
수화열이 적고 조기강도는 작으나 장기강도는 커진다.

19 콘크리트의 워커빌리티에 가장 큰 영향을 미치는 요소는?

① 시멘트   ② 단위 수량
③ 잔골재   ④ 굵은 골재

해설
콘크리트의 워커빌리티에 가장 큰 영향을 미치는 요소는 재료분리가 일어나지 않는 환경에서는 단위 수량에 의한 반죽질기이다.

정답 15 ② 16 ① 17 ③ 18 ② 19 ②

20 천연산의 것과 인공산의 것이 있으며 콘크리트의 워커빌리티를 좋게 하고 수밀성과 내구성 등을 크게 할 목적으로 사용되는 혼화재료는?

① 경화촉진제 ② 포졸란
③ 지연제   ④ 팽창제

해설
① 경화촉진제 : 시멘트의 경화속도를 촉진시키는 혼화제이다.
③ 지연제 : 시멘트의 응결시간을 늦추기 위하여 사용하는 혼화제이다.
④ 팽창제 : 콘크리트가 경화되는 중에 부피를 늘어나게 하여 콘크리트의 건조수축에 의한 균열을 억제하는 데 사용하는 혼화재이다.

21 콘크리트 재료의 종류와 계량 허용오차가 바르게 연결된 것은?

① 시멘트, ±2% ② 골재, ±3%
③ 물, ±3%   ④ 혼화재, ±5%

해설
표준시방서상 계량오차

재료의 종류	측정 단위	허용오차
시멘트	질량	±1%
골재	질량 또는 부피	±3%
물	질량	±1%
혼화재	질량	±2%
혼화제	질량 또는 부피	±3%

22 특정한 입도를 가진 굵은 골재를 거푸집에 채워 넣고, 그 공극 속에 특수한 모르타르를 적당한 압력으로 주입하여 제조한 콘크리트를 무엇이라 하는가?

① 레디믹스트 콘크리트
② 프리스트레스트 콘크리트
③ 레진 콘크리트
④ 프리플레이스트 콘크리트

해설
① 레디믹스트 콘크리트 : 콘크리트의 제조설비가 잘 된 공장에서 수요자가 지정한 배합의 콘크리트를 만들어서 현장까지 운반해주는 굳지 않은 콘크리트이다.
② 프리스트레스트 콘크리트 : 외력에 의하여 일어나는 응력을 소정의 한도까지 상쇄할 수 있도록 미리 인위적으로 그 응력의 분포와 크기를 정하여 내력을 준 콘크리트이다.
③ 레진 콘크리트 : 경화제를 넣은 액상 레진(resin)을 골재와 섞어서 만든 콘크리트이다.

23 콘크리트 운반방법 중 슈트에 대한 설명이 잘못된 것은?

① 슈트란 높은 곳에서 낮은 곳으로 미끄러져 내려갈 수 있게 만든 홈통이나 관을 말한다.
② 연직 슈트는 재료의 분리를 일으키기 쉬우므로, 될 수 있는 대로 경사 슈트를 사용하는 것이 좋다.
③ 경사 슈트를 사용할 경우 슈트의 기울기는 수평 2에 대해 연직 1 정도로 하는 것이 좋다.
④ 경사 슈트의 토출구에 조절판 및 깔때기를 설치해서 재료분리를 방지하여야 한다.

해설
슈트를 사용할 때는 원칙적으로 연직 슈트를 사용해야 하며, 경사 슈트는 재료분리를 일으키기 쉬우므로, 가능하면 사용하지 않는 것이 좋다.

24 품질이 좋은 콘크리트를 만들기 위한 잔골재 조립률의 범위로 옳은 것은?

① 1.4~2.2
② 2.3~3.1
③ 3.2~4.7
④ 6~8

해설
골재의 조립률(FM)
• 잔골재 : 2.3~3.1
• 굵은 골재 : 6~8

25 콘크리트 다지기에 내부 진동기를 사용할 경우 삽입 간격은 일반적으로 얼마 이하로 하는 것이 좋은가?

① 0.5m 이하
② 1m 이하
③ 1.5m 이하
④ 2m 이하

해설
진동기 삽입 간격은 0.5m 이하로 한다.

26 내부 진동기의 사용방법으로 옳지 않은 것은?

① 진동기를 빨리 빼내어 구멍이 남지 않도록 한다.
② 진동기 삽입 간격은 0.5m 이하로 한다.
③ 진동기는 연직으로 찔러 넣는다.
④ 진동기를 하층의 콘크리트 속으로 0.1m 정도 찔러 넣는다.

해설
내부 진동기는 콘크리트로부터 천천히 빼내어 구멍이 남지 않도록 한다.

27 콘크리트 치기에 대한 설명으로 옳지 않은 것은?

① 철근의 배치가 흐트러지지 않도록 주의해야 한다.
② 거푸집 안에 투입한 후 이동시킬 필요가 없도록 해야 한다.
③ 2층 이상으로 쳐 넣을 경우 아래층이 굳은 다음 위층을 쳐야 한다.
④ 높은 곳을 연속해서 쳐야 할 경우 반죽질기 및 속도를 조정해야 한다.

해설
콘크리트를 2층 이상으로 나누어 타설할 경우, 상층의 콘크리트 타설은 원칙적으로 하층의 콘크리트가 굳기 시작하기 전에 해야 하며, 상층과 하층이 일체가 되도록 시공한다.

28 콘크리트 펌프로 콘크리트를 압송할 경우 굵은 골재의 최대 치수는 얼마를 표준으로 하는가?

① 20mm 이하
② 30mm 이하
③ 40mm 이하
④ 50mm 이하

해설
보통 콘크리트를 펌프로 압송할 경우 굵은 골재의 최대 치수는 40mm 이하, 슬럼프는 100~180mm의 범위가 적절하다.

정답 24 ② 25 ① 26 ① 27 ③ 28 ③

29 레디믹스트 콘크리트의 장점이 아닌 것은?

① 균질의 콘크리트를 얻을 수 있다.
② 공사능률이 향상되고 공기를 단축할 수 있다.
③ 콘크리트의 워커빌리티를 현장에서 즉시 조절할 수 있다.
④ 콘크리트 치기와 양생에만 전념할 수 있다.

해설
레디믹스트 콘크리트는 수요자가 지정한 배합의 콘크리트를 만들어서 현장까지 운반해 주는 굳지 않은 콘크리트이기 때문에 현장에서 워커빌리티 조절이 어렵다.

30 서중 콘크리트를 타설할 때 시간은 얼마 이내로 하여야 하는가?

① 60분 이내
② 90분 이내
③ 120분 이내
④ 150분 이내

해설
서중 콘크리트는 재료를 비빈 후 1.5시간 이내에 타설해야 한다.

31 콘크리트 비비기는 미리 정해 둔 비비기 시간의 최소 몇 배 이상 계속해서는 안 되는가?

① 2배   ② 3배
③ 4배   ④ 5배

해설
비비기는 미리 정해 둔 비비기 시간의 3배 이상 계속해서는 안 된다.

32 수중 콘크리트를 타설할 때 사용되는 기계 및 기구와 관계가 먼 것은?

① 트레미
② 슬립 폼 페이버
③ 밑열림 상자
④ 콘크리트 펌프

해설
슬립 폼 페이버는 콘크리트 슬래브의 포설기계의 일종으로 펴고, 다지며 표면 마무리 등의 기능을 하며 연속적으로 포설할 수 있는 장비이다.
수중 콘크리트의 시공방법
• 트레미에 의한 시공
• 콘크리트 펌프에 의한 시공
• 밑열림 상자에 의한 시공

33 콘크리트의 압축강도용 표준 공시체의 파괴 시험에서 파괴하중이 360kN일 때 콘크리트의 압축강도는?(단, 공시체의 지름 150mm, 높이 300mm)

① 20.4MPa   ② 21.4MPa
③ 21.9MPa   ④ 22.9MPa

해설
압축강도$(f) = \dfrac{P}{A} = \dfrac{360,000}{\dfrac{\pi \times 150^2}{4}} = \dfrac{360,000}{17,671.5}$

$\fallingdotseq 20.4$ MPa

여기서, P : 파괴될 때 최대 하중(N)
A : 시험체의 단면적(mm²)

34 굵은 골재의 최대 치수 40mm, 슬럼프의 범위 10~18cm인 경우 콘크리트의 운반방법으로 가장 알맞은 것은?

① 콘크리트 플레이서
② 버킷
③ 콘크리트 펌프
④ 운반차

해설
① 콘크리트 플레이서 : 수송관 속의 콘크리트를 압축공기에 의해 압송하는 것으로서, 터널 등의 좁은 곳에 콘크리트를 운반하는 데 편리한 기계이다.
② 버킷 : 믹서에서 나온 콘크리트를 즉시 현장에 운반하는 용기로, 기중기 등에 매달아 사용한다.
④ 운반차 : 슬럼프값이 50mm 이하의 된 반죽 콘크리트를 10km 이하 거리 또는 1시간이내 운반 가능한 경우에는 운반차(덤프트럭)로 콘크리트를 운반할 수 있다.

35 콘크리트의 제조설비가 잘 된 공장에서 수요자가 지정한 배합의 콘크리트를 만들어서 현장까지 운반해주는 굳지 않은 콘크리트는?

① 레디믹스트 콘크리트
② 한중 콘크리트
③ 서중 콘크리트
④ 프리플레이스트 콘크리트

해설
② 한중 콘크리트 : 기온이 낮을 때 콘크리트를 치는 것을 한중 콘크리트라 한다.
③ 서중 콘크리트 : 여름철, 즉 기온이 높을 때 치는 콘크리트를 서중 콘크리트라 한다.
④ 프리플레이스트 콘크리트 : 특정한 입도를 가진 굵은 골재를 거푸집에 채워 넣고, 그 공극 속에 특수한 모르타르를 적당한 압력으로 주입하여 제조한 콘크리트이다.

36 콘크리트의 배합표시법에서 단위량에 대한 설명으로 옳은 것은?

① 콘크리트 $1m^2$를 만드는 데 필요한 각 재료의 양(kg)을 말한다.
② 콘크리트 $1m^3$를 만드는 데 필요한 각 재료의 양(kg)을 말한다.
③ 콘크리트 1kg을 만드는 데 필요한 각 재료의 양(m^2)을 말한다.
④ 콘크리트 1kg을 만드는 데 필요한 각 재료의 양(m^3)을 말한다.

37 콘크리트 펌프로 시공하는 일반 수중 콘크리트의 슬럼프값의 표준으로 옳은 것은?

① 100~150mm   ② 130~180mm
③ 150~200mm   ④ 180~230mm

해설
트레미, 콘크리트 펌프를 사용하여 시공하는 일반 수중 콘크리트의 슬럼프값은 130~180mm이다.

38 거푸집의 외부에 진동을 주어 내부 콘크리트를 다지는 기계는?

① 표면 진동기
② 거푸집 진동기
③ 내부 진동기
④ 콘크리트 플레이서

해설
진동기의 종류
- 내부 진동기 : 일반적으로 된 반죽의 콘크리트를 다질 때 가장 많이 사용된다.
- 거푸집 진동기 : 거푸집의 외부에 진동을 주어 내부 콘크리트를 다지는 기계로서, 터널의 둘레 콘크리트나 높은 벽 등에 사용된다.
- 표면 진동기 : 비교적 두께가 얇고, 넓은 콘크리트의 표면에 진동을 주어 고르게 다지는 기계로서, 주로 도로 포장, 활주로 포장 등의 표면 다지기에 사용된다.

39 기온 30℃ 이상의 온도에서 콘크리트를 타설할 때 나타나는 현상으로 옳지 않은 것은?

① 소요 수량의 증가
② 수송 중 슬럼프(slump) 증대
③ 타설 후 빠른 응결
④ 수화열에 의한 온도상승 증가

해설
② 고온에서는 수분 증발 및 수화반응 가속으로 인해 슬럼프가 감소한다.
① 고온에서는 증발이 빠르고 수화가 급속히 진행되어 콘크리트가 빨리 굳으므로, 동일한 슬럼프를 확보하기 위해 소요 수량이 증가한다.
③ 시멘트의 온도가 높으면 수화반응 속도가 증가하여 초결 및 종결시간이 빨라진다.
④ 수화가 급속하게 진행되어 내부온도가 상승하고 온도 균열 및 내부응력을 유발한다.

40 콘크리트 표면을 물에 적신 가마니, 마포 등으로 덮는 양생방법은 어느 것인가?

① 습윤 양생
② 수중 양생
③ 습사 양생
④ 피막 양생

해설
② 수중 양생 : 콘크리트나 모르타르 따위를 물속에 잠기게 한 다음 굳을 때까지 온도 변화나 충격에 영향을 받지 않게 보호하는 양생방법이다.
③ 습사 양생 : 콘크리트 표면에 젖은 모래를 뿌려 수분을 공급하는 양생방법이다.
④ 피막 양생(막양생) : 일반적으로 가마니, 마포 등을 적시거나 살수하는 등의 습윤 양생이 곤란한 경우에 사용하는 것으로 콘크리트의 막을 만드는 양생제를 살포하여 증발을 막는 양생방법이다.

41 시방 배합에서 단위 잔골재량이 720kg/m³이다. 현장 골재의 시험에서 표면수량이 1%라면 현장 배합으로 보정된 잔골재량은?

① 727.2kg/m³
② 712.8kg/m³
③ 702.4kg/m³
④ 693.1kg/m³

해설
표면수에 의한 조정 = 720 × 0.01 = 7.2kg
∴ 보정된 잔골재량 = 720 + 7.2 = 727.2kg/m³

42 워커빌리티(workability) 판정기준이 되는 반죽질기 측정 시험방법이 아닌 것은?

① 켈리볼 관입 시험
② 슬럼프 시험
③ 리몰딩 시험
④ 슈미트 해머 시험

해설
슈미트 해머 시험은 완성된 구조물의 콘크리트 강도를 알고자 할 때 쓰이는 비파괴 시험이다.

43 물-시멘트비가 66%, 단위 수량이 176kg/m³일 때 단위 시멘트양은 얼마인가?

① 266.7kg/m³
② 279.8kg/m³
③ 285.4kg/m³
④ 293.1kg/m³

해설
$\dfrac{W}{C} = 0.66$

∴ $C = \dfrac{W}{0.66} = \dfrac{176}{0.66} ≒ 266.7\text{kg/m}^3$

44 조립률 3.0의 모래와 7.0의 자갈을 질량비 1 : 3의 비율로 혼합한 혼합 골재의 조립률을 구하면?

① 5.0   ② 6.0
③ 7.0   ④ 8.0

해설

혼합 골재의 조립률 = $\dfrac{3.0 \times 1 + 7.0 \times 3}{1 + 3}$
= 6.0

45 콘크리트의 인장강도 시험에서 공시체의 지름은 굵은 골재 최대 치수의 몇 배 이상이고 또한 몇 mm 이상이어야 하는가?

① 2배, 80mm   ② 3배, 100mm
③ 4배, 150mm   ④ 5배, 100mm

해설

공시체는 원기둥 모양으로 지름은 굵은 골재 최대 치수의 4배 이상이고, 150mm 이상으로 한다.

46 잔골재의 절대 부피가 0.279m³이고 잔골재 밀도가 2.64g/cm³일 때 단위 잔골재량은 얼마인가?

① 106kg/m³   ② 573kg/m³
③ 737kg/m³   ④ 946kg/m³

해설

단위 잔골재량(kg/m³)
= 단위 잔골재량의 절대 부피 × 잔골재의 비중 × 1,000
= 0.279 × 2.64 × 1,000
≒ 737kg/m³

47 표면건조 포화 상태인 굵은 골재의 질량이 4,000g이고, 이 시료의 절대건조 상태일 때의 질량이 3,940g이었다면, 흡수율은?

① 1.25%   ② 1.32%
③ 1.45%   ④ 1.52%

해설

흡수율(%) = $\dfrac{\text{표면건조 포화 상태} - \text{절대건조 상태}}{\text{절대건조 상태}} \times 100$

= $\dfrac{4,000 - 3,940}{3,940} \times 100\%$

≒ 1.52%

48 단위 골재량의 절대 부피가 0.75m³이고 잔골재율이 34%일 때 단위 굵은 골재량은 얼마인가?(단, 굵은 골재의 비중은 2.6이다)

① 1,066kg/m³   ② 1,187kg/m³
③ 1,206kg/m³   ④ 1,287kg/m³

해설

단위 굵은 골재량의 절대 부피(m³)
= 단위 골재량의 절대 부피 - 단위 잔골재량의 절대 부피
= 0.75 - (0.75 × 0.34)
= 0.495m³
∴ 단위 굵은 골재량(kg/m³)
  = 단위 굵은 골재량의 절대 부피 × 굵은 골재의 밀도 × 1,000
  = 0.495 × 2.6 × 1,000
  = 1,287kg/m³

[정답] 44 ② 45 ③ 46 ③ 47 ④ 48 ④

49 콘크리트의 휨강도 시험용 공시체의 길이와 높이에 대한 설명으로 옳은 것은?

① 길이는 높이의 2배보다 10cm 이상 더 커야 한다.
② 길이는 높이의 3배보다 8cm 이상 더 커야 한다.
③ 길이는 높이의 4배 이상이어야 한다.
④ 길이는 높이의 5배 이상이어야 한다.

해설
휨강도 시험용 공시체는 단면이 정사각형인 각주로 하고, 한 변의 길이는 굵은 골재의 최대 치수의 4배 이상이면서 100mm 이상으로 한다. 공시체의 길이는 단면의 한 변의 길이의 3배보다 80mm 이상 길어야 한다.

50 콘크리트 휨강도 시험용 공시체 규격으로 옳은 것은?

① ϕ10cm×20cm
② ϕ15cm×30cm
③ 10cm×10cm×30cm
④ 15cm×15cm×53cm

해설
휨강도 시험용 공시체의 표준 단면치수 : 100mm×100mm×400mm 또는 150mm×150mm×530mm이다.

51 빈틈이 적은 골재를 사용한 콘크리트에 나타나는 현상으로 잘못된 것은?

① 강도가 큰 콘크리트를 만들 수 있다.
② 경제적인 콘크리트를 만들 수 있다.
③ 건조수축이 큰 콘크리트를 만들 수 있다.
④ 마멸 저항이 큰 콘크리트를 만들 수 있다.

해설
빈틈이 적은 골재(잔골재)를 사용하면 건조수축이 작아진다.

52 다음 표에서 설명하고 있는 배합을 무슨 배합이라고 하는가?

> 소정의 품질을 갖는 콘크리트가 얻어지도록 된 배합으로서 시방서 또는 책임기술자가 지시한 배합

① 현장 배합
② 강도 배합
③ 골재 배합
④ 시방 배합

해설
배합설계의 분류
• 시방 배합 : 표준시방서 또는 책임기술자가 지시한 배합이다.
• 현장 배합 : 현장에서 사용하는 골재의 함수 상태, 혼합률 등을 고려하여 시방 배합을 현장에서 실제로 사용하는 재료의 성질에 맞추어 고친 배합이다.

53 콘크리트 슬럼프 시험에서 슬럼프값은 얼마의 정밀도로 측정하는가?

① 0.5cm   ② 0.1cm
③ 1cm   ④ 0.05cm

해설
슬럼프는 5mm 단위로 표시한다.

54 콘크리트 압축강도 시험용 공시체를 제작할 때 시멘트풀로 캐핑을 하고자 한다. 이때 사용하는 시멘트풀의 물-시멘트비의 범위로 가장 적합한 것은?

① 20~23%
② 27~30%
③ 33~36%
④ 40~43%

해설
콘크리트 압축강도 시험용 공시체를 캐핑하기 위해서는 시멘트풀을 사용하며, 물-시멘트비 범위는 27~30%로 한다.

55 아래의 그림은 잔골재의 밀도 및 흡수율 시험에서 잔골재를 원뿔형 몰드에 넣어 다지고 난 후 빼 올렸을 때의 형태를 나타낸 것이다. 함수량이 많은 순서로 나열하면?

A   B   C

① A > C > B   ② C > A > B
③ B > A > C   ④ A > B > C

해설
- A(습윤 상태) : 골재알 속이 물로 차 있고, 표면에도 물기가 있는 상태이다.
- B(표면건조 포화 상태(표건 상태)) : 골재알의 표면에는 물기가 없고, 골재알 속의 빈틈만 물로 차 있는 상태이다.
- C(절대건조 상태(절건 상태)) : 105±5℃의 온도에서 일정한 질량이 될 때까지 건조시킨 것으로서, 물기가 전혀 없는 상태이다.

56 블리딩 시험에서 처음 60분 동안은 몇 분 간격으로 표면에 생긴 블리딩의 물을 빨아내는가?

① 5분 간격으로
② 10분 간격으로
③ 20분 간격으로
④ 30분 간격으로

해설
블리딩 시험
최초로 기록한 시각에서부터 60분 동안 10분마다 콘크리트 표면에서 스며 나온 물을 빨아낸다. 그 후는 블리딩이 정지할 때까지 30분마다 물을 빨아낸다.

정답 53 ① 54 ② 55 ④ 56 ②

57 콘크리트 겉보기 공기량이 7%이고 골재의 수정계수가 1.2%일 때 콘크리트 공기량은 얼마인가?

① 4.6%
② 5.8%
③ 8.2%
④ 9.4%

해설

콘크리트의 공기량(A)
$A = A_1 - G$
$= 7 - 1.2$
$= 5.8\%$

여기서, A_1 : 콘크리트의 겉보기 공기량(%)
G : 골재의 수정계수(%)

58 콘크리트의 블리딩 시험에서 시험온도로 옳은 것은?

① 17±3℃
② 20±3℃
③ 23±3℃
④ 25±3℃

해설

블리딩 시험 중에는 실온 20±3℃로 한다.

59 로스앤젤레스의 마모 시험에서 시료를 시험기에 꺼내어 체가름할 때 사용하는 체는?

① 1.7mm 체
② 5mm 체
③ 10mm 체
④ 25mm 체

해설

로스앤젤레스 마모 시험기에 의해 마모 시험을 한 경우 잔량 및 통과량을 결정하는 체는 1.7mm이다.

60 콘크리트의 압축강도 시험에 필요한 공시체의 지름은 굵은 골재의 최대 치수의 몇 배 이상이어야 하는가?

① 2배
② 3배
③ 4배
④ 5배

해설

압축강도 시험용 공시체의 지름은 굵은 골재 최대 치수의 3배 이상이며, 또한 100mm 이상이어야 한다.

정답 57 ② 58 ② 59 ① 60 ②

2024년 제1회 과년도 기출복원문제

01 시멘트의 비중은 보통 어느 정도인가?

① 2.51~2.60
② 3.04~3.15
③ 3.14~3.16
④ 3.23~3.25

해설
일반적인 시멘트의 비중은 3.14~3.16 정도이며 실리카, 산화철이 많을수록 비중이 크고 석회, 알루민이 많을수록 비중이 작다.

02 수화열이 적고, 건조수축이 작으며, 댐이나 방사선 차폐용, 매시브한 콘크리트 등 단면이 큰 콘크리트 공사에 적합한 시멘트는?

① 보통 포틀랜드 시멘트
② 조강 포틀랜드 시멘트
③ 중용열 포틀랜드 시멘트
④ 내황산염 포틀랜드 시멘트

해설
포틀랜드 시멘트
- 보통 포틀랜드 시멘트 : 일반적으로 쓰이는 시멘트에 해당하며 건축·토목공사에 사용된다.
- 중용열 포틀랜드 시멘트 : 수화속도는 느리지만 수화열이 적고 장기강도가 우수하여 댐, 매스 콘크리트, 방사선 차폐용 등에 사용된다.
- 조강 포틀랜드 시멘트 : 수화열이 높아 초기강도와 저온에서 강도 발현이 우수하여 한중공사, 긴급공사에 사용된다.
- 저열 포틀랜드 시멘트 : 수화열이 가장 적어 대형 구조물 공사에 적합하다.
- 내황산염 포틀랜드 시멘트 : 황산염에 대한 저항성 우수하여 해양공사에 유리하다.

03 다음 시멘트 중 바닷물에 대한 저항성이 가장 큰 것은?

① 고로 슬래그 시멘트
② 조강 포틀랜드 시멘트
③ 백색 포틀랜드 시멘트
④ 보통 포틀랜드 시멘트

해설
고로 슬래그 시멘트
- 제철소의 용광로에서 선철을 만들 때 부산물로 얻은 슬래그를 포틀랜드 시멘트 클링커에 섞어서 만든 시멘트이다.
- 포틀랜드 시멘트에 비해 응결시간이 느리다.
- 조기강도가 작으나 장기강도는 큰 편이다.
- 주로 댐, 하천, 항만 등의 구조물에 쓰인다.
- 일반적으로 내화학성이 좋으므로 해수, 하수, 공장폐수 등에 접하는 콘크리트에 적합하다.
- 수화열이 적어서 매스 콘크리트에 사용된다.

04 플라이애시 시멘트의 장점에 속하지 않는 것은?

① 수화열이 적고 장기강도가 크다.
② 콘크리트의 워커빌리티가 좋다.
③ 조기강도가 상당히 크다.
④ 단위 수량을 감소시킬 수 있다.

해설
조기강도는 작으나 장기강도 증진이 크다.

정답 1 ③ 2 ③ 3 ① 4 ③

05 보크사이트와 석회석을 혼합하여 만든 것으로 재령 1일에서 보통 포틀랜드 시멘트의 재령 28일의 강도를 내는 시멘트는?

① 알루미나 시멘트
② 플라이애시 시멘트
③ 고로 슬래그 시멘트
④ 포틀랜드 포졸란 시멘트

해설
알루미나 시멘트
- 보크사이트와 석회석을 혼합하여 만든 시멘트이다.
- 재령 1일에서 보통 포틀랜드 시멘트의 재령 28일의 강도를 나타낸다.
- 조기강도가 커 긴급공사, 한중공사에 적합하다.
- 해수, 산, 염류, 등 작용에 대한 저항성이 커 해수공사에 사용된다.

06 콘크리트에 사용하는 골재에 대한 설명 중 틀린 것은?

① 유해량의 먼지, 잡물, 흙, 염류를 다소 포함해도 된다.
② 자갈은 내구성이 커야 하며 자갈 중에 약한 돌이 섞여 있어서는 안 된다.
③ 골재의 입도는 크고 작은 돌이 적당히 섞여 있어야 한다.
④ 골재의 모양은 둥근 것 또는 육면체에 가까운 것이 좋다.

해설
콘크리트에 사용하는 골재는 깨끗하고 유기물, 먼지, 점토 등이 섞여 있지 않아야 한다.

07 골재의 표면건조 포화 상태에서 공기 중 건조 상태의 수분을 뺀 물의 양은?

① 함수량
② 흡수량
③ 표면수량
④ 유효 흡수량

해설
골재의 수분함량 상태

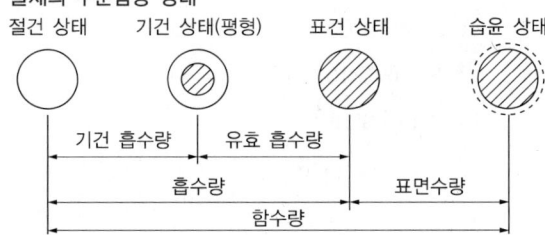

08 실적률이 큰 골재를 사용한 콘크리트의 특징으로 틀린 것은?

① 시멘트 페이스트의 양이 적어도 경제적으로 소요의 강도를 얻을 수 있다.
② 단위 시멘트양이 적어지므로 수화열을 줄일 수 있다.
③ 단위 시멘트양이 적어지므로 건조수축이 증가한다.
④ 콘크리트의 밀도, 수밀성, 내구성이 증가한다.

해설
실적률이 클수록 건조수축 및 수화열이 적어 균열발생 위험이 줄어든다.

09 다음 중 경량골재에 속하는 것은?

① 강자갈 ② 바다자갈
③ 산자갈 ④ 화산자갈

해설
①·②·③은 일반 콘크리트 골재에 해당한다.
경량골재
- 천연 경량골재 : 화산암, 응회암, 경석 등
- 인공 경량골재 : 팽창성 혈암, 팽창성 점토, 플라이애시 등

10 잔골재의 유해물 함유량의 한도 중 점토 덩어리 함유량의 최대치는 질량 백분율로 얼마인가?

① 0.2% ② 0.6%
③ 0.8% ④ 1.0%

해설
잔골재의 유해물 함유량 한도

종류		천연 잔골재(%)
점토 덩어리		1.0
0.08mm 체 통과량	콘크리트의 표면이 마모작용을 받는 경우	3.0
	기타의 경우	5.0
석탄, 갈탄 등으로 밀도 2.0g/cm³의 액체에 뜨는 것	콘크리트의 외관이 중요한 경우	0.5
	기타의 경우	1.0
염화물(NaCl 환산량)		0.04

11 잔골재의 안정성 시험(KS F 2507)에서 황산소듐을 사용할 경우 손실 질량 백분율은 몇 % 이하이어야 하는가?

① 8% ② 10%
③ 12% ④ 15%

해설
잔골재의 안정성은 황산소듐으로 5회 시험을 하여 평가하는데, 그 손실질량은 10% 이하를 표준으로 한다.
※ 굵은 골재는 황산소듐 손실질량 백분율 12% 이내

12 골재의 저장방법에 대한 설명으로 틀린 것은?

① 잔골재, 굵은 골재 및 종류와 입도가 다른 골재는 서로 섞어 균질한 골재가 되도록 하여 저장한다.
② 먼지나 잡물 등이 섞이지 않도록 한다.
③ 골재의 저장설비에는 알맞은 배수시설을 한다.
④ 골재는 햇빛을 바로 쬐지 않도록 알맞은 시설을 갖추어야 한다.

해설
잔골재, 굵은 골재 및 종류와 입도가 다른 골재는 서로 분류하여 구분해서 저장한다.

13 혼화재와 혼화제의 분류에서 혼화재에 대한 설명으로 알맞은 것은?

① 사용량이 비교적 많으나 그 자체의 부피가 콘크리트 등의 비비기 용적에 계산되지 않는 것
② 사용량이 비교적 많아서 그 자체의 부피가 콘크리트 등의 비비기 용적에 계산되는 것
③ 사용량이 비교적 적으나 그 자체의 부피가 콘크리트 등의 비비기 용적에 계산되는 것
④ 사용량이 비교적 적어서 그 자체의 부피가 콘크리트 등의 비비기 용적에 계산되지 않는 것

해설
혼화재료의 종류
- 혼화재
  - 사용량이 시멘트 질량의 5% 정도 이상이 되어 그 자체의 부피가 콘크리트의 배합계산에 관계가 되는 것
  - 포졸란, 플라이애시, 고로 슬래그, 팽창제, 실리카 퓸 등
- 혼화제
  - 사용량이 시멘트 질량의 1% 정도 이하의 것으로 콘크리트의 배합계산에서 무시되는 것
  - AE제, 경화촉진제, 감수제, 지연제, 기포제, 방수제 등

정답 9 ④ 10 ④ 11 ② 12 ① 13 ②

14 혼화제로서 워커빌리티를 좋게 하고, 동결융해에 대한 저항성과 수밀성을 크게 하는 혼화재료는?

① AE제 ② 기포제
③ 팽창제 ④ 촉진제

해설
② 기포제 : 콘크리트 속에 많은 거품을 일으켜, 부재의 경량화나 단열성을 목적으로 사용하는 혼화제이다.
③ 팽창제 : 콘크리트가 경화되는 중에 부피를 늘어나게 하여 콘크리트의 건조수축에 의한 균열을 억제하는 데 사용하는 혼화재이다.
④ 촉진제 : 시멘트의 수화작용을 빠르게 하는 혼화제이다.

15 중량골재에 속하지 않은 것은?

① 중정석 ② 화산암
③ 자철광 ④ 갈철광

해설
화산암은 경량골재에 속한다.
중량골재 : 중정석(바라이트), 자철광, 갈철광, 적철광 등

16 조립률 3.0의 모래와 7.0의 자갈을 중량비 1 : 3 비율로 혼합할 때의 조립률을 구한 것 중 옳은 것은?

① 4.0 ② 5.0
③ 6.0 ④ 7.0

해설
혼합 골재의 조립률 $= \dfrac{3.0 \times 1 + 7.0 \times 3}{1+3}$
$= 6.0$

17 콘크리트의 인장강도에 대한 설명으로 옳지 않은 것은?

① 인장강도는 도로 포장이나 수로 등에 중요시된다.
② 압축강도와 달리 인장강도는 물-결합재비에 비례한다.
③ 인장강도는 압축강도의 1/13~1/10배 정도로 작다.
④ 인장강도는 철근 콘크리트 휨부재 설계 시 무시한다.

해설
압축강도, 인장강도, 휨강도는 물-결합재비에 반비례한다.

18 굵은 골재의 최대 치수는 질량비로 몇 % 이상을 통과시키는 체 중에서 최소 치수인 체의 호칭치수로 나타낸 것인가?

① 60% 이상
② 70% 이상
③ 80% 이상
④ 90% 이상

해설
굵은 골재의 최대 치수 : 질량비로 90% 이상을 통과시키는 체 중에서 최소 치수인 체의 호칭치수로 나타낸다.

19 수중 콘크리트의 타설에 대한 설명으로 옳지 않은 것은?

① 콘크리트를 수중에 낙하시키지 말아야 한다.
② 수중의 물의 속도가 30cm/s 이내일 때에 한하여 시공한다.
③ 콘크리트 면을 가능한 한 수평하게 유지하면서 소정의 높이 또는 수면상에 이를 때까지 연속해서 타설해야 한다.
④ 한 구획의 콘크리트 타설을 완료한 후 레이턴스를 모두 제거하고 다시 타설하여야 한다.

해설
수중 물의 속도가 5cm/s 이내에 한하여 시공한다.

20 혼화재료인 플라이애시의 특성에 대한 설명 중 틀린 것은?

① 가루 석탄재로서 실리카질 혼화재이다.
② 입자가 둥글고 매끄럽다.
③ 콘크리트에 넣으면 워커빌리티가 좋아진다.
④ 플라이애시를 사용한 콘크리트는 반죽 시에 사용수량을 증가시켜야 한다.

해설
플라이애시 : 가루 석탄을 연소시킬 때 굴뚝에서 집진기로 모은 아주 작은 입자의 재이며 실리카질 혼화재이다. 입자가 둥글고 매끄럽기 때문에 콘크리트의 워커빌리티를 좋게 하고 수화열이 적으며, 단위 수량을 줄일 수 있다.

21 용량(q)이 0.75m³인 믹서기, 4대로 구성된 콘크리트 플랜트의 단위 시간당 생산량(Q)는 몇 m³/h인가?(단, 작업효율(E) = 0.8, 사이클 시간(C_m) = 4분이다)

① 9m³/h   ② 18m³/h
③ 36m³/h   ④ 72m³/h

해설
$$Q = \frac{60qE}{C_m}$$
$$= \frac{60 \times 0.75 \times 0.8 \times 4}{4}$$
$$= 36\text{m}^3/\text{h}$$
여기서, q : 적재량
  E : 작업효율
  C_m : 사이클 타임

22 외기온도가 25℃ 미만인 경우 콘크리트 비비기에서부터 타설이 끝날 때까지의 시간은 원칙적으로 얼마 이내이어야 하는가?

① 1시간   ② 2시간
③ 3시간   ④ 4시간

해설
비비기로부터 타설이 끝날 때까지의 시간
• 외기온도가 25℃ 이상일 때 : 1.5시간 이내
• 외기온도가 25℃ 미만일 때 : 2시간 이내

23 콘크리트의 비비기에 대한 설명으로 틀린 것은?

① 비비기가 잘 되면 강도와 내구성이 커진다.
② 오래 비비면 비빌수록 워커빌리티가 좋아진다.
③ 비비기는 미리 정해 둔 비비기 시간의 3배 이상 계속해서는 안 된다.
④ 비비기를 시작하기 전에 미리 믹서 내부를 모르타르로 부착시켜야 한다.

해설
오래 비비면 수화를 촉진하여 워커빌리티가 나빠지고 재료분리가 생길 수 있다.

24 레디믹스트 콘크리트를 사용했을 때의 특징 중 옳지 않은 것은?

① 균등질의 좋은 콘크리트를 얻을 수 있다.
② 대량 콘크리트의 연속치기가 가능하다.
③ 경비가 많이 든다.
④ 공사기간이 단축된다.

해설
레디믹스트 콘크리트를 사용하면 콘크리트 치기와 양생에만 전념할 수 있으며 콘크리트 반죽을 위한 현장설비가 필요 없기 때문에 공사 비용이 절감되며 공기를 단축할 수 있다.

25 다음 중 콘크리트 운반기계에 포함되지 않는 것은?

① 버킷
② 배처플랜트
③ 슈트
④ 트럭 애지테이터

해설
배처플랜트 : 대량의 콘크리트를 제조하는 설비이며, 댐 건설과 같은 대규모 공사장 부근에 설치한다.

26 경사 슈트에 의한 콘크리트 운반을 하는 경우 기울기는 연직 1에 대하여 수평을 얼마 정도 하는가?

① 1
② 2
③ 3
④ 4

해설
경사 슈트를 사용할 경우 슈트의 경사는 콘크리트가 재료분리를 일으키지 않아야 하며, 일반적으로 경사는 수평 2에 대하여 연직 1 정도가 적당하다.

27 콘크리트 타설에 대한 설명으로 틀린 것은?

① 한 구획 내의 콘크리트는 타설이 완료될 때까지 연속해서 타설해야 한다.
② 콘크리트는 그 표면이 한 구획 내에서는 거의 수평이 되도록 타설하는 것을 원칙으로 한다.
③ 콘크리트 타설의 1층 높이는 다짐능력을 고려하여 이를 결정하여야 한다.
④ 타설한 콘크리트는 그 수평을 맞추기 위하여 거푸집 안에서 횡방향으로 이동시키면서 작업하여야 한다.

해설
타설한 콘크리트를 거푸집 안에서 횡방향으로 이동시켜서는 안 된다.

28 콘크리트 공사에서 거푸집 떼어 내기에 관한 설명으로 틀린 것은?

① 거푸집은 콘크리트가 자중 및 시공 중에 가해지는 하중에 충분히 견딜 만한 강도를 가질 때까지 해체해서는 안 된다.
② 거푸집을 떼어 내는 순서는 비교적 하중을 받지 않는 부분을 먼저 떼어 낸다.
③ 연직 부재의 거푸집은 수평 부재의 거푸집보다 먼저 떼어 낸다.
④ 보의 밑판의 거푸집은 보의 양 측면의 거푸집보다 먼저 떼어 낸다.

해설
보의 밑판의 거푸집은 보의 양 측면의 거푸집보다 나중에 떼어 낸다.

29 콘크리트를 타설한 후 다지기를 할 때 내부 진동기를 찔러 넣는 간격은 어느 정도가 적당한가?

① 25cm 이하
② 50cm 이하
③ 75cm 이하
④ 100cm 이하

해설
내부 진동기는 연직으로 0.1m 정도 찔러 넣으며, 삽입 간격은 일반적으로 0.5m 이하로 한다.

30 일평균기온이 15℃ 이상일 때, 보통 포틀랜드 시멘트를 사용한 콘크리트의 습윤 양생기간의 표준은?

① 3일
② 5일
③ 7일
④ 14일

해설
습윤 양생기간의 표준

일평균 기온	보통 포틀랜드 시멘트	고로 슬래그, 플라이애시 시멘트	조강 포틀랜드 시멘트
15℃ 이상	5일	7일	3일
10℃ 이상	7일	9일	4일
5℃ 이상	9일	12일	5일

31 한중 콘크리트라 함은 일평균기온이 몇 ℃ 이하의 온도에서 치는 콘크리트를 말하는가?

① −4℃
② 4℃
③ 0℃
④ −2℃

해설
타설일의 일평균기온이 4℃ 이하 또는 콘크리트 타설 완료 후 24시간 동안 일최저기온 0℃ 이하가 예상되는 조건이거나 그 이후라도 초기동해 위험이 있는 경우 한중 콘크리트로 시공하여야 한다.

32 서중 콘크리트를 타설할 때 시간은 얼마 이내로 하여야 하는가?

① 60분 이내
② 90분 이내
③ 120분 이내
④ 150분 이내

해설
서중 콘크리트는 재료를 비빈 후 1.5시간 이내에 타설해야 한다.

33 응결 지연제를 혼입해서 사용해야 할 콘크리트는?

① 한중 콘크리트
② 서중 콘크리트
③ 수중 콘크리트
④ 진공 콘크리트

해설
지연제 : 서중 콘크리트나 레디믹스트 콘크리트에서 운반거리가 먼 경우 또는 연속적으로 콘크리트를 칠 때 콜드 조인트가 생기지 않도록 할 경우 등에 사용되는 혼화제이다.

34 수중 콘크리트를 타설할 때 사용되는 기계 및 기구와 관계가 먼 것은?

① 트레미
② 슬립 폼 페이버
③ 밑열림 상자
④ 콘크리트 펌프

해설
슬립 폼 페이버는 콘크리트 슬래브의 포설기계의 일종으로 펴고, 다지며 표면 마무리 등의 기능을 하며 연속적으로 포설할 수 있는 장비이다.
수중 콘크리트의 시공방법
• 트레미에 의한 시공
• 콘크리트 펌프에 의한 시공
• 밑열림 상자에 의한 시공

35 일반 수중 콘크리트에서 물-결합재비는 얼마 이하이어야 하는가?

① 50%
② 55%
③ 60%
④ 65%

해설
일반 수중 콘크리트를 시공할 때 물-시멘트비 50% 이하, 단위시멘트양 370kg/m³ 이상을 표준으로 한다.

36 서중 콘크리트에 대한 설명으로 틀린 것은?

① 하루 평균기온이 15℃를 초과하는 것이 예상되는 경우 서중 콘크리트로 시공하여야 한다.
② 서중 콘크리트의 배합온도는 낮게 관리하여야 한다.
③ 콘크리트를 타설할 때의 콘크리트 온도는 35℃ 이하이어야 한다.
④ 타설하기 전에 지반, 거푸집 등 콘크리트로부터 물을 흡수할 우려가 있는 부분을 습윤 상태로 유지하여야 한다.

해설
하루 평균기온이 25℃를 초과하는 것이 예상되는 경우 서중 콘크리트로 시공하여야 한다.

37 모르타르 또는 콘크리트를 압축공기에 의해 뿜어 붙여서 만든 콘크리트로 비탈면의 보호, 교량의 보수 등에 쓰이는 콘크리트는?

① 진공 콘크리트
② 프리플레이스트 콘크리트
③ 숏크리트
④ 수밀 콘크리트

해설
① 진공 콘크리트 : 콘크리트를 친 후 콘크리트의 표면에 진공 덮개를 덮고, 진공 펌프로 표면의 물과 공기를 빼내어 콘크리트에 대기압을 주어 만든 콘크리트이다.
② 프리플레이스트 콘크리트 : 특정한 입도를 가진 굵은 골재를 거푸집에 채워 넣고, 그 공극 속에 특수한 모르타르를 적당한 압력으로 주입하여 제조한 콘크리트이다.
④ 수밀 콘크리트 : 물, 공기의 공극률을 최소로 하거나 방수성 물질을 사용하여 방수성을 높인 콘크리트이다.

38 그림과 같이 거푸집에 골재를 먼저 채워 넣고 모르타르(mortar)를 나중에 주입하는 콘크리트 시공법은?

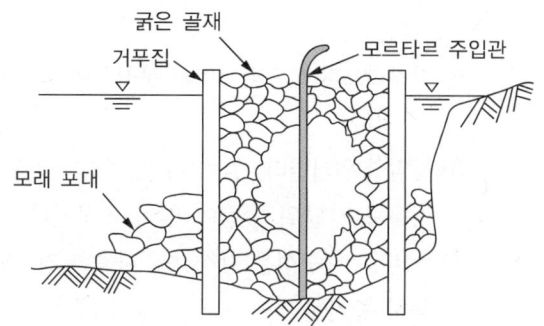

① 숏크리트(shotcrete)
② 시멘트풀(cement paste)
③ 매스 콘크리트(mass concrete)
④ 프리플레이스트 콘크리트(preplaced concrete)

해설
① 숏크리트 : 모르타르 또는 콘크리트를 압축공기를 이용해 고압으로 분사하여 만드는 콘크리트이다.
② 시멘트풀 : 시멘트와 물을 반죽한 것을 말하며, 시멘트 페이스트라고 한다.
③ 매스 콘크리트 : 부재의 치수가 커서 시멘트의 수화열로 인한 온도 상승 및 하강에 따른 콘크리트의 팽창과 수축을 고려하여 시공해야 하는 콘크리트이다.

39 경량골재 콘크리트에 대한 설명이다. 잘못된 것은?

① 골재의 전부 또는 일부를 인공 경량골재를 써서 만든 콘크리트를 말한다.
② 운반과 치기가 쉽다.
③ 건조수축이 작다.
④ 강도와 탄성계수가 작다.

해설
경량골재 콘크리트는 건조수축이 크며, 시공이 번거롭고, 재료처리가 필요하다.

40 뿜어붙이기 콘크리트에 대한 설명으로 틀린 것은?

① 시멘트는 보통 포틀랜드 시멘트를 사용한다.
② 혼화제로는 급결제를 사용한다.
③ 굵은 골재는 최대 치수가 40~50mm의 부순 돌 또는 강자갈을 사용한다.
④ 시공방법으로는 건식 공법과 습식 공법이 있다.

해설
뿜어붙이기 콘크리트는 노즐의 막힘 현상이나 반발량을 최소화할 수 있도록 굵은 골재의 최대 치수를 13mm 이하로 한다.

41 시멘트 비중 시험결과 시멘트의 질량은 64g, 처음 광유 눈금을 읽은 값은 0.4mL, 시료를 넣은 후 광유 눈금을 읽은 값은 20.9mL였다. 이 시멘트의 비중은 얼마인가?

① 3.09 ② 3.12
③ 3.15 ④ 3.18

해설
$$시멘트의 비중 = \frac{시료의 무게}{눈금 차}$$
$$= \frac{64}{20.9 - 0.4}$$
$$\fallingdotseq 3.12$$

42 다음에서 설명하는 시멘트의 성질은?

- 포틀랜드 시멘트의 경우 KS에서 0.8% 이하로 규정하고 있다.
- 오토클레이브 팽창도 시험방법으로 측정한다.

① 비중 ② 강도
③ 분말도 ④ 안정성

해설
안정성이란 시멘트가 굳는 도중에 체적 팽창을 일으켜 균열이 생기거나 뒤틀림 등의 변형을 일으키는 성질을 말하며, 오토클레이브 팽창도 시험에 의해 알아볼 수 있다.

43 잔골재 체가름 시험에서 조립률의 기호는 어느 것인가?

① AM   ② AF
③ FM   ④ CG

해설
조립률(FM ; Finess Modulus) : 콘크리트에 사용되는 골재의 입도 정도를 표시하는 지표이다.

44 프리플레이스트 콘크리트에 사용하는 잔골재의 조립률은 어느 범위가 적당한가?

① 0.5~0.8   ② 0.8~1.2
③ 1.4~2.2   ④ 2.2~3.2

해설
골재 조립률
• 잔골재
 – 일반적 : 2.3~3.1
 – 프리플레이스트 콘크리트 : 1.4~2.2
• 굵은 골재 : 6~8

45 콘크리트용 잔골재에 포함되어 있는 유기불순물 시험에 사용되는 시약으로 옳은 것은?

① 무수황산나트륨 용액
② 염화칼슘 용액
③ 실리카 겔
④ 수산화나트륨 용액

해설
유기불순물 시험에 사용되는 시약
• 수산화나트륨 용액(3%) : 물 97에 수산화나트륨 3의 질량비로 용해시킨 것이다.
• 탄닌산 용액(2%) : 10%의 알코올 용액으로 2% 탄닌산 용액을 제조한다.

46 콘크리트에 사용하는 부순 돌의 특성을 설명한 것으로 옳은 것은?

① 강자갈보다 빈틈이 적고 골재 사이의 마찰이 적다.
② 강자갈보다 모르타르와의 부착성이 나쁘고 강도가 적다.
③ 동일한 워커빌리티를 얻기 위해 강자갈을 사용한 경우보다 단위 수량이 많이 요구된다.
④ 수밀성, 내구성은 강자갈을 사용한 경우보다 월등히 증가한다.

해설
③ 부순 돌은 강자갈에 비해 모가 나 있고 표면 조직이 거칠기 때문에 단위 수량이 많아지고 잔골재율이 커진다.
① 강자갈보다 빈틈이 크고 골재 사이의 마찰이 크다.
② 강자갈보다 모르타르와의 부착성이 좋고 강도가 크다.
④ 수밀성, 내구성은 강자갈을 사용한 경우보다 다소 떨어진다.

47 잔골재의 흡수율은 몇 % 이하를 기준으로 하는가?

① 2%   ② 3%
③ 5%   ④ 7%

해설
일반적인 콘크리트용 잔골재와 굵은 골재의 절대건조 밀도는 $2.5g/cm^3$ 이상, 흡수율은 3.0% 이하의 값을 표준으로 한다.

48 잔골재 표면수 측정 시험에서 동일 시료에 계속 두 번 시험하였을 때 허용측정 오차는?

① 0.1%   ② 0.2%
③ 0.3%   ④ 0.4%

해설
잔골재 표면수 측정 시험에서 정밀도는 평균값에서의 차가 0.3% 이하이어야 한다.

49 굵은 골재의 연한 석편 함유량의 한도는 최댓값을 몇 %(질량 백분율)로 규정하고 있는가?

① 3%   ② 5%
③ 10%   ④ 13%

해설
굵은 골재의 유해물 함유량 한도

종류		천연 굵은 골재(%)
점토 덩어리		0.25*
연한 석편		5.0*
0.08mm 체 통과량		1.0
석탄, 갈탄 등으로 밀도 2.0g/cm³의 액체에 뜨는 것	콘크리트의 외관이 중요한 경우	0.5
	기타의 경우	1.0

(*) 점토 덩어리와 연한 석편의 합이 5%를 넘으면 안 된다.

50 로스앤젤레스 시험기를 사용하는 골재의 시험법은 무엇인가?

① 마모 시험
② 안정성 시험
③ 밀도 시험
④ 단위 용적질량 시험

해설
로스앤젤레스 시험기는 철구를 사용하여 굵은 골재(부서진 돌, 깨진 광재, 자갈 등)의 마모에 대한 저항을 시험하는 데 사용한다.

51 굳지 않는 콘크리트의 성질 중 굵은 골재의 최대 치수, 잔골재율, 잔골재의 입도, 반죽질기 등에 따른 콘크리트 표면의 마무리하기 쉬운 정도를 나타내는 성질을 무엇이라 하는가?

① 워커빌리티(workability)
② 반죽질기(consistency)
③ 성형성(plasticity)
④ 피니셔빌리티(finishability)

해설
① 워커빌리티 : 반죽질기에 의한 작업의 난이한 정도와 균일한 질의 콘크리트를 만들기 위하여 필요한 재료의 분리에 저항하는 정도를 나타내는 굳지 않은 콘크리트의 성질
② 반죽질기 : 주로 물의 양이 많고 적음에 따르는, 반죽이 되고 진 정도를 나타내는 굳지 않은 콘크리트의 성질
③ 성형성 : 거푸집에 쉽게 다져 넣을 수 있고 거푸집을 떼어 내면 천천히 모양이 변하기는 하지만 허물어지거나 재료의 분리가 일어나는 일이 없는 굳지 않은 콘크리트 성질

52 슬럼프(slump) 시험에 대한 설명 중 옳지 않은 것은?

① 반죽질기를 측정하는 방법으로서 오래전부터 여러 나라에서 많이 사용하여 왔다.
② 슬럼프 콘의 규격은 밑면 200±2mm, 윗면 100±2mm, 높이 300±2mm이다.
③ 슬럼프값을 측정할 때 콘을 벗기는 작업은 1분 30초 정도로 끝낸다.
④ 3층으로 나누어 넣고 각 층마다 지름 16mm의 다짐대로 25회 다진다.

해설
슬럼프 콘을 벗기는 작업은 2~5초 이내로 한다.

53 안지름 25cm, 높이 28cm의 용기를 사용하여 블리딩 시험을 한 결과 피펫으로 빨아낸 물의 양이 508cm³였다. 블리딩양(cm³/cm²)을 구하면?

① 0.009　　　② 9.58
③ 1.03　　　　④ 5.08

해설

블리딩양 $= \dfrac{V}{A} = \dfrac{508}{\dfrac{\pi \times 25^2}{4}}$

$\fallingdotseq 1.03 \text{cm}^3/\text{cm}^2$

54 블리딩에 대한 설명 중 잘못된 것은?

① 콘크리트를 친 뒤 물이 위로 올라오는 현상을 말한다.
② 블리딩에 의하여 표면에 떠올라 가라앉은 아주 작은 물질을 레이턴스라 한다.
③ 블리딩이 커지면 콘크리트의 강도, 철근과의 부착력이 떨어진다.
④ 콘크리트를 덧치기할 때 레이턴스가 있는 상태에서 작업해도 좋다.

해설

콘크리트를 덧치기할 때 레이턴스를 제거하고 깨끗한 상태에서 작업하는 것이 좋다.

55 콘크리트의 강도 중에서 가장 큰 값을 갖는 것은?

① 인장강도
② 압축강도
③ 휨강도
④ 비틀림 강도

해설

콘크리트는 압축강도가 가장 크고 인장강도는 압축강도의 1/13~1/10배 정도로 작다.

56 콘크리트 슬럼프 시험은 굵은 골재 최대 치수가 몇 mm 이상인 경우에는 적용할 수 없는가?

① 40mm　　　② 30mm
③ 25mm　　　④ 20mm

해설

굵은 골재의 최대 치수가 40mm를 넘는 콘크리트의 경우 40mm를 넘는 굵은 골재를 제거한다.

57 시멘트 모르타르의 압축강도 시험에서 표준모래를 사용하는 이유로 가장 타당한 것은?

① 가격이 저렴하므로
② 구하기가 쉬우므로
③ 건설현장에서도 표준모래를 사용하므로
④ 시험조건을 일정하게 하기 위해

해설
모래알의 차이에 의한 영향을 없애고 시험조건을 일정하게 하기 위함이다.

58 지름이 150mm, 길이가 300mm인 콘크리트 공시체로 쪼갬 인장강도 시험을 실시한 결과, 공시체 파괴 시 시험기에 나타난 최대 하중이 162.6kN이었다. 이 공시체의 쪼갬 인장강도는?

① 2.1MPa
② 2.3MPa
③ 2.5MPa
④ 2.7MPa

해설
쪼갬 인장강도 $= \dfrac{2P}{\pi dl}$
$= \dfrac{2 \times 162,600}{\pi \times 150 \times 300}$
$≒ 2.3 N/mm^2$
$≒ 2.3 MPa$
여기서, P : 최대 하중(N)
d : 공시체의 지름(mm)
l : 공시체의 길이(mm)

59 콘크리트 휨강도 시험을 위한 공시체를 제작할 때 콘크리트 다짐 횟수로 옳은 것은?(단, 몰드의 규격은 15×15×53cm이다)

① 25회
② 60회
③ 70회
④ 80회

해설
콘크리트 휨강도 시험용 공시체를 제작할 때 콘크리트는 몰드에 2층으로 나누어 채우고 각 층은 적어도 1,000mm²에 1회의 비율로 다짐을 한다.
몰드의 단면적 = 150 × 530
= 79,500mm²
∴ 다짐 횟수 = 79,500 ÷ 1,000
= 79.5(약 80회)

60 콘크리트의 배합설계에서 재료의 계량 허용오차는 물에서는 얼마 정도인가?

① ±1%
② ±2%
③ ±3%
④ ±4%

해설
표준시방서상 계량오차

재료의 종류	측정 단위	허용오차
시멘트	질량	±1%
골재	질량 또는 부피	±3%
물	질량	±1%
혼화재	질량	±2%
혼화제	질량 또는 부피	±3%

정답 57 ④ 58 ② 59 ④ 60 ①

2024년 제2회 과년도 기출복원문제

01 시멘트의 종류 중 혼합 시멘트가 아닌 것은?

① 고로 슬래그 시멘트
② 팽창 시멘트
③ 플라이애시 시멘트
④ 포틀랜드 포졸란 시멘트

해설
시멘트의 종류
- 포틀랜드 시멘트 : 보통 포틀랜드 시멘트, 중용열 포틀랜드 시멘트, 조강 포틀랜드 시멘트, 저열 포틀랜드 시멘트, 내황산염 포틀랜드 시멘트, 백색 포틀랜드 시멘트
- 혼합 시멘트 : 고로 슬래그 시멘트, 플라이애시 시멘트, 실리카(포졸란) 시멘트
- 특수 시멘트 : 알루미나 시멘트, 초속경 시멘트, 팽창 시멘트

02 포틀랜드 시멘트의 주성분은?

① 석회석, 코크스, 점토
② 모래, 석회석, 장석
③ 화강암, 석고, 점토
④ 실리카, 알루미나, 석회

해설
시멘트의 3대 화합물
- 산화칼슘(CaO, 석회)
- 이산화규소(SiO_2, 실리카)
- 산화알루미늄(Al_2O_3, 알루미나)

03 고로 슬래그 시멘트에 관한 설명으로 옳은 것은?

① 보통 포틀랜드 시멘트에 비해 응결이 빠르다.
② 보통 포틀랜드 시멘트에 비해 발열량이 많아 균열발생이 크다.
③ 보통 포틀랜드 시멘트에 비해 해수 및 화학 작용에 대한 저항성이 크다.
④ 보통 포틀랜드 시멘트에 비해 조기강도가 크다.

해설
① 보통 포틀랜드 시멘트에 비해 응결시간이 느리다.
② 보통 포틀랜드 시멘트에 비해 발열량이 적어 균열의 발생이 적다.
④ 조기강도는 낮으나 장기강도가 크다.

04 플라이애시 시멘트에 관한 설명 중 옳지 않은 것은?

① 플라이애시를 시멘트 클링커에 혼합하여 분쇄한 것이다.
② 수화열이 적고 장기강도는 낮으나 조기강도는 커진다.
③ 워커빌리티가 좋고 수밀성이 크다.
④ 단위 수량을 감소시킬 수 있어 댐공사에 많이 이용된다.

해설
수화열이 적고 조기강도는 작으나 장기강도는 커진다.

정답 1 ② 2 ④ 3 ③ 4 ②

05 다음 사항에서 시멘트의 조기강도가 큰 순서로 되어 있는 것은?

① 포틀랜드 시멘트 > 고로 슬래그 시멘트 > 알루미나 시멘트
② 알루미나 시멘트 > 고로 슬래그 시멘트 > 포틀랜드 시멘트
③ 알루미나 시멘트 > 포틀랜드 시멘트 > 고로 슬래그 시멘트
④ 고로 슬래그 시멘트 > 포틀랜드 시멘트 > 알루미나 시멘트

해설
시멘트의 조기강도가 큰 순서
알루미나 시멘트 > 조강 포틀랜드 시멘트 > 보통 포틀랜드 시멘트 > 고로 슬래그 시멘트 > 실리카 시멘트

06 콘크리트용 골재가 갖추어야 할 성질이 아닌 것은?

① 물리적으로 안정하고 내구성, 내마멸성이 클 것
② 화학적으로 안정하고 유해물을 함유하지 않을 것
③ 시멘트 풀과의 부착력이 큰 표면조직을 가질 것
④ 낱알의 크기가 균일할 것

해설
콘크리트용 골재는 크고 작은 입자가 골고루 섞여 있는 것이 좋다.

07 골재의 함수 상태 중 표면건조 포화 상태를 설명한 것으로 옳은 것은?

① 골재알 속의 빈틈에 있는 물을 모두 없앤 상태
② 골재알 속의 빈틈 일부가 물로 차 있는 상태
③ 골재알의 표면에는 물기가 없고, 알 속의 빈틈만 물로 차 있는 상태
④ 골재알 속의 빈틈이 물로 차 있고, 또 표면에 물기가 있는 상태

해설
① 절대건조 상태(노건조 상태)에 대한 설명이다.
② 공기 중 건조 상태(기건 상태)에 대한 설명이다.
④ 습윤 상태에 대한 설명이다.

08 어느 골재의 함수율이 20%, 공극률이 30%일 때 실적률을 구하면 얼마인가?

① 20% ② 30%
③ 70% ④ 80%

해설
실적률(%) = 100 − 공극률(%)
= 100 − 30%
= 70%

09 골재의 크고 작은 알이 섞여 있는 정도를 무엇이라 하는가?

① 골재의 평형
② 골재의 조립률
③ 골재의 입도
④ 골재의 비중

10 콘크리트에 유해물이 들어 있으면 콘크리트의 강도, 내구성, 안정성 등이 나빠지는데 특히, 철근 콘크리트나 프리스트레스트 콘크리트 속의 강재를 녹슬게 하는 유해물은?

① 실트 ② 점토
③ 연한 석편 ④ 염화물

해설
염화물(Chloride)
해수에는 NaCl 등의 염화물이 다량 존재한다. 해수는 강재를 부식시킬 우려가 있으므로 철근 콘크리트, 프리스트레스트 콘크리트, 강콘크리트 합성구조 및 철근이 배치된 무근 콘크리트에서는 혼합수로서 사용할 수 없다.

11 골재의 동결, 융해, 물, 해수, 기상작용 등에 대한 내구성을 알고자 할 때 필요한 시험은?

① 비중 시험
② 체가름 시험
③ 안정성 시험
④ 빈틈률 시험

해설
골재의 안정성 시험 : 골재의 내구성을 알기 위하여 황산소듐 포화용액으로 인한 골재의 부서짐 작용에 대한 저항성을 시험한다.

12 골재의 저장에 관한 사항 중 틀린 것은?

① 골재는 직사광선을 피해야 한다.
② 동결을 방지하도록 적당한 시설을 갖춘 곳에 저장한다.
③ 불순물이 섞여 들어가서는 안 된다.
④ 잔골재, 굵은 골재 및 종류와 입도가 다른 골재는 서로 섞어 균질한 골재가 되도록 하여 저장한다.

해설
잔골재, 굵은 골재 및 종류와 입도가 다른 골재는 각각 구분하여 따로 저장한다.

13 혼화재료의 저장 및 사용에 대해 옳지 않은 것은?

① 혼화재는 종류별로 나누어 저장하고 저장한 순서대로 사용해야 한다.
② 변질이 예상되는 혼화재는 사용하기에 앞서 시험하여 품질을 확인해야 한다.
③ 저장기간이 오래된 혼화재는 눈으로 판단하여 사용 여부를 판단한다.
④ 혼화재는 날리지 않도록 주의해서 다룬다.

해설
장기간 저장한 혼화재는 사용하기 전에 시험을 실시하여 품질을 확인하여야 한다.

14 AE제를 사용할 때의 특성을 설명한 것으로 옳지 않은 것은?

① 철근과의 부착강도가 커진다.
② 동결융해에 대한 저항이 커진다.
③ 워커빌리티가 좋아지고 단위 수량이 줄어든다.
④ 수밀성은 커지나 콘크리트의 강도는 작아진다.

해설
AE제 사용량이 많아지면 콘크리트의 강도 및 철근과의 부착강도가 작아진다.

정답 10 ④ 11 ③ 12 ④ 13 ③ 14 ①

15 감수제의 사용효과 중 옳지 않은 것은?

① 시멘트 풀의 유동성을 감소시킬 수 있다.
② 워커빌리티를 좋게 할 수 있다.
③ 단위 수량을 감소시킬 수 있다.
④ 압축강도를 증가시킬 수 있다.

해설
시멘트 풀의 유동성을 증가시킨다.
감수제
시멘트의 입자를 흐트러지게 하여 콘크리트의 필요한 반죽질기를 얻는 데 사용하는 단위 수량을 줄이는 작용을 하는 혼화제로서, 분산제라고도 한다. 감수제를 사용하면 콘크리트의 워커빌리티가 좋아지고, 내구성·수밀성 및 강도가 커지며, 단위 시멘트양도 절약된다.

16 콘크리트에 사용하는 촉진제에 대한 설명으로 옳지 않은 것은?

① 프리플레이스트 콘크리트용 그라우트에 사용하여 부착을 좋게 한다.
② 시멘트의 수화작용을 빠르게 하여 응결이 빠르므로 숏크리트에 사용한다.
③ 일반적으로 시멘트 무게의 1~2%의 염화칼슘을 사용하여 조기강도가 커지게 한다.
④ 염화칼슘을 시멘트 무게의 4% 이상 사용하면 급속히 굳어질 염려가 있고 장기강도가 작아진다.

해설
프리플레이스트 콘크리트용 그라우트에 사용하여 부착을 좋게 하는 것은 발포제이다.

17 서중 콘크리트의 시공이나 레디믹스트 콘크리트에서 운반거리가 먼 경우 또는 연속 콘크리트를 칠 때 작업이음이 생기지 않도록 할 경우에 사용하면 효과가 있는 혼화제는 어느 것인가?

① AE제
② 지연제
③ 발포제
④ 촉진제

해설
① AE제(공기연행제) : 콘크리트 속에 작고 많은 독립된 기포를 고르게 생기게 하기 위하여 사용하는 혼화제이다.
③ 발포제 : 알루미늄 또는 아연 가루를 넣어, 시멘트가 응결할 때 수소가스를 발생시켜 모르타르 또는 콘크리트 속에 아주 작은 기포를 생기게 하는 혼화제이다.
④ 촉진제 : 시멘트의 수화작용을 빠르게 하는 혼화제이다.

18 다음 표에서 설명하고 있는 혼화재료는?

> 화력발전소에서 미분탄을 보일러 내에서 완전히 연소했을 때 그 폐가스 중에 함유된 용융 상태의 실리카질 미분입자를 전기집진기로 모은 것

① 고로 슬래그 분말
② 급결제
③ 팽창제
④ 플라이애시

해설
① 고로 슬래그 분말 : 제철소의 용광로에서 배출되는 슬래그를 급랭하여 입자(알갱이)화한 후 미분쇄한 것이다.
② 급결제 : 시멘트의 응결을 상당히 빠르게 하기 위하여 사용하는 혼화제이다.
③ 팽창제 : 콘크리트가 경화되는 중에 부피를 늘어나게 하여 콘크리트의 건조수축에 의한 균열을 억제하는 데 사용하는 혼화재이다.

정답 15 ① 16 ① 17 ② 18 ④

19 다음 혼화재료 중 그 사용량이 시멘트 무게의 5% 정도 이상이 되어 그 자체의 양이 콘크리트 배합계산에 관계되는 혼화재는?

① 고로 슬래그 ② 공기연행제
③ 염화칼슘 ④ 지연제

해설
혼화재료의 종류
- 혼화재
  - 사용량이 시멘트 질량의 5% 정도 이상이 되어 그 자체의 부피가 콘크리트의 배합계산에 관계가 되는 것
  - 포졸란, 플라이애시, 고로 슬래그, 팽창제, 실리카 퓸 등
- 혼화제
  - 사용량이 시멘트 질량의 1% 정도 이하의 것으로 콘크리트의 배합계산에서 무시되는 것
  - AE제, 경화촉진제, 감수제, 지연제, 기포제, 방수제 등
  ※ 촉진제로 염화칼슘을 사용한다.

20 높은 곳으로부터 콘크리트를 부리는 경우 가장 적당한 운반기구는?

① 손수레
② 연직 슈트
③ 덤프트럭
④ 콘크리트 플레이서

해설
② 연직 슈트 : 높은 곳에서 콘크리트를 내리는 경우 버킷을 사용할 수 없을 때 사용하며 콘크리트 치기의 높이에 따라 길이를 조절할 수 있도록 깔때기 등을 이어서 만든 운반기구이다.
① 손수레 : 운반거리가 50~100m 이하인 평탄한 운반로의 경우 사용한다.
③ 덤프트럭 : 슬럼프값이 50mm 이하의 콘크리트를 10km 이하 거리 또는 1시간 이내 운반 가능한 경우에 사용한다.
④ 콘크리트 플레이서 : 수송관 속의 콘크리트를 압축공기에 의해 압송하는 것으로서, 터널 등의 좁은 곳에 콘크리트를 운반하는 데 편리한 기계이다.

21 배치 믹서(batch mixer)에 대한 설명으로 옳은 것은?

① 콘크리트 $1m^3$씩 혼합하는 믹서
② 콘크리트 재료를 1회분씩 운반하는 장치
③ 콘크리트 재료를 1회분씩 혼합하는 믹서
④ 콘크리트 $1m^3$씩 운반하는 장치

22 콘크리트 치기에 있어 먼저 친 콘크리트와 새로 친 콘크리트 사이에 이음이 생기는데 이 이음을 무엇이라고 하는가?

① 공사이음 ② 시공이음
③ 치기이음 ④ 압축이음

해설
시공이음(시공줄눈)
- 콘크리트 치기에 있어 먼저 친 콘크리트와 새로 친 콘크리트 사이에 생기는 이음을 말한다.
- 기능상 필요에 의해서가 아니라 시공상 필요에 의해서 콘크리트 타설 시 주는 줄눈으로서, 콘크리트 타설을 일시 중단해야 할 때 만드는 줄눈이다.
- 시공이음은 가능한 한 전단력이 작은 위치에 하며, 부재의 압축력이 작용하는 방향과 직각이 되게 한다.

23 가경식 믹서를 사용하여 콘크리트 비비기를 할 경우 비비기 시간은 믹서 안에 재료를 투입한 후 얼마 이상을 표준으로 하는가?

① 1분 ② 30초
③ 1분 30초 ④ 2분

해설
가경식 믹서는 1분 30초 이상, 강제식 믹서는 1분 이상을 표준 비빔 시간으로 한다.

24 콘크리트 압축강도 시험에 필요한 공시체의 지름은 굵은 골재 최대 치수의 몇 배 이상이며 또한 몇 mm 이상이어야 하는가?

① 2배, 30mm
② 3배, 100mm
③ 2배, 100mm
④ 3배, 200mm

해설
콘크리트 압축강도 시험에 필요한 공시체의 지름은 굵은 골재 최대 치수의 3배 이상이며 100mm 이상이어야 한다.

25 정비된 콘크리트 제조설비를 가진 공장에서 필요한 조건의 굳지 않은 콘크리트를 수시로 공급할 수 있는 것을 무엇이라 하는가?

① 프리플레이스트 콘크리트
② 프리캐스트 콘크리트
③ 프리스트레스트 콘크리트
④ 레디믹스트 콘크리트

해설
① 프리플레이스트 콘크리트 : 특정한 입도를 가진 굵은 골재를 거푸집에 채워 넣고, 그 공극 속에 특수한 모르타르를 적당한 압력으로 주입하여 제조한 콘크리트이다.
② 프리캐스트 콘크리트 : 공장에서 미리 제작한 콘크리트 부재를 현장에서 조립하여 완성하는 건축 및 토목 구조물의 자재이다.
③ 프리스트레스트 콘크리트 : 외력에 의하여 일어나는 응력을 소정의 한도까지 상쇄할 수 있도록 미리 인위적으로 그 응력의 분포와 크기를 정하여 내력을 준 콘크리트이다.

26 다음 중 콘크리트의 운반기구 및 기계가 아닌 것은?

① 버킷
② 콘크리트 펌프
③ 콘크리트 플랜트
④ 벨트 컨베이어

해설
콘크리트 플랜트 : 콘크리트 재료의 저장 장치, 계량 장치, 혼합 장치 따위의 일체를 갖추고 다량의 콘크리트를 일관 작업으로 제조하는 기계설비이다.

27 콘크리트 펌프로 콘크리트를 수송할 때 수송관이 90°의 굴곡이 1회 있을 경우 수평거리는 몇 m 정도로 환산하는가?

① 2m
② 6m
③ 8m
④ 12m

해설
일반적으로 슬럼프 12cm 정도의 콘크리트로써 90°의 굴곡은 수평거리 6m에 해당한다.

28 벽이나 기둥과 같이 높이가 높은 콘크리트를 연속해서 타설할 경우 콘크리트의 쳐 올라가는 속도는 일반적으로 30분에 얼마 정도로 하는가?

① 1m 이하
② 1~1.5m
③ 2~3m
④ 3~4m

해설
콘크리트를 쳐 올라가는 속도는 단면의 크기, 배합, 다지기 방법 등에 따라 다르나 보통 30분에 1~1.5m 정도로 하는 것이 적당하다.

정답 24 ② 25 ④ 26 ③ 27 ② 28 ②

29 다음 콘크리트 다짐기계 중에서 비교적 두께가 얇고 넓은 콘크리트의 표면을 고르고 다듬질할 때 사용되며 주로 도로 포장, 활주로 포장 등의 다짐에 쓰이는 것은?

① 거푸집 진동기
② 내부 진동기
③ 표면 진동기
④ 롤러 진동기

해설
① 거푸집 진동기 : 거푸집의 외부에 진동을 주어 내부 콘크리트를 다지는 기계로서, 터널의 둘레 콘크리트나 높은 벽 등에 사용된다.
② 내부 진동기 : 일반적으로 된 반죽의 콘크리트를 다질 때 가장 많이 사용된다.

30 내부 진동기를 사용하여 콘크리트를 다지기할 때 주의해야 할 사항으로 잘못된 것은?

① 진동다지기를 할 때에는 내부 진동기를 하층의 콘크리트 속으로 0.1m 정도 찔러 넣는다.
② 내부 진동기는 콘크리트로부터 천천히 빼내어 구멍이 남지 않도록 한다.
③ 내부 진동기의 삽입 간격은 1.5m 이하로 하여야 한다.
④ 내부 진동기는 연직으로 찔러 넣어야 한다.

해설
내부 진동기의 삽입 간격은 일반적으로 0.5m 이하로 한다.

31 콘크리트를 타설한 다음 일정 기간 동안 콘크리트에 충분한 온도와 습도를 유지시켜 주는 것을 무엇이라 하는가?

① 콘크리트 진동
② 콘크리트 다짐
③ 콘크리트 양생
④ 콘크리트 시공

해설
양생 : 타설이 끝난 콘크리트가 시멘트의 수화반응에 의하여 충분한 강도를 발현하고, 균열이 생기지 않도록 하기 위해 일정 기간 동안 적당한 온도조건을 유지하며 수분을 공급하고 유해한 작용(하중, 진동, 충격)의 영향을 받지 않도록 보호해주는 것이다.

32 콘크리트의 경화나 강도 발현을 촉진하기 위해 실시하는 촉진 양생의 종류에 속하지 않는 것은?

① 습윤 양생
② 증기 양생
③ 오토클레이브 양생
④ 전기 양생

해설
양생의 종류
• 습윤 양생 : 수중 양생, 습포 양생, 습사 양생, 피막 양생(막양생), 피복 양생
• 촉진 양생 : 증기 양생, 고온고압(오토클레이브) 양생, 전기 양생, 적외선 양생, 고주파 양생

33 한중 콘크리트는 양생 중에 온도를 최소 얼마 이상으로 유지해야 하는가?

① 0℃
② 5℃
③ 15℃
④ 20℃

해설
한중 콘크리트는 소요 압축강도가 얻어질 때까지 콘크리트의 온도를 5℃ 이상으로 유지하여야 하며, 또한 소요 압축강도에 도달한 후 2일간은 구조물의 어느 부분이라도 0℃ 이상이 되도록 유지하여야 한다.

34 콘크리트 인장강도 시험을 할 때 인장강도가 어느 정도의 일정한 비율로 증가하도록 하중을 가하여야 하는가?

① 매초 0.06±0.04MPa
② 매초 0.07±0.14MPa
③ 매초 0.15±0.35MPa
④ 매초 1.5±3.5MPa

해설
공시체에 충격이 가해지지 않도록 동일한 속도로 하중을 가한다. 하중 속도는 0.06±0.04MPa/s가 되도록 조정하고, 최대 하중에 도달할 때까지 그 증가율을 유지해야 한다.

35 수중 콘크리트에 대한 설명 중 옳지 않은 것은?

① 콘크리트를 수중에 낙하시키지 말아야 한다.
② 수중에 물의 속도가 5cm/s 이상일 때에 한하여 시공한다.
③ 트레미나 포대를 사용한다.
④ 정수 중에 치면 더욱 좋다.

해설
수중 콘크리트 타설 시 완전히 물막이를 할 수 없는 경우에도 유속은 5cm/s 이하로 하여야 한다.

36 수밀 콘크리트에 대한 설명 중 옳지 않은 것은?

① 일반적인 경우보다 잔골재율을 적게 하는 것이 좋다.
② 물-결합재비의 50% 이하가 표준이다.
③ 경화 후의 콘크리트는 될 수 있는 대로 장기간 습윤 상태로 유지한다.
④ 혼화재료는 공기연행 감수제, 고성능 감수제 또는 포졸란을 사용한다.

해설
잔골재율을 적게 하면 공극률이 증가하여 수밀성이 저하될 수 있으므로, 수밀 콘크리트의 잔골재율은 일반적인 경우와 동일하거나 약간 높게 하는 것이 좋다.

37 모르타르 또는 콘크리트를 압축공기에 의해 뿜어 붙여서 만든 콘크리트로 비탈면의 보호, 교량의 보수 등에 쓰이는 콘크리트는?

① 진공 콘크리트
② 프리플레이스트 콘크리트
③ 숏크리트
④ 수밀 콘크리트

해설
① 진공 콘크리트 : 콘크리트를 친 후 콘크리트의 표면에 진공 덮개를 덮고, 진공 펌프로 표면의 물과 공기를 빼내어 콘크리트에 대기압을 주어 만든 콘크리트이다.
② 프리플레이스트 콘크리트 : 특정한 입도를 가진 굵은 골재를 거푸집에 채워 넣고, 그 공극 속에 특수한 모르타르를 적당한 압력으로 주입하여 제조한 콘크리트이다.
④ 수밀 콘크리트 : 물, 공기의 공극률을 최소로 하거나 방수성 물질을 사용하여 방수성을 높인 콘크리트이다.

38 포졸란을 사용한 콘크리트의 특징으로 틀린 것은?

① 워커빌리티가 좋아진다.
② 조기강도는 크나, 장기강도가 작아진다.
③ 블리딩이 감소한다.
④ 수밀성 및 화학 저항성이 크다.

해설
조기강도는 감소하나 장기강도는 증가한다.

39 댐 콘크리트 공사에서 수화열에 의한 균열을 방지하기 위해 재료를 미리 냉각하는 방법을 무엇이라 하는가?

① 프리쿨링법
② 벤트 공법
③ 프레시네 공법
④ 전기냉각법

해설
프리쿨링(pre-cooling)법 : 댐 공사에서 콘크리트 온도균열 방지를 위해 콘크리트 재료의 일부 또는 전부를 냉각시켜 온도를 낮추는 방법이다.

40 경량골재 콘크리트에 대한 설명 중 옳은 것은?

① 내구성이 보통 콘크리트보다 크다.
② 열전도율은 보통 콘크리트보다 작다.
③ 탄성계수는 보통 콘크리트의 2배 정도이다.
④ 건조수축에 의한 변형이 생기지 않는다.

해설
① 내구성이 보통 콘크리트보다 작다.
③ 탄성계수는 보통 콘크리트의 40~70% 정도이다.
④ 건조수축에 의한 변형이 생기기 쉽다.

41 다음 중 시멘트의 비중 시험에 사용되는 기구는?

① 르샤틀리에 비중병
② 블레인 투과장치
③ 길모어침
④ 비카침

해설
② : 시멘트의 분말도 시험에 사용된다.
③·④ : 시멘트의 응결시간을 측정에 사용된다.

42 골재에서 FM(Fineness Modulus)이란 무엇을 뜻하는가?

① 입도
② 조립률
③ 잔골재율
④ 골재의 단위량

해설
조립률(FM ; Finess Modulus) : 콘크리트에 사용되는 골재의 입도 정도를 표시하는 지표이다.

43 골재의 조립률 측정을 위해 사용되는 체의 종류 중 적당치 못한 것은?

① 40mm
② 30mm
③ 20mm
④ 10mm

해설
조립률 : 10개의 체(75mm, 40mm, 20mm, 10mm, 5mm, 2.5mm, 1.2mm, 0.6mm, 0.3mm, 0.15mm)를 1조로 하여 체가름 시험을 하였을 때, 각 체에 남은 누계량의 전체 시료에 대한 질량 백분율의 합을 100으로 나눈 값으로 나타낸다.

44 품질이 좋은 콘크리트를 만들기 위한 잔골재 조립률의 범위로 옳은 것은?

① 2.3~3.1
② 3.0~4.5
③ 6~8
④ 8 이상

해설
골재의 조립률(FM)
- 잔골재 : 2.3~3.1
- 굵은 골재 : 6~8

45 지름 100mm, 높이 200mm인 콘크리트 공시체로 압축강도 시험을 실시한 결과 공시체 파괴 시 최대 하중이 231kN이었다. 이 공시체의 압축강도는?

① 29.4MPa
② 27.4MPa
③ 25.4MPa
④ 23.4MPa

해설
압축강도$(f) = \dfrac{P}{A} = \dfrac{231,000}{\dfrac{\pi \times 100^2}{4}} \fallingdotseq 29.4\text{MPa}$

여기서, P : 파괴될 때 최대 하중(N)
　　　　A : 시험체의 단면적(mm²)

46 시방 배합에서 잔골재와 굵은 골재를 구별하는 표준체는?

① 5mm 체
② 10mm 체
③ 2.5mm 체
④ 1.2mm 체

해설
골재의 종류
- 잔골재(모래) : 10mm 체를 전부 통과하고 5mm 체를 거의 다 통과하며 0.08mm 체에 거의 다 남는 골재
- 굵은 골재(자갈) : 5mm 체에 거의 다 남는 골재 또는 5mm 체에 다 남는 골재

47 잔골재의 절대건조 상태의 무게가 100g, 표면건조 포화 상태의 무게가 110g, 습윤 상태의 무게가 120g이었다면 이 잔골재의 흡수율은?

① 5%
② 10%
③ 15%
④ 20%

해설
흡수율(%) = $\dfrac{\text{표면건조 포화 상태} - \text{절대건조 상태}}{\text{절대건조 상태}} \times 100$
= $\dfrac{110 - 100}{100} \times 100$
= 10%

48 골재가 가진 물의 전량에서 골재알 속에 흡수된 수량을 뺀 수량은?

① 표면수량
② 흡수율
③ 함수율
④ 유효 흡수율

해설
골재의 수분함량 상태

절건 상태　　기건 상태(평형)　　표건 상태　　습윤 상태

기건 흡수량 — 유효 흡수량
흡수량 — 표면수량
함수량

정답　44 ①　45 ①　46 ①　47 ②　48 ①

49 콘크리트용 굵은 골재의 안정성은 황산소듐으로 5회 시험을 하여 평가한다. 이때 손실질량은 몇 % 이하를 표준으로 하는가?

① 12% ② 10%
③ 5%   ④ 3%

해설
굵은 골재의 안정성은 황산소듐으로 5회 시험을 하여 평가하는데, 그 손실질량은 12% 이하를 표준으로 한다.
※ 잔골재는 황산소듐 손실질량 백분율 10% 이내

50 규격 150mm × 150mm × 530mm인 콘크리트 공시체에 지간길이 450mm인 4점 재하 장치로 휨강도 시험을 실시한 결과, 공시체가 지간 방향 중심선의 4점 사이에서 파괴되면서 시험기에 나타난 최대 하중은 36kN이었다. 이 공시체의 휨강도는?

① 4.8MPa ② 4.2MPa
③ 3.6MPa ④ 3.0MPa

해설
휨강도$(f_b) = \dfrac{Pl}{bh^2}$
$= \dfrac{36,000 \times 450}{150 \times 150^2}$
$= 4.8\text{MPa}$

여기서, P : 시험기가 나타내는 최대 하중(N)
  l : 지간(mm)
  b : 파괴 단면의 너비(mm)
  h : 파괴 단면의 높이(mm)

51 콘크리트의 슬럼프 시험은 콘크리트를 몇 층으로 투입하고, 각 층을 몇 회 다져야 하는가?

① 2층, 25회
② 2층, 30회
③ 3층, 25회
④ 3층, 30회

해설
슬럼프 콘에 시료를 채울 때 시료를 거의 같은 양의 3층으로 나눠서 채우며, 그 각 층은 다짐봉으로 고르게 한 후 25회 똑같이 다진다.

52 콘크리트의 반죽질기 시험방법에 속하지 않는 것은?

① 슬럼프 시험
② 비비 시험
③ 리몰딩 시험
④ 비카침 장치

해설
비카침 장치는 시멘트의 응결시간을 측정하기 위한 것이다.

49 ① 50 ① 51 ③ 52 ④

53 콘크리트를 친 후 비중 차이로 시멘트와 골재알이 가라앉으며 물이 올라와 콘크리트의 표면에 가라앉은 작은 물질을 무엇이라 하는가?

① 슬럼프
② 레이턴스
③ 워커빌리티
④ 반죽질기

해설
레이턴스(laitance) : 콘크리트 타설 후 블리딩에 의해 부유물과 함께 내부의 미세한 입자가 부상하여 콘크리트의 표면에 형성되는 경화되지 않은 층을 말한다.

54 콘크리트의 블리딩에 관한 설명 중 틀린 것은?

① 블리딩이 심하면 투수성과 투기성이 커져서 콘크리트의 중성화(탄산화)가 촉진된다.
② 블리딩이 심하면 철근과 부착력 감소로 강도 및 내구성의 감소가 현저해진다.
③ 시멘트의 분말도가 작을수록, 잔골재 중의 미립분이 작을수록 블리딩 현상이 적어진다.
④ 블리딩은 보통 2~4시간에 끝나며 그 연속시간은 콘크리트 높이가 낮고 온도가 높으면 빨리 끝난다.

해설
시멘트의 분말도가 클수록 블리딩양은 적어진다.

55 콘크리트 압축강도 시험에 사용되는 시험체 지름의 표준이 아닌 것은?

① 100mm
② 125mm
③ 150mm
④ 200mm

해설
압축강도 시험용 공시체 지름의 표준은 100mm, 125mm, 150mm이다.

56 콘크리트 압축강도 시험에 사용하는 시료의 양생 온도 범위로 가장 적합한 것은?

① 0~4℃
② 6~10℃
③ 11~15℃
④ 18~22℃

해설
콘크리트 강도 시험에 사용되는 공시체는 18~22℃의 온도에서 습윤 양생한다.

57 콘크리트의 설계기준 압축강도가 18MPa이고, 압축강도 시험의 기록이 없는 경우 콘크리트의 배합강도는?

① 18MPa ② 25MPa
③ 26.5MPa ④ 28MPa

해설
압축강도의 시험 횟수가 14회 이하이거나 기록이 없는 경우의 배합강도

호칭강도(MPa)	배합강도(MPa)
21 미만	$f_{cn} + 7$
21 이상 35 이하	$f_{cn} + 8.5$
35 초과	$1.1f_{cn} + 5$

∴ 배합강도 = f_{cn} + 7 = 18 + 7 = 25MPa

58 시멘트 밀도 시험의 목적이 아닌 것은?

① 시멘트의 종류를 어느 정도 추정할 수 있다.
② 시멘트의 품질을 판정할 수 있다.
③ 시멘트 입자 사이의 공기량을 알 수 있다.
④ 콘크리트 배합설계를 할 때 시멘트의 절대 용적을 구할 수 있다.

해설
시멘트 비중 시험을 하는 이유
• 콘크리트 배합설계 시 시멘트가 차지하는 부피(용적)를 구할 수 있다.
• 비중의 시험치에 의해 시멘트 풍화의 정도, 시멘트의 품종, 혼합 시멘트에 있어서 혼합하는 재료의 함유비율을 추정할 수 있다.
• 혼합 시멘트의 분말도(블레인) 시험 시 시료의 양을 결정하는 데 비중의 실측치를 이용한다.

59 지름 150mm, 길이가 300mm인 공시체를 사용한 콘크리트 쪼갬 인장강도 시험을 하여 시험기에 나타난 최대 하중이 147.9kN이었다. 인장강도는 얼마인가?

① 1.5MPa ② 1.7MPa
③ 1.9MPa ④ 2.1MPa

해설
쪼갬 인장강도 = $\dfrac{2P}{\pi dl}$

$= \dfrac{2 \times 147,900}{\pi \times 150 \times 300}$

≒ 2.09N/mm²

≒ 2.1MPa

여기서, P : 최대 하중(N)
d : 공시체의 지름(mm)
l : 공시체의 길이(mm)

60 다음 중 콘크리트 시방 배합을 현장 배합으로 수정할 경우 필요한 사항이 아닌 것은?

① 굵은 골재 및 잔골재의 표면수량
② 잔골재의 5mm 체 잔류율
③ 시멘트의 비중
④ 굵은 골재의 5mm 체 통과율

해설
시방 배합을 현장 배합으로 고칠 경우에는 시멘트(시멘트, 단위 시멘트양, 시멘트 비중 등)의 단위량은 변하지 않는다.
시방 배합을 현장 배합으로 고칠 경우 고려사항
• 굵은 골재 및 잔골재의 표면수량
• 잔골재의 5mm 체 잔류율
• 굵은 골재의 5mm 체 통과율
• 혼화제를 희석시킨 희석수량

2025년 제1회 최근 기출복원문제

01 시멘트의 응결시간 시험방법(KS L ISO 9597)에 대한 설명으로 옳지 않은 것은?

① 실험실의 온도는 20±1℃로 유지한다.
② 습기함의 상대습도는 90% 이상이어야 한다.
③ 시멘트풀을 만들 때 시멘트 125g을 1g 단위까지 계량한다.
④ 시멘트의 첨가가 끝난 시간을 0시로 기록하고, 이 시간을 기점으로 시험을 시작한다.

해설
시멘트의 응결시간 시험방법(KS L ISO 9597)
- 적절한 크기의 실험실 또는 습기함을 사용한다. 실험실의 온도는 20±1℃로 유지해야 하며 상대습도는 50% 정도, 습기함의 상대습도는 90% 이상이어야 한다.
- 시멘트풀을 만들 때 시멘트 500g을 1g 단위까지 계량한다. 물(125g)은 혼합용기에 넣어 측정하거나 눈금이 있는 실린더나 뷰렛으로 측정하여 혼합용기에 넣는다.
- 시멘트의 첨가가 끝난 시간을 0시로 기록하고, 이 시간을 기점으로 시험을 시작한다.
- 습기함이나 습기실에 보관하면서 일정 시간 간격으로 응결시간을 측정한다.

02 콘크리트의 슬럼프 시험에 사용하는 다짐대의 지름은 몇 mm인가?

① 10±1mm
② 13±1mm
③ 16±1mm
④ 19±1mm

해설
다짐봉은 지름 16±1mm, 길이 600±5mm인 원형 단면을 갖는 강재로, 한쪽 끝은 반구 형태인 것으로 한다.

03 염화칼슘(CaCl$_2$)을 사용한 콘크리트의 성질로 옳지 않은 것은?

① 응결이 빠르며 다량 사용하면 급결한다.
② 응결이 촉진되므로 운반, 타설, 다지기 작업을 신속히 해야 한다.
③ 철근 콘크리트 구조물에서 철근의 부식을 촉진시킨다.
④ 콘크리트의 건조수축과 크리프가 작아지고, 내구성이 증가한다.

해설
염화칼슘(CaCl$_2$)을 사용하게 되면 콘크리트는 건조수축과 크리프가 커지며, 내구성이 감소하게 된다.

04 AE제(공기연행제)를 사용할 때의 특성을 설명한 것으로 옳지 않는 것은?

① 철근과의 부착강도가 커진다.
② 동결융해에 대한 저항이 커진다.
③ 워커빌리티가 좋아지고 단위 수량이 줄어든다.
④ 수밀성은 커지나 콘크리트의 강도는 작아진다.

해설
AE제 사용량이 많아지면 콘크리트의 강도 및 철근과의 부착강도가 작아진다.

정답 1 ③ 2 ③ 3 ④ 4 ①

05 풍화된 시멘트에 대한 설명으로 잘못된 것은?

① 입상·괴상으로 굳어지고 이상응결을 일으키는 원인이 된다.
② 시멘트의 비중이 떨어진다.
③ 시멘트의 응결이 지연된다.
④ 시멘트의 강열감량이 저하된다.

해설
풍화된 시멘트는 강열감량이 증가하고 비중이 감소하게 된다.

06 콘크리트의 휨강도 시험에 대한 설명으로 옳지 않은 것은?

① 공시체의 길이는 높이의 3배보다 8cm 이상 더 커야 한다.
② 공시체는 성형 후 16시간 이상 3일 이내에 몰드를 해체한다.
③ 공시체의 한 변의 길이는 굵은 골재 최대 치수의 3배 이상으로 한다.
④ 공시체가 지간 방향 중심선의 4점 바깥쪽에서 파괴 시 그 시험결과는 무효로 한다.

해설
휨강도 공시체의 치수
공시체는 단면이 정사각형인 각주로 하고, 그 한 변의 길이는 굵은 골재의 최대 치수의 4배 이상이며 100mm 이상으로 한다. 공시체의 길이는 단면의 한 변의 길이의 3배보다 80mm 이상 길어야 한다.

07 수중 콘크리트에 대한 설명 중 옳지 않은 것은?

① 콘크리트를 수중에 낙하시키지 말아야 한다.
② 수중에 물의 속도가 5cm/s 이상일 때에 한하여 시공한다.
③ 트레미나 포대를 사용한다.
④ 정수 중에 치면 더욱 좋다.

해설
수중 콘크리트는 정수 중에서 치면 가장 좋은데, 부득이한 경우 수중 물의 속도가 5cm/s 이내에 한하여 시공한다.

08 서중 콘크리트를 칠 때의 콘크리트 온도는 몇 ℃ 이하여야 하는가?

① 20℃   ② 25℃
③ 30℃   ④ 35℃

해설
서중 콘크리트
• 높은 외부 기온으로 콘크리트의 슬럼프 저하나 수분의 급격한 증발 등의 염려가 있을 경우에 시공하는 콘크리트이다.
• 일평균기온이 25℃를 초과하는 것이 예상되는 경우 서중 콘크리트로 시공해야 한다.
• 콘크리트를 타설할 때의 콘크리트 온도는 35℃ 이하이어야 한다.

09 응결 지연제를 혼입해서 사용해야 할 콘크리트는?

① 한중 콘크리트
② 서중 콘크리트
③ 수중 콘크리트
④ 진공 콘크리트

해설
지연제 : 서중 콘크리트나 레디믹스트 콘크리트에서 운반거리가 먼 경우 또는 연속적으로 콘크리트를 칠 때 콜드 조인트가 생기지 않도록 할 경우 등에 사용되는 혼화제이다.

10 잔골재와 굵은 골재를 구분하는 체는?

① 1mm 체　　② 2mm 체
③ 3mm 체　　④ 5mm 체

해설
골재의 종류
- 잔골재(모래) : 10mm 체를 전부 통과하고 5mm 체를 거의 다 통과하며 0.08mm 체에 거의 다 남는 골재
- 굵은 골재(자갈) : 5mm 체에 거의 다 남는 골재 또는 5mm 체에 다 남는 골재

11 시멘트의 비중 시험은 (㉠)회 이상 실시하여 그 평균값의 차가 (㉡) 이내일 때의 평균값으로 비중을 취한다. 이때 ㉠과 ㉡의 값은 각각 얼마인가?

① ㉠ 2, ㉡ 0.03
② ㉠ 2, ㉡ 0.02
③ ㉠ 3, ㉡ 0.01
④ ㉠ 3, ㉡ 0.02

해설
시멘트 비중 시험의 정밀도 및 편차 : 동일 시험자가 동일 재료에 대하여 2회 측정한 결과가 ±0.03mg/m³ 이내이어야 한다.

12 슬럼프(slump) 시험 설명 중 옳지 않은 것은?

① 반죽질기를 측정하는 방법으로서 오래전부터 여러 나라에서 많이 사용하여 왔다.
② 슬럼프 콘의 규격은 밑면 200±2mm, 윗면 100±2mm, 높이 300±2mm이다.
③ 슬럼프값을 측정할 때 콘을 벗기는 작업은 1분 30초 정도로 끝낸다.
④ 3층으로 나누어 넣고 각 층마다 지름 16mm의 다짐대로 25회 다진다.

해설
슬럼프 콘을 벗기는 작업은 2~5초 이내로 한다.

13 가루 석탄을 연소시킬 때 굴뚝에서 집진기로 모은 아주 작은 입자의 재료로 워커빌리티가 좋아지게 만드는 혼화재료는?

① 포졸란　　② 플라이애시
③ 공기연행제　　④ 분산제

해설
플라이애시 : 가루 석탄을 연소시킬 때 굴뚝에서 집진기로 모은 아주 작은 입자의 재이며 실리카질 혼화재이다. 입자가 둥글고 매끄럽기 때문에 콘크리트의 워커빌리티를 좋게 하고 수화열이 적으며, 장기강도를 크게 한다.

14 일반적으로 콘크리트를 구성하는 재료 중에서 부피가 가장 큰 것부터 작은 순으로 나열한 것은?

① 골재 > 공기 > 물 > 시멘트
② 골재 > 물 > 시멘트 > 공기
③ 물 > 시멘트 > 골재 > 공기
④ 물 > 골재 > 시멘트 > 공기

해설
재료의 부피 크기 : 굵은 골재 > 잔골재 > 물 > 시멘트 > 공기

정답　10 ④　11 ①　12 ③　13 ②　14 ②

15 모르타르 또는 콘크리트를 압축공기에 의해 뿜어 붙여서 만든 콘크리트로 비탈면의 보호, 교량의 보수 등에 쓰이는 콘크리트는?

① 진공 콘크리트
② 프리플레이스트 콘크리트
③ 숏크리트
④ 수밀 콘크리트

해설
① 진공 콘크리트 : 콘크리트를 친 후 콘크리트의 표면에 진공 덮개를 덮고, 진공 펌프로 표면의 물과 공기를 빼내어 콘크리트에 대기압을 주어 만든 콘크리트이다.
② 프리플레이스트 콘크리트 : 특정한 입도를 가진 굵은 골재를 거푸집에 채워 넣고, 그 공극 속에 특수한 모르타르를 적당한 압력으로 주입하여 제조한 콘크리트이다.
④ 수밀 콘크리트 : 물, 공기의 공극률을 최소로 하거나 방수성 물질을 사용하여 방수성을 높인 콘크리트이다.

16 1g의 시멘트가 가지고 있는 전체 입자의 총 겉넓이를 무엇이라 하는가?

① 비표면적
② 총 표면적
③ 단위 표면적
④ 유효 표면적

해설
비표면적 : 1g의 시멘트가 가지고 있는 전체 입자의 총 표면적을 말한다. 시멘트의 분말도를 나타내며, 단위는 cm^2/g이다.

17 잔골재의 실체적률이 75%이고, 밀도가 $2.65g/cm^3$일 때 빈틈률은?

① 28%
② 25%
③ 66%
④ 3%

해설
실적률 = 100 − 빈틈률(공극률)
∴ 빈틈률(%) = 100 − 실적률
= 100 − 75
= 25%

18 콘크리트 펌프에 대한 설명 중 옳지 않은 것은?

① 보통 콘크리트를 펌프로 압송할 경우, 굵은 골재의 최대 치수는 25mm 이하로 하여야 한다.
② 수송관의 배치는 될 수 있는 대로 굴곡을 적게 한다.
③ 수송관은 될 수 있는 대로 수평 또는 상향으로 하여 콘크리트를 압송한다.
④ 압송조건은 관 내에 콘크리트가 막히는 일이 없도록 정해야 한다.

해설
일반 콘크리트를 펌프로 압송할 경우 굵은 골재의 최대 치수는 40mm 이하를 표준으로 하고, 슬럼프의 범위는 100~180mm로 한다.

19 골재를 체가름 시험 후 조립률의 계산 시 필요하지 않는 체는?

① 40mm　② 25mm
③ 5mm　④ 1.2mm

해설
조립률 : 10개의 체(75mm, 40mm, 20mm, 10mm, 5mm, 2.5mm, 1.2mm, 0.6mm, 0.3mm, 0.15mm)를 1조로 하여 체가름 시험을 하였을 때, 각 체에 남은 누계량의 전체 시료에 대한 질량 백분율의 합을 100으로 나눈 값으로 나타낸다.

20 포졸란의 종류에 해당하지 않은 것은?

① 규조토
② 규산백토
③ 고로 슬래그
④ 포졸리스

해설
포졸란의 종류
- 천연산 : 화산회(화산재), 규조토, 규산백토 등
- 인공산 : 플라이애시, 고로 슬래그, 실리카 퓸, 실리카 겔, 소성점토, 혈암

21 콘크리트에 양생을 실시하는 이유로 옳지 않은 것은?

① 시멘트의 수화반응을 지연시키기 위해
② 양호한 강도의 발현을 위해
③ 초기균열의 발생을 억제하기 위해
④ 하중, 진동, 충격 등 외부 충격으로부터 보호하기 위해

해설
시멘트의 수화반응을 촉진시켜, 콘크리트의 응결과 경화를 통해 콘크리트가 충분한 강도를 발현하고, 균열이 생기지 않도록 하기 위해 양생을 실시한다.

22 공극률이 적은 골재를 사용한 콘크리트의 특징으로 잘못된 것은?

① 시멘트풀의 양이 적게 들어 경제적이다.
② 콘크리트의 수밀성이 증대된다.
③ 콘크리트의 건조수축이 적어진다.
④ 블리딩의 발생이 증대된다.

해설
공극률이 적은 골재는 흡수성이 작으므로 블리딩 발생이 감소한다.

23 150mm × 150mm × 530mm 크기의 콘크리트 시험체를 450mm 지간이 되도록 고정한 후 4점 재하 장치로 휨강도를 측정하였다. 35kN의 최대 하중에서 중앙부분이 파괴되었다면 휨강도는 얼마인가?

① 4.7MPa　② 5.3MPa
③ 5.6MPa　④ 5.9MPa

해설
$$f_b = \frac{Pl}{bh^2} = \frac{35,000 \times 450}{150 \times 150^2} = 4.66 \text{N/mm}^2 = 4.7\text{MPa}$$

정답　19 ②　20 ④　21 ①　22 ④　23 ①

24 한중 콘크리트에 있어서 양생 중 콘크리트의 온도는 최저 몇 ℃ 이상으로 유지하는 것을 표준으로 하는가?

① 5℃ ② 10℃
③ 15℃ ④ 20℃

해설
한중 콘크리트는 소요 압축강도가 얻어질 때까지 콘크리트의 온도를 5℃ 이상으로 유지하여야 하며, 또한 소요 압축강도에 도달한 후 2일간은 구조물의 어느 부분이라도 0℃ 이상이 되도록 유지하여야 한다.

25 프리플레이스트 콘크리트에서 굵은 골재의 최소 치수는 몇 mm 이상이어야 하는가?

① 15mm ② 25mm
③ 40mm ④ 60mm

해설
프리플레이스트 콘크리트에서 굵은 골재 치수
- 최소 치수: 15mm 이상으로 하여야 한다.
- 최대 치수: 최소 치수의 2~4배 정도로 한다.

26 콘크리트에서 부순 돌을 굵은 골재로 사용했을 때의 설명이다. 잘못된 것은?

① 단위 수량이 많아진다.
② 잔골재율이 작아진다.
③ 부착력이 좋아서 압축강도가 커진다.
④ 포장 콘크리트에 사용하면 좋다.

해설
부순 골재를 사용하면 워커빌리티가 나빠지므로 강자갈을 사용할 때보다 단위 수량 및 잔골재율이 증가한다.

27 콘크리트 비비기에 대한 설명으로 잘못된 것은?

① 비비기 시간에 대한 시험을 실시하지 않은 경우 가경식 믹서일 때에는 1분 30초 이상을 표준으로 한다.
② 비비기 시간에 대한 시험을 실시하지 않은 경우 강제식 믹서일 때에는 2분 이상을 표준으로 한다.
③ 비비기는 미리 정해둔 비비기 시간의 3배 이상 계속하지 않아야 한다.
④ 비비기를 시작하기 전에 미리 믹서 내부를 모르타르로 부착시켜야 한다.

해설
비비는 시간에 대한 시험을 실시하지 않은 경우 강제식 믹서일 때에는 1분 이상을 표준으로 한다.

28 굵은 골재의 유해물 함유량의 한도 중 연한 석편은 질량 백분율로 최대 몇 % 이하로 규정하고 있는가?

① 0.25% 이하 ② 1.0% 이하
③ 5.0% 이하 ④ 7.0% 이하

해설
굵은 골재의 유해물 함유량 한도

종류		천연 굵은 골재(%)
점토 덩어리		0.25*
연한 석편		5.0*
0.08mm 체 통과량		1.0
석탄, 갈탄 등으로 밀도 2.0g/cm³의 액체에 뜨는 것	콘크리트의 표면이 중요한 경우	0.5
	기타의 경우	1.0

(*) 점토 덩어리와 연한 석편의 합이 5%를 넘으면 안 된다.

정답: 24 ① 25 ① 26 ② 27 ② 28 ③

29 굳지 않은 콘크리트 또는 모르타르(mortar)에 있어서 골재 및 시멘트 입자의 침강으로 물이 분리하여 상승하는 현상으로 인하여 콘크리트나 모르타르의 표면에 떠올라서 가라앉은 물질을 무엇이라 하는가?

① 워커빌리티　　② 레이턴스
③ 피니셔빌리티　④ 블리딩

해설
① 워커빌리티 : 반죽질기에 따른 작업의 어렵고 쉬운 정도 및 재료의 분리에 저항하는 정도를 나타내는 굳지 않은 콘크리트의 성질
③ 피니셔빌리티 : 굵은 골재의 최대 치수, 잔골재율, 잔골재의 입도, 반죽질기 등에 따른 콘크리트 표면의 마무리하기 쉬운 정도를 나타내는 성질
④ 블리딩 : 콘크리트를 친 후 시멘트와 골재알이 침하하면서, 물이 올라와 콘크리트의 표면에 떠오르는 현상

30 블리딩(bleeding) 시험에서 물을 피펫으로 빨아낼 때 처음 60분 동안은 몇 분 간격으로 표면의 물을 빨아내는가?

① 10분　　② 20분
③ 30분　　④ 40분

해설
블리딩 시험 : 최초로 기록한 시각에서부터 60분 동안 10분마다 콘크리트 표면에서 스며 나온 물을 빨아낸다. 그 후는 블리딩이 정지할 때까지 30분마다 물을 빨아낸다.

31 잔골재의 밀도 및 흡수율 시험에 사용되는 시험기구가 아닌 것은?

① 플라스크　　② 원뿔형 몰드
③ 저울　　　　④ 원심분리기

해설
잔골재의 밀도 및 흡수율 시험에 사용되는 시험 기구 : 저울, 플라스크(500mL), 원뿔형 몰드, 다짐봉, 건조기, 항온수조, 피펫

32 레디믹스트 콘크리트를 제조와 운반방법에 따라 분류할 때 다음의 설명에 해당하는 것은?

> 콘크리트 플랜트에서 재료를 계량하여 트럭믹서에 싣고 운반 중에 물을 넣어 비비는 방법이다.

① 센트럴 믹스트 콘크리트
② 슈링크 믹스트 콘크리트
③ 가경식 믹스트 콘크리트
④ 트랜싯 믹스트 콘크리트

해설
레디믹스트 콘크리트의 운반방식에 따른 분류
- 센트럴 믹스트 콘크리트 : 공장에 있는 고정 믹서에서 완전히 비빈 콘크리트를 애지테이터 트럭 등으로 운반하는 방식으로 근거리 운반에 사용된다.
- 슈링크 믹스트 콘크리트 : 공장에 있는 고정 믹서에서 어느 정도 콘크리트를 비빈 다음, 현장으로 가면서 완전히 비비는 방식으로 중거리 운반에 사용된다.
- 트랜싯 믹스트 콘크리트 : 플랜트에 고정 믹서가 없고 각 재료의 계량장치만 설치하여 계량된 각 재료를 트럭믹서 속에 투입하여 운반 중에 소요 수량을 가해 완전히 비벼진 콘크리트를 만들어 공급하는 방식으로 장거리 수송에 사용된다.

33 콘크리트의 양생에 대한 설명으로 틀린 것은?

① 기온이 상당히 낮은 경우에는 일정한 기간 동안 열을 주거나 보온에 의해 온도제어를 한다.
② 콘크리트 양생기간 중에는 진동, 충격의 작용을 무시해도 된다.
③ 촉진 양생을 할 때는 콘크리트에 나쁜 영향이 없도록 해야 한다.
④ 콘크리트의 수분 증발을 막기 위해서는 콘크리트의 표면에 매트, 가마니 등을 물에 적셔서 덮는 등의 습윤 상태로 보호해야 한다.

해설
콘크리트는 양생 기간 중에 예상되는 진동, 충격, 하중 등의 유해한 작용으로부터 보호하여야 한다.

정답　29 ②　30 ①　31 ④　32 ④　33 ②

34 거푸집의 외부에 진동을 주어 내부 콘크리트를 다지는 기계로서 터널의 둘레 콘크리트나 높은 벽 등에 사용되는 것은?

① 거푸집 진동기 ② 내부 진동기
③ 콘크리트 피니셔 ④ 표면 진동기

해설
진동기의 종류
- 내부 진동기 : 일반적으로 된 반죽의 콘크리트를 다질 때 가장 많이 사용된다.
- 거푸집 진동기 : 거푸집의 외부에 진동을 주어 내부 콘크리트를 다지는 기계로서, 터널의 둘레 콘크리트나 높은 벽 등에 사용된다.
- 표면 진동기 : 비교적 두께가 얇고, 넓은 콘크리트의 표면에 진동을 주어 고르게 다지는 기계로서, 주로 도로 포장, 활주로 포장 등의 표면 다지기에 사용된다.

35 일명 고온고압 양생이라고 하며, 중기압 7~15기압, 온도 180℃ 정도의 고온·고압으로 양생하는 방법은?

① 오토클레이브 양생
② 상압증기 양생
③ 전기 양생
④ 가압 양생

해설
오토클레이브 양생
고온·고압의 가마 속에 콘크리트를 넣어 콘크리트 치기가 끝난 다음 온도, 하중, 충격, 오손, 파손 따위의 유해한 영향을 받지 않도록 하는 촉진 양생방법이다.

36 콘크리트 배합설계에서 물-시멘트비가 48%, 잔골재율이 35%, 단위 수량이 170kg/m³을 얻었다면 단위 시멘트양은 약 얼마인가?

① 485kg/m³ ② 413kg/m³
③ 354kg/m³ ④ 327kg/m³

해설
$\dfrac{W}{C} = 48\%$

$\therefore C = \dfrac{W}{0.48} = \dfrac{170}{0.48} \fallingdotseq 354\text{kg/m}^3$

37 콘크리트 타설 시 버킷, 호퍼 등의 배출구로부터 콘크리트의 타설면까지의 높이는 얼마 이내를 원칙으로 하는가?

① 1.0m 이내 ② 1.5m 이내
③ 2.0m 이내 ④ 2.5m 이내

해설
슈트, 펌프배관, 버킷, 호퍼 등의 배출구와 타설면까지의 높이는 1.5m 이하를 원칙으로 한다.

38 콘크리트의 건조를 방지하기 위하여 방수제를 표면에 바르든지 또는 이것을 뿜어붙이기를 하여 습윤 양생을 하는 것은?

① 전기 양생 ② 방수 양생
③ 증기 양생 ④ 피막 양생

해설
① 전기 양생 : 전기를 이용하여 충분한 습기와 적당한 온도를 유지하면서 콘크리트를 양생하는 방법이다.
② 습포 양생 : 콘크리트 표면을 물에 적신 가마니, 마포 등으로 덮는 양생방법이다.
③ 증기 양생 : 고온의 증기로 시멘트의 수화반응을 촉진시켜 조기강도를 얻기 위한 양생방법이다.

39 일반적인 수중 콘크리트의 단위 시멘트양 표준은 얼마 이상인가?

① 370kg/m³ ② 300kg/m³
③ 250kg/m³ ④ 200kg/m³

해설
일반 수중 콘크리트를 시공할 때 물-시멘트비 50% 이하, 단위 시멘트양 370kg/m³ 이상을 표준으로 한다.

40 타설한 콘크리트의 수분 증발을 막기 위해서 콘크리트의 표면에 양생용 매트, 가마니 등을 물에 적셔서 덮거나 살수하는 등의 조치를 하는 양생방법은?

① 습윤 양생
② 온도제어 양생
③ 촉진 양생
④ 증기 양생

해설
② 온도제어 양생 : 필요한 온도 조건을 유지하고 부재 내부와 표면의 온도 차이를 저감하기 위하여 일정한 기간 동안 보온하는 양생방법이다.
③ 촉진 양생 : 보다 빠른 콘크리트의 경화 또는 강도 발현을 촉진하기 위해 실시하는 양생방법이다.
④ 증기 양생 : 고온의 증기로 시멘트의 수화반응을 촉진시키는 양생방법이다.

41 콘크리트의 압축강도 시험 시 공시체의 함수 상태는 어떤 상태로 해야 하는가?

① 노건조 상태
② 공기 중 건조 상태
③ 표면건조 포화 상태
④ 습윤 상태

해설
공시체는 몰드 제거 후 강도 시험을 할 때까지 습윤 상태에서 양생을 실시한다.

42 잔골재의 밀도 및 흡수율 시험에서 원뿔형 몰드에 시료를 넣고 다짐대로 몇 회 다져 잔골재의 흘러내리는 상태를 관찰하는가?

① 15회 ② 20회
③ 25회 ④ 50회

해설
시료를 평평한 용기에 펴서 물기가 없어질 때까지 따뜻한 공기로 서서히 건조시킨 뒤 원뿔형 몰드에 느슨하게 채우고 다짐봉으로 25회 가볍게 다진 후 몰드를 가만히 연직으로 들어올려야 한다.

정답 39 ① 40 ① 41 ④ 42 ③

43 콘크리트 양생 시 유해한 영향을 주는 요인이 아닌 것은?

① 습도
② 직사광선
③ 바람
④ 진동

해설
콘크리트 양생 시 유해한 영향을 주는 요인 : 직사광선, 바람, 진동, 하중, 충격 등

44 굵은 골재의 최대 치수에 대한 설명 중 틀린 것은?

① 무근 콘크리트의 굵은 골재 최대 치수는 40mm이고, 이때 부재 최소 치수의 1/4을 초과해서는 안 된다.
② 철근 콘크리트의 굵은 골재 최대 치수는 거푸집 양 측면 사이의 최소 거리의 1/5을 초과하지 않아야 한다.
③ 일반적인 철근 콘크리트 구조물인 경우 굵은 골재 최대 치수는 15mm를 표준으로 한다.
④ 단면이 큰 철근 콘크리트 구조물인 경우 굵은 골재 최대 치수는 40mm를 표준으로 한다.

해설
굵은 골재의 최대 치수

콘크리트의 종류		굵은 골재의 최대 치수(mm)	
무근 콘크리트		40 (부재 최소 치수의 1/4 이하)	
철근 콘크리트	일반적인 경우	20 또는 25	부재 최소 치수의 1/5 이하, 철근 순간격의 3/4 이하
	단면이 큰 경우	40	
포장 콘크리트		40 이하	
댐콘크리트		150 이하	

45 콘크리트용 모래에 포함되어 있는 유기불순물 시험에 사용하는 식별용 표준색 용액의 제조방법으로 옳은 것은?

① 10%의 수산화나트륨 용액으로 2% 탄닌산 용액을 만들고, 그 2.5mL를 3%의 알코올 용액 97.5mL에 가하여 유리병에 넣어 마개를 닫고 잘 흔든다.
② 10%의 알코올 용액으로 2% 탄닌산 용액을 만들고, 그 2.5mL를 3%의 수산화나트륨 용액 97.5mL에 가하여 유리병에 넣어 마개를 닫고 잘 흔든다.
③ 3%의 알코올 용액으로 10% 탄닌산 용액을 만들고, 그 2.5mL를 2%의 황산나트륨 용액 97.5mL에 가하여 유리병에 넣어 마개를 닫고 잘 흔든다.
④ 4%의 황산나트륨 용액으로 10% 탄닌산 용액을 만들고, 그 2.5mL를 2%의 알코올 용액 97.5mL에 가하여 유리병에 넣어 마개를 닫고 잘 흔든다.

해설
시약과 식별용 표준색 용액
- 수산화나트륨 용액(3%) : 물 97에 수산화나트륨 3의 질량비로 용해시킨 것이다.
- 탄닌산 용액(2%) : 10%의 알코올 용액으로 2% 탄닌산 용액을 제조한다.
- 식별용 표준색 용액 : 탄닌산 용액 2.5mL를 3%의 수산화나트륨 용액 97.5mL에 가하여 유리병에 넣어 혼합한 것을 표준색 용액으로 한다.

46 콘크리트 재료의 계량에 대한 설명으로 틀린 것은?

① 골재의 계량오차는 ±3%이다.
② 혼화제를 묽게 하는 데 사용하는 물은 단위 수량으로 포함하여서는 안 된다.
③ 혼화재의 계량오차는 ±2%이다.
④ 각 재료는 1배치씩 질량으로 계량하여야 하며, 물과 혼화제 용액은 용적으로 계량해도 좋다.

해설
혼화제를 묽게 하는 데 사용하는 물은 단위 수량의 일부로 보아야 한다.

47 콘크리트 재료 중 혼화재의 1회 계량분에 대한 계량오차(허용오차)로 옳은 것은?

① ±1% ② ±2%
③ ±3% ④ ±4%

해설
표준시방서상 계량오차

재료의 종류	측정 단위	허용오차
시멘트	질량	±1%
골재	질량 또는 부피	±3%
물	질량	±1%
혼화재	질량	±2%
혼화제	질량 또는 부피	±3%

48 1.18mm 체를 95%(질량비) 이상 통과하는 잔골재 시료로 골재의 체가름 시험을 하고자 할 때 준비하여야 할 시료의 최소 건조 질량은?

① 100g ② 500g
③ 1,000g ④ 2,000g

해설
체가름 시험 시 시료의 질량
잔골재는 1.18mm 체를 95%(질량비) 이상 통과하는 것에 대한 최소 건조 질량을 100g으로 하고, 1.18mm 체에 5%(질량비) 이상 남는 것에 대한 최소 건조질량을 500g으로 한다. 다만, 구조용 경량 골재에서는 최소 건조질량의 1/2로 한다.

49 아래의 그림은 잔골재의 밀도 및 흡수율 시험에서 잔골재를 원뿔형 몰드에 넣어 다지고 난 후 빼 올렸을 때의 형태를 나타낸 것이다. 함수량이 많은 순서로 나열하면?

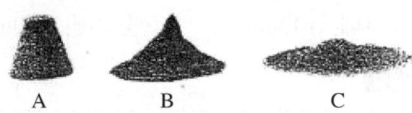

① A > C > B ② C > A > B
③ B > A > C ④ A > B > C

해설
- A(습윤 상태) : 골재알 속이 물로 차 있고, 표면에도 물기가 있는 상태이다.
- B(표면건조 포화 상태(표건 상태)) : 골재알의 표면에는 물기가 없고, 골재알 속의 빈틈만 물로 차 있는 상태이다.
- C(절대건조 상태(절건 상태)) : 105±5℃의 온도에서 일정한 질량이 될 때까지 건조시킨 것으로서, 물기가 전혀 없는 상태이다.

50 콘크리트 압축강도 시험용 공시체 파괴 시험에서 공시체에 하중을 가하는 속도는 매초 얼마를 표준으로 하는가?

① 0.6±0.2MPa ② 0.8±0.2MPa
③ 0.05±0.01MPa ④ 1±0.5MPa

해설
하중을 가하는 속도는 압축응력도의 증가율이 매초 0.6±0.2MPa이 되도록 한다.

51 공기연행(AE) 콘크리트의 알맞은 공기량은 보통 콘크리트 부피의 몇 %를 표준으로 하는가?

① 1~3% ② 4~7%
③ 7~12% ④ 12~17%

해설
공기연행 콘크리트의 알맞은 공기량은 콘크리트 부피의 4~7%를 표준으로 한다.

52 콘크리트 휨강도 시험용 공시체의 한 변의 길이는 콘크리트에 사용될 굵은 골재 최대 치수의 몇 배 이상이며 또한 몇 mm 이상이어야 하는가?

① 2배, 50mm
② 3배, 80mm
③ 4배, 100mm
④ 5배, 150mm

해설
휨강도 공시체의 치수 : 공시체는 단면이 정사각형인 각주로 하고, 그 한 변의 길이는 굵은 골재의 최대 치수의 4배 이상이며 100mm 이상으로 한다.

53 다음 중 콘크리트 압축강도 시험과 관련이 없는 것은?

① 캘리퍼스
② 다짐대
③ 공시체 몰드
④ 플라스크

해설
플라스크는 잔골재의 밀도 및 흡수율 시험에 사용된다.
콘크리트 압축강도 시험에 사용되는 시험 기구 : 압축시험기, 상하 가압판, 구면시트, 공시체 몰드, 다짐대, 진동기, 혼합기, 저울, 양생장치, 캘리퍼스, 흙손, 비빔용기 등

54 골재의 체가름 시험과정에서 골재가 체 눈에 끼인 경우 올바른 조치는?

① 체 눈에 끼인 골재는 손으로 밀어 체를 통과시킨다.
② 체 눈에 끼인 골재알은 부서지지 않도록 빼내고 체에 남는 시료로 간주한다.
③ 체 눈에 끼인 골재는 통과된 시료로 간주한다.
④ 체 눈에 끼인 골재는 부서지지 않도록 빼내고 전체 시료량에서 제외한다.

해설
체 눈에 막힌 알갱이는 파쇄되지 않도록 주의하면서 되밀어내어 체에 남은 시료로 간주한다. 이때 골재를 손으로 눌러 무리하게 체를 통과시키면 안 된다.

55 콘크리트의 혼화제에 대한 설명으로 가장 적합한 것은?

① 사용량이 시멘트 질량의 5% 정도 이상이 되어 그 자체의 부피가 콘크리트의 배합계산에 관계된다.
② 사용량이 콘크리트 질량의 1% 정도 이상이 되어 그 자체의 부피가 콘크리트의 배합계산에 관계된다.
③ 사용량이 콘크리트 질량의 5% 정도 이하의 것으로서 그 자체의 부피는 콘크리트의 배합계산에서 무시된다.
④ 사용량이 콘크리트 질량의 1% 정도 이하의 것으로서 그 자체의 부피는 콘크리트의 배합계산에서 무시된다.

해설
①은 혼화재를 ④는 혼화제에 대한 설명이다.

56 콘크리트의 인장강도에 대한 설명으로 옳지 않은 것은?

① 인장강도는 도로포장이나 수로 등에 중요시된다.
② 압축강도와 달리 인장강도는 물-결합재비에 비례한다.
③ 인장강도는 압축강도의 1/13~1/10배 정도로 작다.
④ 인장강도는 철근 콘크리트 휨부재 설계 시 무시한다.

해설
압축강도, 인장강도, 휨강도는 물-결합재비에 반비례한다.

52 ③ 53 ④ 54 ② 55 ④ 56 ②

57 콘크리트 압축강도 시험에 사용되는 시험체 지름의 표준이 아닌 것은?

① 100mm
② 125mm
③ 150mm
④ 200mm

해설
압축강도 시험용 공시체 지름의 표준은 100mm, 125mm, 150mm 이다.

58 지름 151mm, 길이 300mm인 원주형 콘크리트 공시체를 쪼갬 인장강도 시험을 한 결과 최대 하중이 200kN이었다. 이 콘크리트의 인장강도는?

① 2.54MPa
② 2.81MPa
③ 25.4MPa
④ 28.1MPa

해설
쪼갬 인장강도 $= \dfrac{2P}{\pi dl}$
$= \dfrac{2 \times 200,000}{\pi \times 151 \times 300}$
$\fallingdotseq 2.81\text{MPa}$

여기서, P : 최대 하중(N)
d : 공시체의 지름(mm)
l : 공시체의 길이(mm)

59 수화열이 적어 댐과 같은 단면이 큰 콘크리트 공사에 적합한 시멘트는?

① 보통 포틀랜드 시멘트
② 중용열 포틀랜드 시멘트
③ 조강 포틀랜드 시멘트
④ 알루미나 시멘트

해설
① 보통 포틀랜드 시멘트 : 건축·토목공사, 일반 콘크리트 제품
③ 조강 포틀랜드 시멘트 : 긴급공사, 한중공사
④ 알루미나 시멘트 : 한중공사, 긴급공사, 해수공사

중용열 포틀랜드 시멘트
- 수화열이 적다.
- 조기강도는 작으나 장기강도가 크다.
- 포틀랜드 시멘트 중에서 건조수축이 가장 작다.
- 댐, 매스 콘크리트, 방사선 차폐용 등에 적합하다.

60 굳지 않는 콘크리트의 슬럼프 시험에 대한 설명 중 틀린 것은?

① 콘크리트가 슬럼프 콘의 중심축에 대하여 치우친 경우라도 재시험은 하지 않는다.
② 굵은 골재 최대 치수가 40mm를 넘는 콘크리트의 경우에는 40mm를 넘는 굵은 골재를 제거한다.
③ 슬럼프 콘에 시료를 3층으로 채운 후 각 층을 25회 다짐봉으로 다지고 위로 가만히 빼어 올린다.
④ 시험은 3분 이내로 한다.

해설
콘크리트가 슬럼프 콘의 중심축에 대하여 치우치거나 무너지거나 해서 모양이 불균형이 된 경우는 다른 시료에 의해 재시험을 한다.

정답 57 ④ 58 ② 59 ② 60 ①

2025년 제2회 최근 기출복원문제

01 시멘트의 비중에 영향을 끼치는 요인으로 옳지 않은 것은?

① 석고의 함유량이 적으면 비중이 작아진다.
② 시멘트의 저장기간이 길거나 풍화된 경우 비중이 작아진다.
③ 클링커(clinker)의 소성이 불충분할 경우 비중이 작아진다.
④ 혼합 시멘트의 경우 혼합재료의 양이 많아지면 비중이 작아진다.

해설
석고의 함유량이 많으면 비중이 작아진다.

02 내부 진동기를 사용하여 콘크리트를 다지기할 때 주의해야 할 사항으로 잘못된 것은?

① 진동 다지기를 할 때에는 내부 진동기를 하층의 콘크리트 속으로 0.1m 정도 찔러 넣는다.
② 내부 진동기는 콘크리트로부터 천천히 빼내어 구멍이 남지 않도록 한다.
③ 내부 진동기의 삽입 간격은 1.5m 이하로 하여야 한다.
④ 내부 진동기는 연직으로 찔러 넣어야 한다.

해설
내부 진동기는 연직으로 0.1m 정도 찔러 넣으며, 삽입 간격은 일반적으로 0.5m 이하로 한다.

03 골재의 함수 상태 네 가지 중 습기가 없는 실내에서 자연건조시킨 것으로서 골재알 속의 빈틈 일부가 물로 차 있는 상태는?

① 습윤 상태
② 절대건조 상태
③ 표면건조 포화 상태
④ 공기 중 건조 상태

해설
골재의 함수 상태
- 절대건조 상태(절건 상태) : 105±5℃의 온도에서 일정한 질량이 될 때까지 건조시킨 것으로서, 물기가 전혀 없는 상태이다.
- 공기 중 건조 상태(기건 상태) : 습기가 없는 실내에서 건조시킨 것으로서, 골재알 속의 일부에만 물기가 있는 상태이다.
- 표면건조 포화 상태(표건 상태) : 골재알의 표면에는 물기가 없고, 골재알 속의 빈틈만 물로 차 있는 상태이다.
- 습윤 상태 : 골재알 속이 물로 차 있고, 표면에도 물기가 있는 상태이다.

04 수밀 콘크리트에 대한 설명 중 옳지 않은 것은?

① 일반적인 경우보다 잔골재율을 적게 하는 것이 좋다.
② 물-결합재비의 50% 이하가 표준이다.
③ 경화 후의 콘크리트는 될 수 있는 대로 장기간 습윤 상태로 유지한다.
④ 혼화재료는 공기연행 감수제, 고성능 감수제 또는 포졸란을 사용한다.

해설
잔골재율을 적게 하면 공극률이 증가하여 수밀성이 저하될 수 있으므로, 수밀 콘크리트의 잔골재율은 일반적인 경우와 동일하거나 약간 높게 하는 것이 좋다.

정답 1① 2③ 3④ 4①

05 슬럼프 콘의 규격으로 옳은 것은?

① 윗면의 안지름이 150±2mm, 밑면의 안지름이 300±2mm, 높이 300±2mm
② 윗면의 안지름이 150±2mm, 밑면의 안지름이 200±2mm, 높이 300±2mm
③ 윗면의 안지름이 100±2mm, 밑면의 안지름이 300±2mm, 높이 300±2mm
④ 윗면의 안지름이 100±2mm, 밑면의 안지름이 200±2mm, 높이 300±2mm

해설
슬럼프 콘은 윗면의 안지름이 100±2mm, 밑면의 안지름이 200±2mm, 높이 300±2mm 및 두께 1.5mm 이상인 금속제로 하고, 적절한 위치에 발판과 손잡이를 붙인다.

06 시멘트의 응결시간에 대한 설명으로 옳은 것은?

① 일반적으로 물-시멘트비가 클수록 응결시간이 빨라진다.
② 풍화되었을 때에는 응결시간이 늦어진다.
③ 온도가 높으면 응결시간이 늦어진다.
④ 분말도가 크면 응결시간이 늦어진다.

해설
② 풍화된 시멘트는 응결 및 경화가 늦어진다.
① 일반적으로 물-시멘트비가 클수록 응결시간이 늦어진다.
③ 온도가 높으면 응결시간이 빨라진다.
④ 분말도가 크면 응결시간이 빨라진다.

07 정비된 콘크리트 제조설비를 가진 공장에서 필요한 조건의 굳지 않은 콘크리트를 수시로 공급할 수 있는 것을 무엇이라 하는가?

① 프리플레이스트 콘크리트
② 프리캐스트 콘크리트
③ 프리스트레스트 콘크리트
④ 레디믹스트 콘크리트

해설
① 프리플레이스트 콘크리트 : 특정한 입도를 가진 굵은 골재를 거푸집에 채워 넣고, 그 공극 속에 특수한 모르타르를 적당한 압력으로 주입하여 제조한 콘크리트이다.
② 프리캐스트 콘크리트 : 공장에서 미리 제작한 콘크리트 부재를 현장에서 조립하여 완성하는 건축 및 토목 구조물의 자재이다.
③ 프리스트레스트 콘크리트 : 외력에 의하여 일어나는 응력을 소정의 한도까지 상쇄할 수 있도록 미리 인위적으로 그 응력의 분포와 크기를 정하여 내력을 준 콘크리트이다.

08 시멘트 분말도에 관한 설명 중 옳은 것은?

① 분말도가 높을수록 물에 접촉하는 면적이 작다.
② 분말도가 높을수록 수화작용이 느리다.
③ 분말도가 높을수록 콘크리트에 내구성이 좋다.
④ 분말도가 높을수록 콘크리트에 균열이 발생하기 쉽다.

해설
분말도가 높을수록 수화열이 높아 콘크리트에 균열이 발생하기 쉽다.

09 시멘트가 매우 빨리 응결하도록 하기 위해 사용하는 혼화제로서, 콘크리트 뿜어붙이기 공법, 그라우트에 의한 지수 공법 등에 사용하는 혼화재료는?

① 경화촉진제
② 급결제
③ 지연제
④ 발포제

해설
① 경화촉진제 : 시멘트의 경화를 촉진시키는 혼화제이다.
③ 지연제 : 시멘트의 응결시간을 늦추기 위하여 사용하는 혼화제이다.
④ 발포제 : 알루미늄 또는 아연 가루를 넣어, 시멘트가 응결할 때 수소가스를 발생시켜 모르타르 또는 콘크리트 속에 아주 작은 기포를 생기게 하는 혼화제이다.

10 시멘트를 분류할 때 혼합 시멘트에 해당하지 않는 것은?

① 고로 슬래그 시멘트
② 플라이 애시 시멘트
③ 포졸란 시멘트
④ 내화물용 알루미나 시멘트

해설
시멘트의 종류
• 포틀랜드 시멘트 : 보통 포틀랜드 시멘트, 중용열 포틀랜드 시멘트, 조강 포틀랜드 시멘트, 저열 포틀랜드 시멘트, 내황산염 포틀랜드 시멘트, 백색 포틀랜드 시멘트
• 혼합 시멘트 : 고로 슬래그 시멘트, 플라이애시 시멘트, 실리카(포졸란) 시멘트
• 특수 시멘트 : 알루미나 시멘트, 초속경 시멘트, 팽창 시멘트

11 기상작용에 대한 골재의 내구성을 알기 위한 시험은 다음 중 어느 것인가?

① 골재의 밀도 시험
② 골재의 빈틈률 시험
③ 골재의 안정성 시험
④ 골재에 포함된 유기불순물 시험

해설
골재의 안정성 시험(KS F 2507)
• 안정성이란 시멘트가 굳는 도중에 체적팽창을 일으켜 균열이 생기거나 뒤틀림 등의 변형을 일으키는 성질을 말한다.
• 골재의 안정성 시험을 실시하는 목적은 기상작용에 대한 내구성을 판단하기 위한 자료를 얻기 위함이다.

12 콘크리트의 블리딩에 관한 설명 중 틀린 것은?

① 블리딩이 심하면 투수성과 투기성이 커져서 콘크리트의 중성화(탄산화)가 촉진된다.
② 블리딩이 심하면 철근과 부착력 감소로 강도 및 내구성의 감소가 현저해진다.
③ 시멘트의 분말도가 작을수록, 잔골재 중의 미립분이 작을수록 블리딩 현상이 적어진다.
④ 블리딩은 보통 2~4시간에 끝나며 그 연속시간은 콘크리트 높이가 낮고 온도가 높으면 빨리 끝난다.

해설
시멘트의 분말도가 높을수록 블리딩양은 적어진다.

13 시멘트의 분말도가 높을 때 나타나는 현상이 아닌 것은?

① 풍화하기 쉽다.
② 건조수축이 커진다.
③ 수화작용이 늦어 강도가 늦게 나타난다.
④ 수화열이 많아 콘크리트에 균열이 생긴다.

해설
분말도가 높으면 시멘트의 표면적이 커서 수화작용이 빨라지고, 조기강도가 커진다.

14 고로 슬래그 시멘트에 관한 설명으로 옳은 것은?

① 보통 포틀랜드 시멘트에 비해 응결이 빠르다.
② 보통 포틀랜드 시멘트에 비해 발열량이 많아 균열발생이 크다.
③ 보통 포틀랜드 시멘트에 비해 해수 및 화학작용에 대한 저항성이 크다.
④ 보통 포틀랜드 시멘트에 비해 조기강도가 크다.

해설
① 보통 포틀랜드 시멘트에 비해 응결시간이 느리다.
② 보통 포틀랜드 시멘트에 비해 발열량이 적어 균열의 발생이 적다.
④ 조기강도는 낮으나 장기강도가 크다.

15 콘크리트에 AE제를 혼합하는 주된 목적으로 옳은 것은?

① 콘크리트의 강도를 높인다.
② 콘크리트의 단위 중량을 높인다.
③ 철근과의 부착강도를 증가시킨다.
④ 동결융해에 대한 저항성을 높인다.

해설
① AE제의 사용량이 많을수록 콘크리트의 강도는 감소한다.
② 사용수량을 6~8% 정도 감소시킬 수 있다.
③ 철근과의 부착강도를 감소시킨다.
AE제 : 워커빌리티를 좋게 하고, 동결융해에 대한 저항성과 수밀성을 크게 하는 혼화재료이다.

16 포장용 콘크리트의 배합기준 중 굵은 골재의 최대 치수는 몇 mm 이하이어야 하는가?

① 25mm
② 40mm
③ 100mm
④ 150mm

해설
굵은 골재의 최대 치수

콘크리트의 종류		굵은 골재의 최대 치수(mm)
무근 콘크리트		40 (부재 최소 치수의 1/4 이하)
철근 콘크리트	일반적인 경우	20 또는 25
	단면이 큰 경우	40
포장 콘크리트		40 이하
댐콘크리트		150 이하

철근 콘크리트: 부재 최소 치수의 1/5 이하, 철근 순간격의 3/4 이하

정답 13 ③ 14 ③ 15 ④ 16 ②

17 레디믹스트 콘크리트를 사용했을 때의 특징 중 옳지 않은 것은?

① 균등질의 좋은 콘크리트를 얻을 수 있다.
② 대량 콘크리트의 연속치기가 가능하다.
③ 경비가 많이 든다.
④ 공사기간이 단축된다.

해설
레디믹스트 콘크리트를 사용하면 콘크리트 치기와 양생에만 전념할 수 있으며, 콘크리트 반죽을 위한 현장설비가 필요 없기 때문에 공사 비용이 절감되며 공기를 단축할 수 있다.

18 굳지 않은 콘크리트의 공기 함유량 시험방법 중에서 보일(Boyle)의 법칙을 이용하여 공기량을 구하는 것은?

① 주수압력법
② 공기실 압력법
③ 무게법
④ 체적법

해설
공기실 압력법 : 워싱턴형 공기량 측정기를 사용하며, 굳지 않은 콘크리트의 공기 함유량을 압력의 감소를 이용해 측정하는 방법으로 보일(Boyle)의 법칙을 적용한 것이다.

19 다음은 아래 조건 시의 굵은 골재의 마모 시험결과 값이다. 마모율로 옳은 것은?

- 시험 전 시료질량 : 10,000g
- 시험 후 1.7mm 체에 남은 질량 : 6,700g

① 마모율 : 33%   ② 마모율 : 49%
③ 마모율 : 25%   ④ 마모율 : 32%

해설
마모율 = $\dfrac{m_1 - m_2}{m_1}$

= $\dfrac{10,000 - 6,700}{10,000} \times 100$

= 33%

여기서, m_1 : 시험 전 시료의 질량(g)
m_2 : 시험 후 1.7mm의 망체에 남은 시료의 질량(g)

20 특정한 입도를 가진 굵은 골재를 거푸집에 채워 넣고, 그 공극 속에 특수한 모르타르를 적당한 압력으로 주입하여 제조한 콘크리트를 무엇이라 하는가?

① 프리스트레스트 콘크리트
② 숏크리트
③ 트레미 콘크리트
④ 프리플레이스트 콘크리트

해설
① 프리스트레스트 콘크리트 : 외력에 의하여 일어나는 응력을 소정의 한도까지 상쇄할 수 있도록 미리 인위적으로 그 응력의 분포와 크기를 정하여 내력을 준 콘크리트이다.
② 숏크리트 : 모르타르 또는 콘크리트를 압축공기를 이용해 고압으로 분사하여 만드는 콘크리트이며 비탈면의 보호, 교량의 보수, 터널공사 등에 쓰인다.
③ 트레미 콘크리트 : 윗부분에 깔때기 모양의 수구가 있고 물이 새지 않도록 밀봉된 관으로 타설하는 콘크리트이며 물속에서 작업을 할 때 쓰인다.

21 습윤 양생의 종류에서 콘크리트 표면에 젖은 모래를 뿌려 수분을 공급하는 방법은 무엇이라 하는가?

① 수중 양생 ② 습포 양생
③ 습사 양생 ④ 피복 양생

해설
① 수중 양생 : 콘크리트나 모르타르 따위를 물속에 잠기게 한 다음 굳을 때까지 온도 변화나 충격에 영향을 받지 않게 하는 양생방법이다.
② 습포 양생 : 콘크리트 표면을 물에 적신 가마니, 마포 등으로 덮는 양생방법이다.
④ 피복 양생 : 콘크리트의 표면에 아스팔트유제나 비닐유제 등으로 불투수층을 만들어 수분의 증발을 막는 양생방법이다.

22 콘크리트용 모래에 포함되어 있는 유기불순물 시험에 사용하는 식별용 표준색 용액의 제조방법으로 옳은 것은?

① 10%의 수산화나트륨 용액으로 2% 탄닌산 용액을 만들고, 그 2.5mL를 3%의 알코올 용액 97.mL에 가하여 유리병에 넣어 마개를 닫고 잘 흔든다.
② 10%의 알코올 용액으로 2% 탄닌산 용액을 만들고, 그 2.5mL를 3%의 수산화나트륨 용액 97.5mL에 가하여 유리병에 넣어 마개를 닫고 잘 흔든다.
③ 3%의 알코올 용액으로 10% 탄닌산 용액을 만들고, 그 2.5mL를 2%의 황산나트륨 용액 97.5mL에 가하여 유리병에 넣어 마개를 닫고 잘 흔든다.
④ 3%의 황산나트륨 용액으로 10% 탄닌산 용액을 만들고, 그 2.5mL를 2%의 알코올 용액 97.5mL에 가하여 유리병에 넣어 마개를 닫고 잘 흔든다.

해설
유기불순물 시험에 사용되는 시약과 식별용 표준색 용액
• 수산화나트륨 용액(3%) : 물 97에 수산화나트륨 3의 질량비로 용해시킨 것이다.
• 식별용 표준색 용액 : 10%의 알코올 용액으로 2% 탄닌산 용액을 만들고, 그 2.5mL를 3%의 수산화나트륨 용액 97.5mL에 가하여 유리병에 넣어 혼합한 것을 표준색 용액으로 한다.

23 수송관을 통하여 압력으로 비빈 콘크리트를 치기할 장소까지 연속적으로 보내는 기계는?

① 롤러 ② 덤프트럭
③ 콘크리트 펌프 ④ 트럭믹서

해설
① 콘크리트 펌프 : 콘크리트의 운반기구 중 재료분리가 적고, 연속적으로 칠 수 있어 터널, 댐, 항만 등의 공사에 널리 쓰이는 운반기계이다.
② 덤프트럭 : 슬럼프값이 50mm 이하의 콘크리트를 10km 이하 거리 또는 1시간 이내 운반 가능한 경우에 사용한다.
④ 트럭믹서 : 운반거리가 먼 경우나 슬럼프가 큰 콘크리트의 경우에 사용하는 애지테이터를 붙인 운반기계이다.

24 보통 포틀랜드 시멘트를 사용한 콘크리트의 습윤 양생기간의 표준은?(단, 일평균기온이 15°C 이상인 경우)

① 1일 ② 3일
③ 5일 ④ 7일

해설
습윤 양생기간의 표준

일평균 기온	보통 포틀랜드 시멘트	고로 슬래그, 플라이애시 시멘트	조강 포틀랜드 시멘트
15°C 이상	5일	7일	3일
10°C 이상	7일	9일	4일
5°C 이상	9일	12일	5일

25 외기온도가 25°C 미만일 때 콘크리트는 비비기로부터 타설이 끝날 때까지의 시간은 원칙적으로 몇 시간 이내로 하는가?

① 1시간 ② 2시간
③ 3시간 ④ 4시간

해설
비비기로부터 타설이 끝날 때까지의 시간
• 외기온도가 25°C 이상일 때 : 1.5시간 이내
• 외기온도가 25°C 미만일 때 : 2시간 이내

정답 21 ③ 22 ② 23 ③ 24 ③ 25 ②

26 일반적으로 염화칼슘($CaCl_2$), 또는 염화칼슘이 들어 있는 감수제를 사용하는 혼화제는?

① 발포제
② 급결제
③ 촉진제
④ 지연제

해설
촉진제 : 시멘트의 수화작용을 촉진하여 응결시간을 단축시키는 혼화제이다. 일반적으로 염화칼슘을 사용하는데 성능은 좋으나 철근 부식의 우려가 있다.

27 시멘트는 저장 중에 공기와 닿으면 수화작용을 일으킨다. 이때 생긴 수산화칼슘이 공기 중의 이산화탄소와 작용하여 탄산칼슘과 물이 생기게 되는데 이러한 작용을 무엇이라 하는가?

① 응결작용
② 산화작용
③ 풍화작용
④ 탄화작용

해설
풍화(aeration) : 저장 중 공기에 노출되면 습기 및 탄산가스를 흡수하여 가벼운 수화반응을 일으키고 탄산화가 되면서 고체화하는 현상이다.

28 콘크리트의 블리딩 시험에 있어서 표면에 올라온 물의 수집을 처음 60분 동안은 10분 간격으로 하고 그 후 블리딩이 정지할 때까지는 몇 분 간격으로 하는가?

① 15분
② 20분
③ 30분
④ 60분

해설
블리딩 시험
최초로 기록한 시각에서부터 60분 동안 10분마다 콘크리트 표면에서 스며 나온 물을 빨아낸다. 그 후는 블리딩이 정지할 때까지 30분마다 물을 빨아낸다.

29 분말도가 큰 시멘트에 대한 설명으로 틀린 것은?

① 수밀한 콘크리트를 얻을 수 있으며 균열의 발생이 없다.
② 풍화되기 쉽고 수화열이 많이 발생한다.
③ 수화반응이 빨라지고 조기강도가 크다.
④ 블리딩양이 적고 워커블한 콘크리트를 얻을 수 있다.

해설
분말도가 크다는 것은 시멘트 입자의 크기가 가늘다는 것이다. 입자가 고운만큼 물에 접촉하는 면적이 크며 이에 따라 수화열이 많이 발생하고 건조수축이 커지므로 콘크리트에 균열이 발생하기 쉽다.

30 일반 수중 콘크리트에 대한 설명으로 틀린 것은?

① 트레미, 콘크리트 펌프 등에 의해 타설한다.
② 물-결합재비는 50% 이하이어야 한다.
③ 단위 시멘트양은 300kg/m³ 이상으로 한다.
④ 콘크리트는 수중에 낙하시키지 않아야 한다.

해설
일반 수중 콘크리트를 시공할 때 물-시멘트비 50% 이하, 단위 시멘트양 370kg/m³ 이상을 표준으로 한다.

정답 26 ③ 27 ③ 28 ③ 29 ① 30 ③

31 시멘트 입자를 분산시킴으로써 콘크리트의 소요의 워커빌리티를 얻는 데 필요한 단위 수량을 줄이기 위해 사용되는 혼화제는?

① 감수제
② AE제(공기연행제)
③ 촉진제
④ 급결제

해설
② AE제(공기연행제) : 콘크리트 속에 작고 많은 독립된 기포를 고르게 생기게 하기 위하여 사용하는 혼화제이다.
③ 촉진제 : 시멘트의 수화작용을 빠르게 하는 혼화제이다.
④ 급결제 : 시멘트의 응결을 상당히 빠르게 하기 위하여 사용하는 혼화제이다.

32 휨강도 시험을 위한 공시체의 길이에 대한 설명으로 옳은 것은?

① 단면의 한 변의 길이의 2배보다 50mm 이상 긴 것으로 한다.
② 단면의 한 변의 길이의 2배보다 80mm 이상 긴 것으로 한다.
③ 단면의 한 변의 길이의 3배보다 50mm 이상 긴 것으로 한다.
④ 단면의 한 변의 길이의 3배보다 80mm 이상 긴 것으로 한다.

해설
휨강도 공시체의 치수
공시체는 단면이 정사각형인 각주로 하고, 그 한 변의 길이는 굵은 골재의 최대 치수의 4배 이상이며 100mm 이상으로 한다. 공시체의 길이는 단면의 한 변의 길이의 3배보다 80mm 이상 길어야 한다.

33 워커빌리티(workabillity) 판정기준이 되는 반죽질기 측정 시험방법이 아닌 것은?

① 켈리볼 관입 시험
② 리몰딩 시험
③ 슈미트 해머 시험
④ 슬럼프 시험

해설
슈미트 해머 시험은 콘크리트 압축강도를 추정하기 위한 비파괴 시험이다.

34 한중 콘크리트의 시공에서 타설할 때의 콘크리트 온도는 어느 정도의 범위로 하여야 하는가?

① 0~5℃
② 5~20℃
③ 20~30℃
④ 30~35℃

해설
타설할 때의 콘크리트 온도는 구조물의 단면 치수, 기상 조건 등을 고려하여 5~20℃의 범위에서 정하여야 한다.

35 콘크리트 타설 후 초기 양생의 주요 목적은 무엇인가?

① 색상 유지
② 균열 방지 및 수화반응 유지
③ 수분 증발 촉진
④ 강도 저하

해설
콘크리트에 양생을 실시하는 이유
• 수분 증발을 방지하고 시멘트의 수화반응을 촉진하기 위해
• 양호한 강도의 발현을 위해(강도 증진, 내구성 증대)
• 초기균열의 발생을 억제하기 위해(건조수축에 의한 균열 방지)
• 하중, 진동, 충격 등 외부 충격으로부터 보호하기 위해

정답 31 ① 32 ④ 33 ③ 34 ② 35 ②

36 콘크리트 타설 시 거푸집에 과도한 진동을 주면 발생할 수 있는 문제로 옳은 것은?

① 콘크리트의 강도 증가
② 균열 감소
③ 거푸집 손상 및 콘크리트 분리
④ 양생시간 단축

해설
과도한 진동은 거푸집을 손상시키고 콘크리트 내 골재와 시멘트 페이스트가 분리되는 현상을 유발할 수 있다.

37 콘크리트 타설 시 가장 먼저 고려해야 할 사항으로 옳은 것은?

① 타설 순서 및 작업계획
② 양생방법
③ 철근의 배근방식
④ 재료비

해설
콘크리트 타설은 순서와 작업계획이 중요하며, 이를 통해 품질과 시공성을 확보할 수 있다.

38 콘크리트 타설 중 레미콘 차량의 대기시간이 길어지면 발생할 수 있는 문제는 무엇인가?

① 양생시간 단축
② 수밀성의 향상
③ 콘크리트의 강도 증가
④ 작업성 저하 및 응결 시작

해설
레미콘 차량의 대기 시간이 길어지면 콘크리트가 응결되기 시작해 작업성이 떨어지고 품질 저하가 발생할 수 있다.

39 콘크리트 타설 시 철근과 콘크리트의 부착력을 높이기 위한 방법으로 옳은 것은?

① 철근을 거푸집에 밀착한다.
② 철근의 청결 유지 및 적절한 피복 두께를 확보한다.
③ 철근에 기름칠을 한다.
④ 철근을 물에 담근다.

해설
철근 표면의 청결을 유지하고 적절한 피복 두께를 확보하면 콘크리트와 철근의 부착력이 향상된다.

40 콘크리트 시공 시 콜드 조인트가 발생하는 주요 원인은 무엇인가?

① 과도한 진동
② 재료의 혼합 부족
③ 타설 간 시간 지연
④ 양생 부족

해설
콜드 조인트는 콘크리트 타설 간 시간이 너무 길어져 이전 타설면과 새로운 콘크리트가 잘 결합되지 않을 때 발생한다.

41 시멘트의 비중 시험에서 사용하는 표준 액체는 무엇인가?

① 광유
② 톨루엔
③ 물
④ 벤젠

해설
시멘트 비중 시험에서는 일반적으로 광유를 표준 액체로 사용하며, 시멘트 입자와 반응하지 않고 안정적인 결과를 제공한다.

42 시멘트의 분말도 시험은 무엇을 측정하기 위한 시험인가?

① 시멘트의 수분 함량
② 시멘트의 입자 크기 분포
③ 시멘트의 밀도
④ 시멘트의 색상

해설
분말도는 시멘트 입자의 굵고 가는 정도를 말하며, 시험을 통해 시멘트 입자의 가는 정도를 알 수 있다.

43 단위 골재량의 절대 부피가 $0.7m^3$이고 잔골재율이 35%일 때 단위 굵은 골재량은?(단, 굵은 골재의 밀도는 $2.6g/cm^3$이다)

① $1,183kg/m^3$
② $1,198kg/m^3$
③ $1,213kg/m^3$
④ $1,228kg/m^3$

해설
단위 굵은 골재량의 절대 부피(m^3)
= 단위 골재량의 절대 부피 – 단위 잔골재량의 절대 부피
= $0.7 - (0.7 \times 0.35)$
= $0.455m^3$
∴ 단위 굵은 골재량(kg/m^3)
= 단위 굵은 골재량의 절대 부피 × 굵은 골재의 밀도 × 1,000
= $0.455 \times 2.6 \times 1,000$
= $1,183kg/m^3$

44 콘크리트의 압축강도 시험의 목적으로 옳지 않은 것은?

① 배합한 콘크리트의 압축강도를 구한다.
② 압축강도 시험값으로 휨강도, 인장강도, 탄성계수 값을 정확하게 구할 수 있다.
③ 콘크리트의 품질관리에 이용한다.
④ 콘크리트를 가장 경제적으로 만들기 위해 재료를 선정한다.

해설
콘크리트의 압축강도 시험의 목적
• 재료 및 배합한 콘크리트의 압축강도를 구하고 배합을 결정한다.
• 필요한 성질을 가진 콘크리트를 가장 경제적으로 만들기 위해 재료를 선정한다.
• 압축강도를 구하여 휨강도, 인장강도, 탄성계수 등의 대략적인 값을 추정한다.
• 콘크리트의 품질관리에 이용한다.

45 골재의 단위 용적질량 시험방법 중 충격에 의한 경우는 용기에 시료를 3층으로 나누어 채우고 각 층마다 용기의 한쪽을 몇 cm 정도 들어 올려서 낙하시켜야 하는가?

① 5cm ② 10m
③ 15m ④ 20m

해설
골재의 단위 용적질량 시험(충격에 의한 경우)
용기를 콘크리트 바닥과 같은 튼튼하고 수평인 바닥 위에 놓고 시료를 거의 같은 3층으로 나누어 채운다. 각 층마다 용기의 한쪽을 약 50mm 들어 올려서 바닥을 두드리듯이 낙하시킨다. 다음으로 반대쪽을 약 50mm 들어 올려 낙하시키고 각각을 교대로 25회, 전체적으로 50회 낙하시켜서 다진다.

46 콘크리트의 쪼갬 인장강도 시험에 사용할 공시체는 시험 직전에 공시체의 지름을 측정하여 그 평균값을 지름으로 하는데 이때 몇 mm까지의 정밀도로 측정하여야 하는가?

① 0.1mm ② 0.5mm
③ 1mm   ④ 2mm

해설
쪼갬 인장강도 시험 시 공시체 지름을 2개소 이상에서 0.1mm까지 측정하고, 그 평균값을 공시체의 지름으로 하여 소수점 이하 첫째 자리로 끝맺는다.

47 콘크리트용 모래에 포함되어 있는 유기불순물 시험에 대한 설명으로 옳은 것은?

① 사용하는 수산화나트륨 용액은 물 50에 수산화나트륨 50의 질량비로 용해시킨 것이다.
② 시료는 대표적인 것을 취하고 절대건조 상태로 건조시켜 사분법을 사용하여 약 5kg을 준비한다.
③ 시험에 사용할 유리병은 노란색으로 된 유리병을 사용하여야 한다.
④ 시험의 결과 24시간 정치한 잔골재 상부의 용액 색이 표준용액보다 연할 경우 이 모래는 콘크리트용으로 사용할 수 있다.

해설
① 사용하는 수산화나트륨 용액은 물 97에 수산화나트륨 3의 질량비로 용해시킨다.
② 시료는 대표적인 것을 취하고 공기 중 건조 상태로 건조시켜 사분법 또는 시료 분취기를 사용하여 약 450g을 채취한다.
③ 시험에 사용할 유리병은 무색 투명 유리병을 사용하여야 한다.

48 다음 중 콘크리트 펌프에 관한 설명으로 틀린 것은?

① 일반적으로 지름 100~150mm의 수송관을 사용한다.
② 일반 콘크리트를 펌프로 압송할 경우, 굵은 골재의 최대 치수 40mm 이하를 표준으로 한다.
③ 일반 콘크리트를 펌프로 압송할 경우, 슬럼프는 100~180mm의 범위가 적절하다.
④ 수송관의 배치는 굴곡을 많이 하고, 하향으로 해서 압송 중에 콘크리트가 막히지 않도록 해야 한다.

해설
수송관은 될 수 있는 대로 수평 또는 상향으로 하여 콘크리트를 압송한다.

49 지름 100mm, 높이 200mm인 콘크리트 공시체로 압축강도 시험을 실시한 결과 공시체 파괴 시 최대 하중이 191kN이었다. 이 공시체의 압축강도는?

① 28.3MPa　　② 26.3MPa
③ 24.3MPa　　④ 22.3MPa

해설

압축강도(f) $= \dfrac{P}{A} = \dfrac{191{,}000}{\dfrac{\pi \times 100^2}{4}} ≒ 24.3\text{MPa}$

여기서, P : 파괴될 때 최대 하중(N)
　　　　A : 시험체의 단면적(mm²)

50 표면건조 포화 상태인 굵은 골재의 질량이 4,000g이고, 이 시료의 절대건조 상태일 때의 질량이 3,940g이었다면 흡수율은 몇 %인가?

① 1.25%　　② 1.32%
③ 1.45%　　④ 1.52%

해설

흡수율(%) $= \dfrac{\text{표면건조 포화 상태} - \text{절대건조 상태}}{\text{절대건조 상태}} \times 100$

$= \dfrac{4{,}000 - 3{,}940}{3{,}940} \times 100$

$≒ 1.52\%$

51 골재의 체가름 시험에 사용되는 시료에 대한 설명 중 틀린 것은?

① 굵은 골재 최대 치수가 25mm일 때 시료의 최소 질량은 5kg으로 한다.
② 시험할 대표 시료를 4분법이나 시료 분취기를 이용하여 채취한다.
③ 채취한 시료는 표면건조 포화 상태에서 시험을 한다.
④ 잔골재는 1.18mm 체에 5%(질량비) 이상 남는 시료의 최소 질량은 500g으로 한다.

해설

분취한 시료를 건조기에서 105±5℃에서 24시간, 일정 질량이 될 때까지 건조시킨다.

52 콘크리트의 인장강도에 대한 설명으로 옳지 않은 것은?

① 인장강도는 도로 포장이나 수로 등에 중요시된다.
② 압축강도와 달리 인장강도는 물-결합재비에 비례한다.
③ 인장강도는 압축강도의 1/13~1/10배 정도로 작다.
④ 인장강도는 철근 콘크리트 휨부재 설계 시 무시한다.

해설

압축강도, 인장강도, 휨강도는 물-결합재비에 반비례한다.

정답　49 ③　50 ④　51 ③　52 ②

53 콘크리트에 공기량이 미치는 영향에 대한 설명으로 옳지 않은 것은?

① 콘크리트의 온도는 높을수록 공기량은 감소한다.
② 부배합일수록 공기량은 감소한다.
③ AE제의 첨가량이 많을수록 공기량은 증가한다.
④ 단위 잔골재량이 많을수록 공기량은 감소한다.

해설
단위 잔골재량이 많을수록 공기량은 증가한다.

54 지름 151mm, 길이 300mm인 원주형 콘크리트 공시체를 쪼갬 인장강도 시험을 한 결과 최대 하중이 200kN이었다. 이 콘크리트의 인장강도는?

① 2.54MPa ② 2.81MPa
③ 25.4MPa ④ 28.1MPa

해설
쪼갬 인장강도 $= \dfrac{2P}{\pi dl}$

$= \dfrac{2 \times 200{,}000}{\pi \times 151 \times 300}$

$≒ 2.81\text{MPa}$

여기서, P : 최대 하중(N)
d : 공시체의 지름(mm)
l : 공시체의 길이(mm)

55 콘크리트 슬럼프 시험의 목적을 가장 적절하게 설명한 것은?

① 블리딩양을 측정하기 위한 시험이다.
② 반죽질기를 측정하기 위한 시험이다.
③ 공기량을 알기 위한 시험이다.
④ 피니셔빌리티를 측정하기 위한 시험이다.

해설
슬럼프 시험은 굳지 않은 콘크리트의 반죽질기 정도를 측정하는 시험이다.

56 시멘트의 성질에 대한 설명으로 틀린 것은?

① 시멘트풀이 물과 화학반응을 일으켜 시간이 경과함에 따라 유동성과 점성을 상실하고 고화하는 현상을 수화라고 한다.
② 수화반응은 시멘트의 분말도, 수량, 온도, 혼화재료의 사용 유무 등 많은 요인들의 영향을 받는다.
③ 수량이 많고 시멘트가 풍화되어 있을 때에는 응결이 늦어진다.
④ 온도가 높고 분말도가 높으면 응결이 빨라진다.

해설
①은 응결에 대한 설명이다.
수화 : 시멘트와 물이 화학반응을 일으켜 수화물(수산화칼슘)을 생성하는 반응이다.

57 운반거리가 먼 경우나 슬럼프가 큰 콘크리트의 경우에 사용하는 애지테이터를 붙인 운반기계는?

① 덤프트럭
② 트럭믹서
③ 콘크리트 펌프
④ 콘크리트 플레이서

해설
② 트럭믹서 : 콘크리트 플랜트에서 콘크리트를 공급받아 비비면서 주행하는 레디믹스트 콘크리트 운반용 트럭이다.
① 덤프트럭 : 슬럼프값이 50mm 이하의 콘크리트를 10km 이하 거리 또는 1시간 이내 운반 가능한 경우에 사용한다.
③ 콘크리트 펌프 : 비빈 콘크리트를 수송관을 통해 압력으로 치기할 장소까지 연속적으로 보내는 운반기계이다.
④ 콘크리트 플레이서 : 수송관 속의 콘크리트를 압축공기에 의해 압송하는 것으로서, 터널 등의 좁은 곳에 콘크리트를 운반하는 데에 편리한 기계이다.

58 공기가 전혀 없는 것으로 계산한 시방 배합의 콘크리트 이론 단위 무게와 실제 측정한 단위 무게의 차이로 공기량을 측정하는 방법은?

① 면적법
② 부피법
③ 질량법
④ 공기실 압력법

해설
공기량의 측정법
• 질량법(중량법, 무게법) : 공기량이 전혀 없는 것으로 간주하여, 시방 배합에서 계산한 콘크리트의 단위 무게와 실제로 측정한 단위 무게와의 차이로부터 공기량을 구하는 방법이다.
• 용적법(부피법) : 콘크리트 속의 공기량을 물로 치환하여, 치환한 물의 부피로부터 공기량을 구하는 방법이다.
• 공기실 압력법(주수법, 무주수법) : 워싱턴형 공기량 측정기를 사용하며, 공기실에 일정한 압력을 콘크리트에 주었을 때, 공기량으로 인하여 압력이 저하하는 것으로부터 공기량을 구하는 방법으로 주수법(물을 부어서 실시하는 방법. 용기의 용량 5L 이상)과 무주수법(물을 붓지 않고 실시하는 방법. 용기의 용량 7L 이상)이 있다.

59 콘크리트 재료의 계량에 대한 설명으로 틀린 것은?

① 골재의 계량오차는 ±3%이다.
② 혼화제를 묽게 하는 데 사용하는 물은 단위 수량으로 포함하여서는 안 된다.
③ 혼화재의 계량오차는 ±2%이다.
④ 각 재료는 1배치씩 질량으로 계량하여야 하며, 물과 혼화제 용액은 용적으로 계량해도 좋다.

해설
혼화제를 묽게 하는 데 사용하는 물은 단위 수량의 일부로 보아야 한다.

60 단위 골재량의 절대 부피가 650L이고 잔골재율이 38%인 경우 단위 굵은 골재량의 절대 부피는?

① $0.247m^3$
② $0.403m^3$
③ $0.494m^3$
④ $0.508m^3$

해설
단위 굵은 골재량의 절대 부피(m^3)
= 단위 골재량의 절대 부피 − 단위 잔골재량의 절대 부피
= 0.65 − (0.65 × 0.38)
= $0.403m^3$

교육이란 사람이 학교에서 배운 것을 잊어버린 후에 남은 것을 말한다.

– 알버트 아인슈타인 –

PART 03

실 기
(필답형)

2016~2024년   과년도 기출복원문제
2025년   최근 기출복원문제

※ 실기 필답형 문제는 수험자의 기억에 의해 복원된 것입니다. 실제 시행문제와 상이할 수 있음을 알려 드립니다.

2016년 제1회 과년도 기출복원문제

01 콘크리트 타설 시 내부 진동기의 사용에 대한 다음 물음에 답하시오.

　(1) 연직으로 다지는 간격은 어느 정도인가?
　(2) 하층 콘크리트 속의 다짐 깊이는 어느 정도인가?
　(3) 1개소의 다짐 시간은 얼마 이내로 하는가?

해답
　(1) 0.5m 이하
　(2) 0.1m
　(3) 5~15초

02 다음은 콘크리트 블리딩 시험에 대한 내용이다. 물음에 답하시오.

　(1) 콘크리트는 용기에 몇 층으로 나누고 각 층을 다짐대로 몇 회 다지는가?
　(2) 블리딩 시험에서 시험하는 동안의 온도를 몇 ℃의 범위로 유지하는 것이 좋은가?
　(3) 시험 시 처음 60분 동안은 몇 분 간격으로 블리딩의 물을 빨아내야 하는가?
　(4) 콘크리트를 채운 용기의 윗면적이 490cm², 블리딩에 따른 물의 용적이 70cm³일 때 블리딩양은 얼마인가?

해답
　(1) 용기에 3층으로 나누어 넣고, 각 층을 25번씩 균등하게 다진다.
　(2) 시험 중에는 실온 20±3℃로 한다.
　(3) 60분 동안 10분마다 콘크리트 표면에서 스며 나온 물을 빨아낸다.
　(4) 블리딩양 $= \dfrac{V}{A} = \dfrac{70}{490} = 0.143 \text{cm}^3/\text{cm}^2$

03 다음 굵은 골재의 체가름 시험결과표를 보고 물음에 답하시오.

체 크기 (mm)	잔류량 (g)	잔류율 (%)	가적 잔류율 (%)	가적 통과율 (%)
75	0	0	0	100
40	825			
25	5,615			
20	3,229			
10	3,960			
5	2,450			
2.5	545			
pan	0			
합계	16,624			

(1) 빈칸의 성과표를 완성하시오(단, 소수점 둘째 자리에서 반올림하시오).

(2) 조립률을 구하시오(단, 소수점 둘째 자리에서 반올림하시오).

해답

(1)

체 크기 (mm)	잔류량 (g)	잔류율 (%)	가적 잔류율 (%)	가적 통과율 (%)
75	0	0	0	100
40	825	5	5	95
25	5,615	33.8	38.8	61.2
20	3,229	19.4	58.2	41.8
10	3,960	23.8	82	18
5	2,450	14.7	96.7	3.3
2.5	545	3.3	100	0
pan	0	–	–	–
합계	16,624	100	–	–

- 잔류율 = $\dfrac{\text{해당 체의 잔류량}}{\text{전체 질량}} \times 100$

- 가적 잔류율 = 잔류율 누계

- 가적 통과율 = 100 – 가적 잔류율

(2) 조립률 = $\dfrac{\text{각 체의 가적 잔류율의 합}}{100}$

$= \dfrac{5 + 58.2 + 82 + 96.7 + 100 + 400}{100}$

≒ 7.4

※ 조립률 : 10개의 체(75mm, 40mm, 20mm, 10mm, 5mm, 2.5mm, 1.2mm, 0.6mm, 0.3mm, 0.15mm)를 1조로 하여 체가름 시험을 하였을 때, 각 체에 남은 누계량의 전체 시료에 대한 질량 백분율의 합을 100으로 나눈 값으로 나타낸다.

※ 계산에서 400은 1.2mm, 0.6mm, 0.3mm, 0.15mm 체에 남은 가적 잔류율의 합이다.

04 콘크리트 시방 배합으로 각 재료의 단위량과 현장 골재의 상태는 다음과 같다. 물음에 답하시오.

[시방 배합표]

(단위 : kg/m³)

물(W)	시멘트(C)	잔골재(S)	굵은 골재(G)
180	370	710	1,190

[현장 골재의 상태]

- 잔골재 속의 5mm 체에 남는 양 : 3%
- 잔골재 표면수량 : 3%
- 굵은 골재 속의 5mm 체 통과량 : 2%
- 굵은 골재 표면수량 : 1%

(1) 단위 잔골재량을 구하시오.
(2) 단위 굵은 골재량을 구하시오.
(3) 단위 수량을 구하시오.

해답

(1) 단위 잔골재량
  ① 입도에 의한 조정
  $$x = \frac{100S - b(S+G)}{100-(a+b)}$$
  $$= \frac{100 \times 710 - 2(710+1,190)}{100-(3+2)}$$
  $$= 707.4 \text{kg/m}^3$$
  ② 표면수에 의한 조정
  $707.4 \times 0.03 = 21.22$ kg
  ∴ $S = 707.4 + 21.22 = 728.6$ kg/m³
  여기서, x : 계량해야 할 현장의 단위 잔골재량(kg/m³)
  y : 계량해야 할 현장의 단위 굵은 골재량(kg/m³)
  S : 시방 배합의 단위 잔골재량(kg/m³)
  G : 시방 배합의 단위 굵은 골재량(kg/m³)
  a : 잔골재 속의 5mm 체에 남는 양(%)
  b : 굵은 골재 속의 5mm 체를 통과하는 양(%)

(2) 단위 굵은 골재량
  ① 입도에 의한 조정
  $$y = \frac{100G - a(S+G)}{100-(a+b)}$$
  $$= \frac{100 \times 1,190 - 3(710+1,190)}{100-(3+2)}$$
  $$= 1,192.6 \text{kg/m}^3$$
  ② 표면수에 의한 조정
  $1,192.6 \times 0.01 = 11.92$ kg
  ∴ $G = 1,192.6 + 11.92 = 1,204.5$ kg/m³

(3) 단위 수량
  $W = 180 - (707.4 \times 0.03 + 1,192.6 \times 0.01)$
  $= 146.9$ kg/m³

05 수중 콘크리트의 타설 원칙을 3가지 쓰시오.

해답
(1) 콘크리트를 수중에 낙하하지 않는다.
(2) 물의 흐름을 정지시킨 상태에서 타설한다.
(3) 콘크리트면은 수평하게 하며 연속하여 타설한다.
(4) 한 구획의 타설을 완료한 뒤 레이턴스를 모두 제거하고 재타설한다.
(5) 트레미 또는 콘크리트 펌프를 사용하여 타설한다.
(6) 콘크리트가 경화될 때까지 물의 유동을 방지해야 한다.

06 포틀랜트 시멘트의 종류 3가지를 쓰시오.

해답
(1) 보통 포틀랜드 시멘트(1종)
(2) 중용열 포틀랜드 시멘트(2종)
(3) 조강 포틀랜드 시멘트(3종)
(4) 저열 포틀랜드 시멘트(4종)
(5) 내황산염 포틀랜드 시멘트(5종)

07
콘크리트 배합에서 단위 잔골재량이 710kg/m³, 단위 굵은 골재량이 1,070kg/m³일 때 잔골재율(S/a)은 얼마인가?(단, 잔골재의 표건밀도는 2.61g/cm³, 굵은 골재의 표건밀도는 2.68g/cm³이다)

해답

- 잔골재 체적 = $\dfrac{단위\ 잔골재량}{잔골재\ 표건밀도 \times 1,000} = \dfrac{710}{2.61 \times 1,000} = 0.272\text{m}^3 = 272\text{L}$

- 굵은 골재 체적 = $\dfrac{단위\ 굵은\ 골재량}{굵은\ 골재\ 표건밀도 \times 1,000} = \dfrac{1,070}{2.68 \times 1,000} = 0.399\text{m}^3 = 399\text{L}$

∴ 잔골재율(S/a) = $\dfrac{잔골재량}{잔골재량 + 굵은\ 골재량} \times 100$

$= \dfrac{272}{272 + 399} \times 100$

$= 40.54\%$

08
다음은 콘크리트 강도 시험에 관련된 내용이다. 물음에 답하시오.

(1) 압축강도 공시체에 하중을 가하는 속도는 얼마인지 쓰시오.
(2) 휨강도 공시체에 하중을 가하는 속도는 얼마인지 쓰시오.
(3) 공시체가 지간 방향 중심선의 4점 사이에서 파괴되었을 때 휨강도를 구하시오(단, 지간 450mm, 폭 150mm, 높이 150mm, 파괴 최대 하중이 42kN이다).
(4) 공시체를 제작한 후 몰드를 해체하는 시기를 쓰시오.
(5) 공시체의 양생온도 범위를 쓰시오.

해답

(1) 0.6±0.2MPa/s
(2) 0.06±0.04MPa/s
(3) 휨강도(f_b) = $\dfrac{Pl}{bh^2} = \dfrac{42,000 \times 450}{150 \times 150^2} = 5.6$MPa

여기서, P : 시험기가 나타내는 최대 하중(N)
　　　　l : 지간(mm)
　　　　b : 파괴 단면의 너비(mm)
　　　　h : 파괴 단면의 높이(mm)

(4) 16시간 이상 3일 이내
(5) 20±2℃

2016년 제2회 과년도 기출복원문제

01 콘크리트 공시체 시험에 대한 사항이다. 다음 물음에 답하시오.

(1) 휨강도 시험용 공시체의 크기가 150mm × 150mm × 530mm일 때 각 층별 다짐 횟수는 얼마인가?

(2) 공시체가 지간 방향 중심선의 4점 사이에서 파괴가 일어났을 때 다음 조건에서의 휨강도를 계산하시오(단, 지간은 450mm, 파괴 최대 하중은 39,000N이다).

해답

(1) 콘크리트 휨강도 시험용 공시체는 제작할 때 콘크리트는 몰드에 2층으로 나누어 채우고 각 층은 적어도 1,000mm²에 1회의 비율로 다짐을 한다.

몰드의 단면적 = 150 × 530 = 79,500mm²

∴ 다짐 횟수 = 79,500 ÷ 1,000 = 79.5 ≒ 80회

(2) 휨강도(f_b) = $\dfrac{Pl}{bh^2}$ = $\dfrac{39,000 \times 450}{150 \times 150^2}$ = 5.2N/mm² = 5.2MPa

여기서, P : 시험기가 나타내는 최대 하중(N)
l : 지간(mm)
b : 파괴 단면의 너비(mm)
h : 파괴 단면의 높이(mm)

02 조립률이 2.9인 잔골재와, 조립률이 7.5인 굵은 골재를 1.5 : 2.5의 무게 비율로 혼합할 때의 조립률을 구하시오.

해답

조립률 = $\dfrac{2.9 \times 1.5 + 7.5 \times 2.5}{1.5 + 2.5}$

= 5.775

≒ 5.78

03 크기가 φ150×300mm인 공시체를 사용하여 인장강도 시험을 한 결과 최대 파괴 하중이 197,000N이었을 때 인장강도를 구하시오.

해답

인장강도 $= \dfrac{2P}{\pi dl}$

$= \dfrac{2 \times 197{,}000}{\pi \times 150 \times 300}$

$\fallingdotseq 2.79\text{N/mm}^2 \fallingdotseq 2.79\text{MPa}$

여기서, P : 최대 하중(N)
d : 공시체의 지름(mm)
l : 공시체의 길이(mm)

04 다음 콘크리트의 시방 배합을 현장 배합으로 환산 시 단위 잔골재량, 단위 굵은 골재량, 단위 수량을 구하고, 최종 단위 재료량은 정수로 표시하시오(단, 현장 골재의 상태는 잔골재의 표면수 3.5%, 굵은 골재의 표면수 1.0%, 잔골재 중 5mm 체 잔류량 4%, 굵은 골재 중 5mm 체 통과량 3%이다).

W	C	S	G
180	360	720	1,200

해답

(1) 단위 잔골재량(x)
  ① 입도에 의한 조정
  $x = \dfrac{100S - b(S+G)}{100 - (a+b)} = \dfrac{100 \times 720 - 3(720 + 1{,}200)}{100 - (4+3)}$
  $= 712\text{kg/m}^3$
  ② 표면수에 의한 조정
  $S = 712 + (712 \times 0.035)$
  $= 737\text{kg/m}^3$

(2) 단위 굵은 골재량(y)
  ① 입도에 의한 조정
  $y = \dfrac{100G - a(S+G)}{100 - (a+b)} = \dfrac{100 \times 1{,}200 - 4(720 + 1{,}200)}{100 - (4+3)}$
  $= 1{,}208\text{kg/m}^3$
  ② 표면수에 의한 조정
  $G = 1{,}208 + (1{,}208 \times 0.01)$
  $= 1{,}220\text{kg/m}^3$

(3) 단위 수량
  $W = 180 - (712 \times 0.035 + 1{,}208 \times 0.01)$
  $= 143\text{kg/m}^3$

05 시멘트에 관한 다음 물음에 답하시오.

(1) 시멘트 풍화의 정의를 쓰시오.
(2) 풍화된 시멘트의 특징 2가지를 쓰시오.

해답
(1) 시멘트 풍화의 정의
　　시멘트가 저장 중에 습기 또는 탄산가스를 흡수하여 수화작용을 일으켜 굳어지는 현상이다.
(2) 풍화된 시멘트의 특징
　　① 시멘트의 비중이 감소하고, 강열감량이 증가한다.
　　② 시멘트의 강도가 저하된다.
　　③ 시멘트의 응결시간이 지연된다.

06 압축공기를 이용하여 모르타르 또는 콘크리트를 시공면에 뿜어붙이는 특수한 콘크리트를 무엇이라 하는가?

해답
숏크리트(shotcrete, 뿜어붙이기 콘크리트)

07 특정한 입도를 가진 굵은 골재를 먼저 거푸집에 채워 넣고, 그 사이를 미리 설치한 주입관을 이용하여 특수한 모르타르를 적당한 압력으로 주입하여 만드는 특수한 콘크리트를 무엇이라 하는가?

해답
프리플레이스트 콘크리트

08 다음 ( ) 안에 들어갈 내용을 순서대로 쓰시오.

> 한중 콘크리트는 일평균 기온이 ( )℃ 이하일 때 시공하며, 서중 콘크리트는 일평균기온이 ( )℃ 이상일 때 시공하는 콘크리트이다.

해답
4, 25

09 굵은 골재의 최대 치수가 25mm, 단위 수량이 175kg, 단위 시멘트양이 320kg, 시멘트의 밀도가 3.15, 공기량이 3.5%일 때 단위 골재량의 절대 부피를 구하시오.

해답

$$\text{단위 골재량의 절대 부피}(m^3) = 1 - \left(\frac{\text{단위 수량}}{1,000} + \frac{\text{단위 시멘트양}}{\text{시멘트의 비중} \times 1,000} + \frac{\text{공기량}}{100} \right)$$

$$= 1 - \left(\frac{175}{1,000} + \frac{320}{3.15 \times 1,000} + \frac{3.5}{100} \right)$$

$$= 0.69 \, m^3$$

10 수중 콘크리트의 시공에 사용되는 기구 3가지를 쓰시오.

해답
트레미, 콘크리트 펌프, 밑열림 상자, 밑열림 포대

11 레디믹스트 콘크리트를 제조와 운반방법에 따라 분류할 때 다음의 설명에 해당하는 콘크리트는 무엇인지 쓰시오.

> 플랜트에 고정믹서가 설치되어 있어 각 재료를 계량하고 혼합하여 완전히 비벼진 콘크리트를 트럭 애지테이터로 운반하여 지정된 공사 현장까지 배달하는 방식이며 일반적으로 많이 쓰인다.

해답

센트럴 믹스트 콘크리트

12 블리딩의 제어방법 3가지를 쓰시오.

해답

(1) 가능한 한 단위 수량을 적게 한다.
(2) 양질의 골재를 사용한다.
(3) AE 감수제나 감수제를 사용한다.
(4) 플라이애시 등의 미분말 혼화재를 사용한다.

2017년 제1회 과년도 기출복원문제

01 다음의 물음에 답하시오.

(1) 일평균기온이 몇 ℃ 이하일 때 한중 콘크리트 시공을 하는가?
(2) 한중 콘크리트 시공 시 확보해야 하는 온도 범위는 얼마인가?

해답
(1) 4℃
(2) 5~20℃

02 수중 콘크리트 타설 원칙을 3가지만 쓰시오.

해답
(1) 콘크리트를 수중에 낙하하지 않는다.
(2) 물의 흐름을 정지시킨 상태에서 타설한다.
(3) 콘크리트면은 수평하게 하며 연속하여 타설한다.
(4) 한 구획의 타설을 완료한 뒤 레이턴스를 모두 제거하고 재타설한다.
(5) 트레미 또는 콘크리트 펌프를 사용하여 타설한다.
(6) 콘크리트가 경화될 때까지 물의 유동을 방지해야 한다.

03 시멘트 비중이 감소하는 원인 3가지를 쓰시오.

해답
(1) 시멘트가 풍화된 경우
(2) 클링커의 소성이 불충분할 경우
(3) 시멘트의 저장기간이 긴 경우
(4) 석고의 함유량이 많은 경우

04 다음 표의 빈칸을 완성하시오(단, 표준시방서 기준임).

재료의 종류	허용오차
물	
시멘트	
골재	
혼화재	
혼화제	

해답

재료의 종류	허용오차
물	±1%
시멘트	±1%
골재	±3%
혼화재	±2%
혼화제	±3%

05 다음의 체가름 성과표를 보고 조립률과 굵은 골재의 최대 치수를 구하시오.

체 크기(mm)	잔류율(%)
75	0
40	6
20	28
10	42
5	21
2.5	3
계	100

해답

(1) 조립률 계산

체 크기(mm)	잔류율(%)	가적 잔류율(%)	통과율(%)
75	0	0	100
40	6	6	94
20	28	34	66
10	42	76	24
5	21	97	3
2.5	3	100	0
계	100	−	−

∴ 조립률 = $\dfrac{\text{각 체의 가적 잔류율의 합}}{100}$

$= \dfrac{6 + 34 + 76 + 97 + 100 + 400}{100}$

$= 7.13$

※ 조립률 : 10개의 체(75mm, 40mm, 20mm, 10mm, 5mm, 2.5mm, 1.2mm, 0.6mm, 0.3mm, 0.15mm)를 1조로 하여 체가름 시험을 하였을 때, 각 체에 남은 누계량의 전체 시료에 대한 질량 백분율의 합을 100으로 나눈 값으로 나타낸다.

※ 계산에서 400은 1.2mm, 0.6mm, 0.3mm, 0.15mm 체에 남은 가적 잔류율의 합이다.

(2) 굵은 골재의 최대 치수는 골재가 질량비로 90% 통과하는 체 중 가장 작은 체의 치수로 정한다. 40mm와 75mm 체 중 최소 치수 체 눈은 40mm이므로 굵은 골재 최대 치수는 40mm가 된다.

06 압축강도와 인장강도 또는 휨강도 시험 시 재하속도를 쓰시오.

해답

(1) 압축강도 재하속도 : 0.6±0.2MPa/s
(2) 인장강도 또는 휨강도 재하속도 : 0.06±0.04MPa/s

07 콘크리트 시험용 원주형 공시체(100mm × 200mm)로 쪼갬 인장강도 시험을 실시한 결과 150kN에서 파괴되었다. 콘크리트의 인장강도는 얼마인가?

해답

쪼갬 인장강도 $= \dfrac{2P}{\pi dl}$

$= \dfrac{2 \times 150,000}{\pi \times 100 \times 200}$

$\fallingdotseq 4.8\text{N/mm}^2 \fallingdotseq 4.8\text{MPa}$

여기서, P : 최대 하중(N)
d : 공시체의 지름(mm)
l : 공시체의 길이(mm)

08 다음 조건에서 콘크리트의 배합강도(f_{cr})를 구하시오.

- 압축강도(f_{cn}) : 27MPa
- s : 1.8MPa(s는 24회 시험 횟수의 표준편차)

해답

$f_{cn} \leq$ 35MPa인 경우

① $f_{cr} = f_{cn} + 1.34s$ (MPa)
② $f_{cr} = (f_{cn} - 3.5) + 2.33s$ (MPa)

여기서, s : 압축강도의 표준편차(MPa)

①, ② 중 큰 값을 선택하는 것이 원칙이지만, 표준편차 s의 시험 횟수가 30회 미만이므로 표준편차를 보정하게 된다.

[시험 횟수가 29회 이하일 때 표준편차의 보정계수]

시험 횟수	표준편차의 보정계수
15	1.16
20	1.08
25	1.03
30 이상	1.00

표준편차가 20회와 25회 사이이므로 직선보간법으로 24회의 표준편차를 구해야 한다.

$\dfrac{1.08 - 1.03}{25 - 20} = 0.01$

표준편차의 보정계수 = 1.03 + 0.01 = 1.04

∴ 보정한 표준편차(s) = 1.8 × 1.04 = 1.872

① $f_{cr} = f_{cn} + 1.34s = 27 + 1.34 \times 1.872 = 29.51$MPa
② $f_{cr} = (f_{cn} - 3.5) + 2.33s = (27 - 3.5) + 2.33 \times 1.872 = 27.86$MPa

∴ 배합강도는 위의 두 값 중 큰 값인 29.51MPa이다.

09 단위 수량이 175kg/m³인 25-24-150 배합의 콘크리트를 설계하고자 한다. 다음의 조건에 따라 재료량을 산출하고 시방 배합표를 작성하시오.

- W/C = 42.7%
- 공기량 : 4.5%
- 잔골재의 밀도 : 2.60g/cm³
- 혼화제 : 시멘트양의 0.15% 적용
- S/a = 46.5%
- 시멘트의 밀도 : 3.15g/cm³
- 굵은 골재의 밀도 : 2.65g/cm³

[시방 배합표]

(단위 : kg/m³)

물(W)	시멘트(C)	잔골재(S)	굵은 골재(G)	혼화제

해답

- 단위 시멘트양 = $\dfrac{단위\ 수량}{물-시멘트비}$ = $\dfrac{175}{0.427}$ = 410kg/m³

- 시멘트 용적 = $\dfrac{410}{3.15}$ = 130L

- 공기량 용적 = 1,000 × $\dfrac{4.5}{100}$ = 45L

- 골재의 용적 = 1,000 − (175 + 45 + 130) = 650L
- 잔골재의 절대 용적 = 650 × 0.465 = 302L
- 단위 잔골재의 양 = 302 × 2.60 = 785.2kg/m³
- 굵은 골재의 절대 용적 = 650 − 302 = 348L
- 단위 굵은 골재의 양 = 348 × 2.65 = 922kg/m³
- 단위 혼화제의 양 = 410 × $\dfrac{0.15}{100}$ = 0.615kg/m³

[시방 배합표]

(단위 : kg/m³)

물(W)	시멘트(C)	잔골재(S)	굵은 골재(G)	혼화제
175	410	785.2	922	0.615

2017년 제2회 과년도 기출복원문제

01 다음의 각 재료별 계량오차 허용 범위를 쓰시오(단, KS F 4009 기준).

재료의 종류	1회 계량 분량의 한계오차
시멘트	
혼화재	
물	
골재	
혼화제	

해답

재료의 종류	1회 계량 분량의 한계오차
시멘트	−1%, +2%
혼화재	±2%
물	−2%, +1%
골재	±3%
혼화제	±3%

02 굳지 않는 콘크리트의 공기량에 대한 내용이다. 물음에 답하시오.

(1) AE 콘크리트에서 가장 적정한 공기량은 콘크리트 용적 기준으로 얼마를 표준으로 하는가?(단, 보통 콘크리트의 경우임)
(2) 워싱턴형 공기량 시험기를 이용하여 공기량 시험을 할 경우 대표적인 시료를 용기에 몇 층으로 넣고 각 층을 몇 번 다지는가?
(3) 공기량 측정방법 3가지를 쓰시오.

해답
(1) 4.5%
(2) 3층, 25회
(3) 질량법(중량법, 무게법), 용적법(부피법), 공기실 압력법(주수법과 무주수법)

03 콘크리트 시방 배합으로 각 재료의 단위량과 현장 골재의 상태가 아래와 같을 때 다음 물음에 답하시오(단, 각 재료량은 정수로 처리하시오).

[시방 배합표(kg/m³)]

물(W)	시멘트(C)	잔골재(S)	굵은 골재(G)
175	339	726	1,126

[현장 골재의 상태]

- 잔골재 중 5mm 체에 남는 양 : 4%
- 잔골재의 표면수량 : 4%
- 굵은 골재 중 5mm 체 통과량 : 4%
- 굵은 골재의 표면수량 : 2%

(1) 단위 잔골재량을 구하시오.
(2) 단위 굵은 골재량을 구하시오.
(3) 단위 수량을 구하시오.

해답

(1) 단위 잔골재량(x)
   ① 입도에 의한 조정
   $$x = \frac{100S - b(S+G)}{100 - (a+b)} = \frac{100 \times 726 - 4(726 + 1,126)}{100 - (4+4)}$$
   $$= 708.6 \, \text{kg/m}^3$$
   ② 표면수에 의한 조정
   $$S = 708.6 + (708.6 \times 0.04)$$
   $$= 737 \, \text{kg/m}^3$$

(2) 단위 굵은 골재량(y)
   ① 입도에 의한 조정
   $$y = \frac{100G - a(S+G)}{100 - (a+b)} = \frac{100 \times 1,126 - 4(726 + 1,126)}{100 - (4+4)}$$
   $$= 1,143.4 \, \text{kg/m}^3$$
   ② 표면수에 의한 조정
   $$G = 1,143.4 + (1,143.4 \times 0.02)$$
   $$= 1,166 \, \text{kg/m}^3$$

(3) 단위 수량
   $$W = 175 - (708.6 \times 0.04 + 1,143.4 \times 0.02)$$
   $$= 124 \, \text{kg/m}^3$$

04 레디믹스트 콘크리트의 운반방식에 대해 쓰고 이를 설명하시오.

해답

레디믹스트 콘크리트의 운반방식
- 센트럴 믹스트 콘크리트 : 공장에 있는 고정 믹서에서 완전히 비빈 콘크리트를 애지테이터 트럭 등으로 운반하는 방식으로 근거리 운반에 사용된다.
- 슈링크 믹스트 콘크리트 : 공장에 있는 고정 믹서에서 어느 정도 콘크리트를 비빈 다음, 현장으로 가면서 완전히 비비는 방식으로 중거리 운반에 사용된다.
- 트랜싯 믹스트 콘크리트 : 플랜트에 고정 믹서가 없고 각 재료의 계량장치만 설치하여 계량된 각 재료를 트럭믹서 속에 투입하여 운반 중에 소요 수량을 가해 완전히 비벼진 콘크리트를 만들어 공급하는 방식으로 장거리 수송에 사용된다.

05 휨강도 시험결과 27kN의 하중에 지간 방향 중심선의 4점에서 파괴되었을 경우 휨강도를 구하시오(단, 너비 150mm, 높이 150mm, 지간 길이는 450mm이다).

해답

휨강도$(f_b) = \dfrac{Pl}{bh^2} = \dfrac{27,000 \times 450}{150 \times 150^2} = 3.6 \text{N/mm}^2 = 3.6 \text{MPa}$

여기서, P : 시험기가 나타내는 최대 하중(N)
l : 지간(mm)
b : 파괴 단면의 너비(mm)
h : 파괴 단면의 높이(mm)

06 콘크리트 양생의 종류 3가지만 쓰시오.

해답

양생의 종류
- 습윤 양생 : 수중 양생, 습포 양생, 습사 양생, 피막 양생(막양생), 피복 양생
- 촉진 양생 : 증기 양생, 고온고압(오토클레이브) 양생, 전기 양생, 온수 양생, 적외선 양생, 고주파 양생

07 콘크리트 강도 시험에 대한 사항이다. 다음 질문에 답하시오.

(1) 인장강도 시험용 공시체의 양생 시 양생 온도를 쓰시오.
(2) 표준형 압축강도 공시체의 직경과 높이의 비를 쓰시오.

해답

(1) 20±2℃
(2) 1 : 2(공시체의 높이는 지름의 2배 이상으로 한다)

08 수중 콘크리트 타설에 관한 다음 물음에 답하시오.

(1) 콘크리트 펌프를 사용하는 경우 수중 콘크리트의 슬럼프 범위는 얼마인가?
(2) 완전히 물막이를 할 수 없을 경우 유속은 초당 얼마 이하로 해야 하는가?
(3) 일반 수중 콘크리트는 단위 시멘트양은 얼마 이상을 표준으로 하는가?

해답
(1) 130~180mm
(2) 5cm/s
(3) 370kg/m³

09 블리딩을 제어할 수 있는 방법 3가지를 쓰시오.

해답
(1) 배합설계 시 가능한 한 단위 수량을 적게 한다.
(2) 양질(입경 및 입도)의 골재를 사용한다.
(3) 혼화재료(AE제, 포졸란 등)를 적절하게 사용한다.

10 다음의 물음에 답하시오.

(1) 블리딩의 정의를 쓰시오.
(2) 레이턴스의 정의를 쓰시오.

해답
(1) 블리딩 : 콘크리트 타설 후 골재와 물-시멘트의 비중 차이로 콘크리트 상부로 물이 떠오르는 현상을 말한다.
(2) 레이턴스 : 콘크리트 타설 후 블리딩에 의해 부유물과 함께 내부의 미세한 입자가 부상하여 콘크리트의 표면에 형성되는 경화되지 않은 층을 말한다.

2018년 제1회 과년도 기출복원문제

01 콘크리트 휨강도 시험에 대한 다음 물음에 답하시오.

(1) 공시체를 제작한 후 몰드를 보통 몇 시간 만에 탈형을 하게 되는지 쓰시오.
(2) 공시체를 휨강도 시험 전까지 수중 양생을 할 경우 온도 조건을 쓰시오.
(3) 공시체가 지간 방향 중심선의 4점에서 파괴되었을 때의 휨강도를 구하시오(단, 지간은 450mm, 파괴 단면 높이 150mm, 파괴 시 최대 하중 27,000N이다).

해답

(1) 16시간 이상 3일 이내
(2) 20±2℃
(3) 휨강도(f_b) = $\dfrac{Pl}{bh^2}$ = $\dfrac{27,000 \times 450}{150 \times 150^2}$ = 3.6N/mm² = 3.6MPa

여기서, P : 시험기가 나타내는 최대 하중(N)
　　　　l : 지간(mm)
　　　　b : 파괴 단면의 너비(mm)
　　　　h : 파괴 단면의 높이(mm)

02 콘크리트 슬럼프 시험에 대한 다음 물음에 답하시오.

(1) 콘크리트 슬럼프 시험의 전체 작업시간은 얼마인가?
(2) 슬럼프 시험에서 다짐 층수와 각 층에 대한 다짐 횟수는 얼마인가?
(3) 슬럼프 콘의 크기는 얼마인가?
(4) 슬럼프값 측정 시 슬럼프 콘을 벗기는 작업은 총 몇 초 이내에서 끝내야 하는가?

해답

(1) 시험 시작 후 종료 시까지 3분 이내
(2) 3층 다짐, 각 층 25회 다짐
(3) 윗면의 안지름이 100±2mm, 밑면의 안지름이 200±2mm, 높이 300±2mm
(4) 2~5초 이내

03 설계기준 압축강도가 24MPa이고, 30회 이상의 시험 실적으로부터 구한 압축강도의 표준편차가 3.2MPa일 때의 배합강도를 구하시오.

> **해답**
> $f_{cn} \leq 35\text{MPa}$인 경우
> ① $f_{cr} = f_{cn} + 1.34s = 24 + 1.34 \times 3.2 = 28.29\text{MPa}$
> ② $f_{cr} = (f_{cn} - 3.5) + 2.33s = (24 - 3.5) + 2.33 \times 3.2 = 27.96\text{MPa}$
> 여기서, s : 압축강도의 표준편차(MPa)
> ∴ 배합강도는 위의 두 값 중 큰 값인 28.29MPa이다.

04 콘크리트 양생방법의 종류를 3가지만 쓰시오.

> **해답**
> **양생의 종류**
> • 습윤 양생 : 수중 양생, 습포 양생, 습사 양생, 피막 양생(막양생), 피복 양생
> • 촉진 양생 : 증기 양생, 고온고압(오토클레이브) 양생, 전기 양생, 온수 양생, 적외선 양생, 고주파 양생

05 수중 콘크리트 타설에 사용되는 기구를 4가지만 쓰시오.

> **해답**
> 트레미, 콘크리트 펌프, 밑열림 상자, 밑열림 포대

06 굵은 골재 체가름 시험결과를 보고 다음 물음에 답하시오.

체 크기(mm)	잔류율(%)	가적 잔류율(%)	가적 통과율(%)
75	0		
40	6		
20	35		
10	30		
5	25		
2.5	4		
1.2	0		
0.6	0		
0.3	0		
0.15	0		
합계	100		

(1) 표의 빈칸을 채우시오.
(2) 굵은 골재의 최대 치수를 구하시오.
(3) 조립률을 구하시오.

해답

(1)

체 크기(mm)	잔류율(%)	가적 잔류율(%)	가적 통과율(%)
75	0	0	100
40	6	6	94
20	35	41	59
10	30	71	29
5	25	96	4
2.5	4	100	0
1.2	0	100	0
0.6	0	100	0
0.3	0	100	0
0.15	0	100	0
합계	100	–	–

(2) 굵은 골재의 최대 치수는 골재가 질량비로 90% 통과하는 체(75mm, 40mm) 중 가장 작은 체의 치수로 정하므로 40mm가 된다.

(3) 조립률 = $\dfrac{\text{각 체의 가적 잔류율의 합}}{100}$

$= \dfrac{6 + 41 + 71 + 96 + 500}{100}$

$= 7.14$

※ 조립률 : 10개의 체(75mm, 40mm, 20mm, 10mm, 5mm, 2.5mm, 1.2mm, 0.6mm, 0.3mm, 0.15mm)를 1조로 하여 체가름 시험을 하였을 때, 각 체에 남은 누계량의 전체 시료에 대한 질량 백분율의 합을 100으로 나눈 값으로 나타낸다.

※ 계산에서 500은 2.5mm, 1.2mm, 0.6mm, 0.3mm, 0.15mm 체에 남은 가적 잔류율의 합이다.

07 콘크리트를 타설한 후 물보다 밀도가 큰 시멘트와 골재는 가라앉고 물이 콘크리트 상면으로 떠오르는 현상을 무엇이라 하는가?

해답
블리딩(bleeding)

08 혼화재료의 사용 목적을 설명하시오.

해답
(1) 콘크리트의 워커빌리티가 개선된다.
(2) 강도 및 내구성, 수밀성이 증진된다.
(3) 응결·경화시간을 조절할 수 있다.
(4) 작업이 용이하여 양질의 콘크리트를 제조할 수 있다.
(5) 시멘트의 사용량을 절약할 수 있으며 재료분리를 방지할 수 있다.

09 콘크리트의 워커빌리티를 판정하는 기준이 되는 반죽질기 측정방법을 3가지만 쓰시오.

해답
(1) 슬럼프 시험
(2) 흐름(flow) 시험
(3) 리몰딩 시험
(4) 켈리볼 시험(구관입 시험, 이리바렌 시험)
(5) 다짐계수 시험
(6) 비비 시험

10 배합설계를 위해 주어진 값이 다음과 같을 경우 다음 물음에 답하시오.

> - 단위 잔골재량의 절대 부피 : $0.311m^3$
> - 단위 굵은 골재량의 절대 부피 : $0.395m^3$
> - 잔골재의 밀도 : $2.62g/cm^3$
> - 굵은 골재의 밀도 : $2.67g/cm^3$

(1) 잔골재율을 구하시오(소수 셋째 자리에서 반올림).
(2) 단위 잔골재량을 구하시오(소수 셋째 자리에서 반올림).
(3) 단위 굵은 골재량을 구하시오(소수 셋째 자리에서 반올림).
(4) 단위 골재량의 절대 부피를 구하시오.

해답

(1) 잔골재율 $= \dfrac{잔골재량}{잔골재량 + 굵은 골재량} \times 100$

$= \dfrac{0.311}{0.311 + 0.395} \times 100$

$= 44.05\%$

(2) 단위 잔골재량 = 단위 잔골재량의 절대 부피 × 잔골재의 밀도 × 1,000
$= 0.311 \times 2.62 \times 1,000$
$= 814.82 kg/m^3$

(3) 단위 굵은 골재량 = 단위 굵은 골재량의 절대 부피 × 굵은 골재의 밀도 × 1,000
$= 0.395 \times 2.67 \times 1,000$
$= 1,054.65 kg/m^3$

(4) 단위 골재량의 절대 부피 = 단위 잔골재량의 절대 부피 + 단위 굵은 골재량의 절대 부피
$= 0.311 + 0.395$
$= 0.706 m^3$

2018년 제2회 과년도 기출복원문제

01 풍화된 시멘트의 특성 3가지를 쓰시오.

해답
(1) 시멘트 비중이 감소한다.
(2) 강열감량이 증가한다.
(3) 시멘트의 강도가 저하된다.
(4) 시멘트 응결 및 경화가 늦어진다.

02 포틀랜드 시멘트(KS L 5201)의 종류 5가지를 쓰시오.

해답
(1) 보통 포틀랜드 시멘트(1종)
(2) 중용열 포틀랜드 시멘트(2종)
(3) 조강 포틀랜드 시멘트(3종)
(4) 저열 포틀랜드 시멘트(4종)
(5) 내황산염 포틀랜드 시멘트(5종)

03 한중 콘크리트에 관한 사항이다. 다음 물음에 답하시오.

(1) 하루 평균기온이 (   )℃ 이하가 예상되는 조건일 때 사용한다.
(2) 타설할 때의 콘크리트 온도는 (   )~(   )℃의 범위로 한다.
(3) 동결 방지를 위해 넣는 혼화재료는?

해답
(1) 4
(2) 5, 20
(3) 촉진제, 방동제

04 시멘트 분말도와 응결시간 측정방법을 각각 2가지씩 쓰시오.

해답
(1) 시멘트 분말도 측정방법 : 체가름 시험(표준체 시험), 비표면적 시험(블레인 투과장치)
(2) 응결시간 측정방법 : 비카침, 길모어침

05 콘크리트의 시방 배합을 현장 배합으로 환산 시 단위 수량, 단위 잔골재, 단위 굵은 골재량은 얼마인가?(단, 각 재료량은 정수로 처리하며 시방 배합의 단위 시멘트양 : 300kg/m³, 단위 수량 : 155kg/m³, 단위 잔골재량 : 695kg/m³, 단위 굵은 골재량 : 1,285kg/m³이며, 현장 골재의 상태는 잔골재의 표면수 4.6%, 굵은 골재의 표면수 0.8%, 잔골재 중 5mm 체 잔유량 3.4%, 굵은 골재 중 5mm 체 통과량 4.3%이다)

해답
(1) 단위 잔골재량(x)
　① 입도에 의한 조정
$$x = \frac{100S - b(S+G)}{100-(a+b)} = \frac{100 \times 695 - 4.3(695+1,285)}{100-(3.4+4.3)}$$
$$= 661\,\text{kg/m}^3$$
　② 표면수에 의한 조정
$$S = 661 + (661 \times 0.046)$$
$$= 691\,\text{kg/m}^3$$
(2) 단위 굵은 골재량(y)
　① 입도에 의한 조정
$$y = \frac{100G - a(S+G)}{100-(a+b)} = \frac{100 \times 1,285 - 3.4(695+1,285)}{100-(3.4+4.3)}$$
$$= 1,319\,\text{kg/m}^3$$
　② 표면수에 의한 조정
$$G = 1,319 + (1,319 \times 0.008)$$
$$= 1,330\,\text{kg/m}^3$$
(3) 단위 수량
$$W = 155 - (661 \times 0.046 + 1,319 \times 0.008)$$
$$= 114\,\text{kg/m}^3$$

06 조립률을 구할 때 사용하는 체의 종류를 쓰시오.

해답

75mm, 40mm, 20mm, 10mm, 5mm, 2.5mm, 1.2mm, 0.6mm, 0.3mm, 0.15mm 체(10개)

07 압축강도 시험용 공시체의 지름은 굵은 골재 최대 치수의 (①)배 이상 및 (②)mm 이상으로 하고, 높이는 공시체 지름의 (③)배 이상으로 한다.

해답

① 3, ② 100, ③ 2

08 다음 물음에 답하시오.

(1) 공시체 몰드의 탈형은 제작 후 (   )~(   )시간 이내로 한다.
(2) 공시체를 캐핑할 경우 캐핑층의 두께는 공시체의 지름의 (   )%를 넘어서는 안 된다.

해답

(1) 16, 72
(2) 2

09 혼합 시멘트의 종류를 3가지만 쓰시오.

해답

고로 슬래그 시멘트, 플라이애시 시멘트, 실리카(포졸란) 시멘트

2019년 제1회 과년도 기출복원문제

01 잔골재 체가름 시험에 대한 성과표이다. 건조시료 500g으로 시험을 했을 때 다음의 표를 완성하고 조립률을 구하시오.

체(mm)	잔류량(g)	잔류율(%)	가적 잔류율(%)
20	0		
10	5		
5	20		
2.5	70		
1.2	135		
0.6	210		
0.3	40		
0.15	15		
Pan	5		
계	0		

해답

(1)

체(mm)	잔류량(g)	잔류율(%)	가적 잔류율(%)
20	0	0	0
10	5	1	1
5	20	4	5
2.5	70	14	19
1.2	135	27	46
0.6	210	42	88
0.3	40	8	96
0.15	15	3	99
Pan	5	1	100
계	500	100	-

(2) 조립률 = $\dfrac{\text{각 체의 가적 잔류율의 합}}{100}$

$= \dfrac{1+5+19+46+88+96+99}{100}$

$= 3.54$

02 콘크리트 압축강도 시험을 할 때 공시체에 하중을 가하는 속도를 쓰시오.

해답
0.6±0.2MPa/s

03 시방 배합을 수행한 결과 단위 시멘트양이 320kg/m³, 단위 수량 : 165kg/m³, 단위 잔골재량 : 650kg/m³, 단위 굵은 골재량 : 1,200kg/m³를 얻었다. 이 골재의 현장 상태가 다음과 같을 때 다음의 물음에 답하시오(단, 소수 첫째 자리까지 표기하시오).

[현장 골재의 상태]

구분	5mm 체에 남는 양(%)	5mm 체 통과량(%)	표면수량(%)
잔골재	4	96	3.4
굵은 골재	98	2	0.5

(1) 단위 잔골재량을 구하시오.
(2) 단위 굵은 골재량을 구하시오.
(3) 단위 수량을 구하시오.

해답
(1) 단위 잔골재량(x)
　① 입도에 의한 조정
$$x = \frac{100S - b(S+G)}{100-(a+b)} = \frac{100 \times 650 - 2(650+1,200)}{100-(4+2)}$$
$$= 652.1 \text{kg/m}^3$$
　② 표면수에 의한 조정
$$S = 652.1 + (652.1 \times 0.034)$$
$$= 674.3 \text{kg/m}^3$$

(2) 단위 굵은 골재량(y)
　① 입도에 의한 조정
$$y = \frac{100G - a(S+G)}{100-(a+b)} = \frac{100 \times 1,200 - 4(650+1,200)}{100-(4+2)}$$
$$= 1,197.9 \text{kg/m}^3$$
　② 표면수에 의한 조정
$$G = 1,197.9 + (1,197.9 \times 0.005)$$
$$= 1,203.9 \text{kg/m}^3$$

(3) 단위 수량
$$W = 165 - (652.1 \times 0.034 + 1,197.9 \times 0.005)$$
$$= 136.8 \text{kg/m}^3$$

04 다음 물음에 답하시오.

(1) 콘크리트 타설 후 시행하는 양생방법의 종류를 3가지만 쓰시오.
(2) 풍화된 시멘트의 성질을 3가지만 쓰시오.

해답

(1) 양생의 종류
  - 습윤 양생 : 수중 양생, 습포 양생, 습사 양생, 피막 양생
  - 촉진 양생 : 증기 양생, 전기 양생, 고온고압(오토클레이브) 양생, 온수 양생, 적외선 양생, 고주파 양생
(2) 풍화된 시멘트의 성질
  - 시멘트의 비중이 감소하고, 강열감량이 증가한다.
  - 시멘트의 강도가 저하된다.
  - 시멘트의 응결 및 경화시간이 지연된다.

05 콘크리트의 블리딩 시험방법(KS F 2414)에 대해 다음 물음에 답하시오.

(1) 블리딩 시험 시 온도의 범위를 쓰시오.
(2) 블리딩 시험조건이 다음과 같을 경우 블리딩양과 블리딩률을 구하시오.

  - 콘크리트 시료의 안지름 : 250mm
  - 콘크리트 시료의 높이 : 255mm
  - 콘크리트 단위 질량 : 2,330kg/m³
  - 콘크리트 단위 수량 : 175kg/m³
  - 시료의 질량 : 35.15kg
  - 마지막까지 누계한 블리딩 물의 양 : 75mL

해답

(1) 20±3℃

(2) ① 블리딩양 $= \dfrac{V}{A} = \dfrac{0.000075}{\dfrac{\pi \times 0.25^2}{4}} = 0.00153\,\text{m}^3/\text{m}^2$

여기서, V : 마지막까지 누계한 블리딩에 의한 물의 용적(m³)
    A : 콘크리트 윗면의 면적(m²)

② 블리딩률(%)

$W_s = \dfrac{W}{C} \times S = \dfrac{175}{2,330} \times 35.15 = 2.64\,\text{kg}$

∴ 블리딩률 $= \dfrac{B}{W_s} \times 100 = \dfrac{0.075}{2.64} \times 100 = 2.84\%$

여기서, B : 최종까지 누계한 블리딩에 의한 물의 질량(kg)
    W_s : 시료 중의 물의 질량(kg)
    C : 콘크리트의 단위 용적질량(kg/m³)
    W : 콘크리트의 단위 수량(kg/m³)
    S : 시료의 질량(kg)

06 굵은 골재의 마모 시험결과가 다음과 같을 때 이 골재의 마모율을 구하시오.

- 시험 전 시료의 질량 : 3,250g
- 체 1.7mm의 잔류량 : 2,870g

해답

마모율 = $\dfrac{\text{시험 전 시료의 질량} - 1.7\text{mm 체의 잔류량}}{\text{시험 전 시료의 질량}} \times 100$

   = $\dfrac{3,250 - 2,870}{3,250} \times 100$

   = 11.69%

07 골재의 단위 용적질량이 1.54kg/L, 절건 밀도가 2.64g/cm³일 때 실적률과 공극률을 구하시오.

해답

(1) 실적률(%) = $\dfrac{\text{골재의 단위 용적질량}}{\text{골재의 절건 밀도}} \times 100$

   = $\dfrac{1.54}{2.64} \times 100$

   = 58.33%

(2) 공극률(%) = 100 − 실적률(%)

   = 100 − 58.33%

   = 41.67%

08 다음의 (   ) 안에 해당되는 숫자를 순서대로 쓰시오.

(1) 일평균기온이 (①)℃ 이하가 예상되는 조건일 때는 콘크리트가 동결할 우려가 있으므로 한중 콘크리트로 시공하여야 한다.
(2) 일평균기온이 (②)℃ 이상이 예상될 때는 콘크리트의 물성이 급격히 변하기 때문에 서중 콘크리트로 시공하여야 한다.
(3) 넓이가 넓은 평판구조의 경우 (③)m 이상, 하단이 구속된 벽조의 경우는 두께 (④)m 이상일 경우 매스 콘크리트로 관리하여야 한다.

해답
① 4, ② 25, ③ 0.8, ④ 0.5

09 다음은 굵은 골재의 시험조건에 대한 각각의 질량을 측정한 것이다. 물음에 답하시오.

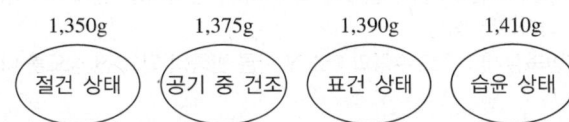

(1) 골재의 전 함수량을 구하시오.
(2) 골재의 흡수율을 구하시오.

해답
(1) 전 함수량 = 습윤 상태의 질량 − 절대건조의 질량
  = 1,410 − 1,350
  = 60g
(2) 흡수율(%) = $\dfrac{\text{표건 상태의 질량} - \text{절대건조 상태의 질량}}{\text{절대건조 상태의 질량}} \times 100$

  = $\dfrac{1,390 - 1,350}{1,350} \times 100$

  = 2.96%

2019년 제2회 과년도 기출복원문제

01 굳지 않은 콘크리트의 워커빌리티 측정방법 4가지를 쓰시오.

> **해답**
> (1) 슬럼프 시험
> (2) 흐름(flow) 시험
> (3) 리몰딩 시험
> (4) 켈리볼 시험(구관입 시험, 이리바렌 시험)
> (5) 다짐계수 시험
> (6) 비비 시험

02 굳지 않은 콘크리트의 성질을 나타내는 용어를 3가지만 쓰시오.

> **해답**
> (1) 워커빌리티(workability, 시공연도) : 반죽질기에 따른 작업의 어렵고 쉬운 정도 및 재료의 분리에 저항하는 정도를 나타내는 굳지 않은 콘크리트의 성질
> (2) 플라스티시티(plasticity, 성형성) : 거푸집에 쉽게 다져 넣을 수 있고 거푸집을 제거하면 천천히 그 형상이 변하기는 하지만 허물어지거나 재료분리가 없는 성질
> (3) 피니셔빌리티(finishability, 마무리성) : 굵은 골재의 최대 치수, 잔골재율, 잔골재의 입도, 반죽질기 등에 따른 콘크리트 표면의 마무리하기 쉬운 정도를 나타내는 성질
> (4) 컨시스턴시(consistency, 반죽질기) : 주로 수량의 다소에 따른 반죽의 되고 진 정도를 나타내는 것으로 콘크리트 반죽의 유연성을 나타내는 성질
> (5) 펌퍼빌리티(pumpability, 압송성) : 펌프시공 콘크리트의 경우 펌프에 콘크리트가 잘 밀려나가는지의 난이 정도

03 콘크리트 시공이나 타설에 사용되는 용어 중에서 되 비비기와 거듭 비비기에 대해 간략히 설명하시오.

> **해답**
> (1) 되 비비기 : 콘크리트 또는 모르타르가 엉기기 시작하였을 때 다시 비비는 작업을 말한다.
> (2) 거듭 비비기 : 콘크리트 또는 모르타르가 엉기기 시작하지는 않았으나 비빈 후 상당히 시간이 지났거나 또 재료가 분리된 경우에 다시 비비는 작업을 말한다.

04 콘크리트 배합설계를 위한 시험결과 공기량이 5.0%로 측정되었고, 사용된 시멘트양이 380kg이었다. W/C 46.5%, S/a 43%일 때 단위 수량, 단위 잔골재, 단위 굵은 골재의 절대 부피와 각각의 질량을 구하시오(각 재료의 밀도는 물 1.0g/cm³, 시멘트 3.15g/cm³, 잔골재 2.62g/cm³, 굵은 골재 2.65g/cm³, 각 재료량은 정수로, 절대 부피는 소수점 셋째 자리까지 표현).

해답

(1) 수량
- 단위 수량 = 380 × 0.465 = 177kg/m³
- 단위 수량의 절대 부피 = $\dfrac{177}{1.0} \div 1{,}000 = 0.177\text{m}^3$

※ 물은 밀도가 1이기 때문에 단위 수량이 그대로 절대 부피가 된다.

(2) 잔골재
- 단위 잔골재의 절대 부피 = 단위 골재량의 절대 부피 × 잔골재율
   = 0.652 × 0.43 = 0.280m³
- 단위 잔골재의 양 = 단위 잔골재량의 절대 부피 × 잔골재의 비중 × 1,000
   = 0.280 × 2.62 × 1,000 = 734kg/m³

※ 단위 골재량의 절대 부피 = $1 - \left(\dfrac{\text{단위 수량}}{1{,}000} + \dfrac{\text{단위 시멘트양}}{\text{시멘트의 비중} \times 1{,}000} + \dfrac{\text{공기량}}{100}\right)$

   = $1 - \left(\dfrac{177}{1{,}000} + \dfrac{380}{3.15 \times 1{,}000} + \dfrac{5}{100}\right) = 0.652\text{m}^3$

(3) 굵은 골재
- 단위 굵은 골재의 절대 부피 = 단위 골재량의 절대 부피 − 단위 잔골재량의 절대 부피
   = 0.652 − 0.280 = 0.372m³
- 단위 굵은 골재의 양 = 단위 굵은 골재량의 절대 부피 × 굵은 골재의 밀도 × 1,000
   = 0.372 × 2.65 × 1,000 = 986kg/m³

05 콘크리트 압축강도의 시험에 관한 사항이다. 다음 질문에 답하시오.

(1) 압축강도 시험용 공시체는 콘크리트를 채운 후 몇 시간 안에 몰드를 탈형해야 하는가?
(2) 몰드에서 떼어 낸 후 공시체의 양생온도는 얼마로 해야 하는가?
(3) 지름이 100mm이고 높이가 200mm인 경우 하중이 250kN이었을 때 압축강도는 얼마인가?

해답

(1) 16~72시간 이내
(2) 18~22℃
(3) 압축강도(f_c) = $\dfrac{P}{\pi\left(\dfrac{d}{2}\right)^2} = \dfrac{250{,}000}{\dfrac{\pi \times 100^2}{4}} = 31.85\text{MPa}$

   여기서, P : 최대 하중(N)
   d : 공시체의 지름(mm)

06 다음의 수중 콘크리트에 대한 질문에 답하시오.

(1) 수중 콘크리트의 물-결합재비 및 단위 시멘트양에 대한 다음의 빈칸을 채우시오.

종류	일반 수중 콘크리트	현장타설말뚝 및 지하연속벽에 사용하는 수중 콘크리트
물-결합재비	50% 이하	
단위 시멘트양		350kg/m³ 이상

(2) 수중 콘크리트 타설에 사용되는 기계·기구를 4가지만 쓰시오.

해답

(1)

종류	일반 수중 콘크리트	현장타설말뚝 및 지하연속벽에 사용하는 수중 콘크리트
물-결합재비	50% 이하	55% 이하
단위 시멘트양	370kg/m³ 이상	350kg/m³ 이상

(2) 트레미, 콘크리트 펌프, 밑열림 상자, 밑열림 포대

07 혼화재료는 혼화재와 혼화제로 분류되는데 이에 대한 정의를 간략히 쓰시오.

해답

(1) 혼화재
- 사용량이 시멘트 질량의 5% 정도 이상이 되어 그 자체의 부피가 콘크리트의 배합계산에 관계가 되는 것
- 포졸란, 플라이애시, 고로 슬래그, 팽창제, 실리카 퓸 등

(2) 혼화제
- 사용량이 시멘트 질량의 1% 정도 이하의 것으로 콘크리트의 배합계산에서 무시되는 것
- AE제, 경화촉진제, 지연제, 기포제, 방수제 등

08 콘크리트 타설 후 시행하는 양생방법의 종류 4가지만 쓰시오.

해답

양생의 종류
- 습윤 양생 : 수중 양생, 습포 양생, 습사 양생, 피막 양생
- 촉진 양생 : 증기 양생, 전기 양생, 고온고압(오토클레이브) 양생, 온수 양생, 적외선 양생, 고주파 양생

2020년 제1회 과년도 기출복원문제

01 다음 시방 배합 조건에서의 현장 배합을 완성하시오(단, 각 재료량은 정수처리하시오).

[시방 배합표]

Gmax (mm)	slump (mm)	Air (%)	W/C (%)	S/a (%)	단위 재료량(kg/m³)				
					W	C	S	G	AD
25	150	4.5	51	49	178	349	896	948	1.75

[현장 골재의 조건]

- 잔골재의 5mm 체 잔류율 : 4.2%
- 잔골재의 표면수 : 2.6%
- 굵은 골재의 5mm 체 통과율 : 3.4%
- 굵은 골재의 표면수 : 1.0%

해답

(1) 단위 잔골재량(x)
  ① 입도에 의한 조정
  $$x = \frac{100S - b(S+G)}{100 - (a+b)} = \frac{100 \times 896 - 3.4(896 + 948)}{100 - (4.2 + 3.4)}$$
  $$= 902 \text{kg/m}^3$$
  ② 표면수에 의한 조정
  $$S = 902 + (902 \times 0.026)$$
  $$= 925 \text{kg/m}^3$$

(2) 단위 굵은 골재량(y)
  ① 입도에 의한 조정
  $$y = \frac{100G - a(S+G)}{100 - (a+b)} = \frac{100 \times 948 - 4.2(896 + 948)}{100 - (4.2 + 3.4)}$$
  $$= 942 \text{kg/m}^3$$
  ② 표면수에 의한 조정
  $$G = 942 + (942 \times 0.01)$$
  $$= 951 \text{kg/m}^3$$

(3) 단위 수량
  $$W = 178 - (902 \times 0.026 + 942 \times 0.01)$$
  $$= 145 \text{kg/m}^3$$

[현장 배합표 완성]

단위 재료량(kg/m³)				
W	C	S	G	AD
145	349	925	951	1.75

02 다음은 굵은 골재 15,000g에 대하여 체가름 시험을 수행한 결과이다. 다음 물음에 답하시오.

[골재의 체가름 시험]

체의 호칭치수(mm)	잔류량(g)	잔류율(%)	가적 잔류율(%)	통과율(%)
75	0			
40	450			
20	7,200			
10	3,600			
5	3,300			
2.5	450			
1.2	0			
0.6	0			
0.3	0			
0.15	0			
합계	15,000			

(1) 골재의 조립률을 구하시오.
(2) 굵은 골재 최대 치수의 정의를 쓰시오.
(3) 굵은 골재의 최대 치수를 구하시오.

해답

(1)

체의 호칭치수(mm)	잔류량(g)	잔류율(%)	가적 잔류율(%)	통과율(%)
75	0	0	0	100
40	450	3.0	3	97
20	7,200	48.0	51	49
10	3,600	24.0	75	25
5	3,300	22.0	97	3
2.5	450	3.0	100	0
1.2	0	–	100	0
0.6	0	–	100	0
0.3	0	–	100	0
0.15	0	–	100	0
합계	15,000	100	–	–

∴ 조립률 = $\dfrac{\text{각 체의 가적 잔류율의 합}}{100}$

$= \dfrac{3 + 51 + 75 + 97 + 500}{100}$

$= 7.26$

(2) 골재가 질량비로 90% 통과하는 체 중 가장 작은 체의 치수로 정한다.
(3) 40mm

03 다음 물음에 답하시오.

(1) 콘크리트 믹서 중에서 가경식 믹서와 강제식 믹서의 최소 믹싱 시간을 쓰시오.
(2) 콘크리트를 타설할 때 내부 진동기의 기준을 쓰시오.
   ① 삽입 간격
   ② 하층의 콘크리트 삽입 깊이

해답
(1) 가경식 믹서는 1분 30초 이상, 강제식 믹서는 1분 이상을 표준 비비기 시간으로 한다.
(2) ① 0.5m 이하, ② 0.1m 정도

04 KS L ISO 679 규격에 따른 시멘트의 강도 시험을 위한 물-시멘트의 비, 시멘트와 ISO 표준사의 비에 대해 쓰시오.

해답
시멘트의 강도 시험 시 공시체는 질량으로 시멘트 1, 표준사 3 및 물-시멘트비 0.5의 비율로 모르타르를 성형한다.

05 다음 표는 일반 수중 콘크리트 슬럼프의 표준값(mm)을 나타낸다. 빈칸을 완성하시오.

시공방법	일반 수중 콘크리트	현장타설말뚝 및 지하연속벽에 사용하는 수중 콘크리트
트레미	(1)	(2)
콘크리트 펌프	130~180	-
밑열림 상자, 밑열림 포대	100~150	-

해답
(1) 130~180
(2) 180~210

06 콘크리트의 공시체는 몇 ℃에서 습윤 상태로 양생해야 하는가?

해답
20±2℃

07 다음의 두 가지 조건에서 콘크리트의 배합강도를 산출하시오.

(1) 설계기준 압축강도가 40MPa이며, 30회 이상 시험실적의 표준편차 s = 4.5MPa인 경우의 배합강도를 구하시오.
(2) 설계기준 압축강도가 24MPa인 경우인데, 압축강도의 시험 횟수가 14회가 안 되는 경우의 배합강도를 구하시오.

해답
(1) f_{cn} > 35MPa인 경우
  ① $f_{cr} = f_{cn} + 1.34s = 40 + 1.34 \times 4.5 = 46.03$MPa
  ② $f_{cr} = 0.9f_{cn} + 2.33s = 0.9 \times 40 + 2.33 \times 4.5 = 46.49$MPa
  여기서, s : 압축강도의 표준편차(MPa)
  ∴ 배합강도는 위의 두 값 중 큰 값인 46.49MPa이다.
(2) 압축강도의 시험 횟수가 14회 이하이거나 기록이 없는 경우의 배합강도

호칭강도(MPa)	배합강도(MPa)
21 미만	$f_{cn} + 7$
21 이상 35 이하	$f_{cn} + 8.5$
35 초과	$1.1f_{cn} + 5$

∴ 배합강도 = f_{cn} + 8.5 = 24 + 8.5 = 32.5MPa

08 다음의 물음에 답하시오.

(1) 블리딩의 정의를 쓰시오.
(2) 레이턴스의 정의를 쓰시오.

해답
(1) 블리딩 : 굳지 않은 콘크리트 타설 후 골재와 물-시멘트의 비중 차이로 콘크리트 상부로 물이 떠오르는 현상을 말한다.
(2) 레이턴스 : 콘크리트 타설 후 블리딩에 의해 부유물과 함께 내부의 미세한 입자가 부상하여 콘크리트의 표면에 형성되는 경화되지 않은 층을 말한다.

2020년 제3회 과년도 기출복원문제

01 콘크리트의 시방 배합 결과와 현장 골재의 상태가 다음 표와 같을 때 시방 배합을 현장 배합으로 고치고 현장 배합표를 완성하시오.

[시방 배합표]

굵은 골재의 최대 치수 (mm)	슬럼프 (mm)	공기량 (%)	W/C (%)	S/a (%)	단위 재료량(kg/m³)			
					물 (W)	시멘트 (C)	잔골재 (S)	굵은 골재 (G)
25	80	4.5	47.6	35.5	161	322	645	1,177

[현장 골재의 상태]
- 5mm 체에 남는 잔골재량 : 5%
- 5mm 체를 통과하는 굵은 골재량 : 4%
- 잔골재의 표면수량 : 3%
- 굵은 골재의 표면수량 : 2%

(1) 입도에 대한 보정을 하여 잔골재량과 굵은 골재량을 구하시오.

　① 잔골재량 :

　② 굵은 골재량 :

(2) 표면수에 대한 보정을 하여 잔골재 및 굵은 골재 표면수량을 구하시오.

　① 잔골재 표면수량 :

　② 굵은 골재 표면수량 :

(3) 1m³의 콘크리트를 만들기 위한 다음의 현장 배합표를 완성하시오.

단위 재료량(kg/m³)			
물(W)	시멘트(C)	잔골재(S)	굵은 골재(G)
	322		

해답

(1) 입도에 대한 보정

　① 잔골재량 $= \dfrac{100S - b(S+G)}{100 - (a+b)} = \dfrac{100 \times 645 - 4(645 + 1,177)}{100 - (5+4)} = 628.70 \text{kg/m}^3$

　② 굵은 골재량 $= \dfrac{100G - a(S+G)}{100 - (a+b)} = \dfrac{100 \times 1,177 - 5(645 + 1,177)}{100 - (5+4)} = 1,193.3 \text{kg/m}^3$

(2) 표면수에 대한 보정

　① 잔골재 표면수량 $= 628.7 \times 0.03 = 18.86 \text{kg/m}^3$

　② 굵은 골재 표면수량 $= 1,193.3 \times 0.02 = 23.87 \text{kg/m}^3$

(3) 현장 배합표
- 단위 수량(W) = 161 − (18.86 + 23.87) = 118.27kg/m³
- 단위 잔골재(S) = 628.7 + 18.86 = 647.56kg/m³
- 단위 굵은 골재(G) = 1,193.3 + 23.87 = 1,217.17kg/m³

단위 재료량(kg/m³)			
물(W)	시멘트(C)	잔골재(S)	굵은 골재(G)
118.27	322	647.56	1,217.17

02 콘크리트 휨강도 시험에 대하여 다음 물음에 답하시오(단, 시험체 몰드의 크기는 150mm × 150mm × 530mm이다).

(1) 다짐봉을 사용하여 공시체를 제작할 때 몰드의 각 층 다짐 횟수를 구하시오.
(2) 공시체가 인장쪽 표면 지간 방향 중심선의 4점 사이에서 파괴되었을 때 휨강도를 구하시오(단, 지간은 450mm, 파괴 시 최대 하중은 35kN이다).
(3) 공시체가 인장쪽 표면 지간 방향 중심선의 4점의 바깥쪽에서 파괴된 경우는 어떻게 처리하는지 쓰시오.

해답

(1) 콘크리트 휨강도 시험용 공시체는 제작할 때 콘크리트는 몰드에 2층으로 나누어 채우고 각 층은 적어도 1,000mm²에 1회의 비율로 다짐을 한다.
- 몰드의 단면적 = 150 × 530 = 79,500mm²
- 다짐 횟수 = 79,500 ÷ 1,000 = 79.5 ≒ 80회

(2) $f_b = \dfrac{Pl}{bh^2} = \dfrac{35,000 \times 450}{150 \times 150^2} = 4.67\text{N/mm}^2 = 4.67\text{MPa}$

여기서, P : 시험기가 나타내는 최대 하중(N)
l : 지간(mm)
b : 파괴 단면의 너비(mm)
h : 파괴 단면의 높이(mm)

(3) 무효로 한다.

03 일반 수중 콘크리트에 대한 다음 물음에 답하시오.

(1) 트레미, 콘크리트 펌프로 시공할 때 슬럼프의 표준값은 얼마인가?
(2) 물-결합재비는 얼마 이하를 표준으로 하는가?
(3) 단위 시멘트양은 얼마 이상을 표준으로 하는가?

해답

(1) 130~180mm
(2) 50%
(3) 370kg/m³

04 굳지 않는 콘크리트의 공기 함유량 시험에 대한 다음 물음에 답하시오.

(1) 공기량 측정방법을 3가지만 쓰시오.

(2) 콘크리트의 용적에 대한 겉보기 공기량(A_1)이 4.9%이고, 골재의 수정계수(G)가 0.8일 때 콘크리트의 공기량을 구하시오.

해답

(1) 질량법(중량법, 무게법), 용적법(부피법), 공기실 압력법(주수법, 무주수법)

(2) $A = A_1 - G = 4.9 - 0.8 = 4.1\%$

05 콘크리트의 배합강도에 대한 다음 물음에 답하시오.

(1) 압축강도 시험 실적이 없는 경우
   ① 설계기준 압축강도가 20MPa일 때
   ② 설계기준 압축강도가 24MPa일 때

(2) 실제 사용한 콘크리트의 15회 압축강도 시험 실적으로부터 결정한 표준편차가 2.5MPa이며 설계기준 압축강도가 30MPa인 경우

해답

(1) 압축강도 시험 실적이 없는 경우

[압축강도의 시험 횟수가 14회 이하이거나 기록이 없는 경우의 배합강도]

호칭강도(MPa)	배합강도(MPa)
21 미만	$f_{cn} + 7$
21 이상 35 이하	$f_{cn} + 8.5$
35 초과	$1.1 f_{cn} + 5$

① $f_{cr} = f_{cn} + 7 = 20 + 7 = 27$MPa
② $f_{cr} = f_{cn} + 8.5 = 24 + 8.5 = 32.5$MPa

(2) 15회의 압축강도 시험 실적이 있는 경우

[시험 횟수가 29회 이하일 때 표준편차의 보정계수]

시험 횟수	표준편차의 보정계수
15	1.16
20	1.08
25	1.03
30 이상	1.00

$f_{cn} \leq 35$MPa인 경우

① $f_{cr} = f_{cn} + 1.34s = 30 + 1.34 \times 2.5 \times 1.16 = 33.89$MPa
② $f_{cr} = (f_{cn} - 3.5) + 2.33s = (30 - 3.5) + 2.33 \times 2.5 \times 1.16 = 33.26$MPa

여기서, s : 압축강도의 표준편차(MPa)
  1.16 : 시험 횟수가 15회일 때 표준편차의 보정계수
∴ 배합강도는 위의 두 값 중 큰 값인 33.89MPa이다.

06 포졸란을 사용한 콘크리트의 특징을 3가지만 쓰시오.

> **해답**
> (1) 수화열이 감소한다.
> (2) 단위 수량이 감소하여 내구성이 향상된다.
> (3) 초기강도가 지연되나 장기강도 증진은 우수한 편이다.
> (4) 블리딩이 감소한다.
> (5) 수밀성 및 화학저항성이 크다.

07 단위 용적질량이 1.7kg/L인 굵은 골재의 절건 밀도가 2.65kg/L일 때 이 골재의 실적률과 공극률을 구하시오.

> **해답**
> 실적률(%) = $\dfrac{\text{골재의 단위 용적질량}}{\text{골재의 절건 밀도}} \times 100$
> $= \dfrac{1.7}{2.65} \times 100$
> $= 64.15\%$
> 공극률(%) = $100 - 64.15\%$
> $= 35.85\%$

08 다음 용어의 정의를 간단히 설명하시오.

(1) 골재의 함수율 :

(2) 골재의 유효 흡수율 :

> **해답**
> (1) 골재의 함수율 : 골재 입자 내부의 공극에 함유되어 있는 물과 표면수의 합을 절대건조 상태의 골재 질량으로 나눈 질량 백분율이다.
> (2) 골재의 유효 흡수율 : 골재가 표면건조 포화 상태가 될 때까지 흡수하는 수량의, 절대건조 상태의 골재질량에 대한 백분율이다.

2021년 제1회 과년도 기출복원문제

01 주어진 조건이 다음과 같을 때 단위 시멘트양, 단위 잔골재 및 굵은 골재량, 단위 용적질량을 구하시오.

- W/C : 50%
- 공기량 : 5.0%
- 시멘트의 밀도 : 3.15g/cm³
- 굵은 골재의 밀도 : 2.67g/cm³
- S/a : 43%
- 단위 수량(W) : 170kg/m³
- 잔골재의 밀도 : 2.57g/cm³

(1) 단위 시멘트양을 구하시오.
(2) 단위 잔골재량을 구하시오.
(3) 단위 굵은 골재량을 구하시오.
(4) 단위 용적질량을 구하시오.

해답

(1) 단위 시멘트양

$\dfrac{W}{C} = 0.50$

$\therefore\ C = \dfrac{W}{0.50} = \dfrac{170}{0.50} = 340\text{kg/m}^3$

(2) 단위 잔골재량

단위 골재량의 절대 부피(m³) $= 1 - \left(\dfrac{\text{단위 수량}}{\text{물의 밀도} \times 1,000} + \dfrac{\text{단위 시멘트양}}{\text{시멘트의 비중} \times 1,000} + \dfrac{\text{공기량}}{100}\right)$

$= 1 - \left(\dfrac{170}{1,000} + \dfrac{340}{3.15 \times 1,000} + \dfrac{5}{100}\right)$

$= 0.672\text{m}^3$

$\therefore$ 단위 잔골재량 = (단위 잔골재량의 절대 부피) × 잔골재의 밀도 × 1,000
= (단위 골재량의 절대 부피 × 잔골재율) × 잔골재의 밀도 × 1,000
= (0.672 × 0.43) × 2.57 × 1,000
= 742.63kg/m³

(3) 단위 굵은 골재량 = 단위 굵은 골재량의 절대 부피 × 굵은 골재의 밀도 × 1,000
= (단위 골재량의 절대 부피 − 단위 잔골재량 절대 부피) × 굵은 골재의 밀도 × 1,000
= (0.672 − (0.672 × 0.43)) × 2.67 × 1,000
= 1,022.71kg/m³

(4) 단위 용적질량 = 170 + 340 + 742.63 + 1,022.71
= 2,275.34kg/m³

02 다음의 시험결과에 대하여 물음에 답하시오.

[잔골재의 체가름 시험]

체 크기(mm)	잔류율(%)	가적 잔류율(%)
10	–	–
5	3.3	3.3
2.5	10.6	13.9
1.2	17.6	31.5
0.6	26.6	58.1
0.3	19.9	78.0
0.15	22	100

[굵은 골재의 체가름 시험]

체 크기(mm)	잔류율(%)	가적 잔류율(%)
75	0	0
40	5	5
20	29	34
10	30	64
5	15	79
2.5	10	89
1.2	5	94
0.6	3	97
0.3	2	99
0.15	1	100

(1) 표의 빈칸을 채우시오.

(2) 잔골재의 조립률을 구하시오.

$$F.M = \frac{3.3 + 13.9 + 31.5 + 58.1 + 78.0 + 100}{100} = 2.85$$

(3) 굵은 골재의 조립률을 구하시오.

$$F.M = \frac{0 + 5 + 34 + 64 + 79 + 89 + 94 + 97 + 99 + 100}{100} = 6.61$$

(4) 굵은 골재의 최대 치수를 구하시오.

40mm (질량비로 90% 이상 통과시키는 체 중 최소 치수)

해답

(1)

[잔골재의 체가름 시험]

체 크기(mm)	잔류율(%)	가적 잔류율(%)
10	–	–
5	3.3	3.3
2.5	10.6	13.9
1.2	17.6	31.5
0.6	26.6	58.1
0.3	19.9	78.0
0.15	22	100

[굵은 골재의 체가름 시험]

체 크기(mm)	잔류율(%)	가적 잔류율(%)
75	0	0
40	5	5
20	29	34
10	30	64
5	15	79
2.5	10	89
1.2	5	94
0.6	3	97
0.3	2	99
0.15	1	100

(2) 잔골재의 조립률 $= \dfrac{3.3 + 13.9 + 31.5 + 58.1 + 78 + 100}{100} ≒ 2.85$

(3) 굵은 골재의 조립률 $= \dfrac{5 + 34 + 64 + 79 + 89 + 94 + 97 + 99 + 100}{100} = 6.61$

(4) 굵은 골재의 최대 치수

체 크기(mm)	잔류율(%)	가적 잔류율(%)	통과율(%)
75	0	0	100
40	5	5	95
20	29	34	66
10	30	64	36
5	15	79	21
2.5	10	89	11
1.2	5	94	6
0.6	3	97	3
0.3	2	99	1
0.15	1	100	0

굵은 골재의 최대 치수는 골재가 질량비로 90% 통과하는 체 중 가장 작은 체의 치수로 정한다. 40mm와 75mm 체 중 최소 치수 체 눈은 40mm이므로 굵은 골재의 최대 치수는 40mm가 된다.

03 다음 조건에서 표준편차의 보정계수와 배합강도를 구하시오.

- f_{cn} : 27MPa
- s : 1.8MPa(s : 22회 시험 횟수의 표준편차)

[시험 횟수가 29회 이하일 때 표준편차의 보정계수]

시험 횟수	표준편차의 보정계수
15	1.16
20	1.08
25	1.03
30 이상	1.00

(1) 표준편차의 보정계수 구하시오.
(2) 배합강도를 구하시오.

해답

(1) 표준편차의 보정계수

시험회수 20에서 25와 표준편차의 보정계수 관계를 식으로 표현해보면 다음과 같다.

$$\frac{1.08 - 1.03}{25 - 20} = 0.01$$

즉, 25에서 20으로 시험 횟수가 1만큼 감소할수록 표준편차의 보정계수는 0.01만큼 증가한다.
따라서 22회에서 표준편차 보정계수는 24회 대비 3만큼 감소하니 보정계수는 $0.01 \times 3 = 0.03$만큼 증가하게 된다.
그러므로 22회에서 보정된 표준편차의 보정계수는 $1.03 + 0.03 = 1.06$
∴ 보정한 표준편차(s) $= 1.8 \times 1.06 = 1.908$MPa

(2) 배합강도($f_{cn} \leq 35$ MPa인 경우)

① $f_{cr} = f_{cn} + 1.34s$
   $= 27 + 1.34 \times 1.908$
   $= 29.56$MPa

② $f_{cr} = (f_{cn} - 3.5) + 2.33s$
   $= (27 - 3.5) + 2.33 \times 1.908$
   $= 27.95$MPa

∴ 배합강도는 위의 두 값 중 큰 값인 29.56MPa이다.

04 다음 예시를 참조하여 수중 콘크리트 타설 시 주의사항에 대하여 기재하시오.

> 예시) 한 구획의 콘크리트 타설을 완료한 후 레이턴스를 모두 제거하고 다음 구획을 타설한다.

(1)
(2)
(3)
(4)

해답
(1) 물의 흐름을 정지시킨 상태에서 타설한다.
(2) 콘크리트를 수중에 낙하하지 않는다.
(3) 콘크리트면은 수평하게 하며 연속하여 타설한다.
(4) 콘크리트가 경화될 때까지 물의 유동을 방지해야 한다.

05 지름 150mm, 높이 300mm의 콘크리트 압축강도 시험용 공시체에 대한 다음의 물음에 답하시오.

(1) 압축강도 시험용 공시체 제작을 위한 다짐 횟수를 구하시오.
(2) 압축강도 시험용 공시체는 몇 시간 안에 몰드를 떼어내야 하는가?
(3) 몰드에서 떼어 낸 후 공시체를 양생하는 표준온도를 쓰시오.
(4) 위 공시체의 압축강도 시험결과 하중값 250kN에서 파괴되었을 경우의 압축강도를 구하시오.

해답
(1) 지름 150mm, 높이 300mm인 공시체이므로, 3층으로 나누어 채우고 각 층을 다짐봉으로 25회 다진다.
(2) 16시간 이상 3일 이내
(3) 20±2℃
(4) 압축강도 $= \dfrac{P}{A} = \dfrac{250{,}000}{\dfrac{\pi \times 150^2}{4}} = 14.2\text{MPa}$

06 굳지 않은 콘크리트의 워커빌리티를 판정하는 반죽질기 시험방법을 4가지만 쓰시오.

해답
(1) 슬럼프 시험
(2) 흐름 시험
(3) 리몰딩 시험
(4) 켈리볼 시험(구관입 시험, 이리바렌 시험)
(5) 다짐계수 시험
(6) 비비 시험

07 다음은 콘크리트의 습윤 양생기간을 나타낸 표이다. 빈칸을 채우시오.

일평균기온	보통 포틀랜드 시멘트	고로 슬래그 시멘트 플라이애시 시멘트 B종	조강 포틀랜드 시멘트
15℃ 이상	( )	7일	( )
10℃ 이상	7일	( )	4일
5℃ 이상	9일	12일	5일

해답

일평균기온	보통 포틀랜드 시멘트	고로 슬래그 시멘트 플라이애시 시멘트 B종	조강 포틀랜드 시멘트
15℃ 이상	(5일)	7일	(3일)
10℃ 이상	7일	(9일)	4일
5℃ 이상	9일	12일	5일

08 혼화재의 종류를 나열하시오.

해답
혼화재의 용도별 분류
(1) 포졸란 작용이 있는 것 : 화산회, 규조토, 규산백토 미분말, 플라이애시, 실리카 퓸
(2) 주로 잠재 수경성이 있는 것 : 고로 슬래그 미분말
(3) 경화과정에서 팽창을 일으키는 것 : 팽창제
(4) 오토클래이브 양생에 의하여 고강도를 갖게 하는 것 : 규산질 미분말

2021년 제2회 과년도 기출복원문제

01 콘크리트용 부순 굵은 골재의 유해물 함유량의 한도에 대한 다음 표의 빈칸을 채우시오.

종 류	천연 굵은 골재(%)
점토 덩어리	
연한 석편	
0.08mm 체 통과량	

해답

종 류	천연 굵은 골재(%)
점토 덩어리	0.25
연한 석편	5.0
0.08mm 체 통과량	1.0

02 일반 콘크리트 비비기 시간은 시험에 의해 정하는 것을 원칙으로 한다. 비비기 시간에 대한 시험을 실시하지 않은 경우 비비기 최소 시간은 가경식 믹서일 때에는 얼마를 표준으로 하는가?

해답
1분 30초 이상

03 콘크리트 휨강도 시험에 대한 내용이다. 다음 물음에 답하시오.
  (1) 공시체에 하중을 가하는 속도는 얼마인지 쓰시오.
  (2) 공시체가 인장쪽 표면의 지간 방향 중심선의 4점 사이에서 파괴되었을 때 휨강도를 구하시오(단, 지간 450mm, 폭 150mm, 높이 150mm, 파괴 최대 하중이 42kN이다).
  (3) 휨강도 파괴 시 무효가 되는 경우를 쓰시오.

해답
(1) 0.06±0.04MPa/s

(2) 휨강도$(f_b) = \dfrac{Pl}{bh^2} = \dfrac{42,000 \times 450}{150 \times 150^2} = 5.6 \text{N/mm}^2 = 5.6\text{MPa}$

여기서, P : 시험기가 나타내는 최대 하중(N)
　　　　l : 지간(mm)
　　　　b : 파괴 단면의 너비(mm)
　　　　h : 파괴 단면의 높이(mm)

(3) 공시체가 인장쪽 표면의 지간 방향 중심선의 4점의 바깥쪽에서 파괴된 경우

04 콘크리트 각 재료의 현장 배합표와 길이가 100m인 T형 옹벽 단면도를 보고 다음 물음에 답하시오.

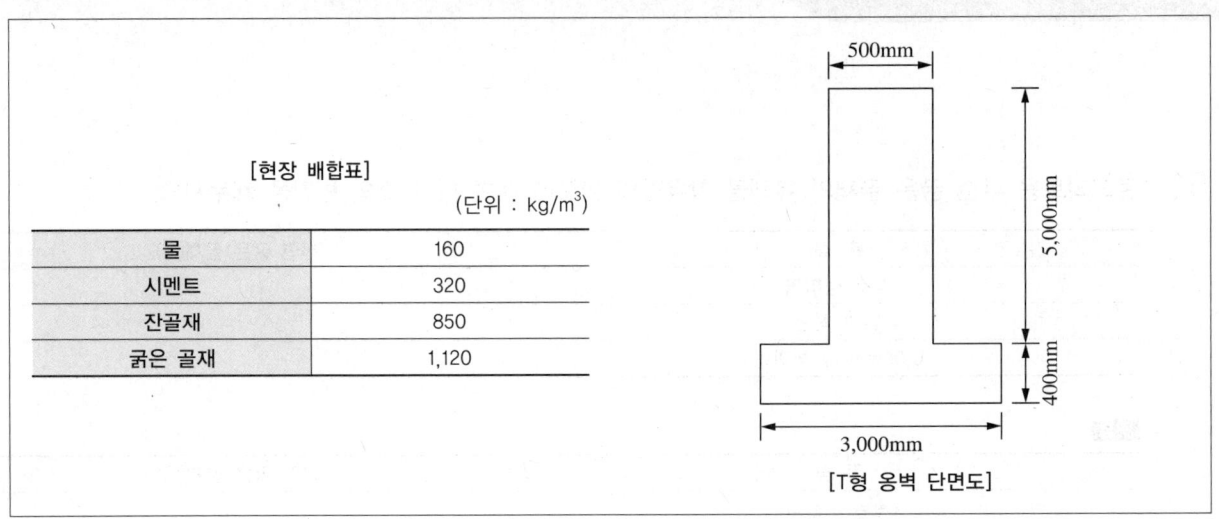

(1) 각 재료의 양을 구하시오.
   ① 물 :
   ② 시멘트 :
   ③ 잔골재 :
   ④ 굵은 골재 :

(2) 시멘트 40kg 1포가 4,500원, 잔골재 1m³당 8,500원, 굵은 골재 1m³당 11,000원일 때 각 재료의 비용을 구하시오.
   ① 시멘트 :
   ② 잔골재 :
   ③ 굵은 골재 :

해답

(1) 각 재료의 양
   • 콘크리트 단면적(m^2) = $(0.5 \times 5) + (0.4 \times 3) = 3.7 m^2$
   • 콘크리트 총량(m^3) = $3.7 \times 100 = 370 m^3$
   ① 물 : $160 \times 370 = 59,200 kg$
   ② 시멘트 : $320 \times 370 = 118,400 kg$
   ③ 잔골재 : $850 \times 370 = 314,500 kg$
   ④ 굵은 골재 : $1,120 \times 370 = 414,400 kg$

(2) 각 재료의 비용
   ① 시멘트 : $4,500 \times \dfrac{118,400}{40} = 13,320,000$원
   ② 잔골재 : $8,500 \times \dfrac{314,500}{1,000} = 2,673,250$원
   ③ 굵은 골재 : $11,000 \times \dfrac{414,400}{1,000} = 4,558,400$원

05 다음의 콘크리트 배합강도에 대한 물음에 답하시오.

(1) 현장의 압축강도 시험 기록이 없는 경우에 설계기준 압축강도가 28MPa일 때 배합강도를 구하시오.
(2) 콘크리트의 설계기준 압축강도가 28MPa이고 15회 시험실적에 의한 압축강도 표준편차가 2.5MPa일 때 콘크리트 배합강도를 구하시오.

해답

(1) 시험 기록이 없는 경우

[압축강도의 시험 횟수가 14회 이하이거나 기록이 없는 경우의 배합강도]

호칭강도(MPa)	배합강도(MPa)
21 미만	$f_{cn} + 7$
21 이상 35 이하	$f_{cn} + 8.5$
35 초과	$1.1 f_{cn} + 5$

∴ $f_{cr} = f_{cn} + 8.5 = 28 + 8.5 = 36.5$MPa

(2) 15회의 압축강도 시험실적이 있는 경우

[시험 횟수가 29회 이하일 때 표준편차의 보정계수]

시험 횟수	표준편차의 보정계수
15	1.16
20	1.08
25	1.03
30 이상	1.00

$f_{cn} \leq$ 35MPa인 경우

① $f_{cr} = f_{cn} + 1.34s = 28 + 1.34 \times 2.5 \times 1.16 = 31.89$MPa
② $f_{cr} = (f_{cn} - 3.5) + 2.33s = (28 - 3.5) + 2.33 \times 2.5 \times 1.16 = 31.26$MPa

여기서, s : 압축강도의 표준편차(MPa)
    1.16 : 시험 횟수가 15회일 때 표준편차의 보정계수

∴ 배합강도는 위의 두 값 중 큰 값인 31.89MPa이다.

06 콘크리트 양생에 관한 다음 물음에 답하시오.

(1) 촉진 양생의 정의를 쓰시오.
(2) 촉진 양생의 종류를 3가지 쓰시오.

해답

(1) 정의 : 보다 빠른 콘크리트의 경화나 강도 발현을 촉진하기 위해 실시하는 양생방법이다.
(2) 종류 : 증기 양생, 고온고압(오토클레이브) 양생, 전기 양생, 온수 양생, 적외선 양생, 고주파 양생

07 다음 물음에 답하시오.

(1) 블리딩으로 인하여 콘크리트나 모르타르의 표면에 떠올라서 가라앉은 회백색의 물질을 무엇이라 하는가?
(2) 재료가 외력을 받으면 변형이 생기는데, 외력의 증가 없이도 시간의 경과에 따라 변형이 증가되는 현상을 무엇이라 하는가?

해답
(1) 레이턴스
(2) 크리프

08 콘크리트 잔골재의 체가름 시험결과를 보고 조립률을 구하시오.

체(mm)	잔류량(g)	잔류율(%)	가적 잔류율(%)
10	0		
5	20		
2.5	41		
1.2	136		
0.6	150		
0.3	84		
0.15	54		
Pan	3		

해답

체(mm)	잔류량(g)	잔류율(%)	가적 잔류율(%)
10	0	0	0
5	20	4.1	4.1
2.5	41	8.4	12.5
1.2	136	27.9	40.4
0.6	150	30.7	71.1
0.3	84	17.2	88.3
0.15	54	11.1	99.4
Pan	3	0.6	100

- 잔류율 = $\dfrac{\text{해당 체의 잔류량}}{\text{전체 질량}} \times 100$
- 가적 잔류율 = 잔류율 누계
- 조립률 = $\dfrac{\text{각 체의 가적 잔류율의 합}}{100}$

$= \dfrac{4.1 + 12.5 + 40.4 + 71.1 + 88.3 + 99.4}{100}$

$= 3.16$

2022년 제1회 과년도 기출복원문제

01 다음의 각 재료별 계량오차 허용 범위를 쓰시오(단, KS F 4009 규격 기준).

재료의 종류	측정 단위	허용오차
시멘트	질량	
골재	질량	
물	질량 또는 부피	
혼화재	질량	
혼화제	질량 또는 부피	

해답

재료의 종류	측정 단위	허용오차
시멘트	질량	−1%, +2%
골재	질량	±3%
물	질량 또는 부피	−2%, +1%
혼화재	질량	±2%
혼화제	질량 또는 부피	±3%

02 콘크리트 타설 후 양생방법 중 습윤 양생의 종류를 3가지 쓰시오.

해답
수중 양생, 습포 양생, 습사 양생, 피막 양생(막양생), 피복 양생

03 콘크리트 압축강도 시험용 공시체에 콘크리트 채우기가 끝난 후 몰드의 떼는 시간과 표준 양생온도 기준을 쓰시오.

해답
(1) 공시체 몰드의 떼는 시간 : 16시간 이상 3일 이내
(2) 표준 양생온도 기준 : 20±2℃

04 150×150×530mm인 휨강도 공시체를 이용하여 휨강도 시험을 한 결과 65kN에서 공시체가 파괴되었을 때 휨강도를 계산하시오(단, 콘크리트 지간 거리는 450mm이다).

해답
$$f_b = \frac{Pl}{bh^2} = \frac{65,000 \times 450}{150 \times 150^2} = 8.67\text{MPa}$$

여기서, f_b : 휨강도(MPa)
　　　　P : 시험기가 나타내는 최대 하중(N)
　　　　l : 지간(mm)
　　　　b : 파괴 단면의 너비(mm)
　　　　h : 파괴 단면의 높이(mm)

05 잔골재의 체가름 시험에 대한 성과표이다. 다음의 표를 완성하고 조립률을 구한 뒤 이 골재가 콘크리트용으로 적합한지 여부를 판단하시오.

(1) 표를 완성하시오.

체 크기(mm)	잔류율(%)	가적 잔류율(%)
13	0	
10	1	
5	3	
2.5	15	
1.2	29	
0.6	37	
0.3	11	
0.15	3	
Pan	1	

(2) 조립률을 구하시오.
(3) 콘크리트용 잔골재로의 적합 여부

해답

(1)

체 크기(mm)	잔류율(%)	가적 잔류율(%)
13	0	0
10	1	1
5	3	4
2.5	15	19
1.2	29	48
0.6	37	85
0.3	11	96
0.15	3	99
Pan	1	100

(2) 조립률의 계산

$$조립률 = \frac{각\ 체의\ 가적\ 잔류율의\ 합}{100}$$

$$= \frac{4+19+48+85+96+99}{100}$$

$$= 3.51$$

(3) 콘크리트용 잔골재로의 적합 여부 : 부적합
   잔골재의 조립률은 2.3~3.1이다. 문제의 경우 3.1을 초과하기에 콘크리트용 잔골재로 부적합하다.

06 다음의 물음에 답하시오.

(1) 물-결합재비가 55%이고 단위 수량이 176kg/m³일 때 단위 시멘트양을 구하시오.
(2) 설계기준 압축강도가 24MPa이고 시험 기록이 없는 경우의 배합강도를 구하시오.

해답

(1) 단위 시멘트양

$$\frac{W}{C} = 0.55$$

$$\therefore C = \frac{W}{0.55} = \frac{176}{0.55} = 320 \text{kg/m}^3$$

(2) 압축강도의 시험 기록이 없는 경우의 배합강도

[압축강도의 시험 횟수가 14회 이하이거나 기록이 없는 경우의 배합강도]

호칭강도(MPa)	배합강도(MPa)
21 미만	$f_{cn} + 7$
21 이상 35 이하	$f_{cn} + 8.5$
35 초과	$1.1 f_{cn} + 5$

$\therefore f_{cn} + 8.5 = 24 + 8.5 = 32.5 \text{MPa}$

07 굵은 골재의 조건이 다음과 같다. 물의 밀도가 1g/cm³일 때 밀도와 흡수율을 구하시오.

[굵은 골재의 조건]
- 절대건조 시료의 공기 중 질량 : 2,015g
- 표면건조 포화상태의 질량 : 2,030g
- 시료의 수중 질량 : 1,300g

해답

(1) 절대건조 상태의 밀도(D_d) = $\frac{A}{B-C} \times \rho_w = \frac{2,015}{2,030 - 1,300} \times 1 = 2.76 \text{g/cm}^3$

여기서, D_d : 절대건조 상태의 밀도(g/cm³)
A : 절대건조 상태의 시료질량(g)
B : 표면건조 포화 상태의 시료질량(g)
C : 침지된 시료의 수중 질량(g)
ρ_w : 시험온도에서의 물의 밀도(g/cm³)

(2) 흡수율 = $\frac{B-A}{A} \times 100 = \frac{2,030 - 2,015}{2,015} \times 100 = 0.74\%$

08 잔골재의 단위 용적질량 시험을 하여 다음과 같은 결과값을 도출하였다. 단위 용적질량과 이 골재의 공극률을 구하시오.

- 용기의 용적 : 3L
- (절건시료 + 용기의 질량) : 6,600g
- 용기의 질량 : 2,200g
- 잔골재의 절건밀도 : 2.51kg/L

해답

(1) 단위 용적질량
   용기 안 시료의 질량 = 6,600 − 2,200
                    = 4,400g
                    = 4.4kg

   ∴ 단위 용적질량(kg/L) = $\dfrac{\text{용기 안 시료의 질량}}{\text{용기의 부피}}$ = $\dfrac{4.4}{3}$ = 1.47kg/L

(2) 공극률
   실적률(%) = $\dfrac{\text{골재의 단위 용적질량}}{\text{골재의 절건 밀도}} \times 100$

          = $\dfrac{1.47}{2.51} \times 100$

          = 58.57%

   ∴ 공극률(%) = 100 − 실적률
              = 100 − 58.57
              = 41.43%

09 포졸란을 사용한 콘크리트의 특징을 3가지만 쓰시오.

해답

(1) 수화열이 감소한다.
(2) 단위 수량이 감소하여 내구성이 향상된다.
(3) 초기강도가 지연되나 장기강도 증진은 우수한 편이다.
(4) 블리딩이 감소한다.
(5) 수밀성 및 화학저항성이 크다.

10 굳지 않은 콘크리트의 공기량 측정방법 종류 3가지를 쓰시오.

해답

질량법(중량법, 무게법), 용적법(부피법), 공기실 압력법(주수법과 무주수법)

2022년 제2회 과년도 기출복원문제

01 시방 배합표와 현장 골재의 상태를 보고 다음 현장 배합표를 완성하시오.

[시방 배합표]

(단위 : kg/m³)

물(W)	시멘트(C)	잔골재(S)	굵은 골재(G)
185	330	710	1,200

[현장 골재의 상태]

- 5mm 체에 남은 잔골재량 : 4%
- 5mm 체를 통과한 굵은 골재량 : 1%
- 잔골재의 표면수량 : 3%
- 굵은 골재의 표면수량 : 1%

[현장 배합표]

(단위 : kg/m³)

물(W)	시멘트(C)	잔골재(S)	굵은 골재(G)

해답

(1) 입도에 의한 조정
- 잔골재량 $= \dfrac{100S - b(S+G)}{100 - (a+b)} = \dfrac{100 \times 710 - 1 \times (710 + 1,200)}{100 - (4+1)} = 727.26 \, \text{kg/m}^3$
- 굵은 골재량 $= \dfrac{100G - a(S+G)}{100 - (a+b)} = \dfrac{100 \times 1,200 - 4 \times (710 + 1,200)}{100 - (4+1)} = 1,182.74 \, \text{kg/m}^3$

(2) 표면수에 의한 조정
- 잔골재 표면수량 = 727.26 × 0.03 = 21.82kg
- 굵은 골재 표면수량 = 1,182.74 × 0.01 = 11.83kg

(3) 현장 배합표
- 단위 잔골재량 = 727.26 + 21.82 = 749.08kg/m³
- 단위 굵은 골재량 = 1,182.74 + 11.83 = 1,194.57kg/m³
- 단위 수량 = 185 − (21.82 + 11.83) = 151.35kg/m³
- 단위 시멘트양

  시방 배합상 물−시멘트비 $= \dfrac{W}{C} \times 100 = \dfrac{185}{330} \times 100 = 56.1\%$

  현장 배합상 단위 시멘트양 $= \dfrac{151.35}{0.561} = 269.79 \, \text{kg/m}^3$

[현장 배합표]

(단위 : kg/m³)

물(W)	시멘트(C)	잔골재(S)	굵은 골재(G)
151.35	269.79	749.08	1,194.57

02 잔골재의 체가름 시험에 대한 성과표이다. 건조시료 500g으로 시험을 했을 때 다음의 표를 완성하고 조립률을 구하시오.

(1) 표를 완성하시오.

체 크기(mm)	잔류량(g)	잔류율(%)	가적 잔류율(%)
5	15		
2.5	60		
1.2	135		
0.6	200		
0.3	70		
0.15	15		
Pan	5		
계	500		

(2) 조립률을 구하시오.

해답

(1)

체 크기(mm)	잔류량(g)	잔류율(%)	가적 잔류율(%)
5	15	3	3
2.5	60	12	15
1.2	135	27	42
0.6	200	40	82
0.3	70	14	96
0.15	15	3	99
Pan	5	1	100
계	500	100	—

(2) 조립률 $= \dfrac{\text{각 체의 가적 잔류율의 합}}{100}$

$= \dfrac{3 + 15 + 42 + 82 + 96 + 99}{100}$

$= 3.37$

03 수중 콘크리트에 대한 다음 질문에 답하시오.

(1) 수중 콘크리트의 물-결합재비 및 단위 시멘트양에 대한 다음의 빈칸을 채우시오.

종류	일반 수중 콘크리트	현장타설말뚝 및 지하연속벽에 사용하는 수중 콘크리트
물-결합재비		55% 이하
단위 시멘트양	370kg/m³ 이상	

(2) 수중 콘크리트 타설에 사용되는 장비 4가지를 쓰시오.

해답

(1)

종류	일반 수중 콘크리트	현장타설말뚝 및 지하연속벽에 사용하는 수중 콘크리트
물-결합재비	50% 이하	55% 이하
단위 시멘트양	370kg/m³ 이상	350kg/m³ 이상

(2) 트레미, 콘크리트 펌프, 밑열림 상자, 밑열림 포대

04 다음 물음에 답하시오.

(1) 콘크리트 포장을 하기로 했다. 포장면의 가로, 세로, 높이가 각각 3.0m, 50.0m, 0.2m일 때 콘크리트 포장에 필요한 콘크리트의 총량을 계산하시오(단, 콘크리트 공사 시 손실에 대한 할증은 적용하지 않는다).

(2) 레미콘 6m³ 1대당 비용이 30만원, 0.25m³ 용량의 손수레로 1회의 소운반이 회당 2,000원이고 기타 도급비용이 20만원일 경우 총 공사비용을 계산하시오.

해답

(1) 콘크리트의 총량 = 3.0m × 50m × 0.2m = 30m³
(2) 총 공사비용
  ① 레미콘 소요량 = 30 ÷ 6 = 5대
    레미콘 비용 = 300,000원 × 5대 = 1,500,000원
  ② 손수레의 소운반 횟수 = 30m³ ÷ 0.25m³ = 120회
    손수레 운반비 = 2,000원 × 120회 = 240,000원
  ③ 기타 도급비용 = 200,000원
  ∴ 총 공사비용 = 1,500,000 + 240,000 + 200,000 = 1,940,000원

05 굳지 않은 콘크리트의 워커빌리티(workability)에 영향을 주는 요인 4가지를 쓰시오.

> 해답
> (1) 시멘트의 사용량 및 단위 수량
> (2) 골재의 입형 및 조립률
> (3) 콘크리트의 온도
> (4) 혼화재료의 사용

06 콘크리트 생산 시 다음의 각 재료별 계량 허용오차를 구하시오(단, 콘크리트 표준시방서 기준).

(1) 시멘트 :

(2) 물 :

(3) 골재 :

(4) 혼화재 :

> 해답
> (1) 시멘트 : ±1%
> (2) 물 : ±1%
> (3) 골재 : ±3%
> (4) 혼화재 : ±2%

07 습윤 양생의 종류를 3가지만 기술하시오.

> 해답
> 수중 양생, 습포 양생, 습사 양생, 피막 양생(막양생), 피복 양생

08 다음 시방 배합 조건에서의 현장 배합을 완성하시오(단, 각 재료량은 정수로 처리하시오).

Gmax (mm)	slump (mm)	Air (%)	W/C (%)	S/a (%)	단위 재료량(kg/m³)				
					W	C	S	G	AD
25	150	4.5	54	50.0	180	333	900	950	1.67

[현장 골재의 조건]
- 잔골재의 5mm 체 잔류율 : 5%
- 잔골재의 표면수 : 3%
- 굵은 골재의 5mm 체 통과율 : 3%
- 굵은 골재의 표면수 : 1%

해답

(1) 입도에 의한 조정
- 잔골재량 $= \dfrac{100S - b(S+G)}{100 - (a+b)} = \dfrac{100 \times 900 - 3(900+950)}{100 - (5+3)} = 918\,\text{kg/m}^3$
- 굵은 골재량 $= \dfrac{100G - a(S+G)}{100 - (a+b)} = \dfrac{100 \times 950 - 5(900+950)}{100 - (5+3)} = 932\,\text{kg/m}^3$

(2) 표면수에 의한 조정
- 잔골재 표면수량 $= 918 \times 0.03 = 28\,\text{kg/m}^3$
- 굵은 골재 표면수량 $= 932 \times 0.01 = 9\,\text{kg/m}^3$

(3) 현장 배합표
- 단위 잔골재량(S) $= 918 + 28 = 946\,\text{kg/m}^3$
- 단위 굵은 골재량(G) $= 932 + 9 = 941\,\text{kg/m}^3$
- 단위 수량(W) $= 180 - (28 + 9) = 143\,\text{kg/m}^3$
- 단위 시멘트양(C)

    시방 배합상 물–시멘트비 $= \dfrac{W}{C} \times 100 = \dfrac{143}{333} \times 100 = 43$

    ∴ 현장 배합상 단위 시멘트양 $= \dfrac{143}{0.43} = 333\,\text{kg/m}^3$

[현장 배합표 완성]

Gmax (mm)	slump (mm)	Air (%)	W/C (%)	S/a (%)	단위 재료량(kg/m³)				
					W	C	S	G	AD
25	150	4.5	54	50.0	143	333	946	941	1.67

2023년 제1회 과년도 기출복원문제

01 콘크리트 휨강도 시험과 관련하여 다음 물음에 답하시오.

(1) 콘크리트 휨강도 시험에서 공시체가 지간 방향 중심선의 4점에서 파괴된 경우 최대 하중이 32kN이었을 때, 휨강도를 구하시오(단, 공시체의 크기는 150×150×530mm, 지간은 450mm이다).

(2) 휨강도 파괴 시 무효가 되는 경우에 대하여 쓰시오.

해답

(1) $f_b = \dfrac{Pl}{bh^2} = \dfrac{32{,}000 \times 450}{150 \times 150^2} ≒ 4.3\text{MPa}$

여기서, f_b : 휨강도(MPa)
  P : 시험기가 나타내는 최대 하중(N)
  l : 지간(mm)
  b : 파괴 단면의 너비(mm)
  h : 파괴 단면의 높이(mm)

(2) 공시체가 지간 방향 중심선의 4점의 바깥쪽에서 파괴된 경우

02 골재의 조립률이 2.65이고, 굵은 골재의 조립률이 7.38이며, 잔골재와 굵은 골재의 비가 1:2일 때, 혼합 골재의 조립률을 구하시오.

해답

조립률 = $\dfrac{2.65 \times 1 + 7.38 \times 2}{1 + 2}$

≒ 5.80

03 콘크리트 강도 시험용 공시체 제작과 관련하여 다음 물음에 답하시오.

(1) 공시체의 양생온도는 몇 ℃로 해야 하는가?
(2) 공시체를 습윤 상태로 유지하기 위하여 수중 또는 상대습도는 몇 % 이상의 장소에 두어야 하는가?

해답
(1) 20±2℃
(2) 95%

04 다음의 재료를 사용하여 콘크리트 1m³ 배합에 필요한 단위 잔골재량과 단위 굵은 골재량을 구하시오.

- 단위 시멘트양 : 220kg/m³
- 공기량 : 2%
- 시멘트 비중 : 3.17
- 굵은 골재 표건밀도 : 2.7g/cm³
- W/C : 55%
- 잔골재율 : 34%
- 잔골재 표건밀도 : 2.65g/cm³

(1) 단위 수량
(2) 단위 잔골재량
(3) 단위 굵은 골재량

해답
(1) 단위 수량

$\dfrac{W}{C} \times 100 = 55\%,\ \ C = 220\text{kg/m}^3$

∴ $W = 121\text{kg}$

(2) 단위 잔골재량

단위 골재량의 절대 부피(m³) = $1 - \left(\dfrac{121}{1,000} + \dfrac{220}{3.17 \times 1,000} + \dfrac{2}{100} \right)$

$= 0.79\text{m}^3$

단위 잔골재량의 절대 부피 = $0.79 \times 0.34 = 0.269\text{m}^3$

∴ 단위 잔골재량(kg/m³) = 단위 골재량의 절대 부피 × 잔골재의 밀도 × 1,000
$= 0.269 \times 2.65 \times 1,000 = 712.85\text{kg/m}^3$

(3) 단위 굵은 골재량

단위 굵은 골재량의 절대 부피(m³) = 단위 골재량의 절대 부피 − 단위 잔골재량의 절대 부피
$= 0.79 - 0.269$
$= 0.521\text{m}^3$

∴ 단위 굵은 골재량(kg/m³) = 단위 굵은 골재량의 절대 부피 × 굵은 골재의 밀도 × 1,000
$= 0.521 \times 2.7 \times 1,000$
$= 1,406.7\text{kg/m}^3$

05 현장에서 콘크리트 압축강도를 22회 측정한 결과 표준편차는 5MPa이었다. 설계기준 압축강도(f_{ck})가 28MPa일 때, 다음 물음에 답하시오.

시험 횟수	표준편차의 보정계수
15	1.16
20	1.08
25	1.03
30 이상	1.00

(1) 표준편차의 보정계수를 구하시오(단, 시험 횟수는 직선 보간한다).
(2) 배합강도를 구하시오.

해답

(1) 표준편차의 보정계수

$$22회 \text{ 측정 시 보정계수} = 1.08 - \frac{1.08 - 1.03}{25 - 20} \times 2 = 1.06$$

(2) 배합강도($f_{cn} \leq 35$ MPa인 경우)

$f_{cr} = f_{cn} + 1.34s = 28 + 1.34 \times (5 \times 1.06) = 35.10$MPa

$f_{cr} = (f_{cn} - 3.5) + 2.33s = (28 - 3.5) + 2.33 \times (5 \times 1.06) = 36.85$MPa

∴ 배합강도는 위의 두 값 중 큰 값인 36.85MPa이다.

06 다음은 콘크리트 각 재료의 1회 계량분에 대한 오차의 허용값을 나타내는 표이다. 빈칸을 채우시오(단, KS F 4009 기준).

재료의 종류	1회 계량 허용오차
물	
시멘트	
골재	
혼화재	
혼화제	

해답

재료의 종류	1회 계량 허용오차
물	-2%, +1%
시멘트	-1%, +2%
골재	±3%
혼화재	±2%
혼화제	±3%

07 콘크리트의 워커빌리티에 영향을 끼치는 요소를 3가지만 쓰시오.

> [해답]
> (1) 시멘트의 사용량 및 단위 수량
> (2) 골재의 입형 및 조립률
> (3) 콘크리트의 온도
> (4) 혼화재료의 사용

08 콘크리트는 타설한 후 습윤 상태로 노출면이 마르지 않도록 하여야 하며, 수분의 증발에 따라 살수를 하여 습윤 상태로 보호하여야 한다. 보통 포틀랜드 시멘트와 조강 포틀랜드 시멘트를 사용한 경우 일평균기온에 따른 습윤 상태 보호기간의 표준 일수를 쓰시오.

일평균기온	보통 포틀랜드 시멘트	조강 포틀랜드 시멘트	고로 슬래그 시멘트 플라이애시 시멘트
15℃ 이상			7일
10℃ 이상			9일
5℃ 이상			12일

> [해답]

일평균기온	보통 포틀랜드 시멘트	조강 포틀랜드 시멘트	고로 슬래그 시멘트 플라이애시 시멘트
15℃ 이상	5일	3일	7일
10℃ 이상	7일	4일	9일
5℃ 이상	9일	5일	12일

09 시방서에 규정된 시방 배합의 표시법에 의해 콘크리트의 배합표를 만들면 1m³에 필요한 물, 시멘트, 잔골재, 굵은 골재의 중량이 표시된다. 이것 외에 표시되는 항목을 4가지 쓰시오.

> **해답**
> (1) 굵은 골재의 최대 치수
> (2) 슬럼프 범위
> (3) 물-결합재비
> (4) 공기량의 범위
> (5) 잔골재율
> (6) 혼화재료의 질량

10 수중 콘크리트에 대하여 다음 물음에 답하시오.
(1) 수중 콘크리트에 사용되는 타설기구를 3가지만 쓰시오.
(2) 수중 콘크리트의 표준 물-결합재비를 쓰시오.

> **해답**
> (1) 트레미, 콘크리트 펌프, 밑열림 상자, 밑열림 포대
> (2) 50% 이하

2023년 제2회 과년도 기출복원문제

01 콘크리트의 슬럼프 시험에 사용하는 시험기구 4가지를 쓰시오.

해답
(1) 다짐봉
(2) 작은 삽
(3) 슬럼프 콘
(4) 슬럼프 측정기
(5) 평판

02 현장 배합표가 다음과 같을 때, 가로와 세로는 각 30cm, 높이는 3m인 기둥 콘크리트의 소요 재료량을 구하시오 (단, 철근의 부피는 무시).

[현장 배합표]

(단위 : kg/m³)

물(W)	시멘트(C)	잔골재(S)	굵은 골재(G)
150	300	670	1,330

(1) 콘크리트의 총 부피(m³)를 구하시오.
(2) 물의 양(kg)을 구하시오.
(3) 시멘트의 양(kg)을 구하시오.
(4) 잔골재량(kg)을 구하시오.
(5) 굵은 골재량(kg)을 구하시오.

해답
(1) 총 부피 = $0.3 \times 0.3 \times 3 = 0.27$m³
(2) 물의 양 = $0.27 \times 150 = 40.5$kg
(3) 시멘트의 양 = $0.27 \times 300 = 81$kg
(4) 잔골재량 = $0.27 \times 670 = 180.9$kg
(5) 굵은 골재량 = $0.27 \times 1,330 = 359.1$kg

03 굳지 않은 콘크리트의 반죽질기 측정방법 3가지를 쓰시오.

해답
(1) 슬럼프 시험
(2) 흐름(flow) 시험
(3) 리몰딩 시험
(4) 켈리볼 시험(구관입 시험, 이리바렌 시험)
(5) 다짐계수 시험
(6) 비비 시험

04 블리딩으로 인하여 콘크리트나 모르타르의 표면에 떠올라서 가라앉은 회백색의 물질을 무엇이라 하는가?

해답
레이턴스(laitance)

05 설계기준 압축강도가 28MPa이고, 30회 이상의 시험실적으로부터 결정된 압축강도의 표준편차가 3.4MPa일 때, 배합강도를 구하시오.

해답
$f_{cn} \leq$ 35MPa인 경우
① $f_{cr} = f_{cn} + 1.34s = 28 + 1.34 \times 3.4 = 32.56$MPa
② $f_{cr} = (f_{cn} - 3.5) + 2.33s = (28 - 3.5) + 2.33 \times 3.4 = 32.42$MPa
여기서, s : 압축강도의 표준편차(MPa)
∴ 배합강도는 위의 두 값 중 큰 값인 32.56MPa이다.

06 포틀랜드 시멘트의 성질을 개선하기 위하여 만든 혼합 시멘트의 종류를 3가지만 쓰시오.

해답
플라이애시 시멘트, 고로 슬래그 시멘트, 실리카(포졸란) 시멘트

07 콘크리트의 시방 배합 결과와 현장 골재의 상태가 다음과 같을 때, 시방 배합을 현장 배합으로 고쳐 각 재료의 단위량을 구하시오(단, 소수점 첫째 자리에서 반올림하시오).

[시방 배합표]

(단위 : kg/m³)

물(W)	시멘트(C)	잔골재(S)	굵은 골재(G)
170	360	740	1,100

[현장 골재의 상태]

- 5mm 체에 남은 잔골재량 : 5%
- 5mm 체를 통과한 굵은 골재량 : 2%
- 잔골재의 표면수량 : 2%
- 굵은 골재의 표면수량 : 1%

[현장 배합표]

(단위 : kg/m³)

물	잔골재	굵은 골재

해답

(1) 입도에 의한 조정

- 잔골재 $= \dfrac{100S - b(S+G)}{100-(a+b)} = \dfrac{100 \times 740 - 2(740+1,100)}{100-(5+2)} = 756 \text{kg/m}^3$
- 굵은 골재 $= \dfrac{100G - a(S+G)}{100-(a+b)} = \dfrac{100 \times 1,100 - 5(740+1,100)}{100-(5+2)} = 1,084 \text{kg/m}^3$

(2) 표면수에 의한 조정

- 잔골재 표면수 $= 756 \times 0.02 = 15 \text{kg/m}^3$
- 굵은 골재 표면수 $= 1,084 \times 0.01 = 11 \text{kg/m}^3$

(3) 계량할 재료의 양

- 단위 잔골재량 $= 756 + 15 = 771 \text{kg/m}^3$
- 단위 굵은 골재량 $= 1,084 + 11 = 1,095 \text{kg/m}^3$
- 단위 수량 $= 170 - (15 + 11) = 144 \text{kg/m}^3$

[현장 배합표]

(단위 : kg/m³)

물	잔골재	굵은 골재
114	771	1,095

08 굳지 않은 콘크리트의 블리딩 시험에 대한 설명이다. ( ) 안을 채우시오.

> 블리딩 시험 중 온도는 실온 (①)℃로 한다. 콘크리트를 용기에 (②)mm 높이까지 채운 후 윗면을 고른다. 그리고 기록한 처음 시각에서 60분 동안 (③)분마다 콘크리트 표면에 스며 나온 물을 빨아낸다. 그 후는 블리딩이 정지할 때까지 (④)분마다 물을 빨아낸다.

해답
① 20±3
② 30±3
③ 10
④ 30

09 콘크리트 시공에서 블리딩을 방지할 수 있는 방법에 대해 4가지만 쓰시오.

해답
(1) 분말도가 큰 시멘트를 사용한다.
(2) 가능한 한 단위 수량을 적게 사용한다.
(3) 굵은 골재의 최대 치수를 크게 한다.
(4) 혼화재료(AE제, 분산제, 포졸란)를 사용하여 워커빌리티를 개선한다.
(5) 단위 시멘트양을 증가시킨다.

10 콘크리트 휨강도 시험에 대하여 다음 물음에 답하시오.

(1) 콘크리트 휨강도 시험에서 공시체에 하중을 가하는 속도는 얼마인가?
(2) 휨강도 시험결과가 다음과 같고, 공시체가 인장쪽 표면의 지간 방향 중심선의 4점 사이에서 파괴되었을 때 휨강도는 얼마인가?

> - 사용 공시체의 규격 : 150mm × 150mm × 530mm
> - 지간 : 430mm
> - 파괴 시 최대 하중 : 47kN

해답
(1) 0.06±0.04MPa/s
(2) $f_b = \dfrac{Pl}{bh^2} = \dfrac{47,000 \times 430}{150 \times 150^2} ≒ 5.99 N/mm^2 ≒ 5.99 MPa$

여기서, f_b : 휨강도(MPa)
P : 시험기가 나타내는 최대 하중(N)
l : 지간(mm)
b : 파괴 단면의 너비(mm)
h : 파괴 단면의 높이(mm)

2024년 제1회 과년도 기출복원문제

01 아래 조건을 보고 다음 물음에 답하시오.

- W/C : 50%
- 공기량 : 5.0%
- 시멘트의 밀도 : 3.15g/cm³
- 굵은 골재의 밀도 : 2.67g/cm³
- S/a : 43%
- 단위 수량(W) : 170kg/m³
- 잔골재의 밀도 : 2.57g/cm³

(1) 단위 시멘트양을 구하시오.
(2) 단위 잔골재량을 구하시오.
(3) 단위 굵은 골재량을 구하시오.
(4) 단위 용적질량을 구하시오.

해답

(1) 단위 시멘트양

$\dfrac{W}{C} = 0.50$

$\therefore C = \dfrac{W}{0.50} = \dfrac{170}{0.50} = 340\,\text{kg/m}^3$

(2) 단위 골재량의 절대 부피(m³) = $1 - \left(\dfrac{\text{단위 수량}}{\text{물의 밀도} \times 1,000} + \dfrac{\text{단위 시멘트양}}{\text{시멘트의 비중} \times 1,000} + \dfrac{\text{공기량}}{100} \right)$

$= 1 - \left(\dfrac{170}{1,000} + \dfrac{340}{3.15 \times 1,000} + \dfrac{5}{100} \right)$

$= 0.672\,\text{m}^3$

$\therefore$ 단위 잔골재량 = (단위 잔골재량의 절대 부피) × 잔골재의 밀도 × 1,000
　　　　　　= (단위 골재량의 절대 부피 × 잔골재율) × 잔골재의 밀도 × 1,000
　　　　　　= (0.672 × 0.43) × 2.57 × 1,000
　　　　　　= 742.62 kg/m³

(3) 단위 굵은 골재량 = 단위 굵은 골재량의 절대 부피 × 굵은 골재의 밀도 × 1,000
　　　　　　= (단위 골재량의 절대 부피 − 단위 잔골재 절대 부피) × 굵은 골재의 밀도 × 1,000
　　　　　　= (0.672 − (0.672 × 0.43)) × 2.67 × 1,000
　　　　　　= 1,022.71 kg/m³

(4) 단위 용적질량 = 170 + 340 + 742.62 + 1,022.71
　　　　　　= 2,275.33 kg/m³

02 콘크리트 휨강도 시험에 대한 내용이다. 다음 물음에 답하시오.

(1) 공시체에 하중을 가하는 속도는 얼마인지 쓰시오.
(2) 공시체가 인장쪽 표면의 지간 방향 중심선의 4점 사이에서 파괴되었을 때 휨강도를 구하시오(단, 지간 450mm, 폭 150mm, 높이 150mm, 파괴 최대 하중이 42kN이다).
(3) 휨강도 파괴 시 무효가 되는 경우를 쓰시오.

해답

(1) 0.06±0.04MPa/s

(2) $f_b = \dfrac{Pl}{bh^2} = \dfrac{42,000 \times 450}{150 \times 150^2} = 5.6\text{MPa}$

여기서, f_b : 휨강도(MPa)
P : 시험기가 나타내는 최대 하중(N)
l : 지간(mm)
b : 파괴 단면의 너비(mm)
h : 파괴 단면의 높이(mm)

(3) 공시체가 인장쪽 표면의 지간 방향 중심선의 4점의 바깥쪽에서 파괴된 경우

03 콘크리트 슬럼프 시험에 대한 다음 물음에 답하시오.

(1) 콘크리트 슬럼프 콘에 시료를 채우고 벗길 때까지의 전체 작업시간은 얼마인가?
(2) 슬럼프 시험에서 다짐 층수와 각 층에 대한 다짐 횟수는 얼마인가?
(3) 슬럼프 콘의 규격은 얼마인가?
(4) 슬럼프값 측정 시 슬럼프 콘을 벗기는 작업은 총 몇 초 이내에서 끝내야 하는가?

해답

(1) 시험 시작 후 종료 시까지 3분 이내
(2) 3층 다짐, 각 층 25회 다짐
(3) 윗면의 안지름이 100±2mm, 밑면의 안지름이 200±2mm, 높이 300±2mm
(4) 2~5초 이내

04 굵은 골재의 체가름 시험결과에 대한 다음 물음에 답하시오.

체 크기(mm)	잔류율(%)	가적 잔류율(%)	가적 통과율(%)
75	0		
40	6		
20	35		
10	30		
5	25		
2.5	4		
1.2	0		
0.6	0		
0.3	0		
0.15	0		

(1) 표의 빈칸을 채우시오.
(2) 굵은 골재의 최대 치수를 구하시오.
(3) 조립률을 구하시오.

해답

(1)

체 크기(mm)	잔류율(%)	가적 잔류율(%)	가적 통과율(%)
75	0	0	100
40	6	6	94
20	35	41	59
10	30	71	29
5	25	96	4
2.5	4	100	0
1.2	0	100	0
0.6	0	100	0
0.3	0	100	0
0.15	0	100	0

(2) 굵은 골재의 최대치수는 골재가 질량비로 90% 통과하는 체 중 가장 작은 체의 치수로 정한다. 위의 표에서는 40mm가 된다.

(3) 조립률 $= \dfrac{\text{각 체의 가적 잔류율의 합}}{100}$

$= \dfrac{6 + 41 + 71 + 96 + 500}{100}$

$= 7.14$

※ 계산에서 500은 2.5mm, 1.2mm, 0.6mm, 0.3mm, 0.15mm 체에 남은 가적 잔류율의 합이다.

05 굵은 골재의 조건이 다음과 같다. 물의 밀도가 1g/cm³일 때 밀도와 흡수율을 구하시오.

[굵은 골재의 조건]
- 절대건조 시료의 공기 중 질량 : 2,015g
- 시료의 수중 질량 : 1,300g
- 표면건조 포화상태의 질량 : 2,030g

해답

(1) 절대건조 상태의 밀도$(D_d) = \dfrac{A}{B-C} \times \rho_w$

$= \dfrac{2,015}{2,030-1,300} \times 1$

$= 2.76 \text{g/cm}^3$

여기서, D_d : 절대건조 상태의 밀도(g/cm³)
A : 절대건조 상태의 시료질량(g)
B : 표면건조 포화 상태의 시료질량(g)
C : 침지된 시료의 수중 질량(g)
ρ_w : 시험온도에서의 물의 밀도(g/cm³)

(2) 흡수율 $= \dfrac{B-A}{A} \times 100$

$= \dfrac{2,030-2,015}{2,015} \times 100$

$= 0.74\%$

06 콘크리트의 배합강도에 대한 다음 물음에 답하시오.

(1) 압축강도 시험 실적이 없는 경우
　① 설계기준 압축강도가 20MPa일 때
　② 설계기준 압축강도가 24MPa일 때
(2) 실제 사용한 콘크리트의 15회 압축강도 시험 실적으로부터 결정한 표준편차가 2.5MPa이며 설계기준 압축강도가 30MPa인 경우

해답

(1) 압축강도 시험 실적이 없는 경우

[압축강도의 시험 횟수가 14회 이하이거나 기록이 없는 경우의 배합강도]

호칭강도(MPa)	배합강도(MPa)
21 미만	$f_{cn} + 7$
21 이상 35 이하	$f_{cn} + 8.5$
35 초과	$1.1 f_{cn} + 5$

① 설계기준 압축강도가 20MPa일 때
　$f_{cr} = f_{cn} + 7 = 20 + 7 = 27\text{MPa}$
② 설계기준 압축강도가 24MPa일 때
　$f_{cr} = f_{cn} + 8.5 = 24 + 8.5 = 32.5\text{MPa}$

(2) 15회의 압축강도 시험실적이 있는 경우

[시험 횟수가 29회 이하일 때 표준편차의 보정계수]

시험 횟수	표준편차의 보정계수
15	1.16
20	1.08
25	1.03
30 이상	1.00

$f_{cn} \leq 35$ MPa인 경우
① $f_{cr} = f_{cn} + 1.34s = 30 + 1.34 \times 2.5 \times 1.16 = 33.89\text{MPa}$
② $f_{cr} = (f_{cn} - 3.5) + 2.33s = (30 - 3.5) + 2.33 \times 2.5 \times 1.16 = 33.26\text{MPa}$
여기서, s : 압축강도의 표준편차(MPa)
　　　　1.16 : 시험 횟수가 15회일 때 표준편차의 보정계수
∴ 배합강도는 위의 두 값 중 큰 값인 33.89MPa이다.

07 다음 물음에 답하시오.

(1) 콘크리트 포장을 하기로 했다. 포장면의 가로, 세로, 높이가 각각 3.0m, 50.0m, 0.2m일 때 콘크리트 포장에 필요한 콘크리트의 총량을 계산하시오(단, 콘크리트 공사 시 손실에 대한 할증은 적용하지 않는다).
(2) 레미콘 $6m^3$ 1대당 비용이 30만원, $0.25m^3$ 용량의 손수레로 1회의 소운반이 회당 2,000원이고 기타 도급비용이 20만원일 경우 총 공사비용을 계산하시오.

해답
(1) 콘크리트의 총량 = 3.0m × 50m × 0.2m = $30m^3$
(2) 총 공사비용
  ① 레미콘 소요량 = 30 ÷ 6 = 5대
     레미콘 비용 = 300,000원 × 5대 = 1,500,000원
  ② 손수레의 소운반 횟수 = $30m^3$ ÷ $0.25m^3$ = 120회
     손수레 운반비 = 2,000원 × 120회 = 240,000원
  ③ 기타 도급비용 = 200,000원
  ∴ 총 공사비용 = 1,500,000 + 240,000 + 200,000 = 1,940,000원

08 습윤 양생방법의 종류 3가지를 기술하시오.

해답
수중 양생, 습포 양생, 습사 양생, 피막 양생(막양생), 피복 양생

09 콘크리트의 다짐기구 3가지를 쓰시오

해답
거푸집 진동기, 내부 진동기, 표면 진동기

10 인력에 의한 콘크리트 포장공사를 하려고 한다. 총 콘크리트양이 $3,000m^3$일 때 1인 1일 타설량이 $3.0m^3$이고 하루에 10인이 콘크리트를 친다면 이 공사의 작업 일수는?

해답
• 1일 콘크리트 타설량 = 3.0 × 10인 = $30m^3$
• 작업 일수 = 3,000 ÷ 30 = 100일

2024년 제2회 과년도 기출복원문제

01 다음의 콘크리트 배합강도에 대한 물음에 답하시오.

(1) 현장의 압축강도 시험 기록이 없는 경우에 설계기준 압축강도가 28MPa일 때 배합강도를 구하시오.
(2) 콘크리트의 설계기준 압축강도가 28MPa이고 15회 시험실적에 의한 압축강도 표준편차가 2.5MPa일 때 콘크리트 배합강도를 구하시오.

해답

(1) 시험 기록이 없는 경우
   $f_{cr} = f_{cn} + 8.5 = 28 + 8.5 = 36.5$ MPa

(2) 15회의 압축강도 시험실적이 있는 경우

[시험 횟수가 29회 이하일 때 표준편차의 보정계수]

시험 횟수	표준편차의 보정계수
15	1.16
20	1.08
25	1.03
30 이상	1.00

$f_{cn} \leq$ 35MPa인 경우

① $f_{cr} = f_{cn} + 1.34s = 28 + 1.34 \times 2.5 \times 1.16 = 31.89$ MPa
② $f_{cr} = (f_{cn} - 3.5) + 2.33s = (28 - 3.5) + 2.33 \times 2.5 \times 1.16 = 31.26$ MPa

여기서, s : 압축강도의 표준편차(MPa)
   1.16 : 시험 횟수가 15회일 때 표준편차의 보정계수

∴ 배합강도는 위의 두 값 중 큰 값인 31.89MPa이다.

02 다음은 콘크리트의 습윤 양생기간을 나타낸 표이다. 빈칸을 채우시오.

일평균기온	보통 포틀랜드 시멘트	고로 슬래그 시멘트 플라이애시 시멘트 B종	조강 포틀랜드 시멘트
15℃ 이상	( )	7일	( )
10℃ 이상	7일	( )	4일
5℃ 이상	9일	12일	5일

해답

일평균기온	보통 포틀랜드 시멘트	고로 슬래그 시멘트 플라이애시 시멘트 B종	조강 포틀랜드 시멘트
15℃ 이상	(5일)	7일	(3일)
10℃ 이상	7일	(9일)	4일
5℃ 이상	9일	12일	5일

03 콘크리트의 워커빌리티 측정방법 4가지를 쓰시오.

해답
(1) 슬럼프 시험
(2) 흐름(flow) 시험
(3) 리몰딩 시험
(4) 켈리볼 시험(구관입 시험, 이리바렌 시험)
(5) 다짐계수 시험
(6) 비비 시험

04 크기가 $\phi 150 \times 300$mm인 공시체를 사용하여 인장강도 시험을 한 결과 최대 파괴 하중이 197,000N이었을 때 인장강도값을 계산하시오.

해답

인장강도 $= \dfrac{2P}{\pi dl} = \dfrac{2 \times 197{,}000}{\pi \times 150 \times 300} ≒ 2.79\text{N/mm}^2 ≒ 2.79\text{MPa}$

여기서, P : 최대 하중(N)
d : 공시체의 지름(mm)
l : 공시체의 길이(mm)

05 시멘트 비표면적의 정의를 쓰시오.

해답
시멘트 1g의 입자의 전 표면적을 cm^3로 나타낸 것으로 시멘트의 분말도를 나타낸다. 단위는 cm^2/g이다.

06 $1m^3$의 콘크리트 제작에 필요한 단위 수량 165kg, 물-시멘트비 50%, 시멘트 밀도 $3.15g/cm^3$, 잔골재율 40%, 잔골재의 밀도 $2.60g/cm^3$, 굵은 골재의 밀도 $2.65g/cm^3$, 공기량이 1.5%이고, 골재는 표면건조 포화 상태일 때 아래의 물음에 답하시오.

(1) 단위 시멘트양을 구하시오.
(2) 단위 골재량의 절대 부피를 구하시오.
(3) 단위 잔골재량의 절대 부피를 구하시오.
(4) 단위 잔골재량을 구하시오.
(5) 단위 굵은 골재량의 절대 부피를 구하시오.
(6) 단위 굵은 골재량을 구하시오.

해답

(1) 단위 시멘트양 = $\dfrac{\text{단위 수량}}{\text{물-시멘트비}} = \dfrac{165}{0.5} = 330kg/m^3$

(2) 단위 골재량의 절대 부피 = $1 - \left(\dfrac{\text{단위 수량}}{\text{물의 밀도} \times 1,000} + \dfrac{\text{단위 시멘트양}}{\text{시멘트의 비중} \times 1,000} + \dfrac{\text{공기량}}{100}\right)$

$= 1 - \left(\dfrac{165}{1,000} + \dfrac{330}{3.15 \times 1,000} + \dfrac{1.5}{100}\right)$

$= 0.715 m^3$

(3) 단위 잔골재량의 절대 부피 = 단위 골재량의 절대 부피 × 잔골재율
$= 0.715 \times 0.4$
$= 0.286 m^3$

(4) 단위 잔골재량 = 단위 잔골재량의 절대 부피 × 잔골재의 밀도 × 1,000
$= 0.286 \times 2.6 \times 1,000$
$= 743.6 kg/m^3$

(5) 단위 굵은 골재량의 절대 부피 = 단위 골재량의 절대 부피 - 단위 잔골재량 절대 부피
$= 0.715 - 0.286$
$= 0.429 m^3$

(6) 단위 굵은 골재량 = 단위 굵은 골재량의 절대 부피 × 굵은 골재의 밀도 × 1,000
$= 0.429 \times 2.65 \times 1,000$
$= 1,136.85 kg/m^3$

07 다음 물음에 답하시오.

(1) 콘크리트 표면에 떠올라서 가라앉은 미세한 물질은?
(2) 콘크리트 타설 후 시멘트, 골재 입자 등이 침하함으로써 물이 분리·상승되어 콘크리트 표면에 떠오르는 현상은?

해답

(1) 레이턴스
(2) 블리딩

08 수중 콘크리트의 시공에 사용되는 기구 3가지를 쓰시오.

해답
트레미, 콘크리트 펌프, 밑열림 상자, 밑열림 포대

09 다음은 특수 콘크리트에 대한 내용이다. 물음에 답하시오.
(1) 한중 콘크리트를 타설할 때 콘크리트의 온도 범위는 얼마인가?
(2) 일평균기온이 몇 ℃를 초과할 경우에 서중 콘크리트로 시공하는가?

해답
(1) 5~20℃
(2) 25℃

10 콘크리트 혼화재료의 일반적인 사용 목적을 3가지만 쓰시오.

해답
(1) 콘크리트의 강도와 내구성을 증진시킨다.
(2) 워커빌리티를 개선한다.
(3) 콘크리트의 응결·경화시간을 조절한다.
(4) 철근의 부식을 방지한다.
(5) 발열량을 저감시킨다.

2025년 제1회 최근 기출복원문제

01 배합설계를 위해 주어진 값이 다음과 같을 경우 아래 물음에 답하시오.

- 단위 잔골재량의 절대 부피 : 0.311m³
- 잔골재의 밀도 : 2.62g/cm³
- 단위 굵은 골재량의 절대 부피 : 0.395m³
- 굵은 골재의 밀도 : 2.67g/cm³

(1) 잔골재율을 구하시오(소수 셋째 자리에서 반올림).
(2) 단위 잔골재량을 구하시오(소수 셋째 자리에서 반올림).
(3) 단위 굵은 골재량을 구하시오(소수 셋째 자리에서 반올림).
(4) 단위 골재량의 절대 부피를 구하시오.

해답

(1) 잔골재율 = $\dfrac{\text{잔골재량}}{\text{잔골재량} + \text{굵은 골재량}} \times 100$

$= \dfrac{0.311}{0.311 + 0.395} \times 100$

$= 44.05\%$

(2) 단위 잔골재량 = 단위 잔골재량의 절대 부피 × 잔골재의 밀도 × 1,000
    = 0.311 × 2.62 × 1,000
    = 814.82kg/m³

(3) 단위 굵은 골재량 = 단위 굵은 골재량의 절대 부피 × 굵은 골재의 밀도 × 1,000
    = 0.395 × 2.67 × 1,000
    = 1,054.65kg/m³

(4) 단위 골재량의 절대 부피 = 단위 잔골재량의 절대 부피 + 단위 굵은 골재량의 절대 부피
    = 0.311 + 0.395
    = 0.706m³

02 다음의 시방 배합표와 현장 골재의 상태에 맞추어 현장 배합을 완성하시오(단 각 재료량은 정수처리하시오).

> 표면건조 포화 상태의 골재를 사용하여 1m³의 콘크리트를 제조하기 위해 필요한 시방 배합은 다음과 같다. 잔골재의 표면수율이 5%, 굵은 골재의 표면수율이 0.5%이다.

[시방 배합표]

(단위 : kg/m³)

물(W)	시멘트(C)	잔골재(S)	굵은 골재(G)
165	300	815	1,005

해답

(1) 표면수에 의한 조정
- 잔골재의 표면수량 = 815 × 0.05 = 40.75kg/m³
- 굵은 골재의 표면수량 = 1,005 × 0.005 = 5.025kg/m³

(2) 현장 배합표
- 단위 잔골재량 = 815 + 40.75 = 856kg/m³
- 단위 굵은 골재량 = 1,005 + 5.025 = 1,010kg/m³
- 단위 수량 = 165 − (40.75 + 5.025) = 119kg/m³
- 단위 시멘트양

  시방 배합상 물-시멘트비 = $\dfrac{W}{C} \times 100 = \dfrac{165}{300} \times 100 = 55\%$

  현장 배합상 단위 시멘트양 = $\dfrac{119}{0.55} = 216.36$kg/m³

[현장 배합표]

(단위 : kg/m³)

물(W)	시멘트(C)	잔골재(S)	굵은 골재(G)
119	216	856	1,010

03 다음의 수중 콘크리트에 대한 질문에 답하시오.

(1) 수중 콘크리트의 물-결합재비 및 단위 시멘트양에 대한 다음의 빈칸을 채우시오.

종류	일반 수중 콘크리트	현장타설말뚝 및 지하연속벽에 사용하는 수중 콘크리트
물-결합재비	50% 이하	( )
단위 시멘트양	( )	350kg/m³ 이상

(2) 수중 콘크리트 타설 시 사용되는 기구 4가지를 쓰시오.

해답

(1)

종류	일반 수중 콘크리트	현장타설말뚝 및 지하연속벽에 사용하는 수중 콘크리트
물-결합재비	50% 이하	55% 이하
단위 시멘트양	370kg/m³ 이상	350kg/m³ 이상

(2) 수중 콘크리트 타설 시 사용되는 기구
트레미, 콘크리트 펌프, 밑열림 상자, 밑열림 포대

04 다음 굵은 골재의 체가름 시험결과표를 보고 물음에 답하시오.

체 크기 (mm)	잔류량 (g)	잔류율 (%)	가적 잔류율 (%)	가적 통과율 (%)
75	0	0	0	100
40	825			
25	5,615			
20	3,229			
10	3,960			
5	2,450			
2.5	545			
pan	0			
합계	16,624			

(1) 빈칸의 성과표를 완성하시오(단, 소수점 둘째 자리에서 반올림하시오).
(2) 조립률을 구하시오(단, 소수점 둘째 자리에서 반올림하시오).

해답

(1)

체 크기 (mm)	잔류량 (g)	잔류율 (%)	가적 잔류율 (%)	가적 통과율 (%)
75	0	0	0	100
40	825	5	5	95
25	5,615	33.8	38.8	61.2
20	3,229	19.4	58.2	41.8
10	3,960	23.8	82	18
5	2,450	14.7	96.7	3.3
2.5	545	3.3	100	0
pan	0	–	–	–
합계	16,624	100	–	–

- 잔류율 = $\dfrac{\text{해당 체의 잔류량}}{\text{전체 질량}} \times 100$
- 가적 잔류율 = 잔류율 누계
- 가적 통과율 = 100 − 가적 잔류율

(2) 조립률 = $\dfrac{\text{각 체의 가적 잔류율의 합}}{100}$

$= \dfrac{5 + 58.2 + 82 + 96.7 + 100 + 400}{100}$

$≒ 7.4$

※ 조립률 : 10개의 체(75mm, 40mm, 20mm, 10mm, 5mm, 2.5mm, 1.2mm, 0.6mm, 0.3mm, 0.15mm)를 1조로 하여 체가름 시험을 하였을 때, 각 체에 남은 누계량의 전체 시료에 대한 질량 백분율의 합을 100으로 나눈 값으로 나타낸다.
※ 계산에서 400은 1.2mm, 0.6mm, 0.3mm, 0.15mm 체에 남은 가적 잔류율의 합이다.

05 골재의 4가지 함수 상태에 대하여 쓰고 설명하시오.

해답

(1) 절대건조 상태(절건 상태) : 105±5℃의 온도에서 일정한 질량이 될 때까지 건조시킨 것으로서, 물기가 전혀 없는 상태이다.
(2) 공기 중 건조 상태(기건 상태) : 습기가 없는 실내에서 건조시킨 것으로서, 골재알 속의 일부에만 물기가 있는 상태이다.
(3) 표면건조 포화 상태(표건 상태) : 골재알의 표면에는 물기가 없고, 골재알 속의 빈틈만 물로 차 있는 상태이다.
(4) 습윤 상태 : 골재알 속이 물로 차 있고, 표면에도 물기가 있는 상태이다.

06 다음 조건에서 콘크리트의 배합강도(f_{cr})를 구하시오.

- 압축강도(f_{cn}): 27MPa
- s : 1.8MPa(s는 24회 시험 횟수의 표준편차)

해답

$f_{cn} \leq 35$ MPa인 경우

① $f_{cr} = f_{cn} + 1.34s$ (MPa)
② $f_{cr} = (f_{cn} - 3.5) + 2.33s$ (MPa)

여기서, s : 압축강도의 표준편차(MPa)

①, ② 중 큰 값을 선택하는 것이 원칙이지만, 표준편차 s의 시험횟수가 30회 미만이므로 표준편차를 보정하게 된다.

[시험 횟수가 29회 이하일 때 표준편차의 보정계수]

시험횟수	표준편차의 보정계수
15	1.16
20	1.08
25	1.03
30 이상	1.00

표준편차가 20회와 25회 사이이므로 직선보간법으로 24회의 표준편차를 구해야 한다.

$$\frac{1.08 - 1.03}{25 - 20} = 0.01$$

표준편차의 보정계수 = 1.03 + 0.01 = 1.04
∴ 보정한 표준편차(s) = 1.8 × 1.04 = 1.872

① $f_{cr} = f_{cn} + 1.34s$
　　= 27 + 1.34 × 1.872
　　= 29.51MPa
② $f_{cr} = (f_{cn} - 3.5) + 2.33s$
　　= (27 - 3.5) + 2.33 × 1.872
　　= 27.86MPa

∴ 배합강도는 위의 두 값 중 큰 값인 29.51MPa이다.

07 콘크리트 양생의 종류 3가지만 쓰시오.

해답
양생의 종류
- 습윤 양생 : 수중 양생, 습포 양생, 습사 양생, 피막 양생(막양생), 피복 양생
- 촉진 양생 : 증기 양생, 고온고압(오토클레이브) 양생, 전기 양생, 온수 양생, 적외선 양생, 고주파 양생

08 휨강도 시험결과 27kN의 하중에 지간 방향 중심선의 4점에서 파괴되었을 경우 휨강도를 구하시오(단, 휨강도 시험용 공시체는 표준형 몰드이며, 지간의 길이는 450mm이다).

해답
휨강도$(f_b) = \dfrac{Pl}{bh^2} = \dfrac{27,000 \times 450}{150 \times 150^2} = 3.33\text{MPa}$

여기서, P : 시험기가 나타내는 최대 하중(N)
l : 지간(mm)
b : 파괴 단면의 너비(mm)
h : 파괴 단면의 높이(mm)

09 다음은 압축강도 시험용 공시체에 대한 설명이다. 빈칸을 채우시오.

> 압축강도 시험용 공시체는 지름의 (①)배 높이를 가진 원기둥형으로 지름은 굵은 골재 최대 치수의 (②)배 이상이며, 표준 공시체의 지름은 (③)mm 이상이어야 한다.

해답
① 2, ② 3, ③ 100

10 굳지 않는 콘크리트의 공기 함유량 시험에 대한 다음 물음에 답하시오.

(1) 공기량 측정방법을 3가지만 쓰시오.
(2) 콘크리트의 용적에 대한 겉보기 공기량(A_1)이 4.9%이고, 골재의 수정계수(G)가 0.8일 때 콘크리트의 공기량을 구하시오.

해답
(1) 질량법(중량법, 무게법), 용적법(부피법), 공기실 압력법(주수법과 무주수법)
(2) $A = A_1 - G = 4.9 - 0.8 = 4.1\%$

2025년 제2회 최근 기출복원문제

01 콘크리트 배합설계를 위한 시험결과 공기량이 5.0%로 측정되었고, 사용된 시멘트양이 380kg이었다. W/C 46.5%, S/a 43%일 때 단위 수량, 단위 잔골재, 단위 굵은 골재의 절대 부피와 각각의 질량을 구하시오(각 재료의 밀도는 물 1.0g/cm³, 시멘트 3.15g/cm³, 잔골재 2.62g/cm³, 굵은 골재 2.65g/cm³, 각 재료량은 정수로, 절대 부피는 소수점 셋째 자리까지 표현).

해답

(1) 수량
- 단위 수량 = 380 × 0.465 = 177kg/m³
- 단위 수량의 절대 부피 = $\dfrac{177}{1.0} \div 1{,}000 = 0.177\text{m}^3$

※ 물은 밀도가 1이기 때문에 단위 수량이 그대로 절대 부피가 된다.

(2) 잔골재
- 단위 잔골재의 절대 부피 = 단위 골재량의 절대 부피 × 잔골재율
  = 0.652 × 0.43
  = 0.280m³
- 단위 잔골재의 양 = 단위 잔골재량의 절대 부피 × 잔골재의 비중 × 1,000
  = 0.280 × 2.62 × 1,000
  = 734kg/m³

※ 단위 골재량의 절대 부피 = $1 - \left(\dfrac{\text{단위 수량}}{1{,}000} + \dfrac{\text{단위 시멘트양}}{\text{시멘트의 비중} \times 1{,}000} + \dfrac{\text{공기량}}{100} \right)$
  = $1 - \left(\dfrac{177}{1{,}000} + \dfrac{380}{3.15 \times 1{,}000} + \dfrac{5}{100} \right)$
  = 0.652m³

(3) 굵은 골재
- 단위 굵은 골재의 절대 부피 = 단위 골재량의 절대 부피 − 단위 잔골재량의 절대 부피
  = 0.652 − 0.280
  = 0.372m³
- 단위 굵은 골재의 양 = 단위 굵은 골재량의 절대 부피 × 굵은 골재의 밀도 × 1,000
  = 0.372 × 2.65 × 1,000
  = 986kg/m³

02 다음 시방 배합 조건에서의 현장 배합을 완성하시오(단, 각 재료량은 정수처리 하시오).

[시방 배합표]

Gmax (mm)	slump (mm)	Air (%)	W/C (%)	S/a (%)	단위 재료량(kg/m³)				
					W	C	S	G	AD
25	150	4.5	51	49	178	349	896	948	1.75

[현장 골재의 조건]
- 잔골재의 5mm 체 잔류율 : 4.2%
- 잔골재의 표면수 : 2.6%
- 굵은 골재의 5mm 체 통과율 : 3.4%
- 굵은 골재의 표면수 : 1.0%

해답

(1) 단위 잔골재량(x)
 ① 입도에 의한 조정
$$x = \frac{100S - b(S+G)}{100-(a+b)} = \frac{100 \times 896 - 3.4(896+948)}{100-(4.2+3.4)}$$
$$= 902 \text{kg/m}^3$$
 ② 표면수에 의한 조정
$$S = 902 + (902 \times 0.026)$$
$$= 925 \text{kg/m}^3$$

(2) 단위 굵은 골재량(y)
 ① 입도에 의한 조정
$$y = \frac{100G - a(S+G)}{100-(a+b)} = \frac{100 \times 948 - 4.2(896+948)}{100-(4.2+3.4)}$$
$$= 942 \text{kg/m}^3$$
 ② 표면수에 의한 조정
$$G = 942 + (942 \times 0.01)$$
$$= 951 \text{kg/m}^3$$

(3) 단위 수량
$$W = 178 - (902 \times 0.026 + 942 \times 0.01)$$
$$= 145 \text{kg/m}^3$$

[현장 배합표 완성]

단위 재료량(kg/m³)				
W	C	S	G	AD
145	349	925	951	1.75

03 다음 표는 일반 수중 콘크리트 슬럼프의 표준값(mm)을 나타낸다. 괄호 안을 채우시오.

시공방법	일반 수중 콘크리트	현장타설말뚝 및 지하연속벽에 사용하는 수중 콘크리트
트레미	(①)	(②)
콘크리트 펌프	130~180	–
밑열림 상자, 밑열림 포대	100~150	–

해답
① 130~180
② 180~210

04 다음의 시험결과에 대하여 물음에 답하시오.

[잔골재의 체가름 시험]

체 크기(mm)	잔류율(%)	가적 잔류율(%)
10	–	–
5	3.3	
2.5	10.6	
1.2	17.6	
0.6	26.6	
0.3	19.9	
0.15	22	

[굵은 골재의 체가름 시험]

체 크기(mm)	잔류율(%)	가적 잔류율(%)
75	0	
40	5	
20	29	
10	30	
5	15	
2.5	10	
1.2	5	
0.6	3	
0.3	2	
0.15	1	

(1) 표의 빈칸을 채우시오.
(2) 잔골재 조립률을 구하시오.
(3) 굵은 골재 조립률을 구하시오.
(4) 굵은 골재 최대 치수를 구하시오.

해답

(1) [잔골재의 체가름 시험]

체 크기(mm)	잔류율(%)	가적 잔류율(%)
10	–	–
5	3.3	3.3
2.5	10.6	13.9
1.2	17.6	31.5
0.6	26.6	58.1
0.3	19.9	78.0
0.15	22	100

[굵은 골재의 체가름 시험]

체 크기(mm)	잔류율(%)	가적 잔류율(%)
75	0	0
40	5	5
20	29	34
10	30	64
5	15	79
2.5	10	89
1.2	5	94
0.6	3	97
0.3	2	99
0.15	1	100

(2) 잔골재의 조립률 $= \dfrac{3.3 + 13.9 + 31.5 + 58.1 + 78 + 100}{100} \fallingdotseq 2.85$

(3) 굵은 골재의 조립률 $= \dfrac{5 + 34 + 64 + 79 + 89 + 94 + 97 + 99 + 100}{100} = 6.61$

(4) 굵은 골재의 최대 치수

체 크기(mm)	잔류율(%)	가적 잔류율(%)	통과율(%)
75	0	0	100
40	5	5	95
20	29	34	66
10	30	64	36
5	15	79	21
2.5	10	89	11
1.2	5	94	6
0.6	3	97	3
0.3	2	99	1
0.15	1	100	0

굵은 골재의 최대 치수는 골재가 질량비로 90% 통과하는 체 중 가장 작은 체의 치수로 정한다. 40mm와 75mm 체 중 최소 치수 체 눈은 40mm이므로 굵은 골재의 최대 치수는 40mm가 된다.

05 콘크리트의 배합강도에 대한 다음 물음에 답하시오.

(1) 압축강도 시험 실적이 없는 현장의 경우
　① 설계기준 압축강도가 20MPa일 때
　② 설계기준 압축강도가 24MPa일 때
(2) 실제 사용한 콘크리트의 15회 압축강도 시험 실적으로부터 결정한 표준편차가 2.5MPa이며 설계기준 압축강도 (f_{cn})가 30MPa인 경우

해답

(1) 압축강도 시험 실적이 없는 현장의 경우

[압축강도의 시험 횟수가 14회 이하이거나 기록이 없는 경우의 배합강도]

호칭강도(MPa)	배합강도(MPa)
21 미만	$f_{cn} + 7$
21 이상 35 이하	$f_{cn} + 8.5$
35 초과	$1.1 f_{cn} + 5$

① 설계기준 압축강도가 20MPa일 때
　배합강도(f_{cr}) = f_{cn} + 7 = 20 + 7 = 27MPa
② 설계기준 압축강도가 24MPa일 때
　배합강도(f_{cr}) = f_{cn} + 8.5 = 24 + 8.5 = 32.5MPa

(2) 15회 압축강도 시험 실적이 있는 경우

[시험 횟수가 29회 이하일 때 표준편차의 보정계수]

시험 횟수	표준편차의 보정계수
15	1.16
20	1.08
25	1.03
30 이상	1.00

※ 위 표에 명시되지 않은 시험횟수는 직선 보간한다.

f_{cn} ≤ 35MPa인 경우
① $f_{cr} = f_{cn} + 1.34s$
　　　= 30 + 1.34 × 2.5 × 1.6
　　　= 33.89MPa
② $f_{cr} = (f_{cn} - 3.5) + 2.33s$
　　　= (30 − 3.5) + 2.33 × 2.5 × 1.16
　　　= 33.26MPa

여기서, s : 압축강도의 표준편차(MPa)
　　　　1.16 : 시험 횟수가 15회일 때 표준편차의 보정계수

∴ 배합강도는 위의 두 값 중 큰 값인 33.89MPa이다.

06 다음 용어의 정의를 간단히 설명하시오.

(1) 골재의 함수율 :

(2) 골재의 유효 흡수율 :

(3) 부립률 :

해답
(1) 골재의 함수율 : 골재 입자 내부의 공극에 함유되어 있는 물과 표면수의 합을 절대건조 상태의 골재 질량으로 나눈 질량 백분율이다.
(2) 골재의 유효 흡수율 : 골재가 표면건조 포화 상태가 될 때까지 흡수하는 수량의, 절대건조 상태의 골재 질량에 대한 백분율이다.
(3) 부립률 : 절건 상태의 경량 굵은 골재를 수중에 넣은 경우에 뜨는 입자의 전 굵은 골재량에 대한 질량 백분율이다.

07 콘크리트 타설 후 양생방법 중 습윤 양생의 종류를 3가지 쓰시오.

해답
수중 양생, 습포 양생, 습사 양생, 피막 양생(막양생), 피복 양생

08 길이 150×150×530mm 휨강도 공시체를 이용하여 휨강도 시험을 한 결과 65kN에서 공시체가 파괴되었을 때 휨강도를 계산하시오(단, 콘크리트 지간 거리는 450mm이다).

해답

$$f_b = \frac{Pl}{bh^2} = \frac{65,000 \times 450}{150 \times 150^2} = 8.67 \text{MPa}$$

여기서, f_b : 휨강도(MPa)
 P : 시험기가 나타내는 최대 하중(N)
 l : 지간(mm)
 b : 파괴 단면의 너비(mm)
 h : 파괴 단면의 높이(mm)

09 콘크리트 압축강도 시험용 공시체에 콘크리트 채우기가 끝난 후 몰드의 떼는 시간과 표준 양생온도 기준을 쓰시오.

해답
(1) 공시체 몰드의 떼는 시간 : 16시간 이상 3일 이내
(2) 표준 양생온도 기준 : 20±2℃

10 굳지 않은 콘크리트의 공기량 측정법 종류 3가지를 쓰시오.

해답
질량법(중량법, 무게법), 용적법(부피법), 공기실 압력법(주수법과 무주수법)

참 / 고 / 문 / 헌

- 토목 재료·시공(고등학교 교과서)
- 한국산업표준(KS)
- KCS 표준시방서

참 / 고 / 사 / 이 / 트

- (사)건설기계안전연구원(https://www.cestri.co.kr)
- (주)디씨엠건기(https://dcm24.kr)
- e나라표준인증(https://standard.go.kr/)
- 삼표그룹(https://sampyo.co.kr)
- 신영측기(주)(https://sy-survey.com)
- 우주측기(주)(http://www.level.co.kr)
- 위키피디아(https://ko.wikipedia.org/)
- 케이디정밀(주)(http://kdtester.co.kr)
- 흥진정밀(http://heungjin.co.kr)

Win-Q 콘크리트기능사 필기 + 실기

개정1판1쇄 발행	2026년 01월 05일 (인쇄 2025년 11월 07일)
초 판 발 행	2025년 05월 15일 (인쇄 2025년 03월 26일)
발 행 인	박영일
책 임 편 집	이해욱
편 저	최광희
감 수	김성주
편 집 진 행	윤진영 · 김달해
표지디자인	권은경 · 길전홍선
편집디자인	정경일
발 행 처	(주)시대고시기획
출 판 등 록	제10-1521호
주 소	서울시 마포구 큰우물로 75 [도화동 538 성지 B/D] 9F
전 화	1600-3600
팩 스	02-701-8823
홈 페 이 지	www.sdedu.co.kr
I S B N	979-11-434-0177-9(13530)
정 가	26,000원

※ 저자와의 협의에 의해 인지를 생략합니다.
※ 이 책은 저작권법의 보호를 받는 저작물이므로 동영상 제작 및 무단전재와 배포를 금합니다.
※ 잘못된 책은 구입하신 서점에서 바꾸어 드립니다.

기능사 / 기사·산업기사 / 기능장 / 기술사

단기합격을 위한 완전 학습서

Win-Q 윙크시리즈
WIN QUALIFICATION

Win-Q
승강기기능사
필기+실기

Win-Q
전기기능사
필기

Win-Q
피복아크용접기능사
필기

Win-Q
컴퓨터응용선반·밀링기능사
필기

Win-Q
설비보전기능사
필기+실기

Win-Q
자동화설비기능사
필기

Win-Q
전산응용기계제도기능사
필기

Win-Q
화학분석기능사
필기+실기

자격증 취득에 승리할 수 있도록 **Win-Q시리즈**가 완벽하게 준비하였습니다.

Win-Q
위험물기능사
필기

Win-Q
환경기능사
필기+실기

Win-Q
화훼장식기능사
필기

Win-Q
원예기능사
필기+실기

Win-Q
공조냉동기계산업기사
필기

Win-Q
화학분석기사
필기

Win-Q
위험물산업기사
필기

Win-Q
소방설비기사[전기편]
필기

Win-Q
설비보전산업기사
필기+실기

Win-Q
가스산업기사
필기

Win-Q
에너지관리기사
필기

Win-Q
실내건축산업기사
필기

※ 도서의 이미지 및 구성은 변경될 수 있습니다.

기출분석에 집중하여 합격을 현실로!

무조건 단기에 뽀개기

이런 분들에게 추천해요!

| 이론도, 문제 풀이도 막막해서 **책 한 권으로 해결**하고 싶은 분들 | 노베이스에 혼자 공부하기 어려워 **동영상 강의 도움**이 필요하신 분들 | CBT 시험이 처음이라 시험 전 실전처럼 **온라인 모의고사를** 경험해 보고 싶은 분들 |

무단뽀 한권으로 한번에! 초단기 합격전략!
무단뽀가 곧 합격이다!